Fahrdynamik der Schienenfahrzeuge

Martin Kache

Fahrdynamik der Schienenfahrzeuge

Grundlagen der Leistungsauslegung
sowie der Energiebedarfs- und
Fahrzeitberechnung

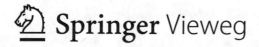 Springer Vieweg

Martin Kache
Dresden, Sachsen, Deutschland

ISBN 978-3-658-41712-3   ISBN 978-3-658-41713-0   (eBook)
https://doi.org/10.1007/978-3-658-41713-0

Die Deutsche Nationalbibliothek verzeichnet diese Publikation in der Deutschen Nationalbibliografie; detaillierte bibliografische Daten sind im Internet über http://dnb.d-nb.de abrufbar.

Planung/Lektorat: Ellen-Susanne Klabunde
Springer Vieweg ist ein Imprint der eingetragenen Gesellschaft Springer Fachmedien Wiesbaden GmbH und ist ein Teil von Springer Nature.
Die Anschrift der Gesellschaft ist: Abraham-Lincoln-Str. 46, 65189 Wiesbaden, Germany

Das Papier dieses Produkts ist recyclebar.

Vorwort

Die Fahrdynamik der Schienenfahrzeuge ist ein vielfältiges und interessantes Lehrgebiet, das ich 14 Jahre lang an der *Professur für Technik spurgeführter Fahrzeuge* der TU Dresden mit großer Freude betreuen durfte. Bevor das WissZeitVG meiner Tätigkeit an der Universität ein Ende setzte, zwang uns die Corona-Pandemie, die Lehre vom Hörsaal in digitale Welt zu verlagern und so manchen Gedankengang, der sonst an der Tafel entwickelt wurde, zu verschriftlichen. So entstand ein Vorlesungsskript, das den Kern für dieses Buch bildete.

Nach einer Reihe von Ergänzungen und Erweiterungen liegt nun dieses Buch vor, das den Versuch darstellt, der Leserschaft fahrdynamische Zusammenhänge in anschaulicher und zeitgemäßer Form zugänglich zu machen. Natürlich hoffe ich, dass es nicht beim Versuch bleibt, sondern dass die Lektüre des Buches Studierenden tatsächlich weiterhilft, sich in dem komplexen Gebiet der Fahrdynamik des Schienenverkehrs zurecht zu finden.

Sicherlich gibt es fachliche Aspekte, die ihren Weg (noch) nicht in dieses Buch gefunden haben. Ein ausgeprägter Hang zur Vollständigkeit ist jedoch immer hinderlich, wenn dann auch mal ein konkretes Werk entstehen soll und der Termin der Manuskriptabgabe naht. Schauen wir mal, was die Zukunft bringt. Anregungen, Hinweise und Berichtigungen nehme ich gern entgegen.

An dieser Stelle möchte ich aber noch meine Dankbarkeit all jenen Menschen gegenüber zum Ausdruck bringen, die an der Entstehung dieses Buches direkt oder indirekt beteiligt waren beziehungsweise, im Falle meiner Frau und meiner Kinder, den berufsbegleitenden „Schreibprozess erdulden mussten."

Ich danke also meiner Familie für Ihre Geduld und meiner Frau Franziska sowie meinen Eltern für ihre ausdauernde und vielfältige Unterstützung im täglichen Leben. Meinem Vater, Ulrich Kache, danke ich für das kritische Lektorat meiner Texte.

Ferner gilt mein Dank den ehemaligen Kollegen an der TU Dresden, namentlich Holger Fricke, Karim Benabdellah und Stephan Schultze, für so manchen nützlichen Hinweis und viele anregende fachliche Diskussionen. Meinem ehemaligen Chef, Prof. em. Dr.-Ing. Dr. h.c. Günter Löffler, gebührt Dank dafür, dass er mir das Lehrgebiet anvertraut hat und mir eine stetige Weiterentwicklung in der universitären Lehre ermöglichte.

Dem Springer Vieweg – Verlag, vertreten durch Frau Ellen-Susanne Klabunde und Frau Annette Prenzer, danke ich ebenfalls für die geleistete Unterstützung und die stets gute sowie vertrauensvolle Zusammenarbeit.

E-Mail: Fahrdynamik_Sfz@posteo.de

Dresden   Dr.-Ing. Martin Kache
im Dezember 2023

Inhaltsverzeichnis

Symbol- und Abkürzungsverzeichnis

Lateinische Symbole

Großbuchstaben

Größe	Benennung	Einheit
A	Querschnittsfläche von Eisenbahnfahrzeugen	m^2
A_{norm}	Normquerschnittsfläche von Eisenbahnfahrzeugen	m^2
B	Bremsgewicht von Eisenbahnfahrzeugen	t
E_{kin}	kinetische Energie	kJ bzw. kWh
F_B	Bremskraft	kN
$F_{B,ED}$	Bremskraft der elektrodynamischen Bremse(n)	kN
$F_{B,EH}$	Bremskraft der hydrodynamischen Bremse(n)	kN
F_C	Bremszylinderkraft	kN
F_T	Zugkraft am Treibradumfang	kN
F_W	Fahrwiderstandskraft	kN
F_{WF0}	Grundwiderstandskraft	kN
F_{WFL}	Luftwiderstandskraft	kN
F_{WFT}	Triebfahrzeugwiderstandskraft	kN
F_{WFW}	Wagenzugwiderstandskraft	kN
F_{WL}	Luftwiderstandskraft	kN
$F_{WL,Bs}$	Luftwiderstandskraft durch Bremsscheiben	kN
F_{WS}	Streckenwiderstandskraft	kN
F_Z	Zugkraft am Zughaken	kN
J	Trägheitmoment um die Hauptrotationsachse	kgm^2
M	Drehmoment	kNm
M_K	Kippmoment einer Drehstromasynchronmaschine	kNm

(Fortsetzung)

(Fortsetzung)

Großbuchstaben

Größe	Benennung	Einheit
P	Leistung allgemein	kW
P_A	Leistungsbezug am Stromabnehmer	kW
$P_{DM,T}$	Leistungsabgabe eines Dieselmotors zur Erzeugung von Traktionskräften	kW
P_{Hi}	Hilfsleistungsbedarf / Hilfsbetriebeleistungsbedarf	kW
P_{Komf}	Komfortleistung(sbedarf) bzw. Nebenbetriebeleistung(sbedarf)	kW
P_T	Treibradleistung / Leistung am Treibradumfang	kW
P_{WFT}	am Triebfahrzeugwiderstand umgesetzte Leistung	kW
P_{WS}	am Neigungswiderstand umgesetzte Leistung	kW
P_Z	Leistung am Zughaken	kW
R	Gleisbogenradius (Kontext: Streckenwiderstand)	m
T	Gesamtfahrzeit	s
T_R	Reaktionszeit (Kontext: Bremsungen)	s
T_S	Schwellzeit (Kontext: Bremskraftentwicklung)	s
V	Volumen	m^3
W_B	Bremsarbeit am Treibradumfang	kJ bzw. kWh
W_{mech}	mechanische Arbeit	kJ bzw. kWh
W_S	wegbezogener Energiebedarf	kJ/km bzw. kWh/km
W_T	am Treibradumfang verrichtete Arbeit	kJ bzw. kWh

Kleinbuchstaben

Größe	Benennung	Einheit
a	Beschleunigung allgemein (siehe auch ẍ)	m/s^2
c_W	Luftwiderstandsbeiwert	1
f_{WF0}	spezifischer Grundwiderstand	1
$f_{WF0,Gl}$	spezifischer Gleitwiderstand	1
$f_{WF0,La}$	spezifischer Lagerwiderstand	1
$f_{WF0,Ro}$	spezifischer Rollwiderstand	1
f_{WS}	spezifischer Streckenwiderstand	1
f_{WSB}	spezifischer (Gleis-)Bogenwiderstand	1
f_{WSI}	spezifischer Längsneigungswiderstand	1
f_{WSW}	spezifischer Weichenwiderstand	1
g	Erdbeschleunigung (9,81 m/s^2)	m/s^2

(Fortsetzung)

(Fortsetzung)

Kleinbuchstaben

Größe	Benennung	Einheit
i	Streckenlängsneigung	‰
i	Übersetzungsverhältnis eines Getriebes (Symbol doppelt belegt, Kontext beachten!)	1
l_T	Triebfahrzeuglänge	m
l_W	Wagenzuglänge	m
l_Z	Zuglänge	m
m	Fahrzeugmasse	t
m_e	fahrdynamisch äquivalente Masse	t
m_R	Fahrzeugmasse, die auf den angetriebenen Radsätzen ruht	t
m_{RS}	Radsatzfahrmasse	t
m_T	Triebfahrzeugmasse	t
m_W	Wagenzugmasse	t
m_Z	Zugmasse	t
n	Drehzahl	min^{-1}
p	Druck	bar
p_C	Bremszylinderdruck	bar
r	Rad-Radius allg.	m
s	Weg (allgemein)	m
s_A	während des Fahrzeugauslaufs zurückgelegter Weg	m
s_B	Bremsweg	m
$s_{B,E}$	mit voll entwickelter Bremsverzögerung zurückgelegter Weg	m
s_H	Wegdifferenz zwischen zwei Halten (Haltestellenabstand)	m
s_U	ungebremst zurückgelegter Weg	m
t	Zeit	s
t_A	Ansprechzeit (Kontext: Bremskraftentwicklung)	s
t_B	Bremszeit	s
v	Fahrzeuggeschwindigkeit	km/h
v_0	(Brems-)Ausgangsgeschwindigkeit zum Zeitpunkt x	m/s
$v_{min,dd}$	Mindestdauerfahrgeschwindigkeit	km/h
$\ddot{x}$	Beschleunigung in oder entgegen der Bewegungsrichtung	-
z	Anzahl im Allgemeinen	-
z_{Bs}	Anzahl von Bremsscheiben (in einem Zug)	-

(Fortsetzung)

(Fortsetzung)

Kleinbuchstaben

Größe	Benennung	Einheit
z_F	Anzahl der Fahrzeuge (Zugverband) oder Fahrzeugteile (Gliederfahrzeug)	-
z_L	Anzahl der Lokomotiven im Zugverband	-
z_{RS}	Anzahl der Radsätze	-
$z_{RS,T}$	Anzahl der angetriebenen Radsätze	-
z_W	Anzahl von Wagen (in einem Zug)	-

Griechische Symbole

Größe	Benennung	Einheit
α	konstanter Koeffizient empirischer Gleichungen für den spezifischen Wagenzugwiderstand	1
β	linearer Koeffizient empirischer Gleichungen für den spezifischen Wagenzugwiderstand	1
η	Wirkungsgrad	1
γ	quadratischer Koeffizient empirischer Gleichungen für den spezifischen Wagenzugwiderstand	1
λ	Leistungszahl von hydrodynamischen Leistungsübertragungselementen	1
λ	Bremshundertstel (*Kontext: Bremsbewertung und betriebliche Bremsberechnung*)	%
μ	Drehmomentenwandlung in hydrodynamischen Wandlern (*Kontext: Leistungsübertragung*)	1
μ	Reibwert (*Kontext: Bremskräfte*)	1
μ_{Bel}	Bremsbelagreibwert (Scheibenbremse)	1
μ_K	Bremssohlenreibwert (Klotzbremse)	1
ν	Drehzahlverhältnis von Turbinen- und Pumpenrad in hydrodynamischen Kreisläufen	1
ρ_L	Luftdichte	kg/m^3
τ	Kraftschlussbeiwert (Rad-Schiene-Kontakt)	1
τ	Entwicklungszeit (Kontext: Druckluftbremse)	s
θ	Temperatur allgemein	°C bzw. K
ξ	fahrdynamischer Massenfaktor	1
ξ_T	fahrdynamischer Massenfaktor von Triebfahrzeugen	1

(Fortsetzung)

(Fortsetzung)

Größe	Benennung	Einheit
ξ_W	fahrdynamischer Massenfaktor von Wagen	1
ξ_Z	fahrdynamischer Massenfaktor von Zügen	1

Indizes

Index	Bedeutung
abgef	abgefahren (im Sinne von verschlissen)
bel	ein beladenes Fahrzeug betreffend
DAM	eine Drehstromasynchronmaschine betreffend
DM	einen Dieselmotor betreffend
eff	effektiv
leer	ein leeres Fahrzeug betreffend
max	maximal
min	minimal
ref	Referenz-
soll	einen Sollwert betreffend
Tfz	ein Triebfahrzeug betreffend
zul	zulässig

Abkürzungen

Abkürzung	Bedeutung
AG	Aktiengesellschaft
AGV	Autorail à Grande Vitesse (frz. für „Triebzug von hoher Geschwindigkeit")
A-Wagen	Wagen zur Personenbeförderung 1. Klasse
AB-Wagen	Wagen zur Personenbeförderung 1. und 2. Klasse
ABB	Asea Brown Bovery AG, Zürich
B-Wagen	Wagen zur Personenbeförderung 2. Klasse
BBC	Brown Bovery & Cie., Baden
BOStrab	Verordnung über den Bau und Betrieb der Straßenbahnen (kurz: Straßenbahn-Bau- und Betriebsordnung)

(Fortsetzung)

(Fortsetzung)

Abkürzung	Bedeutung
BLS	Bern-Lötschberg-Simplon Bahn AG, Bern
BR	Baureihe oder British Rail (Kontext beachten)
BS-Wagen	Wagen zur Personenbeförderung 2. Klasse mit Serviceabteil
CAF	Construcciones y Auxiliar de Ferrocarriles S.A., Beasain (spanischer Schienenfahrzeughersteller)
ČD	České Dráhý a. s., Praha (staatliche tschechische Eisenbahngesellschaft)
CP	Comboios de Portugal, Lissabon (staatliches portugiesisches Eisenbahnunternehmen)
DAT	Drehstromantriebstechnik
DAM	Drehstromasynchronmaschine
DB	Deutsche Bundesbahn, Frankfurt a. M. (Staatsbahn der BRD, 1994 in der DB AG aufgegangen)
DB (AG)	Deutsche Bahn (Aktiengesellschaft), Berlin
DE, de	Diesel-elektrisch (bezogen auf den Antrieb von Schienenfahrzeugen)
DIN	Deutsches Institut für Normung e. V., Berlin
DM	Dieselmotor
DR	Deutsche Reichsbahn (Staatsbahn der DDR, 1994 in der DB AG aufgegangen)
DÜWAG	Düsseldorfer Waggonfabrik (1981–1999 im Verbund mit der Uerdinger Waggon-Fabrik)
DVB	Dresdner Verkehrsbetriebe AG
EBO	Eisenbahn-Bau- und Betriebsordnung
EMD	Electro-Motive Diesel Inc., Muncie (US) – US-amerikanischer Hersteller von Diesellokomotiven
EN	Europäische Norm
ESF	Energiesparende Fahrweise
ETCS	Europäisches Zugsicherungssystem (European Train Control System)
ETR	Elettrotreno Rapido (ital. = elektrischer Hochgeschwindigkeitszug)
FEL	Fahrzeitermittlungslinie
FS	Ferrovie dello Stato Italiane (italienische Staatsbahn), Rom
ggf.	gegebenenfalls
Gz	Güterzug
HGV	Hochgeschwindigkeitsverkehr
HST	High Speed Train (IC 125-Zug von British Rail)
IC	InterCity (Zugkategorie des hochwertigen Fernverkehrs)
ICE	InterCity Express (Hochgeschwindigkeitszüge der Deutschen Bahn AG)

(Fortsetzung)

(Fortsetzung)

Abkürzung	Bedeutung
JDG	Jakobs-Drehgestell (Drehgestell, auf dem sich die Wagenkastenenden benachbarter Wagen abstützen)
KTX	Korea Train eXpress (Hochgeschwindigkeitszüge in Südkorea)
LDG	Laufdrehgestell (Drehgestell ohne Antrieb)
LEW	VEB Lokomotivbau Elektrotechnische Werke „Hans Beimler", Hennigsdorf (ein Schienenfahrzeughersteller der DDR)
LTS	(Diesel-)Lokomotivfabrik Luhansk (früher: Diesellokomotivfabrik „Oktoberrevolution" Woroschilowgrad)
Lü	Leistungsübertragung(sanlage)
LüK	Länge über Kupplungen (übliche Angabe bei Triebzügen)
LüP	Länge über Puffer
MaK	Maschinenbau Kiel
MVG	Münchner Verkehrsgesellschaft mbH
MW	Mittelwagen
NS	Nederlands Spoorwegen (staatliche Niederländische Eisenbahngesellschaft), Utrecht
NTV	Nuovo Trasporto Viagiattori, Rom (private italienische Eisenbahngesellschaft)
NV	Nahverkehr
ODEG	Ostdeutsche Eisenbahn GmbH, Parchim
ÖBB	Österreichische Bundesbahn, Wien
RB	Regionalbahn
RE	Regionalexpress
Renfe	Red Nacional de los Ferrocarriles Españoles (staatliches spanisches Eisenbahnunternehmen), Madrid
RhB	Rhätische Bahn AG, Chur
RiL	Richtlinie der DB Netz AG (Teil des nationalen Regelwerkes der Eisenbahn in Deutschland)
RSG	Radsatzgetriebe
SB	Schnellbremsung
SBB	Schweizerische Bundesbahnen AG, Bern
SG	Strömungsgetriebe (= hydrodynamisches Getriebe = Turbogetriebe = Föttingergetriebe)
SLM	Schweizerische Lokomotiv- und Maschinenfabrik, Winterthur
SNCB	Société Nationale des Chemins de Fer Belges (Belgische Staatsbahn Gesellschaft), Saint-Gilles

(Fortsetzung)

(Fortsetzung)

Abkürzung	Bedeutung
SNCF	Société Nationale des Chemins de Fer Française (Französische Staatsbahn Gesellschaft), Paris
SO	Schienenoberkante
SPNV	Schienenpersonennahverkehr
TDG	Triebdrehgestell (Drehgestell mit Antrieb)
TGV	Train à Grande Vitesse (Hochgeschwindigkeitszüge der französischen Staatsbahn)
TK	Triebkopf
TR Br	Technische Regeln für die Bemessung und Prüfung der Bremsen von Fahrzeugen nach BOStrab
u. a.	unter anderem
UIC	Union internationale des chemins de fer (Internationaler Eisenbahnverband), Paris
v. a.	vor allem
VB	Vollbremsung
VEB	Volkseigener Betrieb (Unternehmensform in der DDR)
WR-Wagen	Wagen zur Personenbeförderung mit Restaurantbereich (Speisewagen)
ZEV	Zentrale Energieversorgung (von Wagenzügen des Personenverkehrs)
ZDS	Zug-Druck-Stangen (Anlenkung von Drehgestellen an den Fahrzeugkasten)

Definition und Einordnung des Lehrgebietes

1

1.1 Abgrenzung des Lehrgebietes Fahrdynamik

In der Physik umfasst die „Dynamik" die Lehre von der Beeinflussung der Bewegungsvorgänge von Körpern durch (äußere) Kräfte. Betrachtet man Schienenfahrzeuge, so gibt es eine Vielzahl von Kräften, die in den drei Raumrichtungen auf das Fahrzeug wirken und dessen Bewegung in den sechs vorhandenen Freiheitsgraden in gewünschter oder ungewünschter Art und Weise beeinflussen.

Die Fahrzeugdynamik ist eine Ingenieursdisziplin, die Landfahrzeuge als Mehrkörpersysteme (MKS) auffasst und beschreibt. Mit Hilfe der Mehrkörperdynamik ist es, insbesondere unter Ausnutzung der Potentiale, die moderne Simulationswerkzeuge bieten, möglich, das komplexe Bewegungsverhalten von Fahrzeugen während der Fahrt (im Voraus) zu berechnen und belastbare Aussagen zur Fahrsicherheit sowie zum Fahrkomfort von Schienenfahrzeugen zu treffen. Außerdem können mit den Methoden der Mehrkörperdynamik die verschiedensten Schwingungsprobleme analysiert und gelöst werden, sodass die Stabilität und Langlebigkeit von Schienenfahrzeugen und ihrer Baugruppen sichergestellt werden kann.

Die Fahrdynamik unterscheidet sich von der Fahrzeugdynamik vor allem darin, dass im Rahmen dieser Ingenieursdisziplin lediglich das Bewegungsverhalten der Fahrzeuge entlang der Fahrtstrecke betrachtet wird. Interessant ist dabei häufig vor allem die Starrkörperbewegung der Fahrzeuge, nur in besonderen Fällen ist ein Rückgriff auf Modelle der Mehrkörperdynamik notwendig.

Leider ist die Verwendung der Begriffe „Fahrzeugdynamik" und „Fahrdynamik" in der Fachwelt nicht immer einheitlich und eindeutig, deshalb wird im Folgenden noch einmal eine dezidierte Abgrenzung vorgenommen.

© Der/die Autor(en), exklusiv lizenziert an Springer Fachmedien Wiesbaden GmbH, ein Teil von Springer Nature 2024
M. Kache, *Fahrdynamik der Schienenfahrzeuge*,
https://doi.org/10.1007/978-3-658-41713-0_1

▶ **Defintion: Fahrzeugdynamik vs. Fahrdynamik** Die Fahr**zeug**dynamik betrachtet Bewegungsvorgänge und Kraftwirkungen in allen drei Raumrichtungen (Vertikal-, Quer- und Längsdynamik), während sich die **Fahrdynamik** vor allem auf die **Längsbewegung der Fahrzeuge** konzentriert.

Wie im folgenden Abschnitt noch deutlich wird, handelt es sich bei der Fahrdynamik um eine Querschnittsdisziplin, die zahlreiche Querverbindungen zu anderen Teilgebieten der technischen Mechanik aufweist.

1.2   Definition des Lehrgebietes Fahrdynamik

Wie bereits im vorhergehenden Abschnitt festgehalten, ist für fahrdynamische Betrachtungen meist nur die Starrkörperbewegung in einer Raumrichtung, nämlich der Hauptbewegungsrichtung der Fahrzeuge relevant. Gemäß der Festlegungen im Schienenfahrzeugbereich handelt es sich bei der „Hauptbewegungsrichtung" im Kontext kartesischer Koordinaten um die „x-Richtung". Die „y-Richtung" ist für die Querbewegung der Fahrzeuge relativ zur Hauptbewegungsrichtung relevant und „z-Richtung" ist der Vertikalbewegung der Fahrzeuge zugeordnet.

Die Fahrdynamik ist somit die Lehre von der Bewegung von Landfahrzeugen entlang ihres Fahrweges und der sie verursachenden Kräfte. Ziel fahrdynamischer Berechnungen ist in der Regel die Ermittlung erforderlicher Kräfte, Leistungen und Fahrzeiten sowie des Energiebedarfes. Abb. 1.1 versinnbildlicht die Definition auf anschauliche Art und Weise.

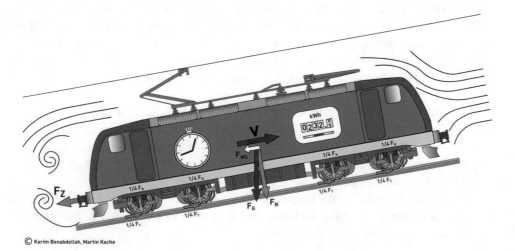

© Karim Benabdellah, Martin Kache

Abb. 1.1 Zur Definition des Lehrgebietes Fahrdynamik. (Grafik: Benabdellah/Kache)

▶ **Defintion: Fahrdynamik** Die Fahrdynamik befasst sich mit der Berechnung von Fahr-
zeugbewegungen entlang der Fahrtstrecke (x-Achse) und hat vor allem die Ermittlung des
Leistungs-, Energie- und Fahrzeitbedarfes von Zugfahrten zum Ziel.

Im Falle spezifischer Fragestellungen, insbesondere das Verhalten langer Züge bei der Einleitung von Bremsungen betreffend, sind Anknüpfungspunkte zur Längsdynamik im Sinne
der Mehrkörperdynamik gegeben. Im weitesten Sinne kann die Fahrdynamik als Teilgebiet
der Längsdynamik aufgefasst werden.

1.3   Nutzen der Fahrdynamik

Nachdem in den ersten beiden Abschnitten eine Abgrenzung und Definition des Lehrgebietes
Fahrdynamik vorgenommen wurde, soll im Folgenden kurz umrissen werden, für welche
Fragestellungen fahrdynamische Betrachtungen überhaupt relevant sind.
  Der Zweck von Landfahrzeugen ist es, Personen und/oder Güter von einem Ort A an einen
Ort B zu transportieren. Dies kann entlang unterschiedlicher Transportrouten geschehen, die
sich hinsichtlich der zu bewältigenden Längsneigungen sowie der zulässigen Fahrgeschwin-
digkeiten, jedoch natürlich nicht bezüglich der insgesamt zu überwindenden Höhendifferenz
unterscheiden können. Bei der Betrachtung der beschriebenen Transportvorgänge können
nun folgende Fragen von wesentlicher Bedeutung sein:

- Welcher **Zeitbedarf** ist bei gegebener Leistungsfähigkeit der Fahrzeuge und gegebenem
  Transportvolumen für den Transportvorgang zu veranschlagen?
- Welcher **Energiebedarf** ist bei gegebener Leistungsfähigkeit der Fahrzeuge und gege-
  benem Transportvolumen für den Transportvorgang zu veranschlagen?
- Welcher **Leistungsbedarf** besteht bei gegebenem Transportvolumen und gegebener
  Transportroute?
- Welche **Nutzmasse** kann von einem bestimmten Fahrzeug maximal über eine gegebene
  Transportroute befördert werden?
- Welches **Traktionskonzept** ist erforderlich, um eine bestimmte Nutzmasse über eine
  gegebene Transportroute befördern zu können?
- Welche Vor- und Nachteile bieten unterschiedliche **Trassierungsvarianten** bezüglich
  des Fahrzeit- und Energiebedarfes für definierte Transportvorgänge?
- Welche Auswirkungen haben unterschiedliche **Antriebskonzepte** auf den Fahrzeit- und
  Energiebedarf von definierten Transportvorgängen?
- Welche zulässige **Höchstgeschwindigkeit** stellt im Personenverkehr den besten Kom-
  promiss aus Fahrzeitersparnis und erforderlichen Energieaufwand dar?
- Wie ist die **Umweltbilanz** verschiedener Landfahrzeuge oder Verkehrsträger zu ermitteln
  und wie kann eine Vergleichbarkeit zwischen diesen gewährleistet werden?

- Welche Rückschlüsse können im Rahmen der **Unfallrekonstruktion** auf fahrdynamischer Basis gezogen werden?

Für die Beantwortung der voranstehend aufgeführten Fragen bedarf es fahrdynamischer Kenntnisse. Es ist das Ziel der fahrdynamischen Grundausbildung, Ingenieurinnen und Ingenieure mit den notwendigen Fertigkeiten auszustatten, um Antworten auf diese Fragestellungen zu liefern oder wenigstens qualifiziert dabei mitreden bzw. die richtigen Fragen stellen zu können.

1.4   Fahrdynamik als Querschnittsdisziplin

Die Fahrdynamik stellt eine Querschnittsdisziplin dar, da sie sich sowohl der Erkenntnisse anderer Ingenieursdisziplinen bedient, als auch ihrerseits die Grundlage für die Untersuchung komplexerer ingenieurwissenschaftlicher Fragestellungen liefert.

Abb. 1.2 ist ein Versuch, diese Zusammenhänge bildlich darzustellen. Sie kann gleichsam als ein Leitfaden durch dieses Buch verstanden werden.

Wie bereits erwähnt, basiert die Fahrdynamik auf den physikalischen Teilgebieten der Kinematik und Kinetik (siehe Abb. 1.2, unten links). Die Kinematik ist die Lehre von der Bewegung der Körper. Diese wird mit Hilfe mathematischer Gleichungen beschrieben, wobei die Frage, *wie* sich der Körper bewegt, im Mittelpunkt der Überlegungen steht. Die Kinetik ist ein Teilgebiet der Dynamik, die sich mit der Wirkung von Kräften befasst. Diese können einerseits auf ruhende Körper wirken (Statik) oder auf in Bewegung befindliche (Kinetik), wodurch die Bewegungsrichtung oder die Geschwindigkeit verändert werden kann.

Bei den „angrenzenden" Fachdisziplinen, die wichtige Erkenntnisse zum Verständnis grundlegender fahrdynamischer Probleme liefern, handelt es sich insbesondere um die Aerodynamik sowie die Kontaktmechanik (im Kontext des mechanischen Kontaktes von Stahlrad und Stahlschiene) und die Tribologie (Tribologie: „Lehre von der Reibung"). Erstgenannte vermag die Entstehung eines Großteils der Fahrzeugwiderstandskräfte zu erklären (siehe Abschn. 3.3.3), während letztgenannte für das vertiefte Verständnis der Kraftübertragung von den Radsätzen auf die Schienen, sowie der Dissipation von Energien an verschiedenen Stellen im Fahrzeug von zentraler Bedeutung sind.

Die Auslegung von Schienenfahrzeugbremsen ist ohne ein fundamentales Verständnis fahrdynamischer Zusammenhänge nicht möglich, weshalb den Bremskräften ein eigenes Kapitel in diesem Buch gewidmet ist. Die Kenntnis des Verzögerungsverhaltens von Schienenfahrzeugen und Zügen ist wiederum wichtig bei der Projektierung sicherungstechnischer Anlagen, weshalb die (Leit- und) Sicherungstechnik des Schienenverkehrs ebenfalls als „angrenzendes" Fachgebiet betrachtet werden kann.

Die zutreffende Vorausberechnung von Fahrzeiten auf fahrdynamischer Basis ist ein fundamentaler Bestandteil der Verkehrstelematik sowie der Eisenbahnbetriebslehre (oben

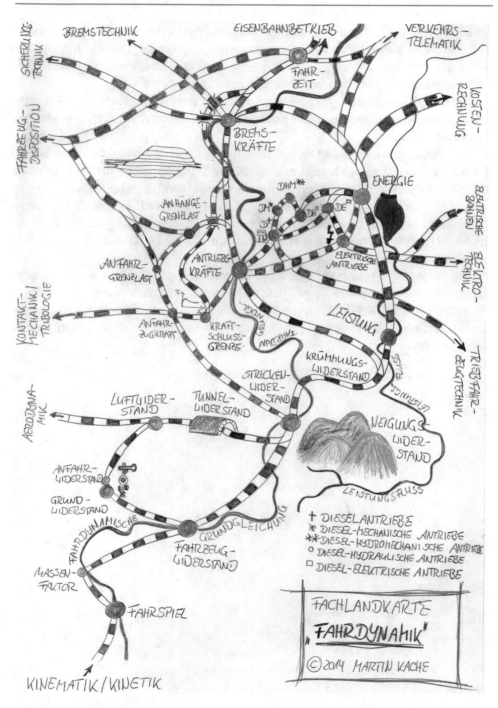

Abb. 1.2 Fachlandkarte Fahrdynamik

rechts in der Abb. 1.2). Unter Verkehrstelematik wird dabei im Allgemeinen das Zusammenspiel von *Tele*kommunikation und Infor*matik* verstanden, die meist zum Ziel hat, die Fahrt von Fahrzeugen bzw. Fahrzeugströme vorausschauend zu lenken, um Trassenkonflikte zu vermeiden und/oder Traktionsenergie einzusparen.

Der Energiebedarf von Zugfahrten ist wiederum ein wesentlicher Faktor bei der Kostenrechnung im Eisenbahnwesen, sodass sich eine Verknüpfung mit der eisenbahnspezifischen Ökonomie ergibt.

Das Leistungsvermögen sowie der Energiebedarf von Schienenfahrzeugen hängen wesentlich von den verwendeten Antrieben ab. Die Dimensionierung der Antriebe sowie der (elektrischen) Energieversorgungsanlagen erfolgt auf fahrdynamischer Basis.

Wie aus den voranstehenden Ausführungen hervorgeht, ist die Fahrdynamik ein wesentliches Grundlagenfach für Eisenbahningenieurinnen und -ingenieure, ganz gleich, ob der jeweilige Studienschwerpunkt nun im Maschinenbau, in der Elektrotechnik oder im Verkehrsingenieurwesen liegt.

Die Beschäftigung mit fahrdynamischen Zusammenhängen und Fragestellungen ist in jedem Fall eine lohnenswerte Angelegenheit, die gleichzeitig auch wichtige Einblicke in die angrenzenden Fachdisziplinen ermöglicht. Die Fahrdynamik bietet damit sowohl den Spezialisten als auch den Generalisten wichtige Erkenntnisse, wie die folgenden Kapitel zeigen werden.

Grundlagen der Fahrdynamik

2

2.1 Fahrdynamisch relevante Kräfte

2.1.1 Längskräfte an Fahrzeugen und Zügen

Betrachtet man die in Längsrichtung auf Fahrzeuge und Zugverbände wirkenden Kräfte, so lassen sich prinzipiell vier Kategorien von Kräften identifizieren, die in den folgenden Unterabschnitten kurz charakterisiert werden. Es handelt sich um folgende Kräftegruppen:

1. Längskräfte, die von den Antriebsanlagen erzeugt werden (Antriebskräfte),
2. Längskräfte, die von den Bremsanlagen erzeugt werden (Bremskräfte),
3. Kräfte, die die Fortbewegung eines Fahrzeuges oder Zuges hemmen (Fahrwiderstandskräfte),
4. Massenträgheitskräfte

▶ Definition: Fahrdynamisch relevante Längskräfte
Bei fahrdynamischen Betrachtungen müssen im Allgemeinen vier Kategorien von Kräften ermittelt und bilanziert werden:

- Antriebskräfte,
- Bremskräfte,
- Fahrwiderstandskräfte
- und Massenträgheitskräfte.

Ergänzende Information Die elektronische Version dieses Kapitels enthält Zusatzmaterial, auf das über folgenden Link zugegriffen werden kann
https://doi.org/10.1007/978-3-658-41713-0_2.

Da für fahrdynamische Betrachtungen auch im Falle von Zugverbänden in der Regel eine Starrkörperbewegung zugrunde gelegt wird, können alle wirkenden Längskräfte mit guter Näherung als in der Ebene des ideellen Fahrzeugschwerpunktes angreifend angenommen werden. Damit entfällt die Bilanzierung etwaiger Drehmomente, die sich durch die Einleitung von Längskräften in die Fahrzeuge auf unterschiedlichen Ebenen ergeben würden. Auch wenn insbesondere die Antriebs- und Bremskräfte eigentlich als Tangentialkräfte in der Ebene der Schienenoberkante (SO) übertragen werden, wird dies in der Fahrdynamik meist vernachlässigt und so die Bilanzierung der Längskräfte ganz erheblich erleichtert.

2.1.2 Antriebskräfte

Als Antriebskräfte werden alle Längskräfte bezeichnet, die von den Antriebsanlagen für den Vortrieb generiert werden. Der Richtungssinn der Antriebskräfte ist identisch mit dem der Geschwindigkeit, mit der sich das Fahrzeug oder der Zugverband fortbewegt (siehe Abb. 2.1). Hinsichtlich ihres Betrages sind die Antriebskräfte neben den Bremskräften die größten bei fahrdynamischen Betrachtungen auftretenden Kräfte.

Antriebskräfte werden in der Fahrdynamik mit F_T bezeichnet. Der Index „T" bezieht sich in diesem Falle darauf, dass die am Treibradumfang generierte Antriebskraft gemeint ist, die unmittelbar aus dem Antriebsdrehmoment der Treibradsätze resultiert. Bisweilen ist es auch üblich, die Antriebskraft mit F_Z zu bezeichnen. Dann wird die am Zughaken auf den Wagenzug übertragene Zugkraft adressiert. Diese ist um den Betrag der Triebfahrzeugwiderstandskraft F_{WFT} geringer als die Zugkraft an den Treibrädern. Es gilt also für die Beziehung von Treibrad- und Zughakenzugkraft der in Gl. 2.1 dargestellte Zusammenhang. Als Faustregel für die Interpretation der Indizes in diesem Werk gilt jedenfalls, dass Größen, die ein großes T im Index führen, in der Fahrdynamik meist etwas mit den angetriebenen Fahrzeugen (T = Traktion) zu tun haben.

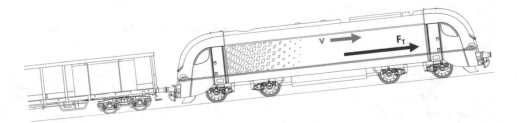

Abb. 2.1 Kategorie: Antriebskräfte (Grafik: Karim Benabdellah)

$$F_Z = F_T - F_{WFT} \tag{2.1}$$

Da es insbesondere für die derzeit weit verbreiteten Triebzüge nicht sinnvoll ist, eine Zughakenzugkraft zu definieren, ist der Bezugspunkt für die generierten Antriebskräfte heute in der Regel der Treibradumfang.

▶ **Zusammenfassung: Antriebskräfte**
Antriebskräfte werden bei Schienenfahrzeugen mit Bezug auf den Treibradumfang (F_T) oder den Zughaken (F_Z) angegeben. Die Antriebskräfte von mehreren Fahrzeugen lassen sich einfach zu einer gesamten Antriebskraft addieren.

Antriebskräfte sind in der Fahrdynamik hauptsächlich von der Geschwindigkeit v und dem Kraftschluss τ zwischen Rad und Schiene abhängig. Bei der Betrachtung von Auf- und Abschaltvorgängen spielt auch die zeitliche Abhängigkeit des Zugkraftauf- oder -abbaus eine Rolle.

$$F_T = f(v, \tau, t)$$

Antriebskräfte werden bei der fahrdynamischen Kräftebilanz immer in Bewegungsrichtung angetragen.

2.1.3 Bremskräfte

Als Bremskräfte werden in der Fahrdynamik alle Kräfte bezeichnet, die von den Bremsen des Fahrzeuges oder des Zugverbandes erzeugt werden. Bremskräfte werden immer dann erzeugt, wenn eine Verzögerung der Fahrzeuge auf ein geringeres Geschwindigkeitsniveau bzw. bis zum Stillstand erreicht werden soll oder die Geschwindigkeit in starken Gefälleabschnitten konstant gehalten werden muss. Der Richtungssinn der Bremskräfte ist dem der Geschwindigkeit, mit der sich die Fahrzeuge bewegen, entgegengesetzt (siehe Abb. 2.2).

Da die Bremswege in vielen Fällen deutlich kleiner sind als die Beschleunigungswege, muss die Summe der erzeugten Bremskräfte vergleichsweise groß sein. Tatsächlich übersteigt der Betrag der erzeugten Bremskräfte im Falle von Schnell- bzw. Gefahrbremsungen den Betrag der anderen fahrdynamisch relevanten Kräfte deutlich.

Bremskräfte werden in der Fahrdynamik im Allgemeinen mit F_B bezeichnet. Da Schienenfahrzeuge (mit Ausnahme von Güterwagen) häufig über verschiedene Bremsen verfügen (z. B. mechanische Bremsen (Reibungsbremsen), dynamische Bremsen (elektrodynamisch oder hydrodynamisch) oder Magnetschienenbremsen), kann es gegebenenfalls sinnvoll sein, den Index um entsprechende Angaben zu erweitern (z. B. $F_{B,ED}$ für die Bremskräfte, die von elektrodynamischen Bremsen erzeugt werden).

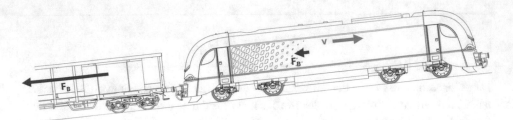

Abb. 2.2 Kategorie: Bremskräfte (Grafik: Karim Benabdellah)

▶ **Zusammenfassung: Bremskräfte**

Bremskräfte F_B werden bei Schienenfahrzeugen grundsätzlich dezentral erzeugt. Die Gesamtbremskraft ergibt sich aus der Überlagerung (Summierung) der Bremskräfte der Einzelfahrzeuge in Zugverbänden. Verfügen die Fahrzeuge über mehr als eine Bremse, so muss überdies die Addition aller Teilbremskräfte vorgenommen werden.

Bremskräfte unterliegen komplexen Abhängigkeiten, von denen die Geschwindigkeit v, die Zeit t, Reibwerte μ im Allgemeinen sowie lokale Temperaturen θ die wichtigsten Einflussgrößen sind:

$$F_B = f(v, t, \mu, \theta)$$

Bremskräfte werden bei der fahrdynamischen Kräftebilanz immer entgegen der Bewegungsrichtung angetragen.

2.1.4   Fahrwiderstandskräfte

Als Fahrwiderstandskräfte werden in der Fahrdynamik alle Kräfte bezeichnet, die im Allgemeinen bewegungshemmend wirken. Sie treten im Gegensatz zu allen anderen im fahrdynamischen Kontext betrachteten Kräften während aller Phasen einer Fahrt auf. Die Summe der Fahrwiderstandskräfte wird in der Fahrdynamik mit $\sum F_W$ bezeichnet (siehe Gl. 2.2).

In Abhängigkeit davon, ob die Entstehung der Fahrwiderstandskräfte auf Eigenschaften des Fahrzeuges (z. B. Formgebung oder Fahrwerksbauart) zurückzuführen ist oder auf Trassierungsparameter wird der Index entsprechend erweitert. So entstehen die Kategorien des **F**ahrzeugwiderstandes F_{WF} bzw. des **S**treckenwiderstandes F_{WS}. Bezüglich der Fahrzeugwiderstandskräfte wird ferner unterschieden, ob sie dem oder den **T**riebfahrzeugen F_{WFT} oder dem **W**agenzug F_{WFW} zugeordnet werden können.

Der Richtungssinn der Fahrwiderstandskräfte ist dem der Geschwindigkeit, mit der sich die Fahrzeuge bewegen, entgegengesetzt (siehe Abb. 2.3). Die Streckenwiderstandskraft kann dabei als einzige der bei fahrdynamischen Betrachtungen bilanzierten Kräfte ihre effektive Wirkrichtung ändern (befahren von Steigungen vs. befahren von Gefällen).

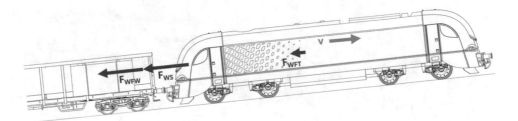

Abb. 2.3 Kategorie: Fahrwiderstandskräfte (Grafik: Karim Benabdellah)

$$\sum F_W = F_{WFT} + F_{WFW} + F_{WS} \qquad (2.2)$$

▶ **Zusammenfassung: Fahrwiderstandskräfte**

Fahrwiderstandskräfte werden nach der Ursache ihrer Entstehung eingeteilt. Grundsätzlich wird zwischen der Fahrzeugwiderstandskraft der angetriebenen Fahrzeuge F_{WFT}, der Fahrzeugwiderstandskraft des Wagenzuges (d. h. der nicht angetriebenen Fahrzeuge) sowie der Streckenwiderstandskraft unterschieden.

Fahrwiderstandskräfte unterliegen komplexen Abhängigkeiten, von denen die Geschwindigkeit v (Fahrzeugwiderstandskräfte) und der zurückgelegte Weg s sowie die Längsneigung i der Strecke (jeweils Streckenwiderstand) die wichtigsten Einflussgrößen sind:

$$\sum F_W = f(v, s, i)$$

Fahrwiderstandskräfte werden bei der fahrdynamischen Kräftebilanz immer entgegen der Bewegungsrichtung angetragen. Die tatsächliche Wirkrichtung der Streckenwiderstandskraft ergibt sich aus dem Vorzeichen der Streckenlängsneigung („+": Steigung/„-": Gefälle).

2.1.5   Massenträgheitskraft

Die Massenträgheitskraft wird gebildet aus dem Produkt der translatorischen Masse m eines Fahrzeuges, des fahrdynamischen Massenfaktors ξ und der Beschleunigung, die das Fahrzeug entlang der Hauptbewegungsrichtung erfährt. Die Massenträgheitskraft muss bei der Aufstellung des fahrdynamischen Kräftegleichgewichtes immer mit bilanziert werden und wird grundsätzlich entgegen der Bewegungsrichtung angetragen (siehe Abb. 2.4) und zwar unabhängig davon, ob eine beschleunigte oder eine verzögerte Bewegung betrachtet werden soll.

Das Produkt aus fahrdynamischem Massenfaktor (siehe Abschn. 2.5) und translatorischer Fahrzeugmasse wird auch als „fahrdynamisch äquivalente Masse" m_e bezeichnet.

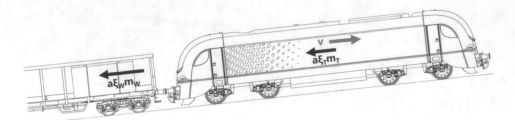

Abb. 2.4 Kategorie: Massenträgheitskräfte (Grafik: Karim Benabdellah)

Die Beschleunigung kann auch als zweite Ableitung des zurückgelegten Weges x nach der Zeit aufgefasst werden. Bezüglich der Massenträgheitskraft ergeben sich somit die in Gl. 2.3 aufgeführten äquivalenten Formulierungen.

$$a\xi m = \ddot{x}\xi m = \ddot{x}m_e = am_e \qquad (2.3)$$

Die Massenträgheitskraft wird bisweilen im Kontext der Anwendung der Fahrdynamischen Grundgleichung (siehe Abschn. 2.2) auch schlicht als „Trägheitsterm" bezeichnet.

▶ **Zusammenfassung: Massenträgheitskraft**
Die Massenträgheitskraft muss bei der Bilanzierung der fahrdynamisch relevanten Kräfte immer mit berücksichtigt werden. Sie ist von den Trägheitseigenschaften der betrachteten Fahrzeuge abhängig sowie von der Beschleunigung, die diese erfahren.

Die Massenträgheitskraft wird bei der Aufstellung der Kräftebilanz stets entgegen der Bewegungsrichtung angetragen.

2.2   Fahrdynamische Grundgleichung

Nachdem in dem voranstehenden Abschn. 2.1 alle fahrdynamisch relevanten Kräfte eingeführt und grob charakterisiert worden sind, soll es nun darum gehen, alle genannten Kräfte zu bilanzieren.

Abb. 2.5 zeigt den allgemeinen Fall eines lokbespannten Zuges, der sich mit der Geschwindigkeit v in die angegebene Richtung bewege. Die fahrdynamischen Kräfte sind alle gemäß der in Abschn. 2.1 dargelegten Prämissen angetragen, sodass eine Bilanzierung der Kräfte unter Berücksichtigung ihres Vorzeichens (bezüglich der Bewegungsrichtung) erfolgen kann. Nach den aus der Mechanik bekannten Gesetzmäßigkeiten muss gelten: $\sum F = 0$.

Folglich ergibt sich für den in Abb. 2.5 dargestellten Zug das in Gl. 2.4 beschriebene Kräftegleichgewicht.

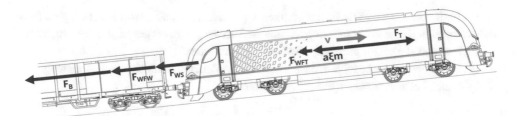

Abb. 2.5 Kräftebilanz in Längsrichtung eines Zuges (Grafik: Karim Benabdellah)

$$0 = F_T - a\xi_Z m_Z - F_{WFT} - F_{WFW} - F_{WS} - F_B \tag{2.4}$$

Der Index Z bei den Elementen des Trägheitstermes weist darauf hin, dass es sich um die Masse bzw. den fahrdynamischen Massenfaktor des gesamten Zuges (also Triebfahrzeug(e) und Wagenzug) handelt.

Der in Gl. 2.4 formulierte Zusammenhang wird auch als **Fahrdynamisches Grundgesetz** oder **Fahrdynamische Grundgleichung** bezeichnet. Die Gl. 2.5 bis 2.7 zeigen alternative mathematische Formulierungen desselben Zusammenhanges.

$$0 = F_T - \ddot{x}\xi_Z m_Z - F_{WFT} - F_{WFW} - F_{WS} - F_B \tag{2.5}$$

$$0 = F_Z - \ddot{x}\xi_Z m_Z - F_{WFW} - F_{WS} - F_B \tag{2.6}$$

$$0 = F_T - \ddot{x}\xi_Z m_Z - \sum F_W - F_B \tag{2.7}$$

▶ **Zusammenfassung: Fahrdynamische Grundgleichung** Die Fahrdynamische Grundgleichung ist die Bilanzgleichung der sechs fahrdynamisch relevanten Kräfte. Sie ist die Basis für die Lösung der meisten fahrdynamischen Fragestellungen.

2.3   Weitere fundamentale Gleichungen

Neben der fahrdynamischen Grundgleichung gibt es noch weitere fundamentale Zusammenhänge, die bei der Beschäftigung mit fahrdynamischen Fragestellungen unbedingt präsent sein sollten. Der zweifellos wichtigste ist dabei der Zusammenhang von mechanischer Leistung und mechanischer Arbeit.

Die mechanische Arbeit ist ganz allgemein wie folgt definiert:

$$W = \int \vec{F}(\vec{s}) \cdot d\vec{s} \tag{2.8}$$

Im Falle fahrdynamischer Betrachtungen wird vereinfachend davon ausgegangen, dass die wirkenden Kräfte *exakt* in Fahrtrichtung oder in der genau entgegengesetzten Richtung wirken, sodass die vektorielle Schreibweise entfallen kann.

Es gilt außerdem zu beachten, dass mechanische Arbeit und mechanische Leistung verknüpft sind. Letztgenannte ist wie folgt definiert:

$$P = \frac{dW}{dt} \tag{2.9}$$

Durch Einsetzen von Gl. 2.8 in Gl. 2.9 und unter Berücksichtigung der genannten sowie weiterer Vereinfachungen ergibt sich folgender Zusammenhang:

$$P = \frac{F \cdot ds}{dt}. \tag{2.10}$$

Der Differentialquotient ds/dt ist die Definition der Geschwindigkeit v, sodass sich für die Leistung folgender einfacher Zusammenhang von Leistung, (stationärer) Kraft und (konstanter) Geschwindigkeit ergibt:

$$P = F \cdot v. \tag{2.11}$$

Die meisten fahrdynamisch relevanten Kräfte (Zugkraft, Fahrzeugwiderstandskräfte, Bremskräfte) weisen eine ausgeprägte Abhängigkeit von der Geschwindigkeit auf. Dementsprechend wird auch die Beschleunigung bzw. Verzögerung der Fahrzeuge entsprechend der fahrdynamischen Grundgleichung (Gl. 2.4) auf Streckenabschnitten mit konstanten Trassierungsparametern eine dominante Abhängigkeit von der Geschwindigkeit aufweisen. Die aus der Schulphysik bekannten Gleichungen zur Ermittlung der Geschwindigkeit und des zurückgelegten Weges aus einer vorgegebenen Beschleunigungsfunktion a(t) können deshalb in der Fahrdynamik in der Regel nicht zur Anwendung kommen. Stattdessen gelten die in den Gl. 2.12 und 2.14 dargestellten Zusammenhänge.

$$a = f(v) = \frac{dv}{dt} \tag{2.12}$$

$$t \ = \int \frac{dv}{a(v)} \tag{2.13}$$

$$s \ = \int \frac{v\,dv}{a(v)} \tag{2.14}$$

Die Funktion a(v) ergibt sich unmittelbar aus dem Zusammenspiel der fahrdynamischen Kräfte. Die Ermittlung der Fahrzeit t bzw. des während des Beschleunigungs-/Verzögerungsvorganges zurückgelegten Weges s erfordert also die Integration gebrochenrationaler Funktionen. Der Aufwand, der zur Lösung der oben stehenden Integrale betrieben werden muss, ist maßgeblich von der Frage abhängig, welcher konkreten Funktion a(v) folgt bzw. ob es gelingt, Beschleunigungs- und Verzögerungsvorgänge in akzeptabler Genauigkeit mittels linearer oder quadratischer Näherungsfunktionen zu beschreiben.

Rechenbeispiel: Treibradleistung

Betrachtet wird eine Drehstromlokomotive (z. B. ein Siemens Vectron), für die eine Trei-bradleistung P_T von 6,4 MW angegeben wird.

Welche Zugkraft kann diese Lokomotive bei einer Geschwindigkeit von v = 160 km/h generieren (Voraussetzung: $P_T(v)$=const.)?

$$P_T = F_T \cdot v$$

$$F_T = \frac{P_T}{v}$$

Anmerkung: 6,4 MW = 6400 kW *sowie* 160 km/h = 44,44 m/s

$$F_T = \frac{6400\,\text{kW}}{44,44\,\frac{\text{m}}{\text{s}}} = \frac{6400\,\frac{\text{kNm}}{s}}{44,44\,\frac{\text{m}}{\text{s}}} = 144\,\text{kN}$$

Bei 160 km/h wird noch eine Zugkraft von 144 kN an den Treibrädern generiert. ◄

2.4   Phasen der Zugfahrt

2.4.1   Fahrschaubild und Fahrspiel

Nachdem in den Abschn. 2.1 und 2.2 die fahrdynamisch relevanten Längskräfte charak-terisiert wurden und die Kräftebilanz an einem fahrenden Zug aufgestellt wurde, soll in diesem Unterkapitel eine grundlegende Analyse von Zugfahrten erfolgen. Ziel der Analyse ist es, die Phasen einer Zugfahrt zu identifizieren und voneinander abzugrenzen sowie die fahrdynamische Grundgleichung (Gl. 2.4) auf diese Phasen anzuwenden.

Der Verlauf einer Zugfahrt wird typischerweise als Funktion v(s) oder v(t) in einem Diagramm dargestellt, das auch als „Fahrschaubild" bezeichnet wird. Abb. 2.6 zeigt einen solchen Geschwindigkeitsverlauf über dem Weg für eine idealisierte Zugfahrt.

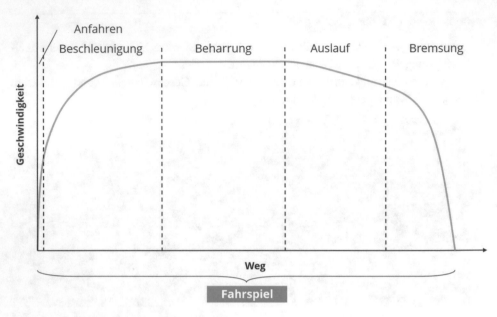

Abb. 2.6 Zugfahrt (idealisierte Darstellung)

Sowohl zu Beginn als auch zum Ende der Fahrt steht das Fahrzeug bzw. der Zug (v=0 km/h). Die Gesamtheit der Vorgänge, die sich zwischen diesen beiden Stillstandsphasen abspielen, wird als „Fahrspiel" bezeichnet. Reale Zugfahrten weisen meistens mehrere Unterwegshalte auf und bestehen demnach aus mehreren Fahrspielen, die überdies eine beliebige Komplexität aufweisen können.

Wie aus Abb. 2.6 hervorgeht, kann die Fahrt eines Zuges in fünf Abschnitte unterteilt werden. Im Detail sind dies:

1. der Anfahrvorgang,
2. der Beschleunigungsvorgang,
3. die Beharrungsfahrt,
4. der Fahrzeugauslauf sowie
5. die Bremsung.

In der Fachliteratur sind auch häufig vereinfachte Darstellungen zu finden, bei denen nicht zwischen Anfahrprozess und Beschleunigungsvorgang unterschieden wird. In den folgenden Unterkapiteln werden diese fünf Phasen der Zugfahrt jeweils kurz beschrieben und hinsichtlich der wirkenden fahrdynamischen Kräfte charakterisiert.

2.4.2   Der Anfahrvorgang

Der Anfahrvorgang ist dadurch gekennzeichnet, dass sowohl die Zugkraft als auch die Fahrzeugwiderstandskräfte hohe transiente Anteile aufweisen können. Wenn die Abfahrbereit-
schaft eines Zuges hergestellt ist, wäre es nicht opportun, die maximal mögliche Zugkraft
schlagartig auf das Fahrzeug oder den Zugverband wirken zu lassen, da sonst sowohl der
Anfahrruck (zeitliche Veränderung der Längsbeschleunigung über der Zeit) sehr hohe Werte
annehmen würde, als auch eine Überlastung mechanischer Baugruppen (Treibradwellen,
Zugeinrichtung u. a.) zu befürchten wäre.

Die Entfaltung der Zugkraft wird also allmählich erfolgen, wobei die konkrete Ausgestaltung des zeitlichen Anstiegs der Traktionskräfte einerseits von der Art des Antriebes und
seiner Steuerung bzw. Regelung und anderseits von den Bedienhandlungen der Triebfahrzeugpersonale abhängig ist.

Außerdem gilt es zu beachten, dass die Fahrzeugwiderstände insbesondere langer Wagenzüge in dem Moment, da sich der Zugverband in Bewegung setzt und die Radsätze ihre ersten
Umdrehungen vollziehen, erhöhte Werte aufweisen können. Dieses Phänomen wird als „Anfahrwiderstand" bezeichnet. Dieser tritt nur auf den ersten Metern der Zugfahrt auf, klingt
dann rasch ab und geht in den „normalen" Fahrzeugwiderstand über (siehe Abb. 2.7).

Die fahrdynamische Kräftebilanz lässt sich für die Anfahrphase gemäß Gl. 2.15 formulieren.

$$0 = F_T(t) - a\xi_Z m_Z - F_{WFT} - F_{WFW}(s) - F_{WS}(s) \qquad (2.15)$$

Die allgemeine fahrdynamische Grundgleichung wurde also dahingehend angepasst, dass
Bremskräfte beim Anfahren keine Rolle (mehr) spielen sollten ($F_R = 0$) und dass die
Zeitabhängigkeit der Zugkraft (Aufschaltvorgänge) sowie die Wegabhängigkeit v. a. der
Wagenzugwiderstandskraft (Anfahrwiderstand) betont werden.

2.4.3   Der Beschleunigungsvorgang

Wenn sich die maximale Zugkraft nach Abschluss des Aufschaltvorganges entwickelt hat
und die anfänglich erhöhte Fahrzeugwiderstandskraft abgeklungen ist, geht der Anfahr- in
den Beschleunigungsvorgang über. Der Beschleunigungsvorgang ist abgeschlossen, wenn
die streckenseitige oder bremstechnische Höchstgeschwindigkeit erreicht ist oder wenn die
zu überwindenden Fahrwiderstandskräfte bei der jeweiligen Geschwindigkeit denselben
Betrag aufweisen, wie die generierten Antriebskräfte.

Die fahrdynamische Kräftebilanz lässt sich für die Beschleunigungsphase gemäß Gl. 2.16
formulieren.

$$0 = F_T(v) - a\xi_Z m_Z - F_{WFT}(v) - F_{WFW}(v) - F_{WS}(s) \qquad (2.16)$$

Es wird deutlich, dass sowohl die Zug- als auch die Fahrzeugwiderstandskräfte während des Beschleunigungsvorganges als maßgeblich von der Geschwindigkeit abhängig betrachtet werden können.

Zum besseren Verständnis der Abgrenzung von Anfahr- und Beschleunigungsvorgang werden die ersten zehn Sekunden der (simulierten) Fahrt eines Güterzuges in Abb. 2.7 dargestellt. Das obere Diagramm zeigt den Verlauf von Zug- und Wagenzugwiderstandskraft innerhalb des genannten Zeitraums, während das untere Diagramm die Entwicklung der Geschwindigkeit über der Zeit darstellt.

Die Zugkraft folgt in den ersten fünf Sekunden einer Aufregelfunktion und bleibt dann für den restlichen dargestellten Zeitraum nahezu konstant. Der Wagenzugwiderstand weist unmittelbar zu Beginn der Fahrt einen erhöhten Wert auf (Anfahrwiderstand) und fällt dann innerhalb kürzester Zeit (und damit nach wenigen zurückgelegten Metern) auf einen geringeren Wert ab. Im Falle des in Abb. 2.7 gezeigten Fahrtausschnittes ist der Anfahrvorgang also nach ca. 5 s abgeschlossen. Der Geschwindigkeits-Zeit-Verlauf zeigt, dass sich die Beschleunigung allmählich aufbaut und am Ende des Anfahrvorganges im gezeigten Beispiel eine Geschwindigkeit von knapp über 3 km/h erreicht wird.

2.4.4   Die Beharrungsfahrt

Die Beharrungsfahrt ist dadurch gekennzeichnet, dass die Beschleunigung annähernd den Wert „Null" annimmt und damit die Geschwindigkeit weitgehend konstant bleibt. Beharrungsphasen können theoretisch in den nachfolgend genannten drei Fällen auftreten.

1. Die Zugkraft wird so eingestellt, dass sie die auftretenden Fahrwiderstände genau kompensiert.
2. Die Bremskraft wird in starken Gefälleabschnitten so eingestellt, dass sie die Hangabtriebskraft abzüglich der Fahrzeugwiderstandskräfte genau kompensiert.
3. Im Fahrzeugauslauf wird ein Gefälleabschnitt befahren, der eine Hangabtriebskraft erzeugt, die genau der Summe der Fahrzeugwiderstandskräfte entspricht.

Die beiden letztgenannten Fälle stellen Spezialfälle der Brems- bzw. Auslaufphasen dar und werden diesen zugeschlagen.

Im Rahmen dieses Buches werden als Beharrungsfahrt deshalb nur solche Zustände bezeichnet, in denen die Fahrzeuggeschwindigkeit bei vorhandener Zugkraft weitgehend konstant bleibt.

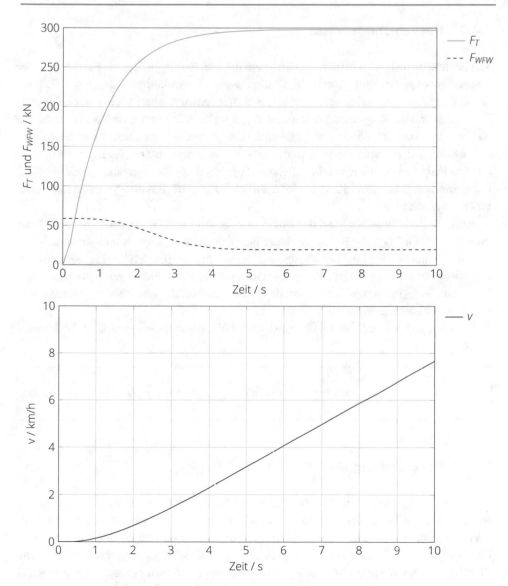

Abb. 2.7 Beispiel: Anfahren und Beschleunigen eines Güterzuges (Simulation)

Die fahrdynamische Kräftebilanz lässt sich für die Beharrungsphase gemäß Gl. 2.17 formulieren.

$$0 = F_T - F_{WFT} - F_{WFW} - F_{WS}(s) \qquad (2.17)$$

2.4.5   Der Fahrzeugauslauf

Von „Fahrzeugauslauf" wird gesprochen, wenn die Geschwindigkeit eines Fahrzeuges oder Zugverbandes größer Null ist und weder Antriebs- noch Bremskräfte wirksam sind. Folglich ist die Beschleunigung oder Verzögerung der Fahrzeuge im Auslauf allein von den Fahrwiderständen und den Trägheitseigenschaften abhängig. Es gibt Literaturstellen, die nicht von „(Fahrzeug-)Auslauf", sondern von „Segeln" oder „Coasting" sprechen. Im erstgenannten Fall ist dies auf die mangelnde Beherrschung der fahrdynamischen Fachsprache und im zweiten Fall ist es auf die mangelnde Beherrschung der deutschen Sprache zurückzuführen. In der englischsprachigen Literatur wird natürlich der Begriff „coasting" verwendet (und da gehört er ja auch hin).

Aufgrund der Tatsache, dass der Streckenwiderstand sein Vorzeichen wechseln kann (Steigung vs. Gefälle), die Fahrzeugwiderstände jedoch nicht, kann es im Fahrzeugauslauf sowohl zu einer (ungleichmäßig) verzögerten als auch zu einer (ungleichmäßig) beschleunigten Bewegung kommen. Es ist überdies der Grenzfall einer gleichförmigen Bewegung denkbar, wenn sich Streckenwiderstandskraft (Hangabtriebskraft) und Fahrzeugwiderstandskräfte genau kompensieren.

Die fahrdynamische Kräftebilanz lässt sich für die Auslaufphase gemäß Gl. 2.18 formulieren.

$$0 = -a\xi_Z m_Z - F_{WFT}(v) - F_{WFW}(v) - F_{WS}(s) \qquad (2.18)$$

2.4.6   Die Bremsung

Bremsungen liegen vor, wenn Bremskräfte auf ein Fahrzeug oder einen Zugverband wirken. Je nachdem, welche Art der Bremsung (Betriebsbremsung, Schnellbremsung, Beharrungs- oder Gefällebremsung) eingeleitet wird, stellt sich entweder eine ungleichmäßig verzögerte Bewegung oder eine gleichförmige Bewegung (nur bei Beharrungsbremsungen) ein. Die Begriffe „Beharrungsbremsung" und „Gefällebremsung" können synonymisch verwendet werden und bezeichnen Bremsungen, bei denen die Bremskräfte genutzt werden, um die Geschwindigkeit in starken Gefällen konstant zu halten.

Das gleichzeitige Vorliegen von Antriebs- und Bremskräften wird heute über die Leittechnik ausgeschlossen, sodass ein eingeleiteter Bremsbefehl grundsätzlich zu einer Abschaltung der Antriebskräfte führt.

Die fahrdynamische Kräftebilanz lässt sich für die Bremsphase gemäß Gl. 2.19 formulieren.

$$0 = -a\xi_Z m_Z - F_{WFT}(v) - F_{WFW}(v) - F_{WS}(s) - F_B(t, v, \theta) \qquad (2.19)$$

Grundsätzlich ist von einer Abhängigkeit der Bremskräfte von der Zeit sowie der Geschwindigkeit auszugehen. In speziellen Fällen (Hochgeschwindigkeitsverkehr, Bremsungen in langen und steilen Gefällen) verdient auch die Temperaturabhängigkeit (symbolisiert durch das θ in Gl. 2.19) der Bremsen besondere Beachtung.

In Abhängigkeit von der Fahrzeugart und der verwendeten Bremseinrichtungen (vor allem: Druckluftbremse mit pneumatischer oder elektrischer Ansteuerung (ausgeführt als Scheiben- oder Klotzbremse), elektrodynamische Bremse, Magnetschienenbremse) werden die genannten Abhängigkeiten jedoch unterschiedlich stark ausgeprägt sein.

2.5   Der fahrdynamische Massenfaktor

2.5.1   Bedeutung des fahrdynamischen Massenfaktors

Vielleicht mag bei der bisherigen Lektüre die Frage aufgekommen sein, was es mit dem in Abschn. 2.1.5 erstmals erwähnten *fahrdynamischen Massenfaktor* auf sich hat? Betrachten wir dazu zunächst ein Beispiel, in dem das Verhalten zweier Güterwagen im Fahrzeugauslauf verglichen werden soll.

Bei den Güterwagen handelt es sich um Fahrzeuge ähnlicher Bauart, die sich vor allem hinsichtlich der Fahrzeuglänge und der Anzahl der Radsätze unterscheiden (siehe Abb. 2.8). Die für die folgenden Überlegungen relevanten Eigenschaften der beiden betrachteten Wagen enthält Tab. 2.1.

(a) Güterwagen (Typ 1) mit **zwei** Radsätzen   (b) Güterwagen (Typ 2) mit **vier** Radsätzen

Abb. 2.8 Beispielwagen ähnlicher Bauart mit zwei bzw. vier Radsätzen

Tab. 2.1 Charakteristische Eigenschaften der beiden Beispielfahrzeuge

	Güterwagen (Typ 1)	Güterwagen (Typ 2)
Leermasse	17,6 t	30,0 t
Zuladung	12,4 t	0,0 t
Gesamtmasse	30,0 t	30,0 t
Fahrzeugwiderstandskraft für v=0...25 km/h	650 N	650 N

Beide Güterwagen weisen hinsichtlich ihrer Gesamtmasse (30,0 t) sowie ihrer Fahrzeug-widerstandskraft im Geschwindigkeitsintervall von 0 bis 25 km/h identische Eigenschaften auf.

Würden beide Wagen auf geradem, ebenen Gleis aus einer Anfangsgeschwindigkeit von 25 km/h ausrollen, so würde unter den gegebenen Prämissen festgestellt, dass der Wagen mit vier Radsätzen bis zum Stillstand einen etwas größeren Auslaufweg aufweist, als der Wagen mit den zwei Radsätzen. Warum ist das so?

Der Schlüssel zum Verständnis dieses Sachverhaltes liegt in der Beachtung der Ener-giebilanz. Ein rollendes Fahrzeug weist sowohl kinetische Energie der Translation als auch kinetische Energie der Rotation auf.

Abb. 2.9 zeigt ein einfaches mechanisches Ersatzmodell eines Güterwagens mit zwei Radsätzen. Die translatorische Trägheit des Wagens wird durch seine Masse m repräsentiert, die die Gesamtmasse des Wagens (und damit auch die Masse der beiden Radsätze) umfasst. Alle im Zuge der Bewegung des Fahrzeuges in Rotation versetzte Bauteile (im Falle des Güterwagens: die beiden Radsätze) weisen außer ihrer translatorischen Trägheit auch noch eine rotatorische Trägheit auf, die durch das Massenträgheitsmoment J repräsentiert wird. Massenträgheitsmomente lassen sich für jeden Körper um verschiedene Achsen bestimmen. Fahrdynamisch relevant ist hier das Trägheitsmoment um die Rotationsachse der Radsätze, die in diesem Fall mit der Symmetrieachse der Radsätze zusammenfällt. Für die schlupffreie Rotation der Radsätze, wie sie bei Güterwagen außer im Falle von Bremsungen vorliegt, gilt zudem die in Abb. 2.9 ebenfalls dargestellte Verknüpfung zwischen Winkelgeschwindigkeit ω und Fahrzeuggeschwindigkeit v über den Rollradius r der Räder.

Abb. 2.9 Einfaches mechanisches Ersatzmodell eines Güterwagens mit zwei Radsätzen

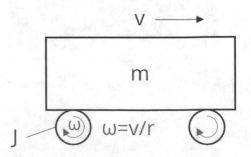

Die Bilanz der kinetischen Energie für das in Abb. 2.9 abgebildete Fahrzeug mit zwei Radsätzen wird durch Gl. 2.20 ausgedrückt.

$$E_{\text{kin}} = E_{\text{kin,trans}} + E_{\text{kin,rot}} = \frac{1}{2}\text{mv}^2 + 2 \cdot \left(\frac{1}{2}\text{J}\omega^2\right) = \frac{1}{2}\text{mv}^2 + \text{J}\left(\frac{\text{v}}{\text{r}}\right)^2 \qquad (2.20)$$

Die gesamte kinetische Energie des Wagens mit vier Radsätzen ist somit um die rotatorische kinetische Energie der zwei zusätzlichen Radsätze höher im Vergleich zu dem Wagen mit den zwei Radsätzen. Während des Auslaufvorganges wird die gesamte kinetische Energie der Wagen durch die Fahrwiderstandskräfte gewandelt, bis die Wagen zum Stillstand kommen. Da die potentielle Energie der Wagen konstant bleibt und Streckenwiderstandskräfte keine Rolle spielen (gerade, ebene Strecke), lässt sich folgende Bilanzgleichung aufstellen:

$$E_{\text{kin}} = \int F_{WFW} \cdot ds. \qquad (2.21)$$

Da die in dem betrachteten Geschwindigkeitsintervall wirkende Fahrwiderstandskraft als konstant angenommen wird, kann die durch die Fahrzeugwiderstandskraft verrichtete Arbeit vereinfacht als das Produkt aus F_{WFW} und der während des Auslaufes zurückgelegten Wegdifferenz Δs_A beschreiben. Somit gilt:

$$E_{\text{kin}} = F_{WFW} \Delta s_A. \qquad (2.22)$$

Bei gleichem Fahrzeugwiderstand werden die Fahrzeuge also eine Wegdifferenz zurücklegen, die proportional zu der in ihnen gespeicherten kinetischen Energie ist (siehe auch Beispielrechnung im Kasten auf der nächsten Seite).

Rechenbeispiel: Auslaufwege zweier Güterwagen

Es sollen die Auslaufwege zweier Güterwagen verglichen werden, die die gleiche Masse (30 t) und den gleichen konstanten Fahrzeugwiderstand (650 N) aufweisen und auf geradem, ebenen Gleis aus einer Geschwindigkeit von v = 25 km/h auslaufen. Die Wagen unterscheiden sich lediglich in der Anzahl ihrer Radsätze (Wagen Typ 1: 2 Radsätze, Wagen Typ 2: 4 Radsätze), die jeweils ein Trägheitsmoment von 116 kgm² sowie einen Rollradius von 0,44 m aufweisen.

1. Bilanzierung der kinetischen Energie des Wagens Typ 1 bei v = 25 km/h:

$$\begin{aligned} E_{\text{kin,W1}} &= \frac{1}{2}\text{mv}^2 + \mathbf{2} \cdot \frac{1}{2}\text{J}\frac{\text{v}^2}{\text{r}^2} \\ &= \frac{1}{2} \cdot 30000\,\text{kg} \cdot 6{,}9444^2\,\frac{\text{m}^2}{\text{s}^2} + \mathbf{2} \cdot \frac{1}{2} \cdot 116\,\text{kgm}^2 \cdot \frac{6{,}9444^2\,\text{m}^2/\text{s}^2}{0{,}44^2\,\text{m}^2} \\ &= 752265\,\text{J} = 752{,}3\,\text{kJ} \end{aligned}$$

2. Bilanzierung der kinetischen Energie des Wagens Typ 2 bei v = 25 km/h:

$$E_{kin,W2} = \frac{1}{2}mv^2 + 4 \cdot \frac{1}{2}J\frac{v^2}{r^2}$$
$$= 781160\,J = 781,2\,kJ$$

3. Berechnung des Auslaufweges für den Wagen Typ 1:

$$E_{kin,W1} = F_{WFW}\Delta s_{A,W1}$$
$$\Delta s_{A,W1} = \frac{E_{kin,W1}}{F_{WFW}} = \frac{752265\,J}{650\,N}$$
$$= 1157\,m$$

4. Berechnung des Auslaufweges für den Wagen Typ 2:

$$\Delta s_{A,W2} = \frac{E_{kin,W2}}{F_{WFW}} = \frac{781160\,J}{650\,N}$$
$$= 1202\,m$$

Der Wagen vom Typ 2 würde also aufgrund der in seinen zwei zusätzlichen Radsätzen gespeicherten kinetischen Rotationsenergie 45 m weiter rollen als der Wagen vom Typ 1. ◄

Wie das in diesem Abschnitt diskutierte Beispiel zeigt, müssen die rotatorischen Trägheiten der Radsätze (und aller mit ihnen verbundenen rotierenden Baugruppen) zwingend bei fahrdynamischen Berechnungen berücksichtigt werden. Um dies zu tun, wäre es theoretisch nötig, für jedes Fahrzeug eine rechnerische Bestimmung der rotatorischen Trägheiten vorzunehmen. Während dies bei Güterwagen mit ihren geometrisch vergleichsweise einfachen Radsätzen noch möglich sein mag, wird es bei Triebfahrzeugen und Reisezugwagen, deren Radsätze ggf. mit verschiedenen Antriebselementen verbunden bzw. mit Bremsscheiben bestückt sind, enorm aufwendig (siehe Abschn. 2.5.4).

In der Fahrdynamik ist es deshalb üblich, die gesamte Rotationsträgheit aller Radsätze (inklusive aller mit diesen verbundenen rotierenden Elemente der Antriebs- und Bremsausrüstung) eines Fahrzeuges zusammenzufassen und mittels des fahrdynamischen Massenfaktors der translatorischen Trägheit zuzuschlagen.

2.5.2 Herleitung des fahrdynamischen Massenfaktors

Der Sinn des fahrdynamischen Massenfaktors ist die vereinfachte Berücksichtigung rotatorischer Trägheiten bei der Bewegung von Fahrzeugen. Diese rotatorischen Trägheiten spielen bei der Berechnung beschleunigter und verzögerter Bewegungen sowie bei der Ermittlung

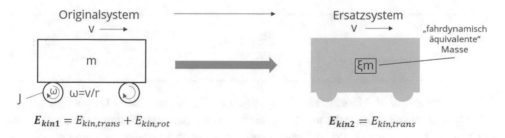

Abb. 2.10 Ersatzsystem zur Reduktion der Massenträgheiten auf eine rein translatorische Trägheit

des Energiebedarfes von Fahrten eine Rolle. Ziel der Einführung des fahrdynamischen Massenfaktors ist die Vereinfachung des kombinierten mechanischen Ersatzmodells, das sowohl rotatorische als auch translatorische Elemente enthält (siehe Abb. 2.9) auf ein rein translatorisches Modell siehe (Abb. 2.10). Die Trägheit des Fahrzeuges wird dann nicht mehr allein durch die Masse, sondern durch die „fahrdynamisch äquivalente Masse" beschrieben. Der Unterschied zwischen beiden Modellierungsansätzen ist der fahrdynamische Massenfaktor. Er nimmt grundsätzlich Werte >1 an und führt somit zu einer (scheinbaren) Erhöhung der translatorischen Masse.

Der fahrdynamische Massenfaktor kann über die Energiebilanz von Original- und Ersatzsystem gemäß Abb. 2.10 hergeleitet werden. Sollen sich Original- und Ersatzsystem hinsichtlich ihrer Trägheit äquivalent verhalten, muss die in beiden Systemen bei der Geschwindigkeit v gespeicherte kinetische Energie gleich sein.

$$E_{\text{kin},1} = E_{\text{kin},2} \tag{2.23}$$

$$E_{\text{kin,trans},1} + E_{\text{kin,rot},1} = E_{\text{kin,trans},2} \tag{2.24}$$

$$\frac{1}{2}mv^2 + \sum \frac{1}{2}J\omega^2 = \frac{1}{2}\xi mv^2 \tag{2.25}$$

$$\xi = \frac{\frac{1}{2}mv^2 + \sum \frac{1}{2}J\omega^2}{\frac{1}{2}mv^2} \tag{2.26}$$

$$\xi = 1 + \underbrace{\frac{\overbrace{\sum \frac{1}{2}J\omega^2}^{E_{\text{kin,rot}}}}{\frac{1}{2}mv^2}}_{E_{\text{kin,trans}}} = 1 + \frac{\frac{1}{2}\sum J \frac{v^2}{r^2}}{\frac{1}{2}mv^2} = 1 + \frac{\sum J}{mr^2} \tag{2.27}$$

$$\xi = 1 + \frac{E_{\text{kin,rot}}}{E_{\text{kin,trans}}} = 1 + \frac{\sum J}{mr^2} \tag{2.28}$$

Der Fahrdynamische Massenfaktor ist somit durch Berechnung der Massenträgheitsmomente aller Radsätze sowie der mit ihnen verbundenen rotierenden Baugruppen ermittelbar. Das in Gl. 2.28 angegebene Massenträgheitsmoment J ist als Ersatzträgheitsmoment zu verstehen. Dieses wird ermittelt, in dem die Einzelmassenträgheitsmomente (jeweils auf die Rotationsachse bezogen) aller mit den Radsätzen verbundener rotierender Baugruppen auf den Radsatz transformiert werden (siehe Abschn. 2.5.4). Gl. 2.28 ist überdies in der aufgeführten Form nur gültig, wenn alle Radsätze des Fahrzeuges annähernd den gleichen Rollradius r aufweisen.

▶ **Zusammenfassung: Fahrdynamischer Massenfaktor** Der fahrdynamische Massenfaktor dient der Berücksichtigung rotatorischer Trägheiten bei der fahrdynamischen Modellierung. Er dient der Transformation aller rotatorischen Trägheiten auf die translatorische Trägheit und verursacht eine scheinbare Erhöhung der Fahrzeugmasse (translatorische Trägheit). Der Fahrdynamische Massenfaktor widerspiegelt das Verhältnis der kinetischen Energie der Translation zur kinetischen Energie der Rotation, die jeweils in Fahrzeugen während der Fahrt gespeichert werden.

2.5.3 Einflüsse auf den fahrdynamischen Massenfaktor

Wie aus Gl. 2.28 hervorgeht, beeinflussen die drei Parameter Fahrzeugmasse, Summe der Massenträgheitsmomente und Radius der Räder den fahrdynamischen Massenfaktor unmittelbar. Daraus lassen sich folgende wesentliche Einflussfaktoren auf den Massenfaktor ableiten, die im folgenden genauer diskutiert werden sollen:

1. die Zuladung,
2. die Fahrzeug(bau)art sowie
3. der Radverschleiß.

Durch die Variation der **Zuladung** verändert sich die translatorische Trägheit des Fahrzeuges und damit die in ihm während der Fahrt bei einer bestimmten Geschwindigkeit gespeicherte kinetische Energie der Translation. Da die kinetische Energie der Translation (bzw. die Summe der Massenträgheitsmomente) von der Zuladung unbeeinflusst ist, bleibt der Zähler der Summanden in Gl. 2.28 gleich, während sich der Nenner verändert. Der fahrdynamische Massenfaktor muss deshalb insbesondere bei Fahrzeugen mit stark schwankenden Fahrzeugmassen (das betrifft insbesondere Güterwagen) an den Beladungszustand angeglichen werden. Dies kann zweckmäßigerweise mit Gl. 2.29 erfolgen.

$$\xi_{bel} = 1 + (\xi_{leer} - 1) \cdot \frac{m_{leer}}{m_{bel}} \tag{2.29}$$

▶ **Zusammenfassung: Zuladung und fahrdynamischer Massenfaktor** Der fahrdynamische Massenfaktor ist vom Beladungszustand der Fahrzeuge abhängig. Er muss insbesondere bei Güterwagen, deren Gesamtfahrzeugmasse starken Schwankungen unterliegen kann, der Zuladung angepasst werden. Beladene Fahrzeuge weisen niedrigere fahrdynamische Massenfaktoren auf als leere Fahrzeuge gleichen Typs.

Die **Fahrzeug(bau)art** beeinflusst den fahrdynamischen Massenfaktor insofern, als dass die Art der Antriebs- und Bremsausrüstung der Fahrzeuge ausschlaggebend dafür ist, welche und wie viele rotierende Baugruppen mit dem eigentlichen Radsatz verbunden sind. Dabei gilt es zum einen, angetriebene von nicht angetriebenen Fahrzeuge zu unterscheiden.

Bei den nicht angetriebenen Fahrzeugen spielt nur die Bremsausrüstung der Fahrzeuge eine Rolle und es ist die Frage zu stellen, ob eine Klotz- oder Scheibenbremseinrichtung vorliegt. Ist letzteres der Fall, ist die Anordnung, Art und Anzahl der Bremsscheiben als für den fahrdynamischen Massenfaktor relevant anzusehen. Abb. 2.11 verdeutlicht, wie unterschiedlich Laufradsätze bei verschiedenen Fahrzeugbauarten ausgeführt sein können.

Bei den angetriebenen Fahrzeugen ist außer der Drehgestellbremsausrüstung auch noch die Antriebskonfiguration zu beachten. Auch hier gibt es eine große Vielfalt von Varianten, die an dieser Stelle nicht im Detail diskutiert werden kann und soll. In Abb. 2.12 ist jedoch beispielhaft der Antrieb des Radsatzes eines ICE-T dargestellt, an dem kurz umrissen werden soll, welche Bauteile/Baugruppen bei der Ermittlung des fahrdynamischen Massenfaktors Berücksichtigung finden müssen.

Wie zu erkennen ist, sitzt auf der Radsatzwelle zwischen zwei innenbelüfteten Bremsscheiben ein Radsatzgetriebe. Alle dort verbauten Zahnräder, Wellen und Lager rotieren proportional zur Radsatzdrehzahl. Das Radsatzgetriebe ist über eine Gelenkwelle (das rote Bauteil in Abb. 2.12) und eine mechanische Kupplung mit dem am Fahrzeugkasten aufgehängten Fahrmotor (in der Abbildung durch die Bodenwanne verdeckt) verbunden. Somit sind die rotatorischen Trägheiten der Gelenkwelle, der Kupplung und des Fahrmotor-Läufers ebenfalls zu berücksichtigen.

Aufgrund der kraftschlüssigen Übertragung von Antriebs-, Brems- und Spurführungskräften unterliegen Eisenbahnräder einem kontinuierlichen **Verschleiß.** Dieser führt dazu, dass im Bereich der Laufflächen und des Spurkranzes über längere Zeiträume relevante Werkstoffvolumina abgetragen werden, sodass sich das Massenträgheitsmoment der Radsätze reduziert.

Graßmann gibt in [39] an, dass sich der Massenfaktor eines *voll beladenen* Güterwagens von $\xi = 1,035$ mit neuen Rädern auf $\xi = 1,017$ bei voll abgenutzten Rädern verändert. Für einen leeren Güterwagen werden an gleicher Stelle $\xi = 1,106$ (neue Räder) bzw. $\xi = 1,052$ angegeben. Eine Verschleißkorrektur der fahrdynamischen Massenfaktoren wäre deshalb

(a) Radsätze für Güterwagen mit Klotzbremsen

(b) Radsatz eines IC-Wagens mit zwei innenbelüfteten Bremsscheiben

(c) Laufradsatz eines ICE-T mit drei innenbelüfteten Bremsscheiben

(d) Laufradsatz eines TGV mit vier unbelüfteten (massiven) Bremsscheiben

Abb. 2.11 Laufradsätze verschiedener Fahrzeugbauarten

Abb. 2.12 Radsatzantrieb eines ICE-T

theoretisch zu erwägen. Allerdings müsste dann vor jeder fahrdynamischen Berechnung der (durchschnittliche) Verschleißzustand aller Radsätze der modellierten Fahrzeuge analysiert und dokumentiert werden. Der damit verbundene Aufwand stünde jedoch in keinem günstigen Verhältnis zum Nutzen (vermeintliche Erhöhung der Genauigkeit der Ergebnisse), sodass dieser Weg in der Regel nicht beschritten wird.

Ein sinnvoller Kompromiss könnte darin bestehen, bei der Ermittlung der fahrdynamischen Massenfaktoren Radsätze zugrundezulegen, deren Verschleißvorrat zur Hälfte aufgebraucht ist.

Als Faustregel kann ferner gelten, dass der fahrdynamische Massenfaktor von nicht angetriebenen Fahrzeugen mit zunehmendem Radverschleiß sinkt, während er bei angetriebenen Fahrzeugen tendenziell ansteigt.

Letztgenannten Umstand hat beispielsweise Dürrschmidt in [28] anhand von Straßenbahnfahrzeugen untersucht. Der von ihm betrachtete Straßenbahntriebzug vom Typ NGT D8 DD weist mit neuen Rädern (Radius: 300 mm) einen fahrdynamischen Massenfaktor von 1,088 auf, der sich im Falle abgefahrener Räder (Radius: 260 mm) auf einen Wert von 1,118 erhöht.

Rechenbeispiel: Massenfaktor und Zuladung

Der Einfluss der Fahrzeugmasse auf den fahrdynamischen Massenfaktor soll anhand zweier Beispiele untersucht werden. Betrachtet werden ein Güter- sowie ein Reisezugwagen mit jeweils 4 Radsätzen. Folgende Daten sind über die Fahrzeuge bekannt:

Güterwagen		Reisezugwagen	
Eigenmasse	21 t	Eigenmasse	52 t
max. Zuladung	69 t	Zuladung	7,5 t
Anzahl Radsätze	4	Anzahl Radsätze	4
		Anzahl Bremsscheiben	3 je Radsatz
Massenfaktor leeres Fahrzeug	1,11	Massenfaktor leeres Fahrzeug	1,06

Mit Hilfe der Anwendung von Gl. 2.29 lässt sich der Massenfaktor für die Fahrzeuge mit jeweils der größten Zuladung anpassen. Für den Beispiel-Güterwagen ergibt sich so:

$$\xi_{\text{bel}} = 1 + (\xi_{\text{leer}} - 1) \cdot \frac{m_{\text{leer}}}{m_{\text{bel}}} = 1 + (1,11 - 1) \cdot \frac{21}{90} = 1,026$$

Für den Beispiel-Reisezugwagen kann auf gleiche Weise ein Wert von ξ_{bel}=1,052 ermittelt werden.

Da beide Fahrzeuge auch teilbeladen verkehren können, ist aber auch die Ermittlung der Massenfaktoren für diese Ladezustände sinnvoll.

Den Verlauf des fahrdynamischen Massenfaktors über der Fahrzeugmasse für die beiden Beispielfahrzeuge illustriert die unten stehende Abbildung. Der nichtlineare Zusammenhang wird, insbesondere im Falle des Beispiel-Güterwagens, recht deutlich.

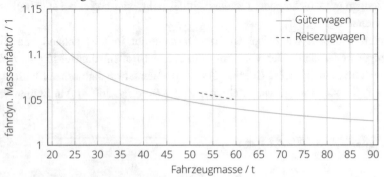

2.5.4 Ermittlung des fahrdynamischen Massenfaktors

Rechnerische Ermittlung des fahrdynamischen Massenfaktors

Für die rechnerische Ermittlung des fahrdynamischen Massenfaktors ist die Kenntnis der Trägheitsmomente aller mit dem Radsatz bezüglich seiner Drehbewegung verbundenen Elemente erforderlich. Diese werden summiert und auf den Radsatz bezogen; es wird also ein Ersatzträgheitsmoment gebildet.

Die Abb. 2.13 zeigt eine vereinfachte, schematische Darstellung des in Abb. 2.12 gezeigten Radsatzantriebes eines ICE-T. Es sind im Grunde zwei Wellen zu berücksichtigen, die entweder mit der Winkelgeschwindigkeit des Radsatzes ω_{RS} oder mit der Winkelgeschwindigkeit des Fahrmotors ω_{FM} rotieren. Tab. 2.2 enthält eine Aufstellung der Rotationsträgheitsmomente der mit den jeweiligen Wellen verbundenen Bauteile bzw. Baugruppen.

Das Ersatzträgheitsmoment ergibt sich aus der Energiebilanzgleichung von Original- und Ersatzsystem. Das Originalsystem muss dabei dieselbe kinetische Energie der Rotation aufweisen wie das Ersatzsystem. Für den in Abb. 2.13 gezeigten Radsatzantrieb gelten damit die folgenden Gesetzmäßigkeiten:

$$E_{\text{kin,rot,ers}} = E_{\text{kin,rot,RS+FM}} \tag{2.30}$$

$$\frac{1}{2} J_{\text{ers}} \omega_{RS}^2 = \frac{1}{2} \left(J_{RS} + 2J_{BS} + J_{KR1} \right) \omega_{RS}^2 + \frac{1}{2} \left(J_{FM} + 2J_{FL} + J_{GW} + J_{KR2} \right) \omega_{FM}^2. \tag{2.31}$$

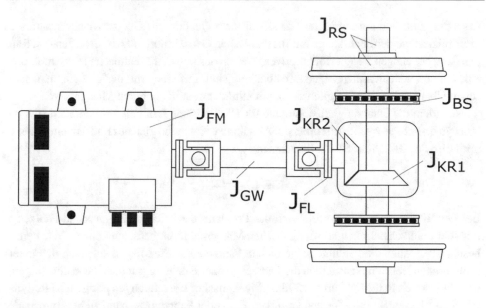

Abb. 2.13 Vereinfachte schematische Darstellung des in Abb. 2.12 gezeigten Radsatzantriebes des ICE-T

Tab. 2.2 Aufstellung der Massenträgheitsmomente J_i

Radsatzwelle		Fahrmotorwelle	
Radsatz	J_{RS}	Fahrmotor (Rotorwelle)	J_{FM}
Bremsscheiben	J_{BS}	Gelenkwelle	J_{GW}
Kegelrad 1 (Großrad)	J_{KR1}	Kegelrad 2 (Ritzel)	J_{KR2}
		Flansche an der Gelenkwelle	J_{FL}

Die Winkelgeschwindigkeiten (Drehzahlen) von Fahrmotor- und Radsatzwelle sind über die mechanische Übersetzung des Radsatzgetriebes i_{RS} miteinander verbunden:

$$i_{RS} = \frac{\omega_{FM}}{\omega_{RS}}. \tag{2.32}$$

Das Einsetzen von 2.32 in 2.31 ergibt:

$$J_{ers}\omega_{RS}^2 = (J_{RS} + 2J_{BS} + J_{KR1})\,\omega_{RS}^2 + (J_{FM} + 2J_{FL} + J_{GW} + J_{KR2})\,\omega_{RS}^2 i_{RS}^2 \tag{2.33}$$

$$J_{ers} = J_{RS} + 2J_{BS} + J_{KR1} + (J_{FM} + 2J_{FL} + J_{GW} + J_{KR2})\,i_{RS}^2. \tag{2.34}$$

Aus Gl. 2.34 ergibt sich, dass alle rotierenden Elemente, die vom Radsatz aus gesehen „nach der mechanischen Übersetzung" angeordnet sind, einen überproportional hohen Anteil am

Ersatzträgheitsmoment aufweisen, da sie mit dem Quadrat des Übersetzungsverhältnisses multipliziert werden. Fahrzeuge mit mechanischen Getriebestufen (z. B. Strecken- vs. Rangiergang bei einigen Rangierlokomotiven) weisen deshalb fahrdynamische Massenfaktoren auf, die von der gewählten Gangstufe abhängig sind. Der Gang mit der größeren mechanischen Übersetzung führt folglich zu einem mitunter deutlich höheren Massenfaktor.

Nachdem die Ersatzträgheitsmomente für alle Radsätze ermittelt wurden, lässt sich der fahrdynamische Massenfaktor unter der Annahme weitgehend gleicher Radsatzdurchmesser mit Hilfe der Gl. 2.28 wie folgt berechnen:

$$\xi = 1 + \frac{\sum J_{\text{ers}}}{mr^2} \tag{2.35}$$

Bei der Bildung von Zügen stellt sich das Problem, dass sich im Zugverband Fahrzeuge mit sehr unterschiedlichen fahrdynamischen Massenfaktoren befinden können. Wie bereits beschrieben, kann dies an unterschiedlichen Fahrzeugbauarten liegen sowie an den unterschiedlichen Beladungszuständen der Fahrzeuge oder Fahrzeuggruppen, die in den Zug eingereiht sind. Es ist deshalb im Vorfeld fahrdynamischer Berechnungen nötig, den fahrdynamischen Massenfaktor ξ_Z für den gesamten Zug- oder Fahrzeugverband zu bestimmen, der sich aus dem gewichteten Mittel der fahrdynamischen Massenfaktoren der Einzelfahrzeuge oder Fahrzeuggruppen ergibt (Gl. 2.36).

$$\xi_Z = \frac{\sum \left(m_{T,i} \cdot \xi_{T,i}\right) + \sum \left(m_{W,j} \cdot \xi_{W,j}\right)}{\sum \left(m_{T,i} + m_{W,j}\right)} = \frac{\sum m_{e,T} + \sum m_{e,W}}{m_Z} \tag{2.36}$$

Es bedeuten:

$m_{T,i}$ Masse des i-ten Triebfahrzeuges
$m_{W,j}$ Masse des j-ten Wagens
m_Z Zugmasse
$\sum m_{e,T}$ fahrdynamisch äquivalente Massen der Triebfahrzeuge
$\sum m_{e,W}$ fahrdynamisch äquivalente Massen der Wagen
$\xi_{T,i}$ fahrdynamischer Massenfaktor des i-ten Triebfahrzeuges
$\xi_{W,j}$ fahrdynamischer Massenfaktor des j-ten Wagens.

Exkurs: Verschleiß und fahrdynamischer Massenfaktor

Bei nicht angetriebenen Fahrzeugen sinkt der Massenfaktor mit zunehmendem Verschleiß der Räder ab. Bei angetriebenen Fahrzeugen muss dies jedoch nicht der Fall sein, wie das folgende Beispiel verdeutlichen soll.

Betrachtet werde eine Lokomotive (Masse: 84 t), deren 4 Radsätze einen Nennradius von 0,5 m im neuen und 0,45 m im verschlissenen Zustand haben. Das Massenträgheitsmoment der Radsätze (nur Radsatzwelle und Räder) beträgt jeweils 143,7 kgm^2 (neu) und 72,3 kgm^2 (verschlissen). Des Weiteren sind je Radsatz noch die Massenträgheitsmomente von zwei Radbremsscheiben J_{BS} (je 15 kgm^2) und eines Großrades (Zahnrad) J_{GR} von 34 kgm^2 zu berücksichtigen.

Nach der mechanischen Übersetzung ($i_{RS} = 2{,}82$) sind außerdem noch die summierten Trägheiten von Antrieb und Fahrmotor von J_{Antrieb} 38 kgm^2 zu berücksichtigen.

Wie bereits dargelegt, müssen für die Berechnung des Massenfaktors alle Trägheitsmomente auf den Radsatz transformiert, also ein Ersatzträgheitsmoment gebildet werden.

Für das Fahrzeug **mit neuen Radsätzen** gilt:

$$\sum J = 4 \cdot \left[J_{RS} + 2 \cdot J_{BS} + i_{RS}^2 \cdot J_{\text{Antrieb}} \right]$$
$$= 4 \cdot \left[143{,}7 \, \text{kgm}^2 + 2 \cdot 15 \, \text{kgm}^2 + 2{,}82^2 \cdot 38 \, \text{kgm}^2 \right] = 4 \cdot \left[143{,}7 \, \text{kgm}^2 + 332{,}2 \right]$$
$$= 1902{,}8 \, \text{kgm}^2.$$

Für das Fahrzeug **mit verschlissenen Radsätzen** gilt:

$$\sum J = 4 \cdot \left[J_{RS} + 2 \cdot J_{BS} + i_{RS}^2 \cdot J_{\text{Antrieb}} \right]$$
$$= 4 \cdot \left[72{,}3 \, \text{kgm}^2 + 2 \cdot 15 \, \text{kgm}^2 + 2{,}82^2 \cdot 38 \, \text{kgm}^2 \right] = 4 \cdot \left[72{,}3 \, \text{kgm}^2 + 332{,}2 \right]$$
$$= 1618{,}0 \, \text{kgm}^2.$$

Für den fahrdynamischen Massenfaktor des Fahrzeuges mit neuen Radsätzen erhält man schließlich:

$$\xi_T = 1 + \frac{\sum J}{m_T \cdot r_{T,\text{neu}}^2} = 1 + \frac{1902{,}8 \, \text{kgm}^2}{84000 \, \text{kg} \cdot 0{,}50^2 \, \text{m}^2} = 1{,}091.$$

Analog ergibt sich für den fahrdynamischen Massenfaktor des Fahrzeuges mit verschlissenen Radsätzen:

$$\xi_T = 1 + \frac{\sum J}{m_T \cdot r_{T,\text{alt}}^2} = 1 + \frac{1618{,}0 \, \text{kgm}^2}{84000 \, \text{kg} \cdot 0{,}45^2 \, \text{m}^2} = 1{,}095.$$

Gäbe es einen (voll beladenen) Güterwagen mit gleichen Radsätzen, jedoch ohne Bremsscheiben und natürlich ohne Antrieb ergäben sich folgende Massenfaktoren:

$$\xi_{W,\text{neu}} = 1 + \frac{4 \cdot 143{,}7 \,\text{kgm}^2}{84000 \,\text{kg} \cdot 0{,}50^2 \,\text{m}^2} = 1{,}027$$

$$\xi_{W,\text{alt}} = 1 + \frac{4 \cdot 72{,}3 \,\text{kgm}^2}{84000 \,\text{kg} \cdot 0{,}45^2 \,\text{m}^2} = 1{,}017.$$

Das Ersatzträgheitsmoment der Lokomotive reduziert sich aufgrund der vielen nicht verschleißabhängigen Massenträgheitsmomente um lediglich 15 %, während die Reduktion bei dem isoliert betrachteten Radsatz 50 % beträgt.

Experimentelle Ermittlung des fahrdynamischen Massenfaktors

Eine experimentelle Ermittlung des fahrdynamischen Massenfaktors ist mit relativ geringem Aufwand möglich. Die Versuchsanordnung hierzu ist in Abb. 2.14 dargestellt. Der Versuch ist wie folgt durchzuführen:

1. Das Versuchsfahrzeug wird vor einem geraden Streckenabschnitt mit genau bekannter und konstanter Steigung auf eine geringe Geschwindigkeit ($v < 40 \,\text{km/h}$) beschleunigt und geht vor erreichen des Steigungsabschnittes in den Auslauf über.
2. Am Fußpunkt der Steigungsstrecke wird die Geschwindigkeit v_1 gemessen und protokolliert.
3. Das Fahrzeug verzögert im Steigungsabschnitt und kommt nach dem Auslaufweg Δs_A zum Stillstand. Der Auslaufweg wird ebenfalls gemessen und protokolliert.
4. Da das Fahrzeug ungebremst ist, wird es nach dem Fahrzeugstillstand aufgrund der wirkenden Hangabtriebskraft wieder zurück rollen. Die Geschwindigkeit v_2, die es dabei am Fußpunkt der Steigung erreicht, wird wiederum gemessen und protokolliert.

Für die Auswertung des Versuches wird die Energiebilanz für den Auslaufvorgang ($v_1 \rightarrow 0$) und den Abrollvorgang ($0 \rightarrow v_2$) aufgestellt. Unter der Annahme, dass die Fahrzeugwiderstandskraft im Bereich kleiner Geschwindigkeiten annähernd konstant ist, gilt für den Auslaufvorgang:

$$E_{\text{kin},1} = E_{\text{pot}} + F_{WF}\,\Delta s_A. \tag{2.37}$$

Die kinetische Energie am Beginn des Steigungsabschnittes wird also in die potentielle Energie E_{pot} am Ende des Auslaufabschnittes sowie die durch die Fahrzeugwiderstandskraft verrichtete Arbeit überführt.

In gleicher Weise lässt sich für den Abrollvorgang folgende Bilanzgleichung aufstellen:

$$E_{\text{kin},2} = E_{\text{pot}} - F_{WF}\,\Delta s_A. \tag{2.38}$$

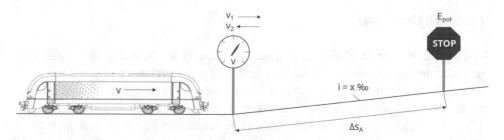

Abb. 2.14 Experimentieranordnung zur Ermittlung des fahrdynamischen Massenfaktors von Eisenbahnfahrzeugen

Die potentielle Energie ergibt sich bei den im Eisenbahnbereich vorherrschenden Streckenlängsneigungen ($<100\%o$) und im Kontext des hier betrachteten Experimentes gemäß folgender Gleichung:

$$E_{\text{pot}} = mgi\,\Delta s_A \tag{2.39}$$

Die Gl. 2.37 und 2.38 lassen sich nun etwas ausführlicher formulieren:

$$\frac{1}{2}m\xi v_1^2 = mgi\,\Delta s_A + F_{WF}\,\Delta s_A \tag{2.40}$$

$$\frac{1}{2}m\xi v_2^2 = mgi\,\Delta s_A - F_{WF}\,\Delta s_A \tag{2.41}$$

Der Wert des Fahrzeugwiderstandes F_{WF} ist zunächst unbekannt, aber das Produkt aus Fahrzeugwiderstand und Auslaufweg ist aufgrund der postulierten Konstanz des Fahrzeugwiderstandes bei kleinen Geschwindigkeiten in beiden Gl. 2.40 und 2.41 gleich. Sie können deshalb jeweils nach der am Fahrzeugwiderstand verrichteten Arbeit umgestellt und anschließend gleichgesetzt werden. Es ergibt sich folglich:

$$\frac{1}{2}m\xi v_1^2 - mgi\,\Delta s_A = -\frac{1}{2}m\xi v_2^2 + mgi\,\Delta s_A \tag{2.42}$$

$$\xi = \frac{2igs_A}{\frac{1}{2}\left(v_1^2 + v_2^2\right)} \tag{2.43}$$

$$\xi = \frac{4igs_A}{v_1^2 + v_2^2} \tag{2.44}$$

Der fahrdynamische Massenfaktor lässt sich nun mit Hilfe von Gl. 2.44 anhand von Messdaten ermitteln. Wie ersichtlich ist, könnte sogar von einem Verwiegen des Fahrzeuges vor dem Versuch abgesehen werden. Allerdings würde dadurch die Chance vergeben, im Anschluss an die Ermittlung des Massenfaktors auch noch die während des Experimentes wirksame mittlere Fahrzeugwiderstandskraft zu bestimmen.

2.5.5 Drehmassen

Eine alternative Art und Weise, die Trägheit der rotierenden Massen bei Fahrzeugen anzugeben, ist die sogenannte Drehmasse. Um das Konzept der Drehmasse zu verstehen, ist ein erneuter Blick auf Gl. 2.28 sinnvoll. Wird das summierte Massenträgheitsmoment im zweiten Summanden der Gleichung durch den quadrierten Rollradius der Räder dividiert, ergibt sich rechnerisch wieder eine Masse, wie die Einheitenrechnung zeigt (Einheit des Massenträgheitsmomentes: kgm^2, Einheit des quadrierten Radius': m^2). Diese „Pseudomasse" wird dann per Definition als „Drehmasse" oder „Drehmassenzuschlag" m_D bezeichnet.

$$\xi = 1 + \frac{\sum J}{mr^2} = 1 + \frac{\frac{\sum J}{r^2}}{m} = 1 + \frac{m_D}{m} \qquad (2.45)$$

Drehmassen werden häufig pro Radsatz angegeben und liegen in einem Wertebereich zwischen 0,6 t (Güterwagenradsatz) bis 5,0 t (Radsatz und Antrieb bei (diesel-)elektrischen Triebfahrzeugen). Drehmassen lassen sich für Fahrzeugverbände summieren und ergeben mit der nominellen Fahrzeugmasse die fahrdynamisch äquivalente Masse:

$$m_{e,Z} = \sum m_T + \sum m_{D,T} + \sum m_W + \sum m_{D,W} \qquad (2.46)$$

Es bedeuten:

$m_{D,T}$ Drehmassen der Treibradsätze m_T Triebfahrzeugmasse
$m_{D,W}$ Drehmassen der Wagenradsätze m_W Wagenzugmasse.

Rechenbeispiel: Massenfaktor

Betrachtet wird ein Güterwagen mit 4 Radsätzen, der eine Leermasse m_{leer} von 25,95 t aufweist und bremstechnisch für maximal 20 t pro Radsatz ausgelegt ist (siehe Abbildung).

Die Radsätze weisen im Neuzustand einen Rad-Nennradius r_{neu} von 0,46 m sowie ein Massenträgheitsmoment $J_{R,neu}$ von 96,4 kgm^2 auf. Die verschlissenen Räder dürfen einen Radius r_{abgef} von minimal 0,43 m aufweisen, bei dem ihr Trägheitsmoment $J_{R,abgef}$ noch 59,7 kgm^2 beträgt.

1. Ermittlung des fahrdynamischen Massenfaktors für das leere Fahrzeug mit neuen Rädern:

$$\xi_W = 1 + \frac{\sum J_{R,neu}}{m_{leer} r_{neu}^2} = 1 + \frac{4 \cdot 96{,}4 \, \text{kgm}^2}{25950 \, \text{kg} \cdot 0{,}46^2 \, \text{m}^2} = 1{,}070$$

2. Ermittlung des fahrdynamischen Massenfaktors für das leere Fahrzeug mit verschlissenen Rädern:

$$\xi_W = 1 + \frac{\sum J_{R,abgef}}{m_{leer} r_{abgef}^2} = 1 + \frac{4 \cdot 59{,}7 \, \text{kgm}^2}{25950 \, \text{kg} \cdot 0{,}43^2 \, \text{m}^2} = 1{,}050$$

3. Ermittlung des fahrdynamischen Massenfaktors für das beladene Fahrzeug mit neuen Rädern:

$$\xi_{bel} = 1 + (\xi_{leer} - 1) \cdot \frac{m_{leer}}{m_{bel}} = 1 + (1{,}07 - 1) \cdot \frac{25950}{80000} = 1{,}023$$

4. Ermittlung des fahrdynamischen Massenfaktors für das beladene Fahrzeug mit verschlissenen Rädern:

$$\xi_{bel} = 1 + (\xi_{leer} - 1) \cdot \frac{m_{leer}}{m_{bel}} = 1 + (1{,}05 - 1) \cdot \frac{25950}{80000} = 1{,}016$$

5. Ermittlung des fahrdynamischen Massenfaktors für einen Zug, der aus einem Triebfahrzeug ($m_T = 84\,\text{t}$ und $\xi_T = 1{,}19$) und 20 beladenen sowie 5 unbeladenen Wagen des betrachteten Typs mit jeweils neuen Rädern besteht:

$$\xi_Z = \frac{\sum (m_{T,i} \cdot \xi_{T,i}) + \sum (m_{W,j} \cdot \xi_{W,j})}{\sum (m_{T,i} + m_{W,j})}$$

$$= \frac{84\,\text{t} \cdot 1{,}19 + 20 \cdot 80\,\text{t} \cdot 1{,}023 + 5 \cdot 25{,}95\,\text{t} \cdot 1{,}07}{84\,\text{t} + 20 \cdot 80\,\text{t} + 5 \cdot 25{,}95\,\text{t}}$$

$$\xi_Z = 1{,}034$$

◄

2.5.6 Abschätzung des fahrdynamischen Massenfaktors

Obwohl die fahrdynamischen Massenfaktoren von Schienenfahrzeugen für die Berechnung beschleunigter oder verzögerter Bewegungen und damit für fahrdynamische Simulationen unabdingbare Eingangsparameter sind, ist es mitunter schwierig, konkrete Werte für spezifische Fahrzeuge zu erhalten. Dieser Umstand zwingt dazu, gegebenenfalls auf Schätz- und Erfahrungswerte zurückzugreifen. Diese sind in der fahrdynamischen Fachliteratur überliefert und in Tab. 2.3 zusammengefasst.

Tab. 2.3 Erfahrungs- und Schätzwerte für die fahrdynamischen Massenfaktoren und Drehmassen verschiedener Fahrzeuge und Züge, zitiert nach [2, 3, 42, 90]

Fahrzeug(verband)	ξ	m_D / Radsatz
dieselhydraulische Lokomotive	1,05...1,15	2,0...3,5 t
dieselelektrische Lokomotive	1,15...1,25	2,0...5,0 t
elektrische Lokomotive	1,10...1,30	3,0...5,0 t
Güterwagen (leer)	1,08...1,10	0,6 t
Güterwagen (beladen)	1,01...1,05	0,6 t
leere Güterzüge mit Lokomotive	1,15	-
beladene Güterzüge mit Lokomotive	1,06	-
Reisezugwagen	1,04...1,09	0,6 t
Zuschlag je Bremsscheibe	-	0,05 t
Reisezüge mit Lokomotive	1,1	-
Triebwagen und Triebzüge	1,07...1,14	
Wagen von Zahnradbahnen	1,05...1,10	
Triebzüge von Zahnradbahnen	1,30...2,50	
Lokomotiven von Zahnradbahnen	1,50...3,50	

Es ist ersichtlich, dass die Werte des fahrdynamischen Massenfaktors erheblichen Schwankungen unterliegen können. Hinsichtlich der Frage, ob sich der Wert für ein bestimmtes Fahrzeug eher am oberen oder unteren Rand des in Tab. 2.3 angegebenen Spektrums ansiedeln lässt, müssen grundsätzliche Überlegungen zum Aufbau der Radsatzantriebe angestellt werden. Wie in Abschn. 2.5.4 dargelegt wurde, sind dabei nicht nur die Massenträgheitsmomente der beteiligten Antriebselemente von Bedeutung, sondern auch die mechanische Übersetzung des Radsatzgetriebes.

Dieser Aspekt ist insbesondere für Fahrzeuge mit elektrischen Fahrmotoren wichtig. Während Einphasen-Wechselstrommaschinen ein relativ großes Massenträgheitsmoment der Motoren aufweisen, ist die mechanische Übersetzung des Radsatzantriebes bei diesen Fahrzeugen vergleichsweise gering. Drehstromfahrmotoren weisen demgegenüber wesentlich kompaktere Rotoren auf, werden dafür aber bei deutlich höheren Drehzahlen betrieben, was bei gleichbleibendem Radsatzdurchmesser und Geschwindigkeitsspektrum zu einer größeren mechanischen Übersetzung führt. Diese geht rechnerisch mit dem Quadrat ihres Betrages in den fahrdynamischen Massenfaktor ein (siehe Gl. 2.34 auf S. 31).

Das Spektrum bei leeren Güterwagen resultiert aus den unterschiedlichen Eigenmassen der Wagen. Diese variiert je nach Bauart zwischen ca. 15 t (Flachwagen, zwei Radsätze) und 25 t (Schüttgutwagen, 4 Radsätze). Legt man gemäß Tab. 2.3 eine Drehmasse von 0,6 t je Radsatz zugrunde, ergibt sich für die beiden genannten Beispielwagen eine fahrdynamisch äquivalente Masse von 16,2 bzw. 27,4 t, woraus sich ein fahrdynamischer Massenfaktor von 1,08 für den Wagen mit 2 Radsätzen bzw. 1,10 für den Wagen mit 4 Radsätzen ergibt.

Für Reisezugwagen gelten ähnliche Überlegungen, wobei hier die Vielfalt von Möglichkeiten durch verschiedene Bremskonfigurationen noch etwas größer ist.

2.6   Fahrdynamische Massenfaktoren ausgeführter Fahrzeuge

Abschließend werden auf dieser Seite exemplarisch Fahrzeuge unterschiedlicher Kategorien mit ihren zugehörigen Massenfaktoren aufgeführt. Eine ausführlichere Auflistung von fahrdynamischen Massenfaktoren enthält Anhang A.

BR 111
$\xi_T = 1{,}16$

BR 143
$\xi_T = 1{,}20$

BR 152
$\xi_T = 1{,}09$

BR 218
$\xi_T = 1{,}05$

BR 232
$\xi_T = 1{,}17$

BR 294
$\xi_T = 1{,}16$ (Rangiergang)
$\xi_T = 1{,}09$ (Streckengang)

ER 20
$\xi_T = 1{,}08$

BR 362
$\xi_T = 1{,}41$ (Rangiergang)
$\xi_T = 1{,}21$ (Streckengang)

BR 612
$\xi_Z = 1{,}06$

BR 628
$\xi_Z = 1{,}04$

BR 425
$\xi_Z = 1{,}06$

BR 403
$\xi_Z = 1{,}04$

2.7   Lernkontrollfragen zu den Grundlagen der Fahrdynamik

Themenkomplex: Fahrdynamik als Wissenschaft (Kap. 1)

1. Welche Raumrichtung ist bei der Lösung fahrdynamischer Probleme im Kontext des Schienenverkehrs vor allem relevant?
2. Was sind typische Ziele fahrdynamischer Berechnungen?
3. Was ist der Unterschied zwischen Fahrdynamik und Fahrzeugdynamik?

Themenkomplex: Fahrdynamisch relevante Kräfte (Abschn. 2.1–2.3)

1. Welche Kräfte werden bei fahrdynamischen Betrachtungen bilanziert und wie lassen sich diese Kräfte kategorisieren?
2. Wie lautet die Fahrdynamische Grundgleichung in ihrer allgemeinen Formulierung?
3. Wie sind die Buchstaben im Index von F_{WFW} zu deuten?
4. Von welchen wesentlichen Parametern kann die Antriebskraft aus fahrdynamischer Sicht abhängen?
5. Von welchen wesentlichen Parametern kann die Bremskraft aus fahrdynamischer Sicht abhängen?
6. Von welchen wesentlichen Parametern können die Fahrzeugwiderstandskräfte aus fahrdynamischer Sicht abhängen?
7. Welche Informationen werden benötigt, um in der Fahrdynamik eine Leistung zu berechnen?
8. Wie verhalten sich die physikalischen Kategorien Arbeit, Energie und Leistung zueinander?

Themenkomplex: Phasen der Zugfahrt (Abschn. 2.4)

1. Was ist ein „Fahrspiel"?
2. In welcher Beziehung stehen die Begriffe „Zugfahrt" und „Fahrspiel" zueinander?
3. Was ist der Unterschied zwischen „Anfahren" und „Beschleunigen"?
4. Wie lässt sich die „Beharrungsfahrt" aus fahrdynamischer Sicht charakterisieren?
5. Wie ist der „Fahrzeugauslauf" aus fahrdynamischer Sicht definiert?
6. Liegt immer eine Verzögerung vor, wenn aus fahrdynamischer Sicht von einer Bremsung gesprochen wird?

Themenkomplex: Fahrdynamischer Massenfaktor (Abschn. 2.5)

1. Welche Funktion erfüllt der fahrdynamische Massenfaktor?
2. Was bewirkt der fahrdynamische Massenfaktor?
3. Wie sind die folgenden Begriffe miteinander verknüpft: fahrdynamischer Massenfaktor, fahrdynamisch äquivalente Masse und Drehmasse?
4. Wovon hängt der fahrdynamische Massenfaktor eines Einzelfahrzeuges ab?
5. Von welchen Faktoren hängt der fahrdynamische Massenfaktor eines Zuges ab?
6. Ist der fahrdynamische Massenfaktor einen leeren Güterwagens kleiner als der eines beladenen Güterwagens?
7. Wann muss der fahrdynamische Massenfaktor eines Zuges im Rahmen einer Berechnung korrigiert bzw. angepasst werden?
8. Wie lässt sich der fahrdynamische Massenfaktor rechnerisch ermitteln?
9. Lässt sich der fahrdynamische Massenfaktor auch experimentell ermitteln? Falls ja, was wird dazu benötigt und welche physikalischen Größen müssen messtechnisch ermittelt werden?

Rechenaufgaben

1. Ein Güterzug (Masse: 1000 t, Massenfaktor: 1,03) bewege sich mit einer Geschwindigkeit von 60 km/h auf einer Strecke, die eine Streckenwiderstandskraft von 68 kN hervorruft. Die Fahrzeugwiderstandskraft der Lokomotive betrage 3 kN, die des Wagenzuges 18 kN.

    a) Welche Momentanbeschleunigung kann der Zug bei dieser Geschwindigkeit erfahren, wenn die Lokomotive eine Zugkraft an den Treibrädern von 278 kN erzeugt?

    b) Welche Treibradleistung erreicht die Lokomotive gemäß der gegebenen Angaben?

    c) Welche Momentanbeschleunigung ergäbe sich, wenn der Zug mit einer Doppeltraktion der gleichen Lokomotive (Lokmasse: 84 t) bespannt wäre? *Anmerkung: Der Massenfaktor kann vereinfacht als konstant angenommen werden, während sich die Streckenwiderstandskraft proportional auf 73,7 kN erhöht.*

2. Ein Hochgeschwindigkeitszug (Masse: 500 t, Massenfaktor: 1,05) wird bei 160 km/h in einem leichten Gefälle (Streckenwiderstandskraft: -30 kN) mit einer Momentanverzögerung von 0,6 m/s² abgebremst. Bei der betrachteten Geschwindigkeit weise der Zug einen Fahrzeugwiderstand von 26 kN auf.

    a) Welche Bremskraft muss erzeugt werden, um die genannte Verzögerung zu erreichen?

    b) Welche Bremsleistung wird in dem betrachteten Moment generiert?

3. Ein Güterzug startet an einem Rangierbahnhof mit folgender Zugkomposition:

   – Lokomotive (Masse: 80 t, Massenfaktor $\xi_T = 1{,}15$),
   – Wagengruppe 1: 10 beladene Kesselwagen (Eigenmasse: je 84 t),
   – Wagengruppe 2: 8 beladene Kesselwagen (Eigenmasse: je 72 t),
   – Wagengruppe 3: 12 leere Kesselwagen (Eigenmasse: je 22,4 t, Massenfaktor: 1,08).

   a) Welcher fahrdynamische Massenfaktor müsste für diesen Zug im Rahmen fahrdynamischer Berechnungen angesetzt werden?

   b) Am ersten Zwischenziel werden vier Fahrzeuge aus Wagengruppe 1 und zwei Fahrzeuge aus Wagengruppe 3 abgeliefert. Wie verändert sich der fahrdynamische Massenfaktor?

   c) Beim zweiten Zwischenhalt wird die komplette Wagengruppe 2 abgeliefert und es werden 5 leere Kesselwagen mitgenommen. Wie verändert sich der fahrdynamische Massenfaktor?

   d) Beim dritten Zwischenhalt werden die verbliebenen sechs Wagen aus Wagengruppe 1 abgeliefert und zehn leere Kesselwagen abgekuppelt. Außerdem werden 15 voll beladene Kesselwagen (je 90 t) mitgenommen. Wie verändert sich der fahrdynamische Massenfaktor des Zuges?

Fahrwiderstandskräfte

3

3.1 Einteilung der Fahrwiderstandskräfte

Unter dem Begriff „Fahrwiderstandskräfte" werden alle Längskräfte zusammengefasst, die die Bewegung eines Fahrzeuges entlang des Gleises hemmen. Je nachdem, ob die Kräfte vor allem von den Fahrzeugeigenschaften (z. B. der Formgebung oder der Art der Fahrwerke) abhängig sind oder von Trassierungselementen, werden sie jeweils dem Komplex der Fahrzeug- oder der Streckenwiderstandskräfte zugeschlagen (siehe Abb. 3.1). Als Faustregel gilt, dass Fahrzeuge gleicher Masse an einem beliebigen Ort einer Eisenbahnstrecke weitgehend denselben Streckenwiderstand erfahren. Der auftretende Fahrzeugwiderstand wird hingegen maßgeblich von der Geschwindigkeit und der konkreten Fahrzeugkonstruktion beeinflusst. Die effektive Wirkrichtung der Fahrzeugwiderstandskräfte ist immer der Bewegungsrichtung entgegengesetzt, während sie bei Streckenwiderstandskräften in starken Gefällen auch mit der Fahrtrichtung identisch sein kann.

3.2 Spezifische Kräfte

In der Fahrdynamik wird häufig mit spezifischen Kräften gerechnet. „Spezifisch" bedeutet dabei in diesem Kontext: auf die Gewichtskraft der Fahrzeuge bezogen. Der Sinn dieser Vorgehensweise liegt in der Abstrahierung von konkreten Fahrzeugen und der Realisierung einer besseren Vergleichbarkeit der Fahrwiderstände unterschiedlicher Fahrzeuge und Fahrzeugkategorien.

Ergänzende Information Die elektronische Version dieses Kapitels enthält Zusatzmaterial, auf das über folgenden Link zugegriffen werden kann
https://doi.org/10.1007/978-3-658-41713-0_3.

M. Kache, *Fahrdynamik der Schienenfahrzeuge*,
https://doi.org/10.1007/978-3-658-41713-0_3

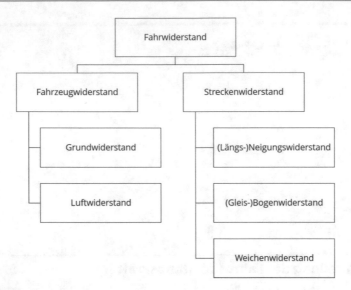

Abb. 3.1 Einteilung der Fahrwiderstandskräfte bei Schienenfahrzeugen

Man ging überdies lange Zeit vereinfachend davon aus, dass die Fahrzeugwiderstände direkt proportional zur Masse eines Fahrzeuges sind, sodass sich beispielsweise der Fahrzeugwiderstand eines Güterwagen verdoppelt, wenn sich dessen Masse verdoppelt. Es hat sich allerdings herausgestellt, dass diese einfache Beziehung die Realität nur ungenügend widerspiegelt.

Die Definition der spezifischen Kräfte wird in Gl. 3.1 noch einmal mathematisch formuliert. Spezifische Kräfte werden in der Fahrdynamik mit den gleichen Symbolen wie die absoluten Kräfte belegt, allerdings wird ein Kleinbuchstabe statt eines Großbuchstabens verwendet. Der absoluten Kraft F ist somit eine spezifische Kraft f zugeordnet.

$$f = \frac{F}{mg} \tag{3.1}$$

Ein wichtiger und stets zu beachtender Aspekt bei der Rechnung mit spezifischen Kräften ist die Dimension (Einheit), in der diese angegeben werden. Je nachdem, ob die spezifische Kraft in „Newton" oder „Kilonewton" angegeben und die Fahrzeugmasse in „Kilogramm" oder „Tonnen" ausgedrückt wird, ergeben sich unterschiedliche Einheiten für die spezifischen Kräfte (siehe Tab. 3.1).

Die Angabe spezifischer Kräfte in der Dimension N/kN (= N/(1000 · N) = ‰) hat den Reiz, dass der Betrag von Fahrzeugwiderstandskräften anschaulich mit einer Längsneigung verglichen werden kann, die an dem jeweiligen Fahrzeug dieselbe Widerstandskraft erzeugen würde (siehe Beispiel im Infokasten).

Tab. 3.1 Mögliche Einheiten der spezifischen Kraft

Einheit von F	Einheit von m	Einheit von f
N	**kg**	**1**
kN	kg	t/kg
N	t	N/kN = kg/t = 1/1000 = ‰
kN	**t**	**1**

Im Rahmen dieses Buches wird die einheitenlose Angabe von spezifischen Widerstandskräften bevorzugt (in Tab. 3.1 fett hervorgehoben). Diese hat den Vorteil, dass die absolute Widerstandskraft sowohl in N als auch in kN berechnet werden kann, je nachdem, in welcher Einheit (kg oder t) die Fahrzeugmasse in Gl. 3.1 eingesetzt wird.

▶ **Zusammenfassung: Spezifische Kräfte** In der Fahrdynamik ist es üblich, mit spezifischen, das heißt auf die Gewichtskraft der betrachteten Fahrzeuge bezogenen, Kräften zu arbeiten. Diese sind entweder dimensionslos oder sie weisen bei einem um den Faktor 1000 erhöhten Zahlenwert die Einheit N/kN auf.

Rechenbeispiel: Umgang mit spezifischen Kräften

Betrachtet wird der Mittelwagen eines ICE 1 (siehe Bild). Er weist eine Masse von 51,8 t auf.

Aus Versuchen ist bekannt, dass ein solcher Wagen der Bewegung auf geradem, ebenem Gleis bei geringen Geschwindigkeiten eine Kraft von ca. 310 N entgegensetzt.
Welcher spezifischen Widerstandskraft entspricht dies nun?

$$f = \frac{F}{mg}$$

$$= \frac{310\,\text{N}}{51.800\,\text{kg} \cdot 9{,}81\,\text{m/s}^2} = 0{,}00061$$

$$= \frac{0{,}31\,\text{kN}}{51{,}8\,\text{t} \cdot 9{,}81\,\text{m/s}^2} = 0{,}00061$$

$$= \frac{310\,\text{N}}{51{,}8\,\text{t} \cdot 9{,}81\,\text{m/s}^2} = 0{,}61\,\text{N/kN}$$

Wie ersichtlich ist, unterscheiden sich die Zahlenwerte bei der Angabe in der bezogenen Dimension „N/kN" um den Faktor 1000 von den dimensionslosen Angaben der spezifischen Kräfte. Dies ist im praktischen Umgang mit den Fahrzeugwiderstandsangaben unbedingt zu beachten. Im Rahmen dieses Buches werden spezifische Kräfte immer in der einheitenlosen Form als „Widerstandszahlen" angegeben.

Mit Hilfe der folgenden simplen Überlegung lässt sich aber ggf. eine Umrechnung vornehmen:

$$0{,}001 \;\hat{=}\; 1/1000 \;\hat{=}\; 1\%_0 \;\hat{=}\; 1\,\text{N/kN}$$

Der betrachtete ICE-Mittelwagen weist also bei geringen Geschwindigkeiten eine Fahrzeugwiderstandskraft auf, die ca. 0,6‰ seiner Gewichtskraft entspricht. Anders ausgedrückt würde die selbe Widerstandskraft entstehen, wenn man den Wagen in eine Längsneigung von 0,6‰ stellen würde.

Umgekehrt bedeutet dies aber, dass ein solcher Wagen, würde er ungebremst und ungesichert in einem sehr kleinen Gefälle von nur einem Promille abgestellt werden, von selbst entrollen würde. (Wenn Sie sehr gute Augen haben, können Sie vielleicht die Hemmschuhe an dem in Blickrichtung hinteren Drehgestell auf dem Foto erkennen...) ◄

3.3   Fahrzeugwiderstandskräfte

3.3.1   Grundwiderstandskraft

Einordnung des Grundwiderstandes

Gemäß der in Abschn. 3.1 dargestellten Fahrwiderstandshierarchie (Abb. 3.1) lässt sich der Fahrzeugwiderstand F_{WF} in die Unterkategorien **Grundwiderstand** F_{WF0} und **Luftwiderstand** F_{WFL} aufteilen. Der Grundwiderstand ist an das rollende Rad bzw. die rollenden Radsätze gebunden und spielt vor allem im unteren Geschwindigkeitsbereich eine Rolle, während bei höheren Geschwindigkeiten die Luftwiderstandskräfte dominieren. Abb. 3.2 demonstriert dies beispielhaft für die Zugarten Hochgeschwindigkeitszug (HGV), lokbespannter IC-Zug (IC), elektrischer Nahverkehrs-Triebzug (NV) und Güterganzzug (Gz).

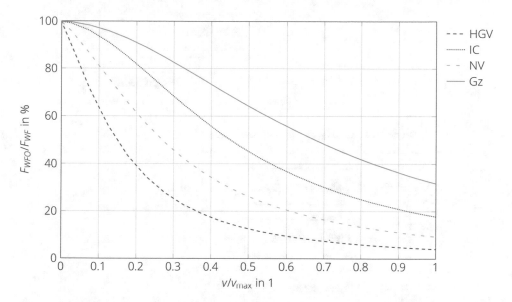

Abb. 3.2 Anteil des Grundwiderstandes am gesamten Fahrzeugwiderstand in Abhängigkeit der Geschwindigkeit

Hochgeschwindigkeitszüge sind für hohe Geschwindigkeiten und geringe Fahrzeugwiderstände ausgelegt. Dies betrifft sowohl die Formgebung (Luftwiderstand) als auch die Fahrwerke (Grundwiderstand). Da sie in sehr hohe Geschwindigkeitsbereiche vorstoßen, sinkt der Anteil des Grundwiderstandes am Fahrzeug-Gesamtwiderstand im oberen Geschwindigkeitsbereich auf unter 10 % ab. Eine weitere Optimierung dieser Züge bezüglich ihres Fahrzeugwiderstandes läuft deshalb auf eine Verbesserung ihrer aerodynamischen Eigenschaften hinaus.

Nahverkehrszüge weisen häufig Jakobs-Drehgestelle auf, wodurch sich der Grundwiderstand mittels Reduktion der Anzahl von Radsätzen verringern lässt. Bei ihnen ist deshalb auch ein vergleichsweise starker Abfall des anteiligen Grundwiderstandes festzustellen.

Am anderen Ende des in Abb. 3.2 dargestellten Spektrums befinden sich die Güterzüge. Diese weisen im Allgemeinen eine große Anzahl von Radsätzen sowie hohe Radsatzlasten auf und erreichen im Vergleich die geringsten Geschwindigkeiten. Deshalb ist der Anteil des Grundwiderstandes am gesamten Fahrzeugwiderstand im Vergleich am höchsten.

Der Grundwiderstand selbst lässt sich auf Basis der Ursachen seiner Entstehung wiederum in drei Teilkräfte aufteilen (siehe Abb. 3.3). In den folgenden Unterabschnitten werden die Entstehungsursachen dieser drei Teilwiderstandskräfte skizziert und Anhaltspunkte für ihre rechnerische Abschätzung gegeben.

Zunächst wird aber der in Abb. 3.3 dargestellte Zusammenhang in Gl. 3.2 nochmal mathematisch formuliert:

$$F_{WF0} = mg \cdot f_{WF0} = mg \cdot \left(f_{WF0,Ro} + f_{WF0,Gl} + f_{WF0,La} \right) \qquad (3.2)$$

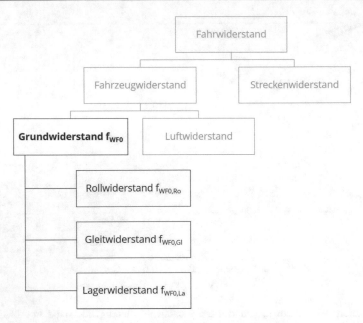

Abb. 3.3 Komponenten des Grundwiderstandes bei Eisenbahnfahrzeugen

Gl. 3.2 und Abb. 3.3 sind insofern nicht ganz vollständig, als dass Zusatzwiderstände auftreten können, die jedoch nicht für alle Fahrzeuge oder alle Betriebssituationen relevant sind.

Verfügen die betrachteten Fahrzeuge über elastische (Gummi-)elemente in den Rädern, wie dies heute z. B. bei Straßen- und Stadtbahnfahrzeugen häufig der Fall ist, werden diese Elemente während des Abrollens der Räder unter Last elastisch verformt, wobei aufgrund der inneren Dämpfung Energie dissipiert wird. Man spricht davon, dass die elastischen Elemente „gewalkt" werden, weshalb der dadurch entstehende Teilwiderstand als **Walkwiderstand** bezeichnet wird. Wende gibt den spezifischen Walkwiderstand in [90] mit einem Wertebereich von 0,0005 bis 0,0010 an. Der Walkwiderstand ist für Vollbahnfahrzeuge heute nicht mehr relevant. Der Einsatz von bereiften Rädern mit elastischen Federelementen endete im Zuge der Aufarbeitung der Katastrophe von Eschede, bei der im Jahre 1998 ein gebrochener Radreifen bei einer Geschwindigkeit von 200 km/h eine folgenschwere Entgleisung auslöste.

Ein weiterer möglicher Zusatzwiderstand kann im Winter auftreten, wenn starker Schneefall auftritt und sich eine Schneeschicht auf den Schienenköpfen bildet. Wie Messungen in den 1950er Jahren (zitiert in [59]) ergeben haben, können dadurch zusätzliche spezifische Widerstände im Bereich von 0,0020 bis 0,0023 auftreten.

Exkurs: Ermittlung des Grundwiderstandes

Die Berechnung des Grundwiderstandes aus den drei Teilkomponenten Roll-, Gleit- und Lagerwiderstandskraft ist eher akademischer Natur. Sie ist vor allem dann sinnvoll, wenn es im Kontext einer Optimierung etwa darum geht, den Grundwiderstand von Fahrzeugen zu verringern. Dazu müssen die Einflussfaktoren auf die Teilwiderstandskräfte und ihr Anteil am gesamten Grundwiderstand analysiert werden.

Für praktische Berechnungen, beispielsweise im Kontext der Analyse von Rangierbewegungen, wird der Grundwiderstand summarisch ermittelt. Eine Möglichkeit, dies zu tun, ist bereits im Abschn. 2.5.4 gezeigt worden, als der Versuch zur Bestimmung des Massenfaktors dargestellt wurde.

Die zweite Möglichkeit, den Grundwiderstand von Schienenfahrzeugen zu ermitteln, stellt der „Seilwindenversuch" dar. Ein Fahrzeug wird dabei auf geradem, ebenem Gleis (vorzugsweise in einer Halle) mit konstanter, geringer Geschwindigkeit an dem Seil einer Seilwinde gezogen, die sich in Gleismitte befindet. Über das an der Seilwinde aufgebrachte Drehmoment oder die Zugkraft im Seil kann auf die Grundwiderstandskraft geschlossen werden.

Rollwiderstandskräfte

Rollwiderstandskräfte haben ihre Ursache in den Wechselwirkungen zwischen den mit Gewichtskräften belasteten Rädern/Radsätzen und dem Fahrweg, auf dem sie sich bewegen. Bei einem ideal runden und unbelasteten Rad, das sich auf einem unelastischen Fahrweg entlang bewegt, würden Radaufstandspunkt und Momentanpol (blauer Punkt in Abb. 3.4) zusammenfallen (und genau auf der senkrechten Symmetrieachse des Rades liegen), wie der linke Teil von Abb. 3.4 illustriert.

Tatsächlich werden die Räder jedoch mit der Gewichtskraft mg beaufschlagt und verformen sich dadurch elastisch. Die Berührung von Rad und Schiene ist deshalb nicht punktförmig sondern flächig und weist eine näherungsweise elliptische Form auf. Der Momentanpol, um den das Rad rotiert (abrollt) „wandert" deshalb bei einem belasteten Rad aus der senkrechten Symmetrieachse des Rades heraus und verlagert sich ein Stück weit nach vorn (bezüglich der Fahrtrichtung). Auf diese Weise entsteht ein Hebelarm e (siehe mittlerer Teil von Abb. 3.4), mit dem die Reaktionskraft ein Gegendrehmoment (um den Radmittelpunkt) zum Antriebsmoment aufbaut. Dieses „Widerstandsdrehmoment" ist umso höher, je größer der Hebelarm e ist.

Dieser Hebelarm vergrößert sich weiter, wenn der Untergrund elastisch ist und sich unter der Last der Radsätze ebenfalls verformt (rechter Teil der Abb. 3.4 mit Hebelarm e*). Damit ist der Rollwiderstand nicht nur von Fahrzeugparametern, sondern streng genommen auch von der Beschaffenheit des Oberbaus abhängig. Tatsächlich haben Versuche gezeigt, dass sich der Grundwiderstand derselben Fahrzeuge verändert, wenn sie auf unterschiedlichen

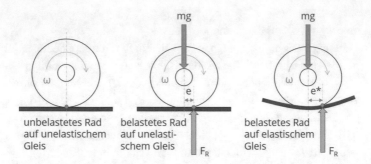

Abb. 3.4 Vereinfachte Darstellung der Mechanismen bei der Entstehung des Rollwiderstandes

Gleiskörpern fahren (z. B. sandiger Untergrund und Holzschwellen vs. Betonschwellen und stark verdichteter Untergrund vs. Fahrt auf fester Fahrbahn).

Ferner ist zu beachten, dass die periodische elastische Verformung von Fahrzeug und Fahrweg nicht vollständig verlustlos erfolgt, sondern durch die innere Reibung in den beteiligten Körpern ein Teil der Energie in Wärme umgesetzt wird und somit dem Transportprozess entzogen wird. Bezüglich der Räder spricht man deshalb auch vom „Walkwiderstand", weil die Räder beim Abrollen unter Last „durchgewalkt" werden. Bei Schienenfahrzeugen mit ihren stählernen Rädern spielt dieser Widerstandsanteil eine sehr geringe Rolle, bei gummibereiften Straßenfahrzeugen erwärmen sich jedoch die Reifen während der Fahrt unter Umständen merklich. Bei zu geringem Reifendruck kann die Reifentemperatur sogar soweit ansteigen, dass sich der Gummi zersetzt (Qualmbildung) und die Reifen schlussendlich in Flammen aufgehen, wie auf Autobahnen vor allem bei havarierten Lkws regelmäßig beobachtet werden kann.

Wende gibt in [90] unter Bezugnahme auf Prüfstandsversuche von Sauthoff folgende Gleichung für den Rollwiderstand von Schienenfahrzeugen an:

$$f_{WF0,Ro} = f_{WF0,Ro,0} + 0{,}0006 \left(\frac{v}{100} \right)^2. \tag{3.3}$$

Die Geschwindigkeit ist in diese empirische Gleichung mit der Einheit km/h einzusetzen. Das quadratische Glied der Gl. 3.3 wird in der Praxis meist ignoriert, da eine grobe Abschätzung des vergleichsweise sehr geringen Rollwiderstandes häufig vollkommen ausreichend ist.

Das konstante Glied $f_{WF0,Ro,0}$ in Gl. 3.3 ist nicht für alle Fahrzeuge gleich, sondern hängt von weiteren Parametern ab. Zu diesen Parametern zählen der Nenndurchmesser der Räder, die auf die Räder wirkende Gewichtskraft und der Radius der Schienenkopfrundung r_{SK}. In Abb. 3.5 wird beispielhaft gezeigt, wie $f_{WF0,Ro,0}$ von der Radfahrmasse und damit von der auf das Rad wirkenden Gewichtskraft abhängt. Die als Parameter genutzten Werte für den Radius der Schienenkopfrundung r_{SK} widerspiegeln den praktisch auftretenden Wertebereich. Somit ergibt sich aus dem Diagramm ein Band von Werten, die der spezifische

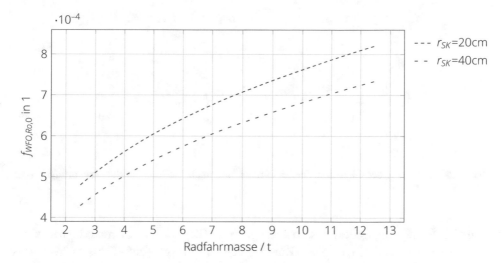

Abb. 3.5 Abhängigkeit des Rollwiderstandes von der Radfahrmasse nach Wende [90] *Anmerkung:* Es wurde ein Radnenndurchmesser von 1000 mm zugrunde gelegt

Rollwiderstand bei der Geschwindigkeit 0 $f_{WF0,Ro,0}$ bei einem Fahrzeug mit dem Rad-Nenndurchmesser von 1000 mm annehmen kann.

▶ **Zusammenfassung: Rollwiderstand**
Der Rollwiderstand von Schienenfahrzeugen ist aufgrund der Paarung von Stahlschienen und Stahlrädern sehr gering (ca. Faktor 10 gegenüber Straßenfahrzeugen).

Mittels bei Prüfstandsversuchen ermittelter empirischer Gleichungen lässt sich der spezifische Rollwiderstand von Schienenfahrzeugen abschätzen.

Zu den Parametern, die Einfluss auf den Rollwiderstand haben, zählen die Geschwindigkeit (meist vernachlässigt), der Raddurchmesser, die auf das Rad wirkende Gewichtskraft sowie der Rundungsradius der Schienenköpfe.

Gleitwiderstandskräfte
Gleitwiderstandskräfte entstehen hauptsächlich dadurch, dass die Radsätze auf dem Gleis nicht optimal abrollen können und dadurch in der Rad-Schiene-Kontaktfläche kleine und kleinste Relativ- bzw. Gleitbewegungen entstehen. Die Ursache dafür sind in den folgenden Umständen zu suchen:

- eine Schrägstellung des Radsatzes bezüglich der Gleisachse (siehe Abb. 3.6),
- eine Drehzahlkopplung von Radsätzen (siehe Abb. 3.7) sowie
- Querkraftwirkungen auf die Radsätze, die aus der Spurführung und Gleislagefehlern resultieren.

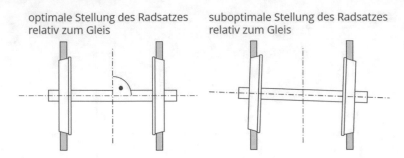

Abb. 3.6 Entstehung des Gleitwiderstandes durch suboptimale Stellung der Radsätze bezüglich des Gleises

Von einer Schrägstellung des Radsatzes bezüglich des Gleises kann im Grunde immer ausgegangen werden. Durch die geschickte Konstruktion der Fahrwerke eines Schienenfahrzeuges ist es jedoch möglich, diese Schrägstellung und damit die Gleitwiderstandskomponente des Grundwiderstandes zu minimieren. Insbesondere die Radsatzführung, also die mechanische Anbindung der Radsätze (selten: der Räder) an den Drehgestellrahmen (selten: den Wagenkasten) spielt hier eine wichtige Rolle. Allerdings wird auch die beste Konstruktion Toleranzen und Spiele aufweisen, die dazu führen, dass die Rotationsachse der Radsätze nicht in einem exakten rechten Winkel zur Gleisachse steht (Anmerkung: es geht um Winkel $\ll 1°$). Diese werden sich durch den unvermeidlichen Verschleiß der mechanischen Komponenten der Radsatzanbindung in der Regel vergrößern und von Fahrzeug zu Fahrzeug unterschiedlich sein. Es ist deshalb damit zu rechnen, dass die Gleitwiderstandskräfte (und damit auch der gesamte Grundwiderstand) von Fahrzeugen innerhalb weitgehend baugleicher Flotten streuen kann.

Ein weiterer wesentlicher Einflussfaktor auf die entstehende Gleitwiderstandskraft ist der Grad der Drehzahlkopplung bei Radsätzen. Bei nicht angetriebenen Fahrzeugen spielt

Abb. 3.7 Entstehung des Gleitwiderstandes durch Drehzahlkopplung von Radsätzen

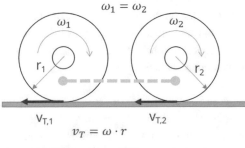

Drehzahlkopplung von Radsätzen

$\omega_1 = \omega_2$

ω_1 ω_2

r_1 r_2

$v_{T,1}$ $v_{T,2}$

$v_T = \omega \cdot r$

wegen $r_1 \neq r_2$ gilt: $v_{T,1} \neq v_{T,2}$

dies keine Rolle, sodass diese im Vergleich zu Triebfahrzeugen tendenziell geringere Gleitwiderstandskräfte aufweisen.

Die Kopplung der Radsatzdrehzahlen kann bei angetriebenen Fahrzeugen auf unterschiedliche Art und Weise erfolgen. Einerseits ist die „klassische" Variante denkbar, bei
der Kuppelstangen genutzt werden, um ein Drehmoment auf alle Treibräder zu übertragen
(Dampfloks, Altbau-Rangierlokomotiven), wobei diesen auch gleichzeitig dieselbe Drehzahl aufgeprägt wird.

Andererseits ist auch bei den Antriebssträngen dieselhydraulischer Triebfahrzeuge ein
ähnlicher Effekt zu beobachten. Die mechanische Kopplung der Radsätze erfolgt hier über
Gelenkwellen und Radsatzgetriebe.

Ferner ist neben der mechanischen auch eine elektrische Kopplung von Radsätzen denkbar, wenn verschiedenen Fahrmotoren durch die Leittechnik oder die Drehzahlsteuerung
gleiche Drehzahlen zugewiesen werden.

Allen wie auch immer gruppierten Antrieben ist gemein, dass verschiedenen Radsätzen,
deren Durchmesser immer geringe Abweichungen voneinander aufweisen werden, dieselbe
Drehzahl aufgeprägt wird (siehe Abb. 3.7). Die Tangentialgeschwindikeit v_T in der Radauf-
standsfläche ergibt sich stets als Produkt aus Winkelgeschwindigkeit (bzw. Drehzahl) und
dem jeweiligen Raddurchmesser:

$$v_T = \omega \cdot r = 2\pi n \cdot r \tag{3.4}$$

Die durch die Radienabweichungen auf Gleisebene hervorgerufenen Weg- und Geschwin-
digkeitsdifferenzen müssen durch Gleitbewegungen im Rad-Schiene-Kontakt kompensiert
werden, wodurch Gleitwiderstandskräfte entstehen.

Der spezifische Gleitwiderstand kann in der Regel nur experimentell ermittelt werden.
Für verschiedene Fahrzeugkonfigurationen existieren überdies Erfahrungswerte. So gibt
Wende in [90] für Wagen und dieselhydraulische Lokomotiven folgende Werteintervalle für
die spezifische Gleitwiderstandskraft $f_{WF0,Gl}$ an:

- Wagen: $f_{WF0,Gl} = 0{,}0005...0{,}0010$
- dieselhydraulische Lokomotiven: $f_{WF0,Gl} = 0{,}0020...0{,}0025$

An gleicher Stelle sind auch die experimentell ermittelten Werte für die Baureihen 143 und
346 der DB AG erwähnt (siehe Abb. 3.8).

▶ Zusammenfassung: Gleitwiderstand
Die Entstehung des Gleitwiderstandes ist auf das imperfekte Abrollen der Radsätze auf den
Schienen zurückzuführen. Die Ursache dieser Imperfektionen liegt u. a. in der (minima-
len) Schrägstellung der Radsätze im Gleis oder in der Drehzahlkopplung von angetriebenen
Radsätzen. Der Gleitwiderstand kann einen beträchlichen Anteil am Grundwiderstand von

(a) BR 143 - spezifischer Gleitwiderstand: 0,0015   (b) BR   346   -   spezifischer   Gleitwiderstand:
    (entspricht ca. 1,2 kN)   0,0030...0,0040 (entspricht ca. 1,3...2,2 kN)

Abb. 3.8 Experimentell ermittelte spezifische Gleitwiderstandskräfte. (Zitiert nach [90])

Schienenfahrzeugen haben und durch geeignete Fahrwerkskonstruktionen (Radsatzanlenkung) und Antriebskonfigurationen (Vermeidung von Gruppenantrieben) minimiert werden.

Der Gleitwiderstandsanteil von Wagen ist generell niedriger anzusetzen als bei Triebfahrzeugen.

Lagerwiderstandskräfte

Die Schnittstelle zwischen den (rotierenden) Radsätzen und den lediglich translatorisch
bewegten Teilen der Fahrwerke sind die Radsatzlager (bei Einzelradfahrwerken trifft dies
sinngemäß zu). Bis in die Mitte des vorigen Jahrhunderts war die Lagerung von Eisen-
bahnradsätzen durch Gleitlager geprägt. Diese waren wartungsaufwendig und hatten die
betrieblich unangenehme Eigenschaft, dass sich ein optimaler Schmierzustand physikalisch bedingt erst einstellen konnte, wenn eine bestimmte Radsatzdrehzahl erreicht wurde.
Näheres hierzu finden Sie in der einschlägigen Maschinenbau-Fachliteratur, wenn Sie nach
„Hydrodynamischen Gleitlagern" und „Stribeck-Kurve" suchen.

Nahezu alle heute verkehrenden Schienenfahrzeuge (Museumsfahrzeuge ausgenommen)
weisen Wälzlager auf. Diese sind nicht nur sehr wartungsarm und sehr zuverlässig, sie weisen
zudem auch nur sehr geringe Verluste im gesamten relevanten Drehzahlspektrum auf.

Wende gibt in [90] für die beiden genannten Lagertypen folgende Werte an:

- Wälzlager: $f_{WF0,La} = 0,0002$,
- Gleitlager: $f_{WF0,La} = 0,0006$.

Bei einem voll beladenen Güterwagen mit 4 Radsätzen und 22,5 t zulässiger Radsatzfahrmasse ergäbe sich damit eine durch die Wälzlager verursachte Teilwiderstandskraft von:

$$F_{WF0,La} = mg \cdot f_{WF0,La} = 4 \cdot 22,5\,\text{t} \cdot 9,81\,\text{m/s}^2 \cdot 0,0002 = 0,176\,\text{kN} \approx 180\,\text{N}.$$

Zu beachten ist ggf. die Temperaturabhängigkeit der Lagerwiderstandskraft. Insbesondere bei sehr niedrigen Umgebungstemperaturen kann es dazu kommen, dass die in den Lagern verwendeten Schmierstoffe nicht mehr optimal wirken können (z. B. durch die Zunahme der Viskosität) und ein erhöhter Lagerwiderstand auftritt. Dies ist insbesondere bei Rangiervorgängen im Winter zu beachten.

▶ **Zusammenfassung: Lagerwiderstand** Der Lagerwiderstand ist auf die innere Reibung in den Radsatzlagern zurückzuführen. Die in den Lagern dissipierte Energie wird dem Transportvorgang entzogen und muss deshalb mit berücksichtigt werden. Es gilt zu beachten, dass Radsatzlager bei sehr niedrigen Temperaturen höhere Widerstandskräfte generieren können.

Anhaltswerte für den Grundwiderstand von Eisenbahnfahrzeugen
Der spezifische Grundwiderstand von Schienenfahrzeugen ist, wie die voranstehenden Ausführungen bereits gezeigt haben, von zahlreichen Faktoren abhängig. Die wichtigsten Einflüsse sollen hier noch einmal kurz zusammengefasst werden:

- die Radsatzfahrmasse,
- die Fahrwerksbauart (freier Lenkradsatz, Drehgestell mit starrer Radsatzführung, Drehgestell mit elastischer Radsatzführung,...),
- die Radsatzlagerbauart (Gleitlager vs. Wälzlager),
- die Umgebungstemperatur (beeinflusst die Radsatzlagertemperatur und damit die Viskosität des dort vorhandenen Schmiermittels),
- der Verschleißzustand der Fahrwerke.

Es ist deshalb sinnvoll, den spezifischen Grundwiderstand als stochastische Größe aufzufassen und zu bedenken, dass es beträchtliche Schwankungen zwischen Fahrzeugen der gleichen Fahrzeugkategorie (z. B. Güterwagen) geben kann. Potthoff hat in [73] basierend auf den Untersuchungen von Delvendahl [25] folgende Anhaltswerte für **Güterwagen mit Wälzlagern** angegeben:

$$f_{WF0} = 0,00283 \pm 0,0010. \tag{3.5}$$

Es wird in [90] darauf hingewiesen, dass sich der spezifische Grundwiderstand der Güterwagen bei Frost um 0,0005 pro 5 K unter 0 °C erhöht. Weitere Informationen zu den Erkenntnissen von Potthoff enthält der Infokasten „Veröffentlichte Untersuchungen zum Grundwiderstand von Güterwagen".

Wende zitiert in [90] eine Diplomarbeit von Beth [19], die auf Versuchen der Schweizer Bundesbahnen [55, 56] basiert. Dort wird der spezifische Grundwiderstand in Abhängigkeit der Radsatzfahrmasse m_{RS} angegeben. Für Radsatzfahrmassen kleiner oder gleich 12,3 t wurde folgender Zusammenhang gefunden:

$$f_{WF0} = 0,004188 \cdot \left(1 - 0,4167 \cdot \frac{m_{RS}}{10\,\mathrm{t}}\right). \tag{3.6}$$

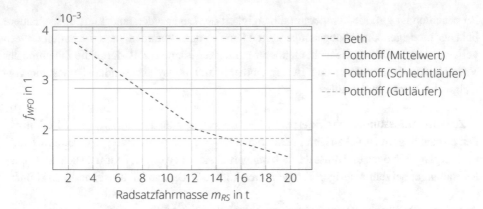

Abb. 3.9 Abhängigkeit des spezifischen Grundwiderstandes (Güterwagen) von der Radsatzfahrmasse [90]

Im Falle beladener Wagen ($m_{RS} > 12,3\,\mathrm{t}$) wird die oben angegebene Gleichung wie folgt modifiziert:

$$f_{WF0} = 0,00292 \cdot \left(1 - 0,2514 \cdot \frac{m_{RS}}{10\,\mathrm{t}}\right). \tag{3.7}$$

Eine graphische Darstellung der Grundwiderstände nach Potthoff und Beth enthält Abb. 3.9. Es ist zu beachten, dass die den Gleichungen zugrundeliegenden Messungen von König [55, 56] ausweislich der veröffentlichten Ergebnisse nur Wagen mit Radsatzfahrmassen von max. 20 t umfassten. Es ist deshalb fraglich, inwiefern eine Extrapolation auf die heute üblichen Radsatzfahrmassen von max. 22,5 t zulässig ist.

Es ist auffällig, dass die in Abb. 3.9 visualisierten Gl. 3.6 und 3.7 im Widerspruch zu den in Abb. 3.5 dargestellten Zusammenhängen stehen, nach denen der spezifische (Roll-)Widerstand mit zunehmender Radsatzlast eigentlich auch ansteigen müsste. Stattdessen zeigen praktische Versuche, dass (voll-)beladene Güterwagen eher „Gutläufer" sind und das Verhältnis von absoluter Grundwiderstandskraft zur Gewichtskraft der Wagen tendenziell abfällt, statt anzusteigen oder auch nur konstant zu bleiben (siehe auch Dokumentation der Versuchsergebnisse von König, Lukaszewicz und Szantos im Infokasten „Veröffentlichte Untersuchungen zum Grundwiderstand von Güterwagen"). Über die Gründe für diesen Widerspruch kann hier nur spekuliert werden. Es gibt scheinbar Mechanismen bei der Entstehung des Grundwiderstandes, die durch die gängigen Modellvorstellungen zu Entstehung der Teilwiderstände am Rad(satz) nicht hinreichend abgebildet werden. Es empfiehlt sich daher, sich bei praktischen Berechnungen an den empirischen Werten für den spezifischen Grundwiderstand zu orientieren und diesen nicht aus den Teilwiderständen herzuleiten. Gleichzeitig kann festgehalten werden, dass es hier ein Potential für genauere Untersuchungen gibt.

Für **Fahrzeuge des Personenverkehrs** lassen sich in der einschlägigen Fachliteratur vergleichsweise wenige Angaben finden, da bei diesen Fahrzeugen aufgrund der höheren

Geschwindigkeiten in der Regel der aerodynamische Widerstand eine größere Rolle spielt. Zudem werden diese Fahrzeuge nicht in Rangierbahnhöfen sondern nahezu ausschließlich mit Hilfe von Lokomotiven rangiert, wobei deren Zugkraft stets wesentlich größer als die auftretenden Grundwiderstandskräfte der Wagen sind.

In [4] wird von Versuchen zur Ermittlung des Grundwiderstandes von **Eurofima-Wagen (UIC-Typ Z – Wagen)** verschiedener Bahnverwaltungen berichtet. Dabei trat eine deutliche Streuung der gemessenen Werte auf. Während neue Reisezugwagen der italienischen Staatsbahn im Mittel einen Grundwiderstand von $267\,\mathrm{N}$ pro Wagen aufwiesen ($f_{WF0} \approx 0{,}000648$), wurden bei den Fahrzeugen der SNCF im Durchschnitt $1331\,\mathrm{N}$ pro Wagen ($f_{WF0} \approx 0{,}00323$) gemessen. Den Ursachen hierfür wurde in der genannten Quelle nicht nachgegangen. Es sei aber darauf hingewiesen, dass die genannten Wagen zwar vom selben Typ waren, aber unterschiedliche Drehgestellbauarten aufwiesen. Zudem kann ein gewisser Einfluss des Verschleiß- bzw. Instandhaltungszustandes auf die auftretenden Grundwiderstandskräfte vermutet werden.

Wende gibt in [90] folgende Werte bezüglich des Grundwiderstandes von **ICE-1-Zügen** an:

- Triebkopf: $f_{WF0} = 0{,}0013$ (absolute Grundwiderstandskraft $\approx 1000\,\mathrm{N}$)
- Mittelwagen: $f_{WF0} = 0{,}0006$ (absolute Grundwiderstandskraft $\approx 270...340\,\mathrm{N}$)

Im Rahmen einer Dissertation hat Lukaszewicz in Schweden umfangreiche Versuche zur Ermittlung der Fahrzeugwiderstandskräfte von Zügen des Personen- und Güterverkehrs durchgeführt [63, 65].

Für die schwedischen **Hochgeschwindigkeitszüge X2** wurde im Rahmen der Versuche eine spezifische Grundwiderstandskraft von $f_{WF0} \approx 0{,}00054...0{,}00059$ ermittelt. Auf einer anderen Strecke, die sich hinsichtlich der verbauten Schienen ($50\,\mathrm{kg/m}$ statt $60\,\mathrm{kg/m}$) sowie der Schienenunterlagen (Hartgummi statt Weichgummi) von der erstgenannten Strecke unterschied, stieg dieser Wert auf $f_{WF0} \approx 0{,}00064$.

Ähnliche Ergebnisse traten zutage, als ein **lokbespannter Reisezug mit 9 Schnellzugwagen** einerseits auf einer Strecke mit geschweißten Schienen ($50\,\mathrm{kg/m}$) und Betonschwellen (Strecke 1) und andererseits auf einer Strecke mit gelaschten Schienen ($43\,\mathrm{kg/m}$) und Holzschwellen (Strecke 2) vermessen wurde. Auf Strecke 1 wurde für den gesamten Zug ein spezifischer Grundwiderstand von $f_{WF0} \approx 0{,}00094$ ermittelt, während dieser auf Strecke 2 $f_{WF0} \approx 0{,}0011$ betrug ($\hat{=}$ Erhöhung um $17\,\%$).

Die schwedischen Versuche stützen damit die These, dass sich die Art (und wohl auch die Qualität) des Oberbaus auf den Grundwiderstand der Fahrzeuge auswirken kann, auch wenn dies in den üblichen Berechnungsansätzen meistens nicht widergespiegelt wird.

Die in [90] angegebenen Werte für den spezifischen Grundwiderstand von **Lokomotiven** ($f_{WF0} = 0{,}0025...0{,}0050$) sind für heutige Triebfahrzeuge wahrscheinlich zu hoch angesetzt, da moderne Lokomotivdrehgestelle deutlich geringere Widerstandskräfte generieren, als dies bei den vorhergehenden Lokomotivgenerationen der Fall war (siehe z. B. [10], S. 87).

Für die Abschätzung des Grundwiderstandes zeitgemäßer Drehgestell-Lokomotiven empfiehlt sich daher eine Orientierung an den oben zitierten Werten für die Triebköpfe des ICE 1.

Exkurs: Veröffentlichte Untersuchungen zum Grundwiderstand von Güterwagen

Da der Grundwiderstand von Güterwagen für die Auslegung und den Betrieb von Rangierbahnhöfen von großer Bedeutung ist, lassen sich eine Reihe von Aufsätzen zu dieser Thematik finden. Solche, die aus dem Zeitraum vor 1960 stammen, können jedoch nicht mehr umstandslos auf den heutigen Fahrzeugpark bezogen werden, da zu dieser Zeit wesentliche Parameter (z.B. Radsatzlagerbauart, Fahrwerksbauart, Anzahl der Radsätze, maximal zulässige Radsatzfahrmasse) teilweise deutlich von den heute üblichen abwichen.

Potthoff, 1976

Im Jahre 1976 veröffentlichte Potthoff einen Fachbeitrag [73], der auf Untersuchungen von Delvendahl [25] aus dem Jahre 1961 Bezug nahm und die stochastische Betrachtung des Grundwiderstandes in den Vordergrund stellte. Es werden in dem Artikel sowohl Wagen mit Rollen-, als auch solche mit Gleitlagern sowie gemischte Wagengruppen betrachtet.

Wie Potthoff herausstellt, ist die Verteilung des Auftretens verschiedener Rollwiderstände von Wagen mit wälzgelagerten Radsätzen im Wertebereich von $f_{WF0} = 0{,}0005...0{,}0085$ schief und lässt sich am besten mit Hilfe einer Weibull-Verteilung beschreiben.

Die grundlegenden statistischen Parameter der ausgewerteten Testreihe lauten wie folgt:

- Mittelwert des spezifischen Grundwiderstandes: 0,002828,
- Standardabweichung des spezifischen Grundwiderstandes: ±0,001398,
- Schiefe der Verteilung: +0,786.

Folgende weitere wesentliche Erkenntnisse werden festgehalten:

- Für Gutläufer kann auf statistischer Basis ein Wert von $f_{WF0} = 0{,}000927$ angenommen werden. Nur 5 % der untersuchten Wagen wiesen einen noch geringeren spezifischen Grundwiderstand auf.
- Für Schlechtläufer kann auf statistischer Basis ein Wert von $f_{WF0} = 0{,}006818$ angenommen werden. Nur 1 % der untersuchten Wagen wiesen einen noch höheren spezifischen Grundwiderstand auf. Werden nur 95 % statt 99 % aller Wagen betrachtet, so liegt der Grenzwert für Schlechtläufer bei $f_{WF0} = 0{,}00533$.

König und Pfander, 1980

Im Rahmen einer Messkampagne (08/1979–11/1979) wurde seitens der SBB festgestellt, dass einige Drehgestellwagen Eaos mit den damals neuen Y25-Drehgestellen nach der Ausfahrt aus Gleisbögen temporär einen erhöhten Grundwiderstand aufwiesen [56]. Dies wurde auf eine unzureichende (Wieder-)Einstellung der Drehgestelle im geraden Gleis zurückgeführt. Es wurde nach Durchfahrt eines Gleisbogens mit einem Radius von 183 m in der anschließenden Gerade im Mittel ein spezifischer Grundwiderstand von $f_{WF0} = 0{,}0033$ bei Trockenheit sowie $f_{WF0} = 0{,}00276$ bei Nässe ermittelt. Diese Werte werden mit Messergebnissen einer früheren **Messkampagne (09/1968–03/1969) in Chiasso** kontrastiert, die folgende Ergebnisse zeitigten:

- Mittelwert des gemessenen spezifischen Grundwiderstandes: 0,0015,
- Anteil der Wagen mit einem spezifischen Grundwiderstand <0,0010: 20 %,
- Anteil der Wagen mit einem spezifischen Grundwiderstand <0,0020: 80 %.

Die Tatsache, dass eine neuere Generation von Güterwagen einen deutlich größeren spezifischen Grundwiderstand als Bestandsfahrzeuge aufwies, wurde zum Anlass genommen, weitere Untersuchungen durchzuführen, die im Folgejahr veröffentlicht wurden.

König, 1981

Die Messungen zum Fahrverhalten nach Bogenfahrten wurden in [55] auf verschiedene Güterwagentypen ausgeweitet, bei denen jeweils der Grundwiderstand, der Gleisbogenwiderstand und der Grundwiderstand unmittelbar nach Durchfahrt eines Bogens gemessen wurden.

Für die spezifischen Grundwiderstände der einzelnen Wagenbauarten ergab sich folgendes Bild:

- Eaos-Wagen (offen) mit Y25-Drehgestellen und 10...12 t Radsatzfahrmasse: $f_{WF0} = 0{,}00273 \pm 0{,}00024$,
- Rs-Wagen (Flachwagen) mit Y25-Drehgestellen (deren Bauart von der der Eaos-Wagen abwich) und 20 t Radsatzfahrmasse: $f_{WF0} = 0{,}00127 \pm 0{,}00012$,
- Rs-w-Wagen (Flachwagen) mit „Drehgestellen älterer Bauart" [55] und 10...12 t Radsatzfahrmasse: $f_{WF0} = 0{,}00094 \pm 0{,}00010$,
- Shimms-Wagen (Coiltransportwagen) mit DB665-Drehgestellen und 10...12 t Radsatzfahrmasse: $f_{WF0} = 0{,}00153 \pm 0{,}00020$,
- Tbis-Wagen (Schiebedach-Schiebewand-Wagen) mit 2 Radsätzen und 5...12 t Radsatzfahrmasse: $f_{WF0} = 0{,}00247 \pm 0{,}00020$,

- F-u – Wagen (Hubkippwagen) mit 2 Radsätzen und 5...12 t Radsatzfahrmasse:
  $f_{WF0} = 0,0010 \pm 0,00020$.

Im Ergebnis der Versuche wurde deutlich, dass die spezifischen Grundwiderstands-kräfte sehr stark schwanken können. Zwischen der spezifischen Grundwiderstands-kraft des Wagens mit den fahrdynamisch besten Fahreigenschaften (F-u) und jenem, mit den ungünstigsten Fahreigenschaften (Eaos) liegt ein Faktor von 2,9. Es kann deshalb auch auf Grundlage dieser Versuche angenommen werden, dass die Fahr-werksbauart und der Verschleißzustand der Fahrwerke einen maßgeblichen Einfluss auf den spezifischen Grundwiderstand haben. Bemerkenswert ist außerdem die dokumentierte Streuung um die jeweiligen Nennwerte des spezifischen Grundwider-standes um 8 bis 20 %.

Bernstein und Petermann 1983

Der Rangierbahnhof in Hamburg-Maschen wurde 1977 eröffnet und bis 1980 vollstän-dig in Betrieb genommen. 1983 veröffentlichten Bernstein und Petermann einen Auf-satz [18], der sich u. a. mit der Analyse von „Laufwiderständen" im Rangierbahnhof Maschen beschäftigte. Auf Basis aufgezeichneter Betriebsdaten (nicht: Messungen) wurden 28.000 Abläufe im Winterhalbjahr und 22.000 Abläufe im Sommerhalbjahr hinsichtlich der aufgetretenen Fahrwiderstände analysiert. Dabei wurden Einflüsse der Trassierung (Längsneigungen, Gleisbögen) herausgerechnet und so der summierte Fahrzeugwiderstand ermittelt. Folgende spezifische Fahrzeugwiderstände (im Aufsatz als „Laufwiderstände" bezeichnet) wurden wagenbauart-übergreifend veröffentlicht:

- Winterkollektiv: $f_{WF} = 0,00372 \pm 0,00193$
- Sommerkollektiv: $f_{WF} = 0,00327 \pm 0,00172$

Im Gegensatz zu den oben diskutierten Versuchen von König und Delvendahl wurde *der Einfluss des Luftwiderstandes bei diesen Angaben nicht herausgerechnet,* weshalb hier von spezifischen Fahrzeugwiderstand (bei kleinen Geschwindigkeiten), anstatt von spezifischen Grundwiderstand gesprochen werden muss.

Trotzdem haben Bernstein und Petermann die herrschende Windrichtung (klassiert nach Rücken-, Gegen- oder Seitenwind) sowie die zugehörigen Windgeschwindig-keiten (Klassen: 0,0–10,8 km/h, 10,8–21,6 km/h, >21,6 km/h) in die Auswertung mit einbezogen, um den Einfluss des Windes auf die Ablaufvorgänge zu dokumentieren.

Dabei zeigte sich, dass der Einfluss von Windgeschwindigkeit und Windrichtung auch im Falle der geringen Geschwindigkeiten, wie sie in Rangierbahnhöfen vorliegen, nicht ganz vernachlässigt werden kann. So liegt der Mittelwert der Ablaufvorgänge im Winterhalbjahr im Falle schwachen Rückenwindes bei $f_{WF} = 0,00354$, während er bei schwachem Gegenwind leicht auf $f_{WF} = 0,00385$ ansteigt. Diese Diskrepanz wird bei starkem Wind erwartungsgemäß größer ($f_{WF} = 0,00232$ bei Rückenwind vs. $f_{WF} = 0,00568$ bei Gegenwind).

Wie Bernstein und Petermann außerdem darstellen, sinkt der Einfluss des Windes unabhängig von der Jahreszeit mit steigender Wagenmasse, da bei voll beladenen Fahrzeugen die Trägheitskräfte die fahrdynamische Kräftebilanz dominieren.

Lukaszewicz 2009

Lukaszewicz führte 2006 Versuche mit Erzwagen in Schweden durch, bei denen auch der Grundwiderstand dieser Fahrzeuge ermittelt wurde [64]. In die Versuche wurden Fahrzeuge neuerer (MV 2000) und älterer Bauart (Uad) einbezogen. Aus den von Lukaszewicz angegebenen Näherungsgleichungen für den Fahrzeugwiderstand lassen sich für ein gerades Gleis in der Ebene im Falle des erstgenannten Wagentyps folgende spezifische Grundwiderstände in Abhängigkeit des Beladungszustandes abschätzen:

- leeres Fahrzeug (Radsatzfahrmasse = 5,3 t): $f_{WF0} \approx 0,00216$ ($F_{WF0} \approx 450\,N$ je Wagen),
- teilbeladenes Fahrzeug (Radsatzfahrmasse = 25,0 t): $f_{WF0} \approx 0,00121$ ($F_{WF0} \approx 1100\,N$ je Wagen),
- voll beladenes Fahrzeug (Radsatzfahrmasse = 29,7 t): $f_{WF0} \approx 0,00112$ ($F_{WF0} \approx 1300\,N$ je Wagen).

Szantos 2016

Szantos hat 2016 auf einer Konferenz die Ergebnisse von Untersuchungen veröffentlicht, die unter anderem dazu dienten, die Gültigkeit älterer empirischer Gleichungen für die Widerstandskräfte von Wagenzügen an dem aktuellen Fahrzeugmaterial zu überprüfen [85].

Untersuchungsgegenstand waren Eisen-Erz und Kohle-Züge in Australien. Im Rahmen der Studie wurden das Geschwindigkeitsprofil sowie der zeitliche Verlauf der generierten Zugkräfte aus der Fahrzeugleittechnik ausgelesen und dokumentiert. Anschließend wurde mittels fahrdynamischer Simulation versucht, die Fahrtverläufe nachzuvollziehen. Dabei wurden die Fahrzeugwiderstandskräfte so lange variiert, bis simulierter und aufgezeichneter Geschwindigkeitsverlauf möglichst gut übereinstimmten.

Für Eisenerzwagen mit 4 Radsätzen wurde im beladenen Zustand (160 t Gesamtmasse **eines** Wagens) bei niedrigen Geschwindigkeiten eine Grundwiderstandskraft von 1120 N ermittelt. Das entspricht einem spezifischen Grundwiderstand von $f_{WF0} = 0,00071$.

Für unbeladene Wagen (23 t) gleichen Typs wurden hingegen ca. 493 N ermittelt, was einem spezifischen Grundwiderstand von $f_{WF0} = 0,00218$ entspricht.

Dies ist ein Indiz dafür, dass die bei der Definition spezifischer Widerstandskräfte postulierte Annahme, dass die Fahrzeugwiderstandskräfte direkt proportional zur Gewichtskraft der Fahrzeuge sind, nicht uneingeschränkt zutrifft. Während die Fahrzeugmasse bzw. Gewichtskraft des unbeladenen Fahrzeuges im erwähnten Beispiel um etwa den Faktor 7 geringer ist als die des voll beladenen Fahrzeuges, verringert sich dessen Grundwiderstand nur um den Faktor 2,3.

Bedeutung des Grundwiderstandes in der Rangiertechnik

Rangierbahnhöfe sind Zugbildungsanlagen, die der Auflösung, Umgruppierung und Neubildung von Güterzügen (insbesondere des Einzelwagenverkehrs) dienen. Um dies möglichst effizient, also mit minimalem Personal- und Triebfahrzeugeinsatz, bewerkstelligen zu können, werden Ablaufberge und damit die Hangabtriebskraft genutzt, um die einzelnen Güterwagen oder Güterwagengruppen zu bewegen.

Ein Rangierbahnhof (siehe auch Abb. 3.10) besteht typischerweise aus der Einfahrgruppe, der Anrückzone, dem Berggleis, der Verteilzone und der Richtungsgruppe (siehe u. a. [89]). Anrückzone und Verteilzone mit anschließender Richtungsgruppe liegen auf unterschiedlichen geodätischen Höhen und sind über das Berggleis miteinander verbunden (siehe Abb. 3.10 mit der Anrückzone im rechten Bilddrittel und der Richtungsgruppe im Bildhintergrund).

In der Anrückzone werden die bereits pneumatisch entkuppelten Güterwagen von einer Rangierlok bis zum Gipfel des Ablaufberges geschoben und dort mechanisch vom Rest des Zugverbandes entkuppelt. Anschließend rollen die Fahrzeuge dann unter Einfluss der Schwerkraft den Ablaufberg hinunter, passieren in der Verteilzone eine Weichenstraße (die

Abb. 3.10 Rangierbahnhof Hamburg-Maschen. (Foto: Uwe Leverenz)

nach dem Passieren jedes Wagens bzw. jeder Wagengruppe neu gelegt wird, damit jeweils die verschiedenen Zielgleise erreicht werden können) und fahren in die Richtungsgleise ein. In letztgenannten werden alle Wagen/Wagengruppen mit gleichem Ziel gesammelt und zu einem neuen Güterzug zusammengestellt.

Die Energie- und Arbeitsgleichung für den beschriebenen Vorgang lautet wie folgt:

$$E_{pot,RBG} + E_{kin,RBG} = W_W + E_{kin,RiG} \tag{3.8}$$

mit:

$E_{pot,RBG}$ potentielle Energie der Fahrzeuge auf dem **R**angier**b**erg**g**ipfel
$E_{kin,RBG}$ kinetische Energie der Fahrzeuge auf dem **R**angier**b**erg**g**ipfel
W_W erforderliche Arbeit, um die Fahrwiderstände zu überwinden
$E_{kin,RiG}$ kinetische Energie im **Ri**chtungs**g**leis

Wird vereinfacht eine (konstante) mittlere spezifische Grundwiderstandskraft $f_{WF0} =$ const. angenommen und außerdem die spezifische Weichenwiderstandskraft f_{WSW} berücksichtigt, so kann die für die Überwindung der Fahrwiderstände erforderliche Arbeit W_W wie folgt ausgedrückt werden:

$$W_W = m \cdot g \left(f_{WF0} \cdot s_A + f_{WSW} \cdot \sum s_{AW,i} \right). \tag{3.9}$$

Gl. 3.8 lässt sich damit ausführlicher schreiben als:

$$m_W g \Delta h + \frac{1}{2}\xi m_W v_0^2 = m_W g \left(f_{WF0} \cdot s_A + f_{WSW} \cdot \sum s_{AW,i} \right) + \frac{1}{2}\xi m_W v_E^2. \tag{3.10}$$

Hierbei bedeuten:

Δh Höhe des Rangierberges
f_{WF0} spezifischer Grundwiderstand des Wagens/der Wagengruppe
f_{WSW} spezifischer Weichenwiderstand (ca. 0,0005...0,0010 je Weiche [90])
g Erdbeschleunigung
m_W Masse des Wagens oder der Wagengruppe
s_A Auslaufweg bis zum Fahrzeugstillstand
$s_{AW,i}$ Teilweg des Auslaufweges, der auf die i-te durchfahrene Weiche entfällt
v_0 Anfangsgeschwindigkeit (im Moment des Abstoßens/Abdrückens)
v_E Endgeschwindigkeit nach Zurücklegen eines Weges $s \leq s_A$
ξ fahrdynamischer Massenfaktor des Wagens oder der Wagengruppe

Gl. 3.10 lässt sich sowohl nach der Höhe des Rangierberges Δh, also auch nach dem Auslaufweg s_A oder der Endgeschwindigkeit s_E nach dem Zurücklegen eines bestimmten Weges umstellen und in allen genannten Fällen geht der Grundwiderstand der Fahrzeuge in die Berechnung ein. Unter der Maßgabe, dass der Grundwiderstand gewissen Schwankungen unterliegt – man spricht in der Rangiertechnik auch von „Gutläufern" (geringer Grundwiderstand) und „Schlechtläufern" (hoher Grundwiderstand) ergeben sich bei der Auslegung von Rangieranlagen aus fahrdynamischer Sicht folgende Herausforderungen:

1. Eine Überschätzung des Fahrzeugwiderstandes führt zu einem Rangierberg, der zu hoch ist, was zu unerwünscht hohen Rollgeschwindigkeiten bzw. zu langen Auslaufwegen führt.
2. Eine Unterschätzung des Fahrzeugwiderstandes führt zu einem zu niedrigen Rangierberg, was zu unerwünscht geringen Rollgeschwindigkeiten (Herabsetzung der Leistungsfähigkeit der Rangieranlage) bzw. zu kurzen Auslaufwegen führt.
3. Bei gegebener Höhe des Rangierberges ist mit einer gewissen Streuung der Auslaufwege zu rechnen, je nachdem, ob es sich bei den Wagen/Wagengruppen um Gut- oder Schlechtläufer handelt.
4. Bei gegebener Höhe des Rangierberges ist mit einer gewissen Streuung der Geschwindigkeiten zu rechnen, die die Wagen/Wagengruppen (noch) fahren, wenn sie jeweils dieselbe Distanz zurückgelegt haben.

Um Auslaufwege und Geschwindigkeiten gezielt beeinflussen zu können, werden auf Rangierbahnhöfen schaltbare Gleisbremsen eingesetzt, die ortsfest im Gleis verbaut sind und dem Fahrzeug bei Bedarf mit Hilfe unterschiedlicher Wirkmechanismen kinetische Energie entziehen. Gl. 3.10 müsste also noch um die Bremsarbeit der Gleisbremsen erweitert werden, um vollständig zu sein.

Gleisbremsen können jedoch Schlechtläufer nicht weiter beschleunigen, sodass für dieses spezielle Problem andere Lösungen gesucht werden müssen (Umleitung nachlaufender Wagen in ein anderes als das vorgesehene Gleis, um ein Auflaufen auf einen unerwartet langsam abrollenden Wagen zu verhindern).

Im Falle moderner, hochautomatisierter Rangieranlagen soll das Problem erhöhter Grundwiderstände und des daraus resultierenden suboptimalen Rangierprozesses verringert werden, indem der Grundwiderstand der Wagen bereits vor dem Abdrücken (zum Beispiel in den Anrückgleisen) durch spezielle Längskraft-Messeinrichtungen in den Schienen bestimmt wird [89].

Zusammenfassung: Grundwiderstand

In den vorstehenden Unterkapiteln wurden die den Grundwiderstand von Schienenfahrzeugen konstituierenden Teilwiderstände diskutiert. Die Regionen der Fahrwerke, wo die genannten Widerstandskräfte entstehen, sind in Abb. 3.11 abschließend noch einmal dargestellt.

Für fahrdynamische Berechnungen sind in der Regel nicht die Teilwiderstandskräfte von Bedeutung, sondern die summierte Grundwiderstandskraft. Aufgrund der vielfältigen Einflussgrößen ist in der Realität mit einer breiten Streuung der spezifischen Grundwiderstandskräfte zu rechnen. In der Rangiertechnik wird explizit zwischen „Gutläufern" (Wagen

Abb. 3.11 Entstehungszonen der Grundwiderstandsanteile

mit geringem Grundwiderstand) und „Schlechtläufern" (Wagen mit hohem Grundwiderstand) unterschieden. Zudem wird bei der Modellierung von Rangierbewegungen mit einer Zunahme des spezifischen Grundwiderstandes „bei Minusgraden" um 0,0005 je 5 K Temperaturdifferenz zu 0 °C gerechnet (siehe [90], S. 114).

Da der Grundwiderstand maßgeblich von der Fahrwerksbauart und auch von der Bauart des Oberbaus beeinflusst wird, sind die älteren der in der fahrdynamischen Fachliteratur vorzufindenden Anhaltswerte für den summierten Grundwiderstand kritisch zu hinterfragen. Neuere Untersuchungen stammen zum Beispiel von Lukaszewicz [63] und Szanto [85] (siehe Infokästen).

Exkurs: Versuche in Schweden mit verschieden Zugkategorien

Im Rahmen einer Dissertation hat Lukaszewicz in Schweden umfangreiche Versuche zur Ermittlung der Fahrzeugwiderstandskräfte von Zügen des Personen- und Güterverkehrs durchgeführt [63, 65].

Für die schwedischen Hochgeschwindigkeitszüge X2 (siehe Bild) wurde im Rahmen der Versuche eine spezifische Grundwiderstandskraft von $f_{WF0} \approx 0{,}00054...0{,}00059$ ermittelt. Auf einer anderen Strecke, die sich hinsichtlich der verbauten Schienen (50 kg/m statt 60 kg/m) sowie der Schienenunterlagen (Hartgummi statt Weichgummi) von der erstgenannten Strecke unterschied, stieg dieser Wert auf $f_{WF0} \approx 0{,}00064$.

Ähnliche Ergebnisse traten zutage, als ein lokbespannter Reisezug aus 9 Schnellzugwagen einmal auf einer Strecke mit geschweißten Schienen (50 kg/m) und Betonschwellen (Strecke 1) und einmal auf einer Strecke mit gelaschten Schienen (43 kg/m) und Holzschwellen (Strecke 2) vermessen wurde. Auf Strecke 1 wurde für den gesamten Zug ein spezifischer Grundwiderstand von $f_{WF0} \approx 0{,}00094$ ermittelt, während dieser auf Strecke 2 $f_{WF0} \approx 0{,}0011$ betrug.

Die schwedischen Versuche stützen damit die These, dass sich die Art (und wohl auch die Qualität) des Oberbaus auf den Grundwiderstand der Fahrzeuge auswirken können, auch wenn dies in den Berechnungsansätzen meistens nicht widergespiegelt wird.

Bezüglich des Grundwiderstandes von Güterwagen lassen sich auch aus den Ergebnissen von Lukaszewicz ähnliche Schlüsse ziehen wie aus den Versuchen von Szanto. Bei den schwedischen Versuchen wurde der Grundwiderstand derselben Güterwagen für die Zustände „leer", „teilbeladen" und „vollbeladen" ermittelt. Auch hier zeigte sich, dass der spezifische Grundwiderstand der vollbeladenen Wagen mit $f_{WF0} \approx 0{,}0010$ am geringsten war und bei den leeren Wagen auf einen Wert von $f_{WF0} \approx 0{,}0014$ anstieg (der Wert für die teilbeladenen Wagen: $f_{WF0} \approx 0{,}0012$).

Es zeigt sich also auch hier wieder die Notwendigkeit, bei fahrdynamischen Berechnungen die Randbedingungen genau zu analysieren bzw. zu definieren und dann nach geeigneten Anhaltswerten für die Fahrwiderstände zu suchen.

Rechenbeispiel: Grundwiderstand

Es soll ermittelt werden, welche Leistung beim rangieren ($v_{max} = 25$ km/h) einer Wagengruppe aus 10 voll beladenen Güterwagen (jeweils mit 4 Radsätzen) benötigt wird. Die maximal zulässige Radsatzlast der Wagen beträgt 20 t.

1. Ansatz für den Leistungsbedarf:

$$P_{WF0} = F_{FW0} \cdot v$$

2. Ansatz für den Grundwiderstand der Wagengruppe:

$$F_{WF0} = m_w g \cdot \left(f_{WF0,Ro} + f_{WF0,Gl} + f_{WF0,La} \right)$$

3. Abschätzung des Rollwiderstandes:
   - Die Radfahrmasse beträgt 10 t. Unter Nutzung des Diagramms in Abb. 3.5 wird $f_{WF0,Ro,0}$ auf 0,00072 geschätzt. (Eigentlich weisen Güterwagenräder kleinere Durchmesser als 1000 mm auf, aber das soll an dieser Stelle vernachlässigt werden.) Damit ergibt sich für den Rollwiderstand bei 25 km/h (vgl. Gl. (3.3)):

$$f_{FW0,Ro} = 0{,}00072 + 0{,}0006 \left(\frac{25}{100} \right)^2 \approx 0{,}00076$$

4. Abschätzung des Gleitwiderstandes:
   - Es handelt sich um Wagen, deren Fahrwerke (im Vergleich zu denen von Reisezugwagen) verhältnismäßig einfach ausgeführt sind. Es wird deshalb ein Wert im oberen Teil des im Abschnitt „Lagerwiderstandskräfte" aufgeführten Spektrums gewählt:

$$f_{WF0,Gl} \approx 0{,}00085$$

5. Abschätzung des Lagerwiderstandes (alle Wagen weisen Wälzlager auf):

$$f_{WF0,La} = 0{,}0002$$

6. Berechnung der Grundwiderstandskraft der gesamten Wagengruppe:

$$\begin{aligned} F_{WF0} &= 10 \cdot 4 \cdot 20\,\text{t} \cdot 9{,}81\,\text{m/s}^2 \cdot (0{,}00076 + 0{,}00085 + 0{,}0002) \\ &= 800\,\text{t} \cdot 9{,}81\,\text{m/s}^2 \cdot 0{,}00181 \\ &= 14{,}2\,\text{kN} \quad (1{,}42\,\text{kN je Wagen}) \end{aligned}$$

7. Ermittlung des Leistungsbedarfes:

$$\begin{aligned} P_{WF0} &= 14{,}2\,\text{kN} \cdot \frac{25\,\text{km/h}}{3{,}6\,\dfrac{\text{km/h}}{\text{m/s}}} \\ &= 98{,}6\,\text{kW} \end{aligned}$$

Der Leistungsbedarf für das Rangieren der Wagengruppe mit einer Gesamtmasse von 800 t beträgt knapp 100 kW.

◄

3.3.2 Anfahrwiderstand

Der Anfahrwiderstand F_{WFA} ist ein transienter Zusatzwiderstand, der nur unmittelbar beim Anfahren von Zügen in Erscheinung tritt, innerhalb der ersten zurückgelegten Meter abklingt und dann in den normalen Grundwiderstand übergeht. Er wird prinzipiell dem Grundwiderstand zugeordnet, ist aber nicht Bestandteil desselben, wie Abb. 3.12 verdeutlicht.

Ein Sonderfall des Anfahrwiderstandes ist der *Losbrechwiderstand*. Dieser tritt unmittelbar zu Beginn des Anfahrprozesses bei $v \approx 0$ und $s \approx 0$ auf.

Bei der Betrachtung von Anfahrwiderstandskräften spielen zwei Betrachtungsebenen eine Rolle: die Betrachtung von Anfahrwiderständen auf Fahrzeugebene und die Betrachtung von Anfahrwiderständen auf Zugebene. Beginnen wir zunächst mit der Betrachtung der Anfahrwiderstandskräfte auf Fahrzeugebene.

Anfahrwiderstandskräfte auf Fahrzeugebene
Wenn ein Fahrzeug in Bewegung gesetzt wird, kann es sein, dass für kurze Zeit zusätzliche bewegungshemmende Kräfte und Drehmomente zu überwinden sind, die im Laufe der anschließenden Fahrt keinerlei Rolle spielen. Die nachfolgend aufgezählten Aspekte können dabei eine Rolle spielen.

- Das Restbremsmoment von mechanischen Bremsen: Bremsklötze oder Bremsbeläge haften im Moment des Anfahrens noch an den Radreifen bzw. Bremsscheiben an, weil die

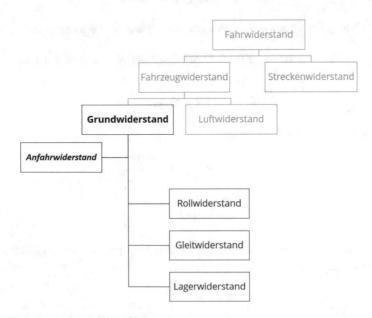

Abb. 3.12 Einordnung des Anfahrwiderstandes

Rückstellkräfte im Bremsgestänge nicht ausreichen, um sie vollständig zurückzuziehen. Dies kann insbesondere bei Fahrzeugen, deren Bremsanlage sich in einem suboptimalen Wartungszustand befindet, passieren. Im Winter, wenn das Bremsgestänge aufgrund von Vereisung und der höheren Viskosität der Schmiermittel schwerer beweglich ist, kann dieser Effekt verstärkt werden.

- Im Winter ist es möglich, dass die Bremsklötze oder Bremsbeläge an den Radreifen oder Bremsscheiben festfrieren und dann beim Anfahren losgebrochen werden müssen.
- Während der ersten Drehbewegungen der Radsätze ist es möglich, dass die Radsatzlager suboptimal geschmiert werden und sich das Schmiermittel erst wieder gleichmäßig verteilen muss. Dies ist ggf. nach langer Stillstandszeit von Wagen zu beachten.
  Bei der Verwendung hydrodynamischer Gleitlager, wie sie vor allem in der ersten Hälfte des letzten Jahrhunderts möglich war, liegt im Moment des Anfahrens überdies Festkörperreibung zwischen Lagerschalen und den Naben der Radsatzwellen vor. Ein tragender Schmierfilm bildet sich physikalisch bedingt erst ab einer bestimmten Drehzahl aus.
- Kommen Züge in (überhöhten) Gleisbögen zum Stehen, ist bei einer erneuten Anfahrt mit einem im Vergleich zum geraden Gleis erhöhten Anfahrwiderstand zu rechnen. Die Gründe hierfür sind im Anlaufen der Radsätze in die Schienen im Gleisbogen zu suchen, sodass sich eine Zweipunktberührung der Radsätze mit den Schienenköpfen ergibt. Überdies wirkt in überhöhten Bögen eine Kraft nach bogeninnen, die im Moment des Anfahrens nicht durch die Fliehkraft kompensiert wird und damit die Spurkränze tendenziell an die bogeninneren Schienenköpfe drückt.

Wende hat in [90] vorgeschlagen, die spezifische Anfahrwiderstandskraft auf Fahrzeugebene mit einer e-Funktion zu beschreiben, die das Abklingen der Anfahrwiderstandskraft nach wenigen zurückgelegten Metern Fahrwegs plausibel nachzubilden vermag. Für die spezifische Anfahrwiderstandskraft f_{WFA} wird bei Fahrzeugen mit Wälzlagern folgender funktionaler Zusammenhang angenommen:

$$f_{WFA} = 0{,}002 + 0{,}004 \cdot e^{-3 \cdot s} \tag{3.11}$$

Der konstante Faktor (erste Summand) in Gl. 3.11 ist als beispielhaft anzusehen und sollte dem ermittelten spezifischen Grundwiderstand des jeweils betrachteten Fahrzeuges entsprechen.

Im Falle von Fahrzeugen mit Gleitlagern verändern sich die Parameter der Gleichung. In Abb. 3.13 wird der Verlauf der spezifischen Anfahrwiderstandskraft über dem zurückgelegten Weg für beide Radsatzlagerarten graphisch dargestellt.

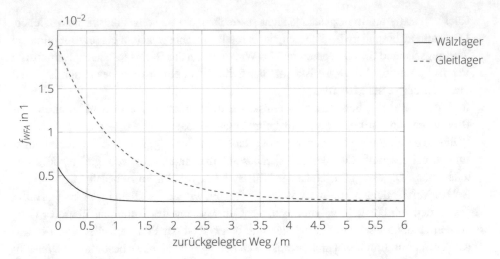

Abb. 3.13 Modellierung der spezifischen Anfahrwiderstandskraft von Fahrzeugen mit Wälz- oder Gleitlagern nach Wende [90]

Exkurs: Anfahrwiderstandskräfte im historischen Kontext

Moderne Radsatzlager weisen, wenn überhaupt, nur eine sehr geringe Erhöhung des Widerstandsdrehmomentes beim Anfahren auf (siehe auch Abb. 3.13). Hinzu kommt, dass Triebfahrzeuge heute in der Regel Anfahrzugkräfte im Bereich von 250...320 kN bereitstellen. Damit liegt selbst bei schweren Güterzügen (günstige Kraftschlussverhältnisse zwischen Rad und Schiene vorausgesetzt) ein relativ hoher Zugkraftüberschuss bei geringen Geschwindigkeiten vor.

Noch vor 70 Jahren lagen die Verhältnisse etwas anders. Die meisten Wagen (und Triebfahrzeuge) waren damals mit Gleitlagern ausgerüstet, die generell einen höheren Lagerwiderstand verursachten, der sich im Falle des Anfahrens um ein Vielfaches erhöhen konnte (vgl. Abb. 3.13). Dem standen bei Dampflokomotiven auch im Vergleich zu heutigen Triebfahrzeugen deutlich geringere Anfahrzugkräfte gegenüber. Diese bewegten sich im Bereich von 60 bis 190 kN, je nach Größe und Konfiguration der Lokomotiven. Damit fiel der Zugkraftüberschuss beim Anfahren schwerer Güterzüge wesentlich geringer aus und wurde im Falle schwieriger Kraftschlussbedingungen zwischen Triebrädern und Schiene weiter reduziert.

Der genauen Abschätzung der Kräfteverhältnisse beim Anfahren der Züge kam deshalb in dieser Zeit, insbesondere bei der Festlegung maximal zu befördernder Zugmassen, betrieblich eine größere Bedeutung zu als heute.

Anfahrwiderstandskräfte auf Zugebene

Die im vorstehenden Abschnitt diskutierten Gleichungen kommen sinnvollerweise immer dann zu Anwendung, wenn Anfahrprozesse, zum Beispiel bei der Modellierung von Rangiervorgängen, möglichst genau abgebildet werden sollen. Im Rahmen der Simulation von Streckenfahrten sind transiente Anfahrwiderstandskräfte zu vernachlässigen.

Eine andere Motivation, sich mit Anfahrwiderstandskräften auseinanderzusetzen, ist die Vorherbestimmung der maximalen Zugmassen, die von einem bestimmten Triebfahrzeug in einer Steigung angefahren werden können. Hierbei spielen Aspekte eine Rolle, die bei der Betrachtung von Einzelfahrzeugen nicht beachtet werden.

Werden Eisenbahnfahrzeuge zu einem Zugverband zusammengekuppelt, weist dieser aufgrund der Konstruktion der Zug- und Stoßeinrichtungen eine gewisse Längselastizität auf. Die in Mitteleuropa üblichen Schraubenkupplungen ermöglichen eine gezielte Beeinflussung dieser Elastizität, weil sich über die Kupplungsspindel das „Spiel" zwischen den Wagen und die Vorspannung der Zugeinrichtung variieren lässt.

Aufgrund der Längselastizität ist es in der Ebene möglich, Züge so anzufahren, dass nicht alle Wagen im Zugverband zum gleichen Zeitpunkt in Bewegung gesetzt werden müssen. Vielmehr wird angestrebt, dass die Wagen bzw. Wagengruppen gestaffelt nacheinander anfahren und somit nicht der Losbrechwiderstand aller Wagen auf einmal überwunden werden muss.

Falls die Züge jedoch in einer Steigung stehen, wird die Elastizität des Zugverbandes ggf. stark verringert, weil sich der Wagenzug nach dem vollständigen Lösen der Bremsen ggf. „streckt". Man geht davon aus, dass dieser „Streckungseffekt" mit zunehmender Neigung der Strecke immer mehr zunimmt.

Verschiedene Bahnverwaltungen haben deshalb Näherungsgleichungen entwickelt, die den Anfahrwiderstand von Zügen in Abhängigkeit der Steigung i, in denen sie stehen, abschätzen sollen. Die Deutsche Reichsbahn (DR) der DDR nutzte beispielsweise folgende Gleichung für die Ermittlung des spezifischen Anfahrwiderstandes von Güterzügen:

$$f_{WFZA} = 0{,}006 + 0{,}3i. \tag{3.12}$$

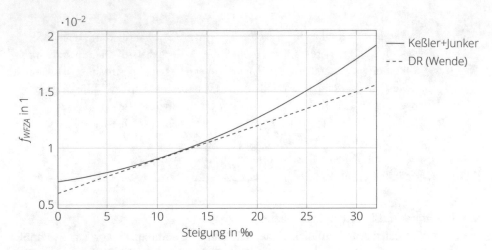

Abb. 3.14 Modellierung der spezifischen Anfahrwiderstandskraft von Zügen mit Wälzlagern in Steigungen nach unterschiedlichen empirischen Gleichungen

Es handelt sich um eine empirische Gleichung, der höchstwahrscheinlich auch ein Geltungs-bereich zugeordnet werden müsste, der jedoch in der Quelle [90] nicht erwähnt wird. Die Notwendigkeit einer Geltungsbereichsdefinition ergibt sich aus der einfachen Überlegung, dass es eine Grenzneigung geben müsste, ab der die Elastizität der Züge aufgebraucht ist und keine weitere neigungsbedingte Steigerung des Anfahrwiderstandes mehr erfolgt.

An anderer Stelle [53] lässt sich auch ein nichtlinearer Zusammenhang zwischen dem spezifischem Anfahrwiderstand von Zügen und der Neigung finden (siehe Abb. 3.14).

Im Bereich von Neigungen zwischen 7 und 15‰ liefern beide Ansätze in etwa gleiche Werte. Außerhalb dieses Intervalls liefert der Ansatz von Keßler und Junker stets größere Werte als die Gleichnug der DR. Eine unmittelbare Erklärung für diese Abweichungen gibt es nicht. Es zeigt sich vielmehr, dass empirische Gleichungen kritisch zu hinterfragen sind.

▶ **Zusammenfassung: Anfahrwiderstandskraft** Anfahrwiderstandskräfte sind transiente (Zusatz-)Widerstandskräfte, die dem Grundwiderstand von Schienenfahrzeugen zugeschla-gen werden und nur auf den ersten Metern einer Zugfahrt auftreten. Sie spielen insbesondere bei Rangierbewegungen (Modellierung auf Fahrzeugebene) und bei der Bestimmung der maximalen Zugmassen, die in Steigungen angefahren werden können (Modellierung auf Zugebene) eine Rolle. Bei der Berechnung von Streckenfahrten sind sie zu vernachlässigen.

3.3.3 Luftwiderstandskräfte

Relevanz des Luftwiderstandes

Wie aus Abb. 3.2 hervorgeht, dominiert der Luftwiderstand den Fahrzeugwiderstand von Schienenfahrzeugen im Bereich höherer und hoher Geschwindigkeiten.

Für den überwiegenden Teil des 20. Jahrhunderts galt aufgrund der begrenzten Leistungsfähigkeit der Antriebe die Faustregel, dass höhere Geschwindigkeiten vor allem durch die Senkung des Luftwiderstandes in Verbindung mit konsequentem Leichtbau der Fahrzeuge erreicht werden konnten. Spätestens mit dem Einzug der Drehstromantriebstechnik wurde die Bereitstellung großer Traktionsleistungen zunehmend zu einer Selbstverständlichkeit. Die Steigerung der spezifischen Leistung von Triebfahrzeugen ermöglichte die generelle Anhebung des Geschwindigkeitsniveaus bei der Eisenbahn und insbesondere die Entwicklung von Hochgeschwindigkeitszügen. Heute werden selbst im Nah- und Regionalverkehr im Vollbahn-Bereich bis zu 160 km/h (in Ausnahmefällen auch 200 km/h) erreicht und der hochwertige Fernverkehr ist in den Geschwindigkeitsbereich von 200 km/h bis 300 km/h vorgedrungen.

Aufgrund ökonomischer und ökologischer Erfordernisse ist es jedoch geboten, Fahrten in den genannten Geschwindigkeitsintervallen mit einem möglichst geringen Aufwand an Traktionsenergie zu realisieren. Dies kann vor allem dadurch erreicht werden, dass der Fahrwiderstand der Fahrzeuge minimiert wird.

Insbesondere der Betrieb von Hochgeschwindigkeitszügen ist auf Dauer nur dann rentabel und ökologisch vertretbar, wenn die dazu aufzuwendende Traktionsenergie begrenzt werden kann.

In diesem Kapitel werden zunächst die wesentlichen Ursachen der Entstehung des Luftwiderstandes diskutiert, bevor eine nähere Betrachtung der Möglichkeiten zur rechnerischen Abschätzung von Luftwiderstandskräften und der konstruktiven Einflussmöglichkeiten zu ihrer Verringerung erfolgt.

Aerodynamik und Eisenbahn

Die Beschäftigung mit der Aerodynamik hat bei der Eisenbahn eine lange Tradition (siehe Abb. 3.15). Während die Motivation für die Auseinandersetzung mit aerodynamisch bedingten Widerstandskräften vom Beginn des 20. Jahrhunderts bis in die 1980er Jahre vor allem mit dem Wunsch verbunden war, höhere Geschwindigkeiten zu erreichen, steht heute die Effizienzerhöhung im Sinne einer Einsparung von Traktionsenergie im Zentrum der Bemühungen um die Verringerung des Luftwiderstandes von Eisenbahnfahrzeugen.

Soll die Höchstgeschwindigkeit von (Schienen-)Fahrzeugen gesteigert werden, gibt es zwei wesentliche Optionen zur Erreichung dieses Ziels: 1) die Erhöhung der Traktionsleistung und 2) die Verringerung des Fahrzeugwiderstandes. In der ersten Hälfte des 20. Jahrhunderts wurde die Dampftraktion zwar immer weiter verbessert, näherte sich jedoch hinsichtlich der Leistungsdichte der Lokomotiven immer mehr der Grenze des physikalisch Möglichen an. Sowohl die elektrische Antriebstechnik, als auch die Diesel-Traktion standen

(a) C 145 der französischen Bahngesellschaft PLM (Bau-
    jahr: 1900)

(b) Bugatti-Triebwagen ZZY 24408 der französischen
    Bahngesellschaft ÉTAT (Baujahr: 1934, spezifi-
    sche Leistung: 15,47 kW/t, Höchstgeschwindigkeit:
    172 km/h)

(c) VT 18.16 der Deutschen Reichsbahn (Baujahr: 1965,
    spezifische Leistung: 6,87 kW/t, Höchstgeschwindig-
    keit: 160 km/h)

(d) IC 125 (HST) von British Rail (Baujahre: 1976-1982,
    spezifische Leistung: 8,76 kW/t, Höchstgeschwindig-
    keit: 200 km/h)

(e) TGV PSE der SNCF (Baujahre: 1978-1988, spezi-
    fische Leistung: 17,66 kW/t, Höchstgeschwindigkeit:
    260 km/h)

(f) ETR 575 der italienischen NTV (Baujahre: 2006-2008,
    spezifische Leistung: 20,16 kW/t, Höchstgeschwindig-
    keit: 300 km/h)

Abb. 3.15 Beispiele von Schienenfahrzeugen, bei deren Entwicklung die Reduktion des Luftwiderstandes eine wichtige Rolle spielte

jeweils noch am Anfang eines langen Entwicklungsprozesses und beide konnten nur einen Bruchteil der heute üblichen Traktionsleistung generieren. Solange hinsichtlich der Leistungsfähigkeit der Antriebstechnik keine qualitativen Sprünge möglich waren, musste also konstruktiv eine Verringerung des Luftwiderstandes erreicht werden, um die Geschwindigkeit der Fahrzeuge erhöhen zu können.

Basierend auf dieser Erkenntnis und gestützt durch erste Versuchsreihen in den damals neuartigen Windkanälen entstanden weltweit in den 1920er und 1930er Jahren (in den USA setzte sich diese Entwicklung auch in den 1940er Jahren fort) „stromlinienförmige" Fahrzeuge und es wurden neue Geschwindigkeitsrekorde mit für damalige Verhältnisse aerodynamisch optimierten Lokomotiven und Zügen eingefahren. Insbesondere in den USA und in Frankreich wurden Erkenntnisse der damals noch jungen Ingenieursdisziplin „Strömungsmechanik" von Designern aufgegriffen und in eine Formsprache übersetzt, die den Begriff der „Stromlinie" immer weiter popularisierte. Der Wettstreit von Designern und Aerodynamikern um die Definition der „optimalen" Formgebung von Schienenfahrzeugen prägt die Entwicklung insbesondere von Rollmaterial für den Personenverkehr bis heute.

Allerdings sind im Zuge der Weiterentwicklung der Fahrzeuge weitere aerodynamische Aspekte bedeutsam geworden (siehe Infokasten).

Exkurs: Aspekte der Aerodynamik bei Eisenbahnfahrzeugen

Wie bereits erwähnt, ist die **Reduzierung des Fahrzeugwiderstandes** zwar eine wichtige, aber bei weitem nicht die einzige Aufgabe, die bei der Entwicklung von Schienenfahrzeugen aus aerodynamischer Sicht zu lösen ist.

Ein weiterer wichtiger Aspekt ist die **Seitenwindstabilität** von Zügen, also ihr Vermögen, böigen Seitenwinden standzuhalten, ohne dass die Räder auf der Luv-Seite vollständig entlastet werden oder gar abzuheben drohen. Dies ist insbesondere bei Triebzügen (verteilte Antriebe und im Vergleich zu Lokomotiven geringere Fahrzeugmassen) sowie bei vorausfahrenden Steuerwagen zu beachten.

Passiert die Spitze eines schnell fahrenden Zuges einen beliebigen Ort, so tritt an diesem ein **Drucksprung** auf. Die Vorbeifahrt der Zugspitze ist mit einem starken Druckanstieg (Überdruck) verbunden, dem kurz darauf ein deutlicher Druckabfall (Unterdruck) folgt. Sowohl die Amplitude, als auch die Wellenlänge des Drucksprungs können durch die Gestaltung des Fahrzeugkopfes maßgeblich beeinflusst werden. Drucksprünge müssen insbesondere bei der Zugbegegnung schnell fahrender Züge antizipiert und durch konstruktive Maßnahmen verringert oder kompensiert werden. Andernfalls könnte es zu einer Beschädigung der Fahrzeuge kommen (insbesondere an Fenstern, Türen und Klappen), die den Komfort oder sogar die Sicherheit der Passagiere beeinträchtigen könnten. Der Druckverlauf an der Spitze des Zuges ist auch für die Einfahrt in Tunnel von Bedeutung und kann durch die Gestaltung der Tunnelportale zusätzlich beeinflusst werden.

Die Auswirkung aerodynamischer Effekte auf die unmittelbare Umgebung der Züge ist ein wichtiger **Sicherheitsaspekt.** Sowohl der **Unterdruck,** als auch der **„Fahrtwind",** der entlang schnell passierender Züge erzeugt wird, ist maßgeblich für die Räume, die (zum Beispiel im Falle von Bahnsteigen und deren Dächern) von beweglichen Gegenständen und Personen freigehalten werden müssen, damit diese nicht unter den fahrenden Zug gezogen oder von diesem mitgerissen werden.

Ferner spielt die **Aeroakustik** eine große Rolle, insbesondere bei Hochgeschwindigkeitszügen. Strömungsablösungen können eine signifikante Lärmquelle sein, die als unangenehm empfundene Pfeif- oder Flattergeräusche erzeugen. Insbesondere im Bereich der Stromabnehmer entstehen so Lärmquellen in einer Höhe die auch durch Lärmschutzwände nur unzureichend kompensiert werden können.

Der **Aerodynamik der Stromabnehmer** kommt aber auch deshalb große Bedeutung zu, weil die Andruckkraft der Stromabnehmerwippe an den Fahrdraht geschwindigkeitsunabhängig auf einem akzeptablen Niveau gehalten werden muss. Es dürfen deshalb als Resultat der Umströmung weder zu hohe Andruckkräfte entstehen, die eine Beschädigung der Oberleitung zur Folge haben würden, noch darf es zu einer Ablösung des Stromabnehmers und einer damit verbundenen Lichtbogenbildung kommen.

Ein Phänomen, das insbesondere im Zuge von Zulassungsfahrten von ICE-3-Zügen in Frankreich in den Fokus der Fachwelt geriet, ist der **Schotterflug.** Dabei werden durch den bei der Fahrt im Bereich der Fahrwerke und des Fahrzeugunterbodens entstehenden Unterdruck Schottersteine aus dem Gleisbett gehoben und gegen die Unterseite oder Seitenwände der Züge geschleudert.

Die Luftwiderstandskraft ergibt sich für ein parallel zur Fahrtrichtung angeströmtes Fahrzeug (siehe Abb. 3.16) nach Gl. 3.15 aus dem Produkt der halben Luftdichte ρ_L, dem Luftwiderstandsbeiwert c_W, der angeströmten Querschnittsfläche A sowie dem Quadrat der Strömungsgeschwindigkeit v. Der Luftwiderstandsbeiwert kann entweder über Windkanalversuche oder mit Hilfe computerbasierter Strömungssimulation (CFD – Computational Fluid Dynamics) ermittelt werden. Die Modellierung ist aufwendig und erfordert viel Erfahrung, da komplexe Geometrien vereinfacht und modelliert sowie physikalische Modellgesetze beachtet werden müssen, damit sinnvolle Ergebnisse erzielt werden können. Darauf soll hier nicht im Detail eingegangen werden, weil es dazu entsprechende Fachliteratur gibt [8, 46]. Einige wichtige Aspekte der strömungsmechanischen Modellierung werden dennoch im Folgenden festgehalten.

Eisenbahnfahrzeuge weisen teilweise andere strömungsmechanische Charakteristika auf als etwa Automobile. Folgende aerodynamischen Phänomene treten bei der Fahrt von Zügen auf:

1. Züge (v. a. solche des Hochgeschwindigkeitsverkehrs) sind strömungstechnisch als lange und schlanke Körper zu betrachten (Länge in Strömungsrichtung viel größer als Breite und Höhe) und damit aus aerodynamischer Sicht unter Umständen einem Schiffs-rumpf ähnlicher als einem Straßenfahrzeug. Reibungswiderständen und Verwirbelun-gen/Strömungsablösungen kommen deshalb im Vergleich zu Straßenfahrzeugen eine größere Bedeutung zu.
2. Schienenfahrzeuge sind in der Regel als Zweirichtungsfahrzeuge ausgeführt, sodass die Optimierung der Formgebung der Fahrzeugfront immer im Kontext ihres strömungsme-chanischen Verhaltens als Fahrzeugheck betrachtet werden muss.
3. Zugkonfigurationen sind veränderbar, und zwar sowohl bezüglich der Anzahl der einge-reihten Fahrzeuge, als auch hinsichtlich ihrer Anordnung. Bei der Angabe von Luftwider-standsbeiwerten muss deshalb immer mit angeführt werden, für welche Zugkonfiguration diese gültig sind (z. B. allein fahrende Lok vs. Lok vor Wagenzug, Zug mit x Wagen vs. Zug mit x ± n Wagen, Einfachtraktion vs. Mehrfachtraktion bei Triebzügen).
4. Bei Güterzügen und, in geringerem Umfang, bei lokbespannten Reisezügen können die Abstände zwischen den Wagen bzw. die Anzahl der angeströmten (Teil-)Querschnitte eine Rolle bei der Entstehung des Luftwiderstandes spielen (Bsp.: Containerzüge mit lückenhafter Beladung).

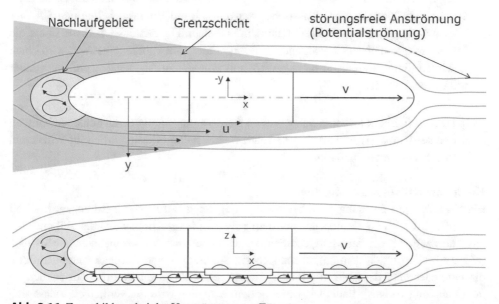

Abb. 3.16 Zonenbildung bei der Umströmung von Zügen

(a) VT 642 im Schnee - Durch die über die Fahr- (b) VT 642 im Schnee von hinten - Das Nachlaufgebiet ist
zeuglänge zunehmende Grenzschichtdicke wird der   durch den aufgewirbelten Schnee ansatzweise zu er-
lose Schnee erst im hinteren Zugteil mitgezogen.   kennen.

Abb. 3.17 Sichtbarkeit von Strömungseffekten durch losen Schnee

5. Durch die Reibung, insbesondere an den Seiten- und Dachflächen der Züge, werden Luftmassen von fahrenden Zügen mitgerissen und es bildet sich eine Grenzschicht um die Fahrzeuge aus (siehe Abb. 3.16), die mit wachsender Zuglänge immer dicker wird (eine ablösungsfreie Umströmung vorausgesetzt).

6. Am Heck der Züge reißt die Strömung ab und es bildet sich ein Nachlauf (mit ggf. starken Verwirbelungen) mit starkem Unterdruck, aus dem eine Sogkraft resultiert, deren Betrag die Druckkraft an der Zugspitze deutlich überschreiten kann (siehe Punkt 2 sowie Abb. 3.16).

7. Züge fahren mit hohen Geschwindigkeiten auf unterschiedlichem Oberbau. Dabei kann es sich entweder um eine „klassische" Ausführung mit Betonschwellen und Schotter oder um eine sogenannte „Feste Fahrbahn" handeln. Die Art des Oberbaus sowie die Tatsache, dass dieser sich während der Fahrt relativ zum Fahrzeug bewegt, wird einen gewissen Einfluss auf die Strömungsverhältnisse unter den Zügen haben und muss daher mit bedacht werden.

Durch das Aufwirbeln lockeren Schnees wird das Strömungsfeld um ein Schienenfahrzeug ansatzweise sichtbar, wie die Abb. 3.17 zeigt. Besser gelingt dies natürlich im Windkanal oder mittels Computersimulation.

Komponenten des Luftwiderstandes

Ein Fahrzeug in Bewegung muss die vor ihm liegenden Luftmassen verdrängen. Ein Teil der Luft wird wie eine „Luftsäule" vor dem Fahrzeug hergeschoben und ein Teil umfließt das Fahrzeug. An der Stirnseite des Fahrzeuges bildet sich ein sogenannter „Staupunkt" (siehe Abb. 3.18), von dem ausgehend sich die Stömung in verschiedene Anteile aufteilt, die entweder über das Fahrzeug hinweg, unter dem Fahrzeug hindurch oder seitlich an dem Fahrzeug vorbeiströmen. Die Luft vor dem Fahrzeug wird mit verdichtet, sodass sich

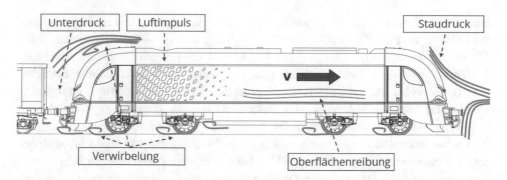

Abb. 3.18 Komponenten des Luftwiderstandes. (Grafik: Kache/Benabdellah)

ein Überdruck aufbaut, der als **Staudruck** auf den Fahrzeugkopf wirkt, und dort eine der Fahrtrichtung entgegengesetzte Teilwiderstandskraft verursacht.

An der Rückseite des Fahrzeuges entsteht demgegenüber ein **Unterdruck-Bereich** (siehe Abb. 3.18), da die Strömung aufgrund der abrupten Reduktion der Fahrzeugquerschnittsfläche entlang der x-Achse und ihrer eigenen Trägheit wegen der Fahrzeugkontur nicht schnell genug folgen kann. Dieses Unterdruckgebiet kann vereinfacht mit einer Sogkraft assoziert werden, die ebenfalls entgegen der Fahrtrichtung wirkt und damit ebenfalls zur Luftwiderstandskraft beiträgt.

Sofern die Fahrzeugkontur keine starken Unstetigkeiten aufweist, folgt die Strömung der Fahrzeugkontur und verläuft weitgehend wirbelfrei. Um das Fahrzeug herum bildet sich eine keilförmige Luft-Grenzschicht mit einem Geschwindigkeitsprofil u(y) (siehe Abb. 3.16), deren Dicke mit zunehmender Zuglänge immer weiter zunimmt. Innerhalb dieser Grenzschicht bewegen sich Luftschichten mit unterschiedlicher Relativgeschwindigkeit zueinander. In unmittelbarer Fahrzeugnähe wird die Luft vom Fahrzeug mitgerissen und bewegt sich somit annähernd mit der Fahrzeuggeschwindigkeit. Je weiter entfernt die Luftschichten von der Fahrzeugoberfläche sind, desto mehr wird sich ihre Geschwindigkeit der der Umgebungsluft angleichen. Der stehende Beobachter wird dies als „Fahrtwind" wahrnehmen, der umso heftiger ist, je näher der Beobachter am Gleis steht. Die Anschauung lehrt, dass der „Fahrtwind" vorbeifahrender Züge bei großen Abständen von der Gleismitte gar nicht mehr und bei mittleren Abständen etwas zeitverzögert wahrgenommen wird (Keilform der Grenzschicht, die den Beobachter erst nach einer gewissen Zeit erfasst).

Das Geschwindigkeitsgefälle in der Grenzschicht sorgt jedenfalls dafür, das es durch Reibungs- und Zähigkeitseffekte zwischen den verschiedenen Luftschichten zu einer resultierenden Widerstandskraft kommt, die mit den Oberflächen der Fahrzeugen assoziert wird. In Abb. 3.18 wird dieses Phänomen unter dem Begriff der **„Oberflächenreibung"** zusammengefasst.

An allen Stellen am Fahrzeug, wo sich keine anliegende Strömung ausbilden kann, besteht die Gefahr der Wirbelbildung. Dies betrifft alle Bereiche mit „zerklüfteten" Oberflächen und dabei insbesondere die Fahrzeugunterseite und den Bereich der Fahrwerke. Die Fahrzeugkanten (und dabei vor allem die waagerechten und senkrechten Kanten am Kopf und Heck des Fahrzeuges) sind weitere potentielle Orte, an denen sich Verwirbelungen bilden können. Die Energie zur Aufrechterhaltung dieser Wirbel wird dem Fahrprozess entzogen und manifestiert sich so in der Teilwiderstandskraft, die als **„Verwirbelungswiderstand"** bezeichnet wird (siehe Abb. 3.18). Typisch ist auch die Ausbildung großräumiger Wirbel im sogenannten Nachlaufgebiet der Fahrzeuge, also hinter dem letzten Fahrzeug im Zugverband.

Wende gibt in [90] außerdem noch die **„Luftimpulswiderstandskraft"** als Komponente der Luftwiderstandskraft an. Diese resultiert aus der Tatsache, dass von Triebfahrzeugen größere Luftmassenströme (v. a. für die Kühlung des Antriebsstranges) quer zur Fahrtrichtung angesaugt und ausgestoßen werden. Die eintretenden Luftmassen müssen auf die Fahrzeuggeschwindigkeit beschleunigt werden, während die ausgestoßenen Luftmassen als „Luftsäulen" quer aus dem Fahrzeug herausragen und somit die Fahrzeugumströmung negativ beeinflussen. Der aus dem Luftimpuls resultierende Teilwiderstand ist deshalb in Abb. 3.18 im Bereich der Lüftungsgitter verortet. Wende [90] gibt als Richtwert für die Dieseltraktion einen Luftmengenbedarf von $16 \, m^3/s$ je MW installierter Leistung an. Für die Elektrotraktion werden an gleicher Stelle $8 \, m^3/s$ je MW installierter Leistung angeführt. Für einen ICE 1 ergeben sich bei Fahrt unter Volllast $67{,}7 \, m^3/s$, woraus bei 250 km/h ein Luftimpulswiderstand von ca. 10 kN resultiert ($\hateq$ ca. 13 % des nominellen Fahrzeugwiderstandes bei dieser Geschwindigkeit).

Wird das Fahrzeug idealisiert direkt von vorn angeströmt, sind damit alle äußeren Luftwiderstandsanteile erfasst. Erfolgt jedoch eine Queranströmung in Form von Seitenwind, so ist zu berücksichtigen, dass die durch den Luftdruck an den Seitenflächen der Fahrzeuge erzeugte Querkraft durch eine gleich große Kraft im Rad-Schiene-Kontakt kompensiert werden muss (sonst würden die Fahrzeuge aus dem Gleis „driften"). Es wird modellhaft angenommen, dass die Seitenwindkraft bei fahrenden Fahrzeugen ein Anlaufen der Spurkränze an den Schienenköpfen und damit eine zusätzliche Reibungskraft provoziert, die als **„Seitenwindreibungskraft"** bezeichnet wird. Da der Luftwiderstand in vielen Fällen nur bezüglich der Anströmung entgegen der Fahrtrichtung modelliert wird, entfällt die Berücksichtigung dieser Komponente jedoch häufig. Sie ist deshalb in der Fahrwiderstandshierarchie mit den Luftwiderstandsanteilen (Abb. 3.19) in einem gestrichelten Kästchen aufgeführt.

Eine weitere Komponente des Luftwiderstandes, die ggf. mit berücksichtigt werden muss, ist der durch die Bremsscheiben verursachte Luftwiderstand. Dies trifft selbstverständlich nur auf Fahrzeuge zu, die über diese Art der Bremsausrüstung verfügen und auch nur dann, wenn selbstbelüftete Bremsscheiben zur Anwendung kommen, was bei Scheibenbremsen jedoch die Regel ist. Selbstbelüftete Bremsscheiben (siehe Abb. 3.20) sind so konstruiert dass sie, wenn sie in Rotation versetzt werden, einen Luftstrom generieren, der durch die Bremsscheiben hindurchgeführt wird und die Reibringe während der Fahrt kühlt. Diese Luftströmung und alle mit ihr verbundenen Nebeneffekte (z. B. Verwirbelungen) generieren eine zusätzliche Widerstandskraft, die, beispielsweise im Falle von Hochgeschwindigkeitszügen, geschwindigkeitsabhängig mehrere Kilonewton betragen kann.

Abb. 3.19 Fahrwiderstandshierarchie
mit Luftwiderstandsanteilen

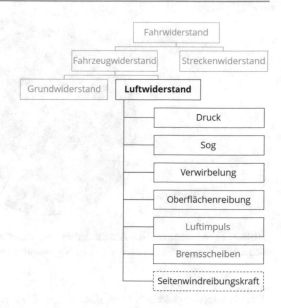

In der Fachliteratur lassen sich empirische Gleichungen zur Abschätzung der durch die Bremsscheiben generierten Teilwiderstandskraft $F_{WL,Bs}$ finden. Nach [42] beträgt diese Kraft für einen Zug aus z_W Reisezugwagen mit jeweils 4 Bremsscheiben pro Radsatz:

$$F_{WL,Bs} = 0,00864 \cdot z_W \cdot v^2 \qquad \text{mit: } v \text{ in km/h,} \quad F_{WL,Bs} \text{ in N.} \tag{3.13}$$

Wende gibt in [90] die Erkenntnisse der französischen Staatsbahn bezüglich der Bremsscheibenwiderstandskräfte in TGV-Zügen wieder. Mit der Anzahl z_{Bs} Bremsscheiben im Zug gilt demnach:

$$F_{WL,Bs} = z_{Bs} \cdot \left[4,33 \cdot \frac{v}{100} + 3,16 \cdot \left(\frac{v}{100} \right)^2 \right] \qquad \text{mit: } v \text{ in km/h,} \quad F_{WL,Bs} \text{ in N.} \tag{3.14}$$

(a) Bremsscheiben auf separater Bremswelle   (b) Bremsscheiben auf einer Radsatzwelle (ICE-T)

Abb. 3.20 Beispiele für selbstbelüftete Bremsscheiben

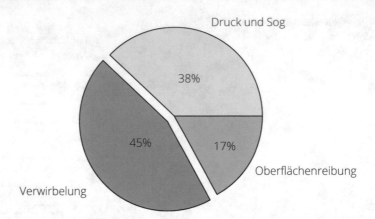

Abb. 3.21 Abschätzung des Anteils der wichtigsten aerodynamischen Phänomene an der Entstehung des Luftwiderstandes am Beispiel eines **Regionalzuges**. (in Anlehnung an Abb. 3.30)

Es gilt allerdings zu beachten, dass einige TGV-Ausführungen unbelüftete Bremsscheiben aufweisen, bei denen der aerodynamische Zusatzwiderstand entsprechend vernachlässigt werden kann.

Dieser Abschnitt gibt nur einen groben Überblick über die bei der Fahrt von Schienenfahrzeugen auftretenden aerodynamischen Phänomene. Für die vertiefende Lektüre sei auf die einschlägige Fachliteratur (z. B. [8, 20, 34, 35, 46, 66, 90]) verwiesen.

Abschließend soll am Beispiel eines Regional- sowie eines Hochgeschwindigkeitszuges gezeigt werden, welchen Anteil die vorstehend diskutierten Strömungsphänomene an der Entstehung des Luftwiderstands haben. Wie der Abb. 3.21 zu entnehmen ist, wird fast die Hälfte des Luftwiderstandes eines Regionalzuges durch Verwirbelungen verursacht. Aufgrund der relativ geringen Zuglänge und der vergleichsweise zerklüfteten Flächen im Dach- sowie unteren Fahrzeugbereich spielt die Oberflächenreibung in Relation zu den Druck-, Sog- und Verwirbelungskomponenten eine eher geringe Rolle.

Demgegenüber sind die genannten drei Komplexe (Druck und Sog, Verwirbelung, sowie Oberflächenreibung) bei einem Hochgeschwindigkeitszug bezüglich ihrer Bedeutung für die Entstehung des Luftwiderstandes nahezu gleichwertig, wie Abb. 3.22 illustriert.

Die diskutierten Abbildungen sind als Beispiele zu verstehen, die genaue Verteilung der Anteile hängt sehr stark von den konkreten Fahrzeugen ab. So gibt Nagakura in [70] an, dass der Anteil der Oberflächenreibung bei den aerodynamisch stark optimierten Shinkansen-Zügen in Japan bei ca. 50 % liegt.

Abschätzung des Luftwiderstandes

Dieses Kapitel ist bewusst mit „Abschätzung des Luftwiderstandes" und nicht mit „Berechnung des Luftwiderstandes" überschrieben, weil die hier vorgestellten Gleichungen der Komplexität von Fahrzeugumströmungen nicht in vollem Umfang gerecht werden. Fahrdynamische Berechnungen müssen jedoch für die Praxis handhabbar bleiben, sodass die

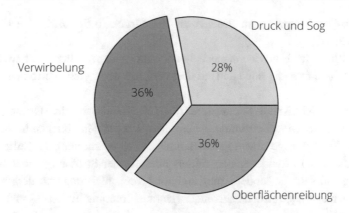

Abb. 3.22 Abschätzung des Anteils der wesentlichen aerodynamischen Phänomene an der Entstehung des Luftwiderstandes am Beispiel eines **Hochgeschwindigkeitszuges**. (in Anlehnung an Abb. 3.31)

detaillierte Berechnung des Luftwiderstandes bei variierenden Anströmwinkeln den Aerodynamikern vorbehalten bleiben soll. Die im folgenden vorgestellten Gleichungen gehen vereinfachend von einer Anströmung des Fahrzeuges parallel zur jeweiligen Fahrtrichtung aus.

Der Luftwiderstand F_{WL} von Fahrzeugen ist von der Luftdichte ρ_L, der angeströmten Querschnittsfläche A, der Geschwindigkeit v sowie dem Luftwiderstandsbeiwert c_W abhängig. Er kann vereinfacht (Anströmung nur parallel zur x-Achse) mit Gl. 3.15 abgeschätzt werden.

$$F_{WL} = \frac{\rho_L}{2} c_w A v^2 \tag{3.15}$$

Im Gegensatz zu den vielen in der Fahrdynamik gebräuchlichen empirischen Gleichungen handelt es sich hierbei um eine physikalische Gleichung, in der alle Parameter in SI-Einheiten einzusetzen sind.

Die **Luftdichte** ist eine Funktion von Luftdruck, -temperatur und -feuchte. Sie ist bei gleichem Druck (1,013 bar) im Winter ($-20\,°C$) um ca. 20 % höher als im Sommer ($+30\,°C$). Üblicherweise wird mit einem Wert $\rho_L = 1,225\,\text{kg/m}^3$ gerechnet.

Für die **angeströmte Querschnittsfläche** wird bei Schienenfahrzeugen meist nicht der tatsächliche Wert für die projizierte Fahrzeugquerschnittsfläche, sondern ein genormter Wert angesetzt. Dieser beträgt $A_{\text{norm}}=10\,\text{m}^2$ und die meisten für Schienenfahrzeuge ermittelten Luftwiderstandsbeiwerte beziehen sich auf ihn.

Der **Luftwiderstandsbeiwert** c_W widerspiegelt neben der Fahrzeugquerschnittsfläche den Einfluss der Formgebung und konstruktiven Gestaltung der Fahrzeuge auf den Luftwiderstand. Er ist definiert als das Verhältnis der durch die Luftströmung verursachten

(Widerstands-)Kraft sowie dem Produkt aus Staudruck $(0,5 \cdot \rho v^2)$ und Fahrzeugquerschnittsfläche.

Die Ermittlung des Luftwiderstandsbeiwertes für Schienenfahrzeuge bzw. Zugkonfigurationen ist sehr aufwendig und kann auf drei verschiedenen Wegen erfolgen:

- Versuche im Windkanal (Herausforderung: Reynoldszahl der Originalströmung = Reynoldszahl der Modellströmung – Dies erfordert bei den üblichen Modellmaßstäben sehr hohe Strömungsgeschwindigkeiten und/oder eine Erhöhung der Luftdichte.),
- Berechnung des Luftwiderstandes mittels numerischer Strömungssimulation (Herausforderung: aufwendige Modellierung und hohe Rechenleistung erforderlich),
- Strömungsmessungen an den Fahrzeugen (Herausforderung: Erfassung und Eliminierung von Störgrößen).

Die Angabe von Luftwiderstandsbeiwerten ist im Falle von Eisenbahnfahrzeugen nur sinnvoll, wenn die zugrundeliegenden Randbedingungen bekannt sind. So ist es entscheidend, ob Fahrzeuge in Einfach- oder Mehrfachtraktion verkehren, wie das folgende Beispiel illustriert. In [23] wird der mittels Messungen an einem realen vierteiligen Fahrzeug Stadler KISS (siehe Abb. 3.23) ermittelte Luftwiderstandsbeiwert mit $c_W = 0,97$ angegeben. Verkehren zwei baugleiche Triebzüge in Doppeltraktion, so erhöht sich nach den genannten Messungen der Luftwiderstandsbeiwert um den Faktor 1,68 auf $c_W = 1,63$. Die schlichte Verdopplung des Luftwiderstandes des Einzelzuges im Falle einer Doppeltraktion verbietet sich also, weil sich insbesondere die Druck- und Sog-Komponente des Luftwiderstandes aufgrund des kurzen Abstandes der gekuppelten Züge nicht einfach verdoppeln.

Die üblicherweise angegebenen Luftwiderstandsbeiwerte gelten für eine Anströmung entgegen und parallel zur Fahrtrichtung. Ändert sich der Winkel, in dem die Luftströmung

Abb. 3.23 Triebzug Stadler KISS (Beispiel-Abbildung, die Versuche wurden mit einem Fahrzeug (KISS-Mälab) durchgeführt, das dem abgebildeten ähnlich, aber nicht mit diesem identisch ist.)

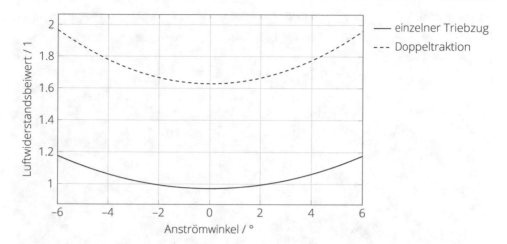

Abb. 3.24 Veränderung des Luftwiderstandsbeiwertes in Abhängigkeit des effektiven Anströmwinkels am Beispiel vierteiliger KISS-Triebzüge. (Zitiert nach [23])

auf das Fahrzeug trifft, so ändert sich auch der Luftwiderstandsbeiwert, wie Abb. 3.24 am Beispiel des Stadler KISS zeigt [23].

Wie die zitierten Messungen zeigen, vergrößert sich der Luftwiderstand des einzeln fahrenden Triebzuges bei einem Anströmwinkel von 5° bereits um ca. 15 %. Es ist aus Abb. 3.24 zudem ersichtlich, dass eine nicht-lineare Abhängigkeit des Luftwiderstandes vom Anströmwinkel vorliegt und somit bei starkem Seitenwind mit einer deutlichen Vergrößerung der Luftwiderstandskraft zu rechnen ist.

> **Exkurs: Luftwiderstandsbeiwerte von Schienenfahrzeugen**
> In der Fachliteratur [46, 91] lassen sich für verschiedene (leider mittlerweile meist historische) Fahrzeuge Angaben zu Luftwiderstandsbeiwerten finden. Neuere Untersuchungsergebnisse werden mutmaßlich als Betriebsgeheimnis gehütet und in der Regel nicht veröffentlicht. Entscheidend für die Vergleichbarkeit der Werte ist die frontale Anströmung (kein Seitenwind), der Bezug auf die genormte angeströmte Querschnittsfläche ($10\,\mathrm{m}^2$) sowie die Anordnung der Fahrzeuge im Zugverband.

Anhaltswerte für die Luftwiderstandsbeiwerte verschiedener Fahrzeugtypen, zitiert nach [46, 91]:

BR 103	BR 120	BR 115 (E 10.3)	BR 140
einzeln: c_W=0,46*	einzeln: c_W=0,64	einzeln: c_W=0,54	einzeln: c_W=0,61
vor Zug: c_W=0,28	vor Zug: c_W=0,53		

BR 420	26,4-m-Wagen**	ICE 1 (BR 401)	ICE-1-Mittelwagen
3-teilig: c_W=0,74	c_W=0,11	12 Wagen: c_W=1,38	c_W=0,08

offener Wagen**	gedeckter Wagen**	Rungenwagen**	Schüttgutwagen**
leer: c_W=0,409	Tür zu: c_W=0,092	m. Rungen: c_W=0,236	leer: c_W=0,228
beladen: c_W=0,141	Tür offen: c_W=0,100	o. Rungen: c_W=0,165	beladen: c_W=0,115

* nach anderer Quelle [91]: c_W=0,50
** als Folgewagen

ohne Abbildung:

- Shinkansen Reihe 0 (sechsteiliger Prototyp, 1964): $c_W = 0{,}97$,
- Advanced Passenger Train (vierteiliger Versuchszug von British Rail, 1975): $c_W = 0{,}96$ [66]
- TGV 001 (vierteiliger Prototyp der SNCF, 1972): $c_W = 0{,}90$ [66]
- TGV PSE (erste Generation der TGV, zehnteilig, 1981): $c_W = 1{,}13$ [1]
- KTX Sancheon (koreanischer HGV-Zug, zehnteilig, 2008): $c_W = 0{,}964$ [93]

Im Schienenverkehr sind einzeln fahrende Fahrzeuge eher die Ausnahme. Häufig verkehren die Fahrzeuge in Verbänden (Zügen) und dies wird von der mathematischen Formulierung des **Luftwiderstandsbeiwertes** reflektiert. Dieser wird, anders als bei Straßenfahrzeugen, als kumulierter Luftwiderstandsbeiwert angegeben. Dieser setzt sich aus dem Luftwiderstandbeiwert des ersten Fahrzeuges $c_{w,T}$ (Index T für Lokomotive, da diese klassischerweise das führende Fahrzeug ist), dem Luftwiderstandsbeiwert des ersten Folgewagens $c_{w,W1}$, dem Luftwiderstandsbeiwert der (n-2) Mittelwagen $c_{w,Wm}$ sowie dem Luftwiderstandsbeiwert des letzten (n-ten) Wagens $c_{w,Wn}$ zusammensetzt. Es gilt damit:

$$c_w = c_{w,T} + c_{w,W1} + (n-2) \cdot c_{w,Wm} + c_{w,Wn}. \tag{3.16}$$

Ist nur der Luftwiderstandsbeiwert der einzeln fahrenden Lokomotive $c_{w,Te}$ bekannt, gilt vereinfacht:

$$c_{w,T} \approx c_{w,Te} - c_{w,Wn}. \tag{3.17}$$

Dies ergibt sich aus der Überlegung, dass der Luftwiderstandsbeiwert des letzten Wagens die Sog- und Verwirbelungskomponente am Zugende erfasst, die bei dem Luftwiderstandsbeiwert der Lokomotive vor dem Zug nicht, bei dem der einzeln fahrenden Lokomotive aber sehr wohl berücksichtigt sind.

Die erweiterte Gleichung für die Abschätzung des Luftwiderstandes von Zügen lautet somit:

$$F_{WL} = \frac{\rho_L}{2} \left[c_{w,T} + c_{w,W1} + (n-2)c_{w,Wm} + c_{w,Wn} \right] A v^2. \tag{3.18}$$

▶ **Zusammenfassung: Luftwiderstand**

Der Luftwiderstand von Schienenfahrzeugen ist die bei hohen und höheren Geschwindigkeiten dominante Komponente des Fahrzeugwiderstandes. Der Reduzierung des Luftwiderstandes kommt damit eine große Bedeutung bei der Verringerung des Energiebedarfes von Zugfahrten sowie der Erreichung höherer Geschwindigkeiten bei gegebener Leistung zu.

Unter der vereinfachenden Annahme einer geraden und störungsfreien Anströmung von vorn ist der Luftwiderstand vor allem vom Quadrat der Geschwindigkeit, der Luftdichte und dem Produkt aus Luftwiderstandsbeiwert und angeströmter Querschnittsfläche abhängig. Letztere ist bei Schienenfahrzeugen auf einen Wert von $10\,\mathrm{m}^2$ normiert. Der Luftwiderstandsbeiwert widerspiegelt dabei die Formgebung der Fahrzeuge und kann somit konstruktiv und gestalterisch beeinflusst werden.

Rechenbeispiel: Luftwiderstand Schnellzug (Teil 1)

Der Luftwiderstand des oben abgebildeten Zuges soll für v=160 km/h abgeschätzt werden. Der Zug besteht aus einer Lokomotive, deren Luftwiderstandsbeiwert nicht genau bekannt ist, sowie 9 IC-Wagen. Es wird dabei von folgenden Prämissen ausgegangen:

- Der Luftwiderstandsbeiwert der Lokomotive vor dem Zug wird auf $c_{W,T} = 0,51$ geschätzt.
- Der Luftwiderstandsbeiwert des ersten Folgewagens $c_{w,W1}$ betrage 0,23.
- Der Luftwiderstandsbeiwert der Mittelwagen $c_{w,Wm}$ betrage 0,14.
- Der Luftwiderstandsbeiwert des letzten Wagens $c_{w,W1}$ betrage 0,3.

$$
\begin{aligned}
F_{WL} &= \frac{\rho_L}{2} \left[c_{w,T} + c_{w,W1} + (n-2)c_{w,Wm} + c_{w,Wn} \right] A v^2 \\
&= \frac{1{,}225\,\text{kg}}{2\,\text{m}^3} [0{,}51 + 0{,}23 + 7 \cdot 0{,}14 + 0{,}3] \cdot 10\,\text{m}^2 \cdot (44{,}4444\,\text{m/s})^2 \\
&= 0{,}6125\,\frac{\text{kg}}{\text{m}^3} \cdot 2{,}02 \cdot 10\,\text{m}^2 \cdot 1975{,}3\,\frac{\text{m}^2}{\text{s}^2} \\
&= 24.439\,\text{N} = 24{,}4\,\text{kN}
\end{aligned}
$$

Der Luftwiderstand des Zuges bei 160 km/h wird auf 24,4 kN geschätzt.

Auswirkung der Unsicherheit bei der Festlegung des Luftwiderstandsbeiwertes der Lokomotive vor dem Zug:

$c_{w,T}$	F_{WL}	Abweichung
0,51	24,4 kN	–
0,46	23,8 kN	−2,5 %
0,56	25,0 kN	+2,5 %

Eine relativ große Schwankung des geschätzten Luftwiderstandsbeiwertes für die Lokomotive vor dem Zug um ±10 % hätte demnach einen verhältnismäßig geringen Einfluss auf das Ergebnis (±2,5 %). ◄

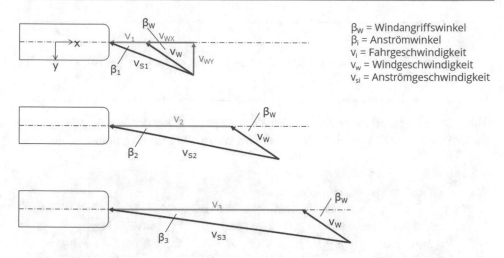

Abb. 3.25 Entwicklung der Anströmwinkel β_i in Abhängigkeit der Fahrzeuggeschwindigkeit bei konstanten Windangriffswinkel β_W

Einfluss des Windes

Selbstverständlich ist die Luft, durch die sich die Fahrzeuge während der Fahrt bewegen, häufig selbst bewegt. In der Regel wird also eine Anströmung der Fahrzeuge durch Wind mit dem Windangriffswinkel β_W (siehe Abb. 3.25) erfolgen. Dieser ist von der lokalen Windrichtung sowie der Ausrichtung der Fahrzeuge im Raum abhängig, die sich bei der Befahrung von Gleisbögen verändert.

Um den Einfluss des Windes auf den Luftwiderstand zu berücksichtigen, wird vereinfacht eine vektorielle Zerlegung des Windgeschwindigkeitsvektors in jeweils einen Anteil längs und quer zur Fahrtrichtung vorgenommen (siehe Abb. 3.25). Somit gelten für die Windgeschwindigkeit in oder entgegen der Fahrtrichtung $v_{W,x}$ und für die Windgeschwindigkeit quer zur Fahrtrichtung $v_{W,y}$ folgende Zusammenhänge:

$$v_{W,x} = v_W \cos \beta_W \qquad (3.19)$$

$$v_{W,y} = v_W \sin \beta_W. \qquad (3.20)$$

Für die Relativgeschwindigkeit v_{rel} der Luftströmung bezüglich der Fahrtrichtung gilt somit:

$$v_{\mathrm{rel}} = v + v_{W,x} = v + \underbrace{v_W \cos \beta_W}_{=\Delta v}. \qquad (3.21)$$

Die in Gl. 3.21 angegebene Geschwindigkeitsdifferenz Δv wird häufig als **„Gegenwindzuschlag"** in die Berechnung des Luftwiderstandes integriert, sodass Gl. 3.18 entsprechend erweitert wird:

$$F_{WL} = \frac{\rho_L}{2} \left[c_{w,T} + c_{w,W1} + (n-2) \cdot c_{w,Wm} + c_{w,Wn} \right] \cdot A \cdot (v + \Delta v)^2. \quad (3.22)$$

Abb. 3.26 zeigt die Abhängigkeit des Windzuschlages Δv von der Windgeschwindigkeit und dem Windangriffswinkel. In der Regel wird Δv zu 10...15 km/h gewählt.

Exkurs: Typische Windgeschwindigkeiten

Wie in diesem Abschnitt dargelegt wird, hat die Windgeschwindigkeit und -richtung einen gewissen Einfluss auf die Luftwiderstandskraft von Schienenfahrzeugen.

Was aber sind nun „typische" Windgeschwindigkeiten, mit denen gerechnet werden sollte? „Wind" ist schließlich ein sehr allgemeiner Begriff, der sowohl für einen „leisen Zug" mit Windgeschwindigkeiten zwischen 2 und 9 km/h, als auch für „stürmischen Wind" ($v_W = 66...74$ km/h) stehen kann.

Typische Windgeschwindigkeiten im Sinne eines langjährigen Jahresmittels können den Windkarten des →Deutschen Wetterdienstes entnommen werden. Diese zeigen für die nördlichen Bundesländer mittlere Windgeschwindigkeiten zwischen 4 und 6 m/s (14...22 km/h) und für den größten Teil Deutschlands Werte zwischen 2 und 4 m/s (7...15 km/h).

Alternativ zu Gl. 3.22 existieren auch Berechnungsansätze [42], die den Luftwiderstand mit der Anströmgeschwindigkeit v_S berechnen und zusätzlich einen „Seitenwindkorrekturfaktor" k_{SW} nutzen. Es ergibt sich somit die folgende mathematische Formulierung:

$$W_{WL} = \frac{\rho}{2} \left(c_W + k_{SW} \cdot \beta^2 \right) A_{\text{norm}} \cdot v_S^2 \quad (3.23)$$

Gl. 3.23 ist gemäß [42] für Anströmwinkel $\pm 10°$ gültig. Für den Seitenwindkorrekturfaktor k_{SW} ist im Falle eines aus Reisezugwagen gebildeten Zuges ein Wert von 0,0007 und für Güterzüge Werte zwischen 0,001 und 0,002 einzusetzen, je nachdem, wie zerklüftet die Oberflächen der Wagen ausgebildet und wie groß die Wagenzwischenräume sind. Die effektive Anströmgeschwindigkeit v_S ergibt sich aus der vektoriellen Addition von Relativgeschwindigkeit und Querrichtungskomponente der Windgeschwindigkeit:

$$v_S = \sqrt{v_{\text{rel}}^2 + v_{W,y}^2}. \quad (3.24)$$

Die Abhängigkeit der Windanströmgeschwindigkeit v_S vom Windangriffswinkel ist in Abb. 3.27 beispielhaft für eine Fahrzeuggeschwindigkeit von $v = 160$ km/h dargestellt.

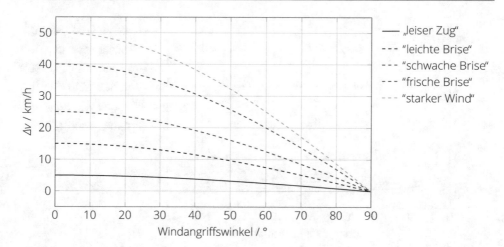

Abb. 3.26 Theoretischer Gegenwindzuschlag Δv für verschiedene Windstärken und Windangriffs-winkel

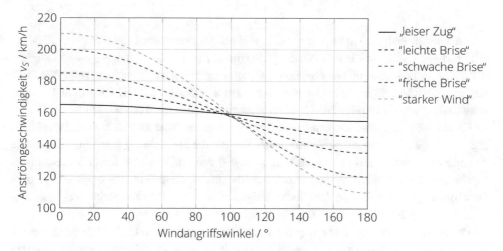

Abb. 3.27 Effektive Windanströmgeschwindigkeit für verschiedene Windstärken und Windangriffs-winkel **bei einer Fahrzeuggeschwindigkeit von 160 km/h**

Für den Winkel β, unter dem das Fahrzeug bei Berücksichtigung von Windgeschwindig-keit und Windrichtung effektiv angeströmt wird, erhält man schließlich:

$$\beta = \arctan \frac{v_W \sin \beta_W}{v + v_W \cos \beta_W}. \tag{3.25}$$

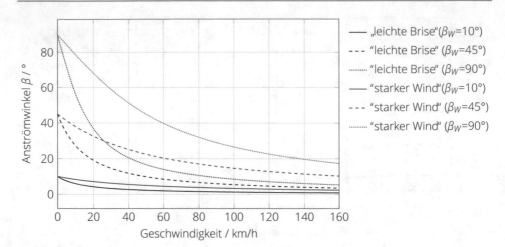

Abb. 3.28 Effektiver Anströmwinkel für verschiedene Windangriffswinkel bei schwachem und starkem Wind in Abhängigkeit der Fahrzeuggeschwindigkeit

Die Abb. 3.28 und 3.29 stellen die Abhängigkeit des Anströmwinkels von der Windgeschwindigkeit (qualitativ), dem Windangriffswinkel β_W und der Fahrzeuggeschwindigkeit dar. Um eine bessere Auflösung bei hohen Geschwindigkeiten zu erreichen, zeigt Abb. 3.28 nur den Geschwindigkeitsbereich von 0–160 km/h und Abb. 3.29 das für dem Hochgeschwindigkeitsverkehr relevante Geschwindigkeitsintervall von 160–300 km/h.

Es ist ersichtlich, dass der Anströmwinkel stark von der Fahrzeuggeschwindigkeit abhängig ist. In den Geschwindigkeitsbereichen, die für die Betrachtung der Luftwiderstände am interessantesten sind (v > 60...80 km/h) liegt der Anströmwinkel außer in dem nichtrepräsentativen Fall einer reinen Queranströmung mit starkem Wind bei unter 20°. In dem Geschwindigkeitsbereich, in dem hochwertige Reisezüge und Hochgeschwindigkeitszüge verkehren, beträgt der Winkel sogar wesentlich weniger als 10°.

Es kann damit in guter Näherung der Berechnungsansatz nach Gl. 3.22 gewählt werden und auch Gl. 3.23 stünde zur Verfügung (wäre gültig), wenn detaillierter gerechnet werden müsste.

Auf die Berücksichtigung extremer Windverhältnisse wurde bewusst verzichtet, da Orkane und orkanartige Stürme einerseits vergleichsweise selten auftreten und weil im Deutschland des 21. Jahrhundert bei derartigen Wetterereignissen auch keine Züge mehr verkehren (erinnert sein hier beispielsweise an den Orkan „Sabine" (im Februar 2020), im Zuge dessen die Deutsche Bahn AG den Verkehr bundesweit vorübergehend vollständig einstellte)...

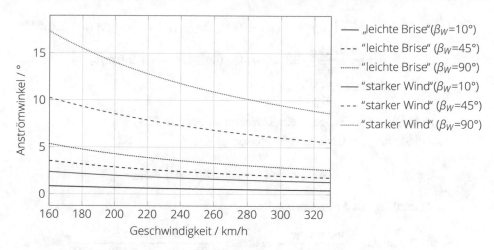

Abb. 3.29 Effektiver Anströmwinkel für verschiedene Windangriffswinkel bei schwachem und starkem Wind in Abhängigkeit der Fahrzeuggeschwindigkeit

Rechenbeispiel: Luftwiderstand Schnellzug (Teil 2)

Der Luftwiderstand des im Zuge der letzten Beispielrechnung schon einmal betrachteten Schnellzuges soll noch einmal ermittelt werden, diesmal unter Berücksichtigung eines Windes (Windgeschwindigkeit $v_W = 15$ km/h), der den Zug schräg von vorn in einem Winkel β_W von 30° anströmt.

1. Berücksichtigung eines pauschalen Gegenwindzuschlages Δv:
   a) Bestimmung von Δv:

   $$\Delta v = v_W \cos \beta_W = 15\,\text{km/h} \cdot \cos 30° \approx 13\,\text{km/h} = 3{,}6\,\text{m/s}$$

   b) Bestimmung des Luftwiderstandes mit Hilfe von Gl. 3.22:

$$F_{WL} = \frac{\rho_L}{2}\left[c_{w,T} + c_{w,W1} + (n-2)c_{w,Wm} + c_{w,Wn}\right] \cdot A\,(v + \Delta v)^2$$

$$= \frac{1{,}225\,\text{kg}}{2\,\text{m}^3} \cdot 2{,}02 \cdot 10\,\text{m}^2 \cdot (44{,}4444\,\text{m/s} + 3{,}6\,\text{m/s})^2$$

$$= 28.559\,\text{N} = 28{,}6\,\text{kN}$$

2. Berücksichtigung des Seitenwindkorrekturfaktors (Gl. 3.23)

   a) Aufstellung der Gleichung für Reisezug:

$$W_{WL} = \frac{\rho}{2}\left(c_W + 0{,}0007 \cdot \beta^2\right) A_{\text{norm}} \cdot v_S^2$$

   b) Ermittlung des Anströmwinkels:

$$\beta = \arctan\frac{v_W \sin\beta_W}{v + v_W \cos\beta_W} = \arctan\frac{15\,\text{km/h}\sin 30°}{160\,\text{km/h} + 15\,\text{km/h}\cos 30°} = 2{,}48°$$

   c) Ermittlung der Anströmgeschwindigkeit:

$$v_S = \sqrt{(v + v_W \cos\beta_W)^2 + v_W^2 \sin^2\beta_W}$$

$$= \sqrt{(160\,\text{km/h} + 15\,\text{km/h}\cos 30°)^2 + 15\,\text{km/h}^2 \sin^2 30°}$$

$$= 173{,}2\,\text{km/h} = 48{,}1\,\text{m/s}$$

   d) Abschätzung des Luftwiderstandes:

$$W_{WL} = \frac{\rho}{2}\left(c_W + 0{,}0007 \cdot \beta^2\right) A_{\text{norm}} \cdot v_S^2$$

$$= \frac{1{,}225}{2}\frac{\text{kg}}{\text{m}^3}\left(2{,}02 + 0{,}0007 \cdot 2{,}48^2\right) \cdot 10\,\text{m}^2 \cdot 48{,}1^2\frac{\text{m}^2}{\text{s}^2}$$

$$= 28.686\,N \approx 28{,}7\,kN$$

Beide Ansätze liefern sehr ähnliche Ergebnisse. Berücksichtigt man den Einfluss des Windes, erhält man mit 28,6 kN eine um 17 % vergrößerte Luftwiderstandskraft gegenüber der idealisierten Luftwiderstandskraft bei Windstille (→ Rechenbeispiel: „Luftwiderstand Schnellzug (Teil 1)"). ◄

Beeinflussung des Luftwiderstandes

Bezugnehmend auf die in Abschn. 3.3.3 diskutierten Komponenten des Luftwiderstandes soll im Folgenden auf die konstruktiven und gestalterischen Möglichkeiten, den Luftwiderstand von Schienenfahrzeugen zu beeinflussen, eingegangen werden. Ergänzende Beispiele und Erläuterungen enthalten die über SpringerLink zugänglichen Zusatzmaterialien zu diesem Kapitel.

Generell hat die Praxis gezeigt, dass sich der Luftwiderstand von Reisezügen durch eine Veränderung des Fahrzeugkonzeptes (lokbespannter Zug vs. Triebzug) sowie der aerodynamischen Optimierung der Fahrzeugkonturen und -oberflächen in einer Größenordnung von 40...50 % reduzieren lässt [1].

Aerodynamische Detailuntersuchungen (vgl. z. B. [1]) zeigen, dass sich der Luftwiderstand konventioneller (d. h. lokbespannter) Schnellzüge zu jeweils etwa einem Drittel auf die folgenden Effekte zurückführen lässt:

- Oberflächenreibungskraft (ca. 35 %) ,
- die Gestaltung von Bug und Heck (ca. 29 %) sowie
- die Verwirbelungen an der Fahrzeugunterseite, den Fahrzeugübergängen, den Fahrwerken und den Stromabnehmern (ca. 36 %).

Eine auf einer jüngeren Quelle [72] basierende, detailliertere Analyse der Entstehungsursachen des Luftwiderstandes von Fahrzeugen des Regional- und Hochgeschwindigkeitsverkehrs zeigen die Abb. 3.30 und 3.31.

Bei Hochgeschwindigkeitszügen sind Bug und Heck in der Regel hinsichtlich eines möglichst geringen aerodynamischen Widerstandes optimiert. Der Anteil anderer Komponenten am Luftwiderstand erhöht sich dadurch, wenngleich die absoluten Teilwiderstandskräfte natürlich deutlich unter dem Niveau konventioneller Züge liegen.

Analysen der chinesischen Akademie der Wissenschaften an einem, auf Siemens Velaro – Zügen basierenden, Hochgeschwindigkeitszug CRH3 [92] haben gezeigt, dass 31,5 % des Luftwiderstandes vom ersten und letzten Wagen des Zuges verursacht werden, während 33,8 % vom zweiten und vorletzten Zwischenwagen herrühren, auf denen die Stromabneh-

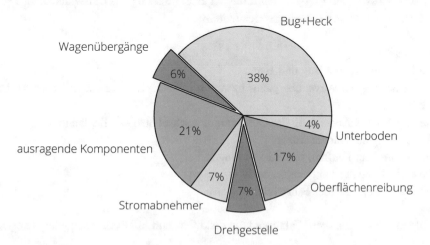

Abb. 3.30 Zuordnung der Entstehung des Luftwiderstandes zu den Fahrzeugbereichen am Beispiel eines **Regionalzuges.** (zitiert nach [72])

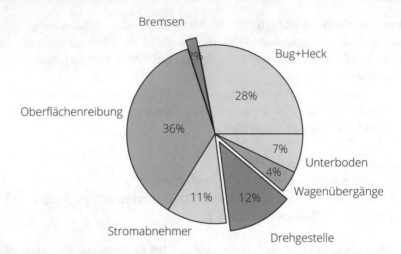

Abb. 3.31 Zuordnung der Entstehung des Luftwiderstandes zu den Fahrzeugbereichen am Beispiel eines **Hochgeschwindigkeitszuges.** (zitiert nach [72])

mer sitzen. Die übrigen vier Zwischenwagen verursachten in Summe die verbleibenden 34,7 % des Luftwiderstandes. Bezogen auf den gesamten Zug, erzeugen die 16 Drehgestelle insgesamt etwa 27,4 % des Luftwiderstandes, wobei das führende Drehgestell mit 5,6 % des gesamten Luftwiderstandes gegenüber den anderen Fahrwerken einen überproportional hohen Anteil hat. Gemäß der genannten Quelle erzeugen die eingehausten Dach-Klimageräte 7,6 %, die Stromabnehmer und ihre Einhausungen 12,0 % und die Wagenübergänge 19,1 % des gesamten Luftwiderstandes [92].

Generell lassen sich folgende Faktoren zur Beeinflussung des Luftwiderstandes sowohl von Reise- als auch von Güterzügen festhalten:

- die Zuglänge,
- die Formgebung von Bug und Heck,
- die Gestaltung der Wagenübergänge bzw. die Größe der Lücken zwischen den Aufbauten der Wagen,
- die Anzahl und Anordnung der Querschnittswechsel über der Zuglänge,
- der Umfang der Dachausrüstung,
- die Art und der Umfang von Verkleidungen,
- die Gestaltung der Fahrzeugunterseiten,
- die Anzahl und Art der Fahrwerke

Im Folgenden werden diese Faktoren kurz diskutiert und mit Praxisbeispielen unterlegt.

Zuglänge Die Zuglänge wirkt sich sowohl auf die Komponente „Oberflächenreibung" als auch auf den Verwirbelungswiderstand aus. Je mehr Fahrzeuge in einem Zugverband eingestellt sind, desto größer wird die Oberfläche der Züge und desto mehr Möglichkeiten (Fahrwerke, Wagenübergänge, Dachaufbauten usw.) zur Wirbelbildung entstehen. Wie aus den Ausführungen im Abschnitt „Abschätzung des Luftwiderstandes" sowie Gl. 3.16 hervorgeht, werden die Luftwiderstandsbeiwerte von Wagen u. a. so ermittelt, dass sie für die Anordnung als Folgewagen in einem Zugverband gelten, sodass eine Abschätzung des Luftwiderstandsbeiwertes unterschiedlich langer Züge getroffen werden kann.

Für einen ICE 1 ergibt sich beispielsweise je zusätzlichem Mittelwagen eine Veränderung des Luftwiderstandsbeiwertes um $\Delta c_W = 0,08$. Untersuchungen an neueren Hochgeschwindigkeitszügen [93] mit Jakobsdrehgestellen zeigen Werte von ca. $\Delta c_W \approx 0,053$ je Mittelwagen. Aerodynamische Analysen des chinesischen CRH3-Triebzuges (ähnlich Siemens Velaro bzw. ICE 3 der DB) zeigten Werte zwischen $\Delta c_W = 0,124$ und $\Delta c_W = 0,175$ je Mittelwagen mit Stromabnehmer und $\Delta c_W = 0,061$ und $\Delta c_W = 0,094$ für Mittelwagen ohne Stromabnehmer [92].

Bei Güterzügen hängt der Grad der Abhängigkeit des Luftwiderstandes von der Zuglänge sehr stark von der Art der Güterwagen und deren Beladung ab.

Formgebung von Bug und Heck Die Formgebung von Bug und Heck ist die augenfälligste Möglichkeit, den Luftwiderstand von Schienenfahrzeugen zu beeinflussen. Gleichwohl spielt ihr Anteil, insbesondere im Vergleich zu den wesentlich kürzeren Straßenfahrzeugen eine geringere Rolle. Bei Straßenfahrzeugen ist hingegen der Effekt der Oberflächenreibung von eher geringer Relevanz.

Insbesondere bei der Entwicklung reiner Güterzuglokomotiven wurde und wird aufgrund der geringen gefahrenen Geschwindigkeiten und des hohen Kostendrucks beim Bau der Fahrzeuge wenig Wert auf eine aerodynamisch optimierte Formgebung gelegt (siehe zum Beispiel die Lokomotive TEM10 in Abb. 3.32).

Die Formgebung von Bug und Heck ist im Allgemeinen dann als „aerodynamisch günstig" anzusehen, wenn die Zunahme des Fahrzeugquerschnittes entlang der Fahrzeuglängsachse stetig und allmählich erfolgt. Die Zunahme des Fahrzeugquerschnittes spielt außerdem eine wichtige Rolle bei der Druckverteilung entlang der Fahrzeuglängsachse, die für die aerodynamischen Effekte bei Zugbegegnungen und Tunneleinfahrten entscheidend ist. Die bestmögliche Gestaltung der Kopfform von Hochgeschwindigkeitszügen ist deshalb immer ein multikriterielles Optimierungsproblem. Bei Triebzügen oder anderen dauerhaft gekuppelten Fahrzeugverbänden ist die stetige Zunahme des Fahrzeugquerschnittes entlang der x-Achse im Bugbereich relativ problemlos zu realisieren (siehe ICE 3 und RABe 503 in Abb. 3.32). Die Gestaltung von Bug und Heck ist dabei stets im Zusammenhang zu betrachten, da eine aerodynamisch optimierte Bugform nicht gleichzeitig auch die optimale Heckform sein muss (Strömungsabriss und Wirbelbildung sind ggf. zu beachten).

Aerodynamische Vergleichsbetrachtungen unterschiedlicher Formvarianten der Fahrzeugfronten (und -enden) von Hochgeschwindigkeitszügen (z. B. in [72]) haben gezeigt, dass sich durch eine Optimierung der Formgebung für den durch Bug und Heck verursachten aerodynamischen Teilwiderstand ein Reduktionspotential von ca. 60 % ausschöpfen lässt.

(a) Kopfpartie einer kasachischen TEM10-Güterzugloko-
motive - Bei der Gestaltung dieser Fahrzeuge in
der damaligen Sowjetunion dürften aerodynamische
Erwägungen eine untergeordnete Rolle gespielt haben.

(b) Kopfpartie der BR 101 der Deutschen Bahn AG - Die
Front der Lokomotive ist erkennbar angeschrägt, der
Winkel jedoch steil gehalten, damit die Lücke zum er-
sten Folgefahrzeug nicht zu groß wird.

(c) Bugform eines ICE 3 der Deutschen Bahn AG
(v_{max}=330 km/h)

(d) Bugform eines RABe 503 (ETR 610) der SBB
(v_{max}=250 km/h)

Abb. 3.32 Vergleich der Frontpartien unterschiedlicher Triebfahrzeuge

Bei Lokomotiven, die als Zweirichtungsfahrzeuge konzipiert werden, ergibt sich potentiell ein anderer Zielkonflikt (siehe Abb. 3.33).

Eine eher „kantige" Formgebung der Lokomotive (obere Hälfte der genannten Abbildung) hat den Nachteil eines erhöhten Luftwiderstandes, der aus dem Staudruck vor der
Lokomotive und eventuellen Verwirbelungen an scharfen Fahrzeugkanten resultiert. Allerdings gestaltet sich die Luftströmung zwischen der Lokomotive und dem ersten Folge-
fahrzeuge tendenziell günstiger als bei einer Lokomotive mit angeschrägtem/abgerundetem
Fahrzeugkopf (unterer Teil der Abb. 3.33). Wird die durch die „rundere" Kopfform hervorgerufene Lücke zwischen Lokomotive und erstem Folgefahrzeug zu groß, bilden sich in diesem
Bereich im ungünstigsten Fall Verwirbelungen sowie zusätzliche Unter- und Überdruckzo-
nen, sodass der positive Effekt am Kopf der Lokomotive kompensiert (im schlimmsten Fall:
überkompensiert) werden könnte. Es muss also ein sinnvoller Kompromiss bei der Optimierung gefunden werden, der zur Minimierung des Gesamtluftwiderstandes von Lokomotive
und Wagenzug führt.

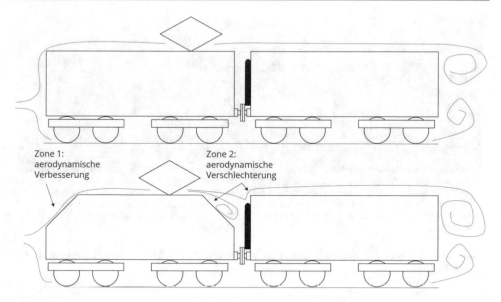

Abb. 3.33 Zielkonflikt bei der Gestaltung der Kopfform von Lokomotiven

Abb. 3.32 zeigt vergleichend die Kopfformen einer Güterzuglok und einer Lok für den hochwertigen Reisezugverkehr sowie zweier europäischer Hochgeschwindigkeitszüge. Weitere Beispiele für die Gestaltung der Frontpartien verschiedenster Schienenfahrzeuge enthalten die via SpringerLink erhältlichen Zusatzmaterialien zu diesem Kapitel.

Wagenübergänge Die Wagenübergänge sollten aus aerodynamischer Sicht so gestaltet werden, dass Einzüge und Lücken minimiert oder ganz vermieden werden. Bei Hochgeschwindigkeitszügen ist es üblich, die Wagenübergänge bündig mit dem Wagenkasten zu gestalten (siehe Abb. 3.34), sodass deren Anteil an der Entstehung der Luftwiderstandskraft im Bereich von ca. 2–4 % liegt.

Das generelle Ziel bei der Gestaltung der Außenkonturen insbesondere von Fahrzeugen, die mit höheren Geschwindigkeiten verkehren, ist eine bestmögliche „Führung" der Strömung. Sie soll am Fahrzeug anliegen und nicht durch größere Unstetigkeiten (dazu zählen unter Umständen auch schon Griffstangen oder Einzüge für die Türen) abreißen oder zur Bildung von Verwirbelungen angeregt werden.

Spalte, Lücken und Querschnittswechsel können spätestens dann hinsichtlich der erzeugten Zusatzwiderstände an Bedeutung gewinnen, wenn Züge nicht direkt von vorn sondern schräg angeströmt werden und die Luftströmung durch eine ungünstige Gestaltung der Wagenzwischenräume neue Angriffsflächen findet oder an scharfen Kanten abreißt.

Querschnittswechsel Querschnittswechsel können schon bei „normalen" Wagenübergängen eine Rolle spielen, sind aber insbesondere bei gemischten Güterzügen und Container-

(a) Wagenübergang bei einem klassischen Wagenzug - Es ist ein deutlicher Spalt zwischen den Dächern der Wagen erkennbar und die beiden Gummibalge des Überganges schließen nicht bündig mit dem Wagenkasten ab.

(b) Wagenübergang bei einem AGV-Hochgeschwindigkeitszug - Der Spalt zwischen den Wagen ist auf ein Minimum reduziert und die elastischen Verbindungselemente dadurch von außen praktisch kaum noch sichtbar.

Abb. 3.34 Vergleich der Wagenübergänge im konventionellen Verkehr und im Hochgeschwindigkeitsverkehr

zügen mit unvollständiger Beladung zu beachten (siehe Abb. 3.35). Jede größere Lücke, die im Höhenprofil des Zugverbandes entsteht, führt dazu, dass im Windschatten der größeren Querschnitte ein lokaler Unterdruck oder gar Verwirbelungen entstehen und jede zusätzliche Stirnfläche, die sich der Strömung erneut entgegenstellt erzeugt zusätzliche Druckwiderstandskräfte. Der Luftwiderstandsbeiwert eines Containertragwagens (als Folgewagen) kann sich in etwa verdoppeln, wenn nur ein kleiner Teil der Nutzfläche von Containern belegt wird (z. B. ein mittig auf dem Wagen positionierter Container statt drei Container) [91]. Eine detaillierte Darstellung von Berechnungsansätzen zur Abschätzung des Luftwiderstandes von Containerzügen ist in den via SpringerLink erhältlichen Zusatzmaterialien zu diesem Kapitel enthalten.

(a) Ausschnitt aus einem gemischten Güterzug - Die jeweils unterschiedlichen Querschnitte der drei aufeinanderfolgenden Wagen sind deutlich erkennbar.

(b) Containertragwagen - Durch die unvollkommene Beladung des Wagens entsteht eine Lücke und dadurch ein zusätzlicher doppelter Querschnittswechsel.

Abb. 3.35 Beispiele für Querschnittswechsel entlang der Längsachse des Zuges im Güterverkehr

Im schlimmsten Fall ist die Oberfläche des Zuges so zerklüftet, dass sie eigentlich nur eine Aneinanderreihung von Störstellen für die Luftströmung darstellt. Die Zahl der Querschnittswechsel entlang der Längsachse von Zügen ist deshalb aus fahrdynamischer Sicht zu minimieren und die Wagen sortiert nach abnehmender Querschnittsfläche hinter der Lokomotive anzuordnen. Dass dies aus logistischen Gründen nicht immer möglich ist, liegt auf der Hand. Trotzdem sollte die Notwendigkeit einer aerodynamisch sinnvollen Wagenreihung immer mitgedacht werden, wenn es um die Verminderung der Luftwiderstandskräfte von Zügen geht.

Dachausrüstung Damit sich auch im Dachbereich der Züge eine verlustarme Luftströmung ausbilden kann, ist es notwendig, den Umfang der Ausrüstungsgegenstände auf dem Dach zu minimieren. Bei vielen Hochgeschwindigkeitszügen wird diese Maßnahme weitgehend befolgt, sodass dort maximal Stromabnehmer, elektrische Leitungen und eine minimale Anzahl von Isolatoren zu finden sind (siehe ICE 1 und TGV Duplex in Abb. 3.36). Bei Hochgeschwindigkeitszügen mit verteilten Antrieben ist es jedoch häufig nötig, weitere Fahrzeugausrüstungen (z. B. Klimageräte) auf dem Dach unterzubringen, da der Bauraum unter dem Fahrzeug für die Antriebsausrüstung benötigt wird. In diesem Falle ist es nötig, die auf dem Dach montierten Baugruppen vollständig einzuhausen (siehe ICE 3 und Velaro D in Abb. 3.36).

Wie Versuche im Windkanal [47] gezeigt haben, ist der Anstellwinkel der Verkleidungen relativ zum Dach in Strömungsrichtung entscheidend für den Effekt, der sich durch diese Schürzen erzielen lässt. Er sollte möglichst flach gewählt werden (im zitierten Beispiel: 30° statt 45° oder 60°). Außerdem hat es sich als günstig erwiesen, die Verkleidung über der Dachlänge durchgängig zu gestalten (siehe BR 407 (Velaro D) in Abb. 3.36), anstatt eine Vielzahl „eingehauster Inseln" auf dem Dach zu erzeugen, wie im Falle des ICE 3 geschehen (siehe ebenfalls Abb. 3.36). In den genannten Windkanalversuchen [47] hat die zusammengefasste (also durchgehende) Verkleidung mehrerer Dachklimageräte einen um ca. 20 % höheren Reduktionseffekt gegenüber einer separaten Einhausung erzielt.

Insbesondere bei Nahverkehrsfahrzeugen mit hohem Niederfluranteil ist es allerdings mangels alternativer Einbauräume häufig unabdingbar, große Teile der Ausrüstung (z. B. Antriebstechnik) auf dem Dach unterzubringen. Diese sollten mindestens seitlich mit Schürzen versehen, am besten jedoch voll verkleidet werden.

Gestaltung der Fahrzeugunterseite und Fahrwerksverkleidungen Verkleidungen sind, historisch gesehen, die älteste und vermeintlich einfachste Möglichkeit den Luftwiderstand von Schienenfahrzeugen zu verringern. Sie stellen aber auf der anderen Seite auch immer eine zusätzliche Masse sowie ein Hindernis für die Wartung und Instandhaltung der dahinter oder darunter liegenden Baugruppen dar. Zudem verteuern sie das Fahrzeug in der Anschaffung. Bei Fahrzeugen des Hochgeschwindigkeitsverkehrs werden umfangreiche Verkleidungen und Einhausungen auf dem Dach, im Bereich der Fahrwerke und unter dem Fahrzeug nicht infrage gestellt, weil sie bei diesen Fahrzeugen eine absolute Notwendigkeit darstellen.

(a) ICE 1 der DB AG - Die Fahrzeugdächer sind weitgehend frei von Ausrüstungsgegenständen und zusätzlichen Erhöhungen

(b) Dachpartie eines TGV Duplex - Die elektrischen Leitungen sind eng an die Dachkontur gebunden und
das Dach weißt keine weiteren Erhöhungen auf.

(c) BR 403 (ICE 3) der DB AG - Die eingehausten (verkleideten) Ausrüstungsgegenstände auf dem Dach sind
klar erkennbar. Die Verkleidung ist über die Fahrzeuglänge nicht durchgängig gestaltet.

(d) BR 407 (Velaro D) der DB AG - Bei dieser Weiterentwicklung des ICE 3 sind die Dachverkleidungen über
der Fahrzeuglänge durchgängig gestaltet.

(e) ZTER (Z 21500) der SNCF - Beispiel für einen elektrischen Nahverkehrstriebzug mit weitgehender Verkleidung der Dachausrüstung.

(f) Stadler FLIRT 2 - Bei diesen Nahverkehrstriebzügen
wurde (aus Kostengründen?) auf eine Verkleidung der
Dachausrüstungen weitgehend verzichtet.

Abb. 3.36 Beispiele für die unterschiedliche Gestaltung der Fahrzeugdächer von Triebzügen

(a) Unterseite eines IC-Wagens - Es ist deutlich zu erken- (b) Unterseite eines ICE-T-Triebzuges - Es wurde eine
nen, wie zerklüftet die Flächen unter dem Fahrzeug   großflächige Verkleidung nahezu der gesamten Fahr-
sind. Zahlreiche Elemente der Druckluftbremse und   zeugunterseite vorgenommen.
der Klimaanlage sind ohne weitere Verkleidung mon-
tiert und sorgen für Verwirbelungen.

Abb. 3.37 Beispiele für unterschiedlich gestaltete Fahrzeugunterseiten von Fernverkehrsfahrzeugen

Neben den Fahrwerken ist insbesondere die Fahrzeugunterseite eine bedeutende Störquelle bei höheren Geschwindigkeiten, weshalb heute eine großflächige Abdeckung/Verkleidung dieser Fahrzeugregion bei schnell fahrenden Fahrzeugen angestrebt wird (vgl. Abb. 3.37). Wie Ido in [47] herausstellt, ist die Reduktion des mit den Verwirbelungen unter dem Fahrzeugboden verbundenen Luftwiderstandsanteils proportional zum Verhältnis von verkleideter Fläche zur Gesamtfläche der Fahrzeugunterseite.

Bei Fahrzeugen, die im mittleren Geschwindigkeitsbereich (100–200 km/h) verkehren, sind häufig nur Teilverkleidungen oder lediglich seitliche Schürzen im Dachbereich sowie zwischen den Fahrwerken anzutreffen. Eine vollständige Verkleidung wird im Falle konventioneller Reisezüge häufig als zu kostspielig und überdies unpraktisch im Sinne der Fahrzeuginstandhaltung angesehen.

Wie systematische Versuche im Windkanal [47] gezeigt haben, ist es jedoch durch die Reduktion der Anzahl von Unterflurcontainern und der Angleichung ihrer Querschnitte in der y-z-Ebene (Bezug: Fahrzeugkoordinatensystem) möglich, den Luftwiderstandsanteil der Fahrzeugunterseite signifikant zu senken. Am günstigsten erwies sich hierbei die Zusammenfassung der Ausrüstungsgegenstände in zwei großen in Fahrtrichtung parallel verlaufenden Ausrüstungscontainern, die sich über die gesamte Fahrzeuglänge zwischen den Fahrwerken erstrecken.

Die Verkleidung der Unterseiten von Fahrwerken ist ein Weg, der in letzter Zeit bei Hochgeschwindigkeitszügen häufiger beschritten wird. So hat Siemens für die neue Generation der hauseigenen Hochgeschwindigkeitszüge (Name: „Velaro Novo") vollständig verkleidete Fahrwerke vorgesehen und verspricht damit eine Senkung des Energiebedarfes um 15 % im Vergleich zur vorherigen Fahrzeuggeneration [69]. Ferner zeigt Ido in [47] anhand von Windkanalversuchen, dass sich die Verkleidung der Unterseite von Drehgestellen signifikant auf den Luftwiderstand von (Zwischen-)Wagen auswirken und dass auch hier ein annähernd

(a) ETR 1000 von Trenitalia - die Schürze am führenden   (b) ETR 575 des italienischen Unternehmens NTV (Nuo-
Drehgestell ist deutlich erkennbar   vo Trasporto Viaggiatori) - die Strömung wird mit Hilfe
                                                         einer besonders geformten Schürze am führenden
                                                         Drehgestell vorbeigeleitet.

Abb. 3.38 Beispiele für Schürzen im Bereich der (führenden) Drehgestelle

linearer Zusammenhang zwischen dem Anteil der verkleideten Fläche und der Reduktion
des Luftwiderstandsbeiwertes besteht. Auf diese Versuche bezugnehmend, berichtet Nagakura in [70], dass eine Verkleidung von 25 % der Fahrwerksunterseite zu einer Reduktion
des Luftwiderstandes um 10 % führe.

Neben der Verkleidung der Fahrzeug- und Fahrwerksunterseite sowie der Anbringung
seitlicher Schürzen *zwischen* den Fahrwerken hat es sich hinsichtlich der aerodynamischen
Optimierung als günstig erwiesen, die Fahrwerke bezüglich des Fahrzeugkastens einzu-
ziehen und ebenfalls mit *seitlichen* Schürzen zu versehen (Abb. 3.38). Im Rahmen eines
gemeinsamen Forschungsprojektes der drei staatlichen europäischen Eisenbahnbetreiber
FS, DB AG und SNCF im Jahre 2000 wurde ein italienischer Hochgeschwindigkeitszug
ETR 500 (zwei Triebköpfe mit acht Zwischenwagen) mit Fahrwerksverkleidungen ausgestattet [67]. Diese waren aerodynamisch nicht optimiert, da es sich um eine experimentelle
Nachrüstungs-Lösung für einen bestehenden Hochgeschwindigkeitszug handelte. Im Rahmen von Versuchsfahrten zur Ermittlung der Fahrzeugwiderstandskräfte konnte im Vergleich
zu einem herkömmlichen Zug gleicher Bauart eine Reduktion des Luftwiderstandes um ca.
10 % nachgewiesen werden (zwischen 9,2 % bei 150 km/h und 11,7 % bei 300 km/h) [67,
81].

Anzahl und Art der Fahrwerke Jedes Fahrwerk ist eine potentielle Ursache für Verwirbelungen in der Luftströmung. Fahrwerke zu verkleiden bzw. einzuhausen stellt einen nicht
unerheblichen Aufwand und eine Behinderung bei der Wartung und Instandhaltung dar
(siehe oben). Wenn es gelingt, die Anzahl der Fahrwerke zu verringern, kann das Ziel, den
durch sie verursachten Luftwiderstand zu verringern, sehr elegant gelöst werden. Jakobs-
drehgestelle bieten die Möglichkeit, zwei Wagenkastenenden auf einem Drehgestell abzustützen und damit ein Drehgestell (und auch dessen Masse) pro Fahrzeugteil einzusparen.
Allerdings erfordern sie ein hohes Maß an Leichtbau, weil die Anzahl der Radsätze, auf die

die Fahrzeugmasse verteilt wird, naturgemäß geringer ist, als wenn konventionelle Dreh-gestelle zum Einsatz kommen. Der Einsatz von Jakobsdrehgestellen trägt somit sowohl zur Reduzierung des aerodynamischen Widerstandes, als auch zur Verminderung der Fahrzeug-masse bei.

Aerodynamische Optimierung von Fahrzeugen des Schienengüterverkehrs Auch für den Güterverkehr gab und gibt es Ansätze, durch gezielte konstruktive Maßnahmen, den aerodynamischen Widerstand der Wagenzüge zu verringern. Diese Bestrebungen stam-men aus einer Zeit, als die lange üblichen Güterzuggeschwindigkeiten von 65...80 km/h auf 100...120 km/h angehoben wurden. Allerdings stehen im Schienengüterverkehr ein hoher Kostendruck, eine möglichst hohe Zuladung und die für den Lade-, Entlade- und Rangier-betrieb nötige Robustheit des Rollmaterials im Vordergrund, sodass nicht alle theoretisch vorhandenen Potentiale zur aerodynamisch optimierten Gestaltung von Fahrzeugen auch ausgeschöpft werden. So erhöhen zusätzliche Verkleidungen, wie Schürzen oder Wannen, die Eigenmasse der Güterwagen und reduzieren damit die durch die zulässige maximale Radsatzfahrmasse begrenzte Zuladung.

Der Schienengüterverkehr ist überdies durch eine große Vielfalt an Güterwagenbauarten gekennzeichnet, die sich aus aerodynamischer Sicht in solche mit unveränderlichen Luftwi-derstand (z. B. Kesselwagen) und solche mit veränderlichem Luftwiderstand unterscheiden lassen. Zur letztgenannten Kategorie zählen insbesondere Containertragwagen sowie offene Schüttgutwagen, deren aerodynamische Eigenschaften vom Beladungszustand abhängen (siehe z. B. [22, 68, 84]).

Im Falle von Containerzügen ist die Anordnung der Container entlang der Zuglänge von signifikanter Bedeutung für den zu überwindenden Luftwiderstand. Es ist eine möglichst vollständige Beladung anzustreben und wenn dies nicht ermöglicht werden kann, sollten alle Container so angeordnet werden, das größere Lücken vermieden und Leerwagen am Ende des Zuges konzentriert werden. Berechnungsmodelle zur Abschätzung des Luftwiderstandes unterschiedlich konfigurierter Containerzüge enthalten die auf SpringerLink verfügbaren Zusatzmaterialien für dieses Kapitel.

Tab. 3.2 enthält eine Übersicht der in der einschlägigen Literatur vorgeschlagenen Maß-nahmen zur Verringerung des Luftwiderstandes verschiedener Gattungen von Güterwa-gen (Beispielabbildungen dieser enthält Abb. 3.39). Die Untersuchungsergebnisse basieren jeweils auf Windkanaluntersuchungen, weshalb es sich bei den ermittelten Reduktionspo-tentialen für den Luftwiderstand um Richtwerte bzw. Prognosen handelt.

Die bereits für Reisezugwagen diskutierten grundlegenden Strategien zur Reduzierung des Luftwiderstandes (Vermeidung von großen Lücken, Anstreben glatter und geschlossener Flächen, Anbringung von Schürzen/Hauben/Wannen) lassen sich grundsätzlich auch bei Güterwagen anwenden, wie Tab. 3.2 zeigt. Wie das Beispiel des Autotransportwagens zeigt, ist es jedoch sinnvoll, die Maßnahmen genau zu untersuchen, um nicht versehentlich den gegenteiligen Effekt zu erzielen. So hat sich im Falle des erwähnten Beispiels gezeigt, dass die Anbringung von Hauben über der oberen Ladeebene des Wagens in Verbindung mit dem

Tab. 3.2 Konstruktive Maßnahmen zur Verminderung des aerodynamischen Widerstandes von Güterwagen

Güterwagenart	Maßnahme	Reduktion Luftwiderstand bei v = 120 km/h	Quelle
Containertragwagen	Glatte Seiten- und Dachflächen der Container	19,5 %	[14]
	Verkleidung des Tragwerkes zwischen den Drehgestellen	12,5 %	[14]
Gedeckter Güterwagen	Glatte Seitenwände	15,0 %	[14]
Kesselwagen	Verringerung des Stirnradius' des Kessels um den Faktor 1,9	9,5 %	[14]
Trichterwagen	Verlängerte und glatte Seitenwände	41,4 %	[14]
Tankcontainerwagen	Teilverkleidung der Tankcontainer im unteren Bereich	14,5 %	[6]
Schiebewandwagen	Glatte Seitenwände	18,5 %	[6]
	Verkleinerung der Wagenabstände um 300/600 mm	7,6 %/23,1 %	[6]
	Gerade Verlängerung der Seitenwände um 150/300 mm	6,3 %/3,8 %	[6]
	Seitenschürzen zwischen den Radsätzen	5,8 %	[6]
	Geschlossene Bodenwanne zwischen den Radsätzen	12,5 %	[6]
Autotransportwagen	Verkleinerung der seitlichen Öffnungen (leerer Wagen)	10,3 %	[6]
	Vollständig geschlossene Seitenwände (leerer Wagen)	8,7 %	[6]

Tab. 3.2 (Fortsetzung)

Güterwagenart	Maßnahme	Reduktion Luftwiderstand bei v = 120 km/h	Quelle
Autotransportwagen	Verkleinerung der seitlichen Öffnungen, geschlossene Haube im Oberdeck und Verschluss der Stirnöffnungen	24 %	[6]
	Verkleinerung der Seitenöffnungen und volle Beladung bzw. nur Unterdeck beladen	19 %/17 %	[6]
	Geschlossene Hauben über Oberdeck und geschlossene Stirnwände, aber unveränderte Seitenwände	−15 %	[6]
Offener Schüttgutwagen	Abdeckung der leeren Schüttguttrichter mit Blech	23 %	[82]
	Abdeckung der leeren Schüttguttrichter mit Gitter	9 %	[82]

Verschluss der stirnseitigen Öffnungen eine signifikante *Erhöhung* des Luftwiderstandes bewirkt, wenn nicht auch die Seitenwände stärker verschlossen werden. In gleicher Weise ergaben die Versuche im Windkanal [6], dass es bei diesem Wagentyp vorteilhafter ist kleinere Öffnungen in den Seitenwänden vorzusehen, als sie vollständig zu verschließen (Abb. 3.39).

(a) Containertragwagen   (b) gedeckter Güterwagen

(c) Kesselwagen   (d) Trichterwagen

(e) Tankcontainerwagen   (f) Schiebewandwagen

Abb. 3.39 Bildbeispiele für die in Tab. 3.2 aufgeführten Güterwagenkategorien

3.3.4   Tunnelwiderstandskraft

Bewegen sich Schienenfahrzeuge durch Tunnel, die wesentlich länger sind, als sie selbst, ist
ein deutlicher Anstieg des Luftwiderstandes zu beobachten. Dieser Zusatzwiderstand wird
in der Fahrdynamik (wenig überraschend) als Tunnelwiderstand bezeichnet und dem Luftwiderstand zugeordnet, obwohl Infrastrukturparameter (Tunnellänge, Tunnelquerschnittsfläche, u. a.) eine wesentliche Rolle spielen.

Die Entstehung des Tunnelwiderstandes erklärt sich aus der Tatsache, dass die Luftströmung im Tunnel im Vergleich zur freien Strecke gestört ist. Drei im Folgenden erläuterte wesentliche Umstände kommen dabei zusammen:

1. **Erhöhter Oberflächenreibungswiderstand im Luftspalt zwischen Zug und Tunnelwand**

   Das Geschwindigkeitsgefälle zwischen den Oberflächen fahrender Züge (v = aktuelle Fahrgeschwindigkeit) und den statischen Tunnelwänden (v = 0) findet in Tunneln in dem relativ schmalen Luftspalt um den Zug herum statt. Die Dicke der Grenzschicht wird durch den Abstand zwischen Zug und Tunnelwänden in ihrem Maximum begrenzt, sodass es ggf. zu einem Anstieg des Druckes entlang des Zuges kommt. Die im Luftspalt befindlichen Luftschichten erzeugen somit im Vergleich zur offenen Strecke erhöhte Reibungskräfte, die sich in einer erhöhten Oberflächenreibungskomponente im Luftwiderstand des Zuges niederschlagen. Sind Tunnelwände und/oder Fahrzeugoberflächen stark zerklüftet, kommen zusätzliche Luftwiderstandskomponenten hinzu. Die Erhöhung der Oberflächenreibungskraft ist der dominante Faktor bei der Erhöhung des Luftwiderstandes in Tunneln (vgl. z. B. [86])

2. **Erschwerte Luftverdrängung und Aufbau einer Luftsäule vor dem Fahrzeug/Zug**

   Die Strömung der von den Fahrzeugen verdrängten Luftmassen wird durch die Tunnelwände behindert, sodass diese vornehmlich in Richtung des Tunnelausgangs gerichtet sind und sich vor dem Zug eine Luftsäule aufbaut. Die für die Verdrängung dieser Luftsäule zum Tunnelausgang hin benötigte Kraft steigt mit der (Rest-)Länge des Tunnels an, da der Luftmassenstrom mit der Tunnelwand interagiert, die einen Strömungswiderstand darstellt.

   Anmerkung: Die Luftsäule vor Zügen, die einen Tunnel befahren, kann „erfühlt" werden. In einem unterirdischen U-Bahnhof auf die U-Bahn wartenden Passagieren kündigt sich der herannahende Zug durch eine deutlich wahrnehmbare Luftströmung auf dem Bahnsteig an.

   Tunnel weisen üblicherweise Längsneigungen auf, die von 0 % abweichen. Nicht selten existiert ein Scheitelpunkt, auf den von den Tunnelportalen her mit einer annähernd konstanten Steigung zugefahren wird. Entscheidend in diesem Zusammenhang ist, dass die Luftsäule vor dem Zug ggf. bergwärts verschoben werden muss, wozu zusätzliche Arbeit verrichtet werden muss. Dies spiegelt sich in einer Erhöhung des Luftwiderstandes im Tunnel wider.

3. **Erhöhung der Sogwiderstandskraft am Ende des Zuges**

   Aus den gleichen Gründen, warum sich die Druckkraft vor dem Fahrzeug/Zug im Tunnel erhöht, wird auch die Sogwiderstandskraft gesteigert, weil der Druckausgleich hinter dem Fahrzeug durch die erschwerten Strömungsbedingungen im Tunnel verzögert wird.

Aus den vorstehend aufgelisteten und erläuterten Phänomenen ergeben sich die wichtigsten Einflussfaktoren auf den Tunnelwiderstand:

1. die **Tunnellänge:** Je länger ein Tunnel ist, desto größer ist die Erhöhung des Luftwiderstandes bezüglich der Fahrt auf freier Strecke, die sich beim Befahren dieses Tunnels
   einstellt. Die Abhängigkeit ist nichtlinear und weist einen degressiven Verlauf auf (vgl.
   Abb. 3.40).

2. die **Tunnelquerschnittsfläche:** Je enger ein Tunnel gebaut ist, desto größer fällt die
   Erhöhung des Luftwiderstandes im Tunnel aus (siehe Abb. 3.40). Somit besteht bei der
   Bohrung neuer Tunnel ein Zielkonflikt bezüglich der Gewichtung der Baukosten (großer
   Querschnitt = großer Aushub = hohe Baukosten) und der Betriebskosten (geringer Quer-
   schnitt = höhere Fahrzeugwiderstände = höherer Energiebedarf) – siehe dazu auch [80].
   Der Tunnelquerschnitt A_{Tu} wird üblicherweise ins Verhältnis zur (genormten) Quer-
   schnittsfläche der Fahrzeuge gesetzt, woraus sich der sogenannte **Versperrungskoeffizient** k_V wie folgt ergibt:

$$k_V = \frac{A_{\text{norm}}}{A_{Tu}} \qquad (3.26)$$

   Der Versperrungskoeffizient variiert von Tunnel zu Tunnel (siehe Abb. 3.41) und muss
   deshalb stets fallbezogen ermittelt werden.

3. die **Rauheit der Tunnelwände:** Um die Reibungsverluste der Luftströmung an den
   Tunnelwänden so gering wie möglich zu halten, wird bei Tunneln eine Auskleidung mit
   Materialien angestrebt, die die gewünschten Oberflächeneigenschaften aufweisen. Die
   Auswirkungen der Rauheit der Tunnelwände auf den Tunnelwiderstand ist im Vergleich
   am geringsten (siehe Abb. 3.40), sollte jedoch bei der Gestaltung von Tunneln trotzdem
   nicht vernachlässigt werden.

Neben den erwähnten Faktoren beeinflussen auch die Oberflächenstruktur des Zuges selbst
(ein Güterzug verhält sich anders als ein Hochgeschwindigkeitszug, ein Containerzug anders
als ein gemischter Güterzug usw.), das Vorhandensein von Lüftungsschächten und (offener)
Querverbindungen zwischen Tunnelröhren sowie, im Falle langer Tunnel, die Strömungswir-
kungen vorausfahrender oder nachfolgender Züge den Luftwiderstand in Eisenbahntunneln.
Die qualitative oder gar quantitative Abschätzung dieser Einflüsse ist jedoch nur schwer oder
auf Basis aufwendiger Berechnungen möglich.

Für die rechnerische Berücksichtigung des Tunnelwiderstandes $F_{WL,Tu}$ wird der von
den konkreten Verhältnissen im jeweiligen Tunnel abhängige Tunnelfaktor θ_{Tu} eingeführt

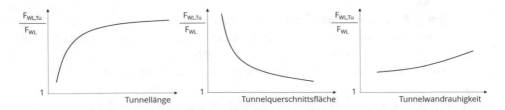

Abb. 3.40 Qualitative Abhängigkeiten der Haupteinflussfaktoren auf den Luftwiderstand im Tunnel
$F_{WL,Tu}$ bezogen auf den nominellen Luftwiderstand F_{WL}. (Zitiert nach [31])

(a) Beispiel für einen relativ engen Tunnel mit vergleichsweise hohem Versperrungskoeffizienten

(b) Beispiel für einen vergleichsweise großzügigen Tunnelquerschnitt

Abb. 3.41 Beispiele für Tunnel mit unterschiedlich großzügigen Querschnitten und somit abweichenden Versperrungsfaktoren

und die Gleichung für den Luftwiderstand gemäß Gl. 3.27 abgewandelt, wobei in Tunneln ohne den Gegenwindzuschlag Δv (vgl. Gl. 3.21) gerechnet wird.

$$F_{WL,Tu} = \theta_{Tu} \cdot F_{WL} \tag{3.27}$$

Vereinfachend wird der Tunnelfaktor häufig dem quadratischen Faktor der empirischen Fahrzeugwiderstandsgleichung vorangestellt, wodurch sich der gesamte Fahrzeugwiderstand in Tunneln mit Gl. 3.28 abschätzen lässt.

$$F_{WF,Tu} = A + B \cdot \frac{v}{100} + \theta_{Tu} \cdot C \cdot \left(\frac{v}{100}\right)^2 \tag{3.28}$$

Für den Gotthard-Basistunnel haben Schranil und Lavanchy in [79] für verschiedene typische Zugkompositionen Tunnelfaktoren zwischen 1,485 und 1,561 mittels Versuchsfahrten ermittelt (siehe Infokasten „Fallbeispiel: Tunnelwiderstand im Gotthard-Basistunnel").

Weitere Anhaltswerte für erhöhte Fahrzeugwiderstände in Tunneln liefert Voegeli in [88] für verschiedene Zugarten im Lötschberg-Basistunnel. Dieser ist als einröhriger Tunnel mit einem Nennquerschnitt von $45\,\mathrm{m}^2$, glatten Tunnelwänden und fester Fahrbahn ausgeführt. Messfahrten ergaben für die nachstehend genannten Zugarten die folgenden prozentualen Erhöhungen des Fahrzeugwiderstandes im Tunnel bezogen auf denjenigen der freien Strecke:

- Züge der „Rollenden Landstraße": +25 %,
- Züge des kombinierten Verkehrs mit vollständiger Beladung: +20 %,
- Tonerdezüge (aus Tamns-Wagen („Tamns": Gattungsbezeichnung für Güterwagen mit öffnungsfähigem Dach (T), mit vier Radsätzen (a), einer Ladelänge unter 9 m (m), einer Lademasse über 30 t (n) sowie einer Zulassung für Züge mit 100 km/h Höchstgeschwindigkeit (s)) gebildete Ganzzüge): +40 %,
- Doppelstockzüge IC 2000: +35...40 %.

Voegeli gibt darüber hinaus an, dass der Fahrzeugwiderstand der IC 2000 – Doppelstockzüge im wesentlich älteren Simplontunnel doppelt so groß ist im Vergleich zum Lötschberg-Basistunnel. Der Simplontunnel besteht aus zwei eingleisigen Tunnelröhren mit einem Querschnitt von nur 30 m^2 und weist konventionelle Schottergleise sowie eine Auskleidung mit relativ rauem Mauerwerk auf [88].

Die aufgezeigten Beispiele verdeutlichen die Unmöglichkeit, einen für unterschiedliche Zugarten und Tunnel gültigen „universellen" Tunnelfaktor zu benennen. Es ist immer eine Betrachtung der spezifischen Randbedingungen (Zug- und Tunnelbauart) notwendig, um eine sinnvolle Abschätzung der Fahrzeugwiderstandserhöhung in Tunneln vorzunehmen.

Exkurs: Tunnelwiderstand im Gotthard-Basistunnel

Der Gotthard-Basistunnel wurde 2016 eröffnet und war zu diesem Zeitpunkt mit einer Länge von 57 km der längste Eisenbahntunnel der Welt. Die Schweizer Bundesbahnen (SBB) haben im Zuge der Inbetriebnahme fahrdynamische Versuche durchgeführt, um zu eruieren, welche Fahrwiderstandskräfte von typischen Zugkonfigurationen im Tunnel überwunden werden müssen. Schranil und Lavanchy haben darüber in [79] berichtet und die Versuchsergebnisse bezüglich des Tunnelwiderstandes werden im Folgenden wiedergegeben.

Untersucht wurden folgende Zugkompositionen (siehe Abbildungen):

- RABe 503 „Astoro" (Hochgeschwindigkeitszug) = „Zug 1" (im Diagramm),
- RABe 500 „ICN" (Neigetechnik-Triebzug) *in Doppeltraktion* = „Zug 2" (im Diagramm),
- Re 460 + 12/15 Wagen der Bauart „Einheitswagen (EW) Typ IV" = „Zug 3a" (im Diagramm),
- Re 460 + 12/15 Wagen der Bauart „Einheitswagen (EW) Typ IV" = „Zug 3b" (im Diagramm),
- BR 185 (Re 482) + Schotter-, Flach- und Rungenwagen = „Zug 4" (im Diagramm).

RABe 503 „Astoro"	RABe 500 „ICN"	Re 460 + EW IV	Re 482 (BR 185)
$\theta_{Tu} = 1,561$	$\theta_{Tu} = 1,534$	$\theta_{Tu} = 1,539$	$\theta_{Tu} = 1,485$

Es wurden Tunnelfaktoren zwischen 1,485 (Güterzug) und 1,561 (RABe 503) ermittelt (siehe obenstehende Tabelle), sodass sich für jede Zugkonfiguration ein Parabelpaar zeichnen lässt, dass jeweils den Fahrzeugwiderstand auf freier Strecke vs. den Fahrzeugwiderstand im Tunnel repräsentieren (siehe unten stehendes Diagramm).

Im Falle des RABe 503 führt die Fahrt im Gotthardbasistunnel beispielsweise dazu, dass für eine Fahrt mit 200 km/h rund 69 kN statt ca. 48 kN zur Überwindung des Fahrzeugwiderstandes aufgebracht werden müssen. Dies resultiert in einem um ca. 43 % erhöhten Leistungsbedarf (3811 kW vs. 2656 kW auf offener Strecke).

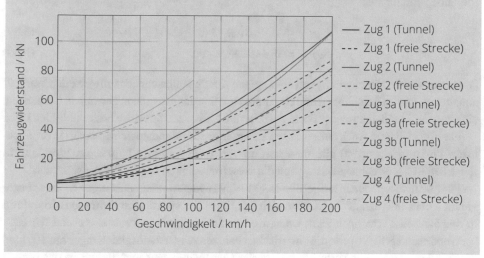

► **Zusammenfassung: Tunnelwiderstand**
Fahren Eisenbahnfahrzeuge durch (lange) Tunnel kommt es zu einer deutlichen Erhöhung der Luftwiderstandskraft. Dieses Phänomen wird als Tunnelwiderstand bezeichnet und rechnerisch mit der Einführung eines Tunnelfaktors in der Gleichung für den Luftwiderstand berücksichtigt.

Der Tunnelfaktor ist stets größer als 1 und von der Länge des Tunnels, seiner Querschnittsfläche sowie der Rauheit der Tunnelwände abhängig. Er muss für jeden Tunnel individuell ermittelt werden.

Es müssen bei Berechnungen generell nur Tunnel berücksichtigt werden, die länger als 500 m und dabei gleichzeitig länger als der betrachtete Zug sind.

3.3.5 Empirisch ermittelte Fahrzeugwiderstandskräfte

Für die Ermittlung des Fahrzeit- und Energiebedarfes von Zugfahrten sind in der Regel nicht die Teilwiderstandskräfte, sondern der gesamte Fahrzeugwiderstand von Interesse. Dieser kann entweder über die Summierung der Teilwiderstandskräfte berechnet werden oder er ist über empirische Fahrzeugwiderstandsgleichungen zugänglich. Die letztgenannte Option ist in den allermeisten Fällen die Vorzugsvariante, weil beispielsweise die Ermittlung von Luftwiderstandsbeiwerten in Windkanalversuchen aufgrund des hohen Aufwandes bei Schienenfahrzeugen eher die Ausnahme als die Regel ist.

Die empirischen Gleichungen werden in der Regel im Rahmen von Versuchen und in seltenen Fällen durch Simulationsberechnungen ermittelt. Bezüglich der Durchführung dieser Versuche sei auf den Infokasten verwiesen.

Die Fahrzeugwiderstandskräfte werden für Triebfahrzeuge und Triebzüge als Absolutkraft in der Form $F_{WFT}(v)$ und für Wagenzüge als spezifische Kraft (vgl. Abschn. 3.2) in der Form $f_{WFW}(v)$ angegeben. Die entsprechenden Gleichungen weisen im Allgemeinen folgende Struktur auf:

$$F_{WFT} = A + Bv + C\,(v + \Delta v)^2 , \tag{3.29}$$

$$f_{WFW} = \alpha + \beta v + \gamma \cdot v^2 . \tag{3.30}$$

Die linear von der Geschwindigkeit abhängigen Koeffizienten können fallweise den Wert „0" annehmen, da die Gleichungen mittels Approximation aus Messdaten gewonnen werden und eine zweiteilige Gleichung der Form $A + Cv^2$ die Messwerte fallweise besser abbilden kann.

Für alle in diesem Buch aufgeführten **Fahrzeugwiderstandsgleichungen in ihrer absoluten Form (großes „F")** gilt, dass sich mit ihnen der **absolute Fahrzeugwiderstand in der Einheit kN** errechnen lässt, wenn die **Geschwindigkeit in km/h eingesetzt** wird.

Für alle in diesem Buch aufgeführten **Fahrzeugwiderstandsgleichungen in ihrer bezogenen Form (kleines „f")** gilt, dass sich mit ihnen der **spezifische Fahrzeugwiderstand in der Einheit 1** errechnen lässt, wenn **die Geschwindigkeit in km/h eingesetzt** wird.

Wende schlägt in [90] vor, die empirischen Fahrzeugwiderstandsgleichungen auf 100 km/h zu normieren, was den Vorteil hat, dass die Geschwindigkeit unmittelbar in der Einheit km/h in die empirischen Gleichungen eingesetzt werden kann und zudem für „typische" Eisenbahngeschwindigkeiten mit übersichtlichen Dezimalzahlen (z. B. 40/100=0,4 und 80/100=0,8 und 160/100=1,6 usw.) gearbeitet werden kann.

In Anerkennung der Vorteile dieser Normierung und im Sinne der Fortführung einer „Dresdner Schule" der Fahrdynamik werden deshalb im Rahmen dieses Buches alle empirischen Fahrzeugwiderstandsgleichungen nach folgendem Schema angegeben:

$$F_{WFT} = A + B\frac{v}{100} + C\left(\frac{v + \Delta v}{100}\right)^2 , \tag{3.31}$$

$$f_{WFW} = \alpha + \beta \frac{v}{100} + \gamma \left(\frac{v}{100}\right)^2. \tag{3.32}$$

Der empirische Charakter der Gleichungen ist unbedingt zu beachten. Zwar können die konstanten Faktoren A bzw. α als dem (spezifischen) Grundwiderstand der Fahrzeuge/Züge korrelierend betrachtet werden, sie sind jedoch *nicht* mit diesem *identisch*. Gleiches gilt sinngemäß für den Luftwiderstand(sbeiwert) und den quadratischen Koeffizienten C bzw. γ in den Gl. 3.31 und 3.32. Eine *Abschätzung* der Widerstandsanteile mit Rückgriff auf die Koeffizienten A(α) und C(γ) ist mangels praktikabler Alternativen dennoch statthaft.

Die Angabe von empirischen Fahrzeugwiderstandsgleichungen erfolgt in der Regel für konkrete Fahrzeuge, Züge oder Zugkategorien. Die Gleichungen, *die ohnehin nur eine Abschätzung der Fahrzeugwiderstandskräfte darstellen,* sind jeweils auch nur für die angegebenen Fahrzeuge oder Fahrzeugkategorien gültig. Bevor sie auf andere als die angegebene Fahrzeug- oder Zugkategorie angewendet werden können, ist stets die *fahrdynamische Ähnlichkeit* der zu untersuchenden Fahrzeuge oder Fahrzeugkategorie kritisch zu hinterfragen. Um diese *fahrdynamische Ähnlichkeit* beurteilen zu können, sollten folgende Fragen beantwortet werden:

1. Aus welcher Epoche stammt die empirische Gleichung? Wie viele und welche technischen Entwicklungsschritte liegen zwischen der zeitlichen Periode, aus der die Gleichung stammt, und dem zu betrachtenden Fahrzeug (siehe hierzu Tab. 3.3)?
   Anmerkung: Die Fachliteratur enthält eine Vielzahl empirischer Gleichungen, von denen nicht wenige auf Versuche in den 1920er und 1930er-Jahren zurückgehen. Dies ist kritisch zu reflektieren.
2. Aus welchem Land stammt die Gleichung? Passen die dort üblichen Fahrzeugquerschnittsflächen (Fahrzeugbegrenzungslinien/„Lichtraumprofile"), Radsatzlasten und die Spurweite zu dem betrachteten Problem?
3. Ist die Radsatzfahrmasse (veraltet: Achslast) der zu betrachtenden Fahrzeuge ähnlich der Fahrzeuge, für die die Gleichung gilt?
4. Ist die Fahrwerksart (Anzahl der Radsätze, Raddurchmesser, Lagerart, Radsatzführung, Federungskonzept) der zu betrachtenden Fahrzeuge ähnlich der Fahrzeuge, für die die Gleichung gilt?
5. Sind die aerodynamischen Eigenschaften (siehe Abschn. 3.3.3) der zu betrachtenden Fahrzeuge ähnlich der Fahrzeuge, für die die Gleichung gilt?
6. Wie vertrauenswürdig ist die Quelle, aus der die Gleichung stammt? Sind die Gleichungen aus Versuchen hervorgegangen, die die Autoren selbst durchgeführt haben oder verweisen die Autoren selbst auf Quellen für die Herkunft der Gleichungen?
   Anmerkung: Es gibt heute ein Flut von Aufsätzen, die sich mit fahrdynamischen Fragestellungen befassen. Nicht jeder Autor verfügt jedoch über das erforderliche Hintergrundwissen, um die „richtigen" Gleichungen für das jeweilige Problem auszuwählen. Dies ist stets kritisch zu reflektieren, um Fehlannahmen nicht zu reproduzieren und diesen ggf. durch ein Zitat unangemessene Relevanz zu bescheren.

Tab. 3.3 Auswahl technischer Entwicklungen seit 1945, die im weitesten Sinne einen Einfluss auf das fahrdynamische Verhalten haben

Jahrzehnt	Technische Entwicklung	Bedeutung
1950er	Rollen- statt Gleitlager als Radsatzlager	Verringerung von Lager- und Anfahrwiderstand
	1. Generation von Drehgestellen der Bauart Minden-Deutz für Reisezugwagen (BRD)	Verringerung Grundwiderstand
	Drehgestelle der Bauart Görlitz-V für Reisezugwagen (DDR+Osteuropa)	Verringerung Grundwiderstand
	Ausführung neuer großer Diesel- und Elektrolokomotiven ausschließlich als Drehgestellfahrzeuge	Verringerung von Grund- und Bogenwiderstand
	Doppelstock-Gliederzüge (DDR)	Verbesserte aerodynamische Eigenschaften (großer Fahrzeugquerschnitt, bündige Wagenübergänge, Bodenwanne)
1960er	Standardisierung von Reisezugwagen nach UIC 567 („X/Y/Z-Wagen")	Verbesserte aerodynamische Eigenschaften (Dach, Schürzen und Wagenübergänge)
	Görlitz-VI-Drehgestelle (DDR+Osteuropa)	Reduzierung des Grundwiderstandes
1970er	Beginn der Verbreitung des Y25-Drehgestells im europäischen Güterverkehr (außer Bereich russ. Breitspur)	Grund- und Bogenwiderstand der Güterzüge zunehmend durch die Eigenschaften dieser Drehgestellbauart dominiert
	Einführung des InterCity-Verkehrs mit 200 km/h Höchstgeschwindigkeit und Schnellfahrlokomotiven	Aerodynamische Optimierung lokbespannter Züge und Entwicklung von Schnellfahrlokomotiven (z. B. BR 103 der DB)
	„Eurofima-Wagen" (UIC Z-Wagen) für den internationalen Verkehr (Westeuropa)	Veränderte aerodynamische Eigenschaften (einteilige Fenster, Klimaanlagen, Druckertüchtigung)
	Doppelstock-Einzelwagen (DDR) der ersten Generation	Veränderte aerodynamische Eigenschaften im Vergleich zu Gliederzügen (z. B. durch höhere Anzahl von Drehgestellen)

Tab. 3.3 (continued)

Jahrzehnt	Technische Entwicklung	Bedeutung
1970er	Henschel-BBC DE 2500 mit Flexifloat-Drehgestellen	Deutliche Reduktion des Grundwiderstandes im Vergleich zu herkömmlichen Lokomotivdrehgestellen
	Beginn der Oberbau-Ertüchtigung für eine statische Radsatzfahrmasse von 22,5 t	Beeinflussung Grundwiderstand
1980er	GP200-Drehgestelle für Reisezugwagen (DDR+Osteuropa)	Beeinflussung Grundwiderstand
	Start Regelbetrieb TGV	Aerodynamische Optimierung
	BR 120 (DB) – Einzug der Drehstromantriebstechnik	Tendenz zu niedrigeren fahrdynamischen Massenfaktoren, elektrische Entkoppelung von Treibradsätzen möglich
	Verbreiteter Einsatz klimatisierter Reisezugwagen	Veränderte Aerodynamik (einteilige Fenster ohne Öffnungsmöglichkeit, forcierter Luftaustausch mit Umgebung)
1990er	Neue Generation von Nahverkehrs-Dieseltriebwagen	Verbesserte aerodynamische Eigenschaften und neue Fahrwerksgeneration (Grundwiderstand)
	Start Regelbetrieb ICE 1	Aerodynamische Optimierung im Vergleich zu lokbespannten Zügen
	Zunehmende Dominanz von Güterwagen mit 4 Radsätzen	Im Vergleich zu Güterwagen mit 2 Radsätzen andere aerodynamische Eigenschaften
	TGV Duplex (Doppelstock-Hochgeschwindigkeitszüge)	Fortschreitende aerodynamische Optimierung
2000er	Zunehmende Dominanz von Triebzügen im Personenverkehr	Andere aerodynamische Eigenschaften im Vergleich zu klassischen lokbespannten Zügen
	Betriebsstart ICE 3	Fortschreitende aerodynamische Optimierung

Exkurs: Ermittlung empirischer Fahrzeugwiderstandsgleichungen

Für die Ermittlung der fahrdynamischen Fahrzeugwiderstandsgleichungen stehen prinzipiell zwei verschiedene experimentelle Methoden zur Verfügung: der Auslaufversuch sowie der Konstantfahrversuch. Beide Versuche werden in der Regel entweder mit Zügen und nur im Ausnahmefall mit Einzelfahrzeugen durchgeführt.

Das Ergebnis der Versuche sind in beiden Fällen quadratische Polynomgleichungen F_{WF}, die entweder zwei- oder dreigliedrig sein können, je nachdem, für welche Variante die Approximation besser abbildet.

Auslaufversuche

Um Auslaufversuche durchzuführen, wird ein längerer gerader Gleisabschnitt benötigt, der entweder keine Längsneigung oder genau bekannte (geringe) Längsneigungen und möglichst wenige Neigungswechsel aufweisen soll. Außerdem sollen die Versuche nur bei weitgehender Windstille (die Windverhältnisse an der Versuchsstrecke sind zu protokollieren) durchgeführt werden, um die Störeinflüsse von Seiten-, Gegen- oder Rückenwind zu minimieren. Allenfalls sind die Versuche auf demselben Streckenabschnitt in beiden Fahrtrichtungen durchzuführen.

Der prinzipielle Ablauf von Auslaufversuchen sieht vor, den Zug auf eine bestimmte Ausgangsgeschwindigkeit zu beschleunigen und ihn dann frei auslaufen zu lassen (es dürfen weder Antriebs- noch Bremskräfte wirksam sein). Während des Auslaufvorganges wir der Verlauf der Verzögerung über der Geschwindigkeit aufgezeichnet. Da die Auslaufwege insbesondere bei Fahrzeugen, die sehr hohe Geschwindigkeiten erreichen, sehr groß ist, müssen der Geschwindigkeitsbereich des untersuchten Fahrzeuges ggf. in Intervalle aufgeteilt werden.

Im Ergebnis der Versuche (die mehrmals wiederholt werden) liegt eine Punktwolke $a_i(v_i)$ vor, in die eine Ausgleichsfunktion gelegt wird, sodass die Summe der quadratischen Abweichungen minimal wird. Aus der erhaltenen Funktion a(v) lässt sich in Kenntnis der Trägheitseigenschaften des Zuges (fahrdynamisch äquivalente Masse) und ggf. der aufgetretenen Streckenlängsneigungen auf die Funktion $F_{WFZ}(v)$ schließen.

Der Vorteil dieser Methode liegt darin, dass sich der Fahrzeugwiderstand vollständiger Zugverbände mit überschaubarer Instrumentierung ermitteln lässt und an die Fähigkeiten der beteiligten Triebfahrzeugpersonale keine besondere Bedingungen zu stellen sind.

Konstantfahrversuche

Die Randbedingungen der Versuche sind mit denen der Auslaufversuche identisch. Allerdings werden die zu untersuchenden Fahrzeuge in diesem Fall auf eine bestimmte Geschwindigkeit beschleunigt, die anschließend konstant gehalten wird. Über die Messung der dafür erforderlichen Zugkraft kann unmittelbar auf die zu überwindenden (Fahrzeug-)Widerstandskräfte geschlossen werden. Je nachdem, ob die Zughakenzugkraft oder die Treibradzugkraft gemessen werden, erhält man entweder die Wagenzugwiderstandskraft oder die Zugwiderstandskraft.

Der Versuch muss für verschiedene Geschwindigkeiten im gesamten vorgesehenen Spektrum durchgeführt werden und führt auch hier zu einer Wolke von Messwerten $F_{WF}(v)$, die über eine Ausgleichsfunktion approximiert werden muss.

Die manuelle Geschwindigkeitsregelung auf v ≈ const. kann unter Umständen eine große Herausforderung für die beteiligten Triebfahrzeugpersonale sein.

Generell finden sich in der Fachliteratur Gleichungen für konkrete Fahrzeuge oder Züge sowie für Zugkategorien (vgl. Zusatzmaterial zu diesem Kapitel auf SpringerLink). Insbesondere die empirischen Fahrzeugwiderstandsgleichungen für Zugkategorien können dabei einen wesentlich komplexeren Aufbau als die Gl. 3.31 und 3.32 aufweisen. So werden mitunter die Fahrzeugmasse, die (mittlere) Radsatzfahrmasse, die Zuglänge oder die Anzahl der Radsätze als zusätzliche Parameter der Koeffizienten in den quadratischen Polynomgleichungen integriert (siehe auch Zusatzmaterialien zu diesem Kapitel auf SpringerLink).

Zudem muss stets die Größenordnung der mittels empirischer Gleichungen abgeschätzten Fahrzeugwiderstandskräfte beachtet werden. So ist es im internationalen Kontext möglich, dass Fahrzeugwiderstandskräfte in daN oder lbf angegeben werden. Die Koeffizienten der Gleichungen müssen dann entsprechend angepasst werden, damit sie die gewünschten Ergebnisse (Absolutkräfte in N oder kN, spezifische Kräfte in 1 oder N/kN) liefern.

Im folgenden Abschnitt werden exemplarisch einige empirische Gleichungen für die Abschätzung der Fahrzeugwiderstandskräfte unterschiedlicher Fahrzeuge und Zugkompositionen angegeben. **Eine große Auswahl an Gleichungen enthalten die auf SpringerLink verfügbaren Zusatzmaterialien für dieses Kapitel.**

▶ **Zusammenfassung: Empirische Fahrzeugwiderstandsgleichungen** Fahrzeugwiderstandskräfte von Schienenfahrzeugen werden in ihrer Gesamtheit üblicherweise mit empirischen Gleichungen angegeben. Diese basieren auf Versuchen und sind immer Polynomgleichungen 2. Grades. Sie können entweder dreigliedrig (mit linearem Anteil) oder zweigliedrig (ohne linearen Anteil) sein. Es existieren Gleichungen für konkrete Fahrzeuge oder Zugkompositionen sowie für Zugkategorien. Die Randbedingungen für die Gültigkeit der Gleichungen müssen unbedingt beachtet werden.

Beispielgleichungen Fahrzeugwiderstand

BR 143

$$F_{WFT} = 3,62 + 0,95 \cdot \frac{v}{100} + 4,45 \cdot \left(\frac{v + \Delta v}{100}\right)^2$$

BR 232

$$F_{WFT} = 4,56 + 3,53 \cdot \left(\frac{v + 12}{100}\right)^2$$

BR 612

$$F_{WFT} = 1,58 + 1,03 \cdot \frac{v}{100} + 2,9 \cdot \left(\frac{v + 15}{100}\right)^2$$

InterCity 125 (BR)

$$F_{WFT} = 3,22 + 3,13 \cdot \frac{v}{100} + 6,019 \cdot \left(\frac{v + \Delta v}{100}\right)^2$$

BB 7200 + 6 Schnellzugwagen (SNCF)

$$F_{WFZ} = 2,54 + 3,34 \cdot \frac{v}{100} + 5,72 \cdot \left(\frac{v + \Delta v}{100}\right)^2$$

Gleichung der SNCF für Reisezüge

$$f_{WFW} = 0,0015 + 0,0022 \cdot \left(\frac{v}{100}\right)^2$$
(nur Wagenzug)

IC 2000 mit Re 460 (SBB)

$$F_{WFZ} = 6,8 + 7,0 \cdot \left(\frac{v + \Delta v}{100}\right)^2$$

Gleichung für beladene Kohlezüge

$$f_{WFW} = 0,0010 + 0,0015 \cdot \left(\frac{v}{100}\right)^2$$
(nur Wagenzug)

Exkurs: Einordnung empirischer Fahrzeugwiderstandsgleichungen

Empirische Fahrzeugwiderstandsgleichungen werden häufig nach der Person benannt, die sie ermittelt bzw. (erstmals) veröffentlicht haben.

Im englischen Sprachraum war es W. J. **Davis** jr., der im Jahre 1926 einen Aufsatz mit dem Titel „The Tractive Resistance of Electric Locomotives and Cars" in der *General Electric Review* veröffentlichte. In der englisch-sprachigen Literatur ist deshalb häufig von der „Davis equation" die Rede, wenn es um empirische Fahrzeugwiderstandsgleichungen geht. Die „Davis-Koeffizienten" in der Gleichung wurden mittlerweile wiederholt angepasst, um die Gleichung für neuere Fahrzeuggenerationen nutzen zu können.

In Deutschland hat Friedrich **Sauthoff** das Verständnis von Fahrzeugwiderstandskräften geprägt. Er promovierte 1932 an der TH Berlin-Charlottenburg zum Dr.-Ing. mit dem Thema: „Die Bewegungswiderstände der Eisenbahnwagen unter besonderer Berücksichtigung der neueren Versuche der Deutschen Reichsbahn". Die von ihm ermittelten Gleichungen wurden ebenfalls über die Jahre weiterentwickelt und auf neue Fahrzeuggenerationen angepasst, tragen aber häufig immer noch seinen Namen („Sauthoff-Gleichung").

Neben den Gleichungen von Sauthoff, die sich überwiegend auf Reisezüge beziehen, wird in der fahrdynamischen Fachliteratur auch auf die Gleichung nach **Strahl** für Güterzüge verwiesen. Dieser Autor veröffentlichte zwischen 1900 und 1920 mehrere Arbeiten zur Auslegung von Dampflokomotiven und somit beziehen sich zumindest seine Originalgleichungen auf den Stand der Technik vom Anfang des 20. Jahrhunderts.

Eine neuere und häufig zitierte Gleichung für die Abschätzung des Fahrzeugwiderstandes schneller Reisezüge stammt aus den 1970er Jahren von **Voss** und wird auch als „Hannoversche Formel" bezeichnet.

Zu den Hintergründen einiger hier erwähnter Gleichungen: siehe die Zusatzmaterialien zu diesem Kapitel bei SpringerLink.

Rechenbeispiel: Ermittlung von Fahrzeugwiderständen auf empirischer Basis

Die Fahrzeugwiderstandskräfte eines IC-Zuges und eine Güterganzzuges aus geschlossenen Güterwagen sind bei einer Geschwindigkeit von 80 km/h zu ermitteln.

(*Anmerkung:* Die Abbildungen dienen nur zur Illustration der Zugkonfigurationen). Es sind folgende Fahrzeugdaten bekannt:

- Zugwiderstandsgleichung für IC-Zug mit BR 101 und 9 IC-Wagen:

$$F_{WFZ} = 9{,}71 + 1{,}1 \cdot \frac{v}{100} + 10{,}7 \cdot \left(\frac{v}{100}\right)^2$$

- Wagenzugmasse des Güterzuges: 1500 t
- Triebfahrzeugwiderstandskraft der Güterzuglokomotive:

$$F_{WFT} = 1{,}42 + 0{,}84 \cdot \frac{v}{100} + 2{,}8 \cdot \left(\frac{v+12}{100}\right)^2$$

- spezifische Wagenzugwiderstandskraft des Güterzuges:

$$f_{WFW} = 0{,}0012 + 0{,}0022 \left(\frac{v}{100}\right)^2$$

Die Berechnung des Zugwiderstandes für den IC-Zug gestaltet sich denkbar einfach: es ist lediglich die Geschwindigkeit (in km/h) in die empirische Gleichung einzusetzen:

$$\begin{aligned}
F_{WFZ} &= 9{,}71 + 1{,}1 \cdot \frac{80}{100} + 10{,}7 \cdot \left(\frac{80}{100}\right)^2 \\
&= 9{,}71 + 1{,}1 \cdot 0{,}8 + 10{,}7 \cdot 0{,}8^2 \\
&= 17{,}4 \, \text{kN}
\end{aligned}$$

Im Falle des Güterzuges ist wie folgt vorzugehen:

$$F_{WFZ} = F_{WFT} + F_{WFW} = F_{WFT} + f_{WFW} \cdot m_W \cdot g$$

$$\begin{aligned}
F_{WFT} &= 1{,}42 + 0{,}84 \cdot \frac{80}{100} + 2{,}8 \cdot \left(\frac{80+12}{100}\right)^2 \\
&= 4{,}462 \, \text{kN}
\end{aligned}$$

$$\begin{aligned}
F_{WFW} &= \left[0{,}0012 + 0{,}0022 \cdot \left(\frac{80}{100}\right)^2\right] \cdot 1500 \, \text{t} \cdot 9{,}81 \, \frac{\text{m}}{\text{s}^2} \\
&= 0{,}002608 \cdot 14.715 \, \text{kN} \\
&= 38{,}377 \, \text{kN}
\end{aligned}$$

$$\begin{aligned}
F_{WFZ} &= 4{,}462 \, \text{kN} + 38{,}377 \, \text{kN} \\
&= 42{,}8 \, \text{kN}
\end{aligned}$$

Es wird deutlich, wie groß die Diskrepanz der Zugwiderstandskräfte aufgrund der sehr verschiedenen Zugkonfigurationen ist. Gleichzeitig wird durch die Ergebnisse auch nochmal bekräftigt, wie wichtig es ist, die für ein zu lösendes fahrdynamisches Problem relevanten (im Sinne von: „richtigen") empirischen Fahrzeugwiderstandsgleichungen zu finden. ◄

3.3.6 Fahrzeugwiderstandskräfte von Straßen- und Stadtbahnfahrzeugen

Vorbemerkungen

Straßen- und Stadtbahnfahrzeuge (zur Definition der Fahrzeugkategorien: siehe Exkurs „Städtischer Schienenverkehr" am Ende dieses Abschnittes) stellen hinsichtlich der Fahrzeugwiderstandskräfte einen Sonderfall dar. Einerseits bewegen sich diese Fahrzeuge überwiegend in einem Geschwindigkeitsbereich bis maximal 70 km/h, wobei der Bereich höherer Geschwindigkeiten (>50 km/h) häufig nur für kurze Zeiten ausgenutzt wird. Andererseits ist der Zugkraftüberschuss bei diesen Fahrzeugen verhältnismäßig groß, da aufgrund der geringen mittleren Haltestellenabstände und der kurzen Zugfolge hohe Anfahrbeschleunigungen (im Bereich $1{,}0$ m/s^2...$1{,}5$ m/s^2) erzielt werden müssen, um die gewünschten Fahrzeiten realisieren zu können. Teilweise wird auf Basis dieser Tatsache (kleine Fahrwiderstandskräfte im Vergleich zu den Antriebskräften) argumentiert, dass eine genaue Bestimmung der Fahrzeugwiderstandskräfte von Straßenbahnen nicht nötig sei, da das Gros der Energie für die Beschleunigung der Fahrzeuge sowie für Passagierkomfort (Heizen, Lüften, Kühlen) aufgewandt wird.

Die Beschäftigung mit den Fahrzeugwiderstandskräften von Straßenbahnen rechtfertigt ein eigenes Unterkapitel in diesem Buch. Einerseits existieren in der bestehenden Literatur einige Gleichungen zur Annäherung dieser Kräfte, die einer Einordnung bedürfen und andererseits wurden im Rahmen einer Dissertation [28] neue Erkenntnisse zu dieser Thematik veröffentlicht.

Einordnung bestehender Gleichungen

Für die Einordnung bestehender Fahrzeugwiderstandsgleichungen für Straßen- und Stadtbahnfahrzeuge ist es wichtig, sich die Entwicklung vor Augen zu führen, die diese Fahrzeugkategorien innerhalb der letzten Jahrzehnte durchlaufen haben. Wie ein Blick auf Abb. 3.42 zeigt, ist die Typenvielfalt enorm, sodass es unmittelbar einleuchtend ist, dass die Angabe einer wie auch immer gearteten Universalgleichung ein sehr komplexes Unterfangen ist. Ferner unterscheiden sich Fahrzeuge älterer Bauart (vor 1990) hinsichtlich Fahrzeugkonfiguration, Fahrwerkskonstruktion, Länge und Formgebung sehr deutlich von den jüngeren Fahrzeuggenerationen. Es ist deshalb davon abzuraten, den Fahrzeugwiderstand heutiger Straßen- und Stadtbahnfahrzeuge mit Gleichungen berechnen zu wollen, die sich auf „klas-

(a) Remodelado-Triebwagen (Lisboa) (b) Ventotto-Triebwagen (Milano) (c) „Gotha-Wagen" (DDR 1957-1967)

(d) Tatra-Triebwagen T3 (Praha) (e) Tatra-Gelenktriebwagen KT4 (Tal- (f) Hochflurgelenktriebwagen   GVB
linn)   500 (Graz)

(g) Niederflurgelenktriebwagen (h) Niederflurgelenktriebwagen (i) Tramway Française Standard (Nan-
(Dresden)   (Leipzig)   tes)

(j) Siemens Combino (Bern) (k) ALSTOM Citadis (Tours) (l) Bombardier Flexity Classic XXL
(Leipzig)

(m) Stadtbahnfahrzeug   (Hochflur) (n) Saarbahn (hier: auf Eisenbahnin- (o) Stadtbahnfahrzeug im Metrobe-
Köln   frastruktur)   trieb (Porto)

Abb. 3.42 Beispiele für Straßen- und Stadtbahnfahrzeuge in ihren unterschiedlichen Ausprägungen

sische" Straßenbahnen (siehe Abb. 3.42a bis f) beziehen. Eine Übersicht über Gleichungen, die der älteren Fachliteratur entnommen werden können, sowie einige Erläuterungen dazu enthalten die Zusatzmaterialien zu diesem Kapitel (Download via SpringerLink).

Beschreibung des Fahrzeugwiderstandes moderner Straßenbahnfahrzeuge

Wie Dürrschmidt in [28] gezeigt hat, führen „klassische" Berechnungsansätze (vgl. Zusatzmaterialien zu diesem Kapitel, verfügbar bei SpringerLink) einerseits zu einer deutlichen Überschätzung der Fahrzeugwiderstandskräfte moderner Straßenbahnfahrzeuge und geben andererseits deren Verlauf über der Geschwindigkeit qualitativ nur ungenügend wieder. Dürrschmidt führte eigene Versuche mit Straßenbahnen unterschiedlicher Bauarten in Dresden, Nürnberg und München durch (siehe Abb. 3.43 und 3.44). Wie Abb. 3.43 zeigt, ergab sich kein einheitliches Bild, sondern die zunächst überraschende Erkenntnis, dass im fahrdynamischen Sinne atypische Verläufe der Fahrzeugwiderstände über der Geschwindigkeit bei heutigen Straßenbahn- und Stadtbahntriebzügen keine Ausnahme sind. Es muss gleichwohl betont werden, dass die dort gezeigten Verläufe nur einen Ausschnitt der Realität darstellen und nicht extrapoliert werden dürfen. Bei allen aufgeführten Fahrzeugen ist mit einem deutlichen Anstieg der Fahrzeugwiderstandskräfte oberhalb von 40 bis 50 km/h zu rechnen, weil der Luftwiderstand dann deutlich zunimmt. Da für die in [28] durchgeführten Fahrversuche hauptsächlich Gleisstrecken von begrenzter Länge innerhalb von Betriebshöfen genutzt wurden, konnte der gesamte fahrzeugtechnisch mögliche Geschwindigkeitsbereich jedoch meist nicht ausgefahren werden.

So wurde vor allem der Bereich niedriger Geschwindigkeiten (<30 km/h) erfasst, in dem die mit den rollenden Rädern verbundenen Fahrwiderstandsanteile dominieren und der Luftwiderstand eine untergeordnete Rolle spielt. Folglich lohnt sich ein Blick auf die

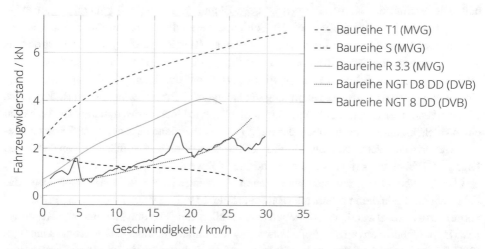

Abb. 3.43 Gemessene Fahrzeugwiderstandskräfte verschiedener Straßenbahnfahrzeugbaureihen, leicht vereinfachte Darstellung. (Zitiert nach [28])

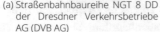

(a) Straßenbahnbaureihe NGT 8 DD der Dresdner Verkehrsbetriebe AG (DVB AG)　(b) Straßenbahnbaureihe NGT D8 DD der Dresdner Verkehrsbetriebe AG (DVB AG)　(c) Straßenbahnbaureihe R 3.3 der Münchner Verkehrsgesellschaft (MVG)

(d) Straßenbahnbaureihe S der Münchner Verkehrsgesellschaft (MVG)　(e) Straßenbahnbaureihe T1 der Münchner Verkehrsgesellschaft (MVG)

Abb. 3.44 Straßenbahn-Bauarten, deren gemessene Fahrzeugwiderstandskurven in Abb. 3.43 enthalten sind

Fahrwerks- und Antriebskonfigurationen der Fahrzeuge, um besser zu verstehen, welche Elemente welchen Anteil am Grundwiderstand der Fahrzeuge haben.

Relevante technische Angaben zu den Versuchsfahrzeugen aus Abb. 3.43 enthält Tab. 3.4, während Abb. 3.45 Skizzen der Antriebskonfigurationen der betrachteten Fahrzeuge enthält. Die Vielfalt der Konstruktionen ist dem Bemühen geschuldet, Fahrzeuge mit möglichst geringer Fußbodenhöhe über der Schienenoberkante sowie mit möglichst wenigen Stufen oder Rampen in den Innenräumen zu bauen (Barrierefreiheit). Dadurch ist der für Antriebe und mechanische Bremsen zur Verfügung stehende Bauraum in den Fahrwerken sehr knapp. Je nach Fahrzeugkonzept wird gänzlich auf durchgehende Radsatzwellen verzichtet, um einen stufenfreien Durchgang mit akzeptabler Breite zwischen den Rädern eines Fahrwerkes zu erreichen. Fehlt eine Radsatzwelle, wird jedoch das dynamische Verhalten eines solchen Fahrwerkes mangels der nicht mehr vorhandenen Tendenz zur Selbstzentrierung (natürlicher Wellenlauf eines Radsatzes mit konischen Radlaufflächen) von dem eines Drehgestellfahrzeuges mit klassischen Radsätzen abweichen.

Den im Vergleich geringsten gemessenen Fahrzeugwiderstand in Abb. 3.43 weist das Fahrzeug mit Radnabenmotoren auf (Baureihe S der MVG), während die Fahrzeugtypen mit vergleichsweise aufwendigen Antrieben (mehrstufige Getriebe und Nutzung von Kegelrad- bzw. Hypoidgetrieben) relativ große Fahrzeugwiderstände aufweisen. Dürrschmidt hat (vgl. [28]) folgende maßgebliche Einflussfaktoren auf den Fahrzeugwiderstand von Straßen- und Stadtbahnen identifiziert:

Tab. 3.4 Ausgewählte Daten zu den in den Abb. 3.44 gezeigten Straßenbahnfahrzeugen

	MVG R 3.3	MVG S	MVG T1	DVB NGT 8 DD	DVB NGT D8 DD
Länge in m	36,58	33,94	36,58	41,02	30,04
Leermasse in t	40,8	40,0	48,0	48,4	38,7
v_{max} in km/h	60	60	60	70	70
F_{WFZ}(0 km/h) in kN	0,7	1,7	2,4	0,7	0,3
f_{WFZ}(0 km/h) in 1	0,0017	0,0043	0,0051	0,0015	0,0008
F_{WFZ}(25 km/h) in kN	k.A.	1,3	6,3	2,4	1,7
f_{WFZ}(25 km/h) in 1	k.A.	0,0033	0,0134	0,0050	0,0044
Antrieb vgl.	Abb. 3.45a	Abb. 3.45c	Abb. 3.45b	Abb. 3.45d	Abb. 3.45d
Anzahl Fahrwerke	4	3	4	4	4
Davon Triebfahrweke	2	2	3	3	3
Fahrwerksart	Drehgestell	Drehgestell	Drehgestell	Starr	Drehgestell

- Anzahl der Fahrmotoren,
- Art der Fahrmotorkühlung (selbstbelüftet vs. fremdbelüftet oder wassergekühlt),
- Getriebeart (Bauart, Anzahl der Getriebestufen, Verzahnungsgeometrie, Art und Anzahl der Lager und Dichtungen),
- Art der Rad(satz)lager und des Rad(satz)lagerschmierstoffes,
- Art und Zustand der elastischen Elemente zwischen Radreifen und Radnabe,
- Art und Anzahl elastischer Kupplungen zwischen Fahrmotor und Radsatz,
- Länge und Formgebung der Wagenkästen,
- Bauart des Oberbaus und Gleislagequalität.

Bei den durchgeführten Versuchen zeigte sich zudem ein deutlicher Einfluss der Außentemperatur auf den Grundwiderstand der Fahrzeuge. So wurden bei den gleichen Fahrzeugtypen bei geringen Außentemperaturen größere Fahrzeugwiderstände ermittelt als unter „Normalbedingungen" (15...20 °C) [28]. Dies gilt in erster Linie für Fahrzeuge mit aufwendigen Antriebskonfigurationen, bei denen viele Lager, Zahnradpaarungen und Dichtungen mit den entsprechenden Schmiermitteln zum Einsatz kommen. Die Temperatur der Schmiermittel wirkt sich auf deren Viskosität aus und es kann davon ausgegangen werden, dass der Anteil dissipierter Energie zunehmen wird, je geringer die Temperatur der Schmiermittel ist, da sich Viskosität und Temperatur gegenläufig verhalten.

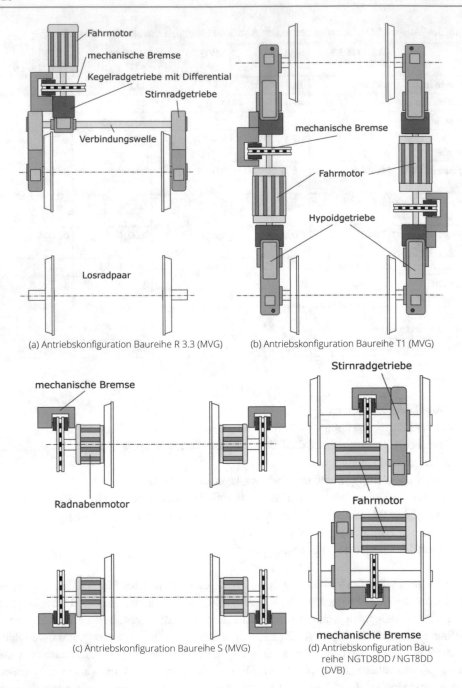

(a) Antriebskonfiguration Baureihe R 3.3 (MVG)   (b) Antriebskonfiguration Baureihe T1 (MVG)

(c) Antriebskonfiguration Baureihe S (MVG)   (d) Antriebskonfiguration Baureihe NGTD8DD / NGT8DD (DVB)

Abb. 3.45 Schematische Antriebskonfigurationen verschiedener Straßenbahnbaureihen

Die in der älteren Fachliteratur anzutreffende Annahme, dass der Fahrzeugwiderstand bei der Befahrung von Rillenschienen im Vergleich zur Befahrung von Vignolschienen ansteigt, konnte durch neuere Versuche nicht belegt werden. In [28] heißt es hierzu: „In jedem Fall kann die Aussage, dass Straßenbahnen bei der Fahrt auf Rillenschienen einen höheren Fahrwiderstand besitzen zumindest für gerade Streckenabschnitte in gut gepflegten Netzen (d. h. mit regelmäßiger Säuberung der Rille) eindeutig widerlegt werden." Hierbei ist der Umstand zu berücksichtigen, dass Straßenbahnfahrzeuge aus der ersten Hälfte des 19. Jahrhunderts häufig als kurze Wagen mit zwei Radsätzen und relativ großen Radsatzabständen ausgeführt wurden. Dadurch wurde Spurkranzrückenführung und ein Zwängen im Spurkanal begünstigt, was bei den heutigen Fahrzeugen mit kurzen Radsatzabständen in den Fahrwerken nicht mehr relevant ist.

Von 2009 bis 2021 verkehrte ein Dresdner Straßenbahnfahrzeug der Reihe NGT D8 DD (siehe Abb. 3.44b), das mit umfangreicher Messtechnik ausgestattet war, auf dem Straßenbahnnetz der Stadt Dresden (Projekt „Messstraßenbahn", siehe z. B. [11]). Die autarke Messtechnik lieferte umfangreiche Daten, auf die sich Dürrschmidt bei seinen Untersuchungen [28] stützen konnte. Aus der aufwendigen Auswertung der Betriebsdaten resultiert die in Abb. 3.46 dargestellte Fahrzeugwiderstandskennlinie dieses Fahrzeuges. Der gezeigte geschwindigkeitsabhängige Verlauf des Fahrzeugwiderstandes ist aus zwei Gründen bemerkenswert. Einerseits wird ein sehr stark nicht-lineares Verhalten im Geschwindigkeitsintervall von 0 bis 20 km/h dokumentiert, das Duerrschmidt mit dem spezifischen Verhalten des Reibmomentes von Wälzlagern erklärt. Andererseits verläuft der Anstieg des Fahrzeugwiderstandes im Bereich von 20 bis 60 km/h nahezu linear (vgl. Abb. 3.46), was darauf schließen lässt, dass die von den Fahrwerken hervorgerufenen Widerstandsanteile gegenüber dem Luftwiderstand dominant sind.

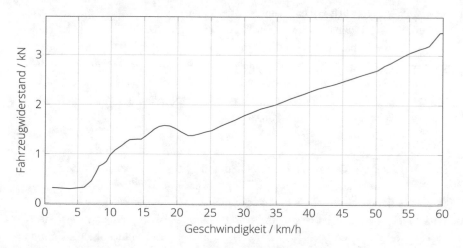

Abb. 3.46 Auf Messdaten basierende Fahrzeugwiderstandskennlinie des NGT D8 DD der Dresdener Verkehrsbetriebe, leicht vereinfachte Darstellung. (Zitiert nach [28])

Zusammenfassung: Fahrzeugwiderstand von Straßen- und Stadtbahnfahrzeugen

Straßen- und Stadtbahnfahrzeuge weisen eine von Eisenbahnfahrzeugen deutlich verschiedene Bauart und eine große Diversität der Erscheinungsformen auf. Wie in neueren Versuchen mit unterschiedlichen Straßenbahnen gezeigt wurde, entzieht sich der Fahrzeugwiderstand dieser Fahrzeuge einer einfachen Modellierung mit Polynomgleichungen zweiten Grades. Die konstruktiv bisweilen sehr komplexen Fahrwerke mit ihren verschiedenen Antriebselementen können zur Herausbildung ungewöhnlicher Verläufe der Fahrzeugwiderstandskennlinie bei geringen Geschwindigkeiten führen. Ferner ist bei einer Dominanz der durch die Fahrwerke verursachten Fahrzeugwiderstandsanteile mit einem eher linearen Anstieg des Fahrzeugwiderstandes über der Geschwindigkeit zu rechnen. Da Straßen- und Stadtbahnen heute in der Regel eher runde Kopfformen sowie Fahrzeugkästen aufweisen, die in hohem Maße verkleidet sind und ohne große Spalte miteinander verbunden sind, spielt der Luftwiderstand in Verbindung mit dem relativ geringen Geschwindigkeitsniveau der Fahrzeuge (i. d. R. $\ll 60\,\text{km/h}$) eine eher untergeordnete Rolle.

Der Grundwiderstand moderner Straßen- und Stadtbahnen ist gering und von der konkreten konstruktiven Ausprägung der Fahrzeuge und ihrer Fahrwerke abhängig. In Versuchen wurden spezifische Grundwiderstandskräfte $<0,0010$ nachgewiesen (vgl. Tab. 3.4), woraus in der praktischen Handhabung folgt, dass diese Fahrzeuge zuverlässig mechanisch gegen Abrollen gesichert werden sollten.

Bezüglich der auftretenden Fahrzeugwiderstände im oberen Geschwindigkeitsbereich (40 km/h...60 km/h) ist die Datenlage noch ungenügend und es bleibt zu hoffen, dass die durch jüngere Versuche [28] diesbezüglich gewonnenen Erkenntnisse in Zukunft noch durch weitere Versuche unterfüttert werden können.

Exkurs: Städtischer Schienenverkehr

Es existiert eine große Bandbreite von Schienenfahrzeugen im städtischen Schienenpersonennahverkehr. Die Verkehrssysteme haben sich in den letzten Jahrzehnten stark ausdifferenziert, sodass es zunehmend schwierig wird, die verschiedenen Bahnen gegeneinander abzugrenzen. Im folgenden wird dieser Versuch trotzdem unternommen und eine Definition der Begriffe *Straßenbahn, Stadtbahn, Stadtschnellbahn* und *U-Bahn* gegeben, die mindestens für dieses Buch gültig sind.

Straßenbahn

Unter *Straßenbahn* werden leichte Schienenfahrzeuge verstanden, die *vornehmlich* innerstädtisch auf straßenbündigem Gleiskörper verkehren und sich den Verkehrsraum dabei in hohem Maße mit dem Fußgänger-, Fahrrad- und motorisierten Individualverkehr teilen. Es wird in der Regel auf Sicht gefahren, weshalb die Fahrzeuge ein hohes Maß an aktiver Sicherheit (hohe Bremsverzögerungen im Gefahrfall) aufweisen müssen. Die Fahrzeuge unterliegen den Bestimmungen des Personenbeförderungsgesetzes (PbefG) und der damit assoziierten Bau- und Betriebsordnung der Straßenbahnen

(BOStrab). Moderne Straßenbahnfahrzeuge sind heute meist als Gelenkfahrzeuge mit einem hohen Maß an Barrierefreiheit konzipiert.

Reine Straßenbahnen sind heute selten geworden, da viele Städte in den letzten Jahrzehnten beispielsweise zur Erschließung von Satellitenstädten oder zur Beschleunigung des Verkehrs stadtbahn-ähnliche Streckenabschnitte eingerichtet haben (Fahrweg unabhängig von den anderen Verkehrsteilnehmern mit hoher maximal zulässiger Geschwindigkeit (50 km/h...70 km/h)).

Spezielle Fälle stellen Überlandstraßenbahnen dar, bei denen Straßenbahnen städtische Siedlungen mit dem Umland verbinden. Als Beispiele wären hier die Kirnitzschtalbahn, die Woltersdorfer Straßenbahn oder auch die Thüringerwaldbahn zu nennen.

Stadtbahn

Stadtbahnfahrzeuge sind Straßenbahnfahrzeugen auf den ersten Blick sehr ähnlich. Anders als diese verkehren sie jedoch *vorwiegend* getrennt von den übrigen Verkehrsteilnehmenden auf einem besonderen oder unabhängigen Bahnkörper. Eine über längere Abschnitte unterirdische Streckenführung in innerstädtischen Bereichen ist häufig anzutreffen. Die Fahrzeuge sind häufig als Hochflurfahrzeuge ausgeführt. Die zulässige Höchstgeschwindigkeit liegt üblicherweise über der reiner Straßenbahnen und beträgt bis zu 100 km/h. Die Fahrzeuge sind hinsichtlich ihrer Bremsen für Fahren auf Sicht ausgelegt, können jedoch auch durch Zugsicherung geführt verkehren. Dies trifft insbesondere auf die Unterkategorie von Stadtbahnfahrzeugen zu, die auch auf Eisenbahninfrastruktur nach EBO übergehen können (Karlsruhe, Kassel, Saarbrücken, Chemnitz). Auf diese Fahrzeuge ist zusätzlich zur BOStrab auch die Eisenbahn-Bau- und -betriebsordnung (EBO) in Verbindung mit der LNT-Richtlinie als Regelwerk anzuwenden.

Stadtschnellbahn

Stadtschnellbahnen verkehren in Deutschland unter der Marke *S-Bahn*. Diese ist aus Marketinggründen sehr weit gefasst und deshalb nicht als Definitionsmerkmal geeignet. Im Kontext dieses Buches wird der Begriff „Stadtschnellbahn" jedoch nur auf elektrisch betriebene Triebzüge bezogen, die in Metropolen und Ballungsgebieten auf einem eigens für sie geschaffenen Netz verkehren, das der EBO unterliegt. Das heißt, es handelt sich um Vollbahnfahrzeuge mit besonderen Eigenschaften (z. B. hohe Beförderungskapazität, große Anzahl von Türen, hohes Beschleunigungsvermögen). Teilweise verkehren Stadtschnellbahnen auf einem separaten Netz mit spezieller Signal- und Leittechnik sowie Energieversorgung (z. B. S-Bahn Berlin oder Hamburg).

U-Bahn

U-Bahn-Fahrzeuge unterliegen in Deutschland genau wie Straßenbahnen der BOStrab, verkehren jedoch grundsätzlich auf Inselnetzen mit einem hohen Anteil unterirdischer

Streckenführung. Da die Züge durch Zugsicherung geführt verkehren, sind im Vergleich zu Straßen- und Stadtbahnen längere Bremswege akzeptabel.

Aufgrund der Tatsache, dass U-Bahnen insbesondere im Einzugsgebiet großer Städte in kurzer Zeit große Mengen an Menschen mit hoher Reisegeschwindigkeit befördern sollen und ein in sich geschlossenes Verkehrssystem bilden, konnten sich spezielle Lösungen zur Steigerung der Leistungsfähigkeit durchsetzen. So gibt es bereits seit längerer Zeit vollautomatisierte (fahrerlose) U-Bahn-Linien sowie Fahrzeuge, die mit einer Kombination aus Gummi- und Stahlrädern verkehren (Métro Paris).

3.4   Streckenwiderstandskräfte

3.4.1   Charakterisierung und Einordnung des Streckenwiderstandes

Der Streckenwiderstand ist neben dem Fahr*zeug*widerstand wesentlicher Bestandteil des Fahrwiderstandes von Schienenfahrzeugen. Er selbst setzt sich wiederum aus den Komponenten (Längs-)Neigungswiderstand, (Gleis-)Bogenwiderstand und Weichenwiderstand zusammen (vgl. Abb. 3.47). Letztgenannter ist nur bei der detaillierten Betrachtungen von Rangiervorgängen (z. B. Abrollvorgänge am Ablaufberg) relevant und wird im Folgenden vernachlässigt.

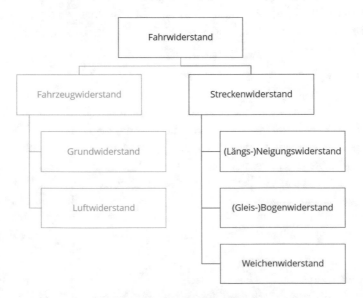

Abb. 3.47 Fahrwiderstandshierarchie mit Streckenwiderstand

Exkurs: Begrifflichkeiten beim Streckenwiderstand

(Längs-)Neigungswiderstand

Da es um die Streckenwiderstandskomponente geht, die von den Längsneigungen der Gleistrasse hervorgerufen werden, ist der Begriff „Längsneigungswiderstand" formal die richtige Bezeichnung. Da die Längsneigung jedoch die einzige Neigung ist, die fahrdynamisch relevante Widerstandskräfte verursacht, ist meistens vereinfachend von „Neigungswiderstand" die Rede, so auch in diesem Buch.

(Gleis-)Bogenwiderstand

Auch hier ist „Gleisbogenwiderstand" der formal korrekte Begriff, der vereinfachend auf „Bogenwiderstand" reduziert wird. Teilweise wird auch der Begriff „Krümmungs-widerstand" verwendet. Die Krümmung ist als das Reziproke des Radius' definiert. In diesem Buch werden die Begriffe „Krümmungswiderstand" und „Bogenwiderstand" synonymisch verwendet.

Im Vergleich zur Fahrzeugwiderstandskraft weist die Streckenwiderstandskraft einige Besonderheiten auf, die im Folgenden genannt und kurz erläutert werden.

1. Streckenwiderstandskräfte sind von Trassierungselementen abhängig und wirken sich auf unterschiedliche Fahrzeuge in gleicher (Neigungswiderstand) oder annähernd glei-cher Weise (Bogenwiderstand) aus.
2. Der Streckenwiderstand kann (wenn die Fahrzeuge Gefällestrecken befahren) den Fahr-zeugwiderstand kompensieren und sogar eine beschleunigende Wirkung auf das Fahr-zeug haben (Vorzeichenwechsel des Streckenwiderstandes).
3. Ändert sich die Fahrtrichtung, muss der Neigungswiderstand invertiert werden, alle üb-rigen Fahrwiderstandsanteile hingegen nicht.

3.4.2   Der Längsneigungswiderstand

Der (Längs-)Neigungswiderstand von (Schienen-)Fahrzeugen kann aus der Kraftzerlegung an der geneigten Ebene abgeleitet werden. Bei einem Fahrzeug, das eine geneigte Ebene befährt, lässt sich die Gewichtskraft als vektorielle Summe von der senkrecht auf den Unter-grund wirkenden Normalkraft F_N und der Neigungswiderstandskraft $F_{WS,i}$ formulieren. Der Winkel δ zwischen Normal- und Gewichtskraft entspricht dem Winkel zwischen Anka-thete und Hypothenuse im Steigungsdreieck des Streckenprofils (siehe Abb. 3.48).

Für die Neigungswiderstandskraft (=Hangabtriebskraft) ergibt sich folglich folgender Zusammenhang:

$$F_{WS,i} = mg \sin \delta. \tag{3.33}$$

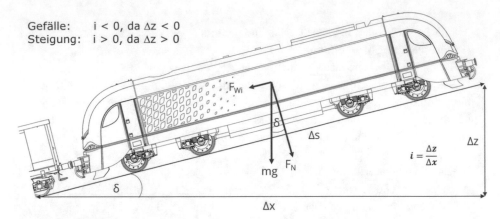

Abb. 3.48 Kräftezerlegung an der geneigten Ebene (Grafik: Benabdellah/Kache)

Hinsichtlich des Winkels ergibt sich aus dem Neigungsdreieck (Δx, Δz, Δs – siehe Abb. 3.48) folgende Gleichung:

$$\sin \delta = \frac{\Delta z}{\Delta s} \tag{3.34}$$

Für kleine Winkel δ gilt: $\Delta s \approx \Delta x$, sodass sich das Δs in Gl. 3.34 durch ein Δx ersetzen ließe. Wird nun noch in Betracht gezogen, dass die Definition der Längsneigung das Verhältnis von Δz zu Δx ist, so erhält man folgende Gleichung für den Streckenwiderstand:

$$F_{WS,i} = mg\frac{\Delta z}{\Delta s} \approx mg\frac{\Delta z}{\Delta x} = mgi \quad \text{für Neigungen} \leq 100\,\text{‰} \tag{3.35}$$

Was aber sind „kleine Winkel"? Tab. 3.5 enthält die Werte für *delta,* sin *delta* und $\Delta z/\Delta x$ für verschiedene Neigungen im Bereich von 5 bis 100‰. Es wird deutlich, dass die Abweichungen zwischen dem exakten Wert sin δ und dem Verhältnis $\Delta z/\Delta x$ extrem gering sind und die in 3.35 vorgenommene Vereinfachung durchaus gerechtfertigt ist. Als Richtwert gilt für Eisenbahnstrecken in Deutschland, dass ihre Längsneigung über relevante Abschnitte nicht höher als 25‰ (Hauptstrecken) bzw. 40‰ (Nebenstrecken) liegen soll. Strecken, die Längsneigungen oberhalb der genannten 40‰ aufweisen, werden als „Steilstrecken" bezeichnet. Als Faustregel gilt, das Eisenbahnstrecken in Deutschland Längsneigungen bis etwa 60‰ aufweisen, während Strecken in den Schweizer Alpen Längsneigungen zwischen 60 und 80‰ aufweisen können.

Als „Adhäsionsbahnen" werden Eisenbahnstrecken bezeichnet, auf denen die Zugkräfte ausschließlich über den Kraftschluss zwischen Rad und Schiene übertragen werden. Der Begriff dient zur Abgrenzung von Eisenbahnstrecken, die Zahnstangenabschnitte aufweisen. Als steilste „Adhäsionsbahn" gilt die Pöstlingbergbahn in Österreich mit maximal 116‰ Längsneigung.

Tab. 3.5 Längsneigungen und zugehörige trigonometrische Werte

Neigung	δ	$\sin \delta$	$\dfrac{\Delta z}{\Delta x}$
5‰	0,286477°	0,005000	0,005
10‰	0,572939°	0,010000	0,010
20‰	1,145763°	0,019996	0,020
40‰	2,290610°	0,039968	0,040
80‰	4,573921°	0,079745	0,080
100‰	5,710593°	0,009950	0,010

Die überwiegende Zahl der Eisenbahnstrecken weisen damit Längsneigungen in einem Wertebereich auf, der die in Gl. 3.35 vorgenommene Vereinfachung rechtfertigt.

▶ **Zusammenfassung:Neigungswiderstand**   Der Neigungswiderstand von (Schienen-)Fahrzeugen entspricht der Hangabtriebskraft an der geneigten Ebene. Da die Trassierung von Eisenbahnstrecken nur geringe Steigungswinkel zulässt, weisen diese in der Regel Neigungen von deutlich unter 100‰ auf. Der Neigungswiderstand lässt sich deshalb vereinfacht mit der Beziehung $F_{WS,i} = mgi$ berechnen.

Rechenbeispiel: Neigungswiderstand

Der Neigungswiderstand eines Triebwagens ABe 4/16 (Masse: 113 t) der RhB soll für eine Längsneigung von 60‰ ermittelt werden.

$$F_{WS,i} = mgi = 113\,\text{t} \cdot 9{,}81\,\text{m/s}^2 \cdot 0{,}060 = 66{,}51\,\text{kN}$$

Nach exakter Rechnung erhielte man:

$$F_{WS,i} = mg \sin \delta = 113\,\text{t} \cdot 9{,}81\,\text{m/s}^2 \cdot \sin 3{,}43363 = 66{,}39\,\text{kN}$$

Die Abweichung beträgt 120 N oder 0,18 % und ist damit sehr gering. Dies zeigt, dass der vereinfachte Ansatz ausreichend ist. ◀

3.4.3 Der Bogenwiderstand

Bei der Befahrung von Gleisbögen treten zusätzliche Widerstandskräfte auf, die mit abnehmenden Bogenradien tendenziell größer werden. Diese Kräfte entstehen einerseits dadurch, dass die Radsätze in Gleisbögen nur suboptimal abrollen können. Der auf der bogen-inneren Schiene zurückgelegte Weg ist etwas kleiner als der auf der bogenäußeren Schiene und da die Räder bei Eisenbahnfahrzeugen in den allermeisten Fällen über Radsatzwellen nahezu starr miteinander verbunden sind, müssen diese Wegdifferenzen durch Gleitbewegungen („Längsgleiten") der Räder gegenüber der Schiene kompensiert werden. Die Konizität der Radlaufflächen reicht, gerade in engen Bögen, nicht für einen vollständigen Ausgleich aus.

Neben des erhöhten Längsgleitens kommt es im Rad-Schiene-Kontakt auch zu Quergleitbewegungen, weil die „Wendebewegung" der Radsätze im Gleisbogen um ihre Hochachse eine zusammengesetzte Bewegung mit Längs- und Querbewegungsanteilen ist.

Können sich die Radsätze im Gleisbogen nicht radial einstellen (dies kann über die konstruktive Gestaltung der Radsatzanlenkung beeinflusst werden), kommt es zudem zu einem zunehmenden Anlaufen der Spurkränze am Schienenkopf, das ebenfalls zusätzliche Widerstandskräfte generiert.

Wenn sich die Eisenbahnfahrzeuge im Gleisbogen gegeneinander verdrehen, werden die Zugeinrichtung elastisch gedehnt und die bogeninneren Seitenpuffer gestaucht. Auf diese Weise werden zusätzliche Kräfte in den Fahrzeugkasten eingeleitet, die im Rad-Schiene-Kontakt Gegenkräfte mit gleichem Betrag, aber entgegengesetzter Richtung hervorrufen. Auch dies führt zu einem verstärkten Anlauf der Spurkränze an die Schienenköpfe und damit zu erhöhten Reibungskräften im Rad-Schiene-Kontakt. Dieser Effekt wird gegebenenfalls noch verstärkt durch die Einwirkung einer Radialkraft, die bei der Befahrung der Bögen bei hohen Geschwindigkeiten auftritt und nur teilweise durch die Gleisbogenüberhöhung kompensiert wird.

Es ist leicht einsehbar, dass die in Abb. 3.49 dargestellten Parameter mutmaßlich einen Einfluss auf die entstehenden Bogenwiderstandskräfte haben. Dabei handelt es sich um folgende Kenngrößen:

Abb. 3.49 Einflussgrößen Bogenwiderstand (vereinfacht)

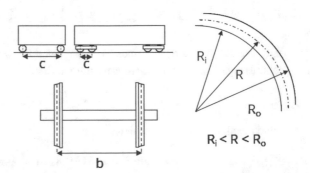

- der **Gleisbogenradius R,**
- der **Laufkreisabstand b** *Anmerkung*: Der Laufkreis ist, vereinfacht ausgedrückt, die gedachte Linie, die auf der Lauffläche eines Rades entstünde, wenn man alle Berühr-punkte, die sich beim idealen Abrollen eines vollständig in Gleismitte zentrierten Rad-satzes ergeben, darauf aufzeichnen würde. Der Laufkreisabstand ist immer etwas größer als die Spurweite (Normalspur: 1435 mm und b=1500 mm).
- der **Radsatzabstand c** im Fahrzeug oder Drehgestell.

Zur Berechnung der spezifischen Bogenwiderstandskraft stehen sowohl empirische als auch analytische Gleichungen zur Verfügung. Letztgenannte erfordern mitunter eine detaillierte Kenntnis der Parameter von Fahrwerk und Gleis und sind für fahrdynamische Berechnungen meistens nicht sehr praktikabel.

Für fahrdynamische Berechnungen prinzipiell gut verwendbare Ansätze (sortiert nach dem Jahr des Erscheinens der Original-Aufsätze) stammen von Roeckl [76], Hanker [40], Protopapadakis [74] und Schramm [77, 78].

Die von Röckl vorgeschlagene Gleichung für die Abschätzung des spezifischen Bogen-widerstandes $f_{WS,Bo}$ ist von bestechender Einfachheit und lautet für Gleisbogenradien R größer als 300 m wie folgt:

$$f_{WS,Bo} = \frac{65}{R - 55} \qquad (3.36)$$

Röckl's Gleichung wird noch heute gern verwendet und taucht in so ziemlich jeder Ver-öffentlichung zur Fahrdynamik auf. Allerdings hat sie einen entscheidenden Haken: sie widerspiegelt die Verhältnisse bei der Eisenbahn von 1880.

Folgt man der Gleichung in ihrer populären Form, hätte ein Drehgestellfahrzeug mit einem Radsatzabstand im Drehgestell von 2 m denselben spezifischen Bogenwiderstand wie ein Güterwagen mit zwei Radsätzen, deren Abstand 9 m beträgt. Das erscheint nicht eben logisch.

Es ist deshalb aus Sicht des Autors besser, den im Vergleich zur Röckl'schen Gleichung „blutjungen" Ansatz von Protopapadakis (1937) zu verwenden. Er wirkt zunächst kompli-zierter, ist aber nicht so komplex wie der Ansatz nach Schramm. Überdies enthält er alle wesentlichen Parameter, die man spontan im Kopf haben könnte, wenn man an Einfluss-faktoren auf den Bogenwiderstand denkt: den Reibwert μ zwischen Rad und Schiene, den Laufkreisabstand b, den Radsatzabstand im Fahrzeug oder Drehgestell c sowie den Gleis-bogenradius R:

$$f_{WS,Bo} = \frac{\mu \, (0{,}72b + 0{,}47c)}{R} \qquad (3.37)$$

Die Gleichung von Protpapadakis lässt sich relativ einfach an verschiedene Verhältnisse (Spurweite, Schienenzustand nass/trocken, Radsatzabstand) anpassen.

Welche Gleichung liefert nun die „richtigen" Werte? In [42] wird auf schweizerische Messungen verwiesen, die gezeigt haben, dass keine der erwähnten Gleichungen den Bogenwiderstand exakt abzubilden vermag. Die Rechnung mit der Gleichung nach Röckl führte jedoch stets zu zu hohen Werten, was die weiter oben getroffenen Aussagen noch einmal unterstreicht.

In Abb. 3.50 sowie im Anhang B werden die nach den unterschiedlichen Berechnungsansätzen ermittelten spezifischen Bogenwiderstände verglichen. Abb. 3.50 bezieht sich dabei auf einen Radsatzabstand von 2 m, wie er bei Güterwagen-Drehgstellen häufig vorkommt. Das Spektrum der Bogenradien bezieht sich in genannter Abbildung eher auf Werk- und Anschlussgleise und bildet damit den in der Praxis ungünstigsten auftretenden Fall ab.

Aus dem Diagramm (Abb. 3.49 sowie den in Anhang B enthaltenen Darstellungen) lassen sich folgende Feststellungen ableiten, die für den Umgang mit dem (spezifischen) Bogenwiderstand bei fahrdynamischen Berechnungen von Bedeutung sind:

- Der spezifische Bogenwiderstand ist bei Drehgestellfahrzeugen selbst in sehr engen Bogenradien verhältnismäßig gering (<1‰).
- Die Gleichungen von Hanker und Protopapadakis liefern für kurze Radsatzabstände (Drehgestellfahrzeuge) ähnliche Ergebnisse. Dies gilt auch für die korrespondierenden Varianten der Gleichungen (Hanker, trockene Schiene vs. Protopapadakis, Sommer sowie Hanker, nasse Schiene vs. Protopapadakis, Winter – siehe Anhang B).
- Gleisbogenradien, die deutlich größer als 1000 m sind, lassen sich unabhängig von der Fahrzeugart und vom gewählten Berechnungsansatz vernachlässigen, weil die spezischen Bogenwiderstände sehr klein werden.

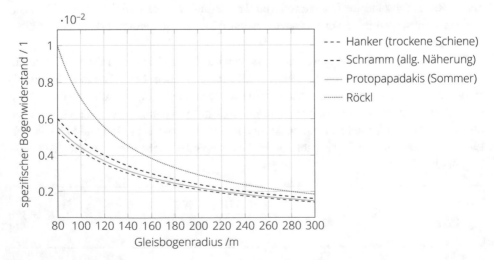

Abb. 3.50 Spezifische Bogenwiderstandskräfte mit unterschiedlichen Gleichungen berechnet für einen Radsatzabstand von 2 m

- Die Röckl'sche Berechnungsgleichung ergibt bei geringen Radsatzabständen stets die größten spezifischen Bogenwiderstände. Bei großen Radsatzabständen kehrt sich das Verhältnis um. Hier wären die Gültigkeitsgrenzen der Gleichungen bezüglich des Spektrums der Radien sowie der Radsatzabstände kritisch zu hinterfragen.

▶ **Zusammenfassung: Bogenwiderstand** Der Bogenwiderstand wird durch die Zwangsbewegungen der Radsätze von Schienenfahrzeugen in Gleisbögen hervorgerufen. Er steigt bei kleinen Gleisbogenradien nichtlinear an und verliert bei großen Radien an Bedeutung. Er lässt sich mit Hilfe verschiedener Berechnungsansätze (v. a. nach Protopapadakis, Hanker oder Schramm) abschätzen. Eine exakte Bestimmung ist mit den genannten Möglichkeiten nicht realisierbar, weil die Einflussgrößen zu vielfältig sind, um sie in praktisch gut handhabbaren Gleichungen zu erfassen. In der Regel tritt die Bedeutung des Bogenwiderstandes im Vergleich zu der des Neigungswiderstandes stark in den Hintergrund.

Rechenbeispiel: Bogenwiderstand

Betrachtet wird eine Rangierabteilung, bestehend aus einer Lokomotive Voith Gravita (Masse: 86 t, Radsatzabstand im Drehgestell: 2,40 m) sowie zwei beladenen Kesselwagen (Masse: jeweils 80 t, Radsatzabstand im Drehgestell: 1,80 m).

Bei der Befahrung von Werksgleisen sollen von diesem Zugverband Gleisbögen mit Halbmessern von 120 m mit kleinen Geschwindigkeiten befahren werden.

Mit Hilfe der Gleichung von Protopapadakis (für Sommer, also trockene Gleise) soll abgeschätzt werden, wie sich dabei der Zugkraftbedarf im Vergleich zur geraden Strecke (summierter spezifischer Grundwiderstand für die betrachteten Fahrzeuge: $f_{WF0} = 0{,}0020$) ändert.

1. Grundwiderstand in geradem Gleis:

$$F_{WF0} = (m_T + m_W) \cdot g \cdot f_{WF0} = (86\,\text{t} + 2 \cdot 80\,\text{t}) \cdot 9{,}81\,\text{m/s}^2 \cdot 0{,}0020 = 4{,}8\,\text{kN}$$

2. Bogenwiderstand der Lokomotive:

$$F_{WS,Bo,T} = f_{WS,Bo,T} m_T g = \frac{0,22 \cdot (0,72 \cdot 1,5\,\text{m} + 0,47 \cdot 2,4\,\text{m})}{120} \cdot 86\,\text{t} \cdot 9,81\,\text{m/s}^2$$

$$= 3,4\,\text{kN}$$

3. Bogenwiderstand der Wagengruppe:

$$F_{WS,Bo,W} = f_{WS,Bo,W} m_W g = \frac{0,22 \cdot (0,72 \cdot 1,5\,\text{m} + 0,47 \cdot 1,8\,\text{m})}{120} \cdot 160\,\text{t} \cdot 9,81\,\text{m/s}^2$$

$$= 5,5\,\text{kN}$$

4. Bogenwiderstand des Zugverbandes insgesamt:

$$F_{WS,Bo} = F_{WS,Bo,T} + F_{WS,Bo,W} = 3,4\,\text{kN} + 5,5\,\text{kN} = 8,9\,\text{kN}$$

Dies entspricht einer Erhöhung des Zugkraftbedarfes (Fahrwiderstandes) um 8,9 kN oder um den Faktor 2,85.

Hinweis: Bei der Befahrung von großzügiger trassierten Bögen mit z. B. R = 500 m fällt der Widerstand auf nur noch 2,2 kN ab (entspricht einer Erhöhung des Fahrwiderstandes im geraden Gleis um den Faktor 1,45). ◄

3.4.4 Der effektive Streckenwiderstand

Bisher wurden die Streckenwiderstandskräfte immer so betrachtet, als würden sie auf alle betrachteten Fahrzeuge gleichzeitig wirken. De facto wurden Züge dabei als Punktmassen idealisiert, die in Gänze einen bestimmten Streckenwiderstand x erfahren, wenn sie sich am Streckenpunkt y befinden.

Natürlich ist die Realität wesentlich komplexer, wie die Abb. 3.51 beispielhaft zeigt. So ist es möglich, dass Züge aufgrund ihrer großen Längenausdehnung (EU: bis zu 835 m) in mehreren Neigungen oder Bögen zugleich stehen. In solchen Fällen liefert das Punktmasse-modell nur ungenaue Ergebnisse, die in speziellen Anwendungsfällen zu einer drastischen Fehleinschätzung der fahrdynamischen Kräfteverhältnisse führen können.

Es ist deshalb üblich, längere Züge (Daumenregel: Zuglänge größer als 100 m) nicht mehr als Punktmasse, sondern als *Massenband* zu modellieren. Dies läuft praktisch auf die Berechnung einer **effektiven Neigung** statt der nominellen Neigung hinaus.

Bei der Berechnung des Neigungswiderstandes mit Hilfe der nominellen Neigung wird geschaut, an welchem Streckenpunkt die Zugspitze (oder alternativ die Zugmitte) sich gerade befindet, und die dort herrschende Längsneigung wird dem gesamten Zug zugeordnet. Bei den Massebandmodellen wird demgegenüber an jedem Streckenpunkt geschaut, welche Zugteile in welcher Neigung stehen und dann das gewichtete Mittel der Neigung für den

(a) Beispiel 1: vorderer Zugteil in leichtem Gefälle und hinterer Zugteil in leichter Steigung

(b) Beispiel 2: vorderer Zugteil in der Ebene, hinterer Zugteil in der Steigung

Abb. 3.51 Auswirkung der Längenausdehnung von Zügen bei Längsneigungswechseln

gesamten Zugverband gebildet. Konkret ist die effektive Neigung für die drei möglichen Modellierungen der Fahrzeugmasse wie folgt definiert:

1. **Punktmassen-Modell:** Die gesamte Masse des Zuges ist in einem ideellen Punkt konzentriert. Die effektive Neigung i_e ist in diesem Falle gleich der nominellen Neigung.

$$i_e = i \tag{3.38}$$

Einzelne Fahrzeuge und kurze Zugverbände können problemlos als Punktmasse betrachtet werden. Dies betrifft insbesondere die im Nah- und Regionalverkehr weitverbreiteten Dieseltriebzüge (Fahrzeuglängen zwischen 25,5 m (RegioShuttle) und 80,9 m (Alstom Coradia LINT 81)).

2. **Homogenes Massenband:** Es wird von einer weitgehend gleichmäßigen (homogenen) Verteilung der Zugmasse über die Zuglänge ausgegangen. Für jeden Wegpunkt wird dann analysiert, welche Teilzuglängen $l_{Z,j}$ in den Neigungen i_j (j ist hier der „Zählindex") stehen. Die effektive Neigung entspricht dann dem gewichteten Mittel der Neigungen bezogen auf die gesamte Zuglänge l_Z.

$$i_e = \frac{\sum (l_{Z,j} \cdot i_j)}{l_Z} \tag{3.39}$$

Als homogenes Massenband können nahezu alle Triebzüge mit verteiltem Antrieb, aber auch Güterganzzüge (d. h. Güterzüge, die nur gleiche oder ähnliche Wagentypen aufweisen, deren Beladungszustand überdies ähnlich ist) betrachtet werden. Im Falle langer Reisezüge, bei denen die Wagenmassen sehr ähnlich sind und lediglich das Triebfahrzeug/die Triebfahrzeuge „herausstechen", könnte vereinfacht ebenfalls die Modellierung als homogenes Massenband erwogen werden. Gleiches gilt für Hochgeschwindigkeit-striebzüge mit Triebköpfen (ICE 1, ICE 2, TGV).

3. **Inhomogenes Massenband:** Im Falle einer ungleichmäßigen (inhomogenen) Vertei-lung der Zugmassenanteile über die Zuglänge werden nicht die Teilzug*längen* sondern die Teilzug*massen* in den verschiedenen Neigungsabschnitten i_j bilanziert und auf die Gesamtzugmasse bezogen.

$$i_e = \frac{\sum (m_{Z,j} \cdot i_j)}{m_Z} \tag{3.40}$$

Die Modellierung als inhomogenes Massenband bietet sich vor allem bei der Betrach-tung gemischter (sei es hinsichtlich der eingestellten Wagen oder auch hinsichtlich des Beladungszustandes) Güterzüge an.

Die Modellierung von Zügen als Massenband ist besonders dann relevant, wenn es um die maximal auf einer Strecke zu befördernde Zugmassen geht. Abb. 3.52 zeigt dies beispielhaft für den Ausschnitt aus einer realen Eisenbahnstrecke. Die schwarz gestrichelte Linie zeigt den Verlauf der nominellen Neigung über dem Weg. Ferner sind auf diesem Verlauf sechs potentielle „Anfahrpunkte" (AP1 bis AP6) aufgetragen. Damit sind Orte gemeint, an dem ein Zug potentiell aufgrund betrieblicher Erfordernisse (Signalstandorte, Bahnübergänge,...) zum Anhalten gezwungen sein könnte. An (mindestens) diesen Punkten müsste also über-prüft werden, welche maximale Wagenzugmasse von dem eingesetzten Triebfahrzeug wie-der angefahren werden könnte. Dabei spielt der effektive Streckenwiderstand naturgemäß eine bedeutende Rolle.

Für die beiden Anfahrpunkte AP2 und AP7 sollen die Auswirkungen der Modellierung als (homogenes) Massenband sowie verschiedener Zuglängen exemplarisch diskutiert wer-den. Es wird für den Vergleich ein gemischter Güterzug mit einer Länge von 400 bzw. 600 m zugrunde gelegt. Legt man einen Richtwert von 2,15 t Zugmasse je Meter Zuglänge zugrunde, ergibt sich je nach Zuglänge eine Zugmasse von 860 bzw. 1290 t.

Wie aus Abb. 3.52 sowie Tab. 3.6 hervorgeht, würde die Neigungswiderstandskraft bei einer Betrachtung des Zuges als Massenpunkt im AP2 überschätzt und im AP7 stark unter-schätzt werden. Insbesondere im letztgenannten Anfahrpunkt zeigt sich die Diskrepanz (-4,1 bzw. -6,2 kN vs. 79,9 bzw. 187,5 kN) besonders deutlich. Eine Modellierung der Zugmassen als Massenband ist deshalb insbesondere bei Güterzüge unerlässlich.

▶ **Zusammenfassung: Effektiver Streckenwiderstand**
Aufgrund ihrer beträchtlichen Länge (in der EU: bis zu 835 m) können Züge in verschiede-nen Neigungen und Bögen gleichzeitig stehen. Die effektiv auf den Zugverband wirkende Streckenwiderstandskraft ist in solchen Fällen davon abhängig, welche Teilzuglängen oder Teilzugmassen in welchen Neigungen (Bögen) stehen. Der effektive Streckenwiderstand

Tab. 3.6 Auswertung der in Abb. 3.52 vislualisierten Daten für einen gemischten Güterzug mit einer Zuglänge von 400 bzw. 600 m und zuglängenproportionaler Masse (ca. 2,15 t/m)

	Anfahrpunkt 2	Anfahrpunkt 7
Nominelle Neigung	3,30‰	−0,49‰
Nominelle Streckenwiderstandskraft für einen gemischten Güterzug (400 m und 860 t)	27,8 kN	−4,1 kN
Nominelle Streckenwiderstandskraft für einen gemischten Güterzug (600 m und 12.990 t)	41,8 kN	−6,2 kN
Effektive Neigung für einen 400-Meter-Zug	0,93‰	9,47‰
Effektive Streckenwiderstandskraft für einen gemischten Güterzug (400 m und 860 t)	7,8 kN	79,9 kN
Effektive Neigung für einen 600-Meter-Zug	0,76‰	14,82‰
Effektive Streckenwiderstandskraft für einen gemischten Güterzug (600 m und 1290 t)	9,6 kN	187,5 kN

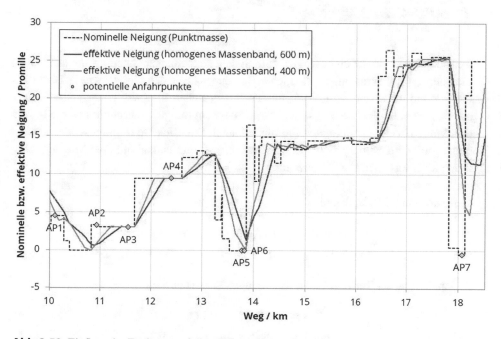

Abb. 3.52 Einfluss der Zuglänge auf die effektive Neigung

wird dann als gewichtetes Mittel der Streckenwiderstände der einzelnen Zugteile, bezogen auf die gesamte Zuglänge (Modell: homogenes Massenband) oder die gesamte Zugmasse (Modell: inhomogenes Massenband) gebildet.

Für den Neigungswiderstand ergeben sich so effektive Neigungen, die in Abhängigkeit der Zuglänge und der Streckentopographie erheblich von der nominellen Neigung (also der Neigung, in der sich die Spitze oder Mitte des Zuges gerade befindet) unterscheiden können.

Effektive Bogenwiderstände können prinzipiell analog ermittelt werden, allerdings kommt dem Neigungswiderstand in den meisten Fällen die größere fahrdynamische Relevanz zu.

Rechenbeispiel: effektiver Streckenwiderstand

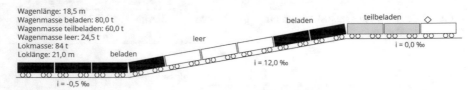

Wagenlänge: 18,5 m
Wagenmasse beladen: 80,0 t
Wagenmasse teilbeladen: 60,0 t
Wagenmasse leer: 24,5 t
Lokmasse: 84 t
Loklänge: 21,0 m

Betrachtet wird ein vor einem Signal zum Stehen gekommener Güterzug, der aus Wagen gleichen Typs, aber mit unterschiedlichen Beladungszuständen gebildet wurde. Die Lokomotive und die ersten beiden Wagen des Zuges stehen in einem ebenen Streckenabschnitt, während sich weitere sechs Wagen in einem Steigungsabschnitt und die letzten drei Wagen in einem minimalen Gefälle befinden. Der effektive Neigungswiderstand ist einmal mit dem Modell „homogenes Massenband" und einmal mit dem Modell „inhomogenes Massenband" zu berechnen.

1. Ermittlung der Zugdaten:

$$l_Z = 21\,\text{m} + 11 \cdot 18,5\,\text{m} = 224,5\,\text{m}$$
$$m_Z = 84\,\text{t} + 2 \cdot 60\,\text{t} + 6 \cdot 80\,\text{t} + 3 \cdot 24,5\,\text{t} = 757,5\,\text{t}$$

2. Ermittlung der Teilzuglänge und Teilzugmasse in der Steigung:

$$l_{Z,2} = 6 \cdot 18,5\,\text{m} = 111\,\text{m}$$
$$m_{Z,2} = 3 \cdot 80\,\text{t} + 3 \cdot 24,5\,\text{t} = 313,5\,\text{t}$$

3. Ermittlung der Teilzuglänge und Teilzugmasse im Gefälle:

$$l_{Z,3} = 3 \cdot 18,5\,\text{m} = 55,5\,\text{m}$$
$$m_{Z,3} = 3 \cdot 80\,\text{t} = 240,0\,\text{t}$$

4. Ermittlung der effektiven Neigung mit dem Modell „homogenes Massenband"

$$i_e = \frac{111\,\text{m} \cdot 0{,}012 - 55{,}5\,\text{m} \cdot 0{,}0005}{224{,}5\,\text{m}} = 0{,}0058 = 5{,}8\text{\textperthousand}$$

5. Ermittlung der effektiven Neigung mit dem Modell „inhomogenes Massenband"

$$i_e = \frac{313{,}5\,\text{t} \cdot 0{,}012 - 240\,\text{t} \cdot 0{,}0005}{757{,}5\,\text{t}} = 0{,}0048 = 4{,}8\text{\textperthousand}$$

Somit ergibt sich, je nach Modellierung, eine Streckenwiderstandskraft von 43,1 kN (homogenes Massenband) oder 35,7 kN (inhomogenes Massenband) für den betrachteten Güterzug. ◄

3.4.5 Gesamtwiderstand

Gesamtschau der Fahrwiderstandskräfte

Im Rahmen fahrdynamischer Berechnungen und Simulationen ist es häufig nötig, im Vorfeld möglichst viele Daten und Parameter der zu untersuchenden Fahrzeuge und Strecke zu sammeln. Nicht immer gelingt es, alle Parameter, die zur vollständigen Beschreibung der Fahrwiderstände nötig sind, zu ermitteln. So kann es praktisch vorkommen, dass zwar die Neigungen einer Eisenbahnstrecke bekannt sind, aber nicht die Radien. Selbstverständlich sind die Daten dem jeweiligen Betreiber der Infrastruktur bekannt, die Frage ist nur, ob die Daten auch Externen für fahrdynamische Berechnungen zugänglich gemacht werden. Es ist deshalb hilfreich, eine ungefähre Vorstellung davon zu haben, wie sich die Widerstandsanteile auf Streckenfahrten aufteilen und welche Bedeutung die drei Teilwiderstände Fahrzeug-, Neigungs- und Bogenwiderstand für den Fahrwiderstand insgesamt haben.

Abb. 3.53 zeigt beispielhaft die simulierte Fahrt eines Dieseltriebwagens auf einer realen Strecke, die vergleichsweise große Steigungen (25...26‰) und enge Bogenradien aufweist.

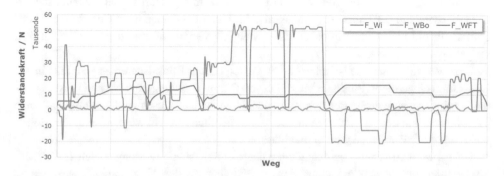

Abb. 3.53 Fahrwiderstandsanteile bei der Fahrt eines Dieseltriebwagens auf einer Beispielstrecke

Wie zu erkennen ist, dominiert über weite Teile der Fahrt der Neigungswiderstand. Wechselt er die Richtung, kann es an einigen Stellen sogar zu einer negativen Fahrwiderstandskraft kommen (z. B. im sechsten und siebten Wegintervall im Diagramm Abb. 3.53), da alle übrigen Widerstandsanteile überkompensiert werden.

Der Betrag des Bogenwiderstandes ist gegenüber dem des Neigungs- sowie des Fahrzeugwiderstandes auf nahezu allen Streckenabschnitten sehr klein. Liegen keine Daten für die Gleisbogenradien auf einer zu untersuchenden Strecke vor, kann also abgewogen werden, ob der Aufwand zu ihrer Recherche den potentiellen Zugewinn an Genauigkeit bei den Berechnungsergebnissen rechtfertigt.

Leistungsbedarf zur Überwindung des Fahrwiderstandes

Die Kenntnis der Fahrwiderstandskräfte in Abhängigkeit von Geschwindigkeit, Fahrzeugmasse und Trassierungselementen gestattet eine erste Abschätzung, welche fahrdynamischen Szenarien realistisch sind. Kann ein ICE 3 seine Höchstgeschwindigkeit von 330 km/h auch in einer langgezogenen Steigung von 10‰ halten? Kann die Güterzuglok X einen Güterzug der Masse m mit der Geschwindigkeit v in einer Steigung i befördern? Diese und ähnliche Fragen bedürfen nicht immer einer fahrdynamischen Simulation, da schon die Analyse stationärer Zustände eine erste Antwort liefern kann.

Nicht immer liegt für ein Triebfahrzeug eine vollständige Zugkraftcharakteristik vor. Die installierte Leistung ist jedoch immer bekannt oder sie kann mit überschaubarem Aufwand recherchiert werden. Es ist deshalb sinnvoll, aus dem Zugkraftbedarf für die Beharrungsfahrt, die sich unmittelbar aus der Summe der Fahrwiderstandskräfte ergibt, auf den Leistungsbedarf zur Überwindung der Fahrwiderstände zu schließen, der sich für den stationären Fall aus der folgenden einfachen Gleichung ergibt:

$$P_W = \sum F_W \cdot v. \qquad (3.41)$$

Abb. 3.54 zeigt ein Beispiel für eine derartige Betrachtung. Dort ist der Leistungsbedarf zur Überwindung der Fahrwiderstandskräfte für einen Containerzug mit der Masse 1500 t einmal für die Ebene und einmal in einer Steigung von 10‰ über der Geschwindigkeit aufgetragen.

Zum Vergleich sind die Nennleistungen verschiedener Ellok-Baureihen ebenfalls in das Diagramm eingetragen. Aus dem Vergleich von (Nenn-)Leistungsangebot und Leistungsbedarf ergibt sich eine grobe Beantwortung der Frage, welche Geschwindigkeit mit welchem Triebfahrzeug in der genannten Steigung voraussichtlich erreicht werden kann. Der Eigenwiderstand der Fahrzeuge wird vernachlässigt.

Da es bei elektrischen Triebfahrzeugen heute üblich ist, die Leistung an den Treibrädern als Nennleistung anzugeben, kann diese unmittelbar für den Vergleich herangezogen zu

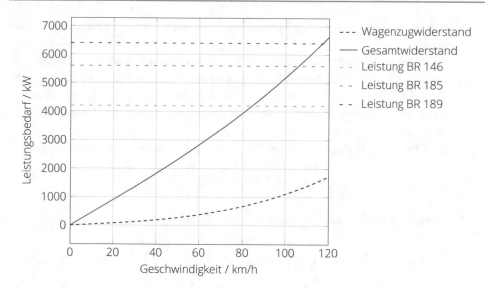

Abb. 3.54 Leistungsbedarf eines Containerzuges (1500 t) bei Beharrungsfahrt in einer Steigung von 10‰

werden. Bei Altbau-Elloks und Dieseltriebfahrzeugen gilt es zu beachten, dass die Leistung an den Treibrädern weder konstant noch mit der Nennleistung identisch ist. Bei Dieseltriebfahrzeugen wird als Nennleistung meistens die Dieselmotornennleistung angegeben und bei elektrischen Fahrzeugen mit Einphasen-Reihenschlussmotoren gilt die Nennleistung nur für den „Nennleistungspunkt" (M,n) der Motoren. Ihr ist stets eine bestimmte Geschwindigkeit zugeordnet. Ein *überschlägiger* Vergleich kann dennoch auch mit diesen Leistungen vorgenommen werden.

Rechenbeispiel: Leistungsbedarf Fahrwiderstand

Ein Eisenbahnverkehrsunternehmen befördert regelmäßig Schüttgutzüge mit einer Masse von 1600 t. Die vorgesehen Fahrplantrassen sind so ausgelegt, dass diese Züge auch in einer Steigung von 12‰ noch mit einer Geschwindigkeit von 80 km/h gefahren werden sollen.

Normalerweise kommen Siemens Vectron-Lokomotiven (Nennleistung: 6,4 MW) vor diesen Zügen zum Einsatz, die aber kurzfristig für einen anderen Einsatz benötigt werden. So ist auf die Schnelle *abzuschätzen,* ob der Zug auch mit einer Traxx-Lokomotive (BR 186, Nennleistung: 5,6 MW) oder einer Alstom Prima II (Nennleistung: 4,2 MW) befördert werden könnte.

Die Gleichung für den spezifischen Wagenzugwiderstand der Schüttgutzüge lautet:

$$f_{WFW} = 0,0011 + 0,0020 \cdot \left(\frac{v}{100}\right).$$

1. Ermittlung des Wagenzugwiderstandes bei 80 km/h:

$$F_{WFW} = f_{WFW} m_W g = \left[0,0011 + 0,0020 \cdot \left(\frac{80}{100}\right)^2\right] \cdot 1600\,\text{t} \cdot 9,81\,\text{m/s}^2$$

$$= 0,00238 \cdot 15.696\,\text{kN}$$

$$= 37,4\,\text{kN}$$

2. Ermittlung des Neigungswiderstandes in 12‰:

$$F_{WS,i} = m_W g i = 1600\,\text{t} \cdot 9,81\,\text{m/s}^2 \cdot 0,012 = 188,4\,\text{kN}$$

3. Ermittlung der erforderlichen Leistung zur Überwindung des Fahrwiderstände des *Wagen*zuges:

$$P_{WF} = \left(F_{WS,i} + F_{WFW}\right) \cdot v = (188,4\,\text{kN} + 37,4\,\text{kN}) \cdot \frac{80\,\text{km/h}}{3,6\,\dfrac{\text{km/h}}{\text{m/s}}}$$

$$= 5017\,\text{kW}$$

Mit Hilfe dieser *einfachen Überschlagsrechnung* (die exakte Leistungsermittlung erfolgt in einem anderen Kapitel) kann festgestellt werden, dass die Alstom Prima II aufgrund ihrer vergleichsweise geringen installierten Leistung keine geeignete Alternative wäre.

Die Traxx-Lokomotive käme hingegen als Ersatz für die Siemens Vectron in Betracht. Die Differenz zwischen dem ermittelten Leistungsbedarf und der installierten Leistung ist groß genug, um die der Berechnung innewohnenden Unsicherheiten ggf. abfangen zu können. ◄

3.5 Lernkontrollfragen zu Fahrwiderstandskräften

Komplex Fahrwiderstand

1. Was verstehen Sie im Kontext der Fahrdynamik unter einer „spezifischen Kraft"?
2. Woran erkennen Sie in der Fahrdynamik, ob es sich bei einer Angabe um eine absolute oder eine spezifische Kraft handelt?
3. Aus welchen Teilkräften setzt sich der Fahrwiderstand zusammen?
4. Was ist der Unterschied zwischen Fahrwiderstand und Fahrzeugwiderstand?

Komplex Grundwiderstand

1. In welchem Geschwindigkeitsbereich ist der Grundwiderstand von Schienenfahrzeugen fahrdynamisch besonders relevant?
2. Aus welchen Teilwiderstandskräften setzt sich der Grundwiderstand bei Schienenfahrzeugen zusammen?
3. Ist der Rollwiderstand bei allen Eisenbahnfahrzeugen gleich?
4. Wie verhält sich der spezifische Rollwiderstand von Eisenbahnfahrzeugen zu dem von Straßenfahrzeugen?
5. Spielt der Fahrweg bei der Entstehung des Grundwiderstandes eigentlich eine Rolle?
6. Wodurch wird der Gleitwiderstand von Eisenbahnfahrzeugen beeinflusst?
7. Wovon hängt die durch die Radsatzlager verursachte Widerstandskraft bei Schienenfahrzeugen ab?
8. An welchen Stellen im Fahrzeug wird der Grundwiderstand erzeugt?
9. Wie lässt sich die Grundwiderstandskraft von Eisenbahnfahrzeugen rechnerisch abschätzen?
10. Ist die Grundwiderstandskraft von Eisenbahnfahrzeugen auch experimentell zu ermitteln und wenn ja, wie kann dies erfolgen?
11. Was ist die Motivation, sich mit dem Anfahrwiderstand von Zügen zu befassen?
12. Welche Ansätze zur Berücksichtigung des Anfahrwiderstandes sind Ihnen bekannt?
13. Wodurch entsteht der Anfahrwiderstand bei Eisenbahnfahrzeugen?
14. Warum muss in Steigungen mit einer erhöhten spezifischen Anfahrwiderstandskraft im Vergleich zur Ebene gerechnet werden?

Komplex Luftwiderstand

1. Warum kommt dem Luftwiderstand von Eisenbahnfahrzeugen eine wichtige Bedeutung zu?
2. Grenzen Sie grob den Geschwindigkeitsbereich ab, in dem der Luftwiderstand den Fahrzeugwiderstand dominiert.

3. Aus welchen Teilwiderständen setzt sich der Luftwiderstand von Eisenbahnfahrzeugen zusammen?
4. Von welchen physikalischen Größen ist der Luftwiderstand abhängig?
5. Stimmt es, dass der Luftwiderstand im Winter größer ist als im Sommer und warum?
6. Wie wird der Luftwiderstand von Zügen berechnet?
7. Welche Möglichkeit kennen Sie, den ggf. auftretenden Gegenwind bei der rechnerischen Ermittlung der Luftwiderstandes zu berücksichtigen?
8. Welche konstruktiven Möglichkeiten können ergriffen werden, um den Luftwiderstand von Eisenbahnfahrzeugen zu senken?
9. Warum werden Lokomotiven mit wenig windschnittigen Fahrzeugköpfen akzeptiert?
10. Wie verhält sich der Luftwiderstand, wenn sich die Geschwindigkeit eines Fahrzeuges verdoppelt?
11. Wie verändert sich der Luftwiderstand beim Befahren von Tunneln und warum?
12. Welche konstruktiven Anforderungen würden Sie an einen Eisenbahntunnel stellen, damit er aus fahrdynamischer Sicht „günstig" gestaltet ist?
13. Was ist der „Tunnelfaktor" und wovon hängt er ab?

Komplex Fahrzeugwiderstandskraft

1. Aus welchen Teilkräften setzt sich der Fahrzeugwiderstand zusammen?
2. Was ist der Unterschied zwischen Fahrwiderstand und Fahrzeugwiderstand?
3. Mit welchen Methoden kann die Fahrzeugwiderstandskraft von Schienenfahrzeugen ermittelt werden?
4. Was ist beim Umgang mit empirischen Fahrzeugwiderstandsgleichungen zu beachten?
5. Wieso werden Fahrzeugwiderstandsgleichungen als Polynome zweiten Grades formuliert?

Komplex Streckenwiderstandskraft

1. Aus welchen Teilkräften setzt sich der Streckenwiderstand zusammen?
2. Welche Vereinfachung gilt bei der Ermittlung des Neigungswiderstandes von Schienenfahrzeugen und warum?
3. Was ändert sich bei der Berechnung des Neigungswiderstandes von Zahnradbahnen im Vergleich zu „normalen" Eisenbahnstrecken?
4. Warum ist der spezifische Bogenwiderstand von Schmalspurbahnen geringer als der von Breitspurbahnen?
5. Welche Trassierungsparameter müssen für die Ermittlung des Streckenwiderstandes (ohne Weichenwiderstand) bekannt sein?
6. Was ist bei der Berechnung des Streckenwiderstandes zu beachten, wenn sich die Fahrtrichtung ändert?

7. Was haben alle Berechnungsansätze zur Abschätzung des Bogenwiderstandes von Eisenbahnfahrzeugen gemein?
8. Was ist an dem Berechnungsansatz nach Röckl für den spezifischen Bogenwiderstand problematisch?
9. Welche wesentlichen Parameter beeinflussen den Bogenwiderstand von Schienenfahrzeugen?
10. Was ist der Unterschied zwischen nomineller Streckenlängsneigung und effektiver Streckenlängsneigung?
11. Welche Möglichkeiten, die Masse von Fahrzeugverbänden zu modellieren, gibt es und wann kommt welches Modell zu Anwendung?

Komplex Gesamtwiderstand

1. Wieso ist es ggf. tolerierbar, wenn für eine fahrdynamische Simulation zwar die Längsneigungen der Strecke bekannt sind, nicht aber die Bogenradien?
2. Warum stellen die in Abschn. 3.4.5 vorgenommenen Berechnungen zum Leistungsbedarf lediglich eine *Abschätzung* des tatsächlichen Leistungsbedarfes dar?
3. Wie verändert sich der Leistungsbedarf zur Überwindung des Streckenwiderstandes, wenn sich die Geschwindigkeit verdoppelt?
4. Wie verändert sich der Leistungsbedarf zur Überwindung des Luftwiderstandes, wenn sich die Geschwindigkeit verdoppelt?

Rechenaufgaben

1. Ein mit einer elektrischen Lokomotive (Masse: 84 t) bespannter, beladener Güterzug (Wagenzugmasse: 1600 t) aus geschlossenen Wagen fährt mit einer Geschwindigkeit von 80 km/h in einer Neigung von 7,5‰. Die Fahrzeugwiderstandskräfte von Lokomitive respektive Wagenzug lassen sich mit den folgenden Gleichungen abschätzen:

$$F_{WFT} = 1,2 + 1,8 \cdot \left(\frac{v}{100} \right)^2,$$

$$f_{WFW} = 0,0012 + 0,0025 \cdot \left(\frac{v}{100} \right)^2.$$

a) Welche Fahrwiderstandskraft muss überwunden werden?
b) In welchem Verhältnis stehen der Leistungsbedarf zur Überwindung des Fahrzeugwiderstandes und der Leistungsbedarf zur Überwindung des Streckenwiderstandes? (*Anmerkung:* Es wird der Leistungsbedarf am Treibradumfang betrachtet.)
c) Mit welcher Geschwindigkeit müsste ein Hochgeschwindigkeitszug (Masse: 500 t) fahren, um auf gleicher Strecke dieselbe Fahrwiderstandskraft zu generieren? Die Fahrzeugwiderstandskraft des Hochgeschwindigkeitszuges werde mit der folgenden Gleichung abgeschätzt:

$$F_{WFZ} = 4{,}4 + 3{,}3 \cdot \frac{v}{100} + 5{,}5 \cdot \left(\frac{v}{100}\right)^2$$

d) Mit welcher Geschwindigkeit könnte der oben aufgeführte Hochgeschwindigkeitszug in 7,5‰ fahren, wenn die gleiche Treibradleistung wie bei dem Güterzug aufgebracht werden soll?

2. Betrachtet wird ein Fernverkehrstriebzug mit einer Masse von 350 t, der in einem gebirgigen Land verkehren möge. Gesucht ist die von der Geschwindigkeit abhängige Grenzneigung, ab der zugebremst werden muss, damit das Fahrzeug nicht ungewollt schneller wird. Der Fahrzeugwiderstand des Zuges kann mit folgender Gleichung approximiert werden:

$$F_{WFZ} = 5{,}0 + 6{,}0 \cdot \left(\frac{v}{100}\right)^2 .$$

3. Ein aus einer Ellok (Masse: 86 t, Länge: 19,5 m) sowie 28 beladenen Wagen (Masse jeweils: 60 t) mit einer Länge über Puffer von jeweils 23,9 m steht eine Wagenlänge vor einem Blocksignal. Dieses steht in der Mitte eines ebenen Streckenabschnittes mit einer Länge von 300 m. Von der Zugspitze aus betrachtet, schließt sich diesem Streckenabschnitt ein 150 m langes Gefälle von 5‰ an, dem ein 1100 m langer Abschnitt mit einem Gefälle von 12,3‰ folgt.

   a) Welcher Gesamtwiderstand muss im Moment des Anfahrens überwunden werden, wenn die Abhängigkeit des Anfahrwiderstandes von der Streckenneigung vernachlässigt wird?

   b) Welcher Gesamtwiderstand muss im Moment des Anfahrens überwunden werden, wenn die Abhängigkeit des Anfahrwiderstandes von der Streckenneigung nach Gl. (3.12) angenommen wird?

4. Ein Hochgeschwindigkeitszug mit einer Masse von 400 t sei auf einer Hochgeschwindigkeitsstrecke unterwegs.

   a) Welcher Leistungsbedarf besteht an den Treibrädern, wenn in 5‰ mit einer Geschwindigkeit von 250 km/h gefahren werden soll?

   b) Wie ändert sich der Leistungsbedarf prozentual, wenn 300 km/h statt 250 km/h gefahren werden sollen?

   c) Die an den Treibrädern zur Verfügung gestellte Leistung kann bei dem betrachteten Zug maximal 8 MW betragen. Ist es realistisch, dass dieser Zug eine langgezogene Steigung von 20‰ erklimmt, ohne dass die Geschwindigkeit unter 280 km/h absinkt?

Gleichung für den Fahrzeugwiderstand des Hochgeschwindigkeitszuges:

$$F_{WFZ} = 2{,}7 + 3{,}2 \cdot \frac{v}{100} + 5{,}1 \cdot \left(\frac{v}{100}\right)^2$$

Antriebskräfte

4

4.1 Bedeutung der Antriebskräfte in der Fahrdynamik

Antriebskräfte werden aus fahrdynamischer Sicht immer dann benötigt, wenn die Geschwindigkeit von Fahrzeugen erhöht oder konstant gehalten werden soll. Eine Geschwindigkeitserhöhung kann nur dann erfolgen, wenn ein **Zugkraftüberschuss** vorhanden ist, die Summe der Antriebskräfte also signifikant höher als die Summe der auf das Fahrzeug/den Zug wirkenden Fahrwiderstandskräfte ist.

Die Differenz aus der Zugkraft und der Summe der Fahrzeugwiderstände kann als Zugkraftüberschuss in der Ebene interpretiert werden und wird in der fahrdynamischen Fachliteratur bisweilen auch als **„freie Zugkraft"** bezeichnet. Diese freie Zugkraft kann, wie Gl. 4.1 zeigt, prinzipiell einerseits in Beschleunigung oder die Überwindung des Streckenwiderstandes (oder beides) umgesetzt werden.

$$F_T - \sum F_{WF} = \ddot{x}\xi m + F_{WS} \tag{4.1}$$

Die Erzielung hoher Beschleunigungen ist insbesondere im Schienenpersonenverkehr relevant, wo die anvisierten Höchstgeschwindigkeiten auch in möglichst kurzer Zeit erreichbar sein sollten. Aber auch im Güterverkehr zahlt sich trotz der verhältnismäßig geringen Geschwindigkeiten (typischerweise 80...120 km/h) ein hoher Zugkraftüberschuss aus, weil diese Geschwindigkeiten dann auch in größeren Steigungen gehalten werden können (die Streckenwiderstandskraft ist aufgrund der großen Masse von Güterzügen eine sehr bedeutende Komponente).

Ergänzende Information Die elektronische Version dieses Kapitels enthält Zusatzmaterial, auf das über folgenden Link zugegriffen werden kann
https://doi.org/10.1007/978-3-658-41713-0_4.

In den folgenden Abschnitten wird es darum gehen, wie die Antriebskräfte von Schienenfahrzeugen charakterisiert werden können, welchen Beschränkungen sie unterliegen und inwieweit sie von der Antriebskonfiguration der Triebfahrzeuge beeinflusst werden.

4.2   Zugkraftcharakteristik

Ein wesentliches Merkmal von Triebfahrzeugen ist ihre Zugkraftcharakteristik. Darunter wird im Allgemeinen der Verlauf der von ihnen generierten Zugkräfte über der Geschwindigkeit verstanden. Dieser wird anschaulich in einem **Zugkraft-Geschwindigkeits-Diagramm** dargestellt.

Bei modernen Triebfahrzeugen beziehen sich die Zugkraftdiagramme nahezu ausschließlich auf die **Zugkraft am Treibradumfang** (synonymische Bezeichnungen: Treibradzugkraft, Zugkraft an den Treibrädern, Traktionskraft) $F_T(v)$, früher war auch die Darstellung der Zugkraft am Zughaken (auch: Zughakenzugkraft) $F_Z(v)$ üblich. Beim praktischen Umgang mit Zugkraft-Kennlinien ist darauf zu achten, auf welche Zugkraft sich das jeweilige Diagramm bezieht, um Fehlinterpretationen zu vermeiden. An dieser Stelle sei noch einmal auf die bereits im Kapitel „Grundlagen der Fahrdynamik" dargestellte Beziehung von Treibrad- und Zughakenzugkraft verwiesen (siehe Gl. 4.2).

$$F_T = F_Z + F_{WFT} \tag{4.2}$$

Da der Leistungs*bedarf* mit zunehmender Geschwindigkeit immer weiter ansteigt, wäre es eigentlich ideal, über einen Antrieb zu verfügen, dessen Leistungs*angebot* in gleicher Weise mit der Geschwindigkeit anwächst. Da dies sowohl aus physikalischen, als auch aus technischen Gründen nicht möglich ist, ist es das Ziel einer Antriebsauslegung für Triebfahrzeuge, die Leistungsabgabe über einen weiten Geschwindigkeitsbereich zumindest konstant zu halten. Wie wir noch sehen werden, erfüllen nur elektrische Antriebe mit Drehstromantriebstechnik diese Anforderung, weshalb sie in besonderem Maße als Traktionsantriebe geeignet sind.

Eine konstante Leistung an den Treibrädern führt aufgrund der mittlerweile hinlänglich bekannten Tatsache, dass die Traktionsleistung P_T das Produkt aus Treibradzugkraft F_T und Geschwindigkeit v ist, zu einer **Zugkrafthyperbel** (Gl. 4.3).

$$F_T = \frac{P_T}{v} \qquad \text{für: } v > v_{\ddot{u}} \tag{4.3}$$

Wie aus Gl. 4.3 hervorgeht, stiege die Zugkraft bei geringen Geschwindigkeiten und konstanter Leistung sehr stark an und würde im Moment des Anfahrens ($v \approx 0$) gegen Unendlich streben. Das ist selbstverständlich physikalisch unmöglich, da die von den Treibrädern auf die Schienen übertragbare Zugkraft durch den Kraftschluss zwischen Rad und Schiene limitiert ist.

Die maximal übertragbare **Treibradzugkraft an der Kraftschlussgrenze** $F_{T,\text{max}}$ ergibt sich gemäß Gl. 4.4 als Produkt aus der Gewichtskraft $F_{G,T}$, die auf den angetriebenen Radsätzen ruht und einem als **Kraftschlussbeiwert** τ bezeichneten Proportionalitätsfaktor.

$$F_{T,\text{max}} = F_{G,T} \cdot \tau = m_R \cdot g \cdot \tau \qquad \text{für: } v \leq v_{\ddot{u}} \qquad (4.4)$$

Die Gewichtskraft auf den angetriebenen Radsätzen ergibt sich aus dem Produkt der „Reibungsmasse" m_R und der Erdbeschleunigung. Der Begriff der „Reibungsmasse" ist eigentlich eine eher hemdsärmelige Umschreibung des *Anteils der Fahrzeug- oder Zugmasse, die auf den angetriebenen Radsätzen ruht.* Er ist in der Praxis gebräuchlich und sprachlich weniger „sperrig" als die präzise Umschreibung des Sachverhaltes, weshalb die „Reibungsmasse" auch hier als Variable der Treibradzugkraft an der Kraftschlussgrenze eingeführt wird.

In den Gl. 4.3 und 4.4 wurde bei der jeweiligen Definition des Gültigkeitsbereiches der Formeln der Parameter **Übergangsgeschwindigkeit** $v_{\ddot{u}}$ eingeführt. Damit ist die Geschwindigkeit gemeint, bei der die Kurvenzüge der Zugkraft an der Leistungsgrenze (Zugkrafthyperbel) und der Zugkraft an der Kraftschlussgrenze einander schneiden.

Abb. 4.1 zeigt ein **ideales Zugkraft-Geschwindigkeits-Diagramm** in allgemeiner Form mit bezogenen Größen und veranschaulicht die obenstehend dargestellten Sachverhalte damit zusammenfassend.

Es ist ersichtlich, dass die Zugkraftentwicklung auf dreierlei Weise eingeschränkt wird. Die in Abb. 4.1 dargestellten Begrenzungen werden im Folgenden kurz charakterisiert.

1. Die **Kraftschlussgrenze** begrenzt die maximal von den Rädern auf die Schienen übertragbare Zugkraft. Ihre Lage wird beeinflusst durch die Kraftschlussbedingungen (siehe Abschn. 4.3), die effektive Gewichtskraft auf den angetriebenen Radsätzen sowie die Antriebskonfiguration (siehe Abschn. 4.3.2).
   Die maximale Zugkraft an der Kraftschlussgrenze bei v=0 km/h wird als **Anfahrzugkraft** bezeichnet und ist ein wesentlicher Parameter bei der traktionstechnischen Charakterisierung von Triebfahrzeugen.
2. Die **Leistungsgrenze** begrenzt die Zugkraftentwicklung oberhalb der Übergangsgeschwindigkeit, wenn die maximale Leistungsfähigkeit der Antriebsanlage erreicht ist. Ihre Lage ist von der installierten bzw. verfügbaren Traktionsleistung abhängig.
3. Die **Geschwindigkeitsgrenze** begrenzt die Zugkraftentwicklung oberhalb der Höchstgeschwindigkeit aufgrund von Sicherheitserwägungen. Es sind insbesondere die Sicherheit gegen Entgleisen, das Bremsvermögen und die Drehzahlbegrenzung von Antriebskomponenten (Fliehkräfte), die hier eine Rolle spielen. In der Realität folgt die Geschwindigkeitsgrenze eher einer Abregelfunktion, die bei ca. v_{max}+10 % einsetzt.

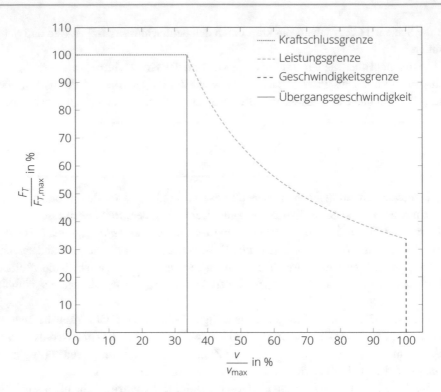

Abb. 4.1 Ideales Zugkraft-Geschwindigkeits-Diagramm

Die in Abb. 4.1 gezeigte Zugkraftcharakteristik heißt **ideales Zugkraft-Geschwindigkeits-Diagramm,** weil reale Zugkraft-Geschwindigkeits-Diagramme aufgrund technisch-physikalischer Notwendigkeiten hinsichtlich des Zugkraftverlaufes sowohl an der Kraftschluss- als auch an der Leistungsgrenze von diesem Ideal abweichen können. Das oben stehende Diagramm ist jedoch immer das angestrebte Ziel bei der Auslegung von Triebfahrzeugantrieben.

Reale Zugkraft-Geschwindigkeits-Diagramme (siehe z. B. Abb. 4.2) weisen häufig eine mit zunehmender Geschwindigkeit abfallende Kraftschlusszugkraft auf. Dies liegt in der Tatsache begründet, dass mit zunehmender Geschwindigkeit tendenziell höhere Spurführungskräfte (Querkräfte) im Rad-Schiene-Kontakt übertragen werden müssen. Der dadurch in Anspruch genommene Teil des Kraftschlusses steht nicht für die Übertragung von Zugkraft zur Verfügung. Es müsste deshalb eine deutlich erhöhte Schleuderneigung akzeptiert werden, falls die Zugkraft konstant gehalten würde. Als „Schleudern" wird bei Schienenfahrzeugen das Durchdrehen angetriebener Radsätze verstanden. Die Schleuderneigung ist dementsprechend ein Maß dafür, inwieweit ein Triebfahrzeug während der Generierung von Zugkräften zu einem Durchdrehen der Radsätze neigt.

Mit Ausnahme der Drehstromantriebstechnik ist bisher keine Antriebstechnologie für Schienenfahrzeuge in der Lage, eine tatsächliche Leistungskonstanz an den Treibrädern

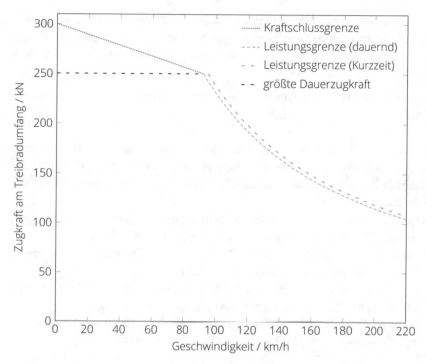

Abb. 4.2 Reales Zugkraft-Geschwindigkeits-Diagramm einer elektrischen Lokomotive der BR 101 der DB AG mit Unterscheidung von Kurzzeit- und Dauerzugkräften

über ein breites Geschwindigkeitsintervall zur Verfügung zu stellen. Praktisch sind deshalb bei zahlreichen realen Zugkraftdiagrammen auch mehr oder weniger signifikante Abweichungen von dem im idealen Zugkraft-Geschwindigkeits-Diagramm dargestellten Verlauf der Zugkraft im Geschwindigkeitsintervall von $v_{\ddot{u}}$ bis v_{max} zu erwarten.

Ferner gilt es zu beachten, dass nicht immer der gesamte von einem Zugkraft-Geschwindigkeits-Diagramm beschriebene Zugkraftbereich *dauerhaft* ausgenutzt werden kann. Insbesondere bei elektrischen Antrieben kann es eine deutliche Diskrepanz zwischen der zeitlich begrenzten und der dauerhaften Leistungsabgabe geben. Gegebenenfalls muss, wie in Abb. 4.2 geschehen, eine Unterscheidung zwischen Kurzzeit- und Dauerzugkräften vorgenommen werden. Kurzzeit-Zugkräfte werden meistens mit der zugehörigen zulässigen Ausnutzungsdauer angegeben: z. B. Stundenzugkraft, 30-Minuten-Zugkraft, 10-Minuten-Zugkraft usw.

Insbesondere bei Dieseltriebfahrzeugen und bei älteren elektrischen Triebfahrzeugen ist es aufgrund technischer Begrenzungen (zulässige Drehzahlen, Drehmomente, Ströme etc.) nicht immer möglich, Unstetigkeiten im Zugkraftverlauf zu vermeiden. Diese Unstetigkeiten können zum einen durch die gestufte Variation des Zugkraftniveaus (diskrete Fahrstufen) entstehen und andererseits auch durch Umschaltvorgänge (z. B. Gangwechsel bei mechanischen Getrieben) verursacht werden. Die genannten Unstetigkeiten können ggf. zu Längsschwingungen und damit zu Komforteinbußen, im schlimmsten Falle auch zur mechanischen Überlastung der Zugeinrichtungen führen und sollten deshalb minimiert oder vermieden werden.

Zusammenfassend können folgende **Anforderungen an die Zugkraftcharakteristik von Triebfahrzeugen** aufgestellt werden:

- Die Zugkraftentwicklung an der Kraftschlussgrenze sollte, bei anzustrebender geringer Schleuderneigung der Triebfahrzeuge, eine möglichst geringe Abhängigkeit von der Geschwindigkeit aufweisen. Im besten Fall kann eine geschwindigkeitsinvariante Kraftschlusszugkraft realisiert werden.
- Die Zugkraftentwicklung oberhalb der Übergangsgeschwindigkeit $v_{ü}$ soll möglichst entlang einer Zugkrafthyperbel (konstante Traktionsleistung) erfolgen.
- Zugkraftsprünge innerhalb der Zugkraft-Kennlinie(n) sollen vermieden werden, um unerwünschte längsdynamische Effekte zu verhindern.
- Der gesamte vom Zug-Kraft-Geschwindigkeits-Diagramm umschlossene Bereich der Zugkräfte sollte dauerhaft (zeitlich unbegrenzt) ausnutzbar sein.
- Es sollte möglichst jeder beliebige Punkt innerhalb des Zugkraft-Geschwindigkeits-Diagrammes angefahren werden können (stufenlose Zugkrafteinstellung).

▶ **Zusammenfassung: Zugkraftcharakteristik**

Die Zugkraftcharakteristik von Triebfahrzeugen wird mit dem Zugkraft-Geschwindigkeits-Diagramm beschrieben. Die Zugkraftentwicklung von Schienenfahrzeugen wird durch den Kraftschluss zwischen Rad und Schiene (Kraftschlussgrenze), der installierten Traktionsleistung (Leistungsgrenze) sowie der zulässigen Geschwindigkeit (Geschwindigkeitsgrenze) limitiert. Die maximale Zugkraft bei $v \approx 0$ wird als Anfahrzugkraft bezeichnet.

Die Angabe von Zugkräften ist sowohl unter Bezugnahme auf den Treibradumfang (Treibradzugkraft) als auch auf den Zughaken (Zughakenzugkraft) möglich. Der jeweilige Bezugspunkt ergibt sich aus der Achsenbeschriftung des Zugkraft-Geschwindigkeits-Diagramms.

Es kann zwischen dem *idealen Zugkraft-Geschwindigkeits-Diagramm* und *realen* Zugkraft-Geschwindigkeits-Diagrammen unterschieden werden. Erstgenanntes dient als Referenz, die fahrdynamisch optimale Eigenschaften aufweist und bei der Projektierung von Antriebssträngen für Triebfahrzeuge anzustreben ist.

Außer dem fahrdynamisch optimalen Verlauf der maximalen Zugkraft über der Geschwindigkeit sind bei der Arbeit mit Zugkraft-Geschwindigkeits-Diagrammen noch die Fragen zu klären *ob* jeder beliebige Arbeitspunkt innerhalb des Diagrammes angefahren werden kann und außerdem, ob dies *zeitlich unbegrenzt* möglich ist.

Rechenbeispiel: Zugkraftcharakteristik

Bei einer älteren zweimotorigen Diesellok (Höchstgeschwindigkeit: 70 km/h, Masse: 114 t) sollen die Motoren erneuert werden. Das Triebfahrzeug soll zwei Dieselmotoren mit einer Nennleistung von 750 kW erhalten. Diese erzeugen unter Berücksichtigung des Hilfsleistungsbedarfes und aller Wirkungsgrade des Antriebsstranges eine Treibradleistung von jeweils 560 kW.

Unter der vereinfachenden Annahme jeweils einer konstanten Kraftschlusszugkraft und Treibradleistung sind unter Berücksichtigung eines Kraftschlussbeiwertes τ von 0,3 die Zugkraftcharakteristiken für den Ein- und Zweimotorbetrieb zu entwickeln. Dabei ist zu berücksichtigen, dass jeder Dieselmotor ein Drehgestell antreibt.

1. Kraftschlusszugkraft bei Einmotorbetrieb:

$$F_{T,\max} = \frac{m_T}{2} g\tau = 57\,\mathrm{t} \cdot 9{,}81\,\mathrm{m/s^2} \cdot 0{,}3 = 167{,}8\,\mathrm{kN}$$

2. Übergangsgeschwindigkeit bei Einmotorbetrieb:

$$P_{T,\max} = F_{T,\max} \cdot v_{\ddot{u}}$$

$$v_{\ddot{u}} = \frac{P_{T,\max}}{F_{T,\max}}$$

$$= \frac{560\,\mathrm{kW}}{167{,}8\,\mathrm{kN}}$$

$$= 3{,}3373\,\mathrm{m/s} = 12\,\mathrm{km/h}$$

3. Kraftschlusszugkraft bei Zweimotorbetrieb:

$$F_{T,\max} = m_T g\tau = 114\,\mathrm{t} \cdot 9{,}81\,\mathrm{m/s^2} \cdot 0{,}3 = 335{,}6\,\mathrm{kN}$$

4. Übergangsgeschwindigkeit bei Zweimotorbetrieb:

$$P_{T,\max} = F_{T,\max} \cdot v_{\ddot{u}}$$

$$v_{\ddot{u}} = \frac{P_{T,\max}}{F_{T,\max}}$$

$$= \frac{1120\,\text{kW}}{335,6\,\text{kN}}$$

$$= 3,3373\,\text{m/s} = 12\,\text{km/h}$$

Damit liegen alle wesentlichen Parameter zur Entwicklung der Zugkraft-Geschwin-digkeits-Diagramme vor.

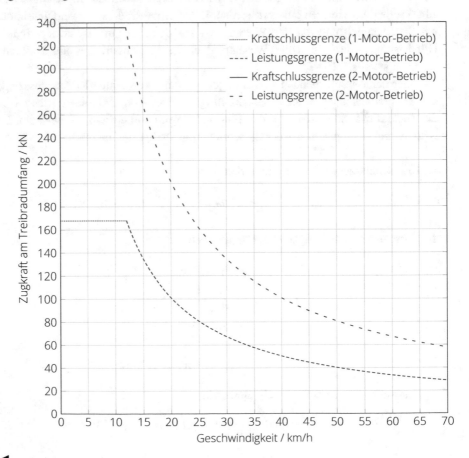

4.3   Zugkrafterzeugung an der Kraftschlussgrenze

4.3.1   Physik des Kraftschlusses zwischen Rad und Schiene

Bei der kraftschlüssigen Übertragung von Längskräften im Rad-Schiene-Kontakt kommt
es zu einer komplexen Interaktion von Eisenbahnrad und Schienenkopf. Alle im folgenden
beschriebenen Vorgänge spielen sich im Bereich der Berührfläche zwischen Eisenbahnrad
und Schiene ab, die in etwa die Größe eines Daumennagels hat. Vereinfachend wird davon
ausgegangen, dass die Berührfläche aufgrund der elastischen Verformung von Eisenbahnrad
und Schiene unter vertikaler Belastung (Gewichtskraft) die Form einer Ellipse annimmt
(siehe Abb. 4.3).

Bei angetriebenen und gebremsten Rädern wird zunächst ein Drehmoment in den Radsatz
eingeleitet und in der Berührfläche von Rad und Schiene in eine Tangentialkraft umgewandelt. Aufgrund der Elastizität des Radwerkstoffes kommt es dabei in der Einlaufzone des
Rades (Abb. 4.3) zu einer „Stauchung" des Werkstoffes in Umfangsrichtung. In dem zugehörigen Bereich der Berührzone ist die örtliche Relativbewegung von Rad und Schienenkopf
gleich „Null"; es bildet sich eine Haftzone aus.

Bei einer weiteren Drehung des Radsatzes „wandert" die verspannte Zone des Rades
im Drehrichtungssinn weiter, bis ein Punkt erreicht wird, in der die lokal aufgebaute Spannung im Werkstoff so groß wird, dass die örtliche tangentiale Haftreibungskraft überschritten wird und sich der Werkstoff wieder entspannt („Auslaufzone" des Rades in Abb. 4.3).

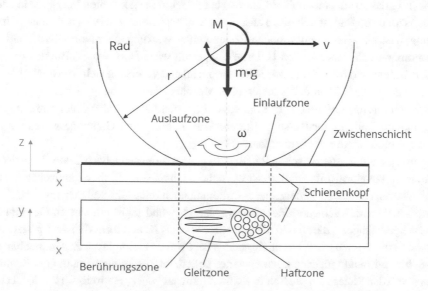

Abb. 4.3 Rad-Schiene-Kontakt bei kraftschlüssiger Übertragung von Längskräften

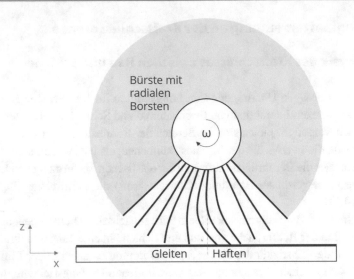

Abb. 4.4 „Bürstenmodell" zur Veranschaulichung der Spannungen und Verformungsvorgänge in der Rad-Schiene-Kontaktzone

In dem Teil der Berührungszone, wo dieser Vorgang stattfindet, kommt es zu einem lokalen Gleiten des Radwerkstoffes gegenüber dem Schienenkopf („Gleitzone" in Abb. 4.3).

Diese Vorgänge lassen sich an einem Stahlrad schwer optisch nachvollziehen, deshalb wird häufig das „Bürstenmodell" (Abb. 4.4) bemüht, um die genannten Vorgänge in der Berührungszone von Rad und Schiene anschaulich zu beschreiben. Dieses beruht auf der Vorstellung, dass eine Bürste mit radialen Borsten unter Wirkung einer Normalkraft und eines Drehmomentes auf einer glatten Unterlage abgerollt wird. Dort, wo die Borsten erstmalig auf den Untergrund treffen, haften sie an diesem an und verbiegen sich bei weiterer Verdrehung. Dadurch entsteht in den Borsten eine Mechanische Spannung, die dafür sorgt, dass die Borsten im Auslaufbereich der Kontaktzone „zurückfedern", also wieder ihre ursprüngliche, radiale Stellung zur Bürstenmitte einnehmen. Haft- und Gleitzone wären auf diese Weise mit bloßem Auge wahrnehmbar.

Da in der Berührzone zwischen Rad und Schiene sowohl adhäsive Effekte als auch Gleitreibungseffekte eine Rolle spielen, ist es nicht statthaft von „Reibung zwischen Rad und Schiene" zu sprechen, da weder reine Haftreibung noch reine Gleitreibung vorliegt. Es wird stattdessen vom Rad-Schiene-Kraftschluss gesprochen und der Koeffizent aus Gewichtskraft und erzeugter Tangentialkraft wird dementsprechend als **Kraftschlussbeiwert** τ bezeichnet. Bevor sich die Wissenschaft ein umfassendes Bild von den komplexen Zusammenhänge im Rad-Schiene-Kontakt machen konnte, war es üblich, im Zusammenhang mit der Kraftübertragung von den Rädern auf die Schiene vom „Reibwert" oder „Haftreibwert" oder „Haftreibungsbeiwert" zwischen Rad und Schiene zu sprechen. Diese Begriffe sind veraltet, sofern es um den Kraftschluss zwischen Rad und Schiene geht. Wenn <u>reine</u> Gleitvorgänge im Rad-

Schiene-Kontakt betrachtet werden (z. B. bei der Abschätzung des Bogenwiderstandes), ist der Gebrauch des Begriffes „Reibwert" natürlich trotzdem angebracht. Gleiches gilt für den Haftreibwert zwischen Rad und Schiene, der bei der Auslegung der Stillstandssicherung von Schienenfahrzeugen eine Rolle spielt und entscheidend dafür ist, wann ein **stillstehendes** (festgebremstes) Rad auf der Schiene (ab)rutschen würde.

Der Kraftschlussbeiwert ist seinerseits jedoch keine Konstante, sondern von verschiedenen Einflussfaktoren abhängig, von dem der **Längsschlupf** s_x zwischen Rad und Schiene der wichtigste ist.

Der Längsschlupf ist die auf die Fahrzeuggeschwindigkeit bezogene Differenz aus der Tangentialgeschwindigkeit am Radumfang und der Fahrzeuggeschwindigkeit (siehe Gl. 4.5).

$$s_x = \frac{\omega r - v}{v} \tag{4.5}$$

Der Zusammenhang von Kraftschlussbeiwert und Längsschlupf wird als **Kraftschluss-Schlupf-Funktion** bezeichnet und ist qualitativ in Abb. 4.5 dargestellt.

Es ist ersichtlich, dass eine kraftschlüssige Übertragung von Kräften im Rad-Schienekontakt überhaupt nur möglich ist ($\tau > 0$), wenn der Längsschlupf $\neq 0$ ist. Unter dem Diagramm sind ergänzend für drei ausgesuchte Zustände die idealisierten Rad-Schiene-Berührungszonen mit den jeweiligen Anteilen von Haft- und Gleitzone aufgeführt.

Im Falle eines Längsschlupfes mit dem Wert „0" liegt in der gesamten Berührungszone Haftreibung vor. Ein solcher Zustand, bei dem keine Längskraftübertragung im Rad-Schiene-Kontakt stattfindet, wird als „reines Rollen" bezeichnet.

Der andere Extremfall liegt vor, wenn in der gesamten Berührungszone ausschließlich Gleiten zwischen Rad und Schiene auftritt. In diesem Fall wird der Längsschlupf sehr hoch und die Räder „drehen durch" und man spricht vom „Schleudern" der Radsätze.

Aus Abb. 4.5 geht ferner hervor, dass es einen optimalen Längsschlupf $s_{x,\text{opt}}$ gibt, bei dem der Kraftschlussbeiwert sein Maximum τ_{max} erreicht. Dieses Schlupfoptimum muss durch die Schlupfregelung bei angetriebenen Radsätzen detektiert und angefahren werden, damit eine Kraftschlusshochausnutzung erreicht werden kann. Die Intelligenz einer guten Schlupfregelung liegt darin, genug Längsschlupf zwischen Rad und Schiene zuzulassen, um das Kraftschlussmaximum erreichen zu können, aber trotzdem zuverlässig das Schleudern der Radsätze zu detektieren und zu verhindern.

Die „Kraftschluss-Problematik" beim Antreiben und Bremsen von Schienenfahrzeugen erhält noch eine weitere bedeutsame Dimension, wenn berücksichtigt wird, dass der *Verlauf* der Kraftschluss-Schlupf-Funktion <u>nicht</u> invariant ist, sondern seinerseits von verschiedenen Randbedingungen beeinflusst wird. So haben Messungen gezeigt, dass sowohl der Betrag von τ_{max}, als auch die Lage von $s_{x,\text{opt}}$ vom Zustand der Schienenköpfe abhängig ist. Befinden sich Wasser, Eis, Schnee oder eine Emulsion aus Partikeln und Wasser zwischen Rad und

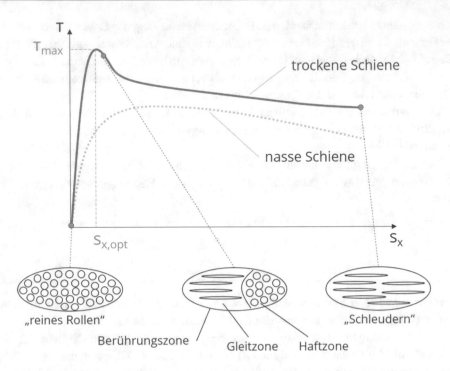

Abb. 4.5 Zusammenhang von Kraftschlussbeiwert und Längsschlupf zwischen Rad und Schiene (qualitative Darstellung)

Schiene (man spricht von „ungünstigen Kraftschlussbedingungen"), flacht der Anstieg von τ über s_x deutlich ab, das Kraftschlussmaximum ist ggf. deutlich geringer ausgeprägt und liegt bei deutlich höheren Längsschlupfwerten, wie in Abb. 4.5 am Beispiel einer Kurve für nasse Schienenköpfe dargestellt wird.

Da der Schienenzustand während der Fahrt auf realen Gleisen räumlich und zeitlich variiert, ist von einer gewissen Streuung der Kurvenverläufe $\tau(s_x)$ auszugehen und der **Kraftschlussbeiwert als stochastisch verteilte Größe** aufzufassen. Als Beispiele für die räumliche Variation der verfügbaren Kraftschlussbeiwerte aufgrund unterschiedlicher Konditionierung der Schienenköpfe wären folgende Fälle zu nennen: vielbefahrene (metallisch glatte Schienenköpfe) vs. selten befahrene (oxidierte Schienenköpfe) Gleise, Gleisabschnitte in Wäldern mit der Gefahr von Laubablagerungen, Gleisabschnitte um Bahnübergänge herum (Schmutzeintrag durch und Abrieb von Autoreifen). Als Beispiele für die zeitliche Variation des Zustandes der Schienenköpfe lassen sich folgende Aspekte anführen: Sonneneinstrahlung, Niederschläge und Temperaturen können am selben Ort zeitlich stark variieren und beeinflussen so den Zustand der Schienenköpfe stark.

Eine Verbesserung der Kraftschlussbedingungen zwischen Rad und Schiene kann erreicht werden, wenn ein Streumittel (in der Regel: Quarzsand) gezielt in den Rad-Schiene-Kontakt eingebracht wird. Das sogenannte **„Sanden"** ist eine im Eisenbahnbetrieb bewährte Maßnahme, um die Schleuder- oder Blockierneigung von angetriebenen oder gebremsten Rädern zu verringern.

▶ **Zusammenfassung: Kraftschluss zwischen Rad und Schiene**
Der Kraftschluss zwischen Rad und Schiene ist entscheidend für die Übertragung der Längskräfte beim Antreiben und Bremsen von Schienenfahrzeugen.

Mit Drehmomenten beaufschlagte Radsätze (Räder) benötigen immer einen gewissen Längsschlupf, damit in der Kontaktfläche zwischen Rad und Schiene Tangentialkräfte übertragen werden können. Dies bedeutet praktisch, dass angetriebene Radsätze immer ein kleines bisschen schneller und gebremste Radsätze immer ein kleines bisschen langsamer drehen als frei abrollende Radsätze, die weder gebremst noch angetrieben sind.

In der Kontaktfläche zwischen Rad und Schiene finden komplexe physikalische Vorgänge statt, die mit dem Begriff der „Reibung" nur unzureichend beschrieben werden. Der Koeffizient aus Normal- bzw. Gewichtskraft und am Radumfang erzeugter Tangentialkraft wird deshalb als „Kraftschlussbeiwert" (und nicht als Reibwert) bezeichnet.

Der Kraftschlussbeiwert weist eine ausgeprägte Abhängigkeit vom Längsschlupf zwischen Rad und Schiene auf. Der konkrete Verlauf der Kraftschluss-Schlupf-Funktion und damit auch die Lage des maximalen Kraftschlussbeiwertes bei optimalem Schlupf hängt stark vom Zustand der Schienenköpfe (trocken vs. nass, sauber vs. verschmutzt) und Radlaufflächen (blank vs. verschmutzt) ab. Da der Zustand von Schienenköpfen und Radlaufflächen zeitlich und räumlich stark variieren kann und deterministisch nicht erfasst sinnvoll beschrieben werden kann, ist der Kraftschlussbeiwert zwischen Rad und Schiene als stochastische Größe anzusehen.

Exkurs: Wo liegt das Schlupfoptimum?
Die Lage des Schlupfoptimums ist vom Zustand der Schienenköpfe abhängig. Im Falle trockener Schienen liegt das Schlupfoptimum bei sehr kleinen Schlüpfen (0,5...0,7 %), bei nassen und gesandeten Schienen verschiebt es sich in etwas höhere Schlupfbereiche (0,6...1,2 %) und bei nassen, ungesandeten Schienen wird erst bei 0,5...3,0 % Schlupf das Kraftschlussmaximum erreicht. [29]

Eine andere Quelle [58] gibt Werte bis zu 3...6 % auf trockenen und 10...15 % auf regennassen Schienenköpfen an.

4.3.2 Kraftschlussausnutzung

Von welchem verfügbaren Kraftschlussbeiwert kann nun bei der fahrdynamischen Auslegung von Schienenfahrzeugen ausgegangen werden? Auf diese Frage gibt es keine einfache bzw. eindeutige Antwort. Wie so oft im Ingenieurwesen muss es vielmehr heißen: „Es kommt darauf an!". Konkret kommt es darauf an, welche Konsequenzen es hat, wenn der tatsächlich an Ort und Stelle zur Verfügung stehende Kraftschlussbeiwert nicht dem bei der Auslegung zugrunde gelegten entspricht.

Hier ist klar zwischen Antreiben und Bremsen zu unterscheiden. Während eine grobe Fehleinschätzung der Kraftschlussverhältnisse bei der Bremsauslegung fatale Folgen hätte (Gleiten der Radsätze, deutliche Verlängerung der Bremswege, Gefährdung von Personen, Gütern und Betriebsmitteln), sind die Folgen beim Antreiben (häufiges Schleudern (Durchdrehen) der angetriebenen Radsätze) eher als „ärgerlich" oder „lästig" zu bezeichnen. Deshalb werden bei der Antriebsauslegung deutlich höhere Kraftschlussbeiwerte ($\tau = 0{,}30...0{,}36$, in Ausnahmefällen: $\tau = 0{,}40...0{,}42$) zugrunde gelegt als bei der Bremsauslegung ($\tau = 0{,}10...0{,}15$). Da sich dieses Kapitel mit Antriebskräften befasst, soll im Folgenden näher auf die für den Antrieb von Schienenfahrzeugen relevanten Kraftschlussbeiwerte eingegangen werden.

Als Grundregel gilt: Für die Antriebsauslegung steht für die anzunehmenden Kraftschlussbeiwerte prinzipiell ein Bereich von $\tau = 0{,}20$ bis $0{,}42$ zur Verfügung.

Einschränkend muss aber festgehalten werden: je höher der Kraftschlussbeiwert für die Antriebsauslegung gewählt wird, desto höher ist der Regelungsaufwand für die Aufbringung der maximalen Zugkraft und desto höher ist die Schleuderneigung der Radsätze im Betrieb. Abb. 4.6 zeigt den Zusammenhang zwischen Schleuderneigung und ausgenutztem Kraftschlussbeiwert für Fahrzeuge mit Drehstromantriebstechnik [15].

Demnach muss im Falle einer Kraftschlussausnutzung von $\tau = 0{,}42$ damit gerechnet werden, dass bei 25...30 % aller Anfahrvorgänge ein Schleudern der angetriebenen Radsätze auftritt, während dies bei $\tau = 0{,}36$ nur auf 4...5 % der Anfahrten zutrifft.

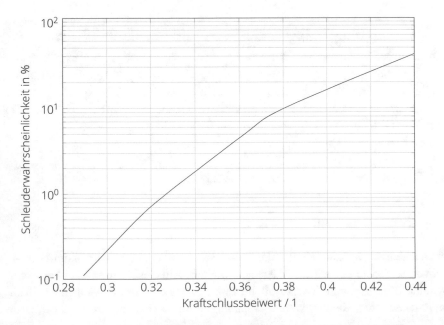

Abb. 4.6 Schleuderwahrscheinlichkeit und ausgenutzter Kraftschluss (zitiert nach [15])

Tendenziell lassen sich für die verschiedenen Intervalle des Kraftschlussbeiwertes folgende Aussagen treffen:

- $\tau = 0,20...0,30$ Es ist mit einer geringen Schleuderneigung zu rechnen. Die Auslegung der Kraftschlusszugkräfte auf diesem Niveau bietet sich an bei Fahrzeugen mit einem Betriebsregime, das häufiges Anfahren und Beschleunigen erfordert (z. B. S-Bahn-Züge oder Nahverkehrszüge). Eine mäßig hohe Kraftschlussausnutzung ist ferner bei Fahrzeugen mit hohen Komfortanforderungen anzustreben. Der Eingriff des Schleuderschutzes/der Radsatzschlupfregelung kann zu von den Fahrgästen als unangenehm empfundenen Längsrucken und Geräuschentwicklungen der Antriebsaggregate führen.
- $\tau = 0,30...0,36$ Es ist mit einer mäßigen Schleuderneigung zu rechnen. Der angegebene Wertebereich ist typisch für moderne Lokomotiven jeglicher Leistungsklassen.
- $\tau = 0,36...0,42$ Es ist mit einer erhöhten Schleuderneigung zu rechnen. Die Auslegung auf Basis dieser Kraftschlussbeiwerte ist in der Regel schweren Hochleistungs-Güterzuglokomotiven vorbehalten.

An dieser Stelle soll noch auf die begriffliche Unterscheidung zwischen „ausnutzbarem Kraftschluss" und „ausgenutztem Kraftschluss" hingewiesen werden.

Der **ausnutzbare Kraftschlussbeiwert** stellt die **physikalische** Begrenzung der Zugkräfte dar. Er ergibt sich aus dem Verlauf der Kraftschluss-Schlupf-Funktion (siehe Abschn. 4.3.1) und ist *für alle Fahrzeuge gleich*.

Der **ausgenutzte Kraftschlussbeiwert** beschreibt demgegenüber die **technische** Begrenzung der Zugkräfte. Inwieweit sich ausgenutzter und ausnutzbarer Kraftschlussbeiwert annähern, hängt von der konkreten Antriebskonfiguration und dem Regelungskonzept für das Antriebsdrehmoment ab (ist eine Schlupfregelung der Radsätze möglich und wenn ja, erfolgt sie drehgestell- oder radsatzselektiv?).

Um ein Beispiel zu nennen: der *ausnutzbare* Kraftschlussbeiwert auf trockener, sauberer Schiene hat den Wert X. Während eine Lokomotive mit Drehstromantriebstechnik und Schlupfregelung der Radsätze diesen Wert tatsächlich wird ausnutzen können, ist dies im Falle einer Dampflok mangels Radsatzschlupfregelung nicht möglich.

Der ausgenutzte Kraftschlussbeiwert ist zudem ein relevantes Beurteilungskriterium der Triebfahrzeuge bezüglich ihrer Schleuderneigung (siehe oben). Er lässt sich berechnen, indem Gl. 4.4 nach dem Kraftschlussbeiwert umgestellt wird.

Es ist üblich, bei der Vorausberechnung von Fahrzeiten (Fahrplanrechnung) eine rechnerische Korrektur der Zugkraftentwicklung an der Kraftschlussgrenze vorzunehmen, wenn Zweifel an der praktischen Verfügbarkeit des erforderlichen Kraftschlusses bestehen. Das Zugkraft-Geschwindigkeits-Diagramm wird dann ggf. um eine **„Fahrzeitermittlungslinie (FEL)"** ergänzt. Mit dieser Maßnahme wird die Fahrplanstabilität erhöht, da sichergestellt wird, dass die bei der Fahrplanerstellung zugrunde gelegten Beschleunigungen auch bei suboptimalen Kraftschlussbedingungen erreicht werden können.

In der Literatur sind eine Reihe **empirischer Gleichungen** zu finden, die einen Zusammenhang zwischen dem verfügbaren Kraftschluss zwischen Rad und Schiene sowie der

Geschwindigkeit herstellen (siehe Infokasten). Die im deutschen Sprachraum bekannteste dieser Gleichungen ist die von Curtius und Kniffler [24]. Sie wird sehr häufig als Referenz aufgeführt, wenn die Zugkraftentwicklung eines Fahrzeuges an der Kraftschlussgrenze unbekannt ist und abgeschätzt werden soll. Dabei ist allerdings zu beachten, dass die von Curtius und Kniffler veröffentlichte Gleichung auf Versuchen in den 1940er Jahren mit einer Ellok der (damals modernen) Baureihe E 19 beruht. Zwischen dieser Lokomotive und heutigen Triebfahrzeugen liegen mindestens vier „Lokomotivgenerationen", bei denen sich hinsichtlich der Antriebs- und Regelungstechnik sehr viel verändert hat. Es ist deshalb sehr problematisch, diese Gleichung auf heutige Triebfahrzeuge anwenden zu wollen. Es ist vielmehr oft zielführender, von den Zugkraft-Geschwindigkeitsdiagrammen aktueller Fahrzeuge durch Rückrechnung auf das heute ausnutzbare Kraftschlussniveau zu schließen.

Rechenbeispiel: Kraftschlussausnutzung I

Der Hersteller einer Lokomotive (4 von 4 Radsätze angetrieben, Masse: 88 t) gibt an, dass diese eine maximale Zugkraft von 320 kN generieren kann. Welcher Kraftschlussbeiwert muss dazu ausgenutzt werden?

$$F_{T,\max} = m_R \cdot g \cdot \tau$$

$$\tau = \frac{F_{T,\max}}{m_R \cdot g}$$

$$= \frac{320\,\text{kN}}{88\,\text{t} \cdot 9,81\,\text{m/s}^2}$$

$$= 0,37$$

Es ist eine Kraftschlussausnutzung von $\tau = 0,37$ nötig, damit die Lokomotive 320 kN generieren kann. ◄

Rechenbeispiel: Kraftschlussausnutzung II

Eine Lokomotive (alle Radsätze angetrieben, 120 t), deren Antrieb für eine Kraftschlussausnutzung von $\tau = 0,35$ ausgelegt ist, soll auf Kundenwunsch für eine Kraftschlussausnutzung von $\tau = 0,40$ ertüchtigt werden. Wie groß ist der Zugkraftgewinn beim Anfahren für den Kunden?

$$F_{T,\max} = m_R \cdot g \cdot \tau$$

$$F_{T,\max}(\tau = 0,35) = 120\,\text{t} \cdot 9,81\,\text{m/s}^2 \cdot 0,35$$

$$= 412\,\text{kN}$$

$$F_{T,\max}(\tau = 0,40) = 120\,\text{t} \cdot 9,81\,\text{m/s}^2 \cdot 0,40$$

$$= 471\,\text{kN}$$

Der Zugkraftgewinn durch die veränderte Auslegung beträgt 59 kN. ◄

Exkurs: Empirische Kraftschluss-Geschwindigkeits-Gleichungen

Die meisten empirischen Gleichungen stammen aus einer Zeit, als der Rad-Schiene-Kontakt noch wenig erforscht und der Zusammenhang von Längsschlupf und Kraftschlussbeiwert bestenfalls ansatzweise bekannt war. Die Gültigkeit der Gleichungen ist deswegen häufig auf die Fahrzeuge bzw. Fahrzeuggenerationen beschränkt, mit denen die Versuche durchgeführt wurden.

Es folgt eine Auswahl von Gleichungen, zitiert nach [15, 87, 90], die nahezu sämtlich aus der Zeit vor 1973 stammen.

Die Geschwindigkeit ist in allen Gleichungen in der Einheit km/h einzusetzen.

- Gleichung von Curtius und Kniffler (1944/1950):

$$\tau = 0,161 + \frac{7,5}{v + 44} \tag{4.6}$$

- Gleichung von Kother (1937):

$$\tau = 0,116 + \frac{9}{v + 42} \tag{4.7}$$

- Gleichung der SNCF:

$$\tau = 0,36 \cdot \frac{8 + 0,1\,v}{8 + 0,2\,v} \tag{4.8}$$

- Gleichung der sowjetischen/russischen Staatsbahn (SŽD/RŽD) für Wechselstrom-Gleichrichterlokomotiven:

$$\tau = 0,28 + \frac{4}{50 + 6\,v} - 0,0006\,v \tag{4.9}$$

- Gleichung von British Rail (BR):

$$\tau = 0,24 \cdot \left(0,2115 + \frac{33}{v + 42} \right) \tag{4.10}$$

- Gleichung der Polnischen Staatsbahn (PKP) für Elektrotraktion:

$$\tau = 0,15 \cdot \frac{100 + v}{50 + v} \tag{4.11}$$

- Gleichung der Japanischen Staatsbahn (JNR – existierte bis 1987) für Diesellokomotiven auf feuchtem, gesandetem Gleis (Gültigkeitsbereich: $v = 0 - 40\,\text{km/h}$):

$$\tau = 0,285 \cdot \frac{1 + 0,144\,v}{1 + 0,181\,v} \tag{4.12}$$

- Gleichung der Japanischen Staatsbahn (JNR – existierte bis 1987) für elektrische
  Einphasen-Wechselstromlokomotiven auf feuchtem, gesandetem Gleis
  (Gültigkeitsbereich: $v = 0 - 40\,\text{km/h}$):

$$\tau = 0{,}326 \cdot \frac{1 + 0{,}279v}{1 + 0{,}367v} \tag{4.13}$$

Die zuvor aufgeführten Gleichungen sind im Folgenden noch einmal graphisch
dargestellt. Es wird deutlich, dass der qualitative Verlauf jeweils sehr ähnlich ist,
jedoch quantitativ signifikante Unterschiede bestehen.

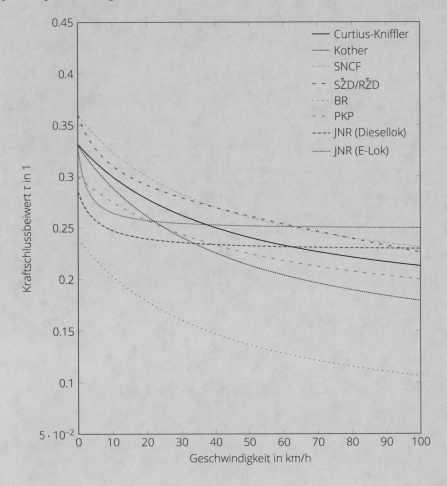

4.3.3   Zugkraftbedingte Radsatzentlastung

Bei der Auslegung von Lokomotiven stellt sich das prinzipielle Problem, dass die Übertragung der Zugkräfte auf den Zugverband (via Zughaken), die Krafteinleitung von den Drehgestellen in den Wagenkasten (über eine wie auch immer geartete Drehgestellanbindung) und die Kraftübertragung von den Radsätzen auf die Schiene auf unterschiedlichen Ebenen stattfinden.

Die unterschiedlichen Höhen der Krafteinleitung (siehe Abb. 4.7: Zughakenhöhe H, Höhe der Drehgestellanbindung h und Schienenoberkante SO) bilden deshalb Hebelarme, die zu Drehmomenten in der x-z-Ebene führen und auf den Wagenkasten sowie die Drehgestelle wirken. Das Resultat ist die Entlastung der in Fahrtrichtung führenden Drehgestelle und eine äquivalente Belastung der in Fahrtrichtung hinteren Drehgestelle, die sich proportional zur aufgebrachten Zugkraft einstellt. Um eine zu große Differenz der Radsatzlasten bei aufgeschalteter Zugkraft zu vermeiden und die Schleuderneigung der entlasteten Radsätze zu verringern, werden unterschiedliche konstruktive Maßnahmen ergriffen (siehe Anhang 4.8). Es wird grundsätzlich angestrebt, den Anbindungspunkt von Drehgestell und den Elementen zur Übertragung der Traktionskräfte auf den Wagenkasten so tief wie möglich in Richtung Schienenoberkante (SO) zu legen.

Bei Altbau-Lokomotiven ist mitunter auch ein pneumatischer Radlastausgleich vorgesehen worden, bei dem mittels einen pneumatischen Zylinders eine zugkraftproportionale Normalkraft auf den Kopfträger des führenden Drehgestells aufgebracht wird, um einer Entlastung des führenden Radsatzen entgegenzuwirken.

Bei neuen Fahrzeugen haben sich heute jedoch die beiden Konzepte „tiefangelenkter Drehzapfen" (v. a. Siemens-Lokomotiven) und „Drehgestell-Anbindung mittels Zug-Druck-Stangen" (v. a. Traxx-Lokomotiven) durchgesetzt und bewährt.

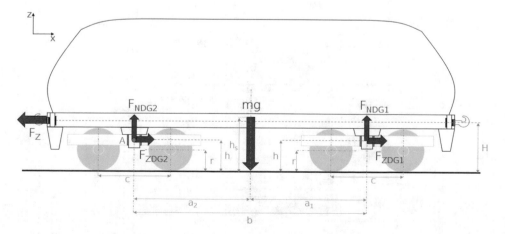

Abb. 4.7 Kräfte an Wagenkasten und Drehgestellen bei der Zugkraftübertragung (vereinfachte Darstellung)

In Ergänzung zu Abb. 4.8 enthalten die via SpringerLink erhältlichen Zusatzmaterialien zu diesem Thema Fotomaterial zu den praktischen konstruktiven Umsetzungen der gezeigten Drehgestellanbindungen an den Fahrzeugkasten.

Die detaillierte Diskussion der physikalischen Zusammenhänge bei der zugkraftbedingten Radsatzentlastung ist in den Zusatzmaterialien zu diesem Kapitel (Download bei SpringerLink) enthalten und kann alternativ auch einem Fachaufsatz [52] entnommen werden.

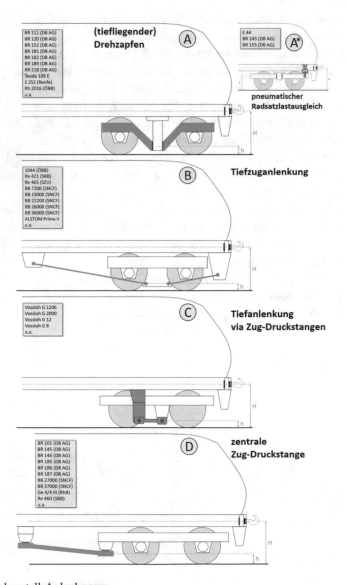

Abb. 4.8 Drehgestell-Anlenkungen

4.4   Zugkrafterzeugung an der Leistungsgrenze

4.4.1   Antriebskonfigurationen

Die Zugkrafterzeugung an der Kraftschlussgrenze hängt im besonderen Maße von der konkreten Antriebskonfiguration der Triebfahrzeuge ab. Im Gegensatz zu Straßenfahrzeugen existiert bei Schienenfahrzeugen ein großes Spektrum von Antriebskonfigurationen, wie Abb. 4.9 zeigt. Die dort dargestellte Hierarchie geht auf die Grundfrage zurück, auf welche Art und Weise die Traktionsenergie bereitgestellt wird. Im Rahmen dieses Buches werden vornehmlich elektrische Triebfahrzeuge, die via Oberleitung gespeist werden, sowie Dieseltriebfahrzeuge betrachtet. Zweikraft-, Hybrid- und Gasturbinenfahrzeuge werden kurz in den jeweiligen Infokästen charakterisiert. Die Wahl der Antriebskonfiguration folgt natürlich nicht nur anhand fahrdynamischer Erwägungen. Fragen der Infrastruktur (z. B. Elektrifizierung und wenn ja, mit welcher Spannung?), der Ökonomie (Anschaffungs-, Wartungs- und Instandhaltungsaufwand verschiedener Antriebstechnologien) und der „Firmenphilosophie" spielen ebenso eine Rolle. Im Westteil Deutschlands kam beispielsweise der dieselelektrischen Antriebstechnik bis 1990 keine große Bedeutung zu, weil sich die Deutsche Bundesbahn im Grundsatz für die hydrodynamische Leistungsübertragung bei ihren Dieseltriebfahrzeugen entschieden hatte.

Hinsichtlich der Zugkraftentwicklung an der Leistungsgrenze unterscheiden sich die in Abb. 4.9 aufgeführten Antriebskonfigurationen vor allem in der Frage, ob mit ihnen eine Leistungskonstanz an den Treibrädern erzielt werden kann und falls ja, in welchem Geschwindigkeits- bzw. Drehzahlspektrum dies möglich ist. Ein zweiter wichtiger Punkt ist

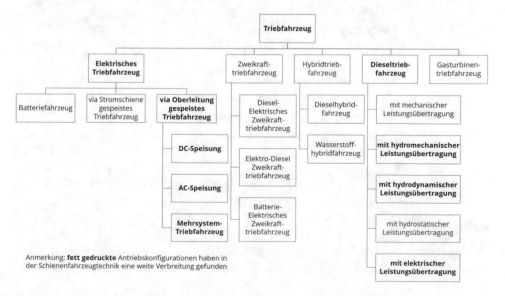

Abb. 4.9 Antriebskonfigurationen von Triebfahrzeugen (Beispielfahrzeuge: siehe Zusatzmaterialien)

die Stetigkeit der Zugkraftentwicklung über der Geschwindigkeit und die Frage, ob technisch bedingte Zugkraftsprünge oder sonstige Unstetigkeiten in der Zugkraftkurve auftreten.

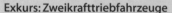

Exkurs: Zweikrafttriebfahrzeuge

Zweikraftfahrzeuge, manchmal auch als Bimodale Fahrzeuge und häufig fälschlich als „Hybridfahrzeuge" bezeichnet, sind Triebfahrzeuge, deren Antriebe aus zwei unterschiedlichen Energiequellen gespeist werden können, von denen allerdings nur eine fahrzeuggebunden ist. Dies ist ein wesentlicher Unterschied zu den Hybridfahrzeugen, die über zwei verschiedene fahrzeuggebundene Energiespeicher verfügen. Sie können nur jeweils in dem einen *oder* dem anderen Antriebsmodus betrieben werden, eine Überlagerung der Leistungen ist in der Regel nicht vorgesehen.

Im Gegensatz zu Hybridfahrzeugen ist regeneratives Bremsen (Bremsarbeitsrekuperation) nur im elektrischen Antriebsmodus möglich, falls die elektrische Antriebsausrüstung dafür ausgelegt wurde und das elektrische Netz, an dem die Fahrzeuge betrieben werden, aufnahmefähig ist.

Zweikraftfahrzeuge können sinnvollerweise dann zum Einsatz kommen, wenn der Laufweg der Fahrzeuge/Züge nicht durchgängig elektrifiziert ist. Im Reisezugverkehr ist die Entwicklung von Zweikraftfahrzeugen durch die Gewährleistung umstiegsfreier Verbindungen oder der lokalen Vermeidung von Emissionen (z. B.: Verbot von Dieseltraktion in Innenstädten oder Tunneln) verbunden, während im Güterverkehr die Erhöhung der Effizienz und daraus resultierenden Kosteneinsparungen (es müssen am Anfang und Ende des Laufweges keine Rangierloks vorgehalten werden) im Vordergrund steht.

Je nachdem, ob die nicht elektrifizierten Streckenabschnitten nur an den Anfangs- und Endpunkten der Laufwege liegen (Rangier-/ Containerbahnhöfe oder Anschluss- und Werkbahnen) oder längere Streckenabschnitte mit höheren Geschwindigkeiten durchfahren müssen (Beispielstrecke Dresden-Hof-Nürnberg: Elektrifizierung endet in Hof und beginnt erst im Raum Nürnberg wieder) ergeben sich sehr unterschiedliche Auslegungsvarianten. Im erstgenannten Fall wird häufig auch von einem „Last-Mile"-

Antrieb gesprochen, weil der Antriebsstrang für die nicht elektrifizierten Abschnitte mit einer vergleichsweise geringe Leistung auskommt.

Bei Diesel-Elektrischen-Zweikrafttriebfahrzeugen ist die mittels Dieselmotoren erzeugte Antriebsleistung größer als bei der rein elektrischen Generierung der Zugkräfte, bei Elektro-Diesel-Zweikrafttriebfahrzeugen verhält es sich entsprechend anders herum.

Für Zweikraftfahrzeuge werden in der Regel mindestens zwei Zugkraft-Geschwindigkeits-Diagramme angegeben, die das Leistungsvermögen in dem jeweiligen Antriebsmodus widerspiegeln.

Exkurs: Hybridtriebfahrzeuge

Bei der Entwicklung von Hybridfahrzeugen steht das Ziel der Einsparung von Kraftstoff und Emissionen im Vordergrund. Eine Voraussetzung dafür ist die Zwischenspeicherung von Energie auf dem Fahrzeug, die während des regenerativen Bremsens „wiedergewonnen" wird. Hybridfahrzeuge weisen deshalb **zwei fahrzeuggebundene Energiespeicher** auf. Dies sind im Falle eines Dieselhybridfahrzeuges der Kraftstofftank und beispielsweise ein elektrochemischer Energiespeicher (Batterie) und im Falle eines Wasserstoffhybridfahrzeuges die Wasserstofftanks und eine Batterie.

Im Gegensatz zu Zweikraftfahrzeugen kann bei Dieselhybridfahrzeugen die Leistungsabgabe von elektrischem Speicher und Dieselmotor überlagert werden („Boosten"). Die Länge der Streckenabschnitte, die ohne den Hauptantrieb und nur durch die Speisung aus der Batterie zurückgelegt werden können, sind jedoch mangels großer Speicherkapazität oft sehr begrenzt.

Auch Hybridfahrzeuge können mehrere Zugkraftcharakteristiken aufweisen (z. B. mit geladener vs. leerer Batterie).

Exkurs: Gasturbinentriebfahrzeuge

Gasturbinentriebfahrzeuge wurden in der Vergangenheit entwickelt, wenn ein großer Traktionsenergiebedarf bestand, aber eine Elektrifizierung der infrage kommenden Strecken (noch) nicht realisierbar war. In Frankreich war zwischen 1972 und 2004 eine größere Flotte von Gasturbinentriebwagen (RTG – „Rame à Turbine à Gaz") im Einsatz und auch der TGV-Prototyp war ein Gasturbinenzug.

Auch die Deutsche Bundesbahn experimentierte in den 1970er Jahren mit entsprechenden Antrieben, bei denen die Gasturbine entweder als Hauptantrieb (VT 602) oder als Ergänzung des Dieselmotors (BR 210) zum Einsatz kam. in beiden Fällen bewährten sich die Antriebe in der Praxis nicht.

Neuere Gasturbinenlokomotiven sind in Russland für den Einsatz im schweren Güterverkehr entstanden.

Einen umfassenden Überblick über die internationale Entwicklung von Triebfahrzeugen mit Gasturbinenantrieb bis 1983 gibt Stoffels in [83].

4.4.2   Zugkraftcharakteristik von Dieseltriebfahrzeugen

Die Notwendigkeit einer Leistungsübertragungsanlage

Dieselmotoren weisen einen Drehmomenten- bzw. Leistungsverlauf über der Drehzahl auf, der nicht unmittelbar für die Zugkrafterzeugung geeignet ist. Wie der Verlauf der Kennlinien für einen Beispiel-Dieselmotor in Abb. 4.10) zeigt, ist die Abgabe einer konstanten Leistung nur näherungsweise und lediglich in einem schmalen Drehzahlbereich möglich.

Dieselmotoren haben außerdem die für Fahrzeugantriebe eigentlich ungünstige Eigenschaft, bei der Drehzahl „0" kein Drehmoment erzeugen zu können. Dieses Phänomen wird auch als „Drehzahllücke" bezeichnet. Je größer die Leerlaufdrehzahl bzw. die kleinste Volllastdrehzahl des Dieselmotor ist, desto größer ist die Drehzahllücke. Es muss also stets eine mechanische Entkopplung von Dieselmotor und Radsätzen erfolgen, damit der Dieselmotor überhaupt gestartet und bei Leerlaufdrehzahl betrieben werden kann.

Würde ein Dieselmotor direkt mit den Treibradsätzen verbunden (mechanische Gesamtübersetzung $i_{ges} = 1$), ergäbe sich also aus den genannten Gründen eine nicht einmal ansatzweise zufriedenstellende Zugkraft-Geschwindigkeits-Charakteristik, wie Abb. 4.11 am Beispiel eines Dieselmotors mit einer Nennleistung von 357 kW zeigt.

Wie die genannte Abbildung unterstreicht, ist es notwendig, den vom Dieselmotor gelieferten Leistungs- und Drehmomentverlauf so anzupassen, dass er für Traktionszwecke möglichst gut ausnutzbar ist. Dies ist die Aufgabe der **Leistungsübertragung** bei Dieseltriebfahrzeugen.

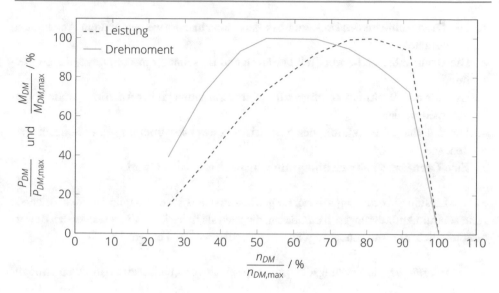

Abb. 4.10 Leistungs- und Drehmomentabgabe eines Dieselmotors

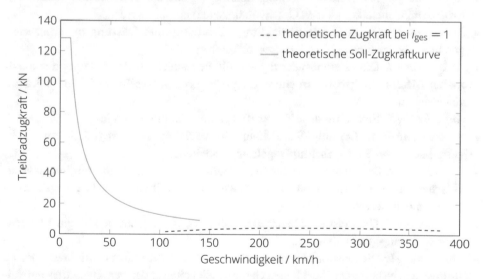

Abb. 4.11 Vergleich der Soll-Zugkraftkurve für einen Dieselmotor mit 357 kW Nennleistung mit der Ist-Zugkraftkurve bei direkter Kopplung von Dieselmotor und Treibradsätzen (Wirkungsgrade vernachlässigt)

Die Notwendigkeit, eine solche Einrichtung in den Leistungsfluss zwischen Dieselmotor und Treibradsätzen zu schalten, ergibt sich zusammenfassend aus den folgenden Problemstellungen:

1. Die **Drehzahllücke des Dieselmotors** muss **überbrückt** werden, um ein Anfahren zu ermöglichen.
2. Die **Drehzahlbereiche** von Treibradsätzen und Dieselmotor müssen **angeglichen werden.**
3. Es muss eine **Drehmomentenwandlung** zur Erzeugung großer Anfahrzugkräfte vorgenommen werden.
4. Die dauerhafte **Ausnutzung des Nennleistung des Dieselmotors** soll ermöglicht werden.
5. Eine **Dreh- bzw. Fahrtrichtungsumkehr** muss ermöglicht werden.

Für die Leistungsübertragungseinrichtungen lassen sich aus fahrdynamischer Sicht folgende zehn zentrale Anforderungen formulieren, die auch als Kriterien zur vergleichenden Bewertung möglicher Leistungsübertragungsarten genutzt werden können:

- *Anforderung 1:* Die Leistungsübertragung soll ein **verschleißfreies Anfahren** ermöglichen.
- *Anforderung 2:* Mit Hilfe der Leistungsübertragung soll die **Generierung hoher Zugkräfte** (mindestens bei kleinen Geschwindigkeiten) erreicht werden.
- *Anforderung 3:* Die **Zugkraftentwicklung** soll **entlang einer Leistungshyperbel** erfolgen und möglichst *ohne Unstetigkeiten* aufkommen.
- *Anforderung 4:* Die Leistungsübertragung soll die **dauerhafte Ausnutzung der maximalen Dieselmotorleistung in einem möglichst großen Geschwindigkeitsspektrum** sicherstellen.
- *Anforderung 5:* Eine **stufenlose Zugkraftregelung** soll möglich sein.
- *Anforderung 6:* Die Leistungsübertragung soll eine radsatz-selektive (mindestens: drehgestell-selektive) **Radsatzschlupfregelung** ermöglichen.
- *Anforderung 7:* Die **Ausnutzung der Dieselmotor-Arbeitspunkte mit minimalem spezifischen Verbrauch** (maximalem Wirkungsgrad) soll mit Hilfe der Leistungsübertragung ermöglicht werden.
- *Anforderung 8:* Die Leistungsübertragung soll einen im Allgemeinen **hohen Übertragungswirkungsgrad** aufweisen.
- *Anforderung 9:* Die Leistungsübertragung soll eine hohe **thermische und mechanische Robustheit,** insbesondere bei kleinen Geschwindigkeiten und hohen Zugkräften aufweisen.
- *Anforderung 10:* Der **Leistungsfluss innerhalb der Leistungsübertragung soll bei Bremsvorgängen umkehrbar** sein, so dass verschleißfreies oder sogar regeneratives Bremsen (durch Hybridisierung des Antriebsstranges) ermöglicht wird.

Das Betriebsverhalten des Dieselmotors muss bei der Auslegung einer Leistungsübertragungseinrichtung immer mit berücksichtigt werden. Dafür wird auf Dieselmotorkennfelder zurückgegriffen, die den Verlauf der Leistungsabgabe des Dieselmotors in Abhängigkeit

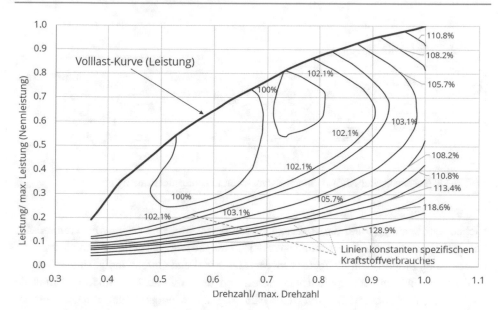

Abb. 4.12 Beispielhafte Darstellung eines Dieselmotorkennfeldes mit bezogenen Größen (Bezug Leistung und Drehzahl: Maximalleistung bzw. Maximaldrehzahl, Bezug spezifischer Verbrauch: minimaler spezifischer Verbrauch)

von der Drehzahl um Angaben zum energetischen Verhalten des Dieselmotors ergänzt. Es ist üblich, dieses mit Hilfe von Kurven konstanten spezifischen Verbrauches zu beschreiben, die aufgrund ihres charakteristischen Verlaufes häufig auch als „Muschelkurven" bezeichnet werden. Dieselmotorkennfelder werden deshalb umgangssprachlich auch „Muschelkennfeld" genannt. Abb. 4.12 zeigt ein solches Dieselmotorkennfeld in bezogener Darstellung. Der spezifische Verbrauch wird in der Regel in der Einheit g/kWh angegeben. Da solche Angaben aber heute von den Produzenten der Motoren oft als „Betriebsgeheimnis" gehandhabt werden, erfolgt hier nur eine semi-quantitative Darstellung des spezifischen Verbrauches.

Das Zusammenspiel von Dieselmotor und Leistungsübertragung sollte idealerweise so funktionieren, dass für jede Leistungsanforderung (horizontale Geraden im Diagramm) die Drehzahl mit dem geringsten spezifischen Verbrauch gewählt werden kann.

Zugkrafterzeugung bei mechanischer Leistungsübertragung

Die einfachste und – hinsichtlich der erreichbaren Übertragungswirkungsgrade – effektivste Art der Leistungsübertragung ist die mechanische Leistungsübertragung. Sie bietet den Vorteil, dass keine Wandlung der Energieform vorgenommen wird und dass die Berechnung der Zugkraftcharakteristik vergleichsweise einfach ist.

Der prinzipielle Aufbau einer mechanischen Leistungsübertragungseinrichtung kann Abb. 4.13 entnommen werden. Sowohl das Schaltgetriebe als auch das Radsatzgetriebe dienen der Drehmoment- und Drehzahlwandlung, so dass sich das gesamte mechanische Übersetzungsverhältnis zwischen Dieselmotor und Treibradsatz als Produkt der Schaltge-

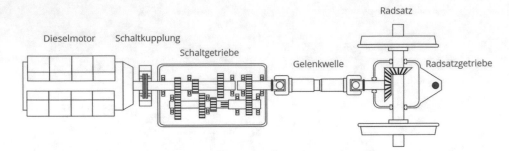

Abb. 4.13 Schematischer Aufbau einer mechanischen Leistungsübertragung

triebeübersetzung i_{SG} und der Radsatzgetriebeübersetzung i_{RG} ergibt. Die Treibradsätze wirken bei schlupffreier Betrachtung wie ein Reibradgetriebe, bei dem der Radius der Treibräder r_T den Proportionalitätsfaktor zwischen Drehzahl und Geschwindigkeit darstellt.

Eine kinematische Entkopplung von Dieselmotor und Treibradsätzen findet außerhalb des Anfahrvorganges nicht statt. Somit ist die Fahrzeuggeschwindigkeit für jeden Gang proportional zur Dieselmotordrehzahl n_{DM} und die Treibradzugkraft proportional zum Dieselmotordrehmoment M_{DM}. Konkret ergeben sich die folgenden Zusammenhänge (*Anmerkung:* alle Größen sind in SI-Einheiten einzusetzen):

$$v = \frac{2\pi \cdot r_T}{i_{SG} \cdot i_{RG}} \cdot n_{DM} \qquad (4.14)$$

$$F_T = \frac{1}{r_T} \cdot \eta_{SG}\eta_{RG} \cdot i_{SG}i_{RG} \cdot (1 - \psi) \cdot M_{DM} \qquad (4.15)$$

Bei der Ermittlung der Zugkraft (Gl. 4.15) müssen auch die Übertragungswirkungsgrade der Getriebe berücksichtigt werden. Die Übertragungswirkungsgrade der übrigen Elemente im Antriebsstrang, wie zum Beispiel der Gelenkwellen, werden häufig vernachlässigt. Ferner muss der Tatsache Rechnung getragen werden, dass ein Teil der Dieselmotorleistung für den Antrieb von Hilfs- und Nebenaggregaten (Kühlanlage, Klimaanlage, Luftverdichter u. a.) benötigt wird und nicht für die Erzeugung von Zugkräften zur Verfügung steht. Dies wird mit dem Hilfsbetriebefaktor ψ berücksichtigt, der sich in einem Wertebereich zwischen 0,03 und 0,10 bewegen kann.

Abb. 4.14 zeigt beispielhaft den Verlauf der Treibradzugkraft (Abb. 4.14a), der Treibradleistung (Abb. 4.14b) und der Dieselmotordrehzahl über der Geschwindigkeit für ein Fahrzeug, das mit zwei Antriebsanlagen mit mechanischer Leistungsübertragung verfügt, wobei ein 6-Gang-Getriebe zum Einsatz kommt.

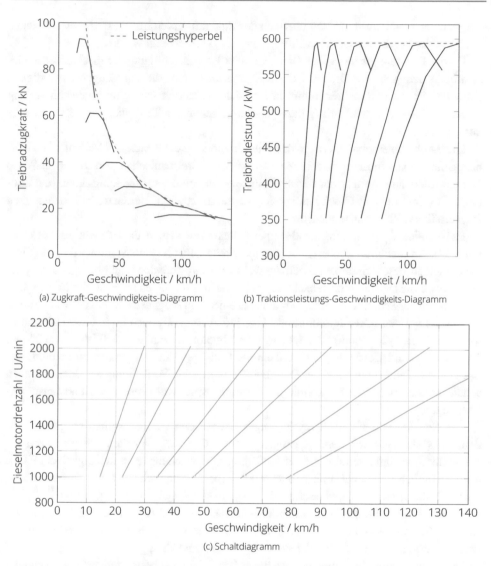

(a) Zugkraft-Geschwindigkeits-Diagramm   (b) Traktionsleistungs-Geschwindigkeits-Diagramm

(c) Schaltdiagramm

Abb. 4.14 Beispielhafte Darstellung eines Fahrzeuges mit dem Beispielmotor aus Abb. 4.10, das über zwei Antriebsanlagen und eine mechanische Leistungsübertragung verfügt

Es wird deutlich, dass mit einer mechanischen Leistungsübertragung eine Leistungskonstanz (die Zugkrafthyperbel für die Treibradnennleistung wurde im Zugkraft-Geschwindigkeits-Diagramm ebenfalls angedeutet) nicht erreicht werden kann. Vielmehr entstehen deutlich erkennbare Zugkraftsprünge sowie Zugkraftlücken, deren Ausprägung durch die Anzahl und Abstufung der Gänge beeinflusst werden kann. Zugkraftlücken sind Bereiche im Zugkraft-Geschwindigkeitsdiagramm, die unterhalb der durch die Leistungshyperbel vorgegebenen Hüllkurve, jedoch oberhalb der Zugkraftkurven liegen. In diesen Bereichen kann mit der gegebenen Getriebestufung keine Zugkraft erzeugt werden.

Da der Dieselmotor mit seiner Drehzahl unter Berücksichtigung der mechanischen Gesamtübersetzung an die Drehzahl der Radsätze und damit die Fahrzeuggeschwindigkeit gebunden ist (siehe Schaltdiagramm in Abb. 4.14c), kann er nur füllungsgeregelt entlang seiner Volllastkurve bzw. entlang dazu parallel-verschobener Teillastkurven betrieben werden.

Die Drehmomentcharakteristik des Dieselmotors spiegelt sich im Verlauf der gangbezogenen Zugkraftkurvenabschnitte wider, wobei die mechanische Übersetzung für Werte $i > 1$ eine Stauchung entlang der Geschwindigkeitsachse und eine Streckung entlang der Zugkraftachse im Zugkraft-Geschwindigkeits-Diagramm bewirkt. Bei Getriebeübersetzungen < 1 verhält es sich genau umgekehrt.

Es ist üblich, die Abstufung der einzelnen Gänge so zu wählen, dass sich die Teilzugkraftkurven bei mittleren und höheren Geschwindigkeiten überdecken. Somit wird es möglich, bei derselben Geschwindigkeit durch die Wahl der Gangstufe das Zugkraftangebot zu variieren sowie die Dieselmotordrehzahl zu beeinflussen. So wäre es im Falle des in Abb. 4.14 ausweislich des Schaltdiagramms möglich, bei einer Fahrzeuggeschwindigkeit von 90 km/h sowohl im 6. Gang (Dieselmotordrehzahl ca. 1150 U/min) als auch im 5. Gang (Dieselmotordrehzahl ca. 1420 U/min) oder 4. Gang (Dieselmotordrehzahl ca. 1940 U/min) zu fahren. Je nach Zugkraftanforderung könnte dann der Gang gewählt werden, der zu dem energetisch günstigsten Arbeitspunkt des Dieselmotors führt. Eine Verdichtung der Übersetzungen schafft somit zusätzliche Flexibilität im Zusammenspiel von Dieselmotor und Leistungsübertragung.

Die Schaltpunkte für die Umschaltung zwischen den Gängen sollten so gelegt werden, dass sie nicht im Bereich gängiger „Bahn-Geschwindigkeiten" liegen. Typische Bahn-Geschwindigkeiten sind z. B. 25 km/h (eine Überwachungsgeschwindigkeit der PZB), 40 km/h (üblich in Weichenstraßen) oder 60 km/h (bestimmte Weichen in abzweigender Stellung). Es ließen sich weitere Geschwindigkeiten benennen, aber die aufgeführten Beispiele sollen an dieser Stelle genügen. Außerdem sind das Auf- und Abschalten der Gänge hysteresebehaftet, so dass es bei ungünstigen Lastanforderungen (z. B. Gangwechsel in großen Steigungen) nicht zu instabilen Schaltzuständen kommen kann.

Eine große Herausforderung bei mechanischen Leistungsübertragungen ist die Realisierung von Anfahrvorgängen. Wie in allen Teildiagrammen der Abb. 4.14 zu erkennen ist, können bei der betrachteten Beispielkonfiguration keine Zugkräfte unterhalb einer Geschwindigkeit von ca. 15 km/h realisiert werden. Natürlich könnte die Übersetzung des ersten Ganges noch höher gewählt werden, um diese Geschwindigkeit abzusenken, aber aus physikalischen und technischen Gründen kann die Übersetzung des kleinsten Ganges nicht so hoch gewählt werden, dass die Lücke im Zugkraft-Geschwindigkeits-Diagramm gänzlich geschlossen werden kann. Es wird deshalb ein Anfahrelement benötigt, dass die Drehzahldifferenz zwischen kleinster Dieselmotordrehzahl und (zunächst) stillstehendem Antriebsstrang zu überbrücken und dabei hohe Zugkräfte zu erzeugen vermag. Aufgrund der großen

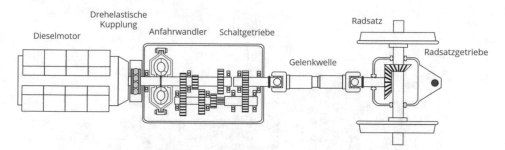

Abb. 4.15 Schematischer Aufbau einer hydromechanischen Leistungsübertragung

Massen(trägheit) von Schienenfahrzeugen und der damit verbundenen hohen Reibleistungen kommen Reibungskupplungen wie im Automobilbau nicht infrage. Eine sehr vorteilhafte Lösung stellt die Integration eines hydrodynamischen Wandlers in ein mechanisches Schaltgetriebe dar, so dass aus der mechanischen eine hydromechanische Leistungsübertragung wird.

Zugkrafterzeugung bei hydromechanischer Leistungsübertragung

Die hydromechanische Leistungsübertragung stellt eine Weiterentwicklung der mechanischen Leistungsübertragung dar. Letztgenannte findet man im Eisenbahnbereich in Europa heute nur noch bei Museumsfahrzeugen.

Die hydromechanische Leistungsübertragung, deren Aufbau in Abb. 4.15 schematisch dargestellt ist, wurde zunächst für Nutzfahrzeuge (insbesondere Busse) entwickelt und hielt mit den seit den 1990er Jahren projektierten leichten Dieseltriebwagen und -zügen im Eisenbahnbereich Einzug.

Der große Vorteil hydromechanischer Getriebe ist die Kombination der Vorteile eines hydrodynamischen Wandlers (verschleißfreies Anfahren, Erzeugung hoher Zugkräfte bei geringen Geschwindigkeiten) mit denen eines mechanischen Getriebes (hoher Übertragungswirkungsgrad, große Kompaktheit der Getriebe).

Hydromechanische Antriebskonfigurationen nutzen den hydrodynamischen Wandler nur im Bereich kleiner Geschwindigkeiten. Im Zuge der weiteren Beschleunigung des Fahrzeuges wird der Wandler mechanisch überbrückt und es liegt dann wieder eine rein mechanische Leistungsübertragung vor, die den im voranstehenden Teilabschnitt dargestellten Gesetzmäßigkeiten folgt.

Moderne hydromechanische Getriebe sind grundsätzlich als Lastschaltgetriebe ausgeführt und verfügen über komplex verschaltete Planetengetriebestufen, mit denen sich durch das Festbremsen und Lösen verschiedener Wellen auf engem Bauraum ein breites Spektrum von Übersetzungen realisieren lassen (siehe 4.16). Unter Lastschaltgetriebe werden Getriebeausführungen verstanden, bei denen ein Gangwechsel unter Last möglich ist. Anders als bei den Schaltvorgängen in einem Automobil mit klassischem Schaltgetriebe („Auskuppeln – Gangwechsel – Einkuppeln") findet auf diese Weise keine Zugkraftunterbrechung

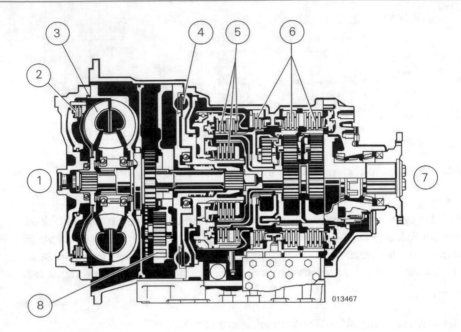

1	Antrieb	5	Kupplungen (A, B, C)
2	Wandler-Überbrük-kungskupplung (ÜK)	6	Bremsen (D, E, F)
3	Drehmomentwandler	7	Abtrieb
4	Retarder	8	Ölpumpe

Abb. 4.16 Schnittdarstellung eines hydromechanischen Getriebes vom Typ ZF Ecomat. (Quelle: ZF Friedrichshafen AG)

statt, sondern parallel betätigte Kupplungselemente sorgen während des Schaltvorganges für eine stetige Veränderung des Leistungsflusses durch das Getriebe.

Der Einsatz hydromechanischer Antriebe beschränkt sich bei der Eisenbahn auf Dieseltriebwagen bzw. -züge für den Nah- und Regionalverkehr, die in der Regel über mehrere Antriebsanlagen (PowerPacks) verfügen. Die Leistungsgrenze, bis zu der hydromechanische Getriebe zur Anwendung kommen, liegt bei ca. 560 kW.

Die Abb. 4.17 zeigt am Beispiel eines Triebwagens der Baureihe 650 (Regioshuttle) den typischen Zugkraftverlauf eines Fahrzeuges mit hydromechanischem Antriebsstrang.

Bezüglich der unter Abschn. 4.4.2 formulierten 10 Anforderungen, die aus fahrdynamischer Sicht an Leistungsübertragungsanlagen zu stellen sind, lässt sich für diesel-hydromechanische Antriebsstränge festhalten, dass die Anforderungen 1, 5, 8 und 10 vollumfänglich sowie die Anforderungen 2 und 6 mit Einschränkungen erfüllt werden können.

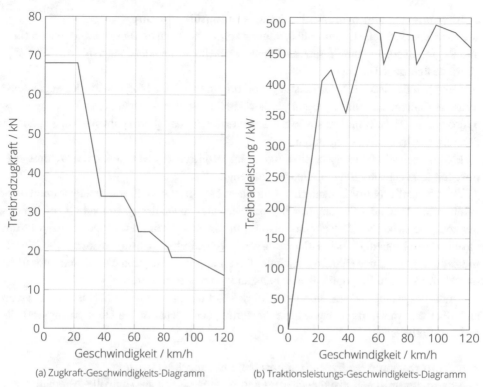

(a) Zugkraft-Geschwindigkeits-Diagramm   (b) Traktionsleistungs-Geschwindigkeits-Diagramm

(c) BR 650 („Regioshuttle")

Abb. 4.17 Verlauf von Treibradzugkraft und -leistung über der Geschwindigkeit für einen Triebwagen der Baureihe 650 („Regioshuttle")

► Zusammenfassung: hydromechanische Leistungsübertragung

Die hydromechanische Leistungsübertragung kommt bei leichten Dieseltriebwagen im Nah-
und Regionalverkehr zum Einsatz. Es können Dieselmotornennleistungen bis ca. 560 kW je
Getriebe übertragen werden.

Der Vorteile dieser Art der Leistungsübertragung sind die Möglichkeit des verschleiß-
freien Anfahrens und die Erzeugung hoher Anfahrbeschleunigungen unter Nutzung eines
hydrodynamischen Wandlers sowie die Ausnutzung hoher Übertragungswirkungsgrade in
den rein mechanischen Gangstufen.

Hydromechanische Getriebe sind zudem im Vergleich zu elektrischen oder hydrodynamischen Leistungsübertragungsanlagen kostengünstig.

Die Nachteile hydromechanischer Antriebsstränge liegen in ihrer Leistungs- und Dreh-
zahlbeschränkung, der Stufung des Zugkraftverlaufes sowie der systembedingten Unmöglichkeit, die maximale Dieselmotorleistung in einem breiten Geschwindigkeitsspektrum
ausnutzen zu können. Da bei der Nutzung rein mechanischer Übertragungswege die Dieselmotordrehzahl von der Fahrzeuggeschwindigkeit abhängig ist, kann der Dieselmotor nicht
dauerhaft in energetisch optimalen Arbeitspunkten betrieben werden.

Die fahrdynamischen Eigenschaften diesel-hydromechanischer Antriebsstränge lassen
sich über die Anzahl der Gänge sowie Abstufung der mechanischen Übersetzungsverhält-
nisse beeinflussen.

Zugkrafterzeugung bei hydrodynamischer Leistungsübertragung

Die hydrodynamische Leistungsübertragung ist lange Zeit eine sinnvolle Alternative zur
elektrischen Leistungsübertragung gewesen und stellt, wenn man so will, eine Erweiterung der mechanischen Leistungsübertragung dar. Wie bei dieser sind mechanische Übersetzungen (Zahnradstufen), Gelenkwellen und Radsatzgetriebe zentraler Bestandteil des
Antriebsstranges (vgl. Abb. 4.18).

Im Gegensatz zur mechanischen Leistungsübertragung bietet die Hydrodynamik jedoch
die Möglichkeit einer kontinuierlichen Wandlung von Drehmomenten und Drehzahlen über
der Geschwindigkeit sowie, unter bestimmten Voraussetzungen, der vollständigen Entkopplung von Dieselmotor- und Radsatzdrehzahl.

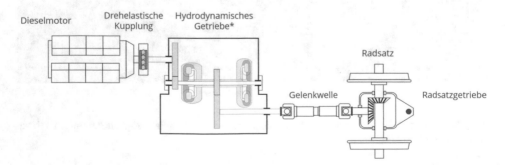

Abb. 4.18 Schema eines hydrodynamischen Antriebbstranges

Den prinzipiellen Aufbau eines Strömungsgetriebes illustriert Abb. 4.19. Es besteht aus mehreren Zahnradstufen, nämlich der Eingangsübersetzung (in der Abbildung rot dargestellt) und den Abtriebsübersetzungen (blau). Der Leistungsfluss zwischen diesen Übersetzungen erfolgt jedoch nicht direkt, sondern über die hydrodynamischen Elemente im Getriebe. Im Falle des Beispiels in der Abbildung sind das zwei Strömungswandler. Diese sind zunächst nur mit Luft gefüllt, sodass der Leistungsfluss zwischen Dieselmotor und Treibrädern unterbrochen ist. Um eine Leistung übertragen zu können, muss zunächst der größere der beiden Wandler (es handelt sich um den Anfahrwandler) mit Öl befüllt werden. Sobald dies geschieht, wird die mechanische Leistung des Dieselmotors auf das Öl übertragen. Wie die Bezeichnung „Hydro*dynamik*" schon verrät, wird im Wandler ein Ölstrom mit hoher Geschwindigkeit erzeugt. Dies erfolgt dadurch, dass die Drehzahl des Dieselmotors mittels der Eingangsübersetzung „ins Schnelle" übersetzt wird und damit das auf der roten Zwischenwelle (siehe Abb. 4.19) sitzende Pumpenrad des Wandlers (ebenfalls rot) sehr schnell rotiert und damit das Öl im Wandler in eine schnelle rotatorische und radiale Bewegung versetzt. Der Ölstrom trifft dann im Wandler mit hoher Geschwindigkeit auf das Turbinenrad, das mit der in Abb. 4.19 blau dargestellten Hohlwelle verbunden ist, auf der außerdem ein Zahnrad der Abtriebsübersetzung sitzt. Das Turbinenrad erfährt nun ebenfalls ein Drehmoment, das um einiges höher als das Drehmoment der Pumpenwelle sein kann (siehe Infokästen) und bewirkt über die Ausgangsübersetzung, Gelenkwellen und Radsatzgetriebe ein Antriebsdrehmoment auf die Treibradsätze, aus der eine Beschleunigung des Fahrzeuges resultiert.

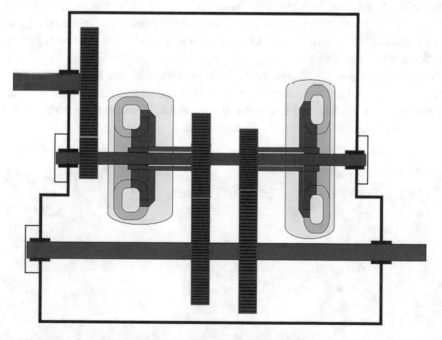

Abb. 4.19 Schematischer Aufbau eines hydrodynamischen Getriebes

Wie im Folgenden noch gezeigt wird, sind Drehzahlwandlung und Wirkungsgrad der hydrodynamischen Wandler vom Drehzahlverhältnis ν von Turbinen- und Pumpenrad abhängig. Während die Dieselmotordrehzahl und damit die Drehzahl des Pumpenrades n_P im Wandlerbetrieb weitgehend konstant gehalten werden, ist die Drehzahl des Turbinenrades n_{Tu} proportional zur Fahrzeuggeschwindigkeit, sodass sich das Drehzahlverhältnis mit zunehmender Geschwindigkeit immer weiter dem Wert 1 annähert. Damit gerät der Wandler irgendwann in einen Arbeitsbereich, der sowohl hinsichtlich der Drehmomentenwandlung (<1) als auch hinsichtlich des Wirkungsgrades unattraktiv ist. Es sind deshalb mehrere hydrodynamische Kreisläufe in Strömungsgetrieben verbaut, die verschiedene Geschwindigkeitsbereiche abdecken. Im Beispiel (Abb. 4.19) würde bei einer bestimmten Geschwindigkeit eine Umschaltung zwischen Anfahrwandler (dieser wird entleert) und dem zweiten Wandler (genannt Marschwandler, dieser wird zeitgleich mit Öl befüllt) stattfinden. Dieser Umschaltprozess ist stetig, sodass der Leistungsfluss ruckarm und ohne Zugkraftunterbrechung umgeleitet wird.

Bei einigen Getrieben kommen neben dem Anfahrwandler Strömungskupplungen zum Einsatz. Diese wandeln das Eingangsdrehmoment nicht, sondern leiten es weiter und dienen im Übrigen „lediglich" dazu, während der Fahrt verlustlos und ruckarm zwischen unterschiedlichen Getriebeübersetzungen umzuschalten. **Für Strömungsgetriebe im Kupplungsbetrieb gelten damit dieselben Gesetzmäßigkeiten wie für die mechanische Leistungsübertragung.** Es ist lediglich der Schlupf (1...4 %) und der Wirkungsgrad (96...99 %) der Strömungskupplungen zu berücksichtigen. Ob Strömungskupplungen oder Strömungswandler eingesetzt werden, hängt unter anderem von den technischen Eigenschaften des Dieselmotors ab (siehe Infokasten). Die Motivation zum Einsatz von Strömungskupplungen liegt in ihrem hohem Übertragungswirkungsgrad von $\eta > 0{,}95$, der mit einem Strömungswandler nicht erreicht werden kann.

Da das Übertragungsverhalten eines Strömungsgetriebes im Kupplungsbetrieb, wie erwähnt, weitgehend mit Hilfe der Gleichungen für mechanische Antriebsstränge beschrieben werden kann, wird im Folgenden vor allem auf das Übertragungsverhalten von Strömungswandlern und Wandlergetrieben eingegangen.

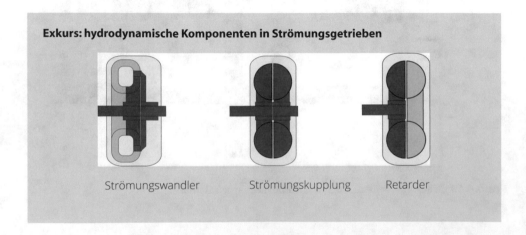

Exkurs: hydrodynamische Komponenten in Strömungsgetrieben

Strömungswandler   Strömungskupplung   Retarder

Strömungsgetriebe können grundsätzlich dreierlei Arten von hydrodynamischen Elementen enthalten: Strömungswandler, Strömungskupplungen und hydrodynamische Retarder. Während alle Strömungsgetriebe über mindestens einen Wandler verfügen, beschränkt sich der Einsatz von Strömungswandlern heute auf hydrodynamische Getriebe für Triebwagen/Triebzüge, da die dort eingesetzten Motoren besser für den Betrieb mit Strömungskupplungen geeignet sind als Lokomotivmotoren (sie weisen im Allgemeinen eine größere Drehmomentelastizität auf). Im Folgenden werden die drei genannten Elemente kurz charakterisiert.

Strömungswandler

Strömungswandler sind dreiteilig aufgebaut: sie bestehen aus einem Pumpenrad (Beschleunigung des Öls), einem Turbinenrad (Erzeugung eines Drehmomentes durch die Umlenkung des Ölstromes an den Turbinenschaufeln) sowie einem Leitrad. Letztgenanntes rotiert nicht mit, sondern ist fest mit dem Getriebegehäuse verbunden. Damit ergibt sich die Möglichkeit, ein Differenzmoment zwischen Pumpen- und Turbinenrad abzustützen und somit eine Drehmomentwandlung (Ausgangsmoment größer als Eingangsmoment) zu bewirken. Entfällt das Leitrad oder dessen Funktion, entsteht eine Strömungskupplung.

Strömungskupplung

Strömungskupplungen übertragen Drehmomente und Drehzahlen, ohne diese nennenswert zu wandeln. Mangels der Möglichkeit, ein Differenzmoment abzustützen, ist das Abtriebsmoment einer Strömungskupplung gleich dem um den Kupplungswirkungsgrad reduzierten Eingangsdrehmoment. Strömungskupplungen werden in Strömungsgetrieben als verschleißfreie Schaltkupplungen (**nicht als Anfahrkupplung**) verwendet, da sie durch Befüllen und Entleeren mit Öl „aktiv" bzw. „inaktiv" geschaltet werden können.

Eine Drehmomentübertragung mittels Strömungskupplung ist nur möglich, wenn Pumpen- und Turbinenrad asynchron (mit einem Schlupf) rotieren. Kupplungsschlupf und -wirkungsgrad verhalten sich komplementär (z.B. 1 % Schlupf = 99 % Wirkungsgrad und umgekehrt). Strömungskupplungen werden in hydrodynamischen Getrieben typischerweise in einem Schlupfbereich von 2...4 % betrieben und gestatten so eine sehr effiziente Leistungsübertragung.

Retarder

Bei hydrodynamischen Retardern handelt es sich im Prinzip um Strömungskupplungen, bei denen das Turbinenrad festgebremst ist. Sie wirken als „Strömungsbremse" und ermöglichen verschleißfreie Bremsungen.

Das Übertragungsverhalten von Strömungswandlern Um das Übertragungsverhalten von Strömungswandlern beschreiben zu können, müssen folgende Kenngrößen bekannt sein:

- die Drehmomentwandlung μ als Funktion des Drehzahlverhältnisses ν von Turbinen- und Pumpenrad,
- der Verlauf des Wirkungsgrades η als Funktion des Drehzahlverhältnisses ν von Turbinen- und Pumpenrad,
- der Verlauf der Leistungszahl λ als Funktion des Drehzahlverhältnisses ν von Turbinen- und Pumpenrad

Die genannten Größen sind wie folgt definiert:

$$\nu = \frac{n_{Tu}}{n_P} \qquad (4.16)$$

$$\mu = \frac{M_{Tu}}{M_P}. \qquad (4.17)$$

Der Wirkungsgrad eines Wandlers ist das Verhältnis der Wandlerausgangsleistung (Leistung am Turbinenrad P_{Tu}) zur Wandlereingangsleistung (Leistung am Pumpenrad P_P). Erstere ist definiert als das Produkt aus Turbinen(rad)drehmoment M_{Tu}, der Turbinen(rad)drehzahl n_{Tu} und dem Faktor 2π, während letztere das Produkt von Pumpen(rad)drehmoment M_P, der Pumpen(rad)drehzahl n_P und dem Faktor 2π ist. Es ergibt sich damit der folgende Zusammenhang:

$$\eta = \frac{P_{Tu}}{P_P} = \frac{M_{Tu} \cdot 2\pi \cdot n_{Tu}}{M_P \cdot 2\pi \cdot n_P}. \qquad (4.18)$$

Die Berücksichtigung der Gl. 4.16 und 4.17 führt schließlich zu:

$$\eta = \mu \cdot \nu. \qquad (4.19)$$

Die Leistungszahl (sie ist ebenfalls vom Drehzahlverhältnis ν abhängig) wird benötigt, um das hydrodynamische Drehmoment am Pumpenrad M_P zu ermitteln. Dieses ist neben der Leistungszahl noch von der Dichte des Öls ρ_{Oel}, dem Durchmesser des hydrodynamischen Kreislaufes (dem sog. Profildurchmesser) D_P und der Pumpendrehzahl n_P abhängig.

$$M_P = \lambda(\nu) \cdot \rho_{Oel} \cdot D_P^5 \cdot 4\pi^2 \cdot n_P^2 \qquad (4.20)$$

Wird nun noch bedacht, dass Dieselmotordrehzahl und Pumpendrehzahl durch das Übersetzungsverhältnis der Getriebeeingangsübersetzung $i_{SG,E}$ verbunden sind und damit gilt:

$$n_{DM} = i_{SG,E} n_P$$

so ergeben sich für den Drehmoment- bzw. Leistungsbedarf an der Kurbelwelle des Diesel-motors im Wandlerbetrieb folgende Gesetzmäßigkeiten:

$$M_{DM} = \lambda(v) \cdot \rho_{\text{Oel}} \cdot D_P^5 \cdot 4\pi^2 \cdot \frac{n_{DM}^2}{i_{SG,E}^3} \tag{4.21}$$

$$P_{DM} = \lambda(v) \cdot \rho_{\text{Oel}} \cdot D_P^5 \cdot 4\pi^2 \cdot \frac{n_{DM}^3}{i_{SG,E}^3} \tag{4.22}$$

Die in den Gl. 4.21 und 4.22 beschriebenen Zusammenhänge werden auch als **Wandler-parabel** bezeichnet. Diese sind für das Zusammenspiel von Dieselmotor und Strömungs-getriebe von zentraler Bedeutung. Als Quintessenz dieser Herleitung soll an dieser Stelle festgehalten werden, dass ein mit einem *Strömungsgetriebe im Wandlergang* gekoppelter Dieselmotor hinsichtlich seines Drehmomentes **immer** entlang einer Parabel zweiten Gra-des ($M_{DM} \sim n_{DM}^2$) und im Leistungsbereich **immer** entlang einer Parabel dritten Grades ($P_{DM} \sim n_{DM}^3$) belastet wird.

Die Abb. 4.20 zeigt beispielhaft die Verläufe von Drehmomentwandlung und Wirkungs-grad für einen fiktiven hydrodynamischen Wandler.

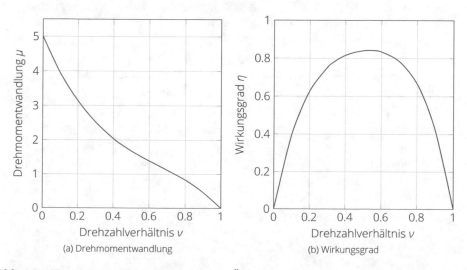

(a) Drehmomentwandlung   (b) Wirkungsgrad

Abb. 4.20 Kennlinien zur Charakterisierung des Übertragungsverhaltens eines Strömungswandlers

Exkurs: Hydrodynamische Drehmomentenwandlung

Im Strömungswandler wird ein Ölfluss mit großer Fließgeschwindigkeit erzeugt, der einerseits um die Rotationsachse der hydrodynamischen Baugruppen rotiert und andererseits eine starke radiale Komponente aufweist. Diese wird im Folgenden ausschließlich betrachtet (Beobachter dreht auf der Welle mit). Der Fluss des Hydrauliköls im Wandler folgt stets der Reihenfolge (Pumpenrad-Turbinenrad-Leitrad-Pumpenrad-...).

Die Drehmomentenwandlung wird anhand dreier ausgezeichneter Punkte in der Wandlercharakteristik erläutert.

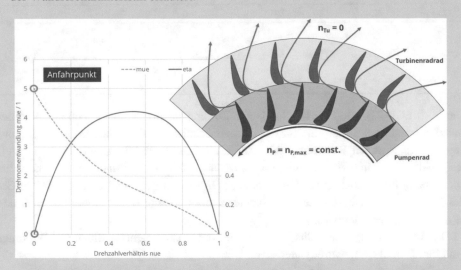

Im **Anfahrpunkt** des Wandlers steht das Turbinenrad still (es ist mechanisch über eine Kette von Übersetzungen mit den Treibrädern verbunden). Der Dieselmotor dagegen dreht mit hoher Drehzahl und Leistung und sorgt für die Beschleunigung der Ölmasse im Pumpenrad. Das Öl wird also mit hoher Geschwindigkeit aus der Pumpe geschleudert und trifft auf die stillstehenden Turbinenschaufeln. Der Ölstrom erfährt im Anfahrpunkt an den Turbinenschaufeln eine maximale Ablenkung, woraus (Impulssatz) ein sehr hohes Drehmoment an der Turbinenwelle ergibt. Dieses liegt in dem hier aufgeführten Beispiel um den Faktor 5 über dem Drehmoment am Pumpenrad.

Da im Moment des Anfahrens zwar ein hohes Drehmoment an der Turbinenwelle erzeugt wird, die Drehzahl aber zunächst 0 beträgt, ergibt sich eine Wandlerausgangsleistung von 0, woraus ein Wirkungsgrad von 0 resultiert.

Infolge der erzeugten Drehmomente an den Treibrädern setzt sich das Fahrzeug langsam in Bewegung. Proportional zur Fahrzeuggeschwindigkeit erhöht sich die Turbinendrehzahl und das Drehzahlverhältnis von Pumpen- und Turbinenrad steigt ebenfalls an.

Bei einem bestimmten Drehzahlverhältnis (hier: ca. 0,56) wird der **Aus-legungspunkt** erreicht. Hier wird der Ölstrom noch immer signifikant an den Turbinenschaufeln abgelenkt (Drehmomentenwandlung >1), allerdings werden in diesem Punkt die Stoßverluste beim Übergang vom Pumpen- auf das Turbinenrad zu Null, sodass sich ein optimaler Wirkungsgrad des Wandlers (es bleiben nur Reibungsverluste) einstellt.

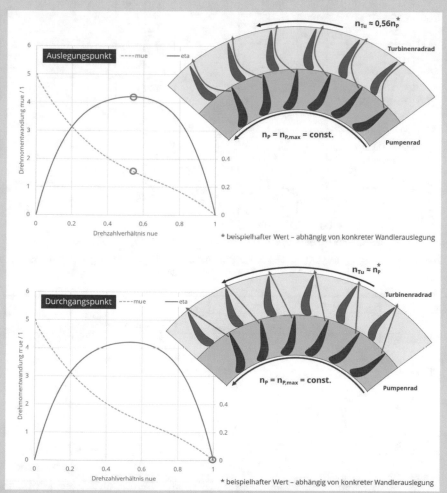

Wird der **Durchgangspunkt** erreicht, der nicht notwendigerweise bei einem Drehzahlverhältnis von 1 liegen muss, findet keine Ablenkung des Ölstroms an den Turbinenschaufeln mehr statt. Damit wird das Wandlerausgangsmoment und damit die Wandlerausgangsleistung zu „Null". Der Wirkungsgrad muss damit auch den Wert „Null" annehmen.

Das Übertragungsverhalten von Strömungsgetrieben Das Übertragungsverhalten eines Zweiwandlergetriebes wird im Folgenden anhand der Abb. 4.21 diskutiert, die die fahrdynamisch relevanten Zusammenhänge für eine fiktive dieselhydraulische Lokomotive beispielhaft illustriert.

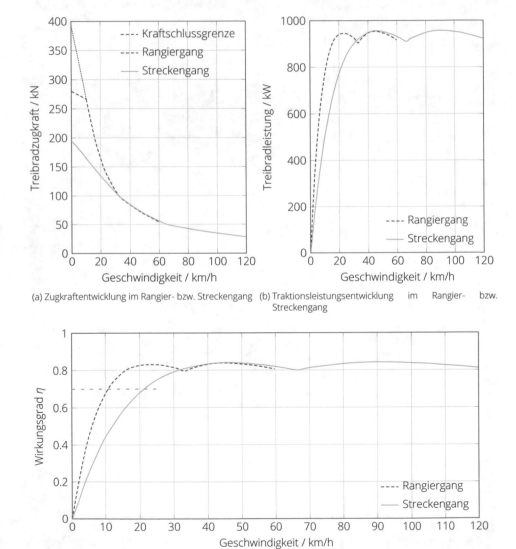

(a) Zugkraftentwicklung im Rangier- bzw. Streckengang   (b) Traktionsleistungsentwicklung   im   Rangier-   bzw. Streckengang

(c) Strömungsgetriebewirkungsgrad im Rangier- und Streckengang mit Grenzwirkungsgrad (η=0.7) für die Auslegung der Kühlanlage

Abb. 4.21 Kennlinien einer (fiktiven) Lokomotive mit Zweiwandler-Getriebe sowie einem Nachschaltgetriebe mit Rangier- und Streckengang

Das Fahrzeug ist zusätzlich mit einem mechanischen Nachschaltgetriebe ausgerüstet, das eine Variation der mechanischen Übersetzung nach den hydrodynamischen Kreisläufen ermöglicht. Der Rangiergang ist für die Entwicklung hoher Zugkräfte bei geringen Geschwindigkeiten ausgelegt und ermöglicht den Betrieb der Lokomotive bis maximal 60 km/h. Im Streckengang lassen sich demgegenüber maximal 120 km/h erreichen, wobei allerdings weniger Zugkraft im Geschwindigkeitsbereich unterhalb von 30 km/h zur Verfügung steht. Wie Abb. 4.21a zeigt, wird durch die geänderte Getriebeübersetzung ein Wert von nahezu 400 kN im Anfahrpunkt erreicht. Da dies die kraftschlüssig sicher übertragbare Zugkraft übersteigt, ist zusätzlich die Kraftschlussgrenze in das Diagramm eingefügt worden. Die Zugkräfte werden im Bereich kleiner Geschwindigkeiten durch die Antriebssteuerung entsprechend begrenzt (Limitierung der Dieselmotordrehzahl), auch wenn der Wandler höhere Drehmomente (Zugkräfte) entwickeln könnte. Die Abregelung erfolgt über eine Begrenzung der maximalen Dieselmotordrehzahl im Bereich $v \leq 10$ km/h.

Die folgenden Ausführungen beziehen sich auf den Streckengang und gelten für den Rangiergang entsprechend mit den angepassten Geschwindigkeiten.

Der Anfahrwandler ist mechanisch so in das Getriebe eingebunden, dass er in etwa der ersten Hälfte des Geschwindigkeitsspektrums eingeschaltet ist und hohe Anfahrzugkräfte erzeugt. Aufgrund der Wandlercharakteristik und der begrenzten Dieselmotorleistung ist die Entwicklung konstant hoher Zugkräfte über ein breites Geschwindigkeitsspektrum nicht möglich.

Der Wirkungsgrad des Anfahrwandlers (und damit des Getriebes) erreicht bei knapp über 40 km/h sein Maximum und fällt mit zunehmender Geschwindigkeit weiter ab. Dies geht einher mit dem zunehmenden Verfall der Drehmomentwandlung. Deshalb wird bei einer Geschwindigkeit von ca. 67 km/h vom Anfahr- in den Marschwandler geschaltet, der eine andere mechanische Übersetzung innerhalb des Strömungsgetriebes aufweist und so das Geschwindigkeitsspektrum von 67 km/h bis zur Höchstgeschwindigkeit abdecken kann.

Durch die Kombination der beiden Wandler ist es möglich, den Übertragungswirkungsgrad des Getriebes ab einer Geschwindigkeit von ca. 32 km/h stets über 80 % zu halten.

Im Wandlerbetrieb des Strömungsgetriebes wird der Dieselmotor mit konstanter Drehzahl betrieben, wobei eine etwa konstante Getriebeeingangsleistung zur Verfügung steht. Dass sich trotzdem keine Leistungskonstanz an den Treibrädern ergibt (siehe Abb. 4.21b), liegt am charakteristischen Wirkungsgradverlauf der Wandler, der entsprechend im Verlauf der Traktionsleistung über der Geschwindigkeit widergespiegelt wird.

Der geschwindigkeitsabhängige Verlauf der Zugkräfte nähert sich bei hydrodynamischen Leistungsübertragungen der Leistungshyperbel an, erreicht diese jedoch systembedingt nicht. Die Abstimmung der Wandler erfolgt in der Regel so, dass keine oder nur sehr geringe Unstetigkeiten im Zugkraftverlauf entstehen.

Hinsichtlich des Wirkungsgradverlaufes (Abb. 4.21c) ist erwähnenswert, dass im unteren Geschwindigkeitsbereich sehr hohe Energiemengen in das Getriebeöl eingebracht werden, was mit einer deutlichen Erhöhung der Strömungsgetriebetemperatur einhergeht. Die Kühlanlagen dieselhydraulischer Fahrzeuge werden in der Regel so ausgelegt, dass ein

Strömungsgetriebewirkungsgrad von ca. 70 % zugrunde gelegt wird. Dies bedeutet im Umkehrschluss, dass eine Wärmeabfuhr im Wirkungsgradbereich <70 % nicht dauerhaft sichergestellt werden kann und eine zu starke Erwärmung des Getriebeöls die Folge wäre.

Aufgrund dieser thermischen Beschränkung ergibt sich für Fahrzeuge mit hydrodyna-
mischer Leistungsübertragung eine **Mindestdauerfahrgeschwindigkeit,** ab der die Fahr-
zeuge dauerhaft mit Volllast betrieben werden dürfen, ohne dass eine Zwangsabschaltung der
Antriebsanlage wegen der Überschreitung von Grenztemperaturen befürchtet werden muss.
Die Mindestdauerfahrgeschwindigkeit liegt im Beispiel bei ca. 22 km/h im Streckengang.
Durch die Wahl des Rangiergangs kann sie in diesem Fall ungefähr halbiert werden.

Ausgeführte Getriebe Die Abb. 4.23 zeigt zwei Beispiele realer Strömungsgetriebe. In
Abb. 4.23a ist mit dem Voith T312 ein typisches Triebwagengetriebe abgebildet, das über
einen Anfahrwandler, zwei Strömungskupplungen und einen Retarder verfügt. Die in der
Abbildung rot eingefärbten Wellen werden vom Dieselmotor angetrieben, während die
blauen Wellen mit den Turbinenrädern der jeweiligen Kreisläufe verbunden sind.

Das Getriebe verfügt außerdem über eine Reversiereinrichtung, die über die Zu- oder
Abschaltung einer zusätzlichen Zahnradstufe mit der Übersetzung 1 einen Drehrichtungs-
wechsel realisieren kann. Dieses Getriebe kommt beispielsweise in den Triebwagen der
Baureihe 612 zum Einsatz, die in Abb. 4.24 hinsichtlich ihres Zugkraftverhaltens charakterisiert werden.

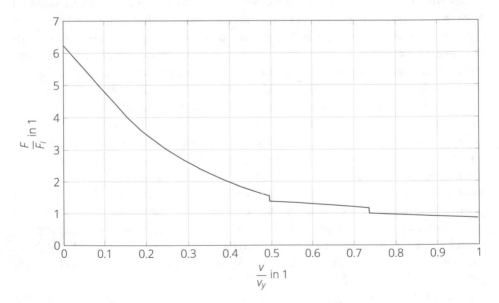

Abb. 4.22 Beispiel-Typenzugkraftkurve für ein W-K-K-Strömungsgetriebe

Abb. 4.23 Beispiele
ausgeführter
Strömungsgetriebe (mit
freundlicher Genehmigung von
Voith Turbo)

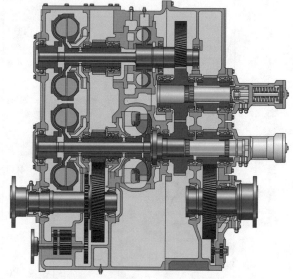

(a) Triebwagengetriebe T312br - mit einem Anfahrwandler, zwei
Strömungskupplungen und einem Retarder (Quelle: Voith Turbo)

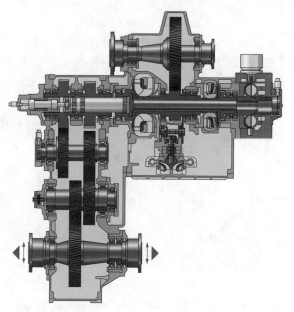

(b) Zweiwandler-Lokomotivgetriebe L620 (Quelle: Voith Turbo)

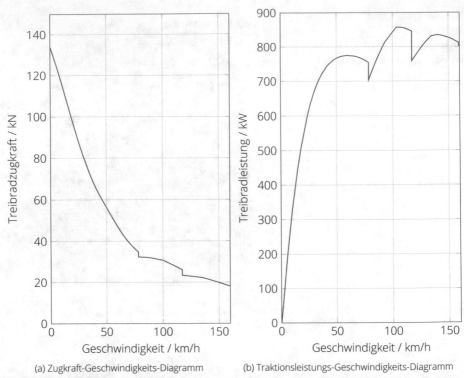

(a) Zugkraft-Geschwindigkeits-Diagramm   (b) Traktionsleistungs-Geschwindigkeits-Diagramm

(c) BR 612 der DB AG

Abb. 4.24 Verlauf von Treibradzugkraft und -leistung über der Geschwindigkeit für einen Triebwagen der Baureihe 612

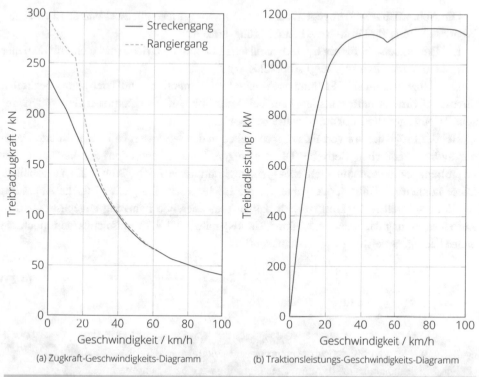

(a) Zugkraft-Geschwindigkeits-Diagramm   (b) Traktionsleistungs-Geschwindigkeits-Diagramm

(c) Vossloh G 1206

Abb. 4.25 Verlauf von Treibradzugkraft und -leistung über der Geschwindigkeit für eine Lokomotive Vossloh G 1206

Die Abb. 4.23b zeigt demgegenüber ein Lokomotivgetriebe mit zwei Wandlern und einer Wendeschaltung zur Dreh- bzw. Fahrtrichtungsumkehr.

Ein Einsatzbeispiel für ein hydrodynamische Lokomotivgetriebe (das nicht mit dem hier aufgeführten identisch ist), zeigt Abb. 4.25.

Die Frage, warum sich Strömungsgetriebe für Lokomotiven und Triebwagen bezüglich ihrer Konfiguration unterscheiden, kann bei Bedarf mit Hilfe des Exkurses: „Hydrodynamische Triebwagen- und Lokomotivgetriebe" geklärt werden.

Bei der Projektierung von Fahrzeugen stehen in den seltensten Fällen detaillierte Daten der hydrodynamischen Getriebe (Übersetzungen, Wandlerkennlinien) zur Verfügung. Es ist üblich, stattdessen mit Getriebe-Typenzugkraftkurven (siehe Abb. 4.22) zu arbeiten. Diese können mit Hilfe der Angaben für die Höchstgeschwindigkeit v_y (siehe Abb. 4.22) sowie der „ideellen Zugkraft" F_i für das zu projektierende Fahrzeug angepasst werden. Zur Bestimmung der ideellen Zugkraft (in kN) mittels Gl. 4.23 muss außerdem noch die Getriebeeingangsleistung P_{1y} bekannt sein:

$$F_i = \frac{3,6 \cdot P_{1y}}{v_y} \tag{4.23}$$

Exkurs: Hydrodynamische Triebwagen- und Lokomotivgetriebe

Die Frage, ob ein hydrodynamisches Getriebe nach dem Schema:

- (Anfahr-)**Wandler-**(Marsch-)**Wandler** (W-W),
- (Anfahr-)**Wandler-Kupplung** (W-K) oder
- (Anfahr-)**Wandler-Kupplung-Kupplung** (W-K-K)

aufgebaut werden kann (siehe auch Abb. 4.23), hängt mit dem Leistungs- bzw. Drehmomentverhalten des Dieselmotors zusammen. Entscheidend ist dabei die *Drehmomentelastizität* des Dieselmotors. Diese ist umso größer, desto weiter die Dieselmotordrehzahl, bei der die maximale Leistung und die Dieselmotordrehzahl, bei der das maximale Drehmoment abgegeben werden, auseinander liegen.

Strömungskupplungen können nur in Getrieben zur Anwendung kommen, die mit Dieselmotoren hoher Drehmomentelastizität gekoppelt werden. Die Umschaltung vom Anfahrwandler in die Strömungskupplung führt zu einer „Drchzahldrückung", da dem Dieselmotor über die zwar elastische (Schlupfvariation der Strömungskupplung), aber doch kinematisch definierte Verbindung mit den Treibradsätzen eine Drehzahl aufgezwungen wird, die proportional zur Fahrzeuggeschwindigkeit ist.

Eine weitere Beschleunigung des Fahrzeuges ist somit nur möglich, wenn der Dieselmotor während des Beschleunigungsprozesses im Kupplungsgang seine maximale Drehzahl nicht erreicht hat. Ist diese erreicht, muss entweder eine weitere Kupplung eingeschaltet werden, die den Leistungsfluss über eine mechanisch abweichend übersetzte Getriebewelle führt, oder es es ist keine weitere Steigerung der Geschwindigkeit möglich.

Neben den erwähnten kinematischen Erwägungen spielt auch der Drehmomentverlauf im elastischen Arbeitsbereich des Motors eine Rolle. Um stabile Fahrzustände
zu erreichen und ein „Abwürgen" des Dieselmotors zu verhindern, muss der Dieselmotor auf eine Drehzahldrückung mit einem ansteigenden (oder mindestens gleichblei-
benden) Drehmoment antworten. Dies ist in der Regel zwischen den Betriebspunkten
$n_{DM}(P_{DM,max})$ und $n_{DM}(M_{DM,max})$ der Fall.

Heutige Lokomotivmotoren weisen meistens eine sehr geringe Drehmomentelastizität auf, weshalb Lokomotivgetriebe heute stets Mehrwandlergetriebe sind, während die in Triebwagen verbauten Dieselmotoren den Einsatz von Strömungskupplungen zulassen. Triebwagengetriebe weisen daher meistens die Struktur W-K bzw.
W-K-K auf.

Hydrodynamische Leistungsübertragungsanlagen kommen bei Lokomotiven und Triebwagen mit mittleren und hohen Dieselmotorleistungen zum Einsatz. Es gibt eine Vielzahl von
Strömungsgetriebearten, die speziell auf bestimmte Einsatzbedingungen optimiert wurden
(z. B. Triebwagengetriebe, Lokomotivgetriebe, Turbowendegetriebe, Turbosplitgetriebe).
Im Rahmen dieser Ausführungen konnte dabei nicht auf alle Getriebearten eingegangen
werden, weil dies den Rahmen fahrdynamischer Betrachtungen gesprengt hätte.

Bezüglich der unter Abschn. 4.4.2 formulierten 10 Anforderungen, die aus fahrdynamischer Sicht an Leistungsübertragungsanlagen zu stellen sind, lässt sich für Antriebsstränge
mit hydrodynamischer Leistungsübertragung festhalten, dass die Anforderungen 1, 2, 5, 8
und 10 vollumfänglich sowie die Anforderungen 4, 6 und 7 mit Einschränkungen erfüllt
werden können.

▶ Zusammenfassung: hydrodynamische Leistungsübertragung
Mit Hilfe hydrodynamischer Leistungsübertragungsanlagen ist die Generierung großer Zugkräfte und die Übertragung hoher Leistungen möglich. Sowohl bei Triebwagen und Triebzügen als auch bei Lokomotiven der mittleren und höheren Leistungsklasse können dieselhydraulische Antriebsstränge zum Einsatz kommen.

Während Lokomotivantriebe heute ausschließlich Strömungswandler nutzen, kommen
bei Triebwagengetrieben auch Strömungskupplungen wegen ihres hohen Übertragungswirkungsgrades und der Möglichkeit, verschleißlos und unter Last Gangwechsel vornehmen
zu können, zum Einsatz.

Bei der ausschließlichen Verwendung von Wandlern ist eine gute Annäherung der erzeugten Zugkräfte an eine Zugkrafthyperbel möglich, ohne dass diese jedoch aufgrund des parabelförmigen Wirkungsgradverlaufes der Strömungswandler erreicht werden kann.

Alle Strömungsgetriebe weisen einen Anfahrwandler auf. Dieselmotoren werden im
Wandlerbetrieb des Strömungsgetriebes stets entlang einer Wandlerparabel belastet. Die
Leistungsstellung muss in diesem Fall über eine Drehzahlregelung des Dieselmotors erfol-
gen.

Im Wandlerbetrieb erfolgt eine vollständige Entkopplung von Dieselmotordrehzahl und Fahrgeschwindigkeit, während im Kupplungsbetrieb die Gesetzmäßigkeiten von mechanischen Antriebssträngen gelten und somit die Dieselmotordrehzahl der Fahrgeschwindigkeit proportional ist. Dies gilt auch für die Beziehung von Dieselmotordrehmoment und Treibradzugkraft.

Das Zugkraftspektrum von dieselhydraulischen Fahrzeugen kann durch die Nutzung von Nachschaltgetrieben an verschiedene Einsatzzwecke angepasst werden (Strecken- vs. Rangiergang).

Aufgrund der starken Erwärmung des Hydrauliköls im Rahmen der Erzeugung großer Zugkräfte bei sehr kleinen Geschwindigkeiten weisen dieselhydraulische Fahrzeuge eine Mindestdauerfahrgeschwindigkeit auf. Diese kann durch eine geeignete Wahl der mechanischen Übersetzungen nach den hydrodynamischen Kreisläufen jedoch stark vermindert werden (Rangiergang).

Zugkrafterzeugung bei elektrischer Leistungsübertragung

Die weltweit überwiegende Mehrheit leistungsstarker Dieseltriebfahrzeuge ($>1000\,\text{kW}$) verfügt heute über eine dieselelektrische Antriebskonfiguration. Das Prinzip der elektrischen Leistungsübertragung basiert auf der Wandlung der mechanischen Energie des Dieselmotors in elektrische Energie, die zur Speisung elektrischer Fahrmotoren verwendet wird. Der grundsätzliche Aufbau eines dieselelektrischen Antriebsstranges ist in Abb. 4.26 zu sehen. Die wesentlichen Bestandteile einer solchen Leistungsübertragung sind demzufolge der (Traktions-)Generator, die Leistungselektronik mit dem Zwischenkreis sowie die Fahrmotoren.

Bei der Betrachtung dieselelektrischer Leistungsübertragungen können prinzipiell drei verschiedene Topologien (Abb. 4.27) unterschieden werden, die sich hinsichtlich ihrer Eigenschaften deutlich unterscheiden.

Historisch betrachtet, haben sich diese Varianten in der gezeigten Reihenfolge entwickelt. Die Ursprünge liegen also in der reinen Gleichstromtechnik (Abb. 4.27a), die allerdings sehr schwer ist und große Bauvolumina erfordert. Leistungsübertragungen in der gezeigten Ausführung sind heute in der westlichen Welt eigentlich nur noch bei Museumsfahrzeugen anzutreffen.

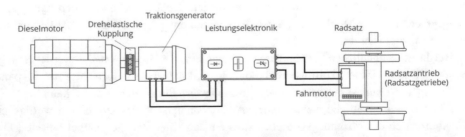

Abb. 4.26 Schematischer Aufbau einer elektrischen Leistungsübertragung

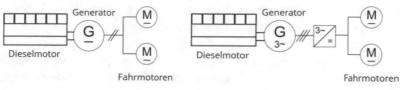

(a) Gleichstromgenerator speist Gleich-
    stromfahrmotoren (DC-DC-Übertra-
    gung)

(b) Drehstromgenerator speist Gleichstromfahrmo-
    toren (AC-DC-Übertragung)

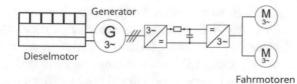

(c) Drehstromgenerator speist Drehstromfahrmotoren (AC-AC-Übertragung)

(d) AC-DC-Übertragung, Beispiel 1: BR 232

(e) AC-DC-Übertragung, Beispiel 2: Class 66

(f) AC-AC-Übertragung, Beispiel 1: BR 245

(g) AC-AC-Übertragung, Beispiel 2: BR 646

Abb. 4.27 Mögliche Topologien dieselelektrischer Antriebsstränge und ausgewählte Beispielfahrzeuge

Durch die Nutzung hochpoliger Drehstromsynchrongeneratoren konnte eine deutliche Leistungssteigerung dieselelektrischer Antriebsstränge erzielt werden und es entstand die in Abb. 4.27b gezeigte Antriebstopologie, die sich in einigen Fahrzeugen bis heute erhalten hat. Vielmehr gibt es gerade in Nordamerika noch immer einen Markt für Fahrzeuge mit Gleichstromfahrmotoren, die dort wegen ihrer Robustheit und des im Vergleich zu Drehstromantrieben deutlich reduzierten Regelungsaufwandes (Kostenvorteil) von einigen Fahrzeugbetreibern geschätzt werden.

Nachdem es dank der Fortschritte bei der Leistungselektronik möglich geworden war, Drehstromasynchronmaschinen so zu regeln, dass sie für Traktionsantriebe genutzt werden konnten, hat sich die in Abb. 4.27c gezeigte Antriebskonfiguration entwickelt, die den heutigen Stand der Technik darstellt. Dieselelektrische Fahrzeuge, die einen derartig aufgebauten Antriebsstrang aufweisen, sind ab dem elektrischen Zwischenkreis (im Bild zwischen Gleich- und Wechselrichter angeordnet) mit elektrischen Triebfahrzeugen identisch, wodurch sich beachtliche Möglichkeiten für die Entwicklung von Fahrzeugplattformen und unkonventionellen Antrieben (z. B. Zweikraftfahrzeuge) ergeben. Ein wesentlicher Unterschied zwischen elektrischen und dieselelektrischen Fahrzeugen mit Drehstromantriebstechnik besteht darin, dass die Zwischenkreisspannung bei erstgenannten ungefähr konstant ist (Schwankungen ergeben sich ggf. durch die Toleranzen der Oberleitungsspannung), während sie bei letztgenannten an die Dieselmotordrehzahl (und damit: Generatordrehzahl) gebunden ist.

Um das Übertragungsverhalten einer dieselelektrischen Leistungsübertragungseinrichtung mathematisch genau zu beschreiben, bedarf es detaillierter Daten der eingesetzten elektrischen Maschinen. Hinzu kommt, dass die Berechnung elektrischer Maschinen eine Komplexität aufweist, die gewöhnlich den Rahmen fahrdynamischer Betrachtungen sprengt.

Im Rahmen der Fahrdynamik sind bezüglich der elektrischen Leistungsübertragung vor allem folgende Fragen zu beantworten:

1. **Welche Fahrmotoren** kommen zum Einsatz? Es ist weniger der genaue Fahrmotortyp als vielmehr die Fahrmotor*art* interessant (Drehstromasynchronmaschinen oder Gleichstromreihenschlussmaschinen).
2. Wie gestaltet sich das **Zusammenspiel von Dieselmotor und Traktionsgenerator**? Welches Drehmoment und welche Drehzahl müssen bei welcher Leistungsanforderung zur Verfügung gestellt werden?
3. Welche elektrischen und mechanischen (Antriebs-)Elemente müssen hinsichtlich ihres **Übertragungswirkungsgrades** Berücksichtigung finden?

Die **Traktionseigenschaften elektrischer Fahrmotoren** werden im Abschn. 4.4.3 diskutiert. An dieser Stelle soll jedoch schon darauf vorgreifend festgehalten werden, dass Drehstrom(a)synchronmotoren mit Hilfe geeigneter Regelungskonzepte in der Lage sind, eine konstante Leistung über ein großes Drehzahlintervall abzugeben. Kommen diese Maschinen als Traktionsmotoren zur Anwendung, ist die Erzeugung einer Zugkrafthyperbel für Geschwindigkeiten oberhalb der Übergangsgeschwindigkeit möglich, wie auch das Praxisbeispiel (Abb. 4.32) am Ende dieses Abschnittes zeigt.

Gleichstromfahrmotoren weisen demgegenüber zwar eine für Traktionszwecke günstige natürliche Kennlinie auf (hohes Drehmoment bei geringen Drehzahlen und Drehmomentabnahme bei zunehmender Geschwindigkeit), können aber nur unter bestimmten Umständen (Feldschwächung) und für vergleichsweise schmale Drehzahlintervalle eine konstante Leistung abgeben.

Das **Zusammenspiel von Dieselmotor und Traktionsgenerator** ist stark von den Regelungsmöglichkeiten an der elektrischen Maschine abhängig. Der überwiegende Teil der eingesetzten Synchrongeneratoren ist fremderregt, sodass bei diesen der Erregergrad als Parameter zur Variation des Generatordrehmomentes bei gegebener Drehzahl zur Verfügung steht.

Abb. 4.28 zeigt den Verlauf verschiedener relevanter Parameter über der Drehzahl für einen Traktionsgenerator mit einer Scheinleistung von 2000 kVA. Es ist ersichtlich, dass mechanische Leistungsaufnahme (Abb. 4.28b) und mechanisches Drehmoment an der Generatorwelle (Abb. 4.28a) einen unstetigen Verlauf aufweisen, der zunächst wenig plausibel erscheint. Das ändert sich, wenn das Dieselmotorkennfeld und damit die Leistungsabgabe des Dieselmotors bei der Zusammenarbeit mit dem Generator mit in die Betrachtung einbezogen wird. Die durch die Variation des Erregergrades gegebene Beeinflussbarkeit des Drehmomentes bei gegebener Drehzahl ermöglicht es nämlich, die Arbeitspunkte des Dieselmotors bei Kopplung mit dem Generator so in das Dieselmotorkennfeld zu legen, dass für jede Leistungsanforderung ein möglichst geringer spezifischer Verbrauch erzielt werden kann. Die Summe der Arbeitspunkte, die sich so ergibt, wird auch als „Fahrkurve" bezeichnet. Sie gibt den Leistungs-Drehzahlverlauf wieder, der bei einem dieselelektrischen Antrieb am Dieselmotor in Abhängigkeit von der Leistungsanforderung ausgeregelt wird.

Die dieselelektrische Leistungsübertragung stellt, würde die gesamte Strecke zwischen Treibrad und Dieselmotor als „Black Box" betrachtet, ein „stufenloses Getriebe" dar, dessen Übersetzung sich stets so einstellen lässt, dass der Dieselmotor im energetisch günstigsten Arbeitspunkt betrieben werden kann.

Abb. 4.29 zeigt ein Beispiel für einen Dieselmotor mit einer Nennleistung von 2,4 MW, der mit einem entsprechenden Traktionsgenerator gekoppelt ist. Im Diagramm ist sowohl die Fahrkurve für eine dieselelektrische (rot) als auch eine Fahrkurve für eine dieselhydraulische (blau) Antriebskonfiguration gezeigt, um die Vorzüge der elektrischen Leistungsübertragung besser zu veranschaulichen.

Wenden wir uns zunächst der dieselelektrischen Fahrkurve zu. Wird die maximale Dieselmotorleistung angefordert, wird der Motor bei ca. 1800 Umdrehungen pro Minute betrieben und verbraucht ca. 199 g/kWh Kraftstoff(im Diagramm nicht eingezeichnet), was einem Verbrauch von 7,96 kg/min entspricht. Bei einer Leistungsanforderung von 2000 kW wird die Dieselmotordrehzahl auf 1640 U/min reduziert und der Arbeitspunkt des Dieselmotors stellt sich in unmittelbarer Nähe zur Linie eines konstanten Verbrauches von 194 g/kWh ein. Der zeitbezogene Verbrauch sinkt auf 6,47 kg/min.

Insbesondere im Teillastbetrieb ist ein Vergleich von elektrischer und hydrodynamischer Leistungsübertragung aufschlussreich. Im Falle letzterer ist bei der Nutzung von Strömungswandlern das Dieselmotordrehmoment an einen parabelförmigen Verlauf durch das Dieselmotorkennfeld gebunden, wie in Abschn. 4.4.2 dargelegt wird. Während sich bei Volllast

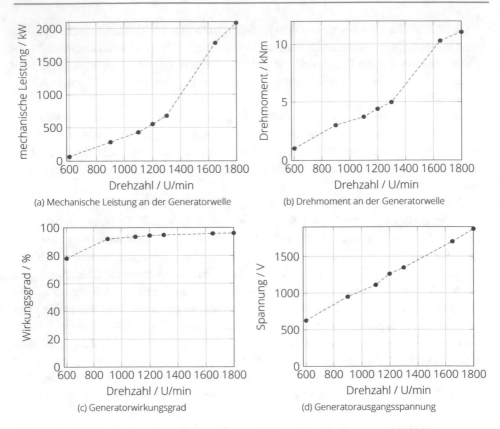

(a) Mechanische Leistung an der Generatorwelle

(b) Drehmoment an der Generatorwelle

(c) Generatorwirkungsgrad

(d) Generatorausgangsspannung

Abb. 4.28 Kenndaten eines Synchrongenerators mit einer Scheinleistung von 2000 kVA

kein Unterschied zwischen den genannten Leistungsübertragungen ergibt, bietet sich im Teillastbereich ein anderes Bild. Werden 2000 kW Dieselmotorleistung abgefordert, muss dessen Drehzahl auf 1694 U/min (statt auf 160 U/min bei dieselelektrischer Übertragung) geregelt werden. Außerdem stellt sich ein Arbeitspunkt in der Nähe eines spezifischen Verbrauches von 196 g/kWh ein. Der zeitbezogene Verbrauch liegt damit bei 6,53 kg/min und somit um 1 % über dem des dieselelektrischen Antriebes.

Bei einer Leistungsanforderung von 1000 kW wird diese Diskrepanz noch größer. Im Falle einer dieselelektrischen Leistungsübertragung würde der Dieselmotor bei 1250 U/min mit einem spezifischen Verbrauch von ca. 193 g/kWh (entspricht 3,22 kg/min) betrieben. Mit einer dieselhydraulischen Leistungsübertragung wären 1344 U/min nötig (höherer Geräuschpegel des Dieselmotors) und es ergäbe sich ein spezifischer Verbrauch von 196 g/kWh (=3,27 kg/min), der damit um 1,6 % höher läge.

Die Differenzen mögen auf den ersten Blick gering erscheinen. Wird aber berücksichtigt, dass der Gesamtwirkungsgrad einer elektrischen Leistungsübertragung auf dem heutigen Stand der Technik auch noch einige Prozentpunkte über dem hydrodynamischer Leistungsübertragungen (gilt nur für Wandlerbetrieb) liegt, so ergibt sich insbesondere für Lokomoti-

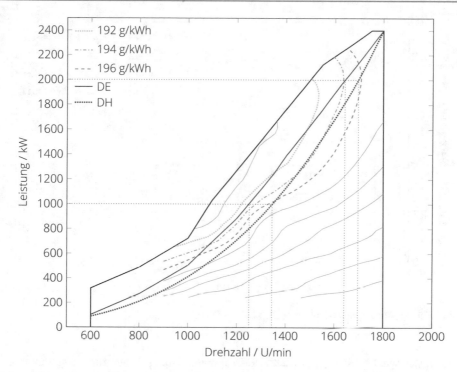

Abb. 4.29 Dieselmotorkennfeld mit den Fahrkurven für eine Kopplung mit dieselhydraulischer (DH) oder elektrischer (DE) Leistungsübertragung

ven in Abhängigkeit des konkreten Betriebsregimes (Volllast- vs. Teillastanteil) in Summe ein energetischer Vorteil für dieselelektrische Antriebsstränge.

Der **Gesamtübertragungswirkungsgrad** einer elektrischen Leistungsübertragung wird maßgeblich von Traktionsgenerator und Fahrmotor beeinflusst. Wie Abb. 4.28c zu entnehmen ist, können Traktionsgeneratoren bei Betrieb mit hoher Teillast bzw. unter Volllast einen Wirkungsgrad im Bereich von 94...96 % erreichen. Der Wirkungsgrad von Fahrmotoren liegt in einem ähnlichen Bereich; für Asynchronmotoren werden oft 95 % als Standardwert angegeben. Werden die Wirkungsgrade von Gleichrichter und Umrichter noch mit jeweils 98,5 % angesetzt und der Wirkungsgrad des Radsatzgetriebes zu 97 % angenommen, ergibt sich der Gesamtwirkungsgrad als Produkt aller Teilwirkungsgrade zu ca. 85 %.

Die genannten Wirkungsgrade sind nicht invariant, sondern mit Drehzahl und Drehmoment veränderlich. Durch die sehr komplexen Vorgängen in elektrischen Maschinen sind die Wirkungsgrade einer einfachen Berechnung jedoch nicht zugänglich. Im günstigsten Fall werden die Wirkungsgradkurven von den Herstellern der elektrischen Antriebstechnik zur Verfügung gestellt. Im ungünstigsten Fall sind diese Informationen nicht bekannt und es muss auf eine näherungsweise Bestimmung des Übertragungswirkungsgrades zurückgegriffen werden. Dafür hat Wende in [90] jeweils eine Behelfsgleichung für die AC-DC und die AC-AC-Übertragung angegeben aufgeführt (Gl. 4.24) und in Abb. 4.30 visualisiert. Es handelt sich um eine empirische Gleichung, in die lediglich die Geschwindigkeit v, die

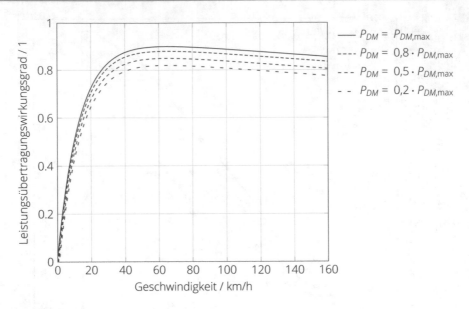

Abb. 4.30 Wirkungsgradverlauf nach Gl. 4.24

Höchstgeschwindigkeit v_{max} sowie die Dieselmotorleistung P und die Dieselmotornennleistung P_{DM} (eigentlich: die Generatoreingangsleistung) eingegeben werden müssen.

$$\eta_{L\ddot{u}} = 0{,}921 \left(1 - e^{-\frac{12 \cdot v}{v_{max}}}\right) + 0{,}022 - \frac{0{,}088 \cdot v}{v_{max}} - 0{,}1 \left(1 - \frac{P_{DM}}{P_{DM,max}}\right) \qquad (4.24)$$

Die von Wende vorgeschlagene Gleichung ist bezüglich AC-AC-Übertragungen aus zwei Gründen kritisch zu bewerten. Erstens wird bei Volllast (max. Dieselmotorleistung) ein Wirkungsgrad von knapp über 90 % angenommen. Bei mindestens fünf Elementen in der Wirkungsgradkette (Traktionsgenerator, Gleichrichter, Umrichter, Fahrmotor, Radsatzgetriebe – siehe Abb. 4.26) müsste im Mittel ein Teilwirkungsgrad von $\sqrt[5]{0{,}9} = 0{,}98$ pro Antriebselement erreicht werden – eine sehr optimistische Annahme.

Andererseits kann die Gleichung auf komfortable Art nur für die „Vorwärtsrechnung" vom Dieselmotor zum Treibradsatz verwendet werden. Wie aus dem Verlauf der Wirkungsgrade hervorgeht, ergäbe sich bei konstanter Dieselmotorleistung allerdings keine Leistungskonstanz an den Treibrädern, was im Widerspruch zu den für Fahrzeuge mit Drehstromantriebstechnik veröffentlichten Zugkraftdiagrammen steht. Vielmehr wäre in diesem Fall eigentlich rückwärts zu rechnen und von einer konstanten Treibradleistung über den Wirkungsgrad auf die benötigte Dieselmotorleistung zu schließen, da angenommen werden kann, dass Wirkungsgradschwankungen über die Geschwindigkeit durch eine geeignete Motorregelung ausgeglichen werden. Dies ist mit der gegeben Gleichung jedoch nur mit iterativen Berechnungen zu leisten.

Bezüglich der unter Abschn. 4.4.2 formulierten 10 Anforderungen, die aus fahrdynamischer Sicht an Leistungsübertragungsanlagen zu stellen sind, lässt sich für Antriebsstränge mit elektrischer Leistungsübertragung festhalten, dass im Falle der AC-AC-Übertragung alle Anforderungen vollumfänglich erfüllt werden können. Für die AC-DC-Übertragung (insbesondere bei Altbaufahrzeugen) gelten bezüglich der Anforderungen 3, 5, 6 und 9 gewisse Einschränkungen.

▶ **Zusammenfassung: elektrische Leistungsübertragung**

Elektrische Leistungsübertragungen sind heute hauptsächlich in zwei verschiedenen Ausprägungen im Einsatz. Entweder treibt der Dieselmotor einen Drehstrom(synchron)generator an, der via Gleichrichter die Gleichstromfahrmotoren speist, oder der erzeugte Drehstrom wird genutzt, um einen Zwischenkreis zu speisen, der für den Aufbau eines Drehstromnetzes zur Speisung von Drehstrommotoren verwendet wird.

Die Traktionseigenschaften dieselelektrischer Fahrzeuge werden entscheidend durch die verwendeten Fahrmotoren beeinflusst. Während Gleichstromfahrmotoren bauartbedingt nur für kurze Zeit große Drehmomente bei kleinen Drehzahlen erzeugen können und nur sehr eingeschränkt eine konstante Leistung über der Drehzahl abgeben können, stellen Drehstrommaschinen eine nahezu perfekte Antriebsmaschinen für Traktionszwecke dar. Insbesondere der Einsatz von Drehstromasynchronmotoren ermöglicht die Generierung von Zugkräften entlang einer Leistungshyperbel sowie die dauerhafte Bereitstellung hoher Zugkräfte bei kleinen Geschwindigkeiten. Fahrzeuge mit Gleichstromfahrmotoren weisen analog solcher mit hydrodynamischen Getrieben eine Mindestdauerfahrgeschwindigkeit auf.

Hinsichtlich des Zusammenwirkens von Dieselmotor und Leistungsübertragung bietet die elektrische Antriebstechnik den größten Spielraum bei der Wahl energetisch günstiger Arbeitspunkte. Dieselmotordrehzahl und -drehmoment sind weder direkt mit der Treibraddrehzahl/dem Treibraddrehmoment verknüpft, wie im Falle mechanischer Leistungsübertragungen (bzw. hydrodynamischer Getriebe im Kupplungsgang), noch wird durch den Traktionsgenerator eine ganz bestimmte Drehmomentcharakteristik erzwungen, wie das bei hydrodynamischen Getrieben im Wandlergang geschieht. Es ist vielmehr möglich, die Lage der Fahrkurve (Verbindung aller Arbeitspunkte von Generator und Dieselmotor im Dieselmotorkennfeld) durch die Variation der Generator-Erregung optimal an den jeweiligen Dieselmotor anzupassen.

Der Übertragungswirkungsgrad dieselelektrischer Antriebe liegt hinsichtlich seines Betrages im allgemeinen zwischen den Werten hydrodynamischer und mechanischer Antriebsstränge.

Die rechnerische Bestimmung des Übertragungsverhaltens dieselelektrischer Antriebsstränge kann im Rahmen fahrdynamischer Betrachtungen in der Regel nur kennlinienbasiert erfolgen, da die exakte Berechnung elektrischer Maschinen zu komplex und aufwendig ist.

Abschließend zeigen die Abb. 4.31 und 4.32 jeweils ein Beispiel für dieselelektrische Lokomotiven mit AC-DC bzw. AC-AC Übertragung. Die beiden Fahrzeuge stammen aus unterschiedlichen Epochen – zwischen ihnen liegen ca. 35 Jahre technischer Entwicklung. Es ist eindrucksvoll zu sehen, dass die Drehstromantriebstechnik heute die Möglichkeit eröffnet, etwa dieselbe Traktionsleistung in einer Lokomotive mit vier Radsätzen und einer Masse von 86 t zu installieren, für die es mit den technischen Möglichkeiten früherer Zeiten noch sechs Radsätze und einer Fahrzeugmasse von 122 t bedurfte.

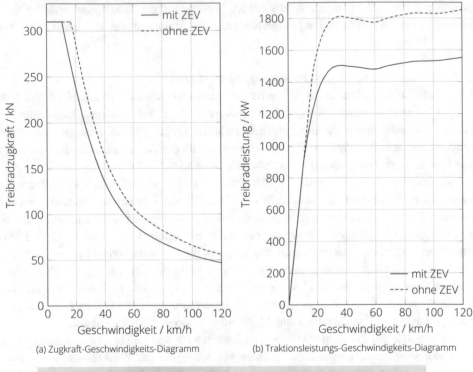

(a) Zugkraft-Geschwindigkeits-Diagramm   (b) Traktionsleistungs-Geschwindigkeits-Diagramm

(c) BR 232 im Güterzug-Einsatz

Abb. 4.31 Verlauf von Treibradzugkraft und -leistung über der Geschwindigkeit für eine Lokomotive der Baureihe 232 (AC-DC-Übertragung) mit und ohne Berücksichtigung des Leistungsbedarfes der zentralen Zugenergieversorgung (ZEV)

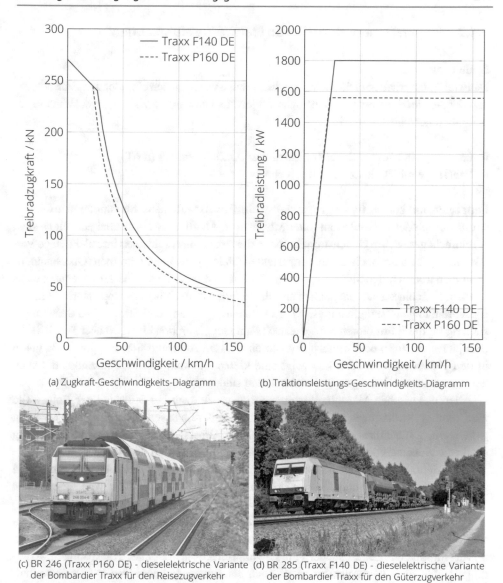

(a) Zugkraft-Geschwindigkeits-Diagramm

(b) Traktionsleistungs-Geschwindigkeits-Diagramm

(c) BR 246 (Traxx P160 DE) - dieselelektrische Variante der Bombardier Traxx für den Reisezugverkehr

(d) BR 285 (Traxx F140 DE) - dieselelektrische Variante der Bombardier Traxx für den Güterzugverkehr

Abb. 4.32 Verlauf von Treibradzugkraft und -leistung über der Geschwindigkeit für Lokomotiven der Baureihe 246 (Traxx P160 DE) und 285 (Traxx F140 DE) mit AC-AC-Leistungsübertragung

4.4.3 Zugkraftcharakteristik von Elektrotriebfahrzeugen

Einleitung

Das Traktionsverhalten elektrischer Triebfahrzeuge wird von den eingesetzten Fahrmotoren und der Art der Spannungsstellung determiniert. Es kann grob zwischen zwei Fahrzeugkategorien unterschieden werden:

- Fahrzeuge mit konventioneller elektrischer Antriebstechnik (KAT)
- Fahrzeuge mit Drehstromantriebstechnik

Fahrzeuge mit konventioneller Antriebstechnik weisen Reihenschlussmotoren in Gleichstrom-, Einphasenwechselstrom- oder Mischstrom-Ausführung auf. Dabei handelt es sich, vereinfacht gesagt, um Gleichstrommotoren, die so optimiert sind, dass ihre elektrische Verlustleistung auch bei Speisung mit imperfekten Gleichspannungen/-strömen (Oberspannungen/Oberströme) möglichst gering bleibt. Aufbau und Funktionsweise der genannten elektrischen Maschinen sind sehr ähnlich und alle unterliegen den für Kollektormotoren üblichen Einschränkungen (bezüglich maximaler Drehzahl, Spannung und Strom). Die Spannungsstellung für die Fahrmotoren erfolgt je nach Fahrzeuggeneration klassisch über Schaltwerke (Baujahre vor 1980) oder mittels Thyristoren (Phasen-Anschnitt-Steuerung, v. a. Baujahre in den 1980er Jahren). Abb. 4.33 zeigt eine kleine Auswahl solcher Fahrzeuge, die auch heute noch im regelmäßigen Betrieb zu finden sind.

Allen elektrischen Maschinen ist gemein, dass sie auch bei Stillstand der Rotorwelle ein Drehmoment erzeugen können und außerdem in der Lage sind, kurzzeitig eine Leistung generieren, die über ihrer Nennleistung liegt. Dieser Umstand ist für die effiziente Auslegung sowie die Nutzung von elektrischen Traktionsmaschinen von großer Bedeutung.

Bei Triebfahrzeugen mit konventioneller Antriebstechnik ist deshalb der Unterschied zwischen Nennleistung und Dauerleistung zu beachten, der vor allem vom thermischen Verhalten der Antriebsmaschinen unter Volllast abhängig ist.

Für **Fahrzeuge mit Drehstromantriebstechnik** gilt häufig Nennleistung = Dauerleistung und meistens sind bei diesen Fahrzeugen auch nicht die Fahrmotoren der (thermisch) limitierende Faktor sondern die Leistungselektronik oder der Transformator. Allerdings gibt es auch hier Ausnahmen, da auch bei einigen Lokomotiven mit Drehstromantriebstechnik eine kurzzeitige Generierung höherer Leistungen zugelassen wird, damit etwa Verspätungen aufgeholt werden können. Abb. 4.34 veranschaulicht dies am Zugkraft-Geschwindigkeitsdiagramm der Baureihe 182 („Taurus"). Bei diesen Lokomotiven kann die Traktionsleistung für maximal fünf Minuten von 6,4 auf 7,0 MW erhöht werden, bevor die hohe thermische Belastung des Antriebsstranges eine erneute Beschränkung auf 6,4 MW erfordert.

(a) Re 4/4 II der SBB: Stufenschaltwerk   (b) BR 111 der DB AG: Stufenschaltwerk

(c) BR 143 der DB AG: Phasenanschnittsteuerung   (d) Ge 4/4 II der RhB: Phasenanschnittsteuerung

Abb. 4.33 Altbaufahrzeuge mit konventioneller elektrischer Antriebstechnik und unterschiedlichen Arten der Spannungsstellung für die Fahrmotoren

Traktionseigenschaften von Triebfahrzeugen mit konventioneller Antriebstechnik

Das Traktionsverhalten von Fahrzeugen mit konventioneller Antriebstechnik ist dadurch gekennzeichnet, dass nur ein Teil des von der Zugkraft-Kennlinie umschlossenen Bereiches dauerhaft ausnutzbar ist.

Die Zugkraftcharakteristik von Triebfahrzeugen mit Gleich- bzw. Mischstrom-Reihenschlussmotoren zerfällt gewöhnlich in drei charakteristische Bereiche (siehe Abb. 4.35). Bei kleinen Geschwindigkeiten kann an die Fahrmotoren nur eine kleine Spannung angelegt werden, weil sonst die Fahrmotorströme zu groß würden und es zu thermischen Schäden kommen würde. Im Idealfall (stufenlose Zugkrafteinstellung) kann die Spannung proportional zur steigenden Geschwindigkeit so nachgeführt werden, dass der Strom in den Fahrmotoren und damit das Drehmoment und die Zugkraft konstant bleiben.

Ist die maximale Spannung (Begrenzung: Isolierung der Wicklungen sowie max. Kommutatorspannung) erreicht, kann mittels Feldschwächung eine gleichzeitige Konstanz von Speisespannung und drehmomentbildendem Strom erreicht werden, sodass sich eine Leistungshyperbel entwickeln kann (Bereich „Feldschwächung" in Abb. 4.35).

Sobald eine weitere Feldschwächung nicht mehr möglich ist, wird der Motor weiterhin mit maximaler Spannung betrieben und die Zugkraft fällt entlang einer Funktion $f(1/n^2)$ ab.

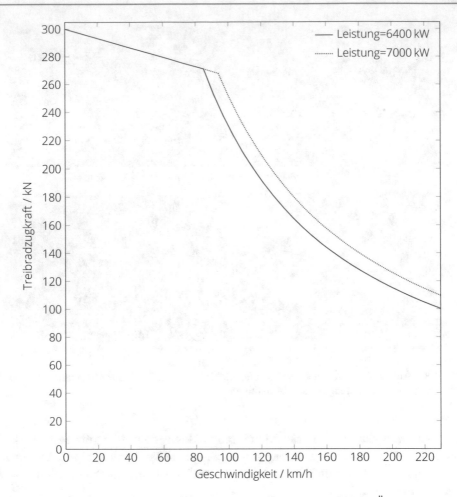

Abb. 4.34 Zugkraftcharakteristik der Baureihe 182 der DB AG (bzw. 1016 der ÖBB)

Fahrzeuge mit Einphasen-Wechselstrom-Reihenschlussmotoren weisen prinzipiell eine
sehr ähnliche Charakteristik wie die zuvor beschriebene auf (Abb. 4.36). Auch bei diesen Maschinen kann zwischen der Zugkrafterzeugung bei maximalem Fahrmotorstrom
sowie der Zugkrafterzeugnug bei maximaler Fahrmotorspannung unterschieden werden.
Im Unterschied zu den zuvor betrachteten Gleich- und Mischstrommotoren wird jedoch ein
Feldschwächebetrieb nicht realisiert, sodass die Zugkraft nach Erreichen der maximalen
Spannung mit zunehmender Geschwindigkeit überproportional zur Geschwindigkeit abfällt
($F_T \sim 1/v^2$).

Abb. 4.37 zeigt stellvertretend für Triebfahrzeuge mit konventioneller Antriebstechnik die
Zugkraftcharakteristik der BR 155. Diese verfügt über eine Stundenleistung von 5400 kW
sowie über eine Dauerleistung von 5100 kW.

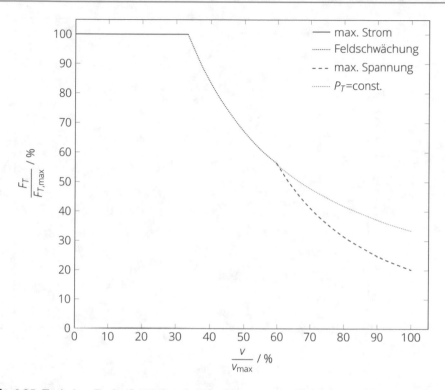

Abb. 4.35 Typisches Zugkraftverhalten bei der Nutzung von Gleich- oder Mischstrom-Reihenschlussmotoren

Der Unterschied zwischen dem Dauerzugkraftbereich ($<163\,\text{kN}$) und den zeitbegrenzten Zugkräften ist deutlich sichtbar. Die Abweichung des Zugkraftverlaufes von der Zugkraft hyperbel ist ebenfalls angedeutet.

Hinsichtlich der zeitlichen Begrenzung der Zugkräfte ist zu beachten, dass nicht nur die absolute Verweildauer in den Zugkraftbereichen oberhalb der Dauerzugkraft eine Rolle spielt, sondern auch die zeitliche Abfolge der Belastungen. Wurde die Lokomotive zum Beispiel schon länger in der Nähe der 30-Minuten-Zugkraft betrieben, ist die Erwärmung der Fahrmotoren schon soweit vorangeschritten, dass danach nicht auch noch zusätzlich 12 min in der Nähe der 12-Minuten-Zugkraft gefahren werden könnte. Die Wärmekapazität der beteiligten Elemente und die erforderliche Zeit zur Rückkühlung muss entsprechend beachtet werden.

Traktionseigenschaften von Triebfahrzeugen mit Drehstromantriebstechnik
Wie bereits im Abschn. 4.4.2 geschrieben, ist es durch den Einsatz von Drehstromantriebstechnik möglich geworden, Zugkräfte entlang der Leistungshyperbel zu entwickeln. Fahrzeuge mit entsprechenden Fahrmotoren weisen deshalb eine fahrdynamisch nahezu optimale Zugkraftcharakteristik auf (Abb. 4.38). Bei den Fahrmotoren handelt es sich üblicherweise

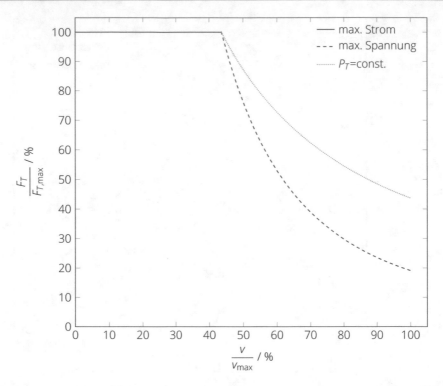

Abb. 4.36 Typisches Zugkraftverhalten bei der Nutzung von Einphasenwechselstrom-Reihenschlussmotoren

um Drehstromasynchronmaschinen, es sind jedoch auch Fahrzeuge mit Drehstromsynchronmotoren im Einsatz (siehe Infokasten).

Damit die Zugkrafterzeugung entlang einer Leistungshyperbel realisiert werden kann, müssen die Asynchronmaschinen in Abhängigkeit der Geschwindigkeit mit einer bestimmten Spannung und Frequenz gespeist werden. Die natürliche Kennlinie der Asynchronmaschine weist bei einer Speisung am starren Netz (fixe Spannung und Frequenz) noch nicht die gewünschten Eigenschaften auf, wie Abb. 4.39a zeigt. Die Natürliche Kennlinie weist ein Anlaufmoment (Drehzahl = 0), ein Kippmoment (maximales Drehmoment) sowie ein Synchrondrehmoment auf, das immer 0 ist. Der Name Asynchronmaschine leitet sich von der Tatsache ab, dass Rotor und Statordrehfeld asynchron rotieren müssen, damit im Rotor die drehmomentbildenden Ströme induziert werden können. Drehen Rotor und Drehfeld synchron (totale Entlastung der Maschine) sinkt das Drehmoment auf den Wert 0 ab, da mangels Relativbewegung zwischen Rotor und Stator keine Ströme mehr im Rotor induziert werden.

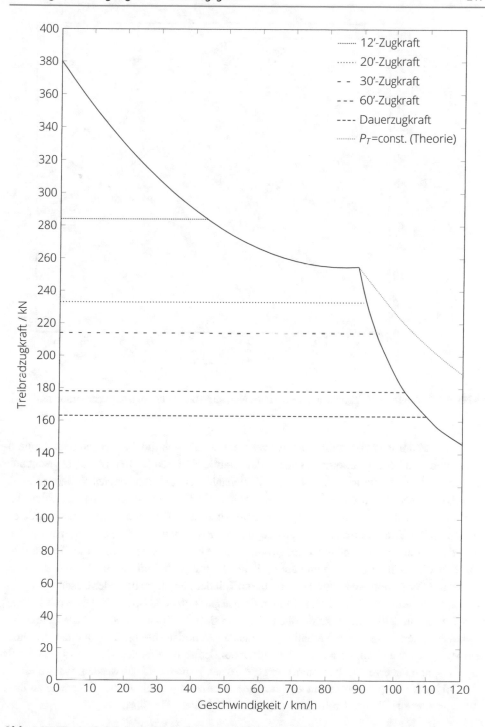

Abb. 4.37 Zugkraftcharakteristik der Baureihe 155 der DB AG

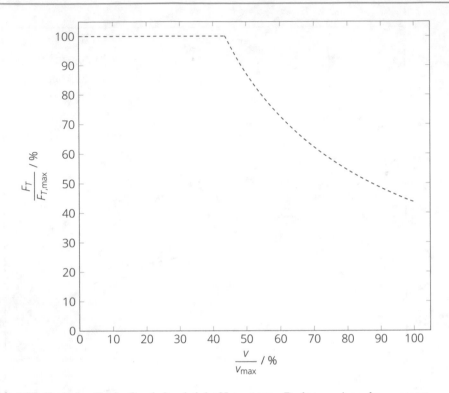

Abb. 4.38 Typisches Zugkraftverhalten bei der Nutzung von Drehstrom-Asynchronmotoren

Für Traktionszwecke nutzbar ist nur der Bereich der Kennlinie zwischen dem Kippmoment und dem Synchronmoment. Dies ist der „stabile" Bereich der Kennlinie (rot gezeichnet in Abb. 4.39b), da die Maschine bei einer Drehzahldrückung (steigendes Widerstandsmoment) mit einer Drehmomenterhöhung reagiert und die Drehzahl so stabilisiert. Auf dem Teil der Kennlinie, der sich zwischen der Drehzahl 0 und dem Kippmoment befindet, würde ein gegenteiliger Effekt auftreten. Ein ansteigendes Lastmoment würde hier mit einem Absinken des Drehmomentes beantwortet, wodurch die Gefahr bestünde, dass die Drehzahl bis auf den Wert null zurückläuft und am Ende der Motor „steht und brummt".

Damit der Arbeitspunkt auf dem nutzbaren Teil der Kennlinie bei jeder Geschwindigkeit eingestellt werden kann, ist es notwendig, Speisespannung und Speisefrequenz mit steigender Geschwindigkeit stetig zu erhöhen. Solange sich die Spannung U und die Frequenz f dabei in einem konstanten Verhältnis zueinander befinden, bleibt die Höhe der Kippmomente konstant und nur deren Lage bezüglich der Drehzahl verändert sich. Ist die maximale Speisespannung erreicht, kann nur noch die Speisefrequenz erhöht werden, was zu einem Absinken der Kippmomente mit zunehmender Drehzahl (Geschwindigkeit) sowie zu ihrer Verlagerung zu höheren Drehzahlen (Geschwindigkeiten) hin führt.

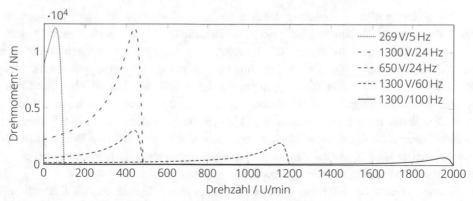

(a) Natürliche Kennlinie des Drehstromasynchronmotors bei unterschiedlichen Speisespannungen und -frequenzen

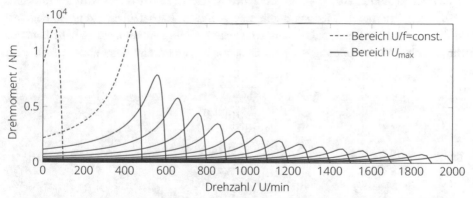

(b) Variation der natürlichen Kennlinien bei systematischer Variation von Speisespannung und -frequenz

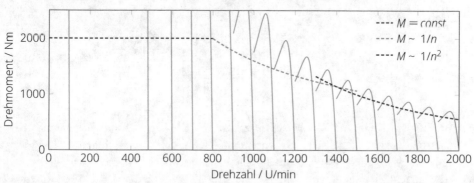

(c) Die Drehmomentcharakteristik als Hüllkurve der Arbeitspunkte auf den stabilen Ästen der natürlichen Kennlinien

Abb. 4.39 Das Verhalten eines Drehstromasynchronmotors bei Speisung mit variabler Spannung und Frequenz

Durch eine geeignete Regelung können so im unteren Teil des Drehzahlintervalls der Drehstromasynchronmaschine konstante Drehmomente (Zugkräfte) erzeugt werden, woran sich eine Leistungshyperbel anschließt, solange die Arbeitspunkte auf den geschwindigkeitsabhängigen Kennlinien immer deutlich unterhalb des Kippmomentes bleiben (siehe Abb. 4.39c). Da die Kippmomente der Kennlinien jedoch über der Drehzahl/Geschwindigkeit mit einer Funktion $f(1/n^2)$ abfallen, während sich die Drehmomente/Zugkräfte entlang einer Funktion $f(1/n)$ entwickeln sollen, wird diese Bedingung ab einer bestimmten Grenzdrehzahl nicht mehr einzuhalten sein. Wird die Drehstromasynchronmaschine über diese Grenzdrehzahl hinaus betrieben, muss deshalb eine Abregelung des Drehmomentes entlang einer Funktion $f(1/n^2)$ erfolgen.

Es kann deshalb bei Fahrzeugen mit Drehstromsynchronmaschinen als Fahrmotoren eine zweite Übergangsgeschwindigkeit bei höheren Geschwindigkeiten geben (siehe das Beispiel der Re 460 in Abb. 4.42 am Ende des Kapitels). In der Regel wird die maximale Drehzahl der Fahrmotoren jedoch durch eine geeignete Radsatzübersetzung so begrenzt, dass die kritische Drehzahl, bei der die Arbeitspunkte dem Kippmoment zu nahe kommen, nicht erreicht wird. Abbildung 4.43 am Ende des Kapitels zeigt dazu ein repräsentatives Beispiel.

Exkurs: Traktionsantriebe mit Synchronmaschinen

BB 26000 (SYBIC)   TGV-Réseau

Anders als die Deutsche Bundesbahn setzte die SNCF bei der Einführung der Drehstromantriebstechnik zunächst auf Synchronmotoren als Antriebsmaschinen. Es handelte sich um selbstgeführte Synchronmotoren mit Schleifringläufern. Diese wurden in den TGV-Zügen der zweiten und dritten Generation (TGV-Atlantique und TGV-Réseau) sowie in den Lokomotiven der SNCF-Reihe BB 26000 eingesetzt. Letztere werden auch als „SYBIC" bezeichnet, was für „**S**ynchronmotoren" und „**Bic**ourant" (wörtlich etwa „Zweistrom") steht, da die Lokomotiven unter beiden in Frankreich üblichen Spannungssystemen (1,5 kV Gleichspannung sowie 25 kV/50 Hz Wechselspannung) verkehren können.

Der Regelungsaufwand für die verwendeten Motoren ist im Vergleich zu Asynchronmaschinen größer und außerdem sind die Schleifringläufer nicht verschleißfrei, sodass die SNCF bei nachfolgenden Lokomotiv- und TGV-Generationen ebenfalls Drehstromasynchronmaschinen für die Antriebe wählte.

Mittlerweile gibt es jedoch neue Fahrzeuggenerationen (genannt „Régiolis" und „Régio2N") auf dem französischen Streckennetz, die wieder mit Synchronmaschinen, diesmal jedoch mit permanenterregten Synchronmaschinen, angetrieben werden. Diese sind schleifringlos, weisen keine Läuferverluste auf und versprechen dadurch einen besseren Wirkungsgrad (>95 %) als Asynchronmaschinen.

Triebzug „Régiolis"

Triebzug „Régio2N"

Literaturhinweis zum Einsatz von permanenterregten Synchronmotoren in Frankreich:

Le Moal, Eric et. al.: *„The permanent magnet synchronous motor from a customer point of view: REGIO 2N vs REGIOLIS"*, in: proceedings of the 2016 International Conference on Electrical Systems for Aircraft, Railway, Ship Propulsion and Road Vehicles International Transportation Electrification Conference (ESARS-ITEC)

Abhängigkeit der Traktionsleistung von der Oberleitungsspannung

Die Spannung, die die Oberleitungen im europäischen Eisenbahnnetz führen, sind (leider) nicht einheitlich (siehe Anhang C). Für den grenzüberschreitenden Verkehr sind deshalb elektrische Mehrsystemfahrzeuge entwickelt worden, damit an den Landesgrenzen der Austausch der Triebfahrzeuge entfallen kann bzw. damit ein europäischer Hochgeschwindigkeitsverkehr überhaupt möglich ist.

Das prominenteste Beispiel für letztgenannten Einsatzfall sind sicher die ICE- bzw. TGV-Triebzüge, die von Deutschland nach Frankreich, Belgien und in die Niederlande verkehren. Diese Fahrzeuge können sowohl mit der in Deutschland üblichen Oberleitungsspannung von 15 kV und 16,7 Hz betrieben werden, als auch mit 25 kV und 50 Hz (Frankreich), 3 kV Gleichspannung (Belgien) oder 1,5 kV Gleichspannung (Niederlande).

Aber auch im Güterzugverkehr sind mehrsystemfähige Lokomotiven heute weit verbreitet (z. B. auch im Deutsch-Tschechischen Grenzverkehr zwischen Dresden und Děčín.) Ein

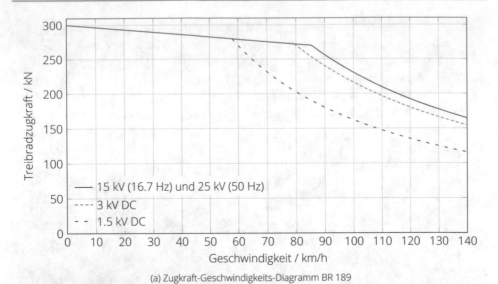

(a) Zugkraft-Geschwindigkeits-Diagramm BR 189

(b) BR 189 im deutsch-tschechischen Grenzverkehr
(Deutschland 15 kV bei 16,7 Hz und Tschechische Republik (Norden): 3,0 kV DC)

(c) BR 189 in den Niederlanden (Deutschland: 15 kV
bei 16,7 Hz und Niederlande: 1,5 kV DC)

Abb. 4.40 Von der Spannungsversorgung abhängiger Verlauf von Treibradzugkraft über der Geschwindigkeit für Lokomotiven der Baureihe 189

Beispiel für eine Lokomotive, die hinsichtlich der Versorgungsspannungen in Europa freizügig einsetzbar wäre, zeigt Abb. 4.40. Die Frage, ob ein Triebfahrzeug *tatsächlich* freizügig einsetzbar ist, hängt aber nicht nur an der Frage, mit welchen Oberleitungsspannungen es betrieben werden kann, sondern auch, über welche Zugsicherungssysteme es verfügt, welche Fahrzeugbegrenzungslinie es einhält und wie Fahrzeugbeleuchtung (Spitzen- und Schlusslicht) konfigurierbar ist. Diese Aspekte sind europaweit ebenfalls nicht einheitlich geregelt, sodass es einen erheblichen technischen und finanziellen Aufwand bedeutet, ein Fahrzeug so auszurüsten, dass es freizügig in ganz Europa verkehren könnte. Es ist daher üblich, die Lokomotiven für bestimmte Korridore zu ertüchtigen und sie mit zugsicherungstechnischen „Länderpaketen" auszurüsten. Es gibt zum Beispiel Lokomotiven der BR 189, die in die

Tschechische Republik verkehren können, jedoch nicht in die Niederlande (und umgekehrt), obwohl sie es von der Spannungsversorgung her könnten.

Die generierbare Traktionsleistung hängt bei Mehrsystemfahrzeugen von der Art der Spannungsversorgung ab, da die Antriebsstränge in der Regel nicht gleichzeitig für (bis zu) vier unterschiedliche Spannungssysteme optimiert werden können. Im Falle einer Gleichspannungsversorgung ist in der Regel mit Leistungseinbußen zu rechnen, weil nur eine begrenzte elektrische Leistung ($P_{el} = U \cdot I$) über die Schleifleisten der Stromabnehmer übertragen werden kann. Der limitierende Faktor ist hier der Strom, der bei zu hohen Werten eine zu starke lokale Erwärmung an der Kontaktstelle zwischen Stromabnehmer und Oberleitung bewirken würde (Gefahr von Oberleitungsschäden).

Das in Abb. 4.40a aufgeführte Zugkraft-Diagramm für eine Viersystem-Lokomotive der Baureihe 189 zeigt die genannten Einschränkungen für den Betrieb unter Gleichspannung.

Abhängigkeit der Zugkraftcharakteristik von der mechanischen Übersetzung des Radsatzantriebes

Liegen Fahrmotorart und -typ und somit der prinzipielle Verlauf der Zugkraft-Geschwindigkeits-Kennlinie fest, kann mit Hilfe der Veränderung der mechanischen Übersetzung des Radsatzgetriebes ggf. noch eine Variation der Zugkräfte erfolgen. Diese Möglichkeit wurde früher häufig genutzt, um von einer Lokomotiv-Grundkonstruktion eine Güterzug- oder Reisezugvariante abzuleiten (z. B. →E11 und E42 der Deutschen Reichsbahn).

In Frankreich war es lange üblich, (diesel-)elektrische Triebfahrzeuge mit →Monomoteurantrieben auszustatten, bei dem ein großer Fahrmotor alle Radsätze eines Drehgestells antrieb. In den verwendeten Radsatzgetrieben war eine Umschaltung zwischen zwei Übersetzungsstufen (Güterzug und Schnellzug) vorhanden, sodass dieselbe Lokomotive bei dem Einsatz vor Güterzügen hohe Zugkräfte mit niedriger Höchstgeschwindigkeit oder beim Einsatz vor Schnellzügen mäßige Zugkräfte bei hoher Höchstgeschwindigkeit generieren kann (Abb. 4.41).

(a) BB 25000 der SNCF

(b) Drehgestell mit mechanischem Anzeiger der Getriebebestellung: „V" (Voyageurs) für Reisezüge oder „M" (Marchandises) für Güterzüge

Abb. 4.41 Beispiel einer elektrischen Lokomotive mit schaltbarem Monomoteurantrieb

▶ **Zusammenfassung: Zugkraftentwicklung bei elektrischen Triebfahrzeugen**

Die Zugkraftentwicklung an der Leistungsgrenze ist bei elektrischen Triebfahrzeugen maßgeblich abhängig von der Bauart der eingesetzten Fahrmotoren.

Es kann zwischen elektrischen Fahrzeugen mit konventioneller Antriebstechnik und solchen mit Drehstromantriebstechnik unterschieden werden. Erstgenannte werden mit Gleichstrom-, Mischstrom- oder Einphasenwechselstrommotoren angetrieben, die eine Reihenschlusscharakteristik aufweisen. Die Zugkraftentwicklung über der Geschwindigkeit folgt bei dieser Motorenart typischerweise einer Funktion $F_T \sim 1/v^2$, da Spannung und Strom in der Maschine ohne besondere Maßnahmen nicht gleichzeitig konstant gehalten werden können. Bei Gleich- und Mischstrommotoren ist es häufig möglich, diese in einem bestimmten Drehzahlintervall im Feldschwächebetrieb zu betreiben, wodurch der drehmomentbildende Strom bei invarianter Spannung konstant gehalten und so eine Zugkraftentwicklung entlang einer Leistungshyperbel erreicht werden kann. Der Bereich des Feldschwächebetriebes deckt im der Regel aber nicht das gesamte Geschwindigkeitsspektrum von der Übergangsgeschwindigkeit $v_ü$ bis zur Höchstgeschwindigkeit v_{max} ab, sodass die Triebfahrzeuge typischerweise eine zweite Übergangsgeschwindigkeit im oberen Geschwindigkeitsbereich aufweisen.

Alle elektrischen Maschinen weisen ein „elastisches" Leistungsverhalten auf, das heißt, sie können innerhalb definierter Zeiträume eine Leistung abgeben, die über ihrer Nennleistung liegt, was mit einer verstärkten Erwärmung der Motoren verbunden ist. Alle Fahrzeuge mit konventioneller Antriebstechnik und einige Fahrzeuge mit Drehstromantriebstechnik weisen deshalb Zugkraftdiagramme mit Zonen auf, die nicht dauerhaft nutzbar sind. Dies muss bei der fahrdynamischen Auslegung und dem Einsatz der Triebfahrzeuge ggf. berücksichtigt werden.

Fahrzeuge mit Drehstromantriebstechnik weisen in den meisten Fällen Drehstromasynchronmaschinen als Fahrmotoren auf, in Ausnahmefällen kommen auch Drehstromsynchronmotoren zum Einsatz, die heute als permanenterregte Sychronmaschinen ausgeführt werden.

Drehstrom(a)synchronmaschinen gestatten die Generierung einer konstanten Leistung über ein weites Drehzahl- bzw. Geschwindigkeitsspektrum. Die Voraussetzung dafür ist, dass Speisespannung und -frequenz der Maschinen kontinuierlich der Drehzahl angepasst werden. Dadurch entsteht eine Schar nahezu unendlich vieler natürlicher Kennlinien, deren Verlauf von Speisespannung und Speisefrequenz abhängig ist. Der drehzahl- bzw. geschwindigkeitsabhängige Arbeitspunkt auf diesen Kennlinien muss immer so ausgeregelt werden, dass er auf dem stabilen Ast der natürlichen Kennlinie mit hinreichendem Abstand vom Kippmoment liegt. Da das Kippmoment nach einer Funktion $f(1/n^2)$ abfällt, die Leistungshyperbel jedoch einer Funktion $f(1/n)$ folgt, kann es bei hohen Drehzahlen der Asynchronmaschinen dazu kommen, dass das abgegebene Drehmoment reduziert werden muss, damit das Kippmoment nicht überschritten wird. In solchen Fällen weisen Fahrzeuge mit Drehstromasynchronmotoren an der Leistungsgrenze eine zweigeteilte Zugkraftcharakteristik auf (Teil 1: $F_T \sim 1/v$, Teil 2: $F_T \sim 1/v^2$). Durch eine geeignete Wahl der mechanischen Übersetzung der Radsatzgetriebe wird dies bei vielen Drehstromtriebfahrzeugen jedoch vermieden.

Die Traktionsleistung von Triebfahrzeugen kann bei Mehrsystemfahrzeugen zusätzlich von der jeweiligen Spannungsversorgung abhängig sein. Insbesondere bei dem Betrieb an Gleichspannungsnetzen ist die maximale Leistung durch die maximalen Ströme, die zwischen Oberleitung und Schleifleisten übertragen werden dürfen, limitiert.

Die Zugkraftcharakteristik von elektrischen Fahrzeugen kann bei gegebenem Fahrmotortyp zusätzlich durch die mechanische Übersetzung des Radsatzantriebes beeinflusst werden.

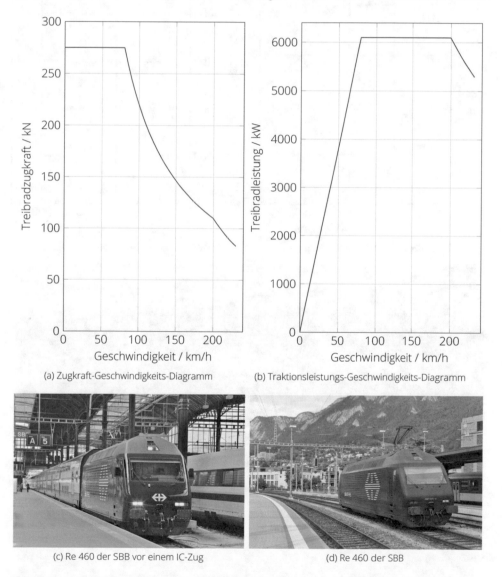

(a) Zugkraft-Geschwindigkeits-Diagramm   (b) Traktionsleistungs-Geschwindigkeits-Diagramm

(c) Re 460 der SBB vor einem IC-Zug   (d) Re 460 der SBB

Abb. 4.42 Verlauf von Treibradzugkraft und -leistung über der Geschwindigkeit für Lokomotiven der Baureihe Re 460 der Schweizer Bundesbahnen SBB

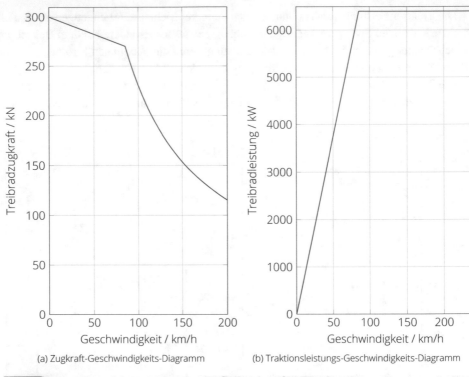

(a) Zugkraft-Geschwindigkeits-Diagramm   (b) Traktionsleistungs-Geschwindigkeits-Diagramm

(c) BR 193 (Siemens Vectron) vor einem EC-Zug

Abb. 4.43 Verlauf von Treibradzugkraft und -leistung über der Geschwindigkeit für Lokomotiven der Baureihe 193 (Siemens Vectron)

4.5   Verständnisfragen

Komplex „Bedeutung der Antriebskräfte in der Fahrdynamik"

1. Was ist die „freie Zugkraft" und wofür kann sie potentiell verwendet werden?
2. Wie ist der „Zugkraftüberschuss" rechnerisch zu ermitteln?

Komplex „Zugkraftcharakteristik"

1. Wodurch wird die Zugkraftentwicklung von Schienenfahrzeugen im Allgemeinen begrenzt?
2. Welcher Sachverhalt wird in der Fahrdynamik mit „Übergangsgeschwindigkeit" beschrieben?
3. Wovon ist die Lage der Übergangsgeschwindigkeit abhängig?
4. Weisen elektrische Triebfahrzeuge im allgemeinen eine höhere oder niedrigere Übergangsgeschwindigkeit auf als Dieseltriebfahrzeuge und warum ist das so?
5. Worin unterscheiden sich Treibrad- und Zughakenzugkraft?
6. Was ist eine „Zugkrafthyperbel"?
7. Was ist ein „ideales Zugkraft-Geschwindigkeits-Diagramm" und worin unterscheidet es sich von einem „realen Zugkraft-Geschwindigkcits-Diagramm"?
8. Welche Anforderungen sind an die Zugkraftcharakteristiken von Triebfahrzeugen im Allgemeinen zu stellen?

Komplex „Zugkrafterzeugung an der Kraftschlussgrenze"

1. Wie groß ist die Fläche, über die die Übertragung von Traktions- und Bremskräften im Rad-Schiene-Kontakt erfolgt, ungefähr?
2. An welches Phänomen ist die kraftschlüssige Übertragung von Zug- und Bremskräften im Rad-Schiene-Kontakt gebunden?
3. Was haben Kraftschlussbeiwert und Längsschlupf miteinander zu tun?
4. Wie können die Kraftschlussbedingungen im Rad-Schiene-Kontakt beeinflusst werden?
5. Warum ist der Kraftschlussbeiwert als stochastische Größe aufzufassen?
6. Was ist bei der Auslegung von Schienenfahrzeugantrieben hinsichtlich der Kraftschlussausnutzung zu beachten?
7. Was ist der Unterschied zwischen „ausnutzbarem" Kraftschlussbeiwert und „ausgenutztem" Kraftschlussbeiwert?
8. Wie kann die Angabe für eine Anfahrzugkraft auf ihre Plausibilität hin geprüft werden?
9. Welche Aussagekraft haben empirische Gleichungen, die den ausnutzbaren Kraftschluss in Abhängigkeit von der Geschwindigkeit ausdrücken?
10. Warum kommt es bei der Generierung von Zugkräften zu einer Entlastung der jeweils führenden Radsätze im Drehgestell?

11. Warum kommt der Anbindung von angetriebenen Drehgestellen an den Fahrzeugkasten/-rahmen aus fahrdynamischer Sicht eine wichtige Rolle zu?
12. Welche konstruktiven Ansätze existieren, um die zugkraftbedingte Radsatzentlastung zu minimieren?

Komplex „Zugkrafterzeugung an der Leistungsgrenze"

Unterkomplex „Antriebskonfigurationen"

1. Nach welchen Gesichtspunkten lassen sich Triebfahrzeuge anhand ihrer Antriebskonfiguration kategorisieren?
2. Welche typischen Antriebskonfigurationen von Triebfahrzeugen existieren?
3. Was ist der Unterschied zwischen einem Diesel-Elektrischen Zweikraftfahrzeug und einem Elektro-Diesel-Zweikraft-Triebfahrzeug?
4. Warum stellen Zweikraft- und Hybridfahrzeuge unterschiedliche Fahrzeugkategorien dar?

Unterkomplex „Die Notwendigkeit einer Leistungsübertragungsanlage"

1. Warum benötigen Dieseltriebfahrzeuge eine Leistungsübertragungseinrichtung?
2. Welche Anforderungen sind aus fahrdynamischer Sicht an Leistungsübertragungen zu stellen?
3. Welche Informationen liefert ein Dieselmotorkennfeld im Allgemeinen?

Unterkomplex „Zugkrafterzeugung bei mechanischer/hydromechanischer Leistungsübertragung"

1. Welche Elemente sind bei einem mechanischen Antriebsstrang an der Wandlung von Drehmomenten und Drehzahlen beteiligt und wie ergibt sich die mechanische Gesamtübersetzung des Antriebsstranges?
2. Welche Elemente sind bei einem mechanischen Antriebsstrang an der Wandlung von Drehmomenten und Drehzahlen beteiligt?
3. Worin unterscheiden sich hydromechanische und mechanische Leistungsübertragungseinrichtung?
4. Welche Informationen können einem Schaltdiagramm entnommen werden?
5. Warum kann mit einem (hydro-)mechanischen Antrieb keine Leistungshyperbel erzeugt werden?
6. Wie sieht ein typisches Zugkraft-Geschwindigkeits-Diagramm eines Fahrzeuges mit hydromechanischer Leistungsübertragung aus?

Unterkomplex „Zugkrafterzeugung bei hydrodynamischer Leistungsübertragung"

1. Wie ist ein hydrodynamisches Getriebe aufgebaut? Welches sind typische Getriebe-konfigurationen?
2. Welche Elemente sind bei einem hydrodynamischen Antriebsstrang an der Wandlung von Drehmomenten und Drehzahlen beteiligt?
3. Mit welchen Größen wird das Übertragungsverhalten von Strömungswandlern übli-cherweise beschrieben?
4. Wie ist der Wirkungsgrad eines hydrodynamischen Wandlers definiert?
5. Warum braucht es immer mehr als nur einen einzigen Wandler in Strömungsgetrieben?
6. Welche Rolle spielen Strömungskupplungen in hydrodynamischen Getrieben?
7. Worin unterscheiden sich Wandler- und Kupplungsbetrieb bei hydrodynamischen Leis-tungsübertragungen?
8. Wie wird der Dieselmotor belastet, wenn er mit einer Strömungskupplung zusammen-arbeitet?
9. Was ist die Mindestdauerfahrgeschwindigkeit und von welchen Faktoren wird sie beein-flusst?
10. Warum weisen einige Lokomotiven mit hydrodynamischer Leistungsübertragung zwei Zugkraft-Kennlinien auf?
11. Wie sieht ein typisches Zugkraft-Geschwindigkcits-Diagramm cincs Fahrzeuges mit hydrodynamischer Leistungsübertragung aus?

Unterkomplex „Zugkrafterzeugung bei elektrischer Leistungsübertragung"

1. Was ist die Grundidee hinter einem dieselelektrischen Antriebsstrang?
2. Welche Konfigurationen der elektrischen Leistungsübertragung weisen heute verkeh-rende Triebfahrzeuge auf?
3. Welche Charakteristika weisen die Zugkraft-Geschwindigkeits-Diagramme dieselelek-trischer Triebfahrzeuge auf?
4. Warum können dieselektrische Leistungsübertragungen hinsichtlich ihres Übertragungs-verhaltens wie ein stufenloses Getriebe betrachtet werden?
5. Wie kann das Zusammenspiel von Dieselmotor und Traktionsgenerator beeinflusst wer-den?
6. Inwieweit unterscheiden sich die dieselhydraulische und die dieselelektrische Leistungs-übertragung hinsichtlich ihrer Zusammenarbeit mit dem Dieselmotor?
7. Welche Elemente müssen hinsichtlich ihres Übertragungswirkungsgrades bei der Betrachtung dieselelektrischer Antriebsstränge berücksichtigt werden?

Komplex „Zugkraftcharakteristik von Elektrotriebfahrzeugen"

1. Worin unterscheiden sich elektrische Triebfahrzeuge mit konventioneller Antriebstechnik (KAT) aus fahrdynamischer Sicht von solchen mit Drehstromantriebstechnik (DAT)?
2. Welche Fahrmotoren kommen bei elektrischen Triebfahrzeugen zum Einsatz und warum ist das für die Fahrdynamik relevant?
3. Warum kann ein und dasselbe elektrische Triebfahrzeug zwei verschiedene Zugkraftkurven aufweisen (manchmal sogar mehr)?
4. Welche Faktoren beeinflussen das Traktionsverhalten von elektrischen Fahrzeugen mit KAT?
5. Wie sieht ein typisches Zugkraft-Geschwindigkeits-Diagramm einer elektrischen Lokomotive mit Gleich- oder Mischstrom-Reihenschlussmotoren aus?
6. Wie sieht ein typisches Zugkraft-Geschwindigkeits-Diagramm einer elektrischen Lokomotive mit Einphasenwechselstrom-Reihenschlussmotoren aus?
7. Welche Faktoren beeinflussen das Traktionsverhalten von elektrischen Triebfahrzeugen mit DAT?
8. Wie sieht ein typisches Zugkraft-Geschwindigkeits-Diagramm einer elektrischen Lokomotive mit Drehstromasynchronmotoren aus?
9. Was ist der Unterschied zwischen der Stunden- und der Dauerleistung elektrischer Triebfahrzeuge?
10. Warum kann bei Triebfahrzeugen mit DAT eine zweite Übergangsgeschwindigkeit im oberen Geschwindigkeitsbereich auftreten?

Rechenaufgaben

1. Über einen elektrischen Nahverkehrstriebzug sind folgende Fakten bekannt:
   - Radsatzfolge: Bo'2'+2'2'+2'2'+2'Bo'
   - Dienstmasse: 330 t
   - fahrdynamischer Massenfaktor: 1,05
   - Treibradleistung: 2100 kW
   - Grundwiderstand: ca. 1200 N.

   Das Fahrzeug soll auf ebenem, geraden Gleis eine Anfahrbeschleunigung von $1{,}1\,\text{m/s}^2$ erreichen.

   a) Welche Anfahrzugkraft muss erzeugt werden?

   b) Welcher Kraftschlussausnutzung entspricht die Anfahrzugkraft (Annahme: Masse gleichmäßig auf alle Radsätze verteilt)? Kann diese Anfahrzugkraft zuverlässig erzeugt werden? Passen Sie ggf. die Radsatzfolge den fahrdynamischen Erfordernissen an.

   c) Wie groß ist die Übergangsgeschwindigkeit, wenn von einer geschwindigkeitsinvarianten Anfahrzugkraft ausgegangen wird?

2. Ein Dieseltriebzug mit elektrischer Leistungsübertragung (AC-AC) verfügt über 4 Dieselmotoren mit je 350 kW Nennleistung. Das Fahrzeug ist dreiteilig und pro Fahrzeugteil müssen ca. 40 kW für das Bordnetz (zur Versorgung z. B. der Klimaanlagen) bereitgestellt werden. Die Radsatzfolge des Triebzuges lautet: Bo'(2')(Bo')Bo' und seine Masse beträgt 150 t. Die Kraftschlussausnutzung beträgt $\tau=0{,}199$. Er soll eine Höchstgeschwindigkeit von 160 km/h erreichen.

Entwickeln Sie das Zugkraft-Geschwindigkeitsdiagramm unter der Annahme, dass der Hilfsleistungsbedarf (Kühlanlage, Druckluftbremse etc.) bei etwa 8 % der Dieselmotornennleistung liegt und folgende Wirkungsgrade für die Leistungsübertragung angenommen werden können:

   - Generator: 94 %,
   - Leistungselektronik: 98 %,
   - Fahrmotor: 95 %
   - Radsatzantrieb: 98 %.

3. Von einem elektrischen Fahrmotor (Drehstrom-Asynchronmaschine) seien folgende Kenndaten bekannt:

   - Drehmoment im Dauerpunkt: 7750 Nm,
   - Dauerleistung: 1071 kW,
   - maximale Drehzahl: 3300 min^{-1}

Mit diesen Fahrmotoren soll eine Lokomotive mit der Radsatzanordnung Bo'Bo' angetrieben werden, deren Treibräder einen Durchmesser zwischen 1250 mm (neu) und 1170 mm (abgefahren) aufweisen und deren Höchstgeschwindigkeit 140 km/h beträgt.

   a) Welches Übersetzungsverhältnis muss für das Radsatzgetriebe gewählt werden?
   b) Welche Treibradzugkraft kann die Lokomotive mit der errechneten Radsatzgetriebeübersetzung dauerhaft erzeugen und in welchem Verhältnis müssen das maximale Motordrehmoment und das Dauer-Motordrehmoment zueinander stehen, wenn eine Anfahrzugkraft von 300 kN erzeugt werden soll? Der Wirkungsgrad des Radsatzgetriebes sei 0,98.

Fahrdynamische Charakteristiken

5

5.1 Das Traktionsvermögen von Triebfahrzeugen

Um das Traktionsvermögen von Triebfahrzeugen sinnvoll einschätzen zu können, ist eine Gegenüberstellung der erzeugten Traktionskräfte (Zugkräfte) mit den auftretenden Widerstandskräften vorzunehmen. Ausgehend von der fahrdynamischen Grundgleichung lassen sich Aussagen zu folgenden fahrdynamischen Fragestellungen ableiten:

- Welche Längsneigung kann ein Triebfahrzeug mit welcher Wagenzugmasse (im Falle von Zügen) gerade noch in Beharrung befahren?
- Welche Längsneigung kann ein Triebfahrzeug mit welcher Wagenzugmasse (im Falle von Zügen) mit einer festgelegten Restbeschleunigung befahren?
- Wie hoch ist die bei einer bestimmten Zugkonfiguration erzielbare Längsbeschleunigung in Abhängigkeit von der Geschwindigkeit, der Streckenlängsneigung und der (Wagen-)Zugmasse?
- Welche Wagenzugmasse kann von einem Triebfahrzeug maximal in einer bestimmten Neigung mit einer bestimmten Geschwindigkeit und Restbeschleunigung geschleppt werden?

In der voranstehenden Aufzählung taucht der Begriff der „Restbeschleunigung" auf. Dabei handelt es sich um die Längsbeschleunigung, die sich aus dem Zugkraftüberschuss nach Abzug aller Fahrwiderstandskräfte ergibt.

Abb. 5.1 zeigt Zugkraft und Fahrzeugwiderstandskräfte für zwei Zugkonfigurationen, die im Rahmen dieses Kapitels immer wieder als Beispiel herangezogen werden sollen.

Im Fall des Beispiel-IC-Zuges (Abb. 5.1a) kann bei $v = 80\,\text{km/h}$ eine Zugkraft von 257 kN erzeugt werden, während in der Ebene ein Fahrwiderstand von 17,4 kN überwunden werden muss. Somit liegt ein Zugkraftüberschuss von 239,6 kN vor, der einer Restbeschleunigung von 0,45 m/s^2 entspricht.

© Der/die Autor(en), exklusiv lizenziert an Springer Fachmedien Wiesbaden GmbH, ein Teil von Springer Nature 2024

M. Kache, *Fahrdynamik der Schienenfahrzeuge*,
https://doi.org/10.1007/978-3-658-41713-0_5

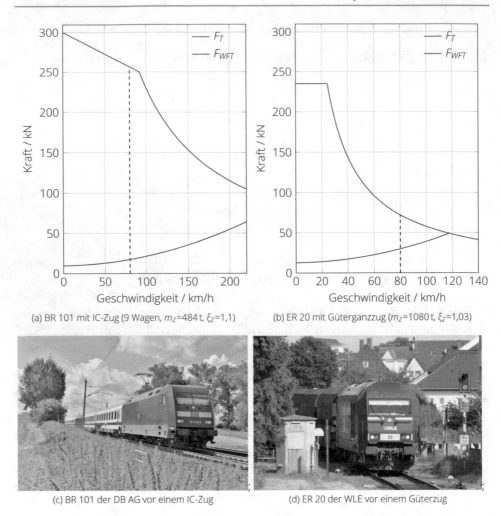

(a) BR 101 mit IC-Zug (9 Wagen, m_Z=484 t, ξ_Z=1,1)   (b) ER 20 mit Güterganzzug (m_Z=1080 t, ξ_Z=1,03)

(c) BR 101 der DB AG vor einem IC-Zug   (d) ER 20 der WLE vor einem Güterzug

Abb. 5.1 Beispielzugkonfigurationen für die verschiedenen fahrdynamischen Charakteristiken in diesem Kapitel

Im Falle des Beispiel-Güterzuges 5.1b beträgt die Zugkraft bei 80 km/h hingegen 72 kN und der Fahrwiderstand in der Ebene beläuft sich auf 29,9 kN. Daraus resultiert bei der genannten Geschwindigkeit ein Zugkraftüberschuss von 42,1 kN und eine Restbeschleunigung von 0,038 m/s^2. Die Restbeschleunigung des Güterzuges ist also bei gleicher Geschwindigkeit aufgrund des geringeren Zugkraftangebotes und der deutlich höheren Zugmasse etwa um den Faktor 10 geringer als bei dem IC-Zug.

Den Diagrammen in Abb. 5.1 ist noch ein weiterer entscheidender fahrdynamischer Aspekt zu entnehmen. Während die Kurven von Zugkraft und Fahr(zeug)widerstand im Falle für das dargestellte Geschwindigkeitsintervall keinen Schnittpunkt aufweisen, existiert dieser für den Güterzug bei einer Geschwindigkeit von $v \approx 117$ km/h. Bei dieser Geschwindigkeit wird die Restbeschleunigung zu Null und es stellt sich ein Beharrungszustand ein. Eine Geschwindigkeit von 120 km/h könnte also in der Ebene und in Steigungen bei dieser Zugkonfiguration nicht erreicht werden.

Es liegt damit neben der *infrastrukturseitigen,* der *bremstechnischen* sowie der *lauftechnischen* Höchstgeschwindigkeit eine weitere Art der Höchstgeschwindigkeit vor: nämlich die **fahrdynamische Höchstgeschwindigkeit**. Diese ist stets gleich der Geschwindigkeit, bei der sich Zugkraft- und Fahrwiderstandskurve schneiden.

Nachdem diese grundlegenden Beziehungen diskutiert worden sind, widmen sich die folgenden Abschnitten der Steigfähigkeit, dem Beschleunigungsvermögen sowie dem Schleppvermögen von Triebfahrzeugen.

5.2 Steigfähigkeit

Als *Steigfähigkeit* von Zügen wird deren fahrdynamisches Vermögen bezeichnet, bestimmt Streckenlängsneigungen mit einer vorgegebenen Geschwindigkeit zu befahren. Der allgemeine Ansatz für die Steigfähigkeit ergibt sich aus der Umstellung der fahrdynamischen Grundgleichung nach der im Streckenwiderstand enthaltenen Längsneigung i:

$$i = \frac{F_T - F_{WFT} - F_{WFW} - \xi_Z m_Z a}{m_Z g}. \tag{5.1}$$

Es ist üblich, die Beschleunigung a auf den Wert „Null" zu setzen und Steigfähigkeitsdiagramme für den Grenzfall der Beharrungsfahrt zu erstellen. Bei Güterzügen wird außerdem noch die Wagenzugmasse als zusätzlicher Parameter variiert.

Für die beiden in Abb. 5.1 dargestellten Beispielzüge ergeben sich bezüglich der Steigfähigkeit die beiden in Abb. 5.2 dargestellten Diagramme.

Es wird deutlich, dass der Zugkraftüberschuss im Falle des IC-Zuges ausreicht, um diesen auch noch in Steigungen bis ca. 13‰ auf eine Geschwindigkeit von 200 km/h zu beschleunigen. In langgezogenen Steigungen von mehr als 25‰ würde die Geschwindigkeit jedoch auf Werte unterhalb von ca. 150 km/h gedrückt.

Im Falle des Güterzuges wird der enorme Einfluss der Wagenzugmasse auf die Steigfähigkeit deutlich. Aufgrund der im Vergleich geringen Leistungsfähigkeit des dieselelektrischen Triebfahrzeuges (ER 20) ist die Möglichkeit, hohe Wagenzugmassen mit akzeptabler Geschwindigkeit in größeren Steigungen zu befördern, sehr limitiert. Was eine „akzeptable" Geschwindigkeit ist, hängt stark von den betrieblichen Randbedingungen ab. So können auf wenig befahrenen Nebenstrecken oder auf Gleisen, die ausschließlich dem Güterverkehr vorbehalten sind, Geschwindigkeiten zwischen 40 und 60 km/h akzeptabel sein, während auf Hauptstrecken mit dichter Zugfolge eher Geschwindigkeiten zwischen

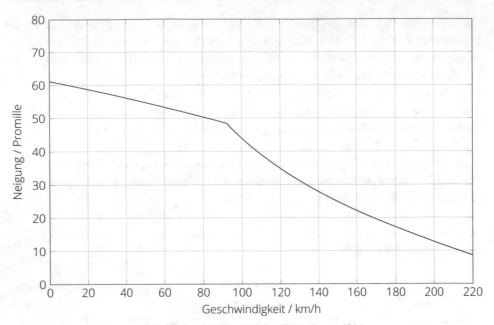

(a) Steigfähigkeit BR 101 mit IC-Zug (9 Wagen, m_Z=484 t)

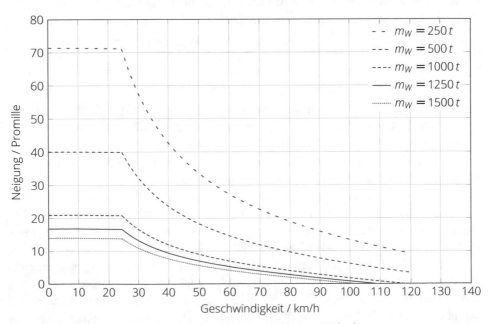

(b) ER 20 mit Güterganzzug (m_Z=1080 t, v_{max}=120 km/h)

Abb. 5.2 Steigfähigkeitsdiagramme der in Abb. 5.1 dargestellten Beispielzüge

80 km/h und 100 km/h (im besten Fall 120 km/h) angestrebt werden sollten, um nachfolgende, schneller fahrende Züge nicht zu sehr zu behindern.

Die fahrdynamische Höchstgeschwindigkeit **in der Ebene** kann bei einem Steigungs-
diagramm direkt abgelesen werden, da sie identisch mit dem Schnittpunkt der wagenzugmassenspezifischen Graphen mit der Geschwindigkeitsachse ist.

Die fahrdynamische Höchstgeschwindigkeit in bestimmten Steigungen ergibt sich
entsprechend, wenn am Schnittpunkt der wagenzugmassenspezifischen Graphen mit der
infrage kommenden Steigung das Lot auf die Geschwindigkeitsachse gefällt wird. Bei dem
betrachteten Güterzuge läge die fahrdynamische Höchstgeschwindigkeit in einer Steigung
von 10‰ demnach zwischen ca. 32 km/h (bei 1500 t Wagenzugmasse) und ca. 116 km/h
(bei 250 t Wagenzugmasse).

5.3 Beschleunigungsvermögen

Das Beschleunigungsvermögen eines Triebfahrzeuges oder Zugverbandes ergibt sich aus
der Umstellung der fahrdynamischen Grundgleichung nach der Beschleunigung a. Wagenzugmasse und Längsneigung können als zusätzliche Parameter genutzt werden, um das
Beschleunigungsvermögen von Fahrzeugen oder Zügen möglichst umfassend zu charakterisieren.

Abb. 5.3a lässt prinzipiell ähnliche Schlussfolgerungen zu wie das Diagramm zum Steigvermögen. Jedoch lassen sich hier die fahrdynamischen Höchstgeschwindigkeiten für die
verschiedenen Neigungen noch einfacher ablesen, da die Schnittpunkte der Beschleuni-
gungskennlinien mit der Geschwindigkeitsachse gut zu identifizieren sind.

Anhand von Abb. 5.3b lässt sich sehr gut nachvollziehen, wie stark sich hohe Wagenzugmassen im Güterverkehr auf das Beschleunigungsverhalten auswirken. Oberhalb einer
Wagenzugmasse von 1000 t lassen sich mit der betrachteten Lokomotive selbst beim Anfahren nur noch Beschleunigungen unterhalb von $0,2 \, m/s^2$ erzielen. Aufgrund der langen
Beschleunigungsdauer bis zu typischen Güterzuggeschwindigkeiten (80 km/h...100 km/h)
wird jeder ungeplante Halt solch schwerer Züge deshalb potentiell erhebliche Folgen für
das Fahrplangefüge haben.

$$a = \frac{F_T - F_{WFT} - F_{WFW} - i m_Z g}{\xi_Z m_Z} \tag{5.2}$$

Für die beiden in Abb. 5.1 dargestellten Beispielzüge ergeben sich bezüglich des Beschleunigungsvermögens die beiden in Abb. 5.3 dargestellten Diagramme.

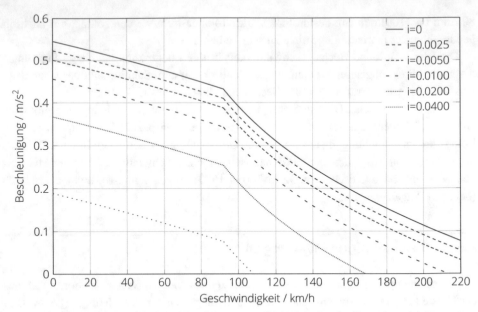

(a) Beschleunigungsvermögen BR 101 + IC-Zug (9 Wagen, m_Z=484 t) mit der Streckenlängsneigung i als Parameter

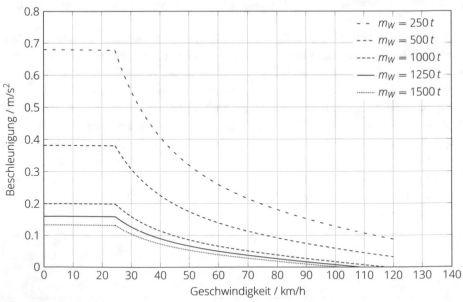

(b) Beschleunigungsvermögen ER 20 + Güterganzzug (v_{max}=120 km/h) in der Ebene mit der Wagenzugmasse m_W als Parameter

Abb. 5.3 Beschleunigungsvermögen der in Abb. 5.1 dargestellten Beispielzüge

▶ **Zusammenfassung: das Traktionsvermögen von Triebfahrzeugen** Sind Zugkraftcharakteristik und Fahrzeugwiderstandskräfte für bestimmte Fahrzeug- oder Zugkonfigurationen bekannt, können aus der fahrdynamischen Grundgleichung verschiedene fahrdynamische Charakteristiken abgeleitet werden.

Durch eine Umstellung der genannten Gleichung nach den Parametern Streckenneigung, Beschleunigung und Wagenzugmasse kann auch ohne fahrdynamische Simulation eine grundlegende Bewertung des Traktionsvermögens von Triebfahrzeugen vorgenommen werden, wobei die Betrachtung von Beharrungszuständen (also ein quasistatischer Ansatz) im Vordergrund steht.

Mit Hilfe der aus der Fahrdynamischen Grundgleichung abgeleiteten Gleichungen und auf deren Basis erstellter Diagramme lassen sich Aussagen treffen, welche Steigungen mit welchen (Wagen-)Zugmassen aus antriebstechnischer Sicht befahren werden können oder welches Beschleunigungsvermögen bei definierten Geschwindigkeiten und Streckenneigungen noch verfügbar ist. Ferner lassen sich auch erste Aussagen zu den maximal beförderbaren Wagenzugmassen ableiten, die es allerdings durch eine Grenzlastberechnung (siehe Abschn. 5.6) zu präzisieren gilt.

5.4 Schleppvermögen

Wird die fahrdynamische Grundgleichung nach der Wagenzugmasse umgestellt, so ergibt sich die sogenannte Schleppmasse. Diese bezeichnet die maximale Wagenzugmasse, die von einem Triebfahrzeug theoretisch mit einer bestimmten Geschwindigkeit über eine bestimmte Längsneigung befördert werden kann. Da nur von einem quasistatischen Kräftegleichgewicht ausgegangen wird, handelt es sich um eine grobe Abschätzung, die im Rahmen von Grenzlastberechnungen ggf. verfeinert werden kann und muss.

Das Schleppvermögen wird mit folgender Gleichung ausgedrückt:

$$m_W = \frac{F_T - F_{WFT} - m_T \left(a\xi_Z + gi \right)}{a\xi_Z + g \left(f_{WFW} + i \right)}. \tag{5.3}$$

Betrachtungen zum Schleppvermögen sind heute im Grunde nur für Güterzüge lohnenswert, weil der Personenverkehr heute in der Regel mit fixen Zugkonfigurationen durchgeführt wird und damit eine nennenswerte Variation der Zugmassen nicht stattfindet.

Abb. 5.4 zeigt deshalb nur für die Beispiel-Güterzugkonfiguration aus Abb. 5.1 das Schleppmassendiagramm für verschiedene Streckenlängsneigungen bei einer Restbeschleunigung von 0,01 m/s².

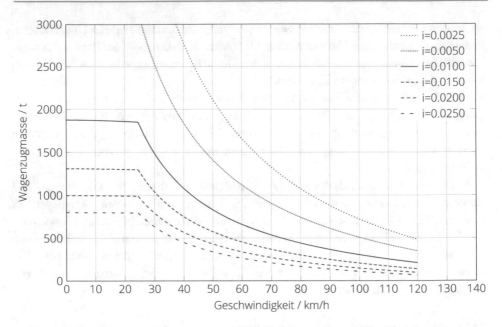

Abb. 5.4 Schleppvermögen einer dieselelektrischen Lokomotive ER 20 für die Zugart Güterganzzug bei einer Restbeschleunigung von $0{,}01\,\text{m/s}^2$

Rechenbeispiel: Traktionsvermögen

BR 187   BR 145

Ein Eisenbahnverkehrsunternehmen befördert auf einer Strecke, die ausgedehnte Steigungsabschnitte mit Neigungen zwischen 10 und 15‰ aufweist, Güterganzzüge mit einer Tonnage von 1000 t (Massenfaktor: $\xi_Z = 1{,}03$). Dafür steht in der Regel ein Triebfahrzeug der Baureihe 187 mit einer Treibradnennleistung von 5,6 MW ($v_{\ddot{u}} = 80\,\text{km/h}$) zur Verfügung.

Da dieses Fahrzeug kurzfristig für eine andere Verkehrsleistung benötigt wird, stellt sich die Frage, ob die entsprechenden Züge auch mit einem Fahrzeug der BR 145 bespannt werden könnte. Dieses weist eine Treibradnennleistung von 4,2 MW ($v_{\ddot{u}} = 57{,}06\,\text{km/h}$) auf.

Auf der betrachteten Eisenbahnstrecke können Güterzüge mit Geschwindigkeiten zwischen 80 und 100 km/h verkehren, wobei wegen der Zugfolge mindestens 70 km/h sicher erreicht werden müssen.

Folgende weitere Daten sind bekannt:

- Masse der BR 145: 80 t
- Masse der BR 187: 87 t
- Triebfahrzeugwiderstandskraft der Lokomotiven (Annahme gleicher Werte wegen großer baulicher Ähnlichkeit der Lokomotiven):

$$F_{WFT} = 1{,}42 + 0{,}84 \cdot \frac{v}{100} + 2{,}8 \cdot \left(\frac{v+15}{100}\right)^2$$

- spezifischer Wagenzugwiderstand des Ganzzuges:

$$f_{WFW} = 0{,}0012 + 0{,}0025 \cdot \left(\frac{v}{100}\right)^2$$

Ansatz 1: Schleppmasse

Die offensichtlichste Möglichkeit, die Praktikabilität des vorgeschlagenen Ersatz-Traktionskonzeptes zu beurteilen, ist die Berechnung der Schleppmassen für die BR 145 im Bereich von 70 bis 100 km/h für Neigungen von 10 und 15‰. Mit Hilfe von Gl. 5.3 ergibt sich für eine Restbeschleunigung von a = 0,01 m/s²:

$$m_W = \frac{\dfrac{4200\,kW}{v} - 1{,}42 - 0{,}84 \cdot \dfrac{v}{100} - 2{,}8 \cdot \left(\dfrac{v+15}{100}\right)^2 - 80\,t\,\left(0{,}01\,\text{m/s}^2 \cdot 1{,}03 + 9{,}81\,\text{m/s}^2 \cdot i\right)}{0{,}01\,\text{m/s}^2 \cdot 1{,}03 + 9{,}81\,\text{m/s}^2 \cdot \left(0{,}0012 + 0{,}0025 \cdot \left(\dfrac{v}{100}\right)^2 + i\right)}$$

Die Visualisierung der aufgestellten Gleichung ergibt das folgende Diagramm:

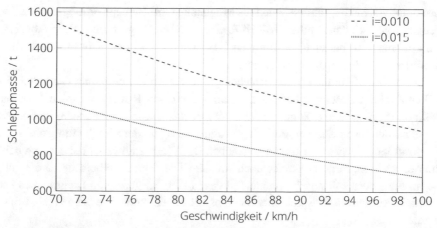

Es ist ersichtlich, dass die Beförderung von 1000 t in einer Steigung von 10‰ kein Problem für die BR 146 darstellt. Es könnte dabei sogar theoretisch eine Geschwindigkeit von ca. 96 km/h erreicht werden. In einer Steigung von 15‰ sieht es etwas kritischer aus, allerdings könnte auch dort die geforderte Mindestgeschwindigkeit von 70 km/h um ca. 6 km/h überboten werden. Ein Ersatz der BR 187 durch die BR 145 erscheint also aus fahrdynamischer Sicht möglich.

Ansatz 2: Steigvermögen

Eine weitere Möglichkeit, die ebenso zum Ziel führt, ist die Ermittlung des Steigfähigkeit der BR 146 mit einem 1000t-Zug bei einer Restbeschleunigung von 0,01 m/s^2.

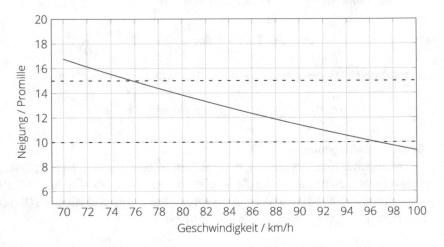

5.5   Lokomotiv-Kenndiagramm

Lokomotiv-Kenndiagramme bieten die Möglichkeit, das Schleppvermögen eines Triebfahrzeuges graphisch darzustellen. Mit Hilfe eines solchen Diagrammes (siehe Abb. 5.5) lassen sich die maximal bei einer bestimmten Geschwindigkeit in einer bestimmten Neigung zu befördernden Wagenzugmassen ablesen.

Lokomotiv-Kenndiagramme bestehen grundsätzlich aus einem an der y-Achse gespiegelten Zugkraft-Geschwindigkeits-Diagramm und einem Raster aus Linien. Letztgenanntes stellt den von der Wagenzugmasse und der Streckenlängsneigung abhängigen Streckenwiderstand dem ebenfalls von der Wagenzugmasse sowie der Geschwindigkeit abhängigen Zugkraftüberschuss in der Ebene gegenüber. Die Wagenzugmasse, bei der sich beide Linienarten kreuzen, stellt die gerade noch von dem Triebfahrzeuge beförderbare Tonnage dar.

Im Folgenden soll nur der rechte Teil des in Abb. 5.5 gezeigten Diagrammes betrachtet und sein Aufbau am Beispiel einer Siemens ER 20 – Lokomotive (siehe Abb. 5.6) erläutert werden.

Ausgangspunkt für die Entwicklung eines Triebfahrzeug-Kenndiagrammes ist die fahrdynamische Grundgleichung:

$$0 = F_T - F_{WFT} - F_{WFW} - F_{WS}.$$

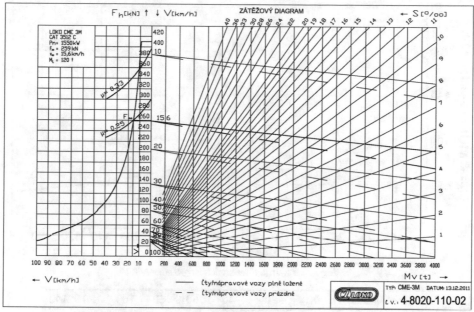

(a) Kenndiagramm der Lokomotive CZ Loko EffiShunter 1600 (Quelle: CZ LOKO a.s.)

(b) Lokomotive CZ Loko EffiShunter 1600, Ansicht 1   (c) Lokomotive CZ Loko EffiShunter 1600, Ansicht 2

Abb. 5.5 Beispiel eines Triebfahrzeug-Kenndiagramms

Diese wird so umgeformt, dass alle fahrzeugspezifischen Kräfte auf der einen und die Streckenwiderstandskräfte auf der anderen Seite des Gleichheitszeichens stehen:

$$F_T(v) - F_{WFT}(v) - \mathbf{m_W} \cdot g \cdot f_{WFW}(v) = m_T \cdot g \cdot i + \mathbf{m_W} \cdot g \cdot i. \qquad (5.4)$$

Der linke Teil der Gl. 5.4 kann nun als Schar von Geraden aufgefasst werden, deren Variable die Wagenzugmasse m_W ist, die eine von der Geschwindigkeit abhängige Neigung $-gf_{WFW}(v)$ aufweisen und deren Schnittpunkt mit der y-Achse die ebenfalls geschwindigkeitsabhängige Zughakenzugkraft $F_Z = F_T - F_{WFT}$ ist.

In gleicher Weise kann die rechte Seite von Gl. 5.4 als Schar von Geraden mit m_W als Variable, der Steigung gi und dem Schnittpunkt mit der y-Achse $m_T \cdot g \cdot i$ aufgefasst werden.

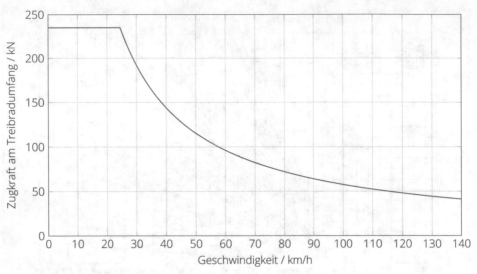

(a) Zugkraftdiagram (am Treibradumfang) Siemens ER 20

Geschwindigkeit v in km/h	40	60	80	100	120	140
Zugkraft am Treibradumfang F_T in kN	144,0	96,0	72,0	57,6	48,0	41,1
Zugkraft am Zughaken F_Z in kN	141,9	92,9	67,7	51,8	40,5	31,6

(b) tabellarische Zusammenstellung der Zugkräfte bei typischen Eisenbahngeschwindigkeiten

(c) Siemens ER 20 als Rh 2016 der ÖBB

Abb. 5.6 Zugkraftentwicklung einer dieselelektrischen Siemens ER 20 Lokomotive

Der spezifische Wagenzugwiderstand ist von der Zugart abhängig. Beispielhaft sind im Folgenden die spezifischen Wagenzugwiderstände eines Reisezuges (RZ) sowie eines gemischten Güterzuges (Gz, beladene Wagen mit 2 oder 4 Radsätzen) aufgeführt.

$$f_{WFW,\text{Rz}} = 0{,}0015 + 0{,}0022 \cdot \left(\frac{v}{100}\right)^2 \tag{5.5}$$

$$f_{WFW,\text{Gz}} = 0{,}0016 + 0{,}0032 \cdot \left(\frac{v}{100}\right)^2 \tag{5.6}$$

Mit den in Abb. 5.6 angegebenen Werten für die Zughakenzugkraft ergibt sich für den ER 20 im Einsatz vor Reisezügen mit einer Geschwindigkeit von 100 km/h folgende Geradengleichung für den Zugkraftüberschuss F_a in der Ebene (linke Seite der Gl. 5.4):

$$F_a = 51{,}8\,kN - 9{,}81\,\text{m/s}^2 \cdot 0{,}0037 \cdot m_W$$

Für einen Reisezug mit einer Wagenzugmasse von 400 t ergäbe sich folglich ein Zugkraftüberschuss von 37,3 kN.

Die auf Basis dieser Berechnungen entstandenen Geradenscharen des Zugkraftüberschusses in der Ebene für das Geschwindigkeitsspektrum des ER 20 im Einsatz vor Reise- und Güterzügen sind Abb. 5.7 zu entnehmen.

Bezüglich der Geradenschar für den Neigungswiderstand in Abhängigkeit von Wagenzugmasse (m_W) und Streckenlängsneigung i (Parameter) ergibt sich im Falle des ER 20 (m_T=80 t) folgende allgemeine Berechnungsvorschrift:

$$80 \cdot 9{,}81\,\text{m/s}^2 \cdot i + m_W \cdot 9{,}81\,\text{m/s}^2 \cdot i = 784.8i + 9{,}81i \cdot m_W$$

Die Geradenschar für die wagenzugmassenabhängigen Streckenwiderstandskräfte ist in Abb. 5.8 dargestellt.

Aus den beiden genannten Teildiagrammen kann nun durch Überlagerung das Triebfahrzeug-Kenndiagramm der ER-20 im Einsatz vor Reisezügen (Abb. 5.9) bzw. Güterzügen (Abb. 5.9) erstellt werden. Bei beiden Kenndiagrammen wurde eine Beschränkung der fahrdynamischen Parameter auf jeweils plausible Werte vorgenommen.

Wie aus dem Kenndiagramm für Reisezüge (Abb. 5.9) hervorgeht, kann eine ER 20 Lokomotive Reisezüge mit einer Masse von 400 t in einer Steigung von 12‰ noch mit einer Geschwindigkeit von ca. 80 km/h befördern.

Der Schnittpunkt von Zugkraftüberschuss in der Ebene bei 80 km/h und Streckenwiderstandskraft in 12‰ steht dabei für den quasistationären Grenzfall, bei dem kein Zugkraftüberschuss mehr zur Verfügung steht. Dies bedeutet, dass die 80 km/h in dem geschilderten Fall konstant gehalten werden könnten, wenn der Zug diese Geschwindigkeit bei der Einfahrt in den Steigungsabschnitt bereits erreicht hat. Soll jedoch sichergestellt werden, dass in der genannten Steigung auch bis zu einer Geschwindigkeit von 80 km *beschleunigt* werden kann, ist es sinnvoll, einen Zugkraftüberschuss vorzusehen. Dieser kann in der Einheit „N/kN" angegeben werden und weist somit dieselbe Dimension wie die Neigung auf (‰).

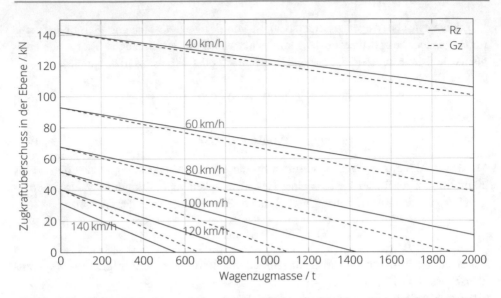

Abb. 5.7 Zugkraftüberschuss in der Ebene für eine Lokomotive ER 20 vor einem Reise- bzw. Güterzug in Abhängigkeit von Geschwindigkeit und Wagenzugmasse

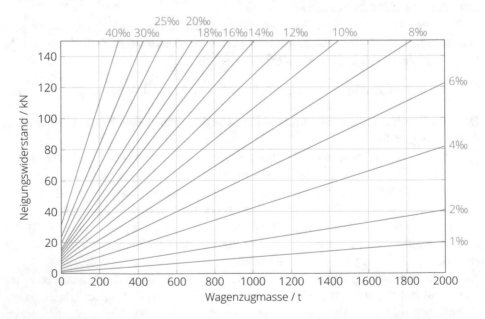

Abb. 5.8 Neigungswiderstandskraft in Abhängigkeit von Wagenzugmasse und Längsneigung

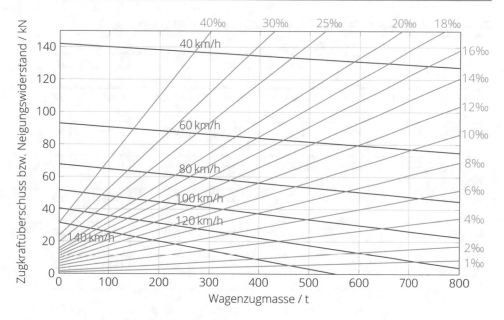

Abb. 5.9 Kenndiagramm ER 20 für Reisezüge

Um einen Zugkraftüberschuss von 2 N/kN ($\hat{=}2\permil$) in einer Steigung von 12 ‰ zu berücksichtigen, müsste also der Schnittpunkt der Geraden für den Zugkraftüberschuss in der Ebene bei 80 km/h mit der Geraden für den Streckenwiderstand bei 14 statt 12 ‰ gefunden werden. Dieser liegt gemäß Abb. 5.9 bei ca. 340 t.

Tab. 5.1 zeigt eine Auswahl von Schleppmassen, die sich für den stationären Fall aus den Kenndiagrammen (Abb. 5.9 und 5.10) für den Reise- bzw. Güterzug ablesen lassen.
Tab. 5.1 kommt einer Schleppmassentafel (siehe Infobox) nahe. Schleppmassentafeln wurden in früheren Zeiten üblicherweise für jedes Triebfahrzeug berechnet und fanden Eingang in die einschlägigen Unterlagen, mit denen die Triebfahrzeuge bezüglich ihrer technischen und betrieblichen Merkmale charakterisiert wurden (z. B. das „Merkbuch für Triebfahrzeuge – Dienstvorschrift Tr 939" der Deutschen Reichsbahn der DDR).

Schleppmassetafeln sind heute weitgehend überholt, da sie quasistationäre Zustände repräsentieren und heute mittels Simulation eine wesentlich genauere und differenziertere Ermittlung von Grenzlasten (siehe Abschn. 5.6) vorgenommen wird.

▶ **Lokomotiv-Kenndiagramm** Lokomotiv-Kenndiagramme dienen der Einschätzung des Traktionsvermögens von Triebfahrzeugen, indem sie den Zugkraftüberschuss in der Ebene in Abhängigkeit von Zugart, Geschwindigkeit und Wagenzugmasse den in bestimmten Steigungen entstehenden Streckenwiderstandskräften gegenüberstellt. Durch die systematische Auswertung von Lokomotiv-Kenndiagrammen können die maximalen Schlepplasten für den Beharrungszustand (v = const. in Neigung i) ermittelt werden.

Diese sind nicht mit den Grenzlasten zu verwechseln, deren Ermittlung wesentlich komplexere Berechnungen zugrunde liegen.

Tab. 5.1 Schleppmassen ER 20 gemäß der Kenndiagramme in Abb. 5.9 und 5.10

	Reisezug				Güterzug		
v in km/h →	80	100	120	140	60	80	100
Steigung: 4‰	>800 t	640 t	440 t	295 t	1350 t	860 t	570 t
Steigung: 6‰	725 t	490 t	340 t	230 t	1040 t	675 t	460 t
Steigung: 10‰	470 t	330 t	230 t	155 t	680 t	460 t	320 t
Steigung: 16‰	290 t	210 t	140 t	90 t	440 t	280 t	190 t
Steigung: 20‰	240 t	160 t	110 t	65 t	340 t	230 t	140 t
Steigung: 25‰	170 t	120 t	70 t	45 t	270 t	180 t	110 t

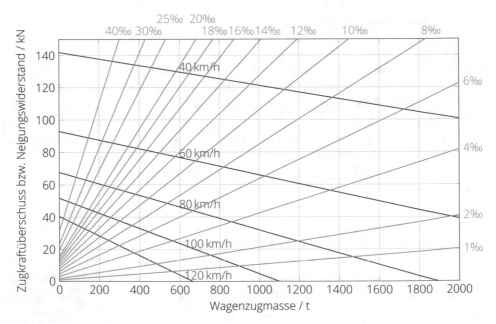

Abb. 5.10 Kenndiagramm ER 20 für gemischte Güterzüge aus beladenen Wagen mit 2 und 4 Radsätzen

Exkurs: Schlepplastentafel

Im Folgenden wird eine Schlepplastentafel für eine Rangierlok der Baureihe 106 (V 60) der Deutschen Reichsbahn wiedergegeben. Die Angaben stammen aus dem „Merkbuch für Triebfahrzeuge – Dienstvorschrift Tr 939" der Deutschen Reichsbahn. Die Lokomotiven verfügten über ein umschaltbares Getriebe, das einen Wechsel zwischen „Rangiergang" (v_{max} = 30 km/h) und untere Anführungszeichen vor Streckengang fehlen" (v_{max} = 60 km/h) ermöglichte.

Steigung	Anfahrgrenz-last	Anhängelasten in „t" für den Beharrungszustand bei v (km/h)								
‰	t	10	15	20	25	30	35	40	50	60
		Güterzüge (Wagen gemischter Bauart) im Streckengang								
0	2235	–	–	–	1450	1315	1185	655	525	435
1	1830	–	–	1400	1030	925	850	470	395	335
2	1545		1510	1060	755	705	655	365	310	270
4	1180	1315	995	700	500	470	445	240	210	190
6	950	975	735	515	365	345	330	175	–	–
8	780	770	570	405	285	270	255	130	–	–
10	680	630	475	330	230	215	205	100	–	–
15	495	430	315	215	145	–	–	–	–	–
20	385	320	230	155	–	–	–	–	–	–
25	315	250	180	–	–	–	–	–	–	–
		Güterzüge (Wagen gemischter Bauart) im Rangiergang								
0	2860	–	–	1750	1535	1315				
1	2345	–	–	1190	1060	925				
2	1985	–	1535	895	800	705				
4	1515	1565	1010	580	530	470				
6	1220	1155	745	430	390	345				
8	1020	920	580	335	305	275				
10	875	755	480	270	245	215				
15	640	515	325	175	145	–				
20	500	385	235	125	–	–				
25	410	305	145	–	–	–				

5.6   Grenzlasten

Die Bestimmung von Grenzlasten ist ein wichtiger Sonderfall der Traktionsbewertung von Triebfahrzeugen. Die Motivation zur Bestimmung von Grenzlasten liegt in der möglichst effizienten Ausnutzung von Triebfahrzeugen, Infrastruktur und Fahrplantrassen. Gerade auf hochbelasteten Strecken ist es oft notwendig, die maximale Transportkapazität mit einer möglichst geringen Anzahl von Zugfahrten bereitzustellen.

Gleichzeitig muss jedoch sichergestellt werden, dass auch schwere Züge nach außerplanmäßigen Halten wieder Anfahren können und in Abschnitten mit großen Längsneigungen nicht „liegen bleiben" oder unterhalb bestimmter akzeptabler Mindestgeschwindigkeiten gedrückt werden.

Die Grenzlastermittlung liegt in der Hand der Netzbetreiber (in Deutschland: DB InfraGO AG) und ist europaweit nicht einheitlich geregelt. So gibt es Bahnverwaltungen, die eine pauschale Obergrenze für die Wagenzugmassen der Züge auf ihrem Netz definiert haben und keine aufwendigen Simulationsrechnungen anstellen, um die Tonnagen für verschiedene Relationen zu optimieren. [12]

In Deutschland wird die Grenzlastermittlung mit vergleichsweise großem Aufwand durchgeführt [13, 60, 62]. Es werden dabei die folgenden der Arten von Grenzlast ermittelt:

- die **Zughakengrenzlast,**
- die **Anfahrgrenzlast** und
- die **Anhängegrenzlast**

Dabei wird jeweils den folgenden Fragen nachgegangen:

Zughakengrenzlast Welche Wagenzugmasse kann auf einem bestimmten Streckenabschnitt maximal transportiert werden, ohne dass die erforderlichen Zugkräfte so groß werden, dass die mechanische Festigkeit der Kupplungseinrichtung gefährdet wäre?

Anfahrgrenzlast Wie groß darf die Masse eines Wagenzuges maximal sein, damit auch nach außerplanmäßigen Halten (etwa an Signalen oder vor Bahnübergängen) sicher wieder angefahren werden kann? Hier gilt es, insbesondere den erhöhten Anfahrwiderstand in Steigungen und engen Gleisbögen im Blick zu behalten.

Anhängegrenzlast Mit welcher maximalen Wagenzugmasse darf ein Zug verkehren, damit er nach erfolgter Anfahrt eine Mindestbeschleunigung einhalten kann, um in der erforderlichen Zeit die Mindestdauerfahrgeschwindigkeit des Triebfahrzeuges sowie die vom Netzbetreiber festzulegende Akzeptanzgeschwindigkeit dauerhaft zu überschreiten? Dabei handelt es sich um eine untere Grenzgeschwindigkeit, die auch auf Streckenabschnitten mit starker Längsneigung nicht für längere Zeit unterschritten werden darf. Der Festlegung können sowohl sicherungstechnische als auch betriebliche Erwägungen zugrunde liegen. Gegebenenfalls muss die Zugmasse reduziert werden, um eine zu starke Erwärmung des Antriebsstranges und damit eine drohende Zwangsabschaltung zu verhindern.

Im Allgemeinen gilt die folgende Ungleichung:

$$\text{Zughakengrenzlast} > \text{Anfahrgrenzlast} > \text{Anhängegrenzlast}$$

Da sich sowohl die Zugmasse als auch die Fahrwiderstandskräfte mit der Zuglänge ändern, erfordert die Bestimmung der Anhängegrenzlast in der Regel ein iterative Berechnung. In der Grenzlastberechnung werden Züge grundsätzlich als Massenband modelliert.

Die Ergebnisse von Grenzlastberechnungen gehen in Grenzlasttabellen (DB RiL 491) ein, die es ermöglichen, für beliebige Zugläufe und Triebfahrzeuge die Grenzlast zu bestimmen. Zu Informationszwecken sowie zur effizienteren Grenzlastermittlung stellt die DB Netze AG den online-basierten → Grenzlastanzeiger (GretA) zur Verfügung.

Tab. 5.2 enthält eine beispielhafte und auszugsweise Darstellung einer Grenzlasttabelle. Die Grenzlast einer Zugfahrt ergibt sich aus dem triebfahrzeugspezifischen Spaltenminimum der in der Grenzlasttabelle angegebenen Massen, die für bestimmte Streckenabschnitte berechnet werden. Für die Baureihe 232 ergäbe sich somit gemäß Tab. 5.2 eine Grenzlast von 650 t bei der Fahrt von Dresden Neustadt nach Görlitz. Beginnt die Fahrt erst in Bischofswerda, könnten jedoch mit demselben Triebfahrzeug 1650 t nach Görlitz befördert werden.

Im Falle der Doppeltraktion von Triebfahrzeugen ist stets zu prüfen, ob die verdoppelte Anhängegrenzlast noch kleiner als die Zughakengrenzlast ist. Andernfalls begrenzt letztgenannte die maximale Tonnage.

Tab. 5.2 Auszug aus einer Grenzlasttabelle für die (nicht elektrifizierte) Strecke Dresden – Görlitz (Quelle: DB Netze)

		Anhängegrenzlast in t, gültig für Baureihe:			
Streckenabschnitt	Zughaken-grenzlast	204	216	218	232
DD-Neustadt – Klotzsche	1505 t	500	400	480	650
Klotzsche – Arnsdorf	2940 t	1150	600	800	1650
Arnsdorf – Bischofswerda	3785 t	1150	600	800	1650
Bischofswerda – Bautzen	5065 t	2000	600	800	2650
Bautzen – Görlitz	2645 t	1150	600	800	1650

▶ **Zusammenfassung: Grenzlasten** Die Grenzlastrechnung zählt zweifellos zu den wichtigsten fahrdynamischen Anwendungen. Durch die korrekte Ermittlung von Grenzlasten kann sowohl eine hohe Ausnutzung von Triebfahrzeugen und Infrastruktur als auch eine hohe betriebliche Sicherheit gewährleistet werden.

Bei der Bestimmung der Grenzlasten geht es prinzipiell darum, eine Überlastung der Zugeinrichtungen zu verhindern (Zughakengrenzlast), die Anfahrmöglichkeit schwerer Züge zu gewährleisten (Anfahrgrenzlast) sowie die Einhaltung von Mindestbeschleunigungen und Mindestgeschwindigkeiten (Akzeptanzgeschwindigkeiten) sicherzustellen (Anhängegrenzlast), damit die zeitliche Trassenbelegung insbesondere auf Streckenabschnitten mit dichter Zugfolge in akzeptablen Grenzen bleibt.

Bei Triebfahrzeugen, die nicht über Drehstromantriebstechnik verfügen, kann zudem noch die Verhinderung einer unzulässigen Erwärmung der Komponenten des Antriebsstranges (z. B. der Fahrmotoren oder des Strömungsgetriebes) im Fokus von Grenzlastberechnungen stehen.

Grenzlasten sind stets triebfahrzeug-, zugart- und laufwegspezifisch zu ermitteln. Dies ist insbesondere dann zu beachten, wenn Züge kurzfristig umgeleitet werden müssen.

5.7   Verständnisfragen

Komplex „Fahrdynamische Charakteristiken"

1. Welche Aspekte spielen bei der Beurteilung des Traktionsvermögens von Triebfahrzeugen eine Rolle?
2. Was verstehen Sie unter der Steigfähigkeit bzw. dem Steigvermögen von Eisenbahnfahrzeugen?
3. Was ist unter dem Begriff „Restbeschleunigung" zu verstehen?
4. Wie ist der Zugkraftüberschuss zu ermitteln?
5. Was verstehen Sie unter dem Begriff „fahrdynamische Höchstgeschwindigkeit"?
6. Was ist mit dem „Schleppvermögen" von Triebfahrzeugen gemeint?
7. Wie ist ein Triebfahrzeug-Kenndiagramm aufgebaut und welche Aussagen lassen sich aus einem solchen Diagramm ableiten?
8. Warum ist die Grenzlastberechnung so wichtig?
9. Welche Grenzlastarten gibt es und wie lassen sich diese charakterisieren?
10. Was macht die Grenzlastberechnung so aufwendig?
11. Wie wird eine Grenzlasttabelle sachgerecht ausgewertet?

Triebfahrzeugauslegung auf fahrdynamischer Basis

6

6.1 Leistungsauslegung auf Basis von Zugförderprogrammen

6.1.1 Grundlagen der fahrdynamisch-basierten Leistungsauslegung

Die klassische fahrdynamische Fahrzeugauslegung beruht auf definierten Zugförderprogrammen, in denen die wichtigsten für die Auslegung benötigten Parameter definiert werden. Dies sind im einzelnen:

- die Zugart,
- die Wagenzugmasse m_W,
- die angestrebte Geschwindigkeit bzw. Auslegungsgeschwindigkeit v_A,
- die Neigung i, in der die genannte Wagenzugmasse mit der angestrebten Geschwindigkeit befördert werden soll,
- die spezifische Beschleunigungsreserve f_a,
- der Komfortleistungsbedarf P_{Komf} (früher „Heizleistungsbedarf") des Wagenzuges im Falle von Reisezügen (entfällt im Güterverkehr).

Die Auslegung selbst leitet sich von der fahrdynamischen Grundgleichung ab. Zunächst wird der Fahrzeugwiderstand bei der angestrebten Geschwindigkeit $F_{WF}(v_A)$ bestimmt:

$$F_{WF}(v_A) = F_{WFT}(v_A) + F_{WFW}(v_A) = F_{WFT}(v_A) + m_W \cdot g \cdot f_{WFW}(v_A) \qquad (6.1)$$

Ergänzende Information Die elektronische Version dieses Kapitels enthält Zusatzmaterial, auf das über folgenden Link zugegriffen werden kann
https://doi.org/10.1007/978-3-658-41713-0_6.

Als nächstes wird ein ggf. durch das Zugförderprogramm definierter Streckenwiderstand addiert und somit die Summe der bei der Auslegungsgeschwindigkeit wirkenden Fahrwiderstandskräfte $F_W(v_A)$ gebildet:

$$F_W(v_A) = F_{WFT}(v_A) + m_W \cdot g \cdot f_{wFW}(v_A) + (m_W + m_T) \cdot g \cdot f_{WS} \qquad (6.2)$$

Bei dem Streckenwiderstand wird es sich gewöhnlich um den Längsneigungswiderstand handeln. Eine Angabe von Bogenradien zur Bogenwiderstandsberechnung ist bei der fahrdynamischen Auslegung weder sinnvoll noch üblich.

Zusätzlich zu den Fahrwiderstandskräften wird oft noch eine Beschleunigungsreserve bzw. ein spezifischer Zugkraftüberschuss f_a bei der Auslegungsgeschwindigkeit gefordert. Diese Größe weist die gleiche Dimension wie eine spezifische Fahrwiderstandskraft (N/kN bzw. ‰) auf und wird deshalb bei der Berechnung zum spezifischen Streckenwiderstand addiert.

$$F_W(v_A) = F_{WFT}(v_A) + m_W \cdot g \cdot f_{wFW}(v_A) + (m_W + m_T) \cdot g \cdot (f_{WS} + f_a) \qquad (6.3)$$

Der Sinn der Berücksichtigung einer solchen Beschleunigungsreserve liegt in der Notwendigkeit, die angestrebte Auslegungsgeschwindigkeit in endlicher Zeit zu erreichen. Nähme man die Auslegung so vor, dass im Auslegungspunkt eine exakte Kompensation der Widerstandskräfte durch die Antriebskraft erfolgt, ergäbe sich eine Beschleunigung von Null im Auslegungspunkt, sodass sich das Fahrzeug nur asymptotisch der Zielgeschwindigkeit nähern würde. Diese Problematik wird in der Infobox „Spezifischer Zugkraftüberschuss" ausführlicher dargestellt.

Um von den bilanzierten Widerstandskräften auf eine Leistung schließen zu können, muss die erforderliche Zugkraft mit der (Ziel-)Geschwindigkeit multipliziert werden. Der beschriebene Vorgang ist zusammenfassend in Abb. 6.1 dargestellt. Um die Geschwindigkeit bei der Berechnung gleich mit der Einheit km/h einsetzen zu können, wird zudem der Umrechnungsfaktor von 3,6 km/h/m/s eingefügt. Somit ergibt sich für die erforderliche Treibradleistung:

$$P_{T,erf} = F_W \cdot \frac{v_A}{3{,}6} \qquad (6.4)$$

$$= \frac{v_A}{3{,}6} \left[F_{WFT}(v_A) + m_W \cdot g \cdot f_{wFW}(v_A) + (m_W + m_T) \cdot g \cdot (f_{WS} + f_a) \right] \qquad (6.5)$$

Somit ist der Leistungsbedarf an den Treibrädern zur Erfüllung des Zugförderprogramms gegeben. An diesem Punkt muss nun definiert werden, was das Ziel der fahrdynamischen Auslegung ist. Soll ein geeigneter Fahrmotor gefunden werden, wie es im Falle der elektrischen Traktion sinnvoll wäre oder soll, wie im Falle der Dieseltraktion, die Dieselmotorleistung bestimmt werden, damit ein entsprechendes Aggregat ausgewählt werden kann? Hinsichtlich der zu beachtenden Randbedingungen unterscheiden sich beide Auslegungsfälle im Detail, weshalb im Folgenden zunächst die fahrdynamische Auslegungsgleichung

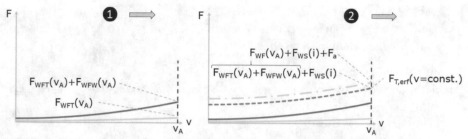

(a) Schritt 1: Summierung der Widerstands- (b) Schritt 2: Hinzufügen eines Zugkraftüberschusses bei $v = v_{ziel}$
kräfte bei $v = v_{ziel}$

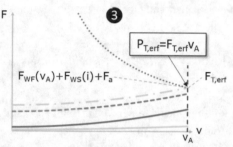

(c) Schritt 3: Ermittlung der erforderlichen Leistung am
Treibradumfang

Abb. 6.1 Fahrdynamische Auslegung auf Grundlage der fahrdynamischen Grundgleichung

für elektrische Fahrzeuge und anschließend jene für die Dieseltraktion abgeleitet werden
soll.

<hr>

Exkurs: Beispiele für Zugförderprogramme

Zugförderprogramm Baureihe 120 der DB AG
Bei der fahrdynamischen Auslegung der Baureihe 120 der Deutschen Bundesbahn
(heute BR 120 der Deutschen Bahn) wurde folgendes Zugförderprogramm zugrunde
gelegt [71]:

- Beförderung von Reisezügen mit einer Masse von 700 t mit einer Geschwindigkeit
  von 160 km/h
- Beförderung von Schnellgüterzügen mit einer Masse von 1500 t mit einer
  Geschwindigkeit von 100 km/h
- Beförderung von Frachtenzügen (Anmerkung des Autors: Frachtenzug = gemisch-
  ter Güterzug) mit einer Masse von 2200 t mit einer Geschwindigkeit von 80 km/h
- Beförderung von Güterganzzügen mit einer Masse von 2700 t mit einer Geschwin-
  digkeit von 80 km/h

- Beförderung von Güterganzzügen mit einer Masse von 5400 t mit einer Geschwindigkeit von 80 km/h in Doppeltraktion

Zugförderprogramm Siemens Vectron

Elektrische Vectron-Lokomotiven mit einer Nennleistung von 6,4 MW erfüllen nach [30] folgendes Zugförderprogramm:

- Beförderung von Güterzügen mit einer Masse von 1600 t mit 120 km/h in der Ebene bei einem Zugkraftüberschuss von 3 N/kN
- Beförderung von Reisezügen mit einer Masse von 550 t mit 200 km/h in der Ebene bei einem Zugkraftüberschuss von 5 N/kN

Elektrische Vectron-Lokomotiven mit einer Nennleistung von 5,2 MW erfüllen nach [30] folgendes Zugförderprogramm:

- Beförderung von Güterzügen mit einer Masse von 2100 t mit 100 km/h in der Ebene bei einem Zugkraftüberschuss von 3 N/kN
- Beförderung von Güterzügen mit einer Masse von 1400 t mit 120 km/h in der Ebene bei einem Zugkraftüberschuss von 3 N/kN

Exkurs: Spezifischer Zugkraftüberschuss Der spezifische Zugkraftüberschuss f_a wird auch als spezifische Beschleunigungsreserve bezeichnet. Bei der fahrdynamischen Auslegung von Fahrzeugen wird der spezifische Zugkraftüberschuss berücksichtigt, um eine möglichst rasche Beschleunigung auf die Auslegungs- bzw. Zielgeschwindigkeit zu erreichen.

Würde dieser Faktor bei der Auslegung nicht berücksichtigt, ergäben sich sehr lange Beschleunigungszeiten (und -wege), wie die unten aufgeführte Abbildung illustriert. Diese enthält das Ergebnis einer Parametervariation, bei der der spezifische Zugkraftüberschuss bei sonst identischen Randbedingungen in einem Wertebereich zwischen 0 und 4,5 N/kN variiert wurde. Es zeigt sich, dass eine suboptimale Auslegung mit der unteren Grenzleistung ($f_a = 0$) zu einer Beschleunigungszeit von ca. 1200 s führt. Dem entspricht ein Beschleunigungsweg von ca. 48(!) Km. Bei der Berücksichtigung einer spezifischen Beschleunigungsreserve von 1 N/kN verkürzt sich die Beschleunigungszeit demgegenüber auf 474 s und der Beschleunigungsweg auf 16,7 km. Wird ein sehr reichlicher spezifischer Zugkraftüberschuss von 4,5 N/kN angesetzt, verringert sich die Beschleunigungszeit auf 255 s und der Beschleunigungsweg auf 8,1 km.

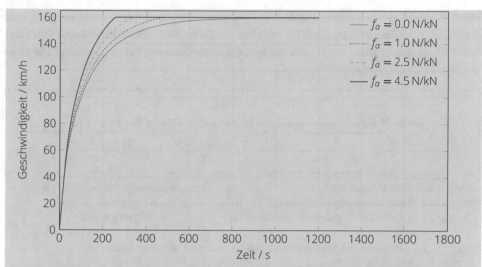

Der Betrag des spezifischen Zugkraftüberschusses ist vor allem von der Zugkategorie abhängig. Für Nahverkehrszüge wird aufgrund der häufigen Anfahrvorgänge
und der im Allgemeinen dichten Zugfolge in den Verkehrsknoten eher ein hoher spezifischer Zugkraftüberschuss (bis zu 5 N/kN) angenommen, während Fernreisezüge in
der Mitte des Wertebereiches (2-3 N/kN) angesiedelt werden und bei Güterzügen (vergleichsweise seltene Anfahrvorgänge, z. T. große Fahrzeitreserven in den Fahrplänen)
die Annahme von $f_a = 1$ N/kN oft ausreichend ist.

6.1.2   Fahrdynamische Auslegung elektrischer Triebfahrzeuge

Bei elektrischen Triebfahrzeugen steht die Auswahl geeigneter Fahrmotoren bei der fahrdynamischen Auslegung im Vordergrund. Aus elektrotechnischer Sicht ist heute zwar das Leistungsvermögen der Umrichter zur Speisung der elektrischen Antriebsmaschinen und weniger die Leistungsfähigkeit der Fahrmotoren selbst für die Dimensionierung der Antriebsausrüstung maßgeblich [30], im Rahmen dieser Betrachtungen soll es aber bei der Bestimmung
der Fahrmotorleistung auf fahrdynamischer Basis belassen werden.

Vorstehend wurde erläutert, wie der Leistungsbedarf an den Treibrädern aus dem gegebenen Zugförderprogramm abgeleitet werden kann. Um von der Leistung am Treibradumfang
auf die Fahrmotorleistung (genauer: mechanische Leistung an der Fahrmotorwelle) schließen zu können, muss der Wirkungsgrad des Antriebes η_{RG} berücksichtigt werden.

Unter „Antrieb" wird bei elektrischen Triebfahrzeugen die Gesamtheit der Antriebselemente zwischen Fahrmotorwelle und Treibradsatz bezeichnet. Dabei handelt es sich um
mindestens eine Zahnradübersetzung sowie ggf. weitere (dreh-)elastische Elemente. Je nach
Komplexität des ausgeführten Antriebes kann der genannte Wirkungsgrad η_{RG} innerhalb

eines Wertebereiches zwischen 0,95 und 0,98 angenommen werden. Berücksichtigt man ferner, dass die Gesamtleistung der Fahrmotoren auf eine bestimmte Anzahl z_{FM} von Fahrmotoren aufgeteilt wird, ergibt sich die **fahrdynamische Auslegungsgleichung für elektrische Triebfahrzeuge** zu:

$$P_{FM} = \frac{v_A}{3,6} \cdot \frac{F_{WFT}(v_A) + m_W \cdot g \cdot f_{WFW}(v_A) + (m_W + m_T) \cdot g \cdot (f_{WS} + f_a)}{\eta_{RSG} \cdot z_{FM}}$$

(6.6)

P_{FM}	kW	Fahrmotorleistung	v_A	km/h	Auslegungsgeschwindigkeit
F_{WFT}	kN	Triebfahrzeugwiderstandskraft	m_W	t	Wagenzugmasse
f_{WFW}	1	spezifische Wagenzugwiderstandskraft	m_T	t	Triebfahrzeugmasse
f_{WS}	1	spezifische Streckenwiderstandskraft	g	m/s²	Erdbeschleunigung
f_a	1	spezifischer Zugkraftüberschuss	η_{RSG}	1	Wirkungsgrad des Radsatzgetriebes/ Antriebes
z_{FM}	1	Anzahl der Fahrmotoren			

Rechenbeispiel: Auslegung einer Ellok für den Nahverkehr

Es soll eine elektrische Lokomotive (Masse: 84 t) mit vier einzeln angetriebenen Radsätzen (Wirkungsgrad der Radsatzgetriebe: 0,97) ausgelegt werden, die einen Nahverkehrszug aus Doppelstockwagen (Wagenzugmasse: 400 t) in einer Neigung von 10‰ mit einem spezifischen Zugkraftüberschuss von 5 N/kN mit einer Geschwindigkeit von 160 km/h zu befördern in der Lage ist.

Für die Fahrzeugwiderstandskräfte sollen dabei folgende Annahmen gelten:

- $F_{WFT}(160 \, \text{km/h}) = 10 \, \text{kN}$,
- $F_{WFW}(160 \, \text{km/h}) = 32 \, \text{kN}$.

Die fahrdynamische Auslegungsgleichung (siehe Gl. 6.6) liefert:

$$P_{FM} = \frac{v_A}{3,6} \cdot \frac{F_{WFT}(v_A) + m_W \cdot g \cdot f_{WFW}(v_A) + (m_W + m_T) \cdot g \cdot (f_{WS} + f_a)}{\eta_{RSG} \cdot z_{FM}}$$

$$= \frac{160 \, km/h \cdot \text{m/s}}{3,6 \, km/h} \cdot \frac{10 \, kN + 32 \, kN + (400 \, t + 84 \, t) \cdot 9,81 \, \text{m/s}^2 \cdot (0,010 + 0,005)}{0,97 \cdot 4}$$

$$= 44,4444 \, \text{m/s} \cdot \frac{10,0 \, kN + 32,0 \, kN + 71,2 \, kN}{3,88}$$

$$= 1297 \, kW$$

$$P_{FM} \approx 1300 \, kW$$

In Summe liefern die Fahrmotoren eine Leistung von 5200 kW. Dies entspricht einer Gesamtnennleistung am Treibradumfang von 5044 kW. ◄

6.1.3   Fahrdynamische Auslegung von Dieseltriebfahrzeugen

Die fahrdynamische Auslegung von Dieseltriebfahrzeugen funktioniert gundsätzlich ähnlich wie bei elektrischen Triebfahrzeugen. Sie unterscheidet sich allerdings dadurch, dass das Auslegungsziel nicht die Dimensionierung von Fahrmotoren, sondern die Auswahl eines geeigneten Dieselmotors ist. Eine solche Eignung ist dann gegeben, wenn dieser sowohl die erforderliche Traktionsleistung am Treibradumfang als auch die Zusatzleistung zum Betrieb der Hilfsbetriebe sowie der Zugenergieversorgung (nur Personenverkehr) zu generieren vermag. Die Abb. 6.2 veranschaulicht die beschriebenen Leistungsflüsse, wobei die Hilfsbetriebe symbolisch durch ein einzelnes Lüfterrad dargestellt werden.

Wie bei den elektrischen Triebfahrzeuge wird auf die Kräftebilanz an den Treibrädern zur Ermittlung der erforderlichen Treibradleistung (Gl. 6.5) zurückgegriffen. Die Gleichung für die erforderliche Treibradleistung muss nun noch mit dem **Gesamtwirkungsgrad der Leistungsübertragungseinrichtung** $\eta_{\text{Lü}}$ verknüpft werden, um daraus die vom Dieselmotor zu generierende Traktionsleistung $P_{DM,T}$ zu erhalten:

$$P_{DM,T} = v_A \cdot \frac{F_{WFT}(v_A) + m_W \cdot g \cdot f_{WFW}(v_A) + (m_W + m_T) \cdot g \cdot (f_{WS} + f_a)}{3{,}6 \cdot \eta_{\text{Lü}}} \quad (6.7)$$

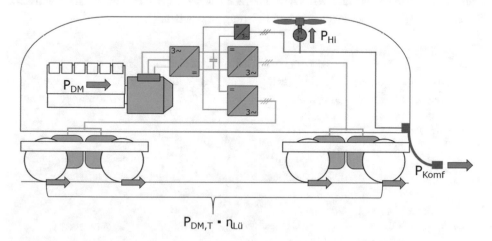

Abb. 6.2 Leistungsflüsse zur Berücksichtigung bei der fahrdynamischen Auslegung von Dieseltriebfahrzeugen am Beispiel einer dieselelektrischen Lokomotive

Als Anhaltswerte für bezüglich der Leistungsübertragungsanlagen anzusetzenden Wirkungsgrade gelten $\eta_{\text{Lü}} \leq 0,85$ für die elektrische Leistungsübertragung und $\eta_{\text{Lü}} \leq 0,80$ für die hydrodynamische Leistungsübertragung.

Der Leistungsbedarf zur Versorgung der Hilfsbetriebe (z. B. Kühlanlage, Luftverdichter, Fahrmotorlüfter) wird pauschal mit dem **Hilfsbetriebefaktor** ψ berücksichtigt. Dieser beträgt zwischen 3 und 10 % der Traktionsleistung des Dieselmotors und stellt eine sehr grobe Abschätzung der Hilfsbetriebeleistung dar, die nur dann präzisiert werden kann, wenn die Entwicklung des Fahrzeuges schon weiter fortgeschritten ist und die grundlegende Architektur der Hilfsbetriebe feststeht. Darunter werden u. a. folgende Punkte verstanden: Anzahl und Art der Antriebe von Lüftern, Pumpen (etc.) sowie das Betriebsregime der Hilfsbetriebe (z. B. Konstant- vs. Aussetzbetrieb).

Ergänzt man die Gl. 6.7 um den Hilfsbetriebefaktor und berücksichtigt man zudem den **Komfortleistungsbedarf** P_{Komf} (Zugenergieversorgung, Klimageräte auf den Führerständen, u. a.) so ergibt sich die folgende **allgemeine fahrdynamische Auslegungsgleichung für Dieseltriebfahrzeuge**:

$$P_{DM} = v_A \cdot \frac{F_{WFT}(v_A) + m_W \cdot g \cdot f_{WFW}(v_A) + (m_W + m_T) \cdot g \cdot (f_{WS} + f_a)}{3,6 \cdot \eta_{\text{Lü}}(1 - \psi)} + P_{\text{Komf}}$$

$$(6.8)$$

Die Komfortleistung wird dabei entweder summarisch für den gesamten Zug angegeben oder alternativ als Nennleistung je Wagen oder Radsatz. Sie kann bei modernen Reisezugwagen zwischen ca. 50 und 70 kVA je Fahrzeug betragen. Es ist üblich, die elektrische Scheinleistung statt einer mechanischen Leistung anzugeben.

Exkurs: Beispiel der Ausschreibung einer Diesellokomotive für Reisezüge
Die folgenden Angaben werden zitiert aus einer Ausschreibung, die im Amtsblatt der Europäischen Union 248/2009 unter der Nummer 356834-2009 veröffentlicht wurde: „Die Lokomotiven müssen folgende Grundanforderungen erfüllen:

- Realisierung des folgenden Zugförderprogramms: 5 Doppelstockwagen (DoSto) mit je 55 t und ein Steuerwagen mit 60 t und Vmax 140 km/h in der Ebene mit einem Zugkraftüberschuss von 3 N/kN und einer zentralen Energieversorgung (ZEV) von mindestens 300 kVA,
- Streckenklasse C2,
- Anfahrzugkraft: mindestens 235 kN. Die Lokomotive muss auch auf 270 kN ausgelegt werden können,
- Vmax 140 km/h /Option 160 km/h, ..."

Rechenbeispiel: Auslegung einer Diesellokomotive

Es soll die Dieselmotorleistung für eine Diesellokomotive mit elektrischer Leistungs-übertragung ermittelt werden, die folgendes Zugförderprogramm erfüllt:

1. Beförderung von 10 Schüttgutwagen (max. 80 t je Wagen) in einer Steigung von 10‰ mit 30 km/h bei einem spezifischen Zugkraftüberschuss von 1 N/kN,
2. Beförderung von 5 Reisezugwagen (55 t) und eines Steuerwagens (60 t) in Steigungen bis 5 Promille mit 120 km/h bei einem spezifischen Zugkraftüberschuss von 1 N/kN im Rahmen von Überführungsfahrten ($P_{\text{Komf}} = 150\,\text{kW}$).

Die Dieselmotorleistung ist anhand der fahrdynamischen Auslegungsgleichung und unter Berücksichtigung folgender Randbedingungen zu ermitteln:

- Triebfahrzeugmasse $m_T = 80\,\text{t}$
- Triebfahrzeugwiderstandskraft:

$$F_{WFT} = 1,1 + 1,5 \cdot \frac{v}{100} + 3,3 \left(\frac{v}{100}\right)^2,$$

- spezifische Wagenzugwiderstandskraft der Schüttgutwagen:

$$f_{WFW} = 0,0012 + 0,0025 \left(\frac{v}{100}\right)^2,$$

- spezifische Wagenzugwiderstandskraft der Reisezugwagen:

$$f_{WFW} = 0,0010 + 0,0006 \frac{v}{100} + 0,0014 \left(\frac{v}{100}\right)^2,$$

- Hilfsbetriebefaktor: $\psi = 0,08$,
- Leistungsübertragungswirkungsgrad: $\eta_{\text{Lü}} = 0,825$

Beförderungsfall 1: Ermittlung der Fahrzeugwiderstandskräfte:

$$F_{WFT} = 1,1 + 1,5 \cdot \frac{30}{100} + 3,3 \left(\frac{30}{100}\right)^2 = 4,9\,kN$$

$$f_{WFW} = 0,0012 + 0,0025 \left(\frac{30}{100}\right)^2 = 0,001425$$

Auslegungsgleichung:

$$P_{DM} = v_A \cdot \frac{F_{WFT}(v_A) + m_W \cdot g \cdot f_{WFW}(v_A) + (m_W + m_T) \cdot g \cdot (f_{WS} + f_a)}{3{,}6 \cdot \eta_{\text{Lü}}\,(1 - \psi)} + P_{\text{Komf}}$$

$$= 30 \cdot \frac{4{,}9 + 800 \cdot 9{,}81 \cdot 0{,}001425 + (80 + 800) \cdot 9{,}81 \cdot (0{,}010 + 0{,}001)}{3{,}6 \cdot 0{,}825 \cdot (1 - 0{,}08)}$$

$$= 30 \cdot \frac{4{,}9 + 11{,}18 + 94{,}96}{3{,}6 \cdot 0{,}759}$$

$$= 1219 \approx \mathbf{1220\,kW}$$

Beförderungsfall 2: Ermittlung der Fahrzeugwiderstandskräfte:

$$F_{WFT} = 1{,}1 + 1{,}5 \cdot \frac{120}{100} + 3{,}3 \left(\frac{120}{100}\right)^2 = 7{,}7\,kN$$

$$f_{WFW} = 0{,}0010 + 0{,}0006 \cdot \frac{120}{100} + 0{,}0014 \left(\frac{120}{100}\right)^2 = 0{,}003736$$

Auslegungsgleichung:

$$P_{DM} = v_A \cdot \frac{F_{WFT}(v_A) + m_W \cdot g \cdot f_{WFW}(v_A) + (m_W + m_T) \cdot g \cdot (f_{WS} + f_a)}{3{,}6 \cdot \eta_{\text{Lü}}\,(1 - \psi)} + P_{\text{Komf}}$$

$$= 120 \cdot \frac{7{,}7 + 335 \cdot 9{,}81 \cdot 0{,}003736 + (80 + 335) \cdot 9{,}81 \cdot (0 + 0{,}001)}{3{,}6 \cdot 0{,}825 \cdot (1 - 0{,}08)} + 150$$

$$= 120 \cdot \frac{7{,}7 + 12{,}28 + 4{,}07}{3{,}6 \cdot 0{,}759} + 150$$

$$= 1206{,}2 \approx \mathbf{1210\,kW}$$

In diesem Beispiel sind die beiden Beförderungsfälle hinsichtlich des Leistungsbedarfes nahezu äquivalent. Der Dieselmotor sollte eine Nennleistung von ca. 1200...1300 kW aufweisen. ◄

6.1.4 Anmerkungen zum Umgang mit den fahrdynamischen Auslegungsgleichungen

Die fahrdynamische Auslegung steht oft am Beginn der Projektierung von Triebfahrzeugen, weshalb einige Parameter der fahrdynamischen Auslegungsgleichungen (siehe Gl. 6.6 und 6.8) sinnvoll abgeschätzt werden müssen, sofern sie nicht anderweitig durch die Ausschreibung des Bestellers definiert werden.

Dies trifft insbesondere auf die Fahrzeugwiderstände und die relevanten Wirkungsgrade (η_{RG} bzw. $\eta_{\text{Lü}}$) sowie den Hilfsbetriebefaktor im Falle von Dieseltriebfahrzeugen zu.

Wie aus dem in dem oben stehenden Infokasten aufgeführten Beispiel einer realen Fahrzeugausschreibung hervorgeht, ist es nicht selbstverständlich, dass Angaben bezüglich der
zu veranschlagenden Fahrzeugwiderstände Teil der Ausschreibung sind. Sie müssen vielmehr beim Auftraggeber erfragt werden oder, falls dieser nicht aussagefähig oder -willig
ist, begründet abgeschätzt werden.

Dabei bietet sich die Bezugnahme auf Fahrzeuge an, die dem zu projektierenden ähnlich sind. Die Ähnlichkeit sollte sich dabei auf die gesamte Fahrzeug- wie auch Fahrwerksund Antriebskonfiguration sowie die Masse erstrecken. Soll also beispielsweise eine Mittelführerhauslokomotive mit einer Masse von 80 t und vier Radsätzen in zwei Drehgestellen
projektiert werden, sollte auch nur in dieser Fahrzeugkategorie nach Referenzdaten recherchiert werden, um eine sinnvolle Abschätzung der fehlenden Parameter zu treffen.

Damit wohnt der Berechnung der erforderlichen Leistung eine gewisse Unschärfe inne,
sodass es sich lohnt, zu untersuchen, wie stark sich die Abweichung der verschiedenen
Berechnungsparameter auf das Berechnungsergebnis auswirkt. Das Ergebnis einer solchen
Analyse ist in Abb. 6.3 für den Fall der Auslegung eines Dieseltriebfahrzeuges dargestellt.

Die Parameter Triebfahrzeugwiderstandskraft (F_{WFT}), spezifische Wagenzugwiderstandskraft (f_{WFW}), Triebfahrzeugmasse (m_T), Leistungsübertragungswirkungsgrad ($\eta_{Lü}$)
und Hilfsleistungsfaktor (ψ) wurden dabei jeweils in einem Wertebereich zwischen 90 und
110 % ihres Nennwertes variiert und die daraus resultierende Veränderung der Auslegungsleistung gegenüber der Parametrierung mit den jeweiligen Nennwerten aufgetragen.

Es ist erkennbar, dass insbesondere eine Variation des Leistungsübertragungswirkungsgrades sowie des spezifischen Wagenzugwiderstandes eine große Veränderung der Auslegungsleistung hervorrufen. Auf die Belegung dieser beiden Parameter mit korrekten bzw.
zutreffenden Werten sollte deshalb besonderes Augenmerk gelegt werden. Im Gegensatz
dazu spielt beispielsweise die möglichst genaue Vorherbestimmung der Triebfahrzeugmasse
in dem betrachteten Fall eine eher untergeordnete Rolle bei der fahrdynamischen Auslegung.

6.2   Leistungsauslegung auf Fahrspielbasis

Eine Möglichkeit zur fahrspielbasierten Auslegung wurde von Gladigau in [33] vorgeschlagen. Das Verfahren beruht auf der Berücksichtigung eines charakteristischen Fahrspiels und
ist speziell auf elektrische Fahrzeuge mit Drehstromantriebstechnik für den Nahverkehr
zugeschnitten.

Ausgangspunkt ist die Betrachtung eines Trapezfahrspiels (siehe Abb. 6.4) mit
vorgegebenem Haltestellenabstand s_H, der Sollfahrzeit t_{ges} sowie der zulässigen Höchstgeschwindigkeit v_{max}. Für die Bremsung wird eine konstante mittlere Bremsverzögerung
b_m eingesetzt, die für elektrische Nahverkehrsfahrzeuge im Bereich von 0,6 m/s^2 (konventionelle Nahverkehrszüge) bis 1,0 m/s^2 (Straßen- und U-Bahnen) liegt.

Die Gesamtfahrzeit für das Trapezfahrspiel kann mit Hilfe von Gl. 6.9 ermittelt werden.
Als einzige unbekannte Größe in dieser Gleichung verbleibt die mittlere Anfahrbeschleu-

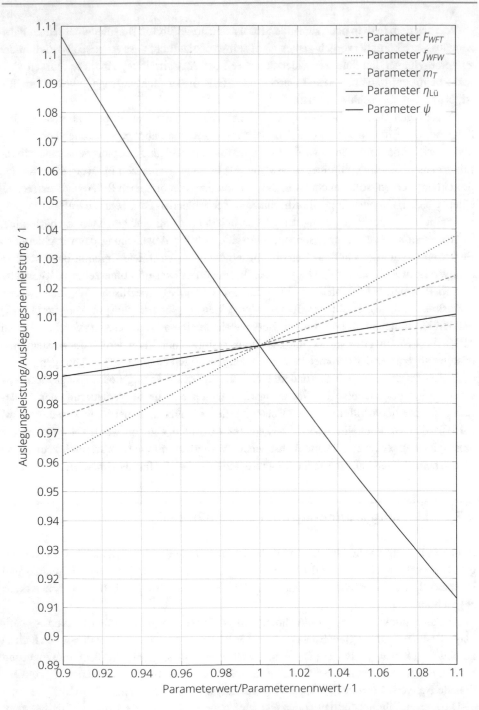

Abb. 6.3 Sensitivitätsanalyse der Auslegungsleistung in Abhängigkeit schwankender Auslegungs-
parameter

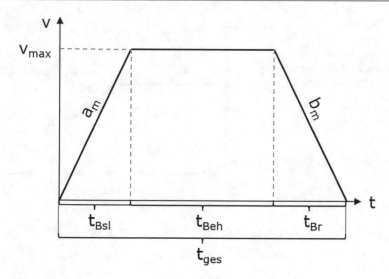

Abb. 6.4 Trapezfahrspiel

nigung a_m. Folglich ist es sinnvoll, Gl. 6.9 nach a_m umzustellen, wodurch sich der durch Gl. 6.10 repräsentierte Zusammenhang ergibt.

$$t_{ges} = \frac{1}{v_{max}} \left[\frac{v_{max}^2}{2a_m} + s_H + \frac{v_{max}^2}{2b_m} \right]$$
(6.9)

$$a_m = \frac{v_{max}^2}{2\left[t_{ges}v_{max} - s_H - \frac{v_{max}^2}{2b_m} \right]}$$
(6.10)

Es ist somit möglich, die zur Einhaltung der Soll-Fahrzeit bei Ausnutzung der Höchstgeschwindigkeit erforderliche mittlere Beschleunigung zu ermitteln (Rechenbeispiel: siehe Infokasten). Diese dient dann als Grundlage für die eigentliche Auslegung.

Die Auslegung selbst beruht auf dem Grundgedanken, dass sich ein und dieselbe *mittlere* Beschleunigung mit unterschiedlichen tatsächlichen Beschleunigungsverläufen a = f(v) realisieren lässt. Dabei wird der für Fahrzeuge mit Drehstromantrieb charakteristische Verlauf der Beschleunigung über der Geschwindigkeit unter Vernachlässigung der Widerstandskräfte zugrunde gelegt. Dieser weist eine konstante Beschleunigung a_{max} bis zur Übergangsgeschwindigkeit $v_{ü}$ auf, der sich oberhalb letztgenannter ein Verlauf der Form a(v) = C/v anschließt (siehe Abb. 6.5). Die Konstante C steht für eine konstante Leistungsabgabe, die in diesem Falle mit dem Produkt aus a_{max} und $v_{ü}$ ausgedrückt werden kann (siehe auch Infokasten zur Herleitung der spezifischen Leistung). Somit ergibt sich für den in Abb. 6.5 gezeigten Beschleunigungsverlauf:

Abb. 6.5 Typische
Beschleunigungs-
Geschwindigkeits-
Charakteristik bei Fahrzeugen
mit Drehstromantriebstechnik

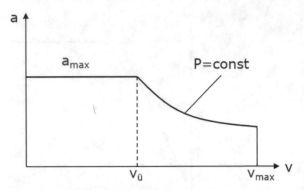

$$a = a_{\max} = const. \quad \text{für} \quad 0 < v \le v_{\ddot{u}} \tag{6.11}$$

$$a = \frac{a_{\max} v_{\ddot{u}}}{v} \quad \text{für} \quad v > v_{\ddot{u}} \tag{6.12}$$

Rechenbeispiel: Trapezfahrspiel

Parameter für die Berechnung des Fahrspiels:

Haltestellenabstand	s_H	1500 m
Höchstgeschwindigkeit	$v_{\max}$	100 km/h
Soll-Fahrzeit	t_{ges}	90 s
mittlere Bremsverzögerung	b_m	0,8 m/s²

Für die erforderliche mittlere Beschleunigung zu Beginn des Fahrspiels ergibt sich:

$$
\begin{aligned}
a_m &= \frac{v_{\max}^2}{2\left[t_{ges} \cdot v_{\max} - s_H + \dfrac{v_{\max}^2}{2 b_m} \right]} \\[2em]
&= \frac{27,7778^2 \, \text{m}^2/\text{s}^2}{2\left[90\,\text{s} \cdot 27,7778\,\text{m/s} - 1500\,\text{m} - \dfrac{27,7778^2 \, \text{m}^2/\text{s}^2}{2 \cdot 0,8\,\text{m/s}^2} \right]} \\[2em]
&= \frac{771,6\,m^2/s^2}{2 \cdot 517,7\,\text{m}} \\[1em]
a_m &= 0,745\ \text{m/s}^2
\end{aligned}
$$

Zur Plausibiltätskontrolle können nun die Zeiten und Wege des Trapezfahrspiels nachgerechnet werden.

- Beschleunigungsvorgang:

$$t_{Bsl} = \frac{v_{max}}{a_m} = \frac{27,7778 \, \text{m/s}}{0,745 \, \text{m/s}^2} = 37,3 \, \text{s}$$

$$s_{Bsl} = \frac{v_{max}^2}{2a_m} = \frac{27,7778^2 \, \text{m}^2/\text{s}^2}{2 \cdot 0,745 \, \text{m/s}^2} = 517,9 \, \text{m}$$

- Bremsvorgang

$$t_{Br} = \frac{v_{max}}{b_m} = \frac{27,7778 \, \text{m/s}}{0,8 \, \text{m/s}^2} = 34,7 \, \text{s}$$

$$s_{Br} = \frac{v_{max}^2}{2a_m} = \frac{27,7778^2 \, \text{m}^2/\text{s}^2}{2 \cdot 0,8 \, \text{m/s}^2} = 482,3 \, \text{m}$$

- Beharrung

$$s_{Beh} = s_H - s_{Bsl} - s_{Br} = 1500 \, \text{m} - 517,9 \, \text{m} - 482,3 \, \text{m} = 499,8 \, \text{m}$$

$$t_{Beh} = \frac{s_{Beh}}{v_{max}} = \frac{499,8 \, \text{m}}{27,7778 \, \text{m/s}} = 18 \, \text{s}$$

- Gesamtfahrzeit (Kontrollrechnung):

$$t_{ges} = t_{Bsl} + t_{Beh} + t_{Br} = 37,3 \, \text{s} + 34,7 \, \text{s} + 18 \, \text{s} = 90 \, \text{s}$$

◄

Die Übergangsgeschwindigkeit (siehe Abb. 6.5) markiert dabei den Punkt, an dem die maximale Traktionsleistung während des Beschleunigungsvorganges erstmalig erreicht wird. Das Produkt aus maximaler Beschleunigung und Übergangsgeschwindigkeit kann dabei als spezifische Leistung interpretiert werden (siehe Kasten), die umso höher liegt, desto größer die Übergangsgeschwindigkeit bei gegebener maximaler Beschleunigung gewählt wird.

▶ **Definition: spezifische Leistung**
Definition der spezifischen Leistung:

$$p = \frac{P}{m}$$

Behauptung:

$$p = a_{max} \cdot v_{ü}$$

Beweis:

$$p(v_{ü}) = \frac{P}{m} = \frac{F \cdot v_{ü}}{m} = \frac{m \cdot a_{max} \cdot v_{ü}}{m} = a_{max} \cdot v_{ü}$$

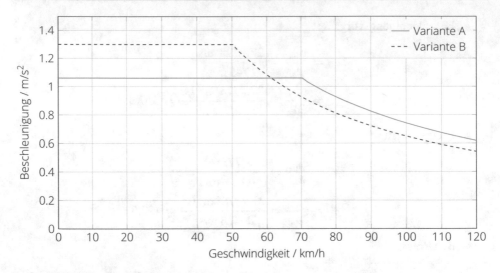

Abb. 6.6 Fahrdynamisch äquivalente Beschleunigungsverläufe

Abb. 6.6 zeigt zwei fahrdynamisch hinsichtlich der Beschleunigungszeit auf v_{max} äquivalente Beschleunigungscharakteristiken, wie aus den in Abb. 6.7 dargestellten zugehörigen Geschwindigkeits-Zeit-Verläufen zu ersehen ist. Auslegungsvariante A weist dabei die im Vergleich niedrigere Maximalbeschleunigung (1,06 m/s² vs. 1,30 m/s²) auf, kann diese jedoch aufgrund der bezüglich Auslegungsvariante B höheren Übergangsgeschwindigkeit (70 km/h vs. 50 km/h) länger ausfahren. Damit weist Variante B im unteren Geschwindigkeitsbereich (v <60 km/h) ein deutlich höheres Beschleunigungsvermögen auf, während Variante A im oberen Geschwindigkeitsbereich (v >60 km/h) ein wesentlich höheres Beschleunigungspotential entwickelt. Die spezifische Leistung beträgt bei Variante A somit 20,6 kW/t, während bei Variante B nur 18,1 kW/t installiert werden müssten. Bei einer Fahrzeugmasse von 100 t wäre das immerhin eine Differenz von 250 kW. Ziel der Auslegung ist es nun, für eine gegebene erforderliche mittlere Beschleunigung eine möglichst günstigste Kombination aus a_{max} und $v_{ü}$ zu finden. Was heißt nun aber in diesem Zusammenhang „günstig"? Einerseits soll die zu installierende Leistung so gering wie möglich sein, da hohe Leistung mit hohen Kosten und in der Regel auch einer hohen Masse für die Antriebsausrüstung verbunden ist. Andererseits darf aber die maximale Beschleunigung nicht zu hoch gewählt werden, weil einerseits der Ruck beim Anfahren zu begrenzen ist und andererseits eine zu hohe Kraftschlussausnutzung vermieden werden soll. Nur so kann sichergestellt werden, dass das Beschleunigungsvermögen von Nahverkehrsfahrzeugen weitgehend unabhängig von Witterungseinflüssen ist. Es ist folglich hilfreich, die Zusammenhänge von maximaler Beschleunigung, spezifischer Leistung, Höchstgeschwindigkeit und mittlerer Beschleunigung näher zu beleuchten.

Wie bereits erwähnt, sollen im Zuge der Auslegung fahrdynamisch äquivalente Auslegungsvarianten gefunden werden. Zur Beurteilung der fahrdynamischen Äquivalenz wird das Fahrzeitkriterium herangezogen, das heißt, der Beschleunigungsvorgang mit der Funk-

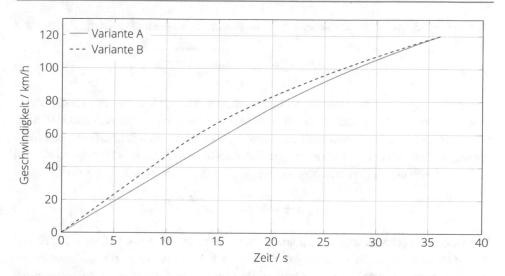

Abb. 6.7 Vergleich der Beschleunigungsvorgänge für die in Abb. 6.6 gezeigten Beschleunigungs-verläufe

tion $f = a(v)$ soll genauso lange dauern wie ein Beschleunigungsvorgang mit einer konstanten (mittleren) Beschleunigung a_m =const.

Wird der in Abb. 6.5 dargestellte Beschleunigungsvorgang zugrunde gelegt, ergibt sich unter Nutzung der in den Gl. 6.11 und 6.12 ausgedrückten Zusammenhänge für die Beschleunigungszeit von $v = 0$ auf $v = v_{max}$:

$$t = \int_0^{v_{\ddot{u}}} \frac{1}{a_{\max}} dv + \int_{v_{\ddot{u}}}^{v_{\max}} \frac{v}{a_{\max} v_{\ddot{u}}} dv \tag{6.13}$$

$$= \frac{v_{\ddot{u}}}{a_{\max}} + \frac{v_{\max}^2 - v_{\ddot{u}}^2}{2a_{\max} v_{\ddot{u}}} \tag{6.14}$$

Für den Beschleunigungsvorgang mit konstanter Beschleunigung stellen sich die Verhältnisse einfacher dar:

$$t = \frac{v_{\max}}{a_m} \tag{6.15}$$

Durch Gleichsetzen (Fahrzeit-Äquivalenz) der Gl. 6.14 und 6.15 erhält man nun:

$$\frac{v_{\max}}{a_m} = \frac{v_{\ddot{u}}}{a_{\max}} + \frac{v_{\max}^2 - v_{\ddot{u}}^2}{2a_{\max} v_{\ddot{u}}} \tag{6.16}$$

$$0 = \frac{v_{\ddot{u}}}{a_{\max}} + \frac{v_{\max}^2 - v_{\ddot{u}}^2}{2a_{\max} v_{\ddot{u}}} - \frac{v_{\max}}{a_m} \tag{6.17}$$

$$= v_{\ddot{u}}^2 - \frac{2a_{\max} v_{\max}}{a_m} v_{\ddot{u}} + v_{\max}^2 \tag{6.18}$$

Die Auflösung dieser quadratischen Gleichung nach der Übergangsgeschwindigkeit führt zu:

$$v_{\ddot{u}1/2} = \frac{a_{max}v_{max}}{a_m} \pm \sqrt{\frac{a_{max}^2}{a_m^2}v_{max}^2 - v_{max}^2} \qquad (6.19)$$

Es ergeben sich damit theoretisch zwei Lösungen, von denen jedoch nur eine für die Auslegung relevant ist. Welche das ist, lässt sich leicht abschätzen, indem man sich ins Gedächtnis ruft, dass die maximale Beschleunigung immer größer oder gleich der mittleren Beschleunigung sein muss. Für den übersichtlichen Fall, dass die maximale Beschleunigung doppelt so hoch ist wie die mittlere Beschleunigung ($a_{max} = 2a_m$), ergibt sich für Gl. 6.19:

$$v_{\ddot{u}1/2} = v_{max} \pm \sqrt{3v_{max}^2} = v_{max} \pm \sqrt{3}v_{max} \qquad (6.20)$$

Die Übergangsgeschwindigkeit soll sinnvollerweise zwischen $v = 0$ und v_{max} liegen und das ist in oben stehender Gleichung nur dann der Fall, wenn der zweite Gleichungsterm von dem ersten subtrahiert wird. Somit ergibt sich für die Festlegung der Übergangsgeschwindigkeit in Abhängigkeit von der maximalen Beschleunigung und bei gegebener mittlerer Beschleunigung sowie festgelegter Höchstgeschwindigkeit folgender mathematische Zusammenhang:

$$v_{\ddot{u}} = \frac{a_{max}v_{max}}{a_m} - \sqrt{\frac{a_{max}^2}{a_m^2}v_{max}^2 - v_{max}^2} \qquad (6.21)$$

Auf diese Weise erhält man Kurvenzüge gleicher mittlerer Beschleunigung (siehe Abb. 6.8 und 6.9). Das heißt, alle Auslegungsvarianten, die auf der gleichen Kurve liegen, weisen dieselbe mittlere Beschleunigung auf und sind hinsichtlich der Fahrzeit, die für den Beschleunigungsvorgang aus dem Stillstand bis zur Höchstgeschwindigkeit benötigt wird, fahrdynamisch äquivalent.

Gemäß Abb. 6.8 könnte also ein Fahrzeug, das mit einer mittleren Beschleunigung von $0{,}6\,m/s^2$ von 0 auf $100\,km/h$ beschleunigt werden soll, so ausgelegt werden, dass die Maximalbeschleunigung $0{,}8\,m/s^2$ und die Übergangsgeschwindigkeit $45\,km/h$ beträgt. Alternativ könnten aber auch die Kombinationen $a_{max} = 1{,}0\,m/s^2/v_{\ddot{u}} = 33\,km/h$ oder $a_{max} = 1{,}2\,m/s^2/v_{\ddot{u}} = 27\,km/h$ u. a. erwogen werden. Entscheidend ist, dass die Gültigkeit der jeweiligen Linien für jeweils eine spezifische Höchstgeschwindigkeit und mittlere Beschleunigung beachtet wird.

Mit der Festlegung von maximaler Beschleunigung und Übergangsgeschwindigkeit ist die spezifische Leistung festgelegt (siehe oben). Insofern wären die aufgeführten Gleichungen und Nomogramme eigentlich bereits ausreichend, um eine fahrdynamische Auslegung vorzunehmen. Allerdings lässt sich durch eine Erweiterung der Gl. 6.21 ein direkter Bezug der kinematischen Größen (a_{max}, a_m, v_{max}) zur spezifischen Leistung p herstellen:

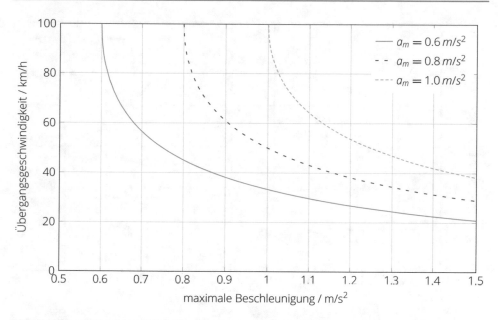

Abb. 6.8 Linien gleicher mittlerer Beschleunigung, berechnet für $v_{max} = 100\,\text{km/h}$

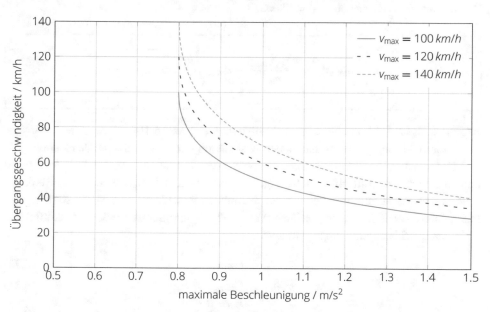

Abb. 6.9 Linien gleicher mittlerer Beschleunigung, berechnet für $a_m = 0{,}8\,\text{m/s}^2$

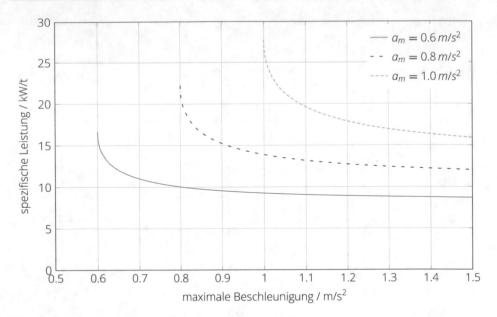

Abb. 6.10 Nomogramm zur Ermittlung der spezifischen Leistung in Abhängigkeit der maximalen Beschleunigung, berechnet für $v_{max} = 100\,km/h$

$$p = a_{max}v_{\ddot{u}} = \frac{a_{max}^2 v_{max}}{a_m} - a_{max}\sqrt{\frac{a_{max}^2}{a_m^2}v_{max}^2 - v_{max}^2} \qquad (6.22)$$

Aus Gl. 6.22 lässt sich ein Nomogramm ableiten (siehe Abb. 6.10), mit dem die spezifische Leistung in Abhängigkeit der maximalen Beschleunigung ausgewählt werden kann.

Letztere ist nicht beliebig wählbar, sondern von der konkreten Antriebskonfiguration und dem ausnutzbaren Kraftschluss abhängig, wie im Folgenden kurz erläutert werden soll.

Ausgangspunkt zur Abschätzung der maximalen Beschleunigung ist die stark vereinfachte fahrdynamische Grundgleichung (Vernachlässigung aller Fahrwiderstandskräfte), die nach der Beschleunigung umgestellt wird:

$$F_{T,max} = \xi m a_{max} \qquad (6.23)$$

$$m_T g\tau = \xi m a_{max} \qquad (6.24)$$

$$a_{max} = \frac{m_T}{m} \cdot \frac{\tau}{\xi}g \qquad (6.25)$$

$$a_{max} \approx \frac{z_{RS,T}}{z_{RS}} \cdot \frac{\tau}{\xi}g \qquad (6.26)$$

Wie aus Gl. 6.26 hervorgeht, spielt also neben dem ausgenutzten Kraftschlussbeiwert das Verhältnis der Anzahl angetriebener Radsätze zur Gesamtzahl der Radsätze eine Rolle bei der Festlegung der maximalen Beschleunigung. Bei Nahverkehrsfahrzeugen ist es üblich, die Erzeugung der Traktionskräfte auf viele Radsätze zu verteilen und nur wenige nicht angetriebene Radsätze zu verwenden. Häufig wird mehr als die Hälfte der Radsätze zum Antrieb des Fahrzeuges verwendet (siehe Infokasten). Geht man davon aus, dass sich das Verhältnis der Anzahl angetriebener Radsätze zur Gesamtzahl der Radsätze bei Nahverkehrsfahrzeugen zwischen 1/3 und 1/1 bewegt und legt man ferner eine Kraftschlussausnutzung von τ = 0,15 (hohe Sicherheit gegen Schleudern bei unterschiedlichen Witterungsbedingungen) sowie einen Massenfaktor von 1,1 zugrunde, so ergibt sich gemäß Gl. 6.26 ein Wertebereich von ca. 0,5 bis 1,3 m/s^2 für die maximale Beschleunigung.

Exkurs: Radsatzkonfigurationen ausgewählter Nahverkehrsfahrzeuge

S-Bahn		U-Bahn	
Fahrzeug	$z_{RS,T}/z_{RS}$	Fahrzeug	$z_{RS,T}/z_{RS}$
BR 422	4/5	BR H (BVG)	1/1
BR 423	4/5	BR HK (BVG)	3/4
BR 424	4/5	BR B (MVG)	1/1
BR 425	4/5	BR C (MVG)	1/1
BR 426	2/3	DT3 (HHA)	1/1
BR 429	1/3	DT4 (HHA)	2/3
BR 440	2/3	C20 (SL)	1/1
BR 442.1	1/2	MF 01 (RATP)	3/5
BR 442.2	3/5	MF 67 (RATP)	3/5
BR 481	3/4	BR 81-740 (MM)	2/3

Straßen-/Stadtbahnen

Fahrzeug	$z_{RS,T}/z_{RS}$
NGT 6DD (DVB)	2/3
NGT D8DD (DVB)	3/4
NGT D12DD (DVB)	2/3
GT6-94/96 (BVG)	1/2
GT8-08 (BVG)	3/4
Citadis 302	2/3
Citadis 402	3/4
GT8-100C/2S (VBK/AVG)	1/2
GT8-100D/2S-M (VBK/AVG)	1/2
ET 2010 (VBK/AVG)	1/2
Flexity Link (Saarbahn)	1/1
Škoda 14T (Prag)	1/1

Nachdem nun alle für die Auslegung relevanten kinematischen Parameter diskutiert und ihr Zusammenhang mit der spezifischen Antriebsleistung hergeleitet und dargestellt wurde, soll im Folgenden eine beispielhafte Antriebsauslegung für das im Infokasten „Beispielrechnung Trapezfahrspiel" gegebene Fahrspiel durchgeführt werden. Daran anschließend wird noch kurz die Frage erörtert, inwieweit sich die Vernachlässigung des Fahrzeugwiderstandes bei dem in diesem Kapitel vorgestellten Ansatz zur fahrdynamischen Fahrzeugauslegung auswirkt.

Rechenbeispiel: Antriebsauslegung S-Bahn-Triebzug

Der schematisch im untenstehenden Bild dargestellte S-Bahn-Triebzug (Masse: 150 t, Massenfaktor: 1,1) soll fahrdynamisch so ausgelegt werden, dass er ein Fahrspiel mit einem Haltestellenabstand von 1500 m bei einer Höchstgeschwindigkeit von 100 km/h in 90 s bewältigen kann. Dabei wird eine mittlere Bremsverzögerung von 0,8 m/s^2 zugrunde gelegt.

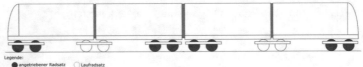

Die Auslegungsgleichung lautet:

$$p = \frac{a_{max}^2 v_{max}}{a_m} - a_{max}\sqrt{\frac{a_{max}^2}{a_m^2} \cdot v_{max}^2 - v_{max}^2}$$

Die erforderliche mittlere Beschleunigung a_m beträgt in diesem Fall 0,75 m/s^2 (siehe Infokasten „Beispielrechnung Trapezfahrspiel").

Somit ergibt sich:

$$p = \frac{a_{max}^2 \cdot 27{,}7778 \, m/s}{0{,}75 \, m/s^2} - a_{max}\sqrt{\frac{a_{max}^2}{0{,}75^2 \, m^2/s^4} \cdot 27{,}7778^2 \, m^2/s^2 - 27{,}7778^2 \, m^2/s^2}$$

Die grafische Darstellung dieser Gleichung zeigt die unten stehenden Abbildung:

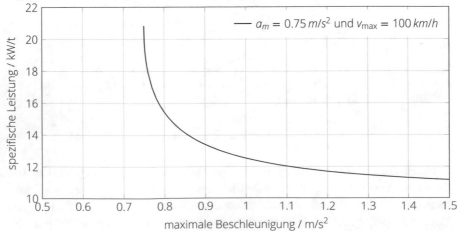

Es ergeben sich u. a. die in der folgenden Tabelle zusammengefassten Auslegungsvarianten:

Variante	a_{max}	p	τ_{soll}	$P_{T,ges}$	$\Delta P_{T,ges}$
1	0,9 m/s²	13,42 kW/t	0,15	2013 kW	–
2	1,0 m/s²	12,54 kW/t	0,17	1881 kW	−132 kW
3	1,1 m/s²	12,03 kW/t	0,19	1805 kW	−208 kW
4	1,2 m/s²	11,70 kW/t	0,20	1755 kW	−258 kW

Die Bandbreite der resultierenden Fahrspiele zeigt das folgende Diagramm. Es enthält sowohl das Fahrspiel für die Auslegungsvariante 1 (geringste Maximalbeschleunigung, größte Treibradleistung) als auch für die Auslegungsvariante 4 (größte Maximalbeschleunigung, kleinste Treibradleistung).

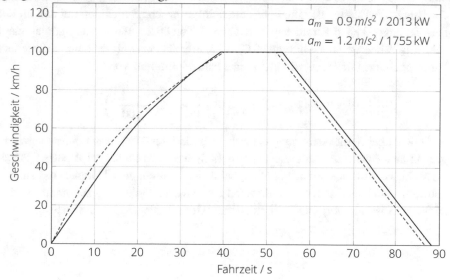

Es ist ersichtlich, dass beide Auslegungsvarianten die Fahrzeitvorgabe für das Fahrspiel (90 s) einhalten. Dies gilt selbstverständlich auch für die nicht dargestellten Varianten 2 und 3. Die geringen Fahrzeitabweichungen (ca. 1,5 s) sind auf die vorgenommenen Rundungen bei der Ermittlung der spezifischen Leistung zurückzuführen.

Welche Auslegungsvariante sollte nun bevorzugt werden?

Die Antwort auf diese Frage richtet sich nach den Prämissen, die bei der Auslegung zugrunde gelegt werden. So können bei der Auslegungsvariante 4 immerhin 285 kW an Treibradleistung gegenüber Variante 1 eingespart werden (entspricht ca. 13 %).

Dies kann sowohl zu einer Reduzierung der Kosten für die Antriebe als auch zu einer Verringerung der Masse des gesamten Antriebsstrangs führen. Allerdings wird dies mit einer höheren Kraftschlussausnutzung erkauft, sodass bei suboptimalen Kraftschlussbedingungen (Herbst/Winter) mit einer im Vergleich höheren Schleuderneigung zu rechnen ist. Dies kann sich unter Umständen negativ auf den Verschleiß und die Fahrzeit auswirken. Letzteres lässt sich grob abschätzen, indem die Anfahrbeschleunigung der Variante 1 mit der Leistung der Variante 4 kombiniert wird. Die fahrdynamische Simulation zeigt einen Fahrzeitmehrbedarf von ca. 3 s für das betrachtete Musterfahrspiel. ◄

Abschließend soll noch der Frage nachgegangen werden, ob es wirklich zulässig ist, die Auslegung nur anhand kinematischer Parameter vorzunehmen und dabei die Fahrzeugwiderstandskräfte zu vernachlässigen.

Betrachten wir dazu die Auslegungsvariante 1 in der oben aufgeführten Beispielrechnung. Für diese wurde eine Treibradleistung von 2013 kW ermittelt. Unter Vernachlässigung der Fahrzeugwiderstandskräfte liefert die fahrdynamische Simulation mit den im Rechenbeispiel angegebenen Parametern eine Fahrzeit von 88,2 s. Berücksichtigt man nun einen (fiktiven) Fahrzeugwiderstand gemäß Gl. 6.27, so erhält man trotz der deutlich differierenden Fahrschaubilder (siehe Abb. 6.11) nur eine Fahrzeitdifferenz von 0,5 s.

$$F_{WFT} = 2,0 + 2,0 \frac{v}{100} + 3,3 \left(\frac{v + 12}{100} \right)^2 \tag{6.27}$$

Obwohl bei Berücksichtigung der Fahrzeugwiderstandskräfte mit einer Fahrzeitverlängerung zu rechnen ist, fällt diese so geringfügig aus, dass sie bei der Auslegungsrechnung vernachlässigt werden kann. In Fällen, bei denen mehrere oder komplexere Fahrspiele zu beurteilen sind oder dem Fahrwiderstand eine größere Bedeutung zukommt, wird der im nächsten Abschnitt vorgestellte simulationsbasierte Auslegungsansatz relevant.

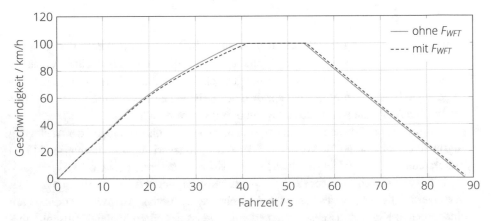

Abb. 6.11 Simulationsrechnung für Auslegungsvariante 1 ($a_{\max} = 0{,}9\,\text{m/s}^2$, $P_{T,\text{ges}} = 2013\,kW$) mit und ohne Berücksichtigung des Fahrzeugwiderstandes nach Gl. 6.27

6.3   Auslegung auf Basis fahrdynamischer Simulationen

6.3.1   Relevanz dieser Auslegungsstrategie

Die simulationsbasierte Auslegung der Traktionsleistung ist immer dann relevant, wenn
Fahrzeuge für bestimmte Strecken oder Netze ausgelegt werden sollen. Im Gegensatz
zur Auslegung auf der Basis von Zugförderprogrammen, bei denen eher allgemeine und
abstrakte fahrdynamische Anforderungen definiert werden, steht bei der simulationsbasier-
ten Auslegung der konkrete Einsatzfall im Vordergrund.

Die fahrdynamische Simulation ermöglicht es zudem, verschiedene Parameter, die für
den Transportprozess auf den vorgegebenen Relationen relevant sind, zu beurteilen. Dazu
zählen unter anderem:

- die Fahrzeit,
- der Energiebedarf,
- das thermische Verhalten des Antriebsstranges.

Letztgenannter Aspekt spielte bei der Auslegung des ICE-1 eine wesentliche Rolle (vgl.[57]).
Die Bemessungsleistung der Triebköpfe wurde für die Fahrt auf der Neubaustrecke von Han-
nover nach Würzburg derart festgelegt, dass eine thermische Überlastung der elektrischen
Antriebstechnik (Trafo, Leistungselektronik, Fahrmotoren) ausgeschlossen ist.

6.3.2   Auslegungsbeispiel

Die mögliche Vorgehensweise und die zu erwartenden Ergebnisse der fahrdynamischen
Auslegung auf Basis von Simulationen lassen sich am Besten mit Hilfe eines Beispieles
erläutern. Es wird im Folgenden eine mögliche Auslegungsstrategie für einen elektrischen
Nahverkehrstriebzug dargelegt, dessen fahrdynamische Grunddaten Tab. 6.1 enthält. Als
wesentliches Auslegungskriterium wird in diesem Beispiel die erzielbare kürzest mögliche
Fahrzeit gewählt.

Wird eine moderate Leistung von maximal 300 kW je Fahrmotor zugrunde gelegt, ergeben sich eine Reihe von theoretisch denkbaren Fahrzeugvarianten, die sich hinsichtlich ihres
Leistungs- und Beschleunigungsvermögens sowie der Radsatzanordnung und Kraftschlussausnutzung voneinander unterscheiden. Diese sind in Tab. 6.2 aufgeführt, wobei nicht alle
denkbaren Varianten enthalten sind, um die Ausführungen übersichtlich zu halten.

Die Variante A (vgl. Tab. 6.2) stellt eine Art „Minimalantrieb" mit nur einem Triebdreh-
gestell dar und kann den angestrebten Wert für die Anfahrbeschleunigung bei der vorgegebenen Kraftschlussausnutzung nicht einmal näherungsweise erreichen. Dass ein solches
Fahrzeug fahrdynamisch deutlich unterdimensioniert wäre, zeichnet sich auch ohne Simula-

Tab. 6.1 Fahrzeug-Grunddaten eines fiktiven elektrischen Nahverkehrstriebzuges

Parameter	Betrag	Einheit
Anzahl der Radsätze:	10	–
Maximale Radsatzfahrmasse:	16,5	t
Angestrebte Anfahrbeschleunigung:	1,1	m/s^2
Maximal ausnutzbarer Kraftschlussbeiwert:	0,25	–
Fahrdynamischer Massenfaktor:	1,06	–
Höchstgeschwindigkeit:	160	km/h
Konstanter Koeffizient der Fahrzeugwiderstandsgleichung:	2,0	kN
Linearer Faktor der Fahrzeugwiderstandsgleichung:	2,6	kN / km/h
Quadratischer Faktor der Fahrzeugwiderstandsgleichung:	1,8	$kN / (km/h)^2$
Gegenwindzuschlag in der Fahrzeugwiderstandsgleichung:	15	km/h

tion ab. Um die Konsequenzen einer solchen Fahrzeugkonfiguration zu verdeutlichen, wird Variante A jedoch vorerst weiter mit betrachtet.

Variante B stellt eine Fahrzeugausführung dar, wie sie in der Praxis durchaus zu finden ist (z. B. Stadler Flirt (BR 428, BR 429)). Die Anfahrbeschleunigung ist auch hier noch auf einen Wert unterhalb des angestrebten Niveaus begrenzt, könnte jedoch theoretisch noch erhöht werden, wenn eine höhere Kraftschlussausnutzung und damit ggf. eine stärkere Schleuderneigung bei suboptimalen Übertragungsbedingungen im Rad-Schiene-Kontakt zugelassen würde.

Die Varianten C, D und E erfüllen die Forderungen aus Tab. 6.2 vollumfänglich und unterscheiden sich in der Treibradleistung um jeweils 600 kW. Da die Kraftschlussausnutzung bei diesen Varianten nicht ganz ausgereizt wird, wurden zudem die Untervarianten C1, D1 und E1 gebildet, bei denen die maximale Anfahrbeschleunigung von 1,3 m/s^2 der begrenzende Faktor ist. In der Praxis werden so hohe Beschleunigungswerte eigentlich nur im städtischen Schienenpersonennahverkehr (Straßen- und Stadtbahnen) realisiert, sodass die Varianten C1, D1 und E1 hier nur der Illustration dienen, ob und wie sich eine erhöhte Anfahrbeschleunigung bei einer gegebenen Strecke auf den Fahrzeitgewinn auswirkt.

Für alle in Tab. 6.2 aufgeführten Antriebsvarianten wurde eine fahrdynamische Simulation durchgeführt, wobei die in den Abb. 6.12 und 6.13 bezüglich ihres Längsneigungsprofils

Tab. 6.2 Untersuchte Triebzugkonfigurationen

	Variante A	$F_{T,\max} = 80\,\text{kN}$ $\tau_{\max} = 0,25$ $a_{\max} = 0,48\,\text{m/s}^2$ $P_T = 600\,\text{kW}$
	Variante B	$F_{T,\max} = 160\,\text{kN}$ $\tau_{\max} = 0,25$ $a_{\max} = 0,96\,\text{m/s}^2$ $P_T = 1200\,\text{kW}$
	Variante C	$F_{T,\max} = 182\,\text{kN}$ $\tau_{\max} = 0,19$ $a_{\max} = 1,10\,\text{m/s}^2$ $P_T = 1800\,\text{kW}$
	Variante C1	$F_{T,\max} = 215\,\text{kN}$ $\tau_{\max} = 0,22$ $a_{\max} = 1,30\,\text{m/s}^2$ $P_T = 1800\,\text{kW}$
	Variante D	$F_{T,\max} = 182\,\text{kN}$ $\tau_{\max} = 0,14$ $a_{\max} = 1,10\,\text{m/s}^2$ $P_T = 2400\,\text{kW}$
	Variante D1	$F_{T,\max} = 215\,\text{kN}$ $\tau_{\max} = 0,17$ $a_{\max} = 1,30\,\text{m/s}^2$ $P_T = 2400\,\text{kW}$
	Variante E	$F_{T,\max} = 182\,\text{kN}$ $\tau_{\max} = 0,11$ $a_{\max} = 1,10\,\text{m/s}^2$ $P_T = 3000\,\text{kW}$
	Variante E1	$F_{T,\max} = 215\,\text{kN}$ $\tau_{\max} = 0,13$ $a_{\max} = 1,30\,\text{m/s}^2$ $P_T = 3000\,\text{kW}$

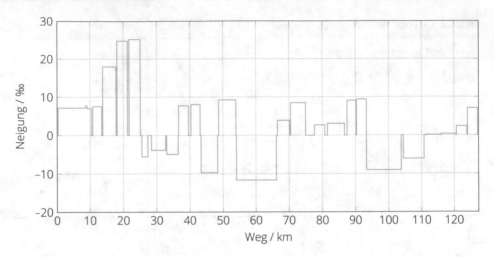

Abb. 6.12 Neigungsband der Beispielstrecke

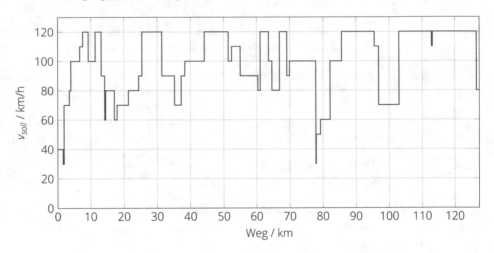

Abb. 6.13 Soll-Geschwindigkeits-Profil der Beispielstrecke

sowie der zulässigen Höchstgeschwindigkeiten charakterisierte Beispielstrecke zugrunde gelegt wurde. Die Länge der Strecke beträgt ca. 128 km und der mittlere Haltestellenabstand (Betriebsregime als Regionalzug) beträgt ca. 25,6 km. Es handelt sich bei der Beispielstrecke um eine solche mit fahrdynamisch anspruchsvollen Längsneigungen, wie sie in den gebirgigen Regionen Mitteleuropas zu finden sind.

Die simulierten Fahrzeiten enthält Tab. 6.3. Die dort aufgeführten Differenzfahrzeiten ΔT beziehen sich alle auf die Variante A. Es wird dadurch der quantitative Sprung deutlich, der durch die Installation zweier statt nur eines Triebdrehgestells und der damit verbundenen Verdopplung der Traktionsleistung ermöglicht wird. Die Fahrzeitersparnis beträgt fast

Tab. 6.3 Simulierte Fahrzeiten für die untersuchten Triebzugkonfigurationen

	Variante A	$T_{ges} = 6522\,s$ $T_{ges} = 01{:}48{:}42$ $\Delta T = \pm 0{,}0\,s$
	Variante B	$T_{ges} = 5945\,s$ $T_{ges} = 01{:}39{:}05$ $\Delta T = -577\,s$
	Variante C	$T_{ges} = 5858\,s$ $T_{ges} = 01{:}37{:}38$ $\Delta T = -664\,s$
	Variante C1	$T_{ges} = 5845\,s$ $T_{ges} = 01{:}37{:}25$ $\Delta T = -677\,s$
	Variante D	$T_{ges} = 5828\,s$ $T_{ges} = 01{:}37{:}08$ $\Delta T = -694\,s$
	Variante D1	$T_{ges} = 5813\,s$ $T_{ges} = 01{:}36{:}53$ $\Delta T = -709\,s$
	Variante E	$T_{ges} = 5814\,s$ $T_{ges} = 01{:}36{:}54$ $\Delta T = -708\,s$
	Variante E1	$T_{ges} = 5797\,s$ $T_{ges} = 01{:}36{:}37$ $\Delta T = -725\,s$

10 Minuten (577 s) bzw. rund 9 %. Im Falle der Variante C, die, wird der Tabelle von oben nach unten gefolgt, als erste die angestrebten $1{,}1\,\mathrm{m/s^2}$ Anfahrbeschleunigung erzielt, beträgt die Fahrzeitersparnis sogar knapp 11 min (bzw. ca. 10 %). Ein Vergleich der Varianten C, D und E untereinander führt demgegenüber zu der Erkenntnis, dass der durch eine Steigerung der Treibradleistung über die Konfiguration C hinaus nur noch zu vergleichsweise geringen Fahrzeitgewinnen von 30 s (Variante D vs. Variante C) bzw. 14 s (Variante E vs. Variante D) führt. Gleiches gilt für die Vergleiche der Untervarianten C/C1, D/D1 und E/E1, die sich jeweils in der Anfahrbeschleunigung unterscheiden. Bei dem zugrunde gelegten Betriebsregime (Eilzug mit für Nahverkehrszüge vergleichsweise großem mittlerem Haltestellenabstand) zahlt sich eine Erhöhung der Anfahrbeschleunigung im Hinblick auf die Fahrzeit und unter Berücksichtigung der damit verbundenen Nachteile (höherer Verschleiß, größere Belastung der beteiligten Baugruppen, Einbußen beim Fahrkomfort) nicht aus.

Die Abb. 6.14 illustriert weitere aufschlussreiche Simulationsergebnisse. Es sind dort über der Wegstrecke die jeweils momentan erforderliche Traktionsleistung am Treibrad $P_{T,\mathrm{erf}}$, die bezogen auf die gesamte Fahrt maximal erforderliche Treibradleistung $P_{T,\mathrm{erf,max}}$ sowie der mittlere Leistungsbedarf am Treibradumfang $P_{T,m}$ dargestellt. Es wird deutlich, dass das Maximum des Traktionsleistungsbedarfs durch einen sehr kurzen Streckenabschnitt determiniert wird und die Diskrepanz zwischen mittlerem und maximalem Leistungsbedarf am Treibradumfang (abzulesen am Ende der Fahrt, also am rechten Rand des Diagramms) ziemlich groß ist.

Welche Traktionsleistung sollte nun aber installiert werden? Dafür ist es hilfreich, den Zusammenhang zwischen der Leistung am Treibradumfang und der Fahrzeit in einem Diagramm darzustellen, so wie dies in Abb. 6.15 geschehen ist. Die simulierten Fahrzeugvarianten bilden sich dort als Punkte ab, zwischen denen zunächst linear interpoliert wird. Die bereits beschriebene Tendenz eines sich mit zunehmender Leistung stark abschwächenden Effektes auf die Fahrzeit wird so noch einmal besonders deutlich und es lässt sich ein näherungsweise hyperbolischer Zusammenhang vermuten. Diese Vermutung bestätigt sich, wenn die Leistung bei der Simulation kleinschrittiger variiert wird. Das Ergebnis dessen ist in Abb. 6.16 dargestellt.

Ein eindeutiges Ergebnis für die fahrdynamische Auslegung gibt es mit der hier gezeigten Methode nicht. Es ist vielmehr das Zusammenspiel unterschiedlicher Faktoren zu berücksichtigen, wie etwa vertraglich oder fahrplantechnisch geforderten Mindestfahrzeiten, den Mehrkosten für zusätzliche Leistung und gegebenenfalls auch die Beschränkung der Fahrzeugmasse. Wird der Kurvenverlauf in Abb. 6.16 betrachtet, so befindet sich der Bereich günstiger Treibradleistungen für das betrachtete Beispielfahrzeug auf der betrachteten Beispielstrecke im Bereich von 2000 kW bis 2500 kW. Bei geringeren Leistungen steigt der Fahrzeitbedarf überproportional an und bei höheren Leistungen ist die Fahrzeitersparnis sehr gering in Relation zu dem erforderlichen technischen Aufwand zur Leistungssteigerung. Mit Rückgriff auf die Tab. 6.2 wäre folglich der Variante D (2400 kW) der Vorzug zu geben. Wenn ein Fahrzeitmehrbedarf von 30 s akzeptabel ist (weil zum Beispiel eine vorgegebene Soll-Fahrzeit damit immer noch unterschritten würde) ist auch die Fahrzeug-

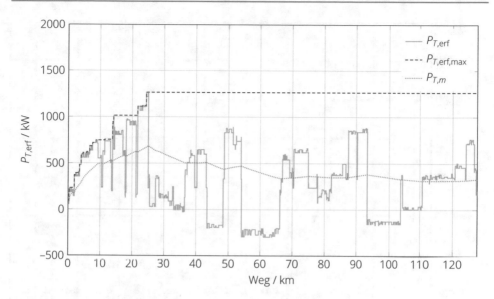

Abb. 6.14 Ermittlung des Leistungsbedarfes auf der Beispielstrecke

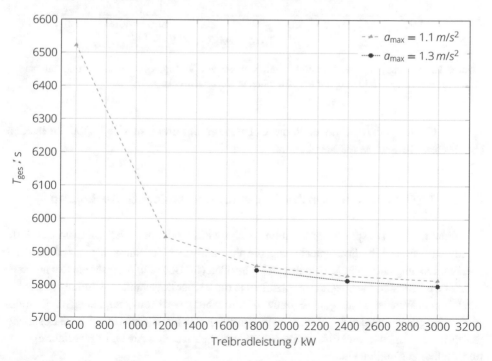

Abb. 6.15 Abhängigkeit der Gesamtfahrzeit t_{ges} (d. h. die reine (ohne Haltezeiten) und kürzest mögliche Fahrzeit) von der Fahrzeugkonfiguration gemäß Tab. 6.2, gültig für die betrachtete Beispielstrecke

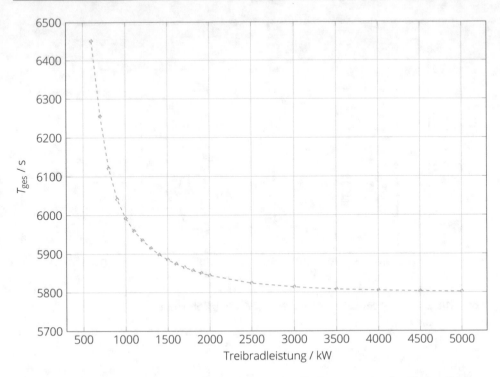

Abb. 6.16 Abhängigkeit der Gesamtfahrzeit von der zur Verfügung stehenden Treibradleistung, gültig für das Beispielfahrzeug auf der betrachteten Beispielstrecke

variante C eine gute Alternative, da dieses Fahrzeug mit drei statt vier Triebdrehgestellen (Stichworte: Kosten, Masse) auskommt.

6.3.3 Fazit zur simulationsbasierten fahrdynamischen Auslegung

Wie anhand eines Beispieles anschaulich gezeigt wurde, erlaubt es die simulationsbasierte fahrdynamische Triebfahrzcugauslegung, die physikalischen Zusammenhänge zwischen der Treibradleistung und weiteren wichtigen Zielgrößen (im Beispiel: die Fahrzeit) zu untersuchen und entsprechende Diagramme abzuleiten, die bei der Entscheidungsfindung unterstützen können. Wenn eine geeignete Simulationsumgebung sowie ein geeignetes Simulationsmodell bereits vorhanden ist, können so mit großer zeitlicher Effizienz geeignete Lösungen gefunden werden, die mit Hilfe der beiden anderen betrachteten Auslegungsverfahren nicht unmittelbar zugänglich sind.

6.4   Verständnisfragen

Komplex „Triebfahrzeugauslegung auf fahrdynamischer Basis"

1. Was ist ein „Zugförderprogramm"?
2. Warum wird bei der fahrdynamischen Auslegung von Triebfahrzeugen ein (spezifischer) Zugkraftüberschuss berücksichtigt und wovon hängt der Betrag dieses Parameters ab?
3. Warum ist es für die fahrdynamische Auslegung eines Triebfahrzeuges nicht ausreichend, die Treibradleistung zu bestimmen?
4. Welche Leistung wird im Ergebnis der fahrdynamischen Auslegung von elektrischen Triebfahrzeugen festgelegt?
5. Welche Leistung wird im Ergebnis der fahrdynamischen Auslegung von Dieseltriebfahrzeugen festgelegt?
6. Was ist bei der fahrdynamischen Auslegung von Dieseltriebfahrzeugen für den Reisezugverkehr zu beachten?

Komplex „Triebfahrzeugauslegung auf Fahrspielbasis"

1. Welches sind die fahrdynamischen Größen, die bei der Triebfahrzeugauslegung auf Fahrspielbasis eine zentrale Rolle spielen?
2. Wie ist die „spezifische Leistung" definiert und über welche physikalische Größen lässt sie sich ausdrücken?
3. Was verstehen Sie unter „fahrdynamischer Äquivalenz"?
4. Welche Auslegungsstrategien ergeben sich für fahrdynamische äquivalente Auslegungen?

Komplex „Triebfahrzeugauslegung auf Basis fahrdynamischer Simulationen"

1. Wann kommt die „Triebfahrzeugauslegung auf Basis fahrdynamischer Simulationen" zum Einsatz?
2. Welche Eingangsdaten werden benötigt, um eine Triebfahrzeugauslegung auf Basis fahrdynamischer Simulationen durchführen zu können?
3. Skizzieren Sie qualitativ den Zusammenhang zwischen der Gesamtfahrzeit auf einer gegebenen Eisenbahnstrecke und der installierten Traktionsleistung. Welche Schlussfolgerungen sind für die fahrdynamische Auslegung zu ziehen?

Rechenaufgaben

1. Ein Eisenbahnverkehrsunternehmen benötigt neue elektrische Lokomotiven mit 4 angetriebenen Radsätzen (max. Radsatzfahrmasse: 22 t) und hat deswegen eine Ausschreibung veröffentlicht, die folgende fahrdynamisch relevanten Forderungen enthält:

   – Beförderung von Fernreisezügen mit Zugmassen bis 500 t mit maximal 230 km/h in der Ebene mit einer spezifischen Beschleunigungsreserve von $f_a = 0{,}0025$.

   – Beförderung von Fernreisezügen mit Zugmassen bis 500 t mit maximal 200 km/h in Steigungen bis 5‰ mit einer spezifischen Beschleunigungsreserve von $f_a = 0{,}0025$.

   – Beförderung von Nahverkehrszügen mit Zugmassen bis zu 300 t mit einer Höchstgeschwindigkeit von 160 km/h, die auch in Steigungen von bis zu 10‰ gehalten werden soll mit einer spezifischen Beschleunigungsreserve von $f_a = 0{,}0045$.

   Ermitteln Sie die Leistung der Fahrmotoren unter der Maßgabe, dass ein Radsatzeinzelantrieb ($\eta_{RS} = 0{,}92$) gewünscht ist. Treffen Sie für die Fahrwiderstände folgende Annahmen:

   – Lokomotive:

$$F_{WFT} = 1{,}4 + 0{,}84\frac{v}{100} + 2{,}8\left(\frac{v}{100}\right)^2$$

   – Fernverkehrszug:

$$f_{WFW} = 0{,}0015 + 0{,}0022\left(\frac{v}{100}\right)^2$$

   – Nahverkehrszug:

$$f_{WFW} = 0{,}0015 + 0{,}0028\left(\frac{v}{100}\right)^2$$

2. Es soll die fahrdynamische Auslegung einer Rangierlok (Radsatzfolge: B'B' oder Bo'Bo') vorgenommen werden, die folgende Anforderungen erfüllen kann:

   – Anfahren und Verschieben von Güterganzzügen (Wagenzugmasse: 3000 t) in der Ebene mit maximal 25 km/h

   – Überführung von gemischten Güterzügen (Wagenzugmasse: 1000 t) mit mindestens 40 km/h in Steigungen bis 10‰

   a) Legen Sie zunächst die Masse der Lokomotive unter der Maßgabe fest, dass eine Ausnutzung des Kraftschlusses auf einen Wert von $\tau = 0{,}25$ begrenzt werden soll. Welche Radsatzfahrmasse wird die Lok deshalb mindestens aufweisen?

   b) Bestimmen Sie die erforderliche Nennleistung des Dieselmotors für beide infrage kommenden Leistungsübertragungsarten. Nehmen Sie den Hilfsbetriebefaktor jeweils zu $\psi = 0{,}05$ an.

   c) Diskutieren Sie Ihre Ergebnisse hinsichtlich der praktischen Umsetzbarkeit und nennen Sie ein real existierendes Referenzfahrzeug, das bezüglich des Fahrzeugtyps und der Leistungsklasse ähnlich dem betrachteten Beispielfahrzeug ist.

Annahme Triebfahrzeugwiderstandskraft:

$$F_{WFT} = 0,9 + 3,8 \left(\frac{v + 15}{100} \right)^2$$

Annahme Wagenzugwiderstandskraft Güterganzzüge:

$$f_{WFW} = 0,0012 + 0,0022 \left(\frac{v}{100} \right)^2$$

Annahme Wagenzugwiderstandskraft gemischte Güterzüge:

$$f_{WFW} = 0,0016 + 0,0032 \left(\frac{v}{100} \right)^2$$

3. Es soll ein Stadtbahnfahrzeug (siehe unten stehende Abbildung) ausgelegt werden, das über 12 Radsätze verfügt und dessen Eigenmasse auf 56,0 t geschätzt wird. Das Fahrzeug ist für eine Höchstgeschwindigkeit von 70 km/h auszulegen und bietet 100 Sitz- sowie 160 Stehplätze. Es soll in der Lage sein, auf gerader, ebener Strecke für einen kompletten Fahrzyklus über 483 m eine Reisegeschwindigkeit v_m von 34 km/h zu erreichen, wobei eine mittlere Bremsverzögerung b_m von 1,0 m/s² zugrundegelegt wird.

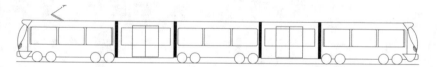

Bremskräfte

7.1   Eisenbahnbremstechnik als eigene Fachdisziplin

Den Bremsen kommt im Schienenfahrzeugbau eine hervorgehobene Bedeutung zu, da an sie hinsichtlich ihrer Leistungsfähigkeit und Verfügbarkeit sehr hohe Anforderungen gestellt werden. Der sicherste Fahrzeugzustand ist der Stillstand, weshalb ein zuverlässig funktionierendes Bremssystem unabdingbar ist. Die verteilt über alle gebremsten Radsätze aufzubringenden Bremsleistungen übersteigen die installierte Traktionsleistung um ein Vielfaches, was schon an dem Umstand deutlich wird, dass für die Beschleunigung eines Fahrzeuges auf eine Geschwindigkeit von beispielsweise 160 km/h mehrere Kilometer Fahrtstrecke zur Verfügung stehen, während die Abbremsung bis zum Stillstand ggf. innerhalb des Vorsignalabstandes (Nennwert: 1000 m) erfolgen muss.

Die Komplexität der Bremseinrichtungen steht der der Antriebstechnik von Schienenfahrzeugen in nichts nach, weshalb sich die Eisenbahnbremstechnik zu einer eigenständigen Fachdisziplin entwickelt hat. Abb. 7.1 gibt einen Überblick über die Fragestellungen, die bei der Beschäftigung mit Eisenbahnbremsen eine Rolle spielen. All diese Aspekte in diesem Buch zu adressieren, würde den Rahmen des Werkes sprengen, zumal es hierfür Spezialliteratur gibt, die das gesamte Themenspektrum dieses Fachgebietes mit allen nötigen Details und Sonderfällen behandelt (vgl. beispielsweise [5, 38]).

In diesem Kapitel werden die fahrdynamisch relevanten Aspekte der Eisenbahnbremstechnik dargelegt, wobei es bisweilen zu einer vereinfachten Darstellung von Sachverhalten kommen kann, die für die Spezialistinnen und Spezialisten auf diesem Gebiet unbefriedigend sein mögen. Es sei aber daran erinnert, dass die Bremskräfte und ihre Erzeugung nur

Ergänzende Information   Die elektronische Version dieses Kapitels enthält Zusatzmaterial, auf das über folgenden Link zugegriffen werden kann https://doi.org/10.1007/978-3-658-41713-0_7.

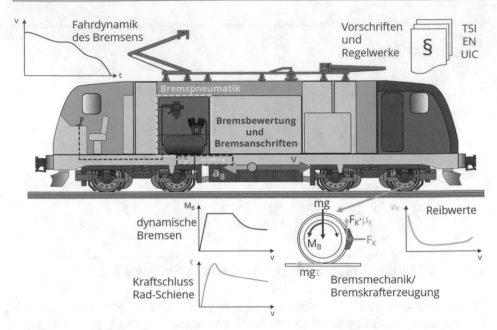

Abb. 7.1 Die Eisenbahnbremstechnik als eigenständige Fachdisziplin. (Grafik: Karim Benabdellah/Martin Kache)

ein Aspekt bei fahrdynamischen Betrachtungen sind, sodass im Rahmen dieses Werkes eine Konzentration auf die wesentlichen Inhalte angezeigt ist. Auf detaillierte Ausführungen zur Bremsauslegung und -bewertung sowie zum Bremsbetrieb wurde bewusst verzichtet.

Den Zusammenhängen bei der Erzeugung der Bremskräfte sowie deren komplexe Abhängigkeiten von vor allem Geschwindigkeit und Zeit wird dafür etwas mehr Raum gewidmet. Zunächst wird jedoch im Folgenden auf die Besonderheiten von Eisenbahnbremsen, ihre Aufgaben sowie die Möglichkeiten einer Kategorisierung von Bremsungen und Bremsen eingegangen.

7.2 Besonderheiten von Eisenbahnbremsen

Um den Aufbau von und die Anforderungen an die Bremsanlagen von Schienenfahrzeugen besser zu verstehen, ist es sinnvoll, sich zunächst über die Spezifika des Schienenverkehrs Gedanken zu machen.

Schienenfahrzeuge sind aufgrund ihrer **geringen spezifischen Fahrzeugwiderstände** ein sehr effizientes Landtransportmittel. In Verbindung mit den vergleichsweise **großen Massen,** die Schienenfahrzeuge oder gar Züge aufweisen, führt dies dazu, dass sich aus höheren Geschwindigkeiten enorm große Auslaufwege („Ausrollwege") ergeben, die im Sinne einer energiesparenden Fahrweise betrieblich auch durchaus ausgenutzt werden. Damit ist

klar, dass im Falle einer Bremsung der überwiegende Anteil der erforderlichen Bremsverzögerung von den Fahrzeugbremsen generiert werden muss.

Diese Bremskräfte werden in der Regel am Radumfang kraftschlüssig auf die Schienen
übertragen. Der **ausnutzbare Kraftschluss** zwischen Rad und Schiene ist aber, gerade im
Vergleich zu Straßenfahrzeugen, **sehr gering.** Der Anteil an der Gewichtskraft eines Fahrzeuges, der sich im Rad-Schiene-Kontakt in eine Tangentialkraft wandeln lässt, beträgt nur
zwischen ca. 10 und 20 %. Um vergleichbare Kraftschlussbedingungen bei Straßenfahrzeugen zu haben, müsste man mit ihnen auf Schnee oder Glatteis fahren. Dadurch, sowie durch
die **große Massenträgheit** von Eisenbahnfahrzeugen, ergeben sich bei Schienenfahrzeugen
im Vergleich zu Straßenfahrzeugen **sehr lange Bremswege.**

Aufgrund der langen Bremswege ist es im Schienenverkehr daher notwendig, im Raumabstand zu fahren. Eisenbahnstrecken sind deshalb klassischerweise in „Blockabschnitte"
unterteilt, die jeweils durch ein Signal für die Fahrt freigegeben oder gesperrt werden. Dies
bedeutet, dass den Triebfahrzeugpersonalen sowohl signalisiert werden muss, ob der direkt
voraus liegende Streckenabschnitt frei ist, als auch, was am nächsten Blocksignal zu erwarten ist. Die Abb. 7.2 illustriert dies beispielhaft. In dem gezeigten Beispiel werden dem
Triebfahrzeugpersonal vier Informationen übermittelt:

1. Das Hauptsignal zeigt „Fahrt Frei" (ein grünes Dauerlicht). Der voraus liegende Abschnitt
   darf demnach befahren werden. Es befindet sich kein anderes Fahrzeug in diesem
   Abschnitt (andernfalls hätte das Signal nicht aus seiner Grundstellung „Halt" auf „Fahrt
   Frei" gestellt werden dürfen.)
2. Das Vorsignal zeigt „Halt erwarten" (zwei diagonal von links nach rechts aufsteigende
   gelbe Dauerlichter). Das Hauptsignal, das den nachfolgenden Streckenabschnitt (oder
   die Einfahrt in einen Bahnhof) schützt, steht demnach in der Stellung „Halt" und es muss
   eine Bremsung eingeleitet werden, um vor diesem Signal zum Stehen zu kommen.
3. Ab dem Passieren des Signals muss mit einer Geschwindigkeit von maximal 110 km/h
   gefahren werden.
4. Eine Absenkung der streckenseitig zulässigen Höchstgeschwindigkeit auf 90 km/h ist zu
   erwarten.

Der Abstand zwischen dem im Bild gezeigten Vorsignal („kleines" Lichtsignal) zu dem
nachfolgenden Hauptsignal ist der **Vorsignalabstand.** Dieser ist eine für die Bremsauslegung bei der Eisenbahn zentrale Größe.

Der Vorsignalabstand beträgt in Deutschland auf Eisenbahnstrecken, die mit maximal
160 km/h befahren werden dürfen, üblicherweise 1000 m. Bei solchen Strecken, die mit nur
maximal 140 km/h zu befahren sind, ist auch ein Vorsignalabstand von 700 m zulässig. Auf
Nebenstrecken mit Höchstgeschwindigkeiten bis 80 km/h kann der Vorsignalabstand auf
400 m reduziert werden. Diese Werte sind historisch gewachsen und weichen bei anderen
Bahnverwaltungen ab. In Frankreich ist beispielsweise ein Vorsignalabstand von 1400 m
üblich.

Abb. 7.2 Eisenbahntypische
Signalisierung mittels
Lichtsignalen und Signaltafeln

Die Soll-Bremswege von Schienenfahrzeugen und Zügen ergeben sich aus dem Vorsignalabstand, vermindert um eine Sicherheitsmarge von 10 %. Das heißt, dass in Deutschland auf Hauptstrecken mit $v_{max} < 160\,$km/h alle Züge unabhängig von der Zugart innerhalb einer Distanz von 630…900 m zum Stillstand kommen müssen.

In Abhängigkeit von der Leistungsfähigkeit der Bremsen ergibt sich unter anderem aus dieser Anforderung die **bremstechnische Höchstgeschwindigkeit.** Reicht das Bremsvermögen eines Zuges nämlich nicht aus, um innerhalb des Vorsignalabstandes abzüglich der Sicherheitsmarge anzuhalten, muss folglich eine Anpassung seiner Höchstgeschwindigkeit erfolgen, und zwar unabhängig davon, ob Infrastruktur, Sicherheit gegen Entgleisen und Fahrkomfort eine höhere Geschwindigkeit zuließen.

Ähnliche Maßnahmen werden ergriffen, wenn Signale gestört oder wenn, etwa nach einem starken Unwetter, Gefahren auf der Strecke zu erwarten sind. In solchen Ausnahmefällen wird auch im Schienenverkehr „auf Sicht" gefahren, dann jedoch mit einer Höchstgeschwindigkeit von maximal 40 km/h.

Ein weiteres Spezifikum von Eisenbahnbremsen ist ihre **Verteilung über Zugverbände,** die in Deutschland **bis zu 835 m lang** sein können. Die Einleitung des Bremsbefehls erfolgt dabei in der Regel zentral von Bedieneinrichtungen im Führerstand aus. Um unzulässige Längskräfte und -schwingungen im Zugverband zu vermeiden, muss jedoch angestrebt werden, dass die Bremswirkung möglichst gleichzeitig im gesamten Zugverband einsetzt.

Die zentralen Herausforderungen, die sich bei der Bremsung langer Züge stellen, sind somit die **Minimierung der Signallaufzeiten** für Brems- und Lösevorgänge sowie die **Homogenisierung des Ansprechverhaltens und der Bremsleistung** der Fahrzeuge in einem Zugverband. Dass sich das Bremsregime von Eisenbahnfahrzeugen nicht nur hinsichtlich der abzubremsenden Massen, der Bremswege sowie der Bremsausgangsgeschwindigkeiten von dem der Straßenfahrzeuge unterscheidet, unterstreicht auch Tab. 7.1. Aus ihr geht hervor, dass die je Radsatz bzw. Bremsscheibe potenziell abzuführende Energie bei Eisenbahnfahrzeugen um ein Vielfaches höher liegt, als bei Straßenfahrzeugen. Die mechanischen Bremsen von Eisenbahnfahrzeugen weisen deshalb auch im Vergleich zu Straßenfahrzeugen wesentlich größere Dimensionen auf. So stehen bei Fahrzeugen des hochwertigen Personenverkehrs zwischen 2 und 4 Bremsscheiben je Radsatz zur Verfügung, sodass die Wandlung der kinetischen Energie in Wärme über verhältnismäßig große Flächen erfolgen kann.

Aus Tab. 7.1 ist ferner ersichtlich, dass die Bremsleistung, insbesondere im Hochgeschwindigkeitsverkehr, auf mehrere Bremsanlagen verteilt wird, die sich gegenseitig ergänzen bzw. in Summe die für Gefahrenbremsungen nötigen Verzögerungen aufbringen.

Ein sehr wichtiger Aspekt bei Eisenbahnbremsen ist das Bestreben, möglichst **verschleißarm und im besten Falle regenerativ** zu bremsen. Der überwiegende Anteil der Verkehrsleistungen im Schienenverkehr wird heute von elektrisch angetriebenen Fahrzeugen erbracht. Diese bieten die Möglichkeit, die **Fahrmotoren generatorisch als elektrodynamische Bremse** zu nutzen. Insbesondere bei Fahrzeugen des Nahverkehrs (S- und U-Bahnen sowie Straßen- und Stadtbahnen) ist die elektrodynamische Bremse sogar die hauptsächlich verwendete Betriebsbremse. Die mechanischen Bremsen greifen nur bei Gefahrbremsungen oder im unteren Geschwindigkeitsbereich (v < 3 ... 10 km/h) ein.

Moderne Fahrzeuge mit Drehstromantriebstechnik sind in der Lage, die bei Bremsvorgängen gewandelte elektrische Energie wieder in das Netz zurückzuspeisen. Falls das elektrische Netz nicht aufnahmefähig ist, wird die elektrische Energie in Bremswiderständen auf dem Fahrzeug in Wärme gewandelt. Elektrische Widerstandsbremsen sind auch bei älteren elektrischen Triebfahrzeugen mit klassischer Antriebstechnik als verschleißfreie Zusatzbremse vorhanden.

Nicht-elektrischen Straßenfahrzeugen fehlt demgegenüber die Möglichkeit des regenerativen Bremsens. Pkw verfügen in der Regel lediglich über eine der Masse sowie der Höchstgeschwindigkeit der Fahrzeuge angemessene hydraulische Bremse. Nutzfahrzeuge müssen ab einer bestimmten Masse eine zusätzliche Bremse aufweisen, die für Dauerbremsungen (z. B. beim Befahren längerer Gefällestrecken) geeignet ist. Hier kommen häufig Strömungsbremsen (Retarder) zum Einsatz, deren Arbeitsmedium Öl oder Wasser sein kann.

Tab. 7.1 Vergleich der Dimensionen von Massen und kinetischen Energien verschiedener Landtransportmittel

	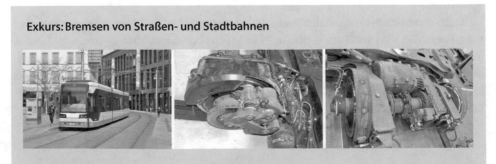			
Fahrzeugart	ICE 3	Güterzug	Pkw	Lkw
Masse	465 t	1884 t	1,98 t	40 t
Masse pro Radsatz/Achse	14,5 t	20 t	0,99 t	8 t
Höchstgeschwindigkeit	330 km/h	100 km/h	202 km/h	80 km/h
Kinetische Energie bei 80 km/h	119,5 MJ	428,4 MJ	0,49 MJ	10,4 MJ
	33,2 kWh	119,0 kWh	0,14 kWh	2,9 kWh
Kinetische Energie bei v_{max}	2031,8 MJ	669,2 MJ	3,1 MJ	10,4 MJ
	564,4 kWh	185,9 kWh	0,87 kWh	2,9 kWh
-je Radsatz/Achse	17,64 kWh	2,21 kWh	0,43 kWh	0,58 kWh
-je Bremsscheibe	4,41 kWh	–	0,22 kWh	0,29 kWh
Bremssysteme	Druckluft-bremse	Druckluft-bremse	hydraulische Bremse	Druckluft-bremse
	elektro-dynamische Bremse	elektro-dynamische Bremse (nur Lok)		Strömungs-bremse (Wasser oder Öl)
	Wirbelstrom-Schienen-bremse			

Exkurs: Bremsen von Straßen- und Stadtbahnen

Die Bremsausrüstung von Straßen- und Stadtbahnen unterscheidet sich erheblich von der der Vollbahn-Eisenbahnfahrzeuge. Die Gründe dafür liegen in der besonderen

Betriebsweise im städtischen Schienenpersonennahverkehr. Straßen- und Stadtbahnnen verkehren in der Regel auf Inselnetzen und gehen nicht in den Mischbetrieb mit anderen Eisenbahnfahrzeugen über. Eine Ausnahme bilden Fahrzeuge, die nach EBO und BOStrab zugelassen sind, so wie es in Deutschland u. a. in Chemnitz, Kassel, Karlsruhe und Saarbrücken praktiziert wird.

Hinzu kommt, dass sich Straßen- und Stadtbahnen gerade im innerstädtischen Bereich den Verkehrsraum häufig mit anderen Verkehren teilen. In Verbindung mit der Tatsache, dass im städtischen Schienenpersonennahverkehr in der Regel auf Sicht und nicht, wie bei der Eisenbahn, im Raumabstand gefahren wird, ergibt sich die Forderung nach vergleichsweise kurzen Bremswegen. So fordert das Regelwerk für Straßenbahnen einen Bremsweg von maximal 39 m aus 50 km/h und 69 m aus 70 km/h. Dies entspricht mittleren Bremsverzögerungen im Bereich von rund 2,5...2,7 m/s^2.

Aufgrund der sehr kurzen mittleren Haltestellenabstände (z. B. Straßenbahn Dresden: ca. 470 m, Stadtbahn Köln: ca. 700 m) und der damit verbundenen großen Häufigkeit von Bremsungen dienen bei Straßen- und Stadtbahnen die elektrodynamischen Bremsen in der Regel als Haupt-Betriebsbremsen. Die mechanischen Radbremsen lösen die elektrodynamischen Bremsen bei kleinen Geschwindigkeiten (< 10 km/h) ab und übernehmen die Abbremsung bis zum Fahrzeugstillstand sowie die Stillstandssicherung.

An Straßen- und Stadtbahnfahrzeuge wird heute der Anspruch gestellt, dass die Einstiege möglichst niedrig über der Schienenoberkante bzw. auf Bahnsteigniveau liegen. Außerdem sollen die Fahrzeuge im Innern nach Möglichkeit frei von Stufen oder Rampen sein. Dies hat zur Folge, dass der Bauraum für die Fahrwerke stark limitiert ist, sodass die Antriebs- und Bremsausrüstung möglichst kompakt sein muss. Es haben sich deshalb bei Straßen- und Stadtbahnen in den letzten Jahrzehnten elektrisch angesteuerte hydraulische Bremsen als mechanische Radbremsen etabliert. Da die Ölhydraulik die Möglichkeit bietet, mit hohen Betriebsdrücken zu arbeiten sind die Bremskrafterzeuger im Vergleich zur Druckluftbremse klein. Überdies sind die Bremsansprech- und Bremsaufbauzeiten vergleichsweise gering, was für die Erzielung kurzer Bremswege sehr förderlich ist.

Die erforderlichen kurzen Bremswege können ferner nur in Kombination mit Magnetschienenbremsen erzielt werden, die im Gegensatz zu Vollbahnfahrzeugen tief aufgehängt sind (6–12 mm über SO) und sich bei Aktivierung selbst an die Schienenköpfe heran ziehen. Bei Straßen- und Stadtbahnen bremsen die Magnetschienenbremsen bei Gefahrbremsungen bis zum Stillstand der Fahrzeuge, wodurch ggf. ein hoher Anhalteruck entstehen kann.

Ein weiterer signifikanter Unterschied bei der Auslegung von Bremsen der Straßen- und Stadtbahnen besteht in der Möglichkeit, den Kraftschluss bis zu einem Wert von $\tau = 0{,}33$ auszunutzen, während dieser bei Vollbahnfahrzeugen auf Werte zwischen $\tau = 0{,}11$ bis $\tau = 0{,}15$ begrenzt ist.

7.3   Aufgaben der Bremsen

Nachdem im ersten Abschnitt die Spezifika von Eisenbahnbremsen erläutert wurden, sollen nun die grundsätzlichen Aufgaben der Bremsanlagen auf (Schienen-)Fahrzeugen umrissen werden.

Es lassen sich grundlegend drei Aufgabenfelder der Bremsen definieren:

1. Geschwindigkeitsreduzierung (Abb. 7.3),
2. Geschwindigkeitsregulierung (Abb. 7.4),
3. Verhinderung einer ungewollten Fahrzeugbewegung (Abb. 7.5).

7.3.1   Geschwindigkeitsverminderung

Die zentrale Aufgabe der Bremsen ist es, die Geschwindigkeit eines Fahrzeuges in gewollten Grenzen zu verändern. Diese „Veränderung" ist naturgemäß eine Verringerung der Geschwindigkeit. Hierbei kann wiederum unterschieden werden zwischen:

1. der Verminderung der Geschwindigkeit aus der Bremsanfangsgeschwindigkeit v_1 bis zur Bremszielgeschwindigkeit v_2 oder
2. der Verminderung der Geschwindigkeit aus der Bremsanfangsgeschwindigkeit v_1 bis zum Fahrzeugstillstand.

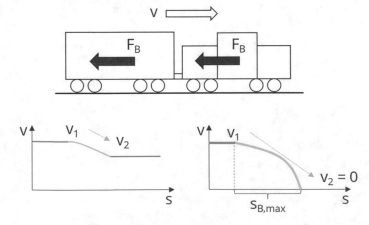

Abb. 7.3 Aufgaben der Bremse: Geschwindigkeit verringern

Geschwindigkeitsregelung

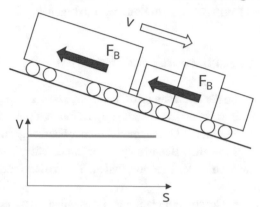

Abb. 7.4 Aufgaben der Bremse: Geschwindigkeit regulieren

Stillstandssicherung

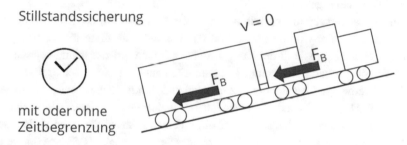

Abb. 7.5 Aufgaben der Bremse: Stillstandssicherung

Im erstgenannten Fall findet häufig eine „Geschwindigkeitszielbremsung" statt, bei der die möglichst genaue Einhaltung einer vorgegebenen Geschwindigkeit bis zu einem bestimmten Wegpunkt im Vordergrund steht. Im letztgenannten Fall handelt es sich entweder um eine „Wegzielbremsung" (bei geplanten Fahrzeughalten, etwa in einem Bahnhof) oder um eine „Schnellbremsung" zur Gefahrenabwehr.

Im Falle einer Bremsung, die der Gefahrenabwehr dient, ließe sich die Aufgabe der Bremse noch spezifischer formulieren. Es geht dann um die schnellstmögliche Überführung des Fahrzeuges in den sicheren Zustand („Fahrzeug steht").

Aus der Definition der Geschwindigkeitsverminderung als zentraler Aufgabe der Bremsanlagen lässt sich die allgemeine Anforderung an die Fahrzeugbremsen ableiten, das Fahrzeug oder den Zugverband stets „betriebssicher" abzubremsen (siehe Infokasten).

▶ **Definition: Wann kann ein Zug als „betriebssicher gebremst" betrachtet werden?** „Betriebssicher gebremst" heißt: alle im Zugverband vorhandenen Bremseinrichtungen sind **gemeinsam** in der Lage, den **Zug aus der für ihn zugelassenen Höchstgeschwindigkeit auf dem maximalen Gefälle** der befahrenen Strecke auch bei widrigen Randbedingungen

(Regen, Schnee, schmierige Schienenköpfe, Grenzlast des Zuges) **unter allen Umständen innerhalb der vorgegebenen Bremswege zum Stehen zu bringen.**

7.3.2   Geschwindigkeitsregulierung

Eine weitere wesentliche Aufgabe der Bremsen ist es, Fahrzeuge oder Zugverbände bei der Befahrung starker Gefälle an der weiteren Beschleunigung zu hindern (Abb. 7.4).

Werden Bremskräfte appliziert, um die Geschwindigkeit der Fahrzeuge annähernd konstant zu halten, spricht man auch von einer Beharrungs- oder Dauer- oder Gefällebremsung. Alle drei Bezeichnungen lassen sich in der Literatur finden. Sie werden im Rahmen dieses Buches synonymisch verwendet.

Je nach Zugmasse, gefahrener Geschwindigkeit und Streckenlängsneigung können sich aus Beharrungsbremsungen beträchtliche Anforderungen an die (thermische) Leistungsfähigkeit der Bremsen ergeben.

Ob eine Beharrungsbremsung mit $v \approx$ const. realisierbar ist, hängt neben der thermischen Belastbarkeit der Bremsen auch von der Frage ab, ob diese feinstufig regulierbar sind. Lässt sich die Bremskraft der Hangabtriebskraft nicht präzise genug anpassen, ergibt sich eine Verzögerung, die nach einer gewissen Zeitdauer ein Lösen der Bremse erfordert. Dieses hat ein erneutes Beschleunigen zur Folge, das durch einen erneuten Bremsvorgang begrenzt wird. Die Geschwindigkeit pendelt bei mehrmaliger Wiederholung dieser Vorgänge in einem Geschwindigkeitsband und nimmt einen zickzackförmigen Verlauf an. Eine solche Fahrtechnik wird deshalb im „Eisenbahnerdeutsch" auch als „Sägezahnbremsung" bezeichnet.

7.3.3   Stillstandssicherung

Die letzte wichtige Aufgabe der Bremsen auf einem Fahrzeug, die hier diskutiert werden soll, ist die Stillstandssicherung. Hierbei werden im Stand des Fahrzeuges – entweder durch eine konkrete Bedienhandlung oder automatisiert – Bremskräfte appliziert, um eine weitere Fahrzeugbewegung zu verhindern.

Je nach dem, ob ein besetztes oder unbesetztes Fahrzeug in der Ebene oder in einer Neigung zeitlich begrenzt oder unbegrenzt gesichert werden soll, ergeben sich spezifische Anforderungen an die Bremsausrüstung. Es ist deshalb wichtig, die jeweiligen Lastfälle genau zu definieren.

7.4 Kategorisierung von Bremsungen

7.4.1 Vorbemerkungen

Nachdem im vorigen Abschn. 7.2 eine Einführung in die Besonderheiten der Schienenfahrzeugbremstechnik erfolgte, wollen wir uns in diesem Unterkapitel mit der Klärung wichtiger Begrifflichkeiten sowie der Kategorisierung von Schienenfahrzeugbremsen auseinandersetzen.

Wichtige bremstechnische Begriffe und Bezeichnungen sind in der **DIN EN 14478: 2017** festgehalten. Dort lassen sich auch die offiziellen englischen und französischen Entsprechungen der Begriffe finden.

7.4.2 Bremsungsarten

Wie in Abschn. 7.3 dargelegt wurde, haben die Bremsen auf Eisenbahnfahrzeugen die Aufgabe, die Geschwindigkeit der Fahrzeuge in gewollten Grenzen zu beeinflussen und den Stillstand der Fahrzeuge zu sichern. Je nachdem, mit *welchem Ziel* und *wodurch* eine Bremsung eingeleitet wurde und *welches Verzögerungsniveau* dabei angestrebt wird, lassen sich die Bremsungen den im Folgenden aufgeführten Kategorien zuordnen (vgl. auch Abb. 7.6).

Stoppbremsung

Als „Stoppbremsung" werden alle Bremsungen bezeichnet, die Fahrzeuge oder Züge aus einer Bremsausgangsgeschwindigkeit $v_0 > 0\,$km/h bis zum Stillstand verzögern. Eine nicht normkonforme alternative Bezeichnung dafür wäre „Anhaltebremsung". Der Begriff „Stoppbremsung" ist demzufolge ein Oberbegriff für verschiedene Bremsungen, da sowohl Betriebs-, als auch Voll- und Schnellbremsungen zum Fahrzeugstillstand führen können.

Regulierungsbremsung

„Regulierungsbremsungen" sind Geschwindigkeitszielbremsungen, dienen also der Absenkung der Bremsausgangsgeschwindigkeit $v_0 > 0\,$km/h auf die Bremsend- bzw. Zielgeschwindigkeit $v_1 > 0\,$km/h.

Beharrungsbremsung

Als „Beharrungsbremsungen" werden alle Bremsungen bezeichnet, die die Beibehaltung einer bestimmten Geschwindigkeit v_{soll} bei der Befahrung starker Gefällestrecken zum Ziel haben.

Stillstandssicherung(sbremsung)

Bei den Bezeichnungen für Bremsungen, die der Stillstandssicherung dienen, wird im Folgenden von der DIN EN 14478 abgewichen. Im Rahmen dieses Buches werden diese Bremsungs-

Kategorien weiterhin als *Bremsungen* bezeichnet, während die Norm diesen Begriff vermeidet. Der Oberbegriff der „Bremsung" ist in der DIN EN 14478:2017 unter 4.1.1 definiert als „Vorgang, der zur Verzögerung des Zuges oder zum Konstanthalten einer Geschwindigkeit führt oder *die Bewegung eines stehenden Zuges verhindert*". Trotzdem werden letztgenannte Vorgänge dort dann nicht als *Bremsung,* sondern als *Bremse* bezeichnet.

Stillstandssicherungsbremsung ist also der Oberbegriff für alle Bremsungen, die Fahrzeuge während der Stillstandsphasen an einer weiteren Fahrbewegung hindern. Je nachdem,

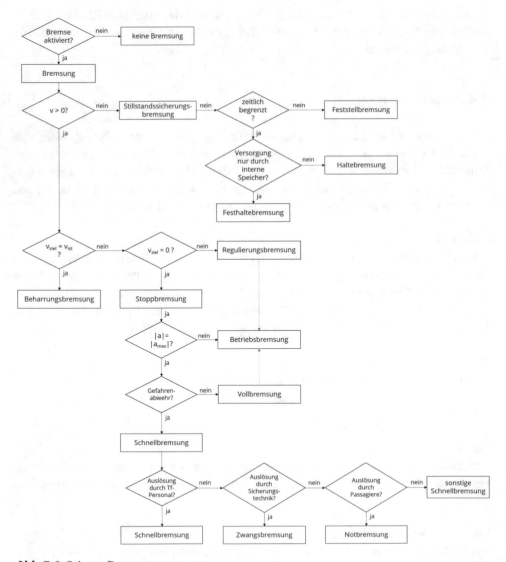

Abb. 7.6 Schema Bremsungsarten

ob dies dauerhaft oder für eine begrenzte Zeit bzw. mit oder ohne eine dauerhafte Energiezufuhr geschieht, wird eine weitere Differenzierung vorgenommen, wie im Folgenden weiter ausgeführt wird.

Haltebremsung Haltebremsungen sind Bremsungen, die eine Stillstandssicherung für einen *begrenzten* Zeitraum sicherstellen sollen. Die genauen Randbedingungen könne dabei variieren. Die Nutzung einer Aktivbremse, bei der Energie zugeführt werden muss, damit die Bremse wirksam ist, ist im Rahmen von Haltebremsungen möglich.

Festhaltebremsung Festhaltebremsungen sind ähnlich wie die Haltebremsung definiert. Der Unterschied besteht vor allem darin, dass bei einer Festhaltebremsung nur die zum Zeitpunkt der Einleitung der Bremsung auf dem Fahrzeug gespeicherte Energie im Bremssystem zur Erzeugung der Bremskräfte verwendet werden darf.

Feststellbremsung Feststellbremsungen dienen der *zeitlich unbegrenzten* Stillstandssicherung von Fahrzeugen und Zügen. Bei Feststellbremsungen sollen nur solche Bremsen zum Einsatz kommen, die nach einmaligem Anlegen nicht wieder mit Energie versorgt werden müssen. Das sind in der Regel entweder handbetätigte Bremsen oder Passivbremsen („passiv" heißt: das Lösen erfolgt mit Energiezufuhr), die nach dem Federspeicherprinzip arbeiten.

Schnellbremsung
Schnellbremsungen sind Stoppbremsungen mit dem höchstmöglichen Verzögerungsniveau und der geringsten (Brems-)Ansprechzeit unter Einsatz aller verfügbarer Bremsen mit dem Ziel der Gefahrenabwehr. Die Definition von verschiedenen Zeitintervallen, die bei der Einleitung von Bremsungen relevant sind, erfolgt in Abschn. 7.12.2.

Schnellbremsungen können auf unterschiedliche Art und Weise ausgelöst werden. Alle Schnellbremsungen, die *nicht* vom Triebfahrzeugpersonal ausgelöst werden, erhalten eine separate Bezeichnung (→ Zwangsbremsung, → Notbremsung).

Anmerkung: Im Grunde ist der Begriff der Schnellbremsung durch die DIN EN 1447:2018-02 doppelt belegt: einmal als Oberbegriff (siehe Definition oben) und einmal als spezieller Ausdruck für explizit durch das Triebfahrzeugpersonal ausgelöste Bremsungen mit höchstem Verzögerungsniveau und geringsten Bremsaufbauzeiten.

Gefahrbremsung Der Begriff Gefahrbremsung ist insbesondere im Schienenpersonennahverkehr (SPNV) gebräuchlich und weitgehend dem der Schnellbremsung äquivalent. Straßen-, Stadt- und U-Bahnen verkehren häufig auf isolierten Netzen mit speziellen Randbedingungen (z. B. Fahren auf Sicht im geteilten Verkehrsraum mit dem Individualverkehr). Sie unterliegen in Deutschland einem von Eisenbahnen abweichendem Regelwerk. Dadurch hat sich bei diesen Fahrzeugkategorien ein von den Vollbahnen teilweise abweichendes Vokabular entwickelt.

Zwangsbremsung Eine Zwangsbremsung ist eine Schnellbremsung, die durch die Fahrzeugsicherungstechnik ausgelöst wird. Dazu gehören sowohl die Zugsicherungssysteme (Überwachung der Wahrnehmung und Befolgung von Signalen und streckenseitig vorgegebenen Geschwindigkeitsrestriktionen), als auch die Sicherheitsfahrschaltung (kurz: SiFa, zur Überwachung der Anwesenheit und Reaktionsfähigkeit der Triebfahrzeugpersonale auf besetzten Führerständen). Zwangsbremsungen können entweder aufhebbar (SiFa-Zwangsbremsung) oder nicht aufhebbar (Zugsicherungs-Zwangsbremsung) sein.

Notbremsung Notbremsungen sind Schnellbremsungen, die von Passagieren oder dem Zugpersonal über spezielle Betätigungseinrichtungen („Notbremszuggriff") ausgelöst wird. Eine Notbremsanforderung kann unter bestimmten Voraussetzungen (z. B. in langen Tunneln) von der Fahrzeugleittechnik oder den Triebfahrzeugpersonalen unterdrückt werden („Notbremsüberbrückung").

Betriebsbremsung
Unter dem Begriff „Betriebsbremsung" werden sowohl Regulierungs- als auch Stopp- und Haltebremsungen bezeichnet, die im Rahmen normaler Betriebshandlungen während der Zugfahrt durch die Triebfahrzeugpersonale vorgenommen werden. Ein weiteres Kennzeichen von Betriebsbremsungen ist, dass häufig nicht alle verfügbaren Bremssysteme betätigt werden und üblicherweise nicht das maximal mögliche Verzögerungsniveau abgerufen wird.

Vollbremsung
Eine Vollbremsung ist eine Betriebsbremsung, bei der die maximal verfügbare Bremsleistung angefordert wird. Der Unterschied zu einer Schnellbremsung liegt darin, dass bei Vollbremsungen eine längere (Brems-)Ansprechzeit vorliegt und ggf. nicht alle verfügbaren Bremssysteme zum Einsatz kommen.

Sicherheitsbremsung
Der Begriff der Sicherheitsbremsung stammt ebenfalls aus dem Bereich des SPNV. Es sind damit Bremsungen definiert, die über Betätigungsorgane ausgelöst werden, deren Verfügbarkeit sich auf einem höheren Niveau befinden muss, als das der Regel-Betätigungsorgane. Sicherheitsbremsungen werden z. B. häufig über einen „Not-Taster" eingeleitet. Die Auslösung einer Sicherheitsbremsung sollte auch dann möglich sein, wenn die Fahrzeugleittechnik oder die externe Energieversorgung gestört sind.

Nichtaufhebbare Bremsung
Nichtaufhebbare Bremsungen sind in der Regel Stoppbremsungen (meistens auch Schnellbremsungen), die, wenn sie einmal initialisiert worden sind, durch die Triebfahrzeugpersonale nicht einfach aufgehoben werden können. Das Lösen der Bremsen ist bei nichtaufhebbaren Bremsungen an bestimmte Bedingungen (z. B. Stillstand des Zuges) und Bedienhandlungen gebunden.

7.5 Kategorisierung von Schienenfahrzeugbremsen

7.5.1 Unterscheidungsmerkmale von Eisenbahnbremsen

Eisenbahnbremsen lassen sich auf unterschiedliche Art und Weise einteilen. In diesem Kapitel wird die Kategorisierung von Schienenfahrzeugbremsen nach folgenden Gesichtspunkten vorgenommen:

1. Einteilung der Bremsen nach ihrem Wirkprinzip,
2. Einteilung der Bremsen nach den normativen Anforderungen, die sie erfüllen,
3. Einteilung der Bremsen nach ihrer Effizienz

7.5.2 Einteilung der Bremsen nach ihrem Wirkprinzip

Kraftschlussabhängigkeit

Das wesentliche Unterscheidungsmerkmal bei der Betrachtung von Eisenbahnbremsen ist die Frage, ob die Bremsen kraftschlussabhängig sind. Häufig wird dies auf den Kraftschluss zwischen Rad und Schiene reduziert. Definiert man „Kraftschluss" aber weiter, und subsumiert auch „Reibschluss" darunter, ergibt sich eine etwas andere Zuordnung der Bremsarten zu den jeweiligen Kategorien. Ergibt sich die Bremskraft einer Bremse als das Produkt aus einer Normalkraft und einem Reib- oder Kraftschlussbeiwert, so sollen sie im Kontext dieses Buches als „kraftschlussabhängige Bremse" eingeordnet werden. Handelt es sich bei der Normalkraft um die auf den Eisenbahnrädern lastende Gewichtskraft und bei dem Kraftschlussbeiwert um den zwischen Rad und Schiene, handelt es sich um vom Rad-Schiene-Kraftschluss abhängige Bremsen. Dazu sind sämtliche auf die Radsätze von Schienenfahrzeugen wirkende Bremsen zu zählen, ganz gleich, ob die Wirkung direkt (z. B. Klotzbremse) erfolgt oder indirekt (z. B. Nutzung der elektrischen Fahrmotoren als Generatoren).

Kraftschlussunabhängige Bremsen

Gänzlich kraftschlussunabhängige Bremsen werden bei Schienenfahrzeugen eher selten eingesetzt. Es handelt sich dabei um **aerodynamische Bremsen** (Bremsklappen, Bremsschirme), wie sie bei Luftfahrzeugen eingesetzt werden. In Asien hat es Versuche mit aerodynamischen Bremsen an Hochgeschwindigkeitszügen gegeben (vgl. u. a. [51]), ein flächendeckender Einsatz von Bremsklappen im schienengebundenen Hochgeschwindigkeitsverkehr findet jedoch nicht statt.

Eine weitere Möglichkeit kraftschlussunabhängig zu bremsen, stellen **Staustrahlbremsen** dar. Damit sind wiederum vor allem Flugzeugtriebwerke gemeint, die mittels Schubumkehr eine enorme Bremswirkung erzielen können. Da sich im Schienenverkehr gänzlich andere Antriebskonzepte durchgesetzt haben, stellen Staustrahlbremsen auch keine prakti-kable Alternative für Schienenfahrzeuge dar.

Der Einsatz **elektrischer Bremsen** ist dem gegenüber eine im Schienenverkehr prakti-kable Lösung. Im Falle eher exotischer Antriebe mit **elektrischen Linearmotoren,** können diese, ähnlich wie ihre rotierenden Pendants als Bremse genutzt werden. Der für klassische Eisenbahnfahrzeuge relevantere Fall ist die **elektrische Wirbelstrombremse,** die als Schie-nenbremse ausgeführt ist und bei Hochgeschwindigkeitszügen in Deutschland und Japan zum Einsatz kommt (siehe Abb. 7.7). In Deutschland ist ein freizügiger Einsatz von linearen Wirbelstrombremsen jedoch bisher nicht möglich, weil noch Fragen der thermischen Belas-tung von Gleisen und der elektromagnetischen Verträglichkeit für das gesamte Streckennetz geklärt werden müssen.

Kraftschlussabhängige Bremsen

Schienenbremsen Wie bei der Definition des Begriffes „kraftschlussabhängig" in Abschn. 7.5.2 bereits erläutert wurde, werden im Rahmen dieses Skriptes auch die vom Reibschluss zwischen Bremse und Schienenkopf abhängigen **Schienenbremsen** den kraft-schlussabhängigen Bremsen zugeordnet.

Das Prinzip der Schienenbremsen besteht prinzipiell darin, einen Bremsschuh (der auch mehrteilig ausgeführt werden kann) mit einer Normalkraft auf die Schienenköpfe zu drücken und die dabei entstehende tangentiale Reibungskraft als Bremskraft zu nutzen. Wird diese Normalkraft rein mechanisch erzeugt, spricht man von **Reibungsbremsen.** Mechanische Schienen-Reibungsbremsen werden heute nicht mehr eingesetzt, da sich mit Magnetschie-nenbremsen größere Normalkräfte erzeugen Normalkräfte erzeugen lassen.

Heute werden ausschließlich kraftschlussabhängige Schienenbremsen eingesetzt, bei denen die Anpresskraft (Normalkraft) mittels Magneten erzeugt wird. Die häufigste Bau-form ist die **Elektromagnetschienenbremse,** bei der ein Elektromagnet bei Bedarf bestromt und auf die Schiene abgesenkt wird. Es gibt aber auch **Permanentmagnetschienenbremsen** (siehe Abb. 7.7), bei denen Permanentmagnete innerhalb eines Gehäuses so gedreht werden, dass der magnetische Fluss zwischen den Magnetpolen entweder über die Schienenköpfe geschlossen wird oder eben nicht. Diese Bremsen sind deshalb auch dauerhaft ohne weitere Energiezufuhr nutzbar und können als Park- bzw. Feststellbremse genutzt werden.

Radbremsen Die mit Abstand wichtigste Kategorie von Eisenbahnbremsen sind die vom Kraftschluss zwischen Rad und Schiene abhängigen **Radbremsen.** Diese werden nochmal in die Unterkategorien **dynamische Bremsen** und **Reibungsbremsen** unterteilt.

Erstgenannte haben den großen Vorteil, dass sie (weitgehend) verschleißfrei und im besten Falle (elektrodynamische Bremsen) sogar regenerativ arbeiten. Der Nachteil von dynamischen Bremsen ist hingegen, dass ihre Bremskraft verschwindet, sobald die Dreh-zahl der Radsätze gegen Null geht. Dynamische Radbremsen werden daher immer durch Reibungsbremsen ersetzt.

(a) Klotzbremse

(b) Scheibenbremse und Elektromagnetschienenbremse (Mg-Bremse)

(c) Permanentmagnetschienenbremse (PMB)

(d) Wirbelstrom(schienen)bremse (WSB)

Abb. 7.7 Ausgeführte Eisenbahnbremsen (Beispiele)

Reibungsbremsen weisen eine große Robustheit, sowie eine im Vergleich zu dynamischen Bremsen höhere Verfügbarkeit auf. Mit ihnen allein lassen sich prinzipiell alle in Abschn. 7.4.2 aufgeführten Bremsungsarten realisieren.

Reibungsbremsen werden als **Klotzbremsen** (vor allem im Güterverkehr) oder als **Scheibenbremsen** ausgeführt. Letztgenannte gehören zur Kategorie der **Belagbremsen,** der auch **Trommelbremsen** zuzuordnen sind, die allerdings bei Schienenfahrzeugen keine nennenswerte Rolle spielen.

Eine schematische Übersicht über alle in diesem Kapitel besprochenen Bremsarten enthält Abb. 7.8.

Unterkategorien von Reibungsbremsen
Die **Bremskrafterzeugung** sowie die **Ansteuerung** der auf die Räder/Radsätze wirkenden Reibungsbremsen kann prinzipiell auf unterschiedliche Art und Weise erfolgen. Die weltweit mit Abstand am häufigsten bei Vollbahnfahrzeugen anzutreffende Bremse ist die **Druckluftbremse.** Diese kann entweder als reine Druckluftbremse (vor allem im Schienengüterverkehr) ausgeführt sein, bei der sowohl die Bremskrafterzeugung als auch die Ansteuerung über eine Variation des Luftdruckes erfolgt, oder als **elektropneumatische Bremse** (vor allem bei Reisezügen). Bei letztgenannter wird die Signalübertragung auf

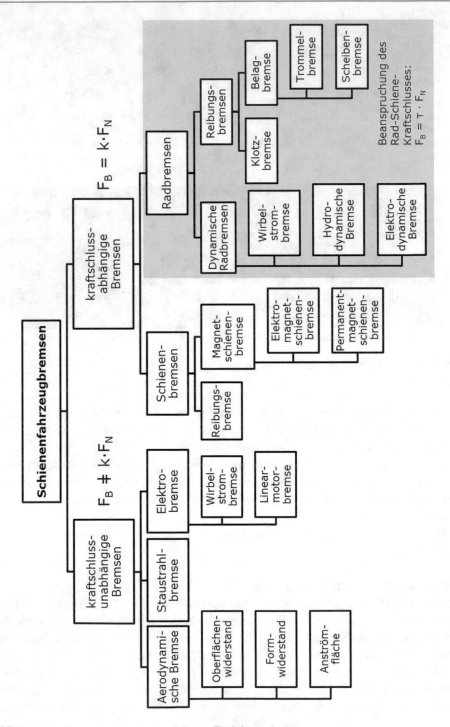

Abb. 7.8 Einteilung der Bremsen nach ihrem Funktionsprinzip

elektrischem Wege durchgeführt, während die Bremskrafterzeugung ebenfalls pneumatisch erfolgt.

Während klassische Druckluftbremsen mit einem Überdruck bezüglich des Umgebungsluftdruckes arbeiten, nutzen **Vakuumbremsen** den Unterdruck bezüglich der Atmosphäre sowohl für die Signalübertragung, als auch für die Bremskrafterzeugung aus. Das pneumatische System wird in diesem Falle zum Lösen der Bremsen evakuiert (entlüftet) und beim Bremsen belüftet. Der ausnutzbare Druckunterschied beträgt deshalb maximal nur etwa 1 bar, weshalb diese Bremsausrüstung einen gegenüber klassischen Druckluftbremsen erhöhten Bauraumbedarf aufweist. Vakuumbremsen kommen heute teilweise noch bei einigen Schweizer Meterspurbahnen zum Einsatz. Dort werden mittlerweile aber auch Mischsysteme, wie die **vakuumgesteuerte Druckluftbremse** verwendet.

Fahrzeuge des SPNV, insbesondere Straßen- und Stadtbahnen weisen häufig elektrohydraulische Bremsen auf. Wie es die Bezeichnung schon suggeriert, werden diese Bremsen elektrisch angesteuert, während die Erzeugung der Andruckkräfte auf hydraulischem Wege erfolgt. Hydraulische Bremsen sind wesentlich kompakter als Druckluftbremsen und können in den oft sehr engen Fahrwerken von Straßenbahnen vergleichsweise gut untergebracht werden. Aufgrund der heute üblichen Bauweise als Niederflurstraßenbahnen steht sehr wenig Bauraum zur Verfügung, insbesondere zwischen den Rädern, sodass sich diese Art der Bremsen durchgesetzt hat. Sie sind allerdings in der Instandhaltung verhältnismäßig aufwendig und teuer.

Eine überschaubare Anzahl von Straßen- bzw. Stadtbahnzügen und U-Bahn-Zügen ist mit **elektromechanischen Bremsen** ausgerüstet. Bei diesen wird die Anpresskraft bei den Reibungsbremsen elektromotorisch oder elektromagnetisch erzeugt. Dies erfordert bisweilen recht aufwendige Konstruktionen, die überdies verhältnismäßig viel Raum genau dort im Fahrwerk beanspruchen, wo ohnehin wenig Platz vorhanden ist.

7.5.3 Einteilung der Bremsen nach dem zugrundeliegenden Normenwerk

Eine wesentliche Voraussetzung für den grenzüberschreitenden Eisenbahnverkehr ist die Vereinheitlichung der Bremsen. Vor allem Güterwagen, aber auch ein beträchtlicher Teil von Reisezugwagen und Triebzügen zirkulieren heute länderübergreifend und müssen folglich bremstechnisch internationalen Standards entsprechen. In Europa werden diese Standards sowohl durch das Normenwerk der Europäischen Union (EN-Normen), als auch durch die **U**nion **I**nternationale des **C**hemins de Fer (Internationaler Eisenbahnverband, kurz: UIC) gesetzt.

Die bei Vollbahnfahrzeugen in Europa verbaute Druckluftbremse wird deshalb auch als „UIC-Druckluftbremse" bezeichnet.

Neben der UIC-Druckluftbremse sind weltweit noch folgende Systeme von Bedeutung:

- die Druckluftbremsen nach russischem Standard GOST (deshalb auch als GOST-Bremsen bezeichnet),
- die Druckluftbremsen nach den Standards der Association of American Railroads (AAR-Bremse),
- die Druckluftbremsen nach den Standards der Australasian Railway Association (ARA-Bremse).

Für die Bremsen von Fahrzeugen des SPNV (Straßen-/Stadt- und U-Bahnen) gelten spezielle Regelwerke, da in diesem Segment des schienengebundenen Verkehrs andere Randbedingungen als bei Vollbahnen gelten. Dies betrifft zum einen die Betriebskonzepte (z. B. Fahren auf Sicht anstelle Fahren im Raumabstand) und die daraus resultierenden Anforderungen an die einzuhaltenden Bremswege (Straßen- und Stadtbahnen im geteilten Verkehrsraum mit dem Individualverkehr). Andererseits verkehren Straßen-, Stadt- und U-Bahnen in den meisten Fällen auf isolierten Netzen, sodass Fragen der (länderübergreifenden) Interoperabilität nicht adressiert werden müssen. Es existiert trotzdem mit der DIN EN 13452 ein europäisches Regelwerk für „Bremssysteme des öffentlichen Nahverkehrs", die insbesondere mit dem Ziel eingeführt wurde, den europäischen Markt für Schienenfahrzeuge des städtischen Schienenpersonennahverkehrs zu harmonisieren und Markteintrittsbarrieren im europäischen Rahmen zu senken. Dieses Regelwerk wird von länderspezifischen Standards ergänzt. In Deutschland sind dies in erster Linie die Straßenbahn Bau- und Betriebsordnung (BOStrab) und die zugehörigen Ausführungsbestimmungen, die „Technischen Regeln Bremsen (TR Br)".

7.5.4   Einteilung der Bremsen nach Effizienzkriterien

Bei der Auslegung und dem Betrieb von Bremsen stehen die Sicherheit und eine hohe Verfügbarkeit an erster Stelle. Deshalb ist die Installation einer Reibungsbremse grundsätzlich unabdingbar. Allerdings unterliegen diese (starkem) Verschleiß und emittieren zudem Feinstaub. Es ist daher wünschenswert, zusätzliche Bremseinrichtungen nutzen zu können, die diese Nachteile nicht aufweisen.

Insbesondere im Reisezugverkehr ist es üblich, verschiedene Bremssysteme miteinander zu kombinieren, damit die Reibungsbremsen so wenig wie möglich eingesetzt werden müssen. Folgende Fragen stehen dabei im Vordergrund:

1. Ist die Bremse regenerativ, kann mit ihr also beim Bremsen die kinetische Energie des Fahrzeuges in eine nutzbare Energieform zurückgewandelt werden?
2. Ist die Bremse verschleißfrei, weist sie also auch bei häufigem Einsatz eine hohe Standzeit auf, sodass kein (kostspieliger) Austausch von abgenutzten Komponenten nötig ist?
3. Ist die Bremse wartungsarm/-frei, muss also keine engmaschige Kontrolle und Behandlung der Komponenten erfolgen?

Tab. 7.2 gibt einen Überblick darüber, wie sich diese Fragen für die bei Eisenbahnfahrzeugen üblicherweise genutzten Bremsarten beantworten lässt. Es ist ersichtlich, dass die elektrodynamische Bremse (im Falle eines aufnahmefähigen Netzes) in Summe die günstigsten Eigenschaften aufweist und deshalb vorzugsweise zum Einsatz kommen sollte. Da diese Bremsbauart jedoch auch gleichzeitig die in der Anschaffung teuerste sowie in der Regelung aufwendigste ist, beschränkt sich ihre Nutzung auf hochwertige Fahrzeuge (genauer: auf Triebfahrzeuge).

Abb. 7.9 enthält abschließend eine Art Hierarchie der verschiedenen Eisenbahnbremsen, bei der die Wirtschaftlichkeit ihres Einsatzes jeweils zu ihrer Verfügbarkeit/Sicherheit in Bezug gesetzt wird. Die geringste Verfügbarkeit im Vergleich weist die Wirbelstrombremse auf, weil ihr Einsatz in Deutschland auf einige wenige Streckenabschnitte beschränkt ist. Auf allen anderen Strecken darf sie, auch im Notfall, nicht genutzt werden.

Die Verminderung der Verfügbarkeit der dynamischen Bremsen im Vergleich zu den Reibungsbremsen ergibt sich aus dem Umstand, dass regeneratives Bremsen an ein aufnahmefähiges Netz gebunden ist und sowohl elektrodynamisches als auch hydrodynamisches Bremsen nur möglich ist, wenn die entstehende thermische Energie abgeführt werden kann.

Tab. 7.2 Eigenschaften verschiedener Bremsarten im Hinblick auf ihre Effizienz

Bremsenart	Regenerativ?	Verschleißfrei?	Wartungsarm?
Elektrodynamische Bremse	ja	ja	ja
Hydrodynamische Bremse	nein	ja	ja
Scheibenbremse	nein	nein	nein
Klotzbremse	nein	nein	nein
Magnetschienenbremse	nein	nein	nein
Wirbelstrombremse	nein	ja	ja

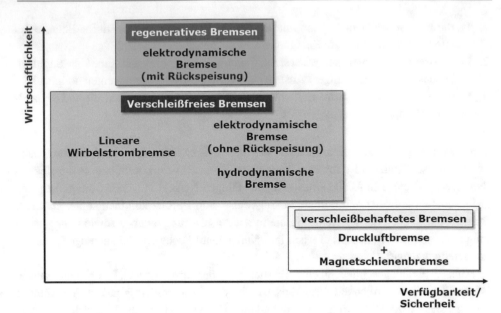

Abb. 7.9 Hierarchie der Bremsarten hinsichtlich ihrer Wirtschaftlichkeit

7.6   Allgemeine Anforderungen an Eisenbahnbremsen

Die vier wichtigsten übergeordneten Anforderungen an die Bremsen von Eisenbahnen sind:

- die Durchgängigkeit,
- die Selbsttätigkeit,
- die Unerschöpfbarkeit und
- die Mehrlösigkeit.

Diese Anforderungen ergeben sich aus der für die Bremsen von Vollbahnfahrzeugen in der EU zentralen Norm EN 14198. Was ist unter den genannten Begriffen jeweils zu verstehen? **Durchgängigkeit** bedeutet, dass eine in einem Fahrzeug (in der Regel: Lokomotive, Triebkopf oder Steuerwagen) ausgelöste Bremsung auch in gleichem Maße in allen anderen Zugteilen wirksam wird. Es ist somit möglich, die über die gesamte Zuglänge verteilten Bremsanlagen eines Fahrzeugverbandes zentral anzusteuern.

Unter dem Begriff der **Selbsttätigkeit** wird die Eigenschaft von Eisenbahnbremsen subsummiert, in Folge einer Zugtrennung automatisch eine Bremsung auszulösen. Aufgrund der vorstehend genannten ebenfalls geforderten Durchgängigkeit der Bremsen ist immer eine durch den ganzen Zug geführte pneumatische oder elektrische Leitung vorhanden, die im Falle einer Zugtrennung unterbrochen würde. Die Bremsen müssen nun so ausgeführt werden, dass in allen Fahrzeugen lokal ausreichend Energie gespeichert ist, dass bei einer Unterbrechung der Steuerleitung ein automatisches Anlegen der Bremsen erfolgt.

Die Forderung nach der **Unerschöpfbarkeit** ist der Notwendigkeit geschuldet, die Bremsen in enger zeitlicher Folge immer wieder abwechselnd anlegen und lösen zu können, ohne dass dabei die Leistungsfähigkeit der Bremsen geschmälert wird.

Die **Mehrlösigkeit** der Bremsen umschreibt die Möglichkeit, die Bremskraft im gleichen Maße zu reduzieren, wie sie aufgebaut wurde. Ein Auslösen der Bremse darf also nicht automatisch zum vollständigen Verlust der Bremskraft führen, es sei denn, die Betätigungsorgane werden in die eigens dafür vorgesehene Stellung gebracht. Ansonsten müssen sich die verschiedenen Bremskraftniveaus einstellen lassen, unabhängig davon, ob sie das Resultat einer Bremskrafterhöhung oder -absenkung sind.

In der Geschichte des Eisenbahnwesens hat es Entwicklungsstufen der Bremsausrüstungen gegeben, die diese vier Anforderungen nicht oder nur teilweise erfüllt haben. einen kurzen und informativen Abriss dieser Entwicklung liefert [17].

Weitere Anforderungen, die an Eisenbahnbremsen gestellt werden, lassen sich prinzipiell in die Kategorien „Allgemeine Anforderungen" und „Spezifische Anforderungen" unterteilen. Die erstgenannte Kategorie wird in diesem Kapitel behandelt. Es geht dabei um Anforderungen, die unabhängig von der konkreten Umsetzung an Eisenbahnbremsen gestellt werden. Sie unterscheiden sich im Grad der Detaillierung deutlich von den speziellen Anforderungen, die insbesondere in Normen und anderen Regelwerken festgehalten werden.

Im Folgenden sind elf wesentliche Anforderungen an Schienenfahrzeugbremsen zusammengetragen, die allgemeine Gültigkeit haben.

1. Die Bremskräfte sollen unter umfassender Beachtung der betrieblichen Randbedingungen (Signalabstände, Geschwindigkeiten, Überwachung durch Zugsicherungseinrichtungen, klimatische Randbedingungen, topographische Anforderungen, u. a.) generiert werden.

2. Die Bremsen sollen eine feinstufige Regulierbarkeit aufweisen, da nur so die Realisierbarkeit von Weg- oder Geschwindigkeits-Zielbremsungen sichergestellt werden kann.

3. Während der Einleitung und der Durchführung von Bremsungen gilt es, Längsrucke sowohl auf Fahrzeug- als auch auf Zugebene zu begrenzen.

4. Die Bremsen sollen möglichst verschleißarm sein.

5. Die Bremsen sollen so ausgelegt sein, dass Radlaufflächenschäden (Ausbröckelungen nach thermischer Überlastung oder Flachstellen) weitgehend vermieden werden können.

6. Die Bremsen sollen eine sehr hohe Funktionssicherheit und somit Verfügbarkeit aufweisen.

7. Die Bremsen sollen möglichst wartungsarm sein und ihre konstruktive Ausführung möglichst wartungsfreundlich.

8. Die Bremsen sollen einen möglichst geringen Einbauaufwand erfordern und damit instandhaltungsfreundlich sein.

9. Die Bremsen sollen geringe Massen aufweisen. Das gilt insbesondere für Bremsbaugruppen und -bauteile, die zu den unabgefederten Massen gezählt werden (z. B. Bremsscheiben).

10. Die Bremsen sollen eine hohe Wirtschaftlichkeit aufweisen. Das betrifft den gesamten Lebenszyklus der Bremskomponenten.

11. Die Bremsen sollen umweltfreundlich sein. Dies gilt insbesondere hinsichtlich der Schonung von Ressourcen sowie der geringen Emissionen (vor allem Lärm, Staub). Sie sollten zudem nicht mit Medien arbeiten, die im Falle eines ungewollten Austritts in die Umwelt eine Gefahr für diese darstellen.

7.7 Allgemeine Merkmale der Eisenbahnbremsen

Die verschiedenen Bremssysteme weisen spezifische Merkmale auf, die sich entweder positiv oder negativ auf den Bremsbetrieb auswirken. Dies wird im Folgenden in knapper Form dargestellt.

Reibungsbremsen sind seit Anbeginn des Eisenbahnzeitalters das klassische Mittel der Erzeugung von Bremskräften bei Schienenfahrzeugen. Sie weisen einen vergleichsweise einfachen Aufbau auf, wobei hier unterschieden werden muss zwischen Scheibenbremsen, deren mechanischer Teil häufig nur aus einer Bremszange mit Belaghaltern und Hängeeisen zur Befestigung am Drehgestellrahmen besteht und Klotzbremsen, deren Bremsgestänge in Abhängigkeit der Bauart auch komplex (z. B. Güterwagen mit zentralem Bremszylinder und Mittenbremsgestänge) ausfallen kann. Mechanische Reibungsbremsen zeichnen sich durch eine hohe Zuverlässigkeit und eine große Robustheit aus.

Es gilt bei diesen Bremsen zu beachten, dass es mit der Abhängigkeit von den Reibwerten der Bremssohlen bzw. -beläge und dem Kraftschluss zwischen Rad- und Schiene gleich zwei Einflussfaktoren auf die erzeugten Bremskräfte gibt, die ihrerseits komplexen Abhängigkeiten unterliegen. Im Falle der Klotzbremsen kommt der Effekt hinzu, dass die Radlauffläche sowohl durch den schlupfbehafteten Rollkontakt (Rad-Schiene), als auch durch den Reibkontakt mit den Bremssohlen einer Beeinflussung unterliegt. Daraus resultiert eine eingeschränkte Übertragbarkeit von am Prüfstand gemessenen Bremssohlenreibwerten auf die realen Verhältnisse.

Im ungünstigsten Fall können sich die Witterungsbedingungen auf das Bremsvermögen von Reibungsbremsen auswirken, wenn es etwa im Winter zur Vereisung im Bereich des Reibkontaktes oder im Bremsgestänge kommt.

Weitere Unwägbarkeiten sind mit dem Bremsgestängewirkungsgrad verknüpft, der in Abhängigkeit von der Komplexität und dem Wartungszustand des Bremsgestänges zu einer Streuung der tatsächlich erzeugten Bremskräfte bei gleichem Bremszylinderdruck führen kann.

Reibungsbremsen sind immer verschleißbehaftet, da das Material von Rad oder Bremsscheibe sowie Bremssohlen bzw. -belägen während des Bremsvorganges lokal so stark erhitzt wird, dass es in diesen Zonen zu Materialabtrag oder Materialauftrag sowie zur Bildung von Wärmerissen kommen kann. Die Frage, welcher der beiden Reibpartner während des Bremsens hauptsächlich verschlissen wird und welches Verschleißbild sich geometrisch tatsächlich einstellt, ist eine der zentralen Herausforderungen, die bei der Entwicklung neuer Bremssohlen und -beläge gelöst werden müssen.

Die während des Bremsens gewandelte thermische Energie muss aus den Reibzonen abgeführt werden, damit die beteiligten Elemente nicht einer thermischen Überbeanspruchung unterliegen. Reibungsbremsen sind deshalb in ihrer Leistungsfähigkeit limitiert und müssen bei Hochgeschwindigkeitszügen stets durch weitere Bremssysteme ergänzt werden.

Da Reibungsbremsen im Bereich der Vollbahnen im Regelfall mit Druckluft betrieben werden, reagieren sie zeitlich sehr träge. So betragen die Bremszylinderfüll- und Bremszylinderlösezeiten mehrere Sekunden und das Verhalten des Systems auf Zugebene wird maßgeblich davon bestimmt, wie das Signal zum Lösen oder Füllen der Bremszylinder im Zugverband übertragen wird.

Dynamische Radbremsen weisen gegenüber mechanischen Reibungsbremsen wesentliche Vorteile auf, weshalb sie bei Betriebsbremsungen bevorzugt zum Einsatz kommen (sollen). So erfolgt die Erzeugung der Bremskräfte weitgehend verschleißfrei und die Bremsen weisen eine sehr gute Regelbarkeit auf. Diese manifestiert sich in (sehr) kurzen Bremsansprech- und Bremsschwellzeiten sowie der Möglichkeit, die Höhe der Bremskräfte sehr feinstufig oder sogar stufenlos einzustellen. Die Streuung der Leistungsfähigkeit ist sehr gering, wenn die bei der Auslegung zugrunde gelegten Randbedingungen erfüllt werden. Dies betrifft bei hydrodynamischen Bremsen die Leistungsfähigkeit der Kühlanlage und bei elektrodynamischen Bremsen die Aufnahmefähigkeit des elektrischen Netzes (Oberleitung) bzw. das Leistungsvermögen der elektrischen Bremswiderstände auf dem Fahrzeug.

Besonders im Falle elektrodynamischer Bremsen ist es heute möglich, nahezu konstante Verzögerungen über weite Geschwindigkeitsbereiche zu erzeugen, was der Erzielung reproduzierbarer Bremswege und dem Fahrkomfort zugutekommt.

Zu den Nachteilen dynamischer Radbremsen zählen deren Unvermögen, Bremskräfte im Fahrzeugstillstand zu erzeugen (zutreffend auf alle hydrodynamischen Bremsen sowie die überwiegende Anzahl elektrodynamischer Bremssysteme). Hier muss in der Regel eine Ergänzung durch die mechanischen Bremsen erfolgen. Aufgrund der bereits erwähnten Abhängigkeit der dynamischen Bremsen von der Möglichkeit des Energietransfers in das speisende Netz oder fahrzeugspezifische Baugruppen (Kühlanlage, Bremswiderstände) wird die Verfügbarkeit dieser Bremsen gegenüber den mechanischen Bremsen als eingeschränkt betrachtet. Die thermische Begrenzung der Leistungsfähigkeit ist ggf. zu beachten. Dies gilt insbesondere für Bremsungen im Gefälle, bei denen dynamische Bremsen oft als Entlastung der mechanischen Bremsen eingesetzt werden, insbesondere um den Verschleiß zu mindern und ihrer besseren Regulierbarkeit wegen.

Der Aufwand für die Regelung der dynamischen Bremsen ist mitunter erheblich, insbesondere, wenn diese hoch ausgenutzt und mit einem Gleitschutz versehen werden sollen.

Da die dynamischen Bremsen ebenso wie die mechanischen Bremsen auf die Radsätze wirken, lässt sich das Problem der Bremskrafterzeugung bei suboptimalen Kraftschlussbedingungen zwischen Rad- und Schiene mit diesen Bremsen nicht lösen. Wenn hohe Geschwindigkeiten gefahren werden sollen, müssen die Fahrzeuge deswegen auch mit Schienenbremsen ausgerüstet werden, um die vorgegebenen Bremswege im Notfall einhalten zu können.

Schienenbremsen werden deshalb, mit Ausnahme der linearen Wirbelstrombremsen, im Gegensatz zu den vorstehend charakterisierten mechanischen und dynamischen Rad(satz)bremsen nicht als Betriebsbremse, sondern ausschließlich im Falle von Schnellbremsungen zur Erzielung einer zusätzlichen Bremswirkung eingesetzt.

Insbesondere Magnetschienenbremsen haben dabei den Vorteil, dass sie, über die Schienenköpfe gleitend, eine Putzwirkung entfalten können, die den Kraftschluss zwischen den Schienen und den folgenden Rädern verbessert.

Magnetschienenbremsen weisen in Kombination mit den Schienenköpfen Reibwerte auf, die zu kleineren Geschwindigkeiten hin stark ansteigen. Wirken diese Bremsen bis zum Stillstand, kommt es dadurch zu einem heftigen Anhaltruck, der insbesondere bei Straßenbahnen auch in der Praxis erlebbar ist. Aus Sicherheitsgründen (Sturz von Reisenden, Gefahr des Herabstürzens von Gepäck) werden Magnetschienenbremsen im Bereich der Vollbahnen deshalb nur im oberen Geschwindigkeitsbereich genutzt und bei der Unterschreitung einer Grenzgeschwindigkeit (z. B. 50 km/h) automatisch abgeschaltet. Aufgrund der hohen Reibleistungen sind Magnetschienenbremsen starkem Verschleiß unterworfen, was jedoch durch ihren eher seltenen Einsatz kompensiert wird.

Magnetschienenbremsen müssen in den Fahrwerken untergebracht werden, wozu der erforderliche Bauraum vorhanden sein muss. Sie bringen außerdem zusätzliche Masse mit ein und erfordern Fahrwerkskonstruktionen, die die erzeugten Normal- und Tangentialkräfte sicher übertragen können, was bei Fahrzeugkonstruktionen mit geringen Massenreserven ebenfalls ein Nachteil sein kann.

7.8   Druckluftbremsen

7.8.1   Vorbemerkungen zur Druckluftbremse

Druckluftbremsen gehören zur Ausrüstung der meisten Schienenfahrzeuge. Sie sind im europäischen Raum (d. h. EU zuzüglich Großbritannien, Schweiz und Norwegen) durch die UIC sowie das europäische Normenwerk in hohem Maße standardisiert und können als einer der wesentlichen Schlüssel zur Interoperabilität von Eisenbahnfahrzeugen angesehen werden.

Während Druckluftbremsen bei nicht angetriebenen Fahrzeugen im Schienengüterverkehr die einzige Bremsausrüstung darstellen, bietet sich im Schienenpersonenverkehr ein wesentlich komplexeres Bild. Einerseits gerät die klassische Druckluftbremse ab ca. 160 km/h an ihre Leistungsgrenze, sodass weitere Bremseinrichtungen erforderlich sind, um die notwendigen Bremswege einzuhalten und eine thermische Überlastung von Bremsscheiben bzw. Eisenbahnrädern zu verhindern. Andererseits ergibt sich aus den teilweise kurzen Fahrspielen besonders im Schienenpersonennahverkehr die Notwendigkeit, möglichst verschleißarme Bremsungen durchzuführen, bei denen ein Höchstmaß an kinetischer Energie in elektrische Energie umgewandelt wird (Rekuperation). Folglich kommt in diesen Fahrzeugen häufig die elektrodynamische Bremse als hauptsächliche Betriebsbremse zum Einsatz, die nur bei Bedarf (z. B. bei Schnellbremsungen oder zur Stillstandssicherung) von der Druckluftbremse ergänzt wird. Die Druckluftbremse dient zudem als Rückfallebene, damit auch im Falle eines Ausfalls der Oberleitungsspannung oder beim Abschleppen abgerüsteter Züge noch eine durchgängige und selbsttätige Bremse vorhanden ist.

7.8.2 Aufbau der Druckluftbremse

Allgemeine Bestandteile
Die Bestandteile der Druckluftbremsen von Eisenbahnen lassen sich grob den folgenden funktionalen Kategorien zuordnen (siehe auch Abb. 7.10):

- Drucklufterzeugung und -aufbereitung
- Druckluftspeicherung
- Druckluftleitung
- Anzeige- und Messelemente
- Bedien- und Absperrorgane
- Druckluftsteuerung
- Bremskrafterzeugung

Zur **Drucklufterzeugung und -aufbereitung** zählen die Baugruppen Luftverdichter (synonymisch: Kompressor), Luftfilter und Lufttrocknungsanlage. Die Luft muss aus dem Umfeld der Fahrzeuge angesaugt und verdichtet werden (ggf. mehrstufig). Damit insbesondere die Ventile keinen Schaden nehmen oder in ihrer einwandfreien Funktion beeinträchtigt werden, müssen Partikel aus der Druckluft entfernt werden. Die Ansammlung von Wasser im Druckluftsystem könnte zu Korrosion und im Falle des Gefrierens zu betriebsgefährlichen Funktionsstörung von Bremskomponenten führen, weshalb die Luft getrocknet werden muss. Ferner sind alle Verrohrungen und Verbindungen so zu gestalten, das Wasseransammlungen vermieden werden oder diese an speziellen Punkten abgelassen werden können.

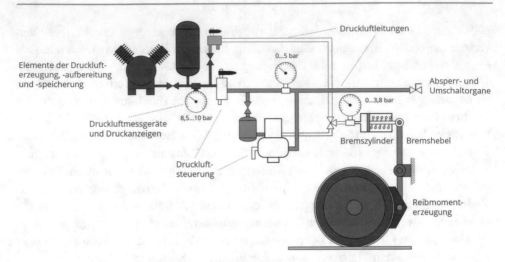

Abb. 7.10 Bestandteile einer Eisenbahn-Druckluftbremsausrüstung (stark vereinfachte Darstellung)

Der **Druckluftspeicherung** kommt in Schienenfahrzeugen eine hohe Bedeutung zu. Bei der Auslegung der Speichervolumina sind neben der Druckluftbremse auch andere Verbraucher zu berücksichtigen (z. B. Scheibenwischer, Sanitäranlagen, Sandstreuanlagen, Typhone, Stromabnehmerhubeinrichtungen). Das zu speichernde Volumen hängt damit stark von der Fahrzeugkonfiguration ab. So wird ein Dieseltriebwagen, der im wesentlichen sich selbst mit Druckluft versorgen muss, wesentlich kleinere Druckluftbehälter benötigen als eine Güterzuglokomotive, die viele hundert Meter lange Wagenzüge mit Druckluft versorgen muss.

Systeminhärent erfolgt die Speicherung von Druckluft nicht nur zentral auf dem Triebfahrzeug, sondern auch lokal in den einzelnen Fahrzeugen eines Zuges. Da die Drucklufterzeugung aber in der Regel auf dem Triebfahrzeug konzentriert ist, kommt der Auslegung und Gestaltung der Verrohrungen und Verbindungselemente zur Verteilung der Druckluft eine große Bedeutung zu.

Druckluftleitungen finden sich deshalb in nahezu allen Fahrzeugen, die in Züge eingestellt werden. Das Vorhandensein einer durchgängigen „Hauptluftleitung" ist die Voraussetzung für die Durchgängigkeit der Bremse. Die Gestaltung dieser Leitungen, deren Gesamtlänge deutlich größer als die nominale Zuglänge ist, entscheidet über die Leistungsfähigkeit der Druckluftbremse. Einerseits muss sichergestellt werden, dass die erforderlichen Luftmassenströme an die relevanten Stellen im Druckluftsystem gelangen können und andererseits soll dies mit minimalem Druckverlust (Strömungswiderstände) und maximaler Geschwindigkeit (obere Grenze: Luftschallgeschwindigkeit) geschehen. Ferner sind alle Verrohrungen und Verbindungen so zu gestalten, dass ein Höchstmaß an Dichtheit erreicht wird.

Da es von außen in der Regel nicht ersichtlich ist, ob die einzelnen Komponenten der Bremse mit Druckluft beaufschlagt sind, werden an verschiedenen Stellen im System **Anzeige- und Messelemente** benötigt. Neben der Frage, ob Druckluft anliegt, ist natürlich auch entscheidend, dass sich die Drücke in dem jeweils erforderlichen Wertebereich bewegen. Der maximale Systemdruck im Druckluftsystem der Schienenfahrzeuge beträgt 10 bar (Hauptluftbehälter), während im Bereich der durchgehenden Hauptluftleitungen 5 bar anliegen müssen, damit die Druckluftbremse ordnungsgemäß funktionieren kann.

Die **Bedien- und Absperrorgane** dienen der gezielten Einleitung, Auslösung oder Verhinderung von Bremsungen. Die wichtigsten Bedienorgane sind die Betätigungseinrichtungen im Führerstand (Fahr-Bremshebel bzw. Führerbremsventil bzw. Zusatzbremsventil), mit denen die Triebfahrzeugpersonale die Bremskräfte in den technisch möglichen Grenzen einstellen können. Mit Hilfe dieser Ventile können die Bremsen je nach Bauart stufenweise oder stufenlos appliziert und gelöst, sowie in Bereitschaft gehalten werden (Neutralstellung mit automatischer Nachspeisung von Leckageverlusten im System).

Absperreinrichtungen dienen dem dichten Abschluss des Systems (z. B. an den Zugenden) bzw. zum gezielten Ausschalten einzelner Fahrzeugbremsen im Falle ihrer Störung.

Elemente der **Druckluftsteuerung** dienen dazu, die Volumenströme und Drücke lokal in gewollten Grenzen zu verändern. Die klassische Druckluftbremse ist eine sogenannte „indirekte" Bremse, bei der die Absenkung des Druckes in der durchgehenden Hauptluftleitung zu einem Ansprechen der Bremsen bzw. zu einem Anstieg des Druckes in den Bremszylindern führt. Dafür bedarf es sogenannter Steuerventile, die das Herzstück der klassischen Eisenbahndruckluftbremse bilden. Die Steuerventile regulieren den Fluss der Druckluft (aus den Vorratsluftbehältern in die Bremszylinder oder aus den Bremszylindern in die Umgebung) und die Höhe des Druckes in den Bremszylindern in Abhängigkeit vom Druck in der Hauptluftleitung. Neben den Steuerventilen gibt es noch zahlreiche weitere Elemente zur Steuerung des Bremszylinderdruckes z. B. in Abhängigkeit des Beladungszustandes oder der Geschwindigkeit.

Die **Bremskrafterzeugung** erfolgt mit Hilfe sowohl pneumatischer, als auch mechanischer Elemente. Im Kern geht es dabei um die Erzeugung von Anpresskräften mit Hilfe von Bremszylindern, die die Schnittstelle zwischen der Bremspneumatik und der Bremsmechanik darstellen. In den meisten Fällen ist die von den Bremszylindern erzeugt Kraft noch nicht ausreichend, um die gewünschten Anpresskräfte zu erzeugen, sodass ein Bremsgestänge (Klotzbremsen) bzw. Bremszangen (Scheibenbremsen) zum Einsatz kommen, die mit Hilfe der aus der Mechanik bekannten Hebelgesetze so ausgelegt werden, dass eine entsprechende Übersetzung der Bremszylinderkraft erfolgt. Das Bremsmoment selbst ist dann das Produkt aus der pneumatisch erzeugten (und mechanisch übersetzten) Anpresskraft und dem Reibwert des Bremsbelages (Scheibenbremse) bzw. der Bremssohle (Klotzbremse).

Aufbau und Funktion einer Einleitungsbremse

Nachdem die grundlegenden Elemente von Eisenbahn-Druckluftbremsen vorstehend kategorisiert und grob charakterisiert worden sind, wird es im Folgenden etwas detaillierter um die Funktionsweise der herkömmlichen Druckluftbremse gehen. Abb. 7.11 illustriert dazu die wesentlichen Komponenten, die die Bremsausrüstung von Lokomotiven typischerweise aufweist. Dargestellt ist eine „Einleitungsbremse", bei der die Speisung und Steuerung der Druckluftbremsen im Zug durch *eine* Leitung, nämlich die Hauptluftleitung erfolgt. Es existieren daneben auch Zweileitungsbremsen, bei denen die Speisung der Bremsen durch die Hauptluftbehälterleitung erfolgt, während die Steuerung wie gehabt mittels der Hauptluftleitung vorgenommen wird. Aus Gründen der Komplexitätsreduzierung wird jedoch in diesem Buch nur die Einleitungsbremse beschrieben, da sich die grundlegenden Eigenschaften der Druckluftbremse auf diese Weise ohne wesentliche Abstriche beschreiben lassen.

Prinzipiell arbeitet die pneumatische Bremsausrüstung auf drei unterschiedlichen Druckniveaus (vgl. Abb. 7.11). Der Nenndruck des/der Hauptluftbehälter beträgt 10 bar. Fällt er nach der Entnahme von Druckluft unter den Schwellwert von 8,5 bar, läuft der Kompressor automatisch an und füllt den/die Behälter auf, bis wieder 10 bar erreicht sind.

Der Druck in der Hauptluftleitung wird durch das Führerbremsventil in Abschlussstellung auf einem Niveau von 5,0 bar eingeregelt. Durch die Betätigung des Führerbremsventils kann der Druck in der Hauptluftleitung im Falle einer Betriebsbremsung gestuft (stellungsabhängiges Ventil) oder stufenlos (zeitabhängiges Ventil) auf 3,4 bar abgesenkt werden. Wird eine Schnellbremsung angefordert (spezielle, rastierte Stellung des Führerbremsventils), wird ein

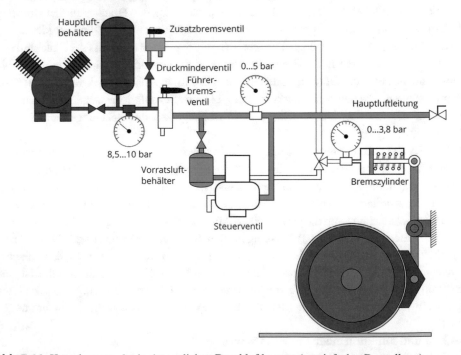

Abb. 7.11 Kernelemente der herkömmlichen Druckluftbremse (vereinfachte Darstellung)

besonders großer Querschnitt der Hauptluftleitung geöffnet und der Hauptluftleitungsdruck so rasch wie möglich auf 0 bar abgesenkt.

Der Druck im Bremszylinder wird vom Steuerventil in Abhängigkeit des Hauptluftleitungsdruckes geregelt. Im Falle einer Absenkung desselben wird proportional zum Betrag der Druckabsenkung der Bremszylinderdruck erhöht. Dazu verbindet das Steuerventil den Vorratsluftbehälter so lange mit dem Bremszylinder, bis der Bremszylinderdruck seinen Sollwert erreicht hat.

Neben der indirekten Bremse, die der Betätigung der Druckluftbremsen des gesamten Zugverbandes dient, ist in Abb. 7.11 auch die Zusatzbremse aufgeführt, die als sogenannte „direkte" Bremse nur das Triebfahrzeug selbst abbremst. Durch Betätigung des Zusatzbremsventils kann Druckluft über ein Druckminderventil (Begrenzung auf maximal zulässigen Bremszylinderdruck) und ein Doppelrückschlagventil direkt in den Bremszylinder gelangen. Damit ist es möglich, die mechanischen Bremsen des Triebfahrzeuges schneller und feinfühliger anzusprechen. Die Zusatzbremse kommt bei Rangierfahrten (Lok fährt zum Kuppeln an einen Wagenpark heran) sowie zur Stillstandssicherung in Bahnhöfen (Bremsung des Zuges nur mit Hilfe der Lok, während die Bremsen des Wagenparks in Erwartung des Abfahrauftrages bereits gelöst werden) zum Einsatz. Auf sie wird im Folgenden nicht weiter eingegangen.

Die Vorgänge beim Betätigen und Lösen der indirekten Bremse werden in den Abb. 7.12 und 7.13 noch einmal etwas detaillierter unter Angabe der Stoffflüsse und Drücke dargestellt. Die Übertragungsfunktion des Steuerventils, das jedem Hauptluftleitungsdruck einen Bremszylinderdruck zuweist, wird hier noch einmal anschaulich dargestellt.

Es ist unmittelbar einleuchtend, dass der Druckaufbau im Bremszylinder nur in der Schnelligkeit erfolgen kann, wie der Druckabbau in der Hauptluftleitung erfolgt. Im Falle langer Züge und damit langer Hauptluftleitungen mit entsprechen großem Luftvolumen verlangsamt sich der Druckabbau in der Hauptluftleitung von der Zugspitze (Betätigung des Führerbremsventils) zum Zugende hin beträchtlich. Dies hat zur Folge, dass die Bremszylinder im vorderen Zugteil bereits hohe Bremskräfte erzeugen, während sich die Bremswirkung im hinteren Zugteil erst sehr langsam entfaltet. Infolge kann es zu unerwünschten Längsschwingungen im Zug kommen, weil ungebremste Wagen auflaufen und von den Puffern wieder zurück gedrückt werden. Zudem erhöht sich der Bremsweg deutlich, je länger der Zug wird, wenn nicht geeignete Gegenmaßnahmen ergriffen werden.

Es ist daher das Ziel bei der Ausgestaltung von Druckluftbremsen, ein möglichst gleichzeitiges und gleichmäßiges Ansteigen der Bremskräfte über die gesamte Zuglänge zu erreichen und im Falle von Schnellbremsungen die Hauptluftleitung durch das gleichzeitige oder zumindest rasche Öffnen vieler Querschnitte so zügig wie möglich zu entlüften. Eine Möglichkeit, wie diese Ziele erreicht werden können, wird im folgenden Abschnitt beschrieben.

Aufbau und Funktion einer indirekten elektropneumatischen Bremse
Die elektropneumatische Bremse stellt einer Weiterentwicklung der vorstehend beschriebenen herkömmlichen Druckluftbremse dar. Der Grundgedanke dieser Art der Druckluft-

Indirekte Druckluftbremse

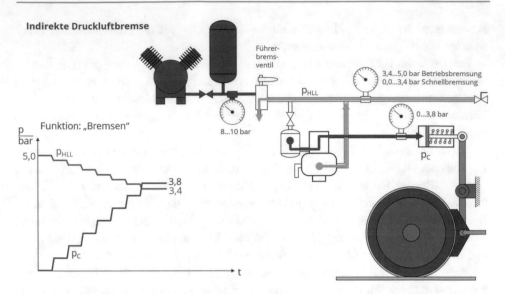

Abb. 7.12 Funktionsweise der indirekten Druckluftbremse (Bremsen)

Indirekte Druckluftbremse

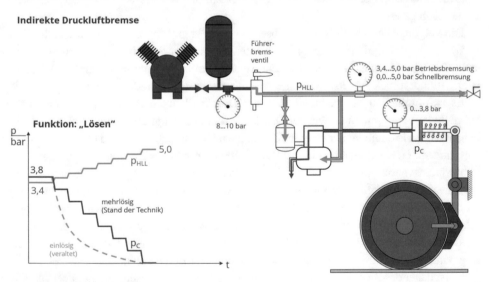

Abb. 7.13 Funktionsweise der indirekten Druckluftbremse (Lösen)

bremse liegt in der Trennung von Druckluftversorgung und Übertragung der Bremsbe-
fehle entlang der Zuglänge. Die Druckluftversorgung der Vorratsluftbehälter erfolgt über
die Hauptluftbehälterleitung. Das Führerbremsventil verfügt über elektronische Signalaus-
gänge, die die Bremsanforderungen an ein Bremssteuergerät senden. Dieses leitet die Anforderungen über durchgängige (bezogen auf den Zugverband) elektrische Leitungen an elektropneumatische Ventile weiter, die den Druck in der Hauptluftleitung *lokal* absenken und
anheben können. Das Signal zum Bremsen und Lösen ist somit nicht mehr an die Druckluft
in der Hauptluftleitung gebunden und es werden viele Querschnitte in der Hauptluftleitung
gleichzeitig geöffnet, sodass diese schneller entlüftet werden kann. Auch das Lösen der
Bremsen erfolgt deutlich schneller, weil die Hauptluftleitung nicht mehr nur vom Triebfahrzeug her wieder befüllt wird, sondern lokal und gleichzeitig aus den verschiedenen Vorratsluftbehältern aufgefüllt wird. Eine schematische Darstellung der Funktionsweise einer
indirekten elektropneumatischen Bremse zeigt Abb. 7.14.

  Neben der vorstehend beschriebenen indirekten elektropneumatischen Bremse, die inhä-
rent selbsttätig ist, existieren auch *direkte* elektropneumatische Bremsen. Diese kommen vor
allem bei Fahrzeugverbänden zum Einsatz, die betrieblich nicht trennbar sind (z. B. Triebzüge). Die Selbsttätigkeit dieser Bremsen muss mit Hilfe elektrischer Schleifen sichergestellt
werden, da auch bei dieser Kategorie von Fahrzeugen eine unbeabsichtigte Zugtrennung im
Havariefall nicht ausgeschlossen werden kann.

Bremsarten und ihre Funktion
Ein andere Möglichkeit, das verzögerte Ansprechen der Druckluftbremsen in langen Zugverbänden zu kompensieren und die damit verbundenen längsdynamischen Effekte zu reduzieren, stellt die Nutzung unterschiedlicher Bremsarten dar. Von diesem Ansatz wird vor
allem im Güterverkehr Gebrauch gemacht, weil die Installation von elektropneumatischen
Bremsen in diesem preissensiblen Segment des Schienenverkehrs als zu teuer erachtet wird.

  Die meisten Eisenbahnfahrzeuge (darunter alle Güterwagen) verfugen über einen sogenannten „Bremsartwechsel" (siehe Abb. 7.15b), der mindestens die Stellungen „P" (Perso-
nenzug) und „G" (Güterzug) aufweist. Mit diesem wird der Leitungsquerschnitt zwischen
Steuerventil und Bremszylinder beeinflusst. In der Stellung „P" wird der Regelquerschnitt
freigegeben, wodurch sich die Zylinder innerhalb eines Zeitraums von 3–5 s füllen. Die
genannten Zeiten beziehen sich auf den Zeitpunkt, an dem 95 % des maximalen Zylin-
derdruckes erreicht sind. Die Entleerung der Zylinder beträgt im Falle der vollständigen
Auslösung der Bremsen zwischen 15 und 20 s. Abb. 7.15a illustriert dies.

  In der Stellung „G" wird der Leitungsquerschnitt zwischen Steuerventil und Bremszylinder durch Blenden verkleinert, sodass die Luftströmung behindert wird und sich Brems-
zylinderfüllzeit und -lösezeit deutlich verlängern (vgl. 7.15a).

  Die Bezeichnungen „P" und „G" sollten nicht darüber hinwegtäuschen, dass auch Güterzüge ganz oder teilweise in der Bremsstellung „P" gefahren werden. Der Bremsartwechsel bietet den großen Vorteil, dass bei langen Güterzügen die vorderen Wagen sowie die
Lokomotive mit langen Bremszylinderfüll- und -lösezeiten (Bremsart „G") gefahren wer-

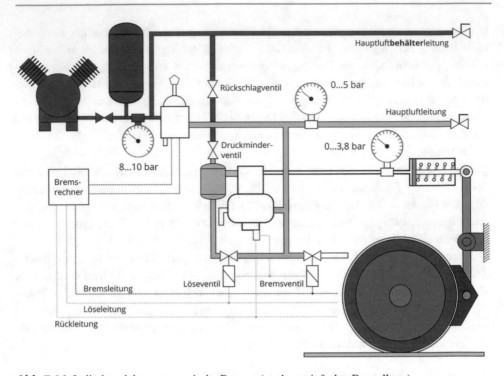

Hauptluft**behälter**leitung

Rückschlagventil

0...5 bar

Hauptluftleitung

Druckminder-
ventil

0...3,8 bar

8...10 bar

Brems-
rechner

Löseventil Bremsventil

Bremsleitung

Löseleitung

Rückleitung

Abb. 7.14 Indirekte elektropneumatische Bremse (stark vereinfachte Darstellung)

den können, während gleichzeitig bei dem hinteren Zugteil die Bremsart „P" eingestellt wird. Damit kann das verzögerte Ansprechen der Bremsen am Ende des Zuges aufgrund der Durchschlagzeit des Signals (Druckabfall) in der Hauptluftleitung kompensiert werden, da der Bremskraftanstieg im vorderen Zugteil durch den Bremsartwechsel verzögert wird.

Neben den Bremsarten G und P existieren, vornehmlich bei Fahrzeugen des Schienenpersonenverkehrs, noch Bremsstellungen der Hochleistungsbremsart R (vgl. Abb. 7.15c). „R" steht in diesem Fall für „Rapid", weil diese Bremsart erst entwickelt wurde, als die angestrebten Höchstgeschwindigkeiten von 140 km/h bis 160 km/h ein Abbremsen der Fahrzeuge mit erhöhter Bremsleistung erforderten, damit die Bremswege innerhalb der Vorsignalabstände liegen.

Der Grundgedanke der Hochleistungsbremse liegt in der Erzeugung erhöhter Bremskräfte bei höheren Geschwindigkeiten. Bei gleichbleibender Bremskraftanforderung wird bei der Bremsung aus hohen Geschwindigkeiten zunächst ein hohes Bremszylinderdruckniveau eingeregelt. Wird eine bestimmte Geschwindigkeitsgrenze unterschritten, erfolgt eine automatische Absenkung des Bremszylinderdruckes, um ein Überbremsen der Radsätze zu vermeiden. Die früher gebräuchlichen Grauguss-Bremssohlen wiesen eine ausgeprägte Abhängigkeit des Reibwertes zwischen Bremssohlen und Rädern von der Geschwindigkeit auf. Bei hohen Geschwindigkeiten konnten nur relativ geringe Reibwerte genutzt werden,

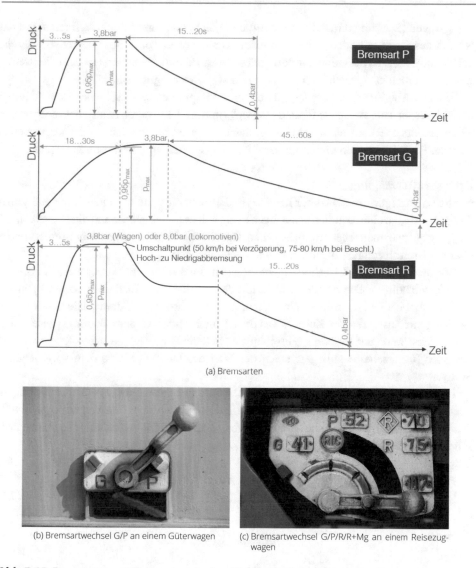

(a) Bremsarten

(b) Bremsartwechsel G/P an einem Güterwagen

(c) Bremsartwechsel G/P/R/R+Mg an einem Reisezugwagen

Abb. 7.15 Bremsarten und Bremsartwechsel an Eisenbahnfahrzeugen

während es im unteren Geschwindigkeitsbereich bis zum Stillstand hin zu einem deutlichen Anstieg der Reibwerte kam. Eine Beibehaltung des hohen Druckniveaus im Bremszylinder bis zum Fahrzeugstillstand hätte somit unweigerlich zu einer erhöhten Blockierneigung der Radsätze und einer damit verbundenen Bildung von Flachstellen geführt.

Die Anwendung der Hochleistungsbremse ist nicht auf Fahrzeuge mit Grauguss-Sohlen beschränkt, jedoch ist der hier beschriebene Effekt eines überproportionalen Anstiegs der Bremskraft bei kleinen Geschwindigkeiten bei diesen am deutlichsten ausgeprägt. Bei Reisezugwagen (Speisung durch die Hauptluftleitung im Falle einer Einleitungsbremse) ist das Niveau des Bremszylinderdruckes auf einen Maximalwert von 3,8 bar begrenzt, während bei Triebfahrzeugen aufgrund der dort vorhandenen Hauptluftbehälter, aus dem die Bremse gespeist werden kann, auch Drücke bis maximal 8,0 bar möglich sind.

Wie aus Abb. 7.15c hervorgeht, gibt es für die Rapidbremse verschiedene Einstellmöglichkeiten gibt, zum Beispiel „R" und „R+Mg" (in Abb. 7.15c durch den Hebel verdeckt). In einem solchen Fall kann also die Magnetschienenbremse explizit mit ein- oder ausgeschaltet werden. Es ist im Betrieb immer die leistungsfähigste zulässige Bremsart zu wählen.

Bremskrafterzeugung

Nachdem gezeigt wurde, dass der Bremszylinderdruck hinsichtlich seiner Höhe und seiner Auf- und Abbauzeiten deutlich schwanken kann, soll es im Folgenden um die Bremskrafterzeugung bei pneumatischen Bremsen gehen. Dabei wird der „Kraftpfad" vom Bremszylinder über die Bremsmechanik bis hin zum Rad nachvollzogen.

Wie bereits aus Abb. 7.15a hervorgeht, erfolgen Druckaufbau und Druckabbau im Bremszylinder nichtlinear. Die Abb. 7.16 illustriert den idealisierten Anstieg des Bremszylinderdruckes über der Zeit noch einmal im Detail. Es ist ersichtlich, dass der initiale Druckaufbau zunächst ein Ausfahren des Kolbens aus dem Zylinder bewirkt, der näherungsweise isobar erfolgt. Erst wenn der Kolbenhub erschöpft ist und die Bremssohlen bzw. -beläge am Rad bzw. der Bremsscheibe anliegen, steigt der Wert des Druckes bis zu dem vorgegebenen Sollwert an.

In der Literatur werden verschiedene Ansätze angegeben, wie der Druckverlauf im Bremszylinder mathematisch angenähert werden kann. Hendrichs und Voß schlagen in [42] die Verwendung einer Exponentialfunktion vor, sodass sich folgende Zusammenhänge zwischen dem Bremszylinderdruck p_C und der Zeit ergeben:

- Bremsen:

$$p_C = p_{C,\max} \cdot \left(1 - e^{-\frac{3}{\tau} \cdot t}\right) \tag{7.1}$$

- Lösen:

$$p_C = p_{C,\max} \cdot e^{-\frac{3}{\tau} \cdot t}. \tag{7.2}$$

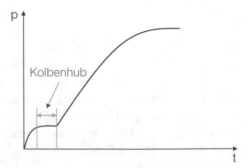

Abb. 7.16 Idealisierter Druckverlauf im Bremszylinder beim Anlegen der Bremse

Für die Entwicklungszeit τ sind die sich aus dem Regelwerk ergebenden Zeiten für die jeweiligen Bremsarten (siehe Abb. 7.15a) einzusetzen.

Wende gibt in [90] abweichende Berechnungsvorschriften für die Bremszylinderdruckentwicklung beim Bremsen und Lösen an und bezieht sich dabei auf Messungen, die Gralla ausgewertet hat [37]:

- Bremsen in Bremsstellung G:

$$p_C = p_{C,\max} \cdot \left(\frac{t}{24\,s} \right)^{0,877} \tag{7.3}$$

- Bremsen in Bremsstellung P oder R:

$$p_C = p_{C,\max} \cdot \left(\frac{t}{4\,s} \right)^{0,556} \tag{7.4}$$

- Lösen in Bremsstellung G:

$$p_C = p_{C,\max} \cdot \left[1 - \left(\frac{t}{52\,s} \right) \right]^{0,466} \tag{7.5}$$

- Lösen in Bremsstellung P oder R:

$$p_C = p_{C,\max} \cdot \left[1 - \left(\frac{t}{18\,s} \right) \right]^{0,356} \tag{7.6}$$

Die aufgeführten Berechnungsansätze werden für die Bremsarten P und G in den Abb. 7.17 bzw. 7.18 einander gegenübergestellt. Sie stellen jeweils nur eine erste Näherung für die rechnerische Bestimmung der Bremszylinderdrücke während der Brems- und Lösevorgänge dar. Für eine exaktere bzw. detailliertere Modellierung sind weiter reichende Betrachtungen nötig, die auch den Einfluss der Zuglänge und der damit verbundenen Druckentwicklung in der Hauptluftleitung Rechnung tragen. Diese sind z. B. in [42] und [90] zu finden und werden im Rahmen dieses Buches nicht eingehender zitiert. Die von den Bremszylindern erzeugten Kräfte werden in nachgeschalteten Bremsgestängen (Klotzbremse) oder Bremszangen (Scheibenbremse) mechanisch übersetzt, um die für die Erzeugung der Bremskräfte notwendigen Anpresskräfte zu erzeugen. Am Beispiel eines Standard-Bremsgestänges für einen klotzgebremsten Wagen soll dies gezeigt werden. Wie aus den Abb. 7.19 und 7.20 hervorgeht, muss der Bremszylinder die Gegenkraft F_F der Gestängerückzugsfeder überwinden, die auch direkt im Zylinder integriert sein kann (dann ist mit der effektiven Kolbenkraft zu rechnen). Eine weitere Gegenkraft F_{GS} wird vom Bremsgestängesteller generiert. Dieser dient dazu, den Bremszylinderhub unabhängig vom Verschleißzustand der Bremssohlen konstant zu halten. Für die Kraftübersetzung stehen dann theoretisch das Hebelpaar Zylinder- und Festpunkthebel sowie die Radsatzbremshebel zur Verfügung. Letztgenannte

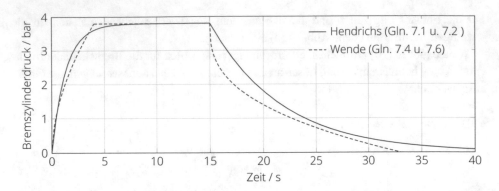

Abb. 7.17 Vergleich der Berechnungsansätze von Hendrichs und Wende für die zeitabhängige Modellierung des Bremszylinderdruckes in der Bremsart P

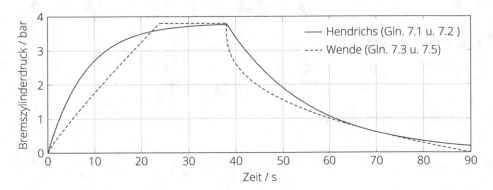

Abb. 7.18 Vergleich der Berechnungsansätze von Hendrichs und Wende für die zeitabhängige Modellierung des Bremszylinderdruckes in der Bremsart G

werden jedoch standardmäßig im Verhältnis 1:1 zu übersetzt und sind damit für eine möglichst große Anzahl verschiedener Güterwagen baugleich.

Zur Berechnung der **Klotzkraft** genannten Anpresskraft der Bremssohlen gegen die Räder bei Klotzbremsen müssen die wirkenden Kräfte (Bremszylinderkraft) und Gegenkräfte (Gestängerückzugfeder und Gestängesteller) bilanziert und die aus der Physik bekannten Hebelgesetze auf das Standardbremsgestänge angewendet werden. Es ergeben sich sodann die folgenden Zusammenhänge.

Zunächst wird die Bremszylinderkraft F_C bestimmt.

$$F_C = 10 \cdot p_C \cdot A_C \cdot \eta_C. \tag{7.7}$$

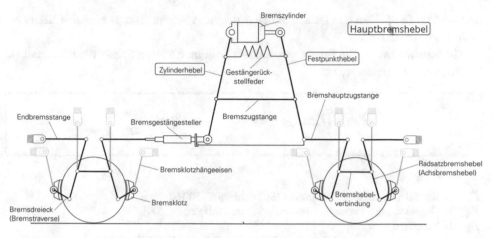

Abb. 7.19 Standard-Bremsgestänge eines Güterwagens mit zwei Radsätzen

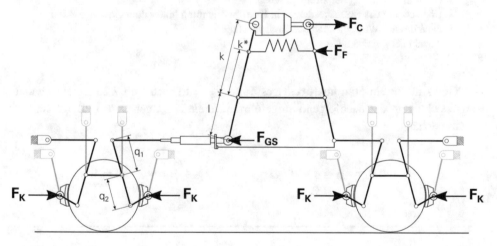

Abb. 7.20 Standardbremsgestänge für Güterwagen mit 2 gebremsten Radsätzen und allen relevanten Kräften und Übersetzungen

A_C cm^2 Kolbenbodenfläche
F_C N Bremzylinderkraft
p_C bar Bremszylinderdruck
η_C 1 Bremszylinderwirkungsgrad

Dies ist eine eher theoretische Angelegenheit, da die Bremszylinder heutiger Eisenbahnfahrzeuge weitgehend standardisiert sind. Sie werden mit festgelegten Nenn-Innendurchmessern angeboten, die im Maß „Zoll" angegeben werden. Für jeden Bremszylinder wird zudem die effektive Kolbenkraft bei 3,8 bar angegeben. Ein 10"-Bremszylinder mit integrierten Rückdruckfedern für Kolben und Gestänge liefert demnach eine maximale effektive Bremszylinderkraft von 18,0 kN.

Mit dem Wissen um die Bremszylinderkraft kann im nächsten Schritt die Klotzkraft (je Bremsklotz) ermittelt werden.

$$F_K = \left(F_C \cdot i_{\text{ges}} - F_F \cdot i_F - F_{GS} \cdot i_{GS}\right) \cdot \frac{\eta_{\text{dyn}}}{z_K} \tag{7.8}$$

F_F N Kraft der Gestängerückstellfeder (Standardwert: 1500 N)
F_{GS} N Gegenkraft des Bremsgestängestellers (Standardwert: 2000 N)
F_K N Klotzkraft
i_F 1 Übersetzung des Bremsgestänges in Kraftflussrichtung hinter der Gestängerückstellfeder
i_{ges} 1 Gesamtübersetzung des Bremsgestänges
i_{GS} 1 Übersetzung des Bremsgestänges in Kraftflussrichtung hinter dem Gestängesteller
η_{dyn} 1 dynamischer Wirkungsgrad des Bremsgestänges
z_K 1 Anzahl der Bremsklötze

Die Klotzkraft für ein **Standardbremsgestänge** ($z_K = 8$) nach Abb. 7.20 ergibt sich unter Berücksichtigung der nachfolgend aufgeführten Vereinfachungen der in Gl. 7.9 gezeigte Zusammenhang.

$$\text{mit: } q_1 = q_2 = q \text{ und } i_{\text{ges}} = 4\frac{k}{l} \text{ und } i_F = 4\frac{k^*}{l} \text{ sowie } i_{GS} = 4$$

$$F_K = 4 \cdot \left(F_C \frac{k}{l} - F_F \frac{k^*}{l} - F_{GS}\right) \cdot \frac{\eta_{\text{dyn}}}{z_K} \tag{7.9}$$

Für Fahrzeuge mit vier statt zwei Radsätzen und zweiseitiger Abbremsung der Räder ($z_K = 16$) sowie zentralem Bremszylinder und Standardbremsgestänge muss Gl. 7.9 mit dem Faktor 2 multipliziert werden.

Der dynamische Bremsgestängewirkungsgrad η_{dyn} ist stark von der Komplexität des Bremsgestänges sowie von dessen Instandhaltungszustand abhängig. Er widerspiegelt die Reibungsverluste in den Bolzen, mit denen die Hebel des Bremsgestänges verbunden sind, sowie die Längselastizität des Bremsgestänges. Für ein neues, geschmiertes Standardbremsgestänge ist ein Wirkungsgrad von ca. 0,8 realistisch. Dieser Wert kann für Gestänge in schlechtem Instandhaltungszustand im ungünstigsten Fall auf ca. 0,5 absinken. Weitere Ausführungen hierzu enthält Anhang D.

(a) Kompaktbremse (Untersicht Y25-Drehgestell)   (b) Kompaktbremse (schematisches Wirkprinzip)

Abb. 7.21 Kompaktbremse zur einseitigen Abbremsung von Rädern in Güterwagendrehgestellen

Nicht immer kommen Mittenbremsgestänge in der gezeigten Standardausführung zum Einsatz. Vielmehr haben Drehgestelle mit Kompaktbremsen bei Güterwagen eine gewisse Verbreitung gefunden. Bei diesen sind Bremszylinder und Bremshebel in einer kompakten Baugruppe zusammengefasst, die als eine Einheit im Drehgestell aufgehängt und pneumatisch angeschlossen wird. Im Falle einer Reparatur oder Revision ist ein schneller Austausch der gesamten Konstruktion möglich. Abb. 7.21 zeigt eine solche Konstruktion (Untersicht eines Y-25-Drehgestells aus der Untersuchungsgrube heraus), einmal so, wie sie sich den Betrachtenden in der Praxis bietet (Abb. 7.21a) und einmal mit dem skizzierten schematischen inneren Aufbau (Abb. 7.21b). Das von diesen Einheiten erzeugte Klotzkraftniveau geht aus dem Datenblatt des Herstellers hervor.

Die Kenntnis der Klotzkräfte ist eine wesentliche Voraussetzung, um die Entstehung des Bremsdrehmomentes sowie der tangential im Rad-Schiene-Kontakt übertragenen Bremskraft ermitteln zu können. Dies trifft in gleichem Maße auf die Belaganpresskräfte im Falle von Scheibenbremsen zu. Diese werden in diesem Buch nicht explizit behandelt, weil eine Beschränkung auf wesentliche Grundlagen der Eisenbahntechnik erfolgen soll. Viele Aspekte, die für die Klotzbremse abgehandelt werden (z. B. die mechanische Übersetzung der Bremszylinderkraft, der Einfluss der Reibwerte auf das Bremsmoment oder die kraftschlüssige Bremskraftübertragung), lassen sich jedoch analog auf die Scheibenbremsen übertragen.

Exkurs: Scheibenbremsen

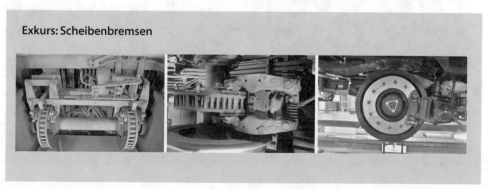

Scheibenbremsen haben heute in Deutschland im Schienenpersonenverkehr die Klotz-bremsen nahezu vollständig abgelöst. Insbesondere bei Geschwindigkeiten über 160 km/h ist ihr Einsatz alternativlos, weil die Leistungsfähigkeit von Klotzbremsen aufgrund der thermischen Belastbarkeit der Räder begrenzt ist. Es existieren verschie-dene Ausführungen von Scheibenbremsen, wie die oben aufgeführten Bilder zeigen. Am häufigsten sind Scheibenbremsen anzutreffen, die auf die Radsatzwellen wirken und mit je einer Bremszange pro Bremsscheibe ausgestattet sind. Auf diese Weise lassen sich bis zu 4 Bremsscheiben je Radsatz anordnen. Bei einigen älteren Fahr-zeugen sind Ausführungen der Scheibenbremsen mit komplexeren Bremsgestängen anzutreffen, mit Hilfe derer mehrere Bremsscheiben von einem einzigen Bremszylin-der gebremst werden.

Bei angetriebenen oder innengelagerten Radsätzen kommen Radbremsscheiben zum Einsatz. Eine weitere Möglichkeit, den Bauraumkonflikt zwischen Scheiben-bremse und Antrieb zu lösen, stellt die Anordnung von Bremswellen dar. Bei dieser eher selten anzutreffenden Konstruktion (Bsp.: Siemens Taurus) wird eine mit Wel-lenbremsscheiben bestückte Welle über ein Getriebe mit den Radsätzen verbunden.

Um die mit Hilfe der Scheibenbremsen erzeugte Bremskraft zu ermitteln, müssen die vom **Bremszylinderdruck** p_C abhängige **Bremszylinderkraft** F_C, die geome-trischen Kenngrößen der Bremsmechanik (siehe untenstehende Abbildung) und der **Reibwert**verlauf **der Bremsbeläge** (μ_{Bel}) bekannt sein.

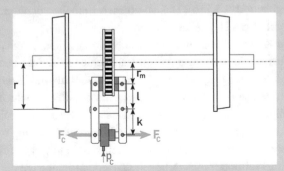

Für einen Radsatz mit den **Radhalbmesser** r ergibt sich pro Bremsscheibe mit dem **mittleren Reibradius** r_m und der Bremszange mit den **Hebelmaßen** k und l eine Bremskraft gemäß der nachfolgenden Gl. 7.10.

$$F_B = 2 \cdot F_C \cdot \frac{k}{l} \cdot \mu_{Bel} \cdot \frac{r_m}{r} \tag{7.10}$$

Kommen separate Bremswellen zum Einsatz muss natürlich die mechanische Über-setzung, mit der diese an den Radsatz angebunden ist, in der Berechnung Berücksich-tigung finden. Auf eine gesonderte Darstellung dieses Sonderfalles sei an dieser Stelle verzichtet.

Die Abb. 7.22 zeigt die am Eisenbahnrad angreifenden Kräfte sowohl in anschaulicher, als auch in abstrahierter Form. In Abb. 7.22a sind zudem die zwei Zonen kenntlich gemacht, die die Berechnung und Auslegung von mechanischen Rad(satz)bremsen aufgrund der dort ablaufenden komplexen Vorgänge, zu einer anspruchsvollen Ingenieursaufgabe machen.

Eine Markierung macht den Rad-Schiene-Kontakt kenntlich, da die an den Rädern/Radsätzen erzeugten Bremsmomente kraftschlüssig übertragen werden müssen, ohne dass es zu einer Überbremsung der Räder und mithin zu einem Blockieren derselben kommt. Die andere Markierung betrifft den Bereich, in dem das Bremsmoment tatsächlich erzeugt wird. Dabei spielt die Höhe der Anpresskräfte sowie der Reibwert zwischen Rad und Bremssohle eine Rolle, der seinerseits komplexen Abhängigkeiten unterliegt. Kraftschluss und Reibung bei Eisenbahn-Rad(satz)bremsen werden im Abschn. 7.8.3 gesondert behandelt.

Aus der Betrachtung der am Rad angreifenden Kräfte und Drehmomente (vgl. Abb. 7.22b) ergeben sich die folgenden Zusammenhänge.

Kräftegleichgewicht in x-Richtung ($\rightarrow$):

$$-\ddot{x}m_R - F_{RN}\tau = 0 \qquad (7.11)$$

Kräftegleichgewicht in y-Richtung ($\uparrow$):

$$F_{RN} - m_R g = 0 \qquad (7.12)$$

Für das schlupffreie Rad (Vereinfachung; $\ddot{x} = \ddot{\varphi} \cdot r$ gilt ferner das folgende Drehmomentengleichgewicht um die Radmitte A:

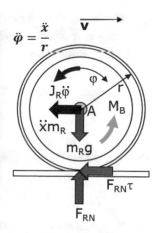

(a) Kräfte am gebremsten Eisenbahnrad

(b) Abstrahiertes Kräfte und Dreh-momentengleichgewicht

Abb. 7.22 Kräfte und Drehmomente am gebremsten Eisenbahnrad

$$J\frac{\ddot{x}}{r} + M_B - F_{RN}\tau \cdot r = 0. \tag{7.13}$$

Das Drehmomentengleichgewicht lässt sich nach dem Trägheitsterm umstellen:

$$J\frac{\ddot{x}}{r} = -M_B + F_{RN}\tau \cdot r. \tag{7.14}$$

Gemäß Gl. 7.11 lässt sich das Produkt aus der Rad(satz)-Normalkraft F_{RN} und dem Kraftschlussbeiwert τ mit dem Term $-\ddot{x}m_R$ gleichsetzen:

$$J\frac{\ddot{x}}{r} = -M_B - \ddot{x}m_R \cdot r. \tag{7.15}$$

In einem nächsten Schritt werden alle „trägheitsbehafteten" Terme auf einer Seite der Gleichung zusammengefasst:

$$J\frac{\ddot{x}}{r} + \ddot{x}m_R \cdot r = -M_B. \tag{7.16}$$

Das Ausklammern des Terms $\ddot{x}m_R \cdot r$ auf der linken Seite der Gleichung liefert:

$$\ddot{x}m_R \cdot r \cdot \underbrace{\left(\frac{J}{m_R r^2} + 1\right)}_{\xi} = -M_B. \tag{7.17}$$

Gl. 7.17 lässt sich demnach weiter vereinfachen:

$$\ddot{x}m_R \cdot r \cdot \xi = -M_B. \tag{7.18}$$

Für Klotzbremsen lässt sich das Bremsmoment M_B als Produkt aus der Summe der Klotz-(anpress)kräfte $\sum F_K$, dem Reibwert zwischen Bremssohle und Rad μ_{BS} und dem Radius der Räder r ausdrücken:

$$M_B = \sum F_K \cdot \mu_{BS} \cdot r. \tag{7.19}$$

In Verbindung mit Gl. 7.18 gilt folglich:

$$\ddot{x}m_R \cdot r \cdot \xi = -\sum F_K \cdot \mu_{BS} \cdot r. \tag{7.20}$$

Die erreichbare Bremsbeschleunigung lässt sich damit durch die folgende Gleichung ausdrücken:

$$\ddot{x} = \frac{-\sum F_K \cdot \mu_{BS}}{\xi \cdot m_R}. \tag{7.21}$$

Für das ganze Fahrzeug gilt demnach mit $m = \sum m_R$:

$$\ddot{x} = \frac{-\sum F_K \cdot \mu_{BS}}{\xi \cdot m}. \tag{7.22}$$

Durch die Kombination der Gl. 7.11 und 7.12 lässt sich die Beschleunigung $\ddot{x}$ ferner wie folgt ausdrücken:

$$\ddot{x} = -g\tau. \tag{7.23}$$

Aus Gl. 7.23 wird ersichtlich, dass die beim Bremsen maximal erzeugbare Bremsbeschleunigung vor allem von dem ausnutzbaren Kraftschluss τ zwischen Rad und Schiene limitiert wird (siehe Abschn. 7.8.3).

Durch Gleichsetzen der Gl. 7.22 und 7.23 ergibt sich der folgende Zusammenhang:

$$-g\tau = \frac{-\sum F_K \cdot \mu_{BS}}{\xi \cdot m}. \tag{7.24}$$

Unter Vernachlässigung des fahrdynamischen Massenfaktors lässt sich die in der Bremstechnik zentrale Größe der **Abbremsung** κ wie folgt definieren:

$$\kappa = \frac{\tau}{\mu_{BS}} = \frac{\sum F_K}{mg}. \tag{7.25}$$

Die Bedeutung der Abbremsung wird im folgenden an zwei Beispielen erklärt.

Masseabhängige Anpassung der Klotzkräfte

Betrachten wir zunächst einen Güterwagen, bei dessen Bremsung eine Kraftschlussausnutzung von $\tau = 0,11$ angesetzt werden darf und der mit Bremssohlen ausgestattet ist, deren Reibwert μ_{BS} 0,30 beträgt. Die Abbremsung beträgt für diesen Wagen damit $\kappa - 0,367$, woraus sich für den leeren Wagen ($m = 20\,t$) gemäß Gl. 7.25 ein erforderliches Klotzkraftniveau von $72\,kN$ ergibt.

Da der Wagen auf eine Gesamtmasse von bis zu $90\,t$ beladen werden kann, würde die Abbremsung mit zunehmender Zuladung immer weiter reduziert werden, wie Abb. 7.23 zeigt. Ohne eine geeignete Gegenmaßnahme würde sich der Bremsweg des Wagens im beladenen Zustand extrem verlängern. Mit Hilfe der Gl. 7.22 lässt sich zeigen, dass die Bremsverzögerung für den leeren Wagen bei ca. $1,0\,m/s^2$ liegt, für den voll beladenen Wagen jedoch nur noch etwa $0,23\,m/s^2$ erreicht werden.

Güterwagen werden deshalb mit einer sogenannten Lastabbremsung ausgestattet, die entweder gestuft („Lastwechsel") oder kontinuierlich („automatische Lastabbremsung") für eine Anpassung der Klotzkräfte an die Fahrzeugmasse sorgt (siehe auch Abb. 7.24).

Eine automatische Lastabbremsung bewirkt, dass die Abbremsung von der Masse des Wagens unabhängig ist, also konstant bleibt. Ein Güterwagen mit automatischer Lastabbremsung weist also im leeren, teilbeladenen und beladenen Zustand ein weitgehend gleiches Bremsverhalten auf. Die Existenz einer automatischen Lastabbremsung wird durch

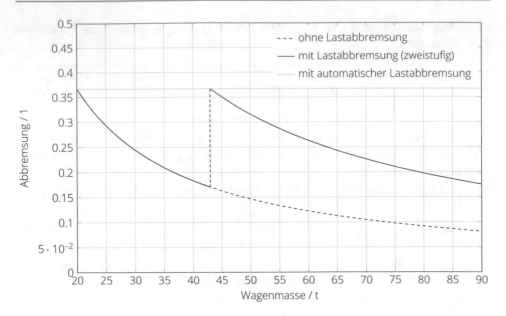

Abb. 7.23 Abbremsung des Beispielgüterwagens in Abhängigkeit der Wagenmasse

entsprechende Anschriften an den Fahrzeugen kenntlich gemacht (vgl. Abb. 7.24b). Die technische Realisierung erfolgt heute überwiegend auf pneumatischem Wege, indem Wiegeventile in das Fahrwerk (Primärfederung) der Fahrzeuge integriert werden (Abb. 7.24c und 7.24d), sodass ein von der Gewichtskraft abhängiges Drucksignal erzeugt wird, das als Vorsteuerdruck auf das Steuerventil wirkt. Der maximale Bremszylinderdruck, der vom Steuerventil für die Bremszylinder erzeugt wird, ist von diesem Vorsteuerdruck abhängig.

Im Falle eines zweistufigen Lastwechsels wird eine „Umstellmasse" definiert, bei deren Erreichen bzw. Überschreiten eine mechanische Umstellung an dem Güterwagen über ein entsprechendes Betätigungsorgan (siehe Abb. 7.24a) vorgenommen werden muss. Diese Umstellung bewirkt eine Veränderung der Übersetzung des Hauptbremshebels (vgl. 7.19), wodurch bei gleichem Bremszylinderdruck höhere Bremsklotzanpresskräfte erzielt werden.

Für den in diesem Beispiel betrachteten Güterwagen wurde die Umstellmasse auf 43 t festgelegt, bei der das Niveau der Klotzräfte wieder so angehoben wird, dass die Abbremsung des leeren Wagens wieder erreicht wird (Umstellung von $\sum F_K = 72\,\text{kN}$ auf $\sum F_K = 155\,\text{kN}$). Der Verlauf der Abbremsung über der Wagenmasse weist deshalb eine charakteristische Unstetigkeit bei der Umstellmasse auf (siehe Abb. 7.23). In dem gewählten Beispiel hat die zweistufige Lastabbremsung zur Folge, dass über den gesamten Wertebereich der Güterwagenmasse ein Verzögerungsniveau von mindestens $0,5\,\text{m/s}^2$ abgesichert werden kann.

Für praktische Bremsberechnungen wird weniger die Verzögerung betrachtet, vielmehr sind die „Bremshundertstel" (siehe Abschn. 7.13) das ausschlaggebende Kriterium. Diese werden auf empirischer Basis ermittelt und sind nicht unmittelbar aus den auf fahrdyna-

(a) Umstelleinrichtung für den mechanischen Last-wechsel an einem Güterwagen (Umstellmasse hier: 44 t)

(b) Bremsanschrift eines Güterwagens mit Knorr-Steuerventil mit Einheitswirkung („KE"), Bremsart-wechsel G/P („-GP") und automatischer Lastabbrem-sung („-A")

(c) Wiegeventil (ausgebaut) zur Erzeugung eines der Wagenmasse proportionalen Drucksignals

(d) im Drehgestell oberhalb der Primärfeder eingebau-tes Wiegeventil

Abb. 7.24 Lastabbremsung bei Güterwagen

mischer Basis ermittelten (mittleren) Bremsverzögerungen ableitbar. Das Regelwerk gibt einen bestimmten Wertebereich vor, in dem sich die Bremshundertstel von Eisenbahnfahr-zeugen bewegen müssen, damit diese die betrieblich relevanten Bremswege auch sicher einhalten. Der Lastabbremsung kommt daher die Funktion zu, die Bremshundertstel entwe-der unabhängig von der Zuladung konstant zu halten (automatische Lastabbremsung) oder spätestens bei Erreichen der Mindestbremshundertstel für eine Erhöhung des Bremsvermö-gens zu sorgen (zweistufiger Lastwechsel). Die Entwicklung der Bremshundertstel über der Fahrzeugmasse entspricht qualitativ dem der in Abb. 7.23 gezeigten Abbremsung.

Geschwindigkeitsabhängige Anpassung der Klotzkräfte

Die geschwindigkeitsabhängige Anpassung der Klotzkräfte spielt immer dann eine Rolle, wenn der Reibwert der Bremssohlen stark von der Geschwindigkeit abhängig ist. In der Regel ist diese Abhängigkeit immer gegeben, bei bestimmten Sorten von Bremssohlen ist die Geschwindigkeitsabhängigkeit jedoch besonders stark ausgeprägt. Allgemein lässt sich feststellen, dass die Reibwerte von Bremssohlen mit zunehmender Geschwindigkeit abfallen (siehe auch Abschn. 7.8.3). Da der beim Bremsen ausnutzbare Kraftschluss eine Konstante ist (Ausnahme: Hochgeschwindigkeitsverkehr), ergibt sich nach Gl. 7.25 ein Anstieg der Abbremsung bei höheren Geschwindigkeiten.

Abb. 7.23 zeigt dies beispielhaft für einen Reisezugwagen. Die Kurve der Abbremsung als Funktion der Geschwindigkeit stellt die Grenze der optimalen Kraftschlussausnutzung dar. Würde die effektive Abbremsung unterhalb der Kurve liegen, würden geringere Bremskräfte erzeugt, als möglich und zulässig wären. Das theoretische Bremsvermögen wird dementsprechend nicht vollständig ausgenutzt.

Den kritischeren Fall stellte jedoch eine Auslegung dar, die auf einer Abbremsung oberhalb der Grenzlinie beruht. In diesem Fall käme es zu einer unzulässig hohen Kraftschlussausnutzung und damit zu einer Bremsauslegung, die nicht regelkonform und zulassungsfähig ist. Die Neigung zum Blockieren der Räder und der Entstehung von Flachstellen bei schlechten Kraftschlussbedingungen wäre signifikant erhöht.

Die Festlegung der Bremsklotzanpresskräfte müsste in dem gezeigten Beispiel also für die Abbremsung bei 0 km/h erfolgen. Die tatsächliche Abbremsung nach Gl. 7.25 als Verhältnis aus der Summe der Klotzkräfte und Gewichtskraft würde zunächst über dem gesamten Geschwindigkeitsbereich konstant bleiben. Das Resultat wäre eine große Diskrepanz zwischen theoretisch möglicher Abbremsung (im Beispiel: $\kappa > 0{,}6$) und tatsächlicher Abbremsung (im Beispiel $\kappa = 0{,}444$) 80 km/h bis 160 km/h (vgl. Abb. 7.25). Eine bezüglich ihrer Leistungsfähigkeit verbesserte Druckluftbremse könnte deshalb so ausgelegt werden, dass das Klotzkraftniveau zwischen 80 und 160 km/h erhöht wird. Die Abbremsung bei 80 km/h ($\kappa \approx 0{,}6$) wäre demnach ausschlaggebend für die Bestimmung der erhöhten Klotzkraft. Abb. 7.23 zeigt, wie mit Hilfe einer solchen Maßnahme die effektive Abbremsung verbessert und die Kraftschlussausnutzung verbessert werden kann.

Die in Abb. 7.15 dargestellte Umschaltung des Bremszylinderdruckes bei der Hochleistungs-Druckluftbremse (Bremsart R) wurde vor dem Hintergrund der vorstehend beschriebenen Zusammenhänge entwickelt.

Alle hier aufgeführten Werte für die Abbremsung und die gewählten Geschwindigkeitsintervalle haben ausschließlich beispielhaften Charakter und sollen der Erläuterung grundlegender Zusammenhänge dienen. Die tatsächliche Bremsauslegung ist komplexer und von den konkreten projektbezogenen Randbedingungen abhängig.

7.8.3   Kraftschluss und Reibung beim Bremsen von Eisenbahnradsätzen

Kraftschlussausnutzung bei Eisenbahnbremsen

Die Festlegung der Kraftschlussausnutzung folgt im Falle der Bremskrafterzeugung anderen Prämissen als bei den Antriebskräften (vgl. Abschn. 4.3), obwohl die dort beschriebenen Zusammenhänge der kraftschlüssigen Übertragung von Tangentialkräften zwischen Rad und Schiene prinzipiell auch für Bremskräfte gelten.

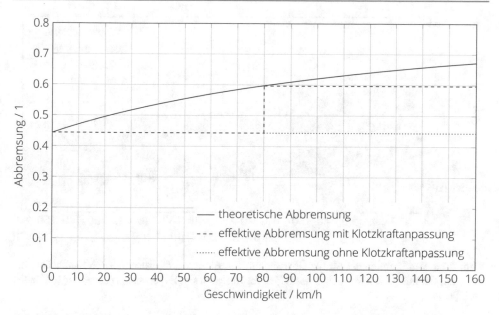

Abb. 7.25 Abbremsung des Beispielwagens in Abhängigkeit der Geschwindigkeit

Der große Unterschied in der Betrachtung resultiert aus den potentiellen Folgen, die aus einer Überbeanspruchung des Kraftschlusses resultieren können. Bei der Übertragung von Antriebskräften über den Rad-Schiene-Kontakt kommt es im ungünstigsten Fall zu einem Schleudern (Durchdrehen) der Radsätze. Dieses ist aufgrund der auftretenden Beschleunigungsspitzen in den rotierenden Bauteilen, ggf. auftretendem Längszucken im Zugverband sowie des temporär erhöhten Verschleißes zwar unerwünscht, stellt jedoch in der Regel keine unmittelbare Betriebsgefahr da.

Wird jedoch beim Applizieren der Bremsen der vorhandene Kraftschluss im Rad-Schiene-Kontakt überbeansprucht, kommt es, sofern keine Gegenmaßnahmen eingeleitet werden, zu einem Blockieren der Radsätze, die dann auf den Schienenköpfen entlang gleiten. Dieser Vorgang führt einerseits zu einer signifikanten Verlängerung des Bremsweges (Faktor 2…3) und anderseits zur Herausbildung von Flachstellen auf den Radlaufflächen. Sowohl die Bremswegverlängerung als auch etwaige Flachstellen sind eine Betriebsgefahr, die es unbedingt zu vermeiden gilt.

Bei der Auslegung von radabhängigen Bremsen wird deshalb bei Schienenfahrzeugen nicht von wahrscheinlichen Kraftschlussbeiwerten, sondern von den niedrigsten Kraftschlussbeiwerten ausgegangen, die im Betrieb regelmäßig anzutreffen sind. Dazu hat es in der Vergangenheit umfangreiche Versuche gegeben, deren Ergebnisse exemplarisch in Abb. 7.26 dargestellt sind. Es ist ersichtlich, dass grob zwischen drei verschiedenen Schienenzuständen unterschieden werden muss. Im besten Fall sind die Schienen trocken und metallisch blank. In diesem Zustand lässt sich die höchste Kraftschlussausnutzung erzielen.

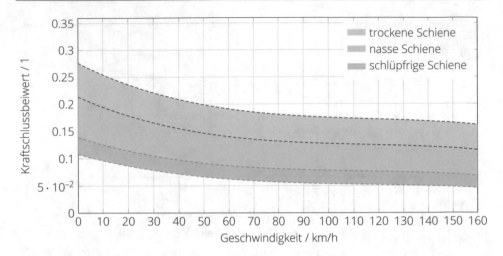

Abb. 7.26 Wertebereich der für die Übertragung von Bremskräften ausnutzbaren Kraftschlussbeiwerte auf Grundlage von Versuchen des Office for Research and Experiments (ORE) der UIC, zitiert nach [16]

Der Zustand „nasse Schiene" ist im Grunde eine unzureichende Beschreibung, da sich das physikalische Verhalten eines Eisenbahnrades auf nassen, jedoch sauberen Schienen anders darstellt, als wenn das Wasser auf den Schienen eine Emulsion mit etwaigen Ablagerungen bildet, seien diese nun organischen oder anorganischen Ursprungs. So ist beispielsweise auf Bahnübergängen häufig mit einem Abfall des ausnutzbaren Kraftschlusses zu rechnen, weil durch die Überrollung der Schienenköpfe durch Straßenfahrzeuge örtlich Schmutz und Abrieb zurückbleiben, die sich im Falle einsetzenden Regens mit dem Wasser zu einem „Schmierfilm" verbinden.

Den ungünstigsten Fall stellen „schlüpfrige" Schienen dar. Bei der Entstehung dieses Zustandes spielt Feuchtigkeit eine Rolle, aber auch der Eintrag organischen Materials in den Rad-Schiene-Kontakt. Hierbei spielt insbesondere der Laubfall im Herbst eine Rolle. Fallen Blätter auf die Schienen, werden sie durch das Überrollen zu einem Brei zermahlen, bis sich schließlich ein schwarzer Film aus organischem Material auf den Schienenköpfen bildet (siehe Abb. 7.27). In Kombination mit einsetzendem Regen bildet sich so eine Zwischenschicht deren Wirkung am ehesten mit der von Flüssigseife zu vergleichen ist. Ohne entsprechende Gegenmaßnahmen, wie etwa dem Einbringen von Sand in den Rad-Schiene-Kontakt oder das Putzen der Schienenköpfe mit Hilfe der Polschuhe von Magnetschienenbremsen, sinkt das Niveau des ausnutzbaren Kraftschlusses bei den genannten Randbedingungen so weit ab, dass ein betrieblich sicheres Abbremsen der Fahrzeuge mit den auf die Räder wirkenden Bremsen nicht mehr möglich ist.

Bereits seit den 1930er Jahren war es bei der Eisenbahn in Deutschland Konsens, den ausnutzbaren Kraftschluss für Eisenbahnbremsen auf einen Wert von maximal $\tau = 0{,}15$ zu begrenzen [16]. Heute ist die Betrachtungsweise differenzierter und es werden die ver-

(a) Herbstlaub auf einem Schienenkopf nach mehreren Überrollungen

(b) Schwarz verfärbter Schienenkopf infolge der Ausbildung einer organischen Zwischenschicht aus zerquetschten Laubblättern

Abb. 7.27 Bildung einer organischen Zwischenschicht zwischen Rad und Schienenkopf infolge Laubfalls und nachfolgender Überrollungen

schiedenen Fahrzeug- und Zugkonfigurationen bei der Festlegung der Grenzwerte berücksichtigt. Tab. 7.3 gibt einen Überblick über die derzeit durch das europäische Regelwerk vorgegebenen Kraftschlussbeiwerte, die bei der Auslegung der Rad(satz)bremsen zugrunde gelegt werden dürfen. Die Begrenzung des ausnutzbaren Kraftschlusses beim Bremsen von Schienenfahrzeugen erfolgt auf Basis von drei Schutzzielen, die unter anderem in der vom Eisenbahn-Bundesamt herausgegebenen *Ergänzungsregelung Nr. B 007 zur „Kraftschlussausnutzung"* definiert sind und im folgenden sinngemäß wiedergegeben und erläutert werden.

Schutzziel 1: Gewährleistung betrieblich sicherer Bremswege Die vorgesehenen Bremswege sollen im Regelfall ohne den Eingriff der Gleitschutzeinrichtung eingehalten werden. Diese soll nur im Falle *ungewöhnlich schlechter* Kraftschlussbedingungen eine Einhaltung der durch den Vorsignalabstand vorgegebenen Bremswege ermöglichen. Die Begrenzung des ausgenutzten Kraftschlusses führt somit zu einer Bremsauslegung, bei der eine Bremswegverlängerung über den Gefahrenpunkt (Standort des Hauptsignals zuzüglich des Durchrutschweges) hinaus unter den praktisch auftretenden Kraftschlussbedingungen *unwahrscheinlich* ist.

Schutzziel 2: Sichere Handhabung der Bremse Für die Triebfahrzeugpersonale ist ein möglichst verlässliches Bremsverhalten der Züge essentiell, um die Bremsungen zum richtigen Zeitpunkt einzuleiten. Ist die Verzögerung stärker als erwartet, könnten Verspätungen entstehen, weil zu lange mit niedrigen Geschwindigkeiten gefahren wird. Ist die Verzögerung demgegenüber schwächer als angenommen, entsteht eine Betriebsgefahr, weil die Fahrzeuge z. B. nicht rechtzeitig zum Halten kommen (Verfehlung von Signalen oder Bahnsteigen). Die Auslegung der Bremse soll deshalb so erfolgen, dass die Fahrzeuge unabhängig vom Schienenzustand immer „gleich gut" bremsen.

Tab. 7.3 Grenzwerte für den bei Bremsen ausnutzbaren Kraftschluss gemäß europäischem Regelwerk (auszugsweise Wiedergabe ohne Gewähr, Stand: 03/2023)

Fahrzeugart	Regelwerk	τ_{max}	Bedingungen
Lokomotiven	DIN EN 14198	0,15	$v \geq 30\,km/h$
		0,20	Elektrodynamische Bremse
		>0,20	Elektrodynamische Bremse mit separatem Betätigungsorgan
		0,12	Feststellbremse
Reisezugwagen	DIN EN 14198	0,15	$v \geq 30\,km/h$
		0,11	Scheibenbremsen ohne Gleitschutzeinrichtung, $v_{max} \leq 150\,km/h$
		0,12	Feststellbremse
Güterwagen	DIN EN 14198	0,15	$v \geq 30\,km/h$
		0,12	Ohne Gleitschutzeinrichtung
		0,12	Feststellbremse
Triebzüge	DIN EN 16185-1	0,15	$v \geq 30\,km/h$, Fahrzeuge mit mehr als 7 Radsätzen
		0,13	$v \geq 30\,km/h$, Fahrzeuge mit maximal 7 Radsätzen
		>0,20	Elektrodynamische Bremse
Hochgeschwindigkeitszüge	DIN EN 15734-1	0,15	Allgemein, $30\,km/h \leq v \leq 200\,km/h$
		$-0,00033 \cdot v + 0,2167$	Allgemein, $200\,km/h < v \leq 350\,km/h$
		0,13	Fahrzeuge mit maximal 7 Radsätzen und $30\,km/h \leq v \leq 200\,km/h$
		$-0,00033 \cdot v + 0,1967$	Fahrzeuge mit maximal 7 Radsätzen und $200\,km/h < v \leq 200\,km/h$
		0,17	Fahrzeuge mit mindestens 20 Radsätzen und $30\,km/h \leq v \leq 200\,km/h$
		$-0,00033 \cdot v + 0,2367$	Fahrzeuge mit mindestens 20 Radsätzen und $200\,km/h < v < 350\,km/h$
Straßenbahnen	TR Br	0,33	Vorbehaltlich des praktischen Nachweises der Einhaltung geforderter Bremswege

Schutzziel 3: Vermeidung von hohem Verschleiß und Radsatzschäden Die Bremsen sollen so ausgelegt sein, dass verschleißfreie Bremsen hoch ausgenutzt werden können. Für elektrodynamische Bremsen, bei denen sich der Radsatzschlupf ähnlich wie beim Antreiben sehr gut regeln lässt, wird deshalb in den Regelwerken eine höhere Kraftschlussausnutzung zugelassen als bei den Druckluftbremsen.

Die Entstehung von Flachstellen sowie von Rad- bzw. Werkstoffschädigungen durch örtliche Überhitzung, wie sie im Falle des Gleitens der Räder auf den Schienen oder bei zu starker Abbremsung auftreten können, soll jedoch unbedingt verhindert werden.

Der ausnutzbare Kraftschluss ist eine stochastische Größe, die örtlich und zeitlich stark schwanken kann. Trotz einer regelwerkskonformen Auslegung kann es in Ausnahmefällen dazu kommen, dass sich im Betrieb bei ungünstigen Bedingungen Kraftschlussverhältnisse einstellen, die entsprechende Kompensationsmaßnahmen erfordern. Eine ausreichend dimensionierte Sandstreuanlage ist deshalb vor allem bei Triebfahrzeugen und Steuerwagen fester Bestandteil der Fahrzeugausrüstung.

Reibwerte von Bremssohlen und -belägen

Die Reibwerte von Bremssohlen und -belägen unterliegen komplexen Abhängigkeiten und sind stark von den verwendeten Werkstoffen bzw. Werkstoffmischungen abhängig. Die drei wichtigsten Abhängigkeiten sind die der Fahrzeuggeschwindigkeit proportionale lokale Gleitgeschwindigkeit zwischen Bremssohle und Rad bzw. Bremsscheibe und -belag, die lokale Temperatur der Reibpartner sowie die Flächenpressung in der Reibpaarung. Abb. 7.28 stellt die Verläufe der Reibwerte als Funktion der genannten drei Einflussgrößen beispielhaft für zwei verschiedene Scheibenbremsbeläge dar. Wenngleich die konkreten Abhängigkeiten von der tatsächlichen stofflichen Zusammensetzung der Bremsbeläge oder -sohlen abhängen mögen, lassen sich anhand der gezeigten Diagramme doch prinzipielle Zusammenhänge illustrieren.

So ist ein Anstieg der Reibwerte im unteren Geschwindigkeitsbereich für mechanische Radbremsen nicht unüblich. Dies macht sich beispielsweise bei Vollbremsungen durch einen deutlich wahrnehmbaren Anhaltruck bemerkbar. Erfahrene Triebfahrzeugpersonale lösen die Bremse deshalb im Falle von Betriebsbremsungen kurz vor dem Stillstand aus, um so die Bremskraft auf den letzten Metern vor dem Stillstand zu reduzieren und ein möglichst komfortables (ruckarmes) Anhalten zu gewährleisten.

Der Haftreibungsbeiwert der Reibpaarung ist stets von den Gleitreibungswerten abzugrenzen, damit die für die Stillstandssicherung notwendigen Hand- oder Federspeicherbremsen richtig dimensioniert werden können.

Die deutliche Abnahme der Reibwerte bei hohen Temperaturen spielt insbesondere dann eine Rolle, wenn es in kurzer Zeit zu vielen aufeinander folgenden Bremsungen aus höheren Geschwindigkeiten kommt, oder Beharrungsbremsungen in langgezogenen Gefällestrecken durchgeführt werden müssen. Die nachlassende Bremswirkung wird in der Praxis mit dem englischen Begriff des *Fadings* (eng. to fade: abklingen, schwinden, nachlassen) beschrieben. Das Bremsregime ist deshalb bei der Auslegung der Bremsen sowie der damit ein-

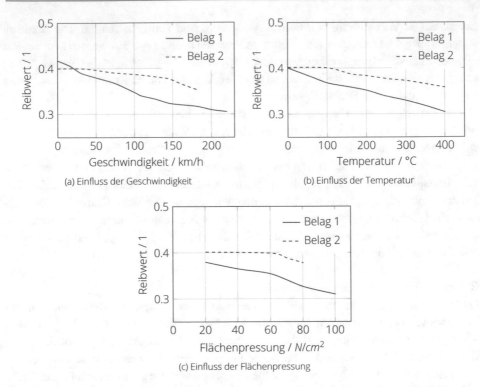

Abb. 7.28 Abhängigkeit des Reibwertes von Scheibenbremsbelägen von Geschwindigkeit, Temperatur und Flächenpressung. (Quelle: Becorit GmbH)

hergehenden Wahl der Sohlen- oder Belagssorten zu antizipieren und der Nachweis gegen unzulässige Erwärmung ist rechnerisch oder gestützt auf Versuche zu erbringen.

Die mittlere Flächenpressung ergibt sich aus der Klotz- oder Belagsanpresskraft, wenn diese auf die nominelle Reibfläche bezogen wird, die sich aus der Geometrie der Reibmittel ergibt. Generell reagieren Bremssohlen oder -beläge mit einer Verringerung des Reibwertes, wenn die Anpresskräfte erhöht werden. Da die Reibwerte aber nicht in demselben Maße verfallen, wie die Kräfte erhöht werden, ist die Erhöhung der Anpresskräfte innerhalb gewisser Grenzen trotzdem eine probate Strategie, um die Bremskraft zu erhöhen (siehe auch Seiten 323 und 337).

Bei realen Bremsungen überlagern sich die genannten und in Abb. 7.28 dargestellten Effekte, da es in den Reibzonen lokal zu sehr hohen Temperaturen und Flächenpressungen kommen kann. So ist durch Versuche nachgewiesen, dass die Bremsausgangsgeschwindigkeit einen Einfluss auf das Reibwertniveau hat, da bei hohen Bremsausgangsgeschwindigkeiten zunächst eine sehr hohe Reibleistung generiert wird und damit eine temporär starke Erwärmung der Reibungszone erfolgt.

Ihre optimale Verzögerungswirkung erzielen Bremssohlen und Bremsbeläge dann, wenn sich ihre effektive Kontaktfläche mit dem jeweiligen Gegenpart der theoretisch möglichen (geometrischen) Berührfläche annähert. Insbesondere bei neuen Bremsen kommt nur ein geringer Teil von Bremssohle bzw. -belag tatsächlich mit der Radlauffläche bzw. der Bremsscheibe in Berührung, wodurch örtlich hohe Flächenpressungen und Temperaturspitzen entstehen. Neue Bremsen müssen sich deshalb „einschleifen", damit sich das sogenannte Tragbild der Sohlen bzw. Beläge verbessert. Bremsversuche zur Bestimmung des Bremsvermögens der Fahrzeuge dürfen per Definition nur mit eingeschliffenen Bremsen durchgeführt werden.

Im Falle von starkem Regen kann es dazu kommen, dass die Reibflächen der mechanischen Bremsen mit Wasser benetzt werden und so eine Zwischenschicht in das Tribosystem eingebracht wird, die die effektiven Reibwerte herabsetzen kann. Noch ungünstiger kann sich Schnee bei Klotzbremsen auswirken, wenn dieser während der Fahrt nicht aus dem Spalt zwischen Bremssohle und Radlaufflächen herausgebracht werden kann und dort einen Eiskeil bildet, der die Bremsleistung signifikant herabsetzt. Diese insbesondere in Skandinavien während der Wintermonate bei Güterwagen mit Verbundstoff-Bremssohlen verschiedentlich aufgetretenen Phänomene stellen eine Herausforderung bei der Weiterentwicklung der Reibpaarungen dar.

Wie bereits erwähnt wurde, stellt der Werkstoff der Bremssohlen und -beläge einen wichtigen Einflussfaktor auf das Reibverhalten der mechanischen Bremsen und damit auf das Bremsverhalten der Züge dar. Bei Schienenfahrzeugen mit Klotzbremsen dominierten lange Zeit Grauguss-Bremssohlen, weil diese einfach und preiswert in der Herstellung sowie in hohem Maße standardisiert waren. Die Reibwerte von Grauguss-Bremssohlen weisen eine ausgeprägte Abhängigkeit von Geschwindigkeit und Flächenpressung auf, wie Abb. 7.29 illustriert. Charakteristisch ist ein Verhalten, bei dem der Reibwert ausgehend von der Bremsausgangsgeschwindigkeit etwas absinkt, um dann bei geringen Geschwindigkeiten (< 40 km/h) stark anzusteigen.

Der große Nachteil von Grauguss-Bremssohlen besteht darin, dass sie die Räder polygonisieren. Die genauen Mechanismen für diesen Vorgang werden u. a. in [75] erläutert. Die Konsequenz der Polygonisierung der Räder ist eine starke Geräuschentwicklung während der Fahrt (Rollgeräusche). Der Einsatz von Graugussbremssohlen wurde daher in Deutschland und anderen Ländern Europas im Zuge der Lärmsanierung der Eisenbahnen staatlicherseits verboten. Seither kommen bei klotzgebremsten Fahrzeugen vor allem Verbundstoffbremssohlen (manchmal auch als Kunststoffbremssohlen bezeichnet) zum Einsatz.

Verbundstoffbremssohlen sind so aufgebaut, dass in eine (meist organische) Trägersubstanz verschiedene Zusätze integriert werden, um das Reibwertverhalten der Sohlen-Radlaufflächen-Paarung gezielt zu beeinflussen. Die genaue chemische Zusammensetzung ist dabei das Betriebsgeheimnis der Hersteller. Allen üblicherweise verwendeten Verbundstoffsohlen gemein ist eine im Vergleich zu Grauguss-Sohlen deutlich geringer ausgeprägte Abhängigkeit des Reibwertes von der Geschwindigkeit, wie Abb. 7.30 am Beispiel zweier verschiedener Verbundstoffsohlenqualitäten zeigt.

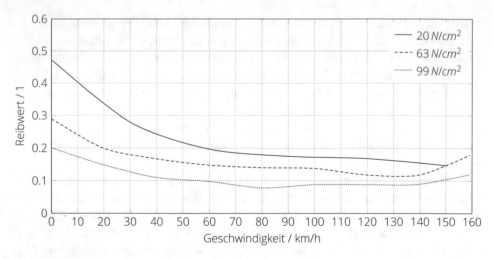

Abb. 7.29 Wertebereich der Reibwerte von Grauguss-Bremssohlen über der Geschwindigkeit in Abhängigkeit von der Flächenpressung, zitiert nach [9, 94]

Es sind drei verschiedene Kategorien von Verbundstoffbremssohlen entwickelt worden, die im Folgenden kurz charakterisiert werden:

- *K-Sohlen,* bestimmt für den Einsatz in Neubau-Fahrzeugen mit Klotzbremsausrüstung (v. a. Güterwagen) mit einem Reibwertniveau von $\mu = 0,25 - 0,30$,
- *LL-Sohlen,* entwickelt als Ersatz für Graugusssohlen bei Bestandsfahrzeugen (Lärmsanierung) mit einem Reibwertniveau von $\mu = 0,10 - 0,15$,
- *L-Sohlen,* entwickelt für den Einsatz in klotzgebremsten Reisezugwagen, Lokomotiven und Triebzügen mit einem Reibwertniveau von $\mu = 0,15 - 0,25$ (in Deutschland kaum relevant, da genannte Fahrzeuge zum größten Teil über Scheibenbremsen verfügen).

Während das Verhalten von Grauguss-Bremssohlen sehr umfassend erforscht und mit Hilfe empirischer Reibwertgleichungen auch hinreichend genau beschreibbar war, ist der Einsatz von Verbundstoffsohlen an zahlreiche Versuche und eine umfangreiche Nachweisführung geknüpft. Aufgrund der Vielzahl möglicher chemischer Zusammensetzungen der Bremssohlen ist eine Verallgemeinerung der Reibwertverläufe recht schwierig geworden. Die Anforderungen, die bei der Auslegung und Prüfung von Verbundstoffsohlen zu berücksichtigen sind, werden in der DIN EN 16452:2019-16 festgelegt. Diese enthält unter anderem Toleranzbänder für die Reibwerte in Abhängigkeit von Bremskonfiguration (z. B. einseitige vs. zweiseitige Radabbremsung, geteilte vs. zweifach geteilte Bremsklötze), Geschwindigkeit und Klotzkraft, innerhalb derer sich zulassungsfähige Produkte bewegen müssen. Diese Toleranzbänder sind in Abb. 7.31 für K-Sohlen bei beidseitig mit zweifach geteilten Bremsklötzen abgebremste Räder dargestellt.

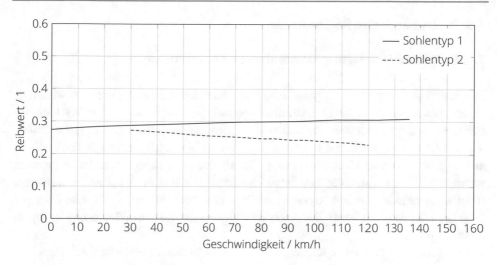

Abb. 7.30 Reibwerte von Verbundstoff-Bremssohlen (K-Sohlen), zitiert nach Datenblattangaben

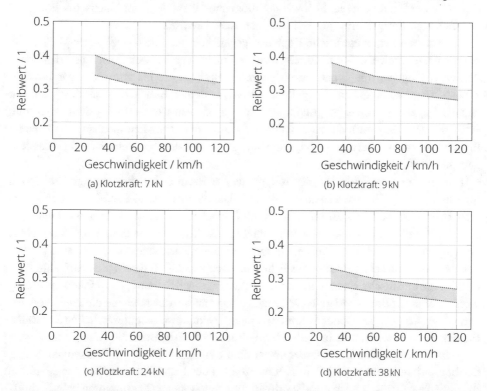

Abb. 7.31 Toleranzbänder für die Reibwerte von K-Sohlen für beidseitig abgebremste Räder mit doppelt geteilten Bremsklötzen in Abhängigkeit von Bremsklotzkraft und Geschwindigkeit gemäß DIN EN 16452:2015 (Auszug)

7.9   Dynamische Radbremsen

7.9.1 Charakterisierung Dynamischer Radbremsen

Neben den in dem vorangegangenen Abschnitt behandelten Druckluftbremsen wirken bei angetriebenen Schienenfahrzeugen häufig zusätzlich dynamische Bremsen auf die Radsätze. Das Grundprinzip dieser Bremsen besteht darin, den Leistungsfluss der Antriebe umzukehren und die kinetische Energie des Fahrzeuges wieder in elektrische Energie (elektrodynamische Bremsen) oder kinetische Energie des Hydrauliköls (hydrodynamische Bremsen) zu wandeln. Dieser Wandlung folgt entweder eine weitere Wandlung in thermische Energie (Bremswiderstände oder hydrodynamischer Retarder) oder, im besten Fall, eine Rückspeisung der Energie in das Fahrleitungsnetz oder elektrische Speicher (elektrische Rekuperationsbremse).

Die Vorteile dynamischer Radbremsen liegen in der Verschleißfreiheit der Bremsmomenterzeugung, der kurzen Bremsansprech- und Bremsaufbauzeit, der guten Regelbarkeit (im Falle moderner Fahrzeuge) sowie der möglichen Wandlung von kinetischer Energie in eine nutzbare Energieform (nur elektrodynamische Bremse).

Dem stehen zwei wesentliche Nachteile gegenüber, die mittels geeigneter Maßnahmen kompensiert werden müssen. Einerseits ist es nicht oder fallweise nur mit erheblichem Aufwand möglich, mit dynamischen Bremsen Bremskräfte bis zum oder gar im Fahrzeugstillstand zu erzeugen. Im Falle elektrodynamischer Bremsen ist es durch entsprechende Regelungsansätze möglich, auch bei sehr kleinen Geschwindigkeiten (< 5 km/h) eine Bremswirkung aufrecht zu erhalten, es werden aber trotzdem mechanische Bremsen für die Stillstandssicherung benötigt, um jederzeit einen sicheren Betrieb der Fahrzeuge zu gewährleisten.

Ein zweiter Schwachpunkt elektrodynamischer Bremsen ist ihre Verfügbarkeit. Während mechanische Bremsen so ausgelegt sind, dass die thermische Energie von den Rädern oder Bremsscheiben bzw. Bremssohlen oder Bremsbelägen aufgenommen wird und diese sich dabei stark erwärmen können, wird bei dynamischen Bremsen immer eine Möglichkeit benötigt, die während des Bremsens freigesetzte Energie aufzunehmen. Dies sind im Falle der elektrodynamischen Bremse das Fahrleitungsnetz und, falls dieses nicht aufnahmefähig ist oder die elektrische Energie nicht mit der notwendigen Spannung und Frequenz erzeugt werden kann, die Bremswiderstände. Letztgenannte müssen ausreichend dimensioniert werden (Begrenzung: Masse oder Volumen) und ggf. gekühlt werden (zusätzliche Kühlerlüfter für den Bremswiderstand). Im Falle der hydrodynamischen Bremsen sind die thermische Kapazität der Ölmenge im Retarder sowie die Leistungsfähigkeit der Fahrzeugkühlanlage der begrenzende Faktor. In jedem Fall müssen bei der Beurteilung der Leistungsfähigkeit dynamischer Bremsen nicht nur die primären Energiewandler (Fahrmotoren bzw. hydrodynamische Retarder) betrachtet werden, sondern der gesamte mit diesen verbundene Leistungsfluss. Ist dieser gestört (etwa durch den Ausfall der Fahrleitungsspannung, oder Überhitzung von Bremswiderständen bzw. des Hydrauliköls) können keine Bremskräfte erzeugt werden. Der Betrieb von Vollbahnfahrzeugen ohne entsprechende Rückfallebenen für solche Fälle (z. B. in Gestalt der Druckluftbremse) ist deshalb nicht zulässig, auch wenn aus ökonomischen Gründen immer eine weitgehende Einbindung und Ausnutzung der dynamischen Bremsen angestrebt wird (vgl. Abschn. 7.11).

7.9.2 Elektrodynamische Bremsen

Die Umkehrung des Leistungsflusses in den Fahrmotoren elektrischer Triebfahrzeuge zum Zweck der Erzeugung von Bremskräften wird bei der Eisenbahn seit Jahrzehnten praktiziert. Die Leistungsfähigkeit der elektrodynamischen Bremsen ist dabei von der Bauart der Fahrmotoren, dem Vorhandensein geeigneter Leistungselektronik zur Spannungs- und Frequenzstellung, der Dimensionierung der Bremswiderstände sowie der Aufnahmefähigkeit des Fahrleitungsnetzes abhängig.

Ein vollständiger Vierquadrantenbetrieb der Fahrmotoren ist erst seit der Einführung der Drehstromantriebstechnik in ihrer heutigen Bauweise möglich geworden. Bei elektrischen Triebfahrzeugen mit konventioneller Antriebstechnik (Einphasen-Reihenschlussmotoren) gab es stets eine deutliche Diskrepanz zwischen der Leistungsfähigkeit der Maschinen im Motor- vs. Generatorbetrieb.

Die Abb. 7.33 enthält eine Darstellung der elektrodynamisch generierbaren Bremskräfte in Abhängigkeit der Geschwindigkeit für verschiedene Elektrolokomotiven. Elektrische Triebfahrzeuge mit konventioneller Wechselstromantriebstechnik (BR 111 und BR 143 in Abb. 7.33) erreichen hinsichtlich ihrer Leistungsfähigkeit der elektrodynamischen Bremsen nicht das Niveau der Drehstromtriebfahrzeuge. Zudem muss die Bremskraft auch schon bei höheren Geschwindigkeiten abgeregelt werden (BR 111: unterhalb 55 km/h, BR 143: unterhalb 60 km/h) damit die Fahrmotorströme und damit die Erwärmung der Fahrmotoren beim Bremsen im unteren Geschwindigkeitsbereich nicht zu groß wird. Bei höheren Geschwindigkeiten konnte eine Auslegung auf konstante Bremskraft (BR 111) oder nahezu konstante Bremsleistung (BR 143) erreicht werden. Dies lässt sich jedoch nicht verallgemeinern (vgl. Bremskraftverläufe der elektrodynamischen Bremskräfte in den Zusatzmaterialien zur Kap. 3, verfügbar auf SpringerLink).

Bei Fahrzeugen mit Drehstromantriebstechnik (in Abb. 7.33: BR 120 und BR 193) ist die Bremskraftentwicklung auf $F_{B,ED,\text{max}} = 150\,\text{kN}$ limitiert. Die Begrenzung erfolgte in Deutschland, weil es Bedenken gab, die Zuglängsdynamik insbesondere in engen Gleisbögen andernfalls nicht mehr zu beherrschen. Es stand dabei die Befürchtung im Raum, dass der ungebremst auf ein zu stark elektrodynamisch gebremstes Triebfahrzeug auflaufende Wagenzug unter bestimmten Bedingungen Kräfte erzeugen könnte, die zu einer Entgleisung führen. Die Begrenzung der elektrodynamischen Bremse ist nicht unumstritten und wird in anderen Ländern so nicht praktiziert.

Die Bremskräfte von 150 kN können von den Drehstromlokomotiven so lange erzeugt werden, bis die Grenzleistung für das elektrische Bremsen erreicht ist. Diese liegt bei der im

Beispiel aufgeführten BR 120 (siehe Abb. 7.33) bei ca. 3,3 MW und im Falle der BR 193 bei 6,4 MW. Drehstromlokomotiven sind zudem in der Lage, elektrodynamische Bremskräfte fast bis zum Fahrzeugstillstand zu erzeugen; eine Abregelung der Bremskraft erfolgt erst im Geschwindigkeitsbereich v < 10 km/h.

Bei elektrischen Triebzügen ist eine Begrenzung der elektrodynamischen Bremskraft aufgrund des verteilten Antriebes und der dadurch deutlich reduzierten längsdynamischen Effekte nicht notwendig, wie Abb. 7.34 zeigt. Vielmehr ist die elektrodynamische Bremse bei dieser Fahrzeugkategorie die bevorzugte Betriebsbremse, weil sich so bei Bremsvorgängen der Verschleiß im Vergleich zum Einsatz mechanischer Bremsen deutlich reduzieren lässt und Energie in das Fahrleitungsnetz zurückgespeist werden kann. Es existieren zudem Triebzüge (besonders für Einsätze im Nahverkehr mit kurzen Haltestellenabständen), bei denen die Auslegung der Fahrmotoren so erfolgte, dass die Bremsleistung größer als die Traktionsleistung ist.

Für die heute üblichen Triebfahrzeuge mit Drehstromantriebstechnik lässt sich verallgemeinernd zusammenfassen, dass deren elektrodynamischen Bremsen einen Bremskraftverlauf über der Geschwindigkeit $F_{B,ED}(v)$ aufweisen, der fahrdynamisch abschnittsweise wie in Abb. 7.32 dargestellt modelliert werden muss, wobei nicht alle Abschnitte bei allen Fahrzeugen auftreten müssen.

Bremskraft im Abregelbereich ($v_4 \leq v < v_3$):

$$F_{B,ED} = F_{B,ED,\max} \cdot \frac{v - v_4}{v_3 - v_4} \qquad (7.26)$$

Bremskraft an der Leistungsgrenze ($v_2 \leq v < v_1$):

$$F_{B,ED} = F_{B,ED,\max} \cdot \frac{v_2}{v} \qquad (7.27)$$

Bremskraft im Feldschwächebereich ($v_1 \leq v \leq v_{\max}$) – falls vorhanden:

$$F_{B,ED} = F_{B,ED,\max} \cdot \frac{v_2 \cdot v_1^2}{v^2} \qquad (7.28)$$

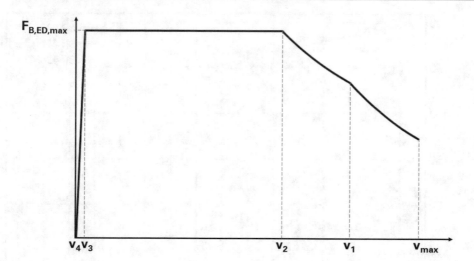

Abb. 7.32 Verallgemeinerter Bremskraftverlauf elektrodynamischer Bremsen (Drehstromantriebs-technik) über der Geschwindigkcit

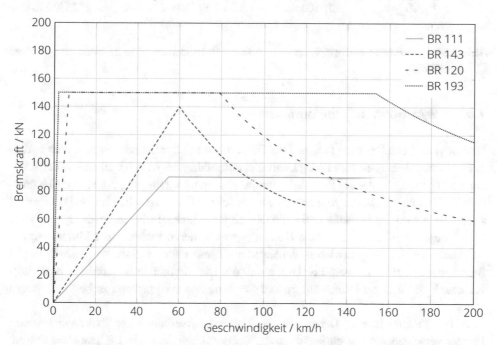

Abb. 7.33 Bremskraft-Geschwindigkeits-Verläufe der elektrodynamischen Bremsen verschiedener Elektrolokomotiven

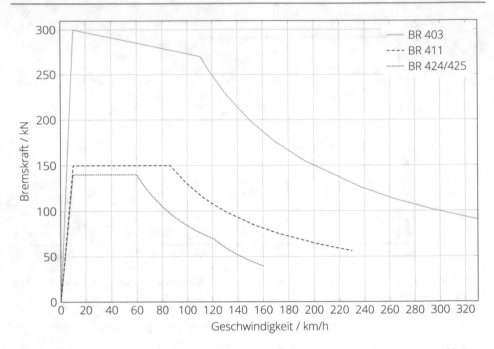

Abb. 7.34 Bremskraft-Geschwindigkeits-Verläufe der elektrodynamischen Bremsen verschiedener Elektrotriebzüge

7.9.3   Hydrodynamische Bremsen

Hydrodynamische Bremsen kommen bei Fahrzeugen mit hydromechanischen oder hydrodynamischen Antrieben zum Einsatz. Ihre Leistungsfähigkeit wird vor allem von der Kühlanlage begrenzt, die das im Retarder während des Bremsvorganges stark erhitzte Hydrauliköl kühlen muss. Da die Kühlanlage bei Dieseltriebfahrzeugen durch den Dieselmotor angetrieben wird, ist es häufig nötig, die Dieselmotordrehzahl während hydrodynamischer Bremsungen anzuheben, damit die Kühlanlage (d. h. deren Pumpen und Lüfter) mit der erforderlichen Leistung betrieben werden kann. Diese Fahrzeuge weisen deshalb in den Bremsphasen ggf. einen vom Leerlaufbetrieb des Dieselmotors abweichenden Kraftstoffverbrauch auf, was bei Berechnungen und Simulationen entsprechend zu berücksichtigen wäre.

Abb. 7.35 enthält eine Darstellung des Bremskraftverlaufes der hydrodynamischen Bremse verschiedener Dieseltriebfahrzeuge. Bei der Gmeinder D 180 BB handelt es sich um eine dieselhydraulische Lokomotive für den schweren Rangier- und leichten Streckendienst, während die BR 612 dieselhydraulische Triebzüge für den Regionalverkehr und die BR 640 Dieseltriebwagen für den Nahverkehr sind.

Die Bremskraftverläufe weisen typischerweise drei klar voneinander abgegrenzte Geschwindigkeitsintervalle auf. Bei hohen Geschwindigkeiten erfolgt die Bremsung mit konstanter Bremsleistung (abhängig von der Kühlleistung der Kühlanlage). Ferner existiert ein

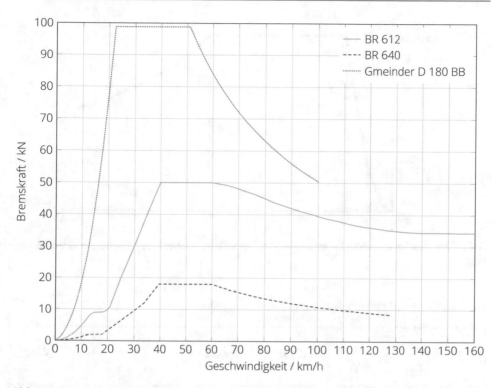

Abb. 7.35 Bremskraft-Geschwindigkeits-Verläufe der hydrodynamischen Bremsen verschiedener Dieseltriebfahrzeuge

Geschwindigkeitsintervall, in dem mit konstanter Bremskraft gebremst wird. Dieses Geschwindigkeitsintervall liegt häufig zwischen 40 und 60 km/h. Dies hat auch damit zu tun, dass besonders steile Streckenabschnitte, in denen die hydrodynamische Bremse potentiell als Regulierungsbremse (Beharrungsbremse) zum Einsatz kommen kann, häufig Geschwindigkeitsbegrenzungen aufweisen, die sich in dem erwähnten Geschwindigkeitsintervall bewegen. Bei kleinen Geschwindigkeiten fällt die hydrodynamische Bremskraft in etwa entlang einer Parabel ab und wird im Stillstand zu Null.

Verallgemeinert lassen sich hydrodynamische Bremsen fahrdynamisch nach dem in Abb. 7.36 dargestellten Schema modellieren. Für die einzelnen Geschwindigkeitsintervalle ergeben sich die nachfolgend aufgeführten mathematischen Zusammenhänge.

Bremskraft im Abregelbereich ($0 \leq v < v_2$):

$$F_{B,EH} = F_{B,EH,\max} \cdot \frac{v^2}{v_2^2} \tag{7.29}$$

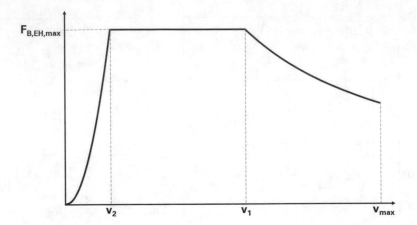

Abb. 7.36 Verallgemeinerter Bremskraftverlauf hydrodynamischer Bremsen über der Geschwindigkeit

Bremskraft an der Leistungsgrenze ($v_1 \leq v < v_{max}$):

$$F_{B,EH} = F_{B,EH,max} \cdot \frac{v_1}{v} \tag{7.30}$$

7.10   Schienenbremsen

7.10.1 Magnetschienenbremsen

Magnetschienenbremsen dienen der Erzeugung zusätzlicher Bremskräfte, wenn die radgebundenen Bremskräfte nicht ausreichen, um die erforderliche Bremsverzögerung zu erzielen. Dies ist bei Schnellbremsungen der Fall, kann aber auch bei Vollbremsungen nötig sein, wenn Züge aus Geschwindigkeiten zwischen 140 und 160 km/h innerhalb des Vorsignalabstandes zum Stillstand gebracht werden müssen.

Die Bremswirkung von Magnetschienenbremsen beruht auf der Erzeugung tangentieller Reibkräfte zwischen den Schienenköpfen und der Polschuhe der Magnetschienenbremse. Letztgenannte sind bei Vollbahnfahrzeugen in der Regel als Gliedermagnet ausgeführt (vgl. Abb. 7.37a), bei Fahrzeugen des städtischen Schienenpersonennahverkehrs jedoch als Starrmagnet (vgl. Abb. 7.37c).

Wie aus der schematischen Darstellung in Abb. 7.37b erkennbar ist, hängt die Größe der erzeugten Bremskraft von der Normalkraft (Anpresskraft) der Magnete gegen den Schienenkopf sowie dem Gleitreibwert μ_{Mg} zwischen der Magnetschienenbremse und dem Schienen-

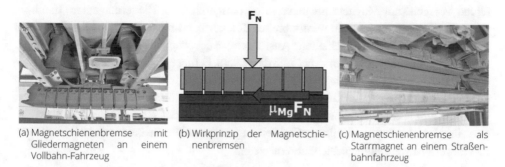

(a) Magnetschienenbremse mit Gliedermagneten an einem Vollbahn-Fahrzeug

(b) Wirkprinzip der Magnetschienenbremsen

(c) Magnetschienenbremse als Starrmagnet an einem Straßenbahnfahrzeug

Abb. 7.37 Ausprägungen und Wirkprinzip der Magnetschienenbremsen von Schienenfahrzeugen

kopf ab. Beide Faktoren unterliegen verschiedenen, konstruktions- und betriebsbedingten Einflüssen, die im Folgenden kurz zusammengetragen werden:

- Geometrie und Bauart der Polschuhe,
- Werkstoff der Polschuhe (Stahl, Grauguss oder Sintermaterial),
- Verschleißzustand der Polschuhe (Geometrie, Materialablagerungen),
- Höhe des Magnetisierungsstroms,
- Gestaltung des magnetischen Flusses (Schluss des Magnetkreises über den Schienenkopf),
- Gleitgeschwindigkeit auf den Schienenköpfen,
- Gleislagequalität und Art der Aufhängung der Magnetschienenbremse.

Die erreichbaren Normalkräfte betragen in Abhängigkeit der Länge und der Bauart der Polschuhe üblicherweise zwischen 30 und 108 kN je Magnet [7].

Die Gesamtbremskraft der Magnetschienenbremsen im Fahrzeug(-verband) ergibt sich aus der Summe der Bremskräfte aller dort vorhandenen Magnetschienenbremsen:

$$F_{B,Mg,ges} = z_{Mg} \cdot F_{B,Mg}. \tag{7.31}$$

Die Bremskraft der einzelnen Magnetschienenbremse lässt sich auf den folgenden einfachen mathematischen Zusammenhang reduzieren (vgl. auch Abb. 7.37b):

$$F_{B,Mg} = F_{N,Mg} \cdot \mu_{Mg}. \tag{7.32}$$

Der Reibwert zwischen Magnetschienenbremse und Schienenkopf ist als stochastische Größe aufzufassen und wird erfahrungsgemäß von den Witterungsbedingungen nur wenig beeinflusst [7].

In der Literatur lassen sich verschiedene Darstellungen des Reibwertverlaufes über der Geschwindigkeit finden. Die Deutsche Bundesbahn führte in den 1980er Jahren umfangreiche Versuche mit Magnetschienenbremsen (ausgeführt als Gliedermagneten) durch, in deren Ergebnis Hendrichs ein relativ breites Toleranzband für den Verlauf der Reibwerte publizierte [43–45], das verschiedene Ausführungen der Magnetschienenbremsen abbildet. Das genannte Streuband wird in Abb. 7.38 dargestellt. Ferner enthält die genannte Abbildung Angaben der Firma Knorr zum ebenfalls in Versuchen ermittelten mittleren Reibwerten von Magnetschienenbremsen in Glieder- bzw. Starrmagnetausführung [7].

Gralla gibt in einem Fachbuch für Eisenbahnbremstechnik [38] die folgenden Gleichungen zur Abschätzung der mittleren Gleitreibungsbeiwerte für die beiden unterschiedlichen Ausführungen von Magnetschienenbremsen an.

- mittlerer Reibwert von Magnetschienenbremsen mit Starrmagneten

$$\mu_{Mg} = 0{,}777 \cdot v^{-0{,}534} \tag{7.33}$$

- mittlerer Reibwert von Magnetschienenbremsen mit Gliedermagneten

$$\mu_{Mg} = 0{,}361 \cdot v^{-0{,}265} \tag{7.34}$$

Auch diese beiden Gleichungen werden in graphischer Form in Abb. 7.38 wiedergegeben.

Es ist deutlich erkennbar, dass der Reibwert zwischen den Bremsmagneten und den Schienenköpfen bei kleinen Geschwindigkeiten progressiv ansteigt, was einen starken Anhalteruck zur Folge hat. Es ist deshalb im Bereich der Eisenbahnen nach EBO üblich, die Wirksamkeit der Magnetschienenbremsen auf Geschwindigkeiten über 50 km/h zu begrenzen.

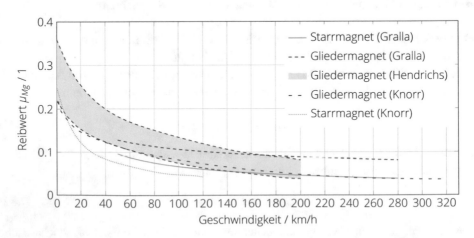

Abb. 7.38 Reibwertverläufe von Magnetschienenbremsen über der Fahrzeuggeschwindigkeit, zitiert nach [7, 38, 43]

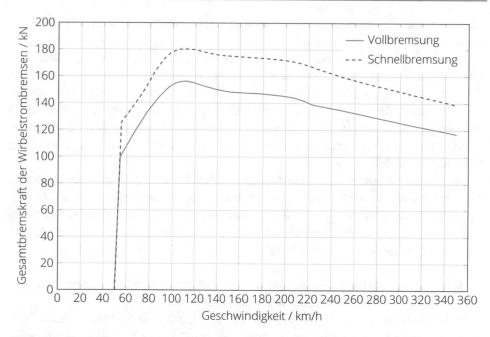

Abb. 7.39 Bremkraftverlauf der Wirbelstrombremsen im ICE 3 [36]

7.10.2 Lineare Wirbelstrombremsen

Im Gegensatz zu Magnetschienenbremsen stellen lineare Wirbelstrombremsen eine eher exotische Form der Bremsausrüstung dar. In Deutschland kommen sie derzeit nur bei der Flotte des ICE 3 sowie des ICE 3neo zur Anwendung und ihr Einsatz ist weitgehend auf die Schnellfahrstrecken von Frankfurt nach Köln bzw. von Nürnberg nach Ingolstadt begrenzt.

Im Rahmen dieses Buches wird deshalb nur der fahrdynamisch relevante Verlauf der Bremskraft in Abhängigkeit der Fahrzeuggeschwindigkeit wiedergegeben (siehe Abb. 7.39). Für weitergehende Informationen zu Wirkungsweise, Betrieb und Randbedingungen für den Einsatz linearer Wirbelstrombremsen sei an dieser Stelle auf die einschlägige Fachliteratur verwiesen [26, 27, 36].

7.11 Zusammenwirken mehrerer Bremssysteme

Die in den voranstehenden Kapiteln charakterisierten Bremssysteme kommen häufig nicht isoliert zum Einsatz, sondern sie sollen im Bremsbetrieb möglichst so zusammenarbeiten, dass die Vorteile jedes Systems möglichst gut ausgeschöpft werden können. Während im Schienengüterverkehr durch die Notwendigkeit, möglichst preiswerte und robuste Fahrzeuge zu bauen, die klassische Druckluftbremse dominiert und höchstens die elektrodynamische Bremse der Lokomotive genutzt werden kann, ist die Situation im Schienenpersonenverkehr um einiges komplexer.

Schienenfahrzeuge des Personenverkehrs weisen heute in der Regel mehr als ein Bremssystem auf. Dies ist einerseits auf die hohen gefahrenen Geschwindigkeiten zurückzuführen, die, insbesondere im Segment des Hochgeschwindigkeitsverkehrs, ein einzelnes Bremssystem hinsichtlich der erforderlichen Leistungsfähigkeit überfordern würden. Andererseits wird angestrebt, die Fahrzeuge möglichst lärm- und verschleißarm abzubremsen und dabei einen möglichst großen Anteil der kinetischen Energie der Fahrzeuge wieder in elektrische Energie zu wandeln.

Den anspruchsvollsten Auslegungsfall stellen Schnellbremsungen aus hohen Geschwindigkeiten dar, bei denen alle verfügbaren Bremsen so zusammenarbeiten müssen, dass ein möglichst hohes Verzögerungsniveau über dem gesamten infragekommenden Geschwindigkeitsintervall erreicht werden kann. Im Gefahrenfall gilt es, so schnell wie möglich den Bereich hoher Geschwindigkeiten und damit großer pro Zeiteinheit zurückgelegter Wege zu verlassen.

Abb. 7.40 zeigt den Verzögerungsverlauf, der sich für einen ICE 3 maximal erreichen lässt sowie die Anteile der einzelnen Bremsausrüstungen an der Gesamtverzögerung.

Hohe Verzögerungen sind das Resultat großer Bremskräfte, die bei hohen Geschwindigkeiten zu sehr großen Bremsleistungen führen. Die Abb. 7.41 und 7.42 zeigen dies beispielhaft für zwei unterschiedliche Generationen von ICE-Zügen. Es wird deutlich, dass die summierte Bremsleistung die installierte Antriebsleistung um ein Vielfaches übertrifft. Rufen wir uns in Erinnerung, dass es bei den ICE-Zügen zwar durchaus antriebslose Drehgestelle gibt, aber kein einziger Radsatz ungebremst ist, sondern, im Gegenteil, jeder Laufradsatz mit drei oder vier Energiewandlern (Bremsscheiben) ausgestattet ist, wird dieser Sachverhalt plausibel. Es kommt hinzu, dass die Wegstrecke, die zum Aufbau hoher Geschwindigkeiten benötigt wird, wesentlich länger ist als die akzeptablen Bremswege und damit die Wegstrecke zum Abbau derselben Geschwindigkeit.

Die vergleichende Betrachtung von Abb. 7.41 und 7.42 macht einerseits deutlich, welchen Einfluss die Zugmasse (ICE 1: ca. 800 t vs. ICE 3: ca. 400 t) auf die erforderliche Bremsleistung hat. Andererseits wird aber auch deutlich, wie stark der Anteil verschleißloser Bremsen an der Bremsleistung bei der neueren dritten Generation der ICE-Züge im Vergleich zu den ursprünglichen Fahrzeugen gesteigert werden konnte.

Bei den heutigen Fahrzeugen wird das Zusammenwirken der verschiedenen Bremssysteme auf Zugebene durch die elektronische Bremssteuerung koordiniert. Die von den Triebfahrzeugpersonalen in der Regel über die Auslenkung eines (Fahr-)Bremshebels vorgegebene Verzögerungsanforderung wird im Falle von Betriebsbremsungen durch die Bremssteuerung so umgesetzt, dass folgender Logik Rechnung getragen wird: regeneratives und verschleißfreies Bremsen vor verschleißfreiem Bremsen vor verschleißbehafteten Bremsen.

Die Abb. 7.43 und 7.44 illustrieren die erwähnten Zusammenhänge am Beispiel des ICE 3.

Letztgenannte Abbildung zeigt, dass der Anteil der Scheibenbremsen im Falle von Betriebsbremsungen minimiert werden kann, wenn ein Einsatz der linearen Wirbelstrom-

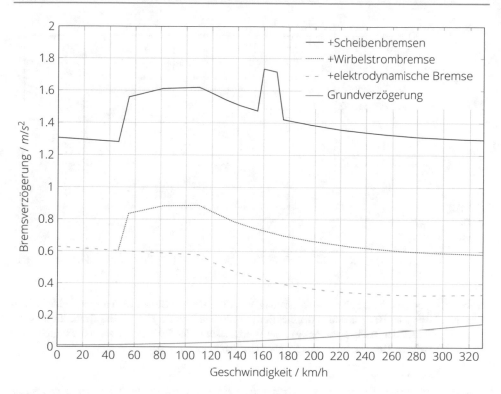

Abb. 7.40 Summierte Bremsverzögerung bei der größtmöglichen Ausnutzung des Bremsvermögens aller drei Bremssysteme des ICE 3, zitiert nach [36]

bremse möglich ist. Da dies in der Praxis jedoch auf den meisten Strecken, auf denen die ICE 3-Züge verkehren nicht möglich ist, muss die in Abb. 7.44 kenntlich gemachte Leistungsdifferenz zwischen Gesamtbremsleistung und Leistung der elektrodynamischen Bremse häufig doch von den Scheibenbremsen generiert werden.

Abb. 7.43 zeigt das in der Bremssteuerung hinterlegte Betriebsbremsverzögerungskennfeld [41], das jeder durch den Bremsbetätigungshebel angewählten diskreten Bremsstufe eine Soll-Verzögerungskurve zuweist. Die Bremsen im Zug werden dann rechnergestützt so angesprochen, dass eine möglich gleichmäßige Verteilung der Bremskräfte im Zugverband erfolgt und die elektrodynamische und dort, wo es möglich ist, auch die Wirbelstrombremse optimal ausgenutzt werden. Im Falle von Betriebsbremsungen wird der Hauptluftleitungsdruck nicht mehr unmittelbar durch den Bremshebel variiert, sondern es folgt eine computergesteuerte Ausregelung des Hauptluftleitungsdruckes in der Art, dass die Ist-Verzögerung möglichst vollumfänglich der Soll-Verzögerung entspricht.

Höhe und Verlauf der Soll-Verzögerungen werden maßgeblich durch die Sicherungstechnik beeinflusst. Bis zu einer streckenseitig zulässigen Geschwindigkeit von 160 km/h wird im deutschen Netz klassisch signalgeführt, abgesichert durch die punktförmige Zugbe-

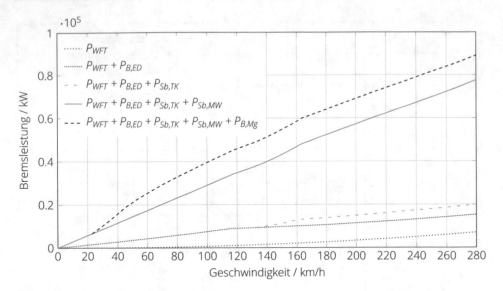

Abb. 7.41 Akkumulierte Schnellbremsleistung des ICE1, als Summe aus: der Fahrzeugwiderstands-
leistung P_{WFT}, der Bremsleistung der elektrodynamischen Bremse $P_{B,ED}$, der Bremsleistung der
Scheibenbremsen der Triebköpfe $P_{Sb,TK}$, der Bremsleistung der Scheibenbremsen der Mittelwagen
$P_{Sb,MW}$ sowie der Bremsleistung der Magnetschienenbremse $P_{B,Mg}$

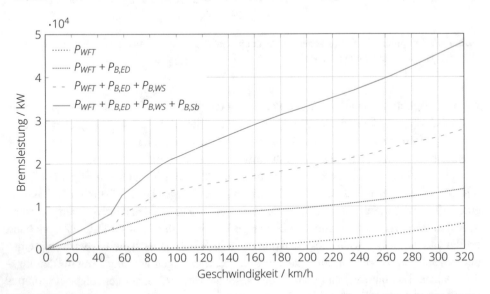

Abb. 7.42 Akkumulierte Schnellbremsleistung des ICE3, als Summe aus: der Fahrzeugwiderstands-
leistung P_{WFT}, der Bremsleistung der elektrodynamischen Bremse $P_{B,ED}$, der Bremsleistung der
Wirbelstrombremsen $P_{B,WS}$ sowie der Bremsleistung der Scheibenbremsen $P_{B,Sb}$

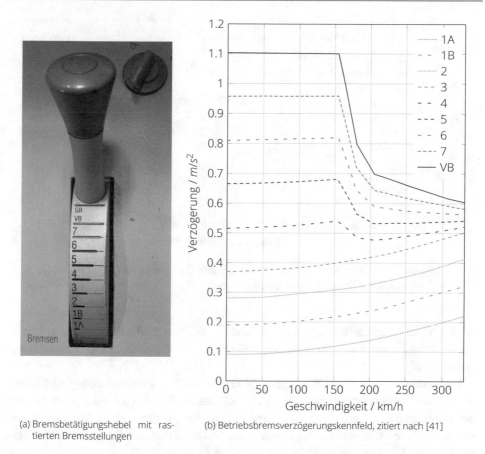

(a) Bremsbetätigungshebel mit rastierten Bremsstellungen

(b) Betriebsbremsverzögerungskennfeld, zitiert nach [41]

Abb. 7.43 Bremsbetätigung eines ICE 3 mit Bezug zu dem in der Bremssteuerung hinterlegten Verzögerungskennfeld für Betriebsbremsungen

einflussung (PZB), gefahren. Die in Deutschland üblichen Vorsignalabstände erfordern im Falle einer Vollbremsung eine Verzögerung von $1,1\,\mathrm{m/s^2}$ (vgl. Abb. 7.43). Ist eine Geschwindigkeit von mehr als 160 km/h zulässig, ist zwingend eine linienförmige Zugbeeinflussung (LZB oder ein gleichwertiges ETCS-System) erforderlich, das eine Vorschau von deutlich mehr als 1000 m erlaubt. Ein solches System bietet über die Führerstandssignalisierung eine kontinuierliche Information darüber, welche Geschwindigkeit momentan unter Berücksichtigung der Weglänge bis zum nächsten Halt zulässig ist. Für die Berechnung der hinterlegten Bremskurven werden dabei deutlich geringere mittlere Verzögerungen zugrunde gelegt, als im signalgeführten System mit 1000 m Vorsignalabstand nötig sind. Die Soll-Verzögerung kann deshalb im oberen Geschwindigkeitsbereich deutlich abgesenkt werden, im vorliegenden Fall auf $0,6\,\mathrm{m/s^2}$ bei 330 km/h (vgl. Abb. 7.43). Um bei Bremsungen aus hohen Geschwindigkeiten einen komfortablen (ruckarmen) Übergang von dem niedrigen

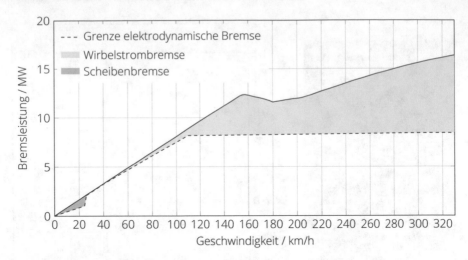

Abb. 7.44 Aufteilung der Bremsleistung auf die drei zur Verfügung stehenden Bremssysteme des ICE 3 bei einer mittleren Betriebsbremsstufe, zitiert nach [17]

auf das höhere Verzögerungniveau zu erreichen, wurde ein gradueller Übergang der Soll-Verzögerungskurven im Bereich von ca. 160–250 km/h entsprechend dieser Anforderung gestaltet. [41].

Die neue Generation von ICE-Zügen (ICE 4) weist eine ähnliche Auslegungsphilosophie für die Betriebsbremse auf, wenngleich bei diesen Zügen wieder die „konventionellen" Bremsausrüstungen elektrodynamische Bremse, Scheibenbremse und Magnetschienenbremse zum Einsatz kommen. Eine lineare Wirbelstrombremse ist nicht vorhanden (mangels zugelassener Strecken, die damit befahren werden könnten).

7.12 Bremswegberechnung

7.12.1 Vorbemerkungen zur Bremswegberechnung

Die Berechnung von Bremswegen ist ein sehr komplexer Vorgang, der in Abhängigkeit der fahrdynamischen Fragestellung soweit vereinfacht werden muss, dass die Ergebnisse hinreichend genau sind. Folgende grundlegende Fragen müssen dazu geklärt werden:

1. Werden Betriebsbremsungen oder Schnellbremsungen betrachtet?
2. Ist die Ermittlung der Länge des Bremsweges das alleinige Ziel der Berechnung oder ist auch der Verlauf der Bremsung in Abhängigkeit von Zeit und Weg relevant?

3. Ist die Betrachtung des Zuges als Punktmasse bzw. Massenband ausreichend oder spielen Wechselwirkungen der gebremsten Fahrzeuge (Pufferkräfte, Längsschwingungen) im Zugverband eine Rolle?
4. Welche Bremssysteme kommen zum Einsatz, gibt es ein zugweites Bremsmanagement (siehe Abschn. 7.11) und welche technischen Daten liegen für die Berechnung vor?
5. Spielt die Ermittlung des Energieumsatzes während der Bremsung eine Rolle, weil z. B. die Rekuperation von Bremsarbeit oder der Eintrag von thermischer Energie in die Räder/Bremsscheiben untersucht werden soll?
6. Sollen bremstechnische Restriktionen (z. B. Bremskurven), die durch die streckenseitige Sicherungstechnik vorgegeben werden, bei der Berechnung mit berücksichtigt werden?

Die Wahl der Berechnungsmethoden für Bremsungen richtet sich nach der Beantwortung dieser Fragen. Prinzipiell stehen dynamische, kinematische und empirische Ansätze zur Verfügung, wie Abb. 7.45 verdeutlicht. Bevor diese Ansätze diskutiert werden, sollen noch die Herausforderungen bei der Modellierung von Betriebsbremsungen diskutiert werden.

Während sich das Schnellbremsvermögen der Schienenfahrzeuge häufig recht gut kennlinienbasiert abschätzen lässt und die Grundlage für die betriebliche Bremsberechnung bildet (siehe Abschn. 7.13), sind die für fahrdynamische Berechnungen meist wesentlich relevanteren Betriebsbremsungen im Detail deutlich schwerer abbildbar. Dies liegt in der Tatsache begründet, das Betriebsbremsungen in hohem Maße subjektiven Einflüssen unterliegen, wie Abb. 7.46 verdeutlicht. Es sind dort drei reale Betriebsbremsungen einander gegenübergestellt, die am gleichen Ort (Einfahrt in einen Bahnhof) bei vergleichbaren Randbedingungen von drei unterschiedlichen Triebfahrzeugführern durchgeführt worden sind.

Allen drei aufgeführten Bremsungen ist gemein, dass die Reduktion der Geschwindigkeit ausgehend von der Bremsausgangsgeschwindigkeit bis auf ein Niveau von knapp unter 70 km/h recht schnell erfolgt. Dies ist konsistent mit dem Ansatz des „defensiven Bremsens", wie er den Triebfahrzeugpersonalen anempfohlen wird, um die Verfehlung von Bahnsteigen oder gar Signalen zu verhindern.

Im Geschwindigkeitsintervall von ca. 70 km/h bis zum Stillstand weisen die drei in Abb. 7.46 jedoch signifikante Unterschiede auf. Bei „Fahrt 3" wird das Verzögerungsniveau weitgehend aufrecht erhalten und erst bei knapp 20 km/h erfolgt ein Auslösen der Bremse, bevor dann kurz vor dem Erreichen des Fahrzeughalteplatzes noch einmal die Bremskraft erhöht wird. Im Unterschied dazu wird die Bremse bei den Fahrten 1 und 2 bereits oberhalb von 60 km/h ausgelöst und mit verminderter Verzögerung weitergefahren. Im Falle von Fahrt 1 erfolgt dann eine verstärkte Verzögerung von 50 auf 10 km/h, bevor die Bremse erneut ausgelöst und dann sehr sanft bis zum Halt abgebremst wird. Im Falle der Fahrt 2 wurde hingegen die Verzögerung zunächst gesteigert, dann nochmal verringert und am Ende wieder erhöht, sodass ein vergleichsweise abrupter Übergang in den Fahrzeugstillstand stattfand.

Anhand dieses Beispiels wird deutlich, dass der „Fahrstil" der Triebfahrzeugpersonale einen großen Einfluss auf den Verlauf der Betriebsbremsungen hat. Betriebsbremsungen sind entweder Weg-Ziel-Bremsungen (einfachster Fall: Halt an der „H-Tafel" im Bahnhof)

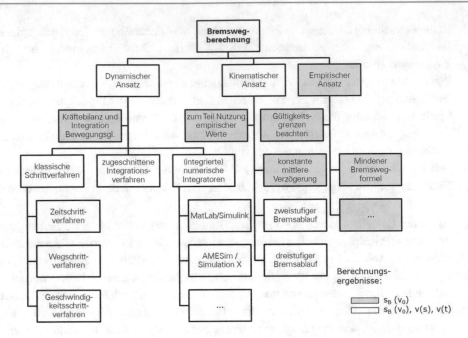

Abb. 7.45 Verfügbare Ansätze zur Ermittlung der Bremswege von Schienenfahrzeugen

oder kombinierte Geschwindigkeits- und Wegzielbremsungen (Einhalten einer bestimmten Geschwindigkeit ab einem bestimmten Wegpunkt), bei denen Bremseinsatzpunkt und gewähltes Verzögerungsniveau von vielen Einflüssen abhängen, die in fahrdynamischen Berechnungen oft nicht berücksichtigt werden können.

Sofern es nicht das Ziel ist, explizit Bremsstrategien und deren Auswirkungen, etwa auf den Zeitbedarf oder das Rekuperationspotential bei der Nutzung elektrodynamischer Bremsen, zu erkunden, wird deshalb in fahrdynamischen Berechnungen häufig mit gemittelten Betriebsbremsverzögerungen gerechnet.

Hinsichtlich der mittleren Bremsverzögerungen wird unterschieden in die *zeitbezogene* mittlere Verzögerung $b_{m,t}$ und *wegbezogene* mittlere Verzögerung $b_{m,s}$. Diese sind wie folgt definiert:

$$b_{m,t} = \frac{v_0 - v_1}{t}, \tag{7.35}$$

$$b_{m,s} = \frac{v_0^2 - v_1^2}{2s}. \tag{7.36}$$

Verzögerungen werden mit b bezeichnet und sind definiert als negative Beschleunigungen:

$$b = -a. \tag{7.37}$$

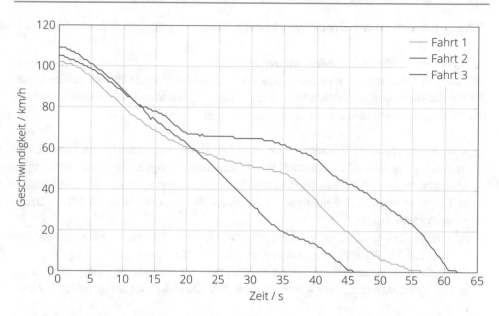

Abb. 7.46 Vergleich verschiedener Betriebsbremsungen am selben Ort, durchgeführt von verschiedenen Triebfahrzeugführern

Tab. 7.4 Typische mittlere Betriebsbremsverzögerungen für verschiedene Zugarten

Zugart	$b_{m,s}$
Güterzug	$0{,}25 \ldots 0{,}40 \, \text{m/s}^2$
Nahverkehrszug	$0{,}40 \ldots 0{,}60 \, \text{m/s}^2$
Fernverkehrszug	$0{,}40 \ldots 0{,}60 \, \text{m/s}^2$
Straßen-/Stadt-/S-/U-Bahn	$0{,}80 \ldots 1{,}00 \, \text{m/s}^2$

Diese Vereinfachung hat den Vorteil, dass das negative Vorzeichen nur dann angegeben und berücksichtigt werden muss, wenn es auch wirklich benötigt wird.

Für Bremsungen ist in der Praxis nahezu ausschließlich die *wegbezogene mittlere Bremsverzögerung* relevant. Die für Betriebsbremsung anzusetzenden mittleren Verzögerungen hängen von der Zugart und der jeweiligen Bremsausrüstung ab. Tab. 7.4 enthält Anhaltswerte für die verschiedenen Zugarten. In welchem Bereich der angegebenen Wertespektren sich ein konkreter Zug oder ein konkretes Fahrzeug bewegt, muss von Fall zu Fall abgeschätzt werden. Die an den Fahrzeugen angeschriebenen Bremsgewichte (siehe Abschn. 7.13) können Orientierung geben, weil sie das Schnellbremsvermögen widerspiegeln, das die obere Grenze der erreichbaren Bremsverzögerungen definiert.

Auf Basis dieser mittleren Bremsverzögerungen ist eine rein kinematische Betrachtung von Bremsabläufen möglich, die im folgenden Abschnitt vorgestellt wird.

7.12.2 Kinematische Bremswegberechnung

Analyse des zeitlichen Ablaufes von Bremsungen

Bei kinematischen Bremswegberechnungen ist es zunächst einmal sinnvoll, den zeitlichen Ablauf der Bremsungen zu definieren. Gemäß Abb. 7.47 lassen sich vier Abschnitte identifizieren, die im Folgenden kurz charakterisiert werden.

- Reaktionszeit t_R = die Zeitspanne zwischen der Wahrnehmung der Notwendigkeit, eine Bremsung einleiten zu müssen und der tatsächlichen Betätigung der Bedienungsorgane (Annahmen: $t_R = 1$ s bei aufmerksamem Triebfahrzeugpersonal mit Blick auf Strecke und $t_R = 3$ s unter Berücksichtigung dienstlicher Handlungen (Blick auf EBula, Bedienung Zugfunk, u. a.)),
- Ansprechzeit t_A = die Zeitspanne zwischen der Betätigung der Bedienelemente und dem Aufbau von 5 % der endgültigen Bremsverzögerung (Annahme: $t_A = 1{,}5$ s [90]),
- Schwellzeit t_S = die Zeitspanne zur Entwicklung der Bremsverzögerung von 5 % der endgültigen/maximalen Verzögerung bis auf 95 % der endgültigen/maximalen Verzögerung

Die Schwellzeit ist eine Funktion von Zuglänge und Bremsbauart (pneumatische Bremse vs. ep-Bremse) und wird maßgeblich von der Durchschlagszeit (des Bremssignals über die Zuglänge) sowie der eingestellten Bremsart (R/P vs. G) beeinflusst. Wende gibt in [90] folgende Anhaltswerte für die Schwellzeit in Abhängigkeit der Zuglänge l_Z (Angabe in Metern) an:

- Züge mit ep-Bremse: Schwellzeit ≈ Füllzeit des ersten Bremszylinders (ca. 4 s) – trifft heute auf den größten Teil der Reisezüge zu
- Züge ohne ep-Bremse und ohne Schnellentlüftungsventil mit einer Gesamtzuglänge bis 300 m:

$$t_S \approx 4 + \frac{l_Z}{150} \tag{7.38}$$

- Züge ohne ep-Bremse und ohne Schnellentlüftungsventil mit einer Gesamtzuglänge über 300 m:

$$t_S \approx \frac{l_Z}{50} \tag{7.39}$$

Einer der beiden letztgenannten Kategorien lassen sich die heute üblicherweise verkehrenden Güterzüge zuordnen.

Nachdem nun der prinzipielle Ablauf einer Bremsung geklärt ist, werden daraus konkrete Bremsablaufmodelle abgeleitet, die dann mit den entsprechenden kinematischen Gleichungen zur Berechnung von Bremszeiten und Wegen genutzt werden können. Im einfachsten Fall wird das zweiteilige Bremsmodell verwendet und wenn das zu kurz greift, steht das

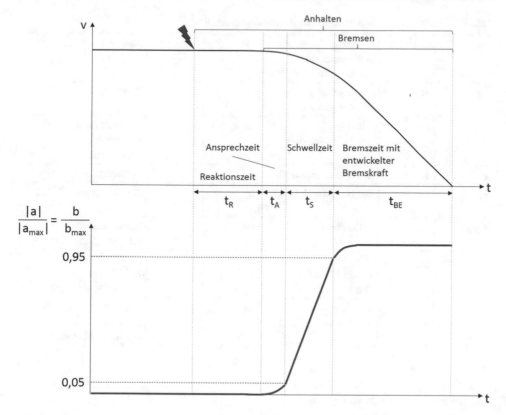

Abb. 7.47 Vereinfachte Darstellung des zeitlichen Ablaufes von Bremsungen

dreiteilige Bremsablaufmodell mit linearer oder nicht linearer Entwicklung der Verzögerung über der Zeit zur Verfügung.

Zum besseren Verständnis der in den folgenden Abschnitten dargestellten Gleichungen für das zwei- und das dreiteilige Bremsablaufmodell werden die dort verwendeten Variablen in Tab. 7.5 zusammengestellt.

Zweiteiliges Bremsablaufmodell

Das zweiteilige Bremsablaufmodell stellt eine starke Vereinfachung des Bremsvorganges dar, bei der die Bremsverzögerung mittels einer Sprungfunktion angenähert wird (siehe Abb. 7.48). Die Schwellzeit t_S wird in diesem Modell jeweils zur Hälfte der ungebremsten Zeit t_U und der Bremszeit t_B zugeschlagen:

$$t_U = t_A + \frac{1}{2} t_S. \tag{7.40}$$

Tab. 7.5 Variablen für die kinematische Bremswegberechnung

b_E	m/s^2	Bremsverzögerung bei vollentwickelter Bremskraft	t_A	s	Ansprechzeit
b_G	m/s^2	Grundverzögerung im Fahrzeugauslauf	t_B	s	Bremszeit
b_m	m/s^2	mittlere Bremsverzögerung	$t_{B,E}$	s	Bremszeit mit vollentwickelter Bremskraft
κ	1	Kennlinienexponent	t_S	s	Schwellzeit
l_Z	m	Zuglänge (inkl. Lok)	t_U	s	Zeit der ungebremsten Fahrt
s_B	m	Bremsweg	v_0	m/s	Bremsausgangsge-schwindigkeit
$s_{B,E}$	m	Weg bei vollentwickelter Bremskraft	v_A	m/s	Geschwindigkeit am Beginn des Schwellabschnittes
s_U	m	Weg der ungebremsten Fahrt	v_S	m/s	Geschwindigkeit am Ende des Schwellabschnittes

Die Bremszeit t_B ergibt sich so zu:

$$t_B = t_U + t_{B,E} = t_A + \frac{1}{2}t_S + \frac{v_0}{b_E}. \tag{7.41}$$

Der Bremsweg kann schließlich über die folgende Gleichung ermittelt werden:

$$s_B = s_U + s_{B,E} = v_0 t_U + \frac{v_0^2}{2b_E} \tag{7.42}$$

Rechenbeispiel: zweiteiliges Bremsablaufmodell

Ein Zug verkehrt mit einer Geschwindigkeit von 120 km/h (33,3333 m/s) und soll auf einer Distanz von $s_B = 900$ m bis zum Stillstand gebremst werden.

1. Welche entwickelte Bremsverzögerung muss dabei erreicht werden, wenn eine Ansprechzeit t_A von 1,5 s sowie eine Schwellzeit t_S von 6 s angenommen werden können?

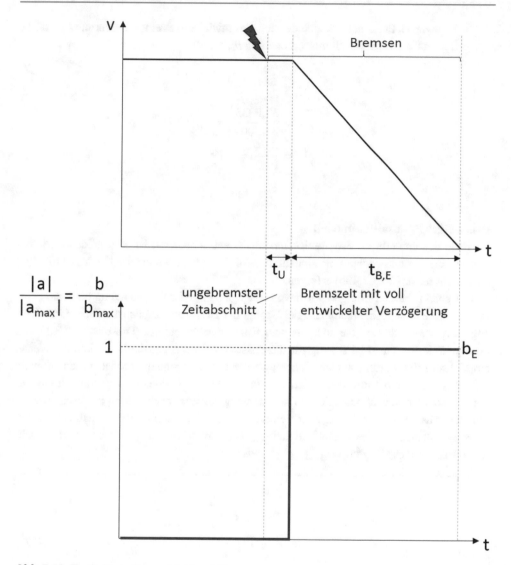

Abb. 7.48 Zweiteiliges Bremsablaufmodell

$$s_B = v_0 t_U + \frac{v_0^2}{2b_E}$$

$$= v_0 \cdot (t_A + 0{,}5t_S) + \frac{v_0^2}{2b_E}$$

$$2b_E s_B = 2b_E v_0 \cdot (t_A + 0{,}5t_S) + v_0^2$$

$$b_E = \frac{v_0^2}{2\left[s_B - v_0\left(t_A + 0{,}5t_S\right)\right]}$$

$$= \frac{33{,}3333^2}{2\left[900 - 33{,}3333\left(1{,}5 + 0{,}5 \cdot 6\right)\right]}$$

$$b_E = 0{,}74 \, \text{m/s}^2$$

2. Um wieviel Prozent unterscheidet sich die entwickelte Bremsverzögerung b_E von der nominellen mittleren Bremsverzögerung b_m?

$$b_m = \frac{v_0^2}{2s_B}$$

$$= \frac{33{,}3333^2}{1800} = 0{,}62\,\text{m/s}^2$$

$$\frac{b_E}{b_m} = \frac{0{,}74}{0{,}62} = 1{,}19$$

◄

Dreiteiliges Bremsablaufmodell

Im Falle des dreiteiligen Bremsablaufmodells (siehe Abb. 7.49) ist entscheidend, wie der Anstieg der Bremsverzögerung modelliert wird. Dies kann einerseits linear (Abb. 7.49a) oder nicht linear (Abb. 7.49b) erfolgen.

Bei beiden Modellierungen wir davon ausgegangen, dass das Fahrzeug bzw. die Fahrzeuge während der Ansprechphase bei Beginn der Bremsung zunächst mit der Grundverzögerung b_G verkehren, die sich aus dem Fahrwiderstand ergibt. Diese ist mit Hilfe der fahrdynamischen Grundgleichung für die Phase des Fahrzeugauslaufs ermittelbar. Wende empfiehlt in [90] mit konstantem Fahrzeugwiderstand zu rechnen und dabei die nominelle Fahrzeugwiderstandskraft anzusetzen, die sich ergibt, wenn eine Geschwindigkeit von 2/3 der Bremsanfangsgeschwindigkeit in die Fahrzeugwiderstandsgleichung eingesetzt wird.

Für den Ansprechabschnitt ergeben sich die im Folgenden aufgeführten mathematischen Zusammenhänge für die Geschwindigkeit v_A nach Ablauf der Ansprechzeit und dem währenddessen zurückgelegten Weg s_A.

$$v_A = v_0 - b_G t_A \qquad\qquad (7.43)$$

$$s_A = v_0 t_A - \frac{1}{2} b_G t_A^2 \qquad\qquad (7.44)$$

Im Falle einer Modellierung des Schwellabschnittes mit einem linearen Verzögerungsaufbau wird dann mit den untenstehenden Gleichungen weitergerechnet, bis die maximale Bremsverzögerung erreicht ist.

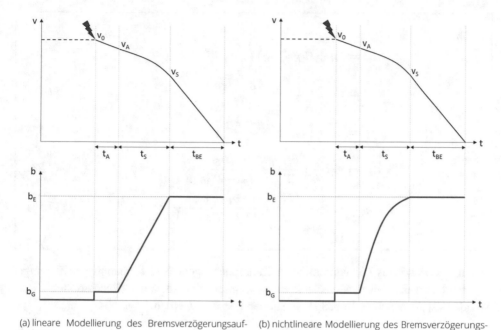

(a) lineare Modellierung des Bremsverzögerungsauf-
baus

(b) nichtlineare Modellierung des Bremsverzögerungs-
aufbaus

Abb. 7.49 Dreiteiliges Bremsmodell

$$b(t) = b_G + (b_E - b_G)\,\frac{t}{t_S} \tag{7.45}$$

$$v(t) = v_A - \left(b_G t + \frac{b_E - b_G}{2t_S}t^2\right) \tag{7.46}$$

$$v_S = v_A - \left(\frac{b_G + b_E}{2}\right)t_S \tag{7.47}$$

$$s(t) = v_A t - \left(\frac{b_G}{2}t^2 + \frac{b_E - b_G}{6t_S}t^3\right) \tag{7.48}$$

$$s_S = v_A t_S - \left(\frac{2b_G + b_E}{6}\right)t_S^2 \tag{7.49}$$

Analog gelten für die Modellierung des Schwellabschnittes mit nicht-linearem Verzögerungsaufbau die folgenden Gleichungen.

$$b(t) = b_G + (b_E - b_G) \left(\frac{t}{t_S} \right)^\kappa \tag{7.50}$$

$$v(t) = v_A - \left(b_G t + \frac{b_E - b_G}{(\kappa + 1) t_S^\kappa} \right) t^{\kappa+1} \tag{7.51}$$

$$v_S = v_A - \left(b_G + \frac{b_E - b_G}{\kappa + 1} \right) t_S \tag{7.52}$$

$$s(t) = v_A t - \left(\frac{b_G}{2} t^2 + \frac{b_E - b_G}{(\kappa + 2)(\kappa + 1) t_S^\kappa} t^{\kappa+2} \right) \tag{7.53}$$

$$s_S = v_A t_S - \left(\frac{b_G}{2} + \frac{b_E - b_G}{(\kappa + 1)(\kappa + 2)} \right) t_S^2 \tag{7.54}$$

Der in den Gl. 7.50 bis 7.54 vorkommende Kennlinienexponent κ ist abhängig von Zuglänge, Bremsart und den bei den mechanischen Bremsen eingesetzten Reibmaterialien. Nach Wende [90] können für κ folgende Annahmen getroffen werden.

- Züge mit annähernd homogenem Bremskraftaufbau im Zugverband, wie bei einer ep-Bremse und/oder dem Ansprechen von Schnellentlüftungsventilen und/oder einem kompletten Zug in Bremsstellung G: $\kappa = 1$
- Bremsstellung P/R mit anderen Reibmaterialien aus Verbundstoff oder Sintermaterial: κ ist abhängig von Zuglänge (l_Z in Metern)

$$\kappa = 1 - 0{,}6 \frac{l_Z}{1000 \, \text{m}}$$

Rechenbeispiel: dreiteiliges Bremsablaufmodell

Zug mit einer Länge von 300 m in Bremsstellung P und mit Verbundstoffsohlen bremst aus $v_0 = 120 \, \text{km/h} \, (33{,}3333 \, \text{m/s})$. Annahmen: $t_A = 1{,}5 \, \text{s}$, $t_S = 6{,}0 \, \text{s}$, $b_E = 0{,}65 \, \text{m/s}^2$, $b_G = 0{,}03 \, \text{m/s}^2$.

- Geschwindigkeit und Weg nach Ansprechen der Bremse:

$$v_A = v_0 - b_G t_A = 33{,}3333 - 0{,}03 \cdot 1{,}5 \, \text{s}$$
$$= 33{,}288 \, \text{m/s} = 119{,}8 \, \text{km/h}$$

$$s_A = v_0 t_A - \frac{1}{2} b_G t_A^2 = 33{,}3333 \cdot 1{,}5 - \frac{1}{2} \cdot 0{,}03 \cdot 1{,}5^2$$
$$= 49{,}97 = 50 \, \text{m}$$

- Geschwindigkeit und Weg am Ende der Schwellphase bei linearem Aufbau der Bremsverzögerung:

$$v_S = v_A - \left(\frac{b_G + b_E}{2}\right) t_S = 33{,}288 - \left(\frac{0{,}03 + 0{,}65}{2}\right) 6\,\mathrm{s}$$

$$= 31{,}248\,\mathrm{m/s} = 112{,}5\,\mathrm{km/h}$$

$$s_S = v_A t_S - \left(\frac{2b_G + b_E}{6}\right) t_S^2 = 33{,}288 \cdot 6 - \left(\frac{2 \cdot 0{,}03 + 0{,}65}{6}\right) 6^2$$

$$= 195{,}5\,\mathrm{m}$$

- Geschwindigkeit und Weg am Ende der Schwellphase bei nicht-linearem Aufbau der Bremsverzögerung:

$$\kappa = 1 - 0{,}6\frac{300\,\mathrm{m}}{1000\,\mathrm{m}} = 0{,}82$$

$$v_S = v_A - \left(b_G + \frac{b_E - b_G}{\kappa + 1}\right) t_S = 33{,}288 - \left(0{,}03 + \frac{0{,}65 - 0{,}03}{0{,}82 + 1}\right) 6\,\mathrm{s}$$

$$= 31{,}064\,\mathrm{m/s} = 111{,}8\,\mathrm{km/h}$$

$$s_S = v_A t_S - \left(\frac{b_G}{2} + \frac{b_E - b_G}{(\kappa + 1)(\kappa + 2)}\right) t_S^2 = 31{,}064 \cdot 6 - \left(\frac{0{,}03}{2} + \frac{0{,}65 - 0{,}03}{(0{,}82 + 1)(0{,}82 + 1)}\right) 6^2$$

$$= 179{,}1\,\mathrm{m}$$

- Bremsweg bei entwickelter Bremsverzögerung:

$$s_{B,E,\mathrm{lin}} = \frac{v_S^2}{2b_E} = \frac{31{,}248^2}{2 \cdot 0{,}65} = 751{,}1\,\mathrm{m}$$

$$s_{B,E,\mathrm{nichtlin}} = \frac{v_S^2}{2b_E} = \frac{31{,}064^2}{2 \cdot 0{,}65} = 742{,}3\,\mathrm{m}$$

- Gesamtbremswege:

$$s_{B,\mathrm{ges,lin}} = 49{,}97 + 195{,}50 + 751{,}10 = 996{,}6\,\mathrm{m}$$

$$s_{B,\mathrm{ges,nichtlin}} = 49{,}97 + 179{,}10 + 742{,}30 = 971{,}4\,\mathrm{m}$$

◀

7.12.3 Bremswegermittlung auf empirischer Basis

Neben der im voranstehenden Kapitel beschriebenen Bremswegermittlung auf kinematischer Basis erwähnt das in Abb. 7.45 enthaltene Schema zu den theoretischen Möglichkeiten der Bremswegberechnung noch die Kategorie „empirische Gleichungen". Diesen ist das folgende kurze Kapitel gewidmet. Es ist deshalb so kurz, weil die empirischen Gleichungen überwiegend aus einer Zeit stammen, als die klassische Druckluftbremse mit Klotzbremsen und Grauguss-Bremssohlen noch die dominante Art der Bremsausrüstung war. Diese Gleichungen sind auf moderne Fahrzeuge mit Verbundstoff-Bremssohlen oder computergesteuerten ep-Bremssystemen mit Scheibenbremsausrüstung nicht einfach übertragbar. Dies führt uns auch schon zum ersten wichtigen Nachteil von empirischen Bremsweggleichungen: sie gelten ausschließlich für genau definierte Randbedingungen und sind oft nur auf den ersten Blick „einfach" zu handhaben. So ist es nicht unüblich, dass empirische Gleichungen mit „Korrekturfaktoren" behaftet sind, die ihrerseits wieder mehr oder minder aufwendig ermittelt werden müssen.

Ein weiterer Nachteil besteht in der Beschränkung auf den Gesamtbremsweg als einziges Berechnungsergebnis der empirischen Gleichungen. Was für die Auslegung von Schienenfahrzeugbremsen in gewissen Grenzen praktikabel sein mag, ist es für fahrdynamische Berechnungen in der Regel nicht. Bei fahrdynamischen Berechnungen und Simulationen interessiert meistens der gesamte Bremsvorgang mit allen denkbaren Verläufen der kinematischen und dynamischen Größen ($v(s)$, $v(t)$, $s(t)$ usw.).

Die im Kontext der Bremswegermittlung in Deutschland wohl bekannteste Formel ist die *Mindener Bremsweggleichung,* die seit Anfang der 1960er Jahre existiert und den damaligen Stand der Bremstechnik widerspiegelt. Mit ihrer Hilfe lässt sich der zu erwartende Bremsweg in Abhängigkeit von Bremsausgangsgeschwindigkeit, rechnerischen Bremshundertsteln und rechnerischer Streckenlängsneigung ermitteln. Die Gleichung enthält zudem einen von der Bremsart und der Geschwindigkeit abhängigen Korrekturkoeffizienten. Da die Mindener Bremsweggleichung die Bremswege heutiger Fahrzeuge und Züge nicht mit ausreichender Genauigkeit abbilden kann, wird sie hier nur erwähnt, aber nicht im Detail aufgeführt.

Als Beispiel für empirische Bremsweggleichungen wurde eine von Jaenichen und Eske im Jahr 2015 vorgeschlagene Gleichung [48] gewählt, die zur Ermittlung der Anhaltewege von Güterzügen mit K-Bremssohlen herangezogen werden kann. Sie ist gültig unter den folgenden Randbedingungen:

- Züge mit indirekter Druckluft-**Klotzbremse mit K-Sohlen,**
- in Bremsstellung P,
- mit vorhandenen Bremshundertsteln λ zwischen 50 und 115 % sowie
- für Bremsausgangsgeschwindigkeiten v_0 von 40 bis 120 km/h und
- mittlere Neigungen von $i = \pm 33\%_o$

Die zugeschnittene Größengleichung, bei der die Variablen (nicht SI-konform) in den gebräuchlichen Einheiten km/h (Geschwindigkeit v), $\%_o$(Neigung i) und % (Bremshundertstel λ) eingesetzt werden lauten wie folgt und liefert den Anhaltweg in Metern.

$$s_B = \frac{v_0^2}{25{,}92 \left(6{,}984451 \cdot \dfrac{i}{1000} + 5{,}58355 \cdot 10^{-3} \cdot \lambda + 1{,}168 \cdot 10^{-3} \cdot v_0 \right)} \tag{7.55}$$

Rechenbeispiel: empirische Bremsweggleichung

Der Anhalteweg eines mit K-Sohlen bestückten Güterzuges, der in Bremsstellung P mit 90 Bremshundertsteln verkehrt, soll für eine Bremsausgangsgeschwindigkeit von 100 km/h in einer Steigung von 5‰ mit Hilfe der empirischen Gleichung von Jaenichen und Eske ermittelt werden.

$$
\begin{aligned}
s_B &= \frac{v_0^2}{25{,}92 \left(6{,}984451 \cdot \dfrac{i}{1000} + 5{,}58355 \cdot 10^{-3} \cdot \lambda + 1{,}168 \cdot 10^{-3} \cdot v_0 \right)} \\[2mm]
&= \frac{100^2}{25{,}92 \left(6{,}984451 \cdot 0{,}005 + 5{,}58355 \cdot 10^{-3} \cdot 90 + 1{,}168 \cdot 10^{-3} \cdot 100 \right)} \\[2mm]
&= \frac{10000}{25{,}92 \left(0{,}0349223 + 0{,}5025195 + 0{,}1168 \right)} \\[2mm]
&= 590\,\text{m}
\end{aligned}
$$

Wie verändert sich der Anhalteweg gemäß der gegebenen Gleichung, wenn statt in einer Steigung in einem Gefälle von 5 % gefahren wird?

$$
\begin{aligned}
s_B &= \frac{v_0^2}{25{,}92 \left(6{,}984451 \cdot \dfrac{i}{1000} + 5{,}58355 \cdot 10^{-3} \cdot \lambda + 1{,}168 \cdot 10^{-3} \cdot v_0 \right)} \\[2mm]
&= \frac{100^2}{25{,}92 \left(-6{,}984451 \cdot 0{,}005 + 5{,}58355 \cdot 10^{-3} \cdot 90 + 1{,}168 \cdot 10^{-3} \cdot 100 \right)} \\[2mm]
&= \frac{10000}{25{,}92 \left(-0{,}0349223 + 0{,}5025195 + 0{,}1168 \right)} \\[2mm]
&= 660\,\text{m}
\end{aligned}
$$

Der Anhalteweg wird sich wahrscheinlich um etwa 70 m verlängern. ◄

7.13 Betriebliche Bremsberechnung

7.13.1 Notwendigkeit der betrieblichen Bremsberechnung

Unter der „betrieblichen Bremsberechnung" wird im Rahmen dieses Buches der Vorgang verstanden, wie in der Praxis (also im Eisenbahnbetrieb) entschieden wird, ob das Bremsvermögen von Fahrzeugen oder Zügen ausreichend ist, um eine bestimmte Strecke mit einer bestimmten Geschwindigkeit zu befahren. Es ist vollkommen klar, dass fahrdynamische Berechnungen keine praktikable Lösung sein können, wenn es etwa darum geht, möglichst zügig zu entscheiden, ob die summierten Bremskräfte eines Zuges bei dem Ausfall einer Wagenbremse noch für einen sicheren Eisenbahnbetrieb ausreichend sind. In den voranstehenden Kapiteln ist deutlich geworden, dass Bremsberechnungen sehr komplex sein können und das Wissen um eine Vielzahl von Parametern und Variablen voraussetzen, über das die Betriebspersonale nicht verfügen können.

Es wurde deshalb im letzten Jahrhundert, nachdem sich die durchgehende Druckluftbremse bei der Eisenbahn durchgesetzt hatte, ein System entwickelt, dass es durch den Vergleich zweier Kennwerte, die sich mit Hilfe einfacher Berechnungen ermitteln lassen, möglich ist, zu entscheiden, ob das Bremsvermögen beliebiger Zugverbände ausreichend ist, oder nicht. Dieses System wird im folgenden Abschnitt in seinen Grundzügen erläutert.

7.13.2 Grundkonzept der betrieblichen Bremsberechnung

Die Grundidee der betrieblichen Bremsberechnung fußt auf einer simplen Idee: es werden die für die Befahrung einer Strecke benötigten Bremshundertstel mit den im Zug/Fahrzeug vorhandenen Bremshundertsteln verglichen. Sind die vorhandenen Bremshundertstel größer als die geforderten Bremshundertstel, kann die Strecke mit der vorgesehenen Geschwindigkeit befahren werden. Ist das Gegenteil der Fall, muss die Geschwindigkeit reduziert werden, damit das Fahrzeug oder der Zugverband sicher zum Halten gebracht werden kann. Es gilt dann auf der Strecke nicht die streckenseitig zulässige Regelgeschwindigkeit, sondern die bremstechnische Höchstgeschwindigkeit.

Die Frage, welche Bremshundertstel erforderlich sind, hängt von der Beantwortung folgender Fragen ab.

- Wie groß ist die „maßgebende Neigung" auf der zu befahrenden Strecke?
- Welcher Vorsignalabstand herrscht auf der zu befahrenden Strecke?
- Mit welcher Höchstgeschwindigkeit soll die Strecke fahrplanmäßig befahren werden?
- In welcher Bremsart (G/P/R) verkehrt der Zug auf der Strecke?

Die erforderlichen Bremshundertstel (auch als „Mindestbremshundertstel" bezeichnet) werden in sogenannten Bremstafeln hinterlegt, die es jeweils für die üblichen Vorsignalabstände (Hauptstrecken: 1000 m, Nebenstrecken: 700 m) und unterschiedlichen Bremsarten gibt. Tab. 7.6 zeigt exemplarisch einen Ausschnitt aus einer Bremstafel für einen Vorsignalabstand von 1000 m und Züge, die in den Bremsstellungen R oder P verkehren.

Dort ist ersichtlich, dass die Mindestbremshundertstel beispielsweise für eine Fahrt mit 160 km/h bei einem maßgebendem Gefälle von 5 ‰ auf der Strecke 194 % betragen. Wären die vorhandenen Bremshundertstel eines Zuges nur 150 %, müsste die Geschwindigkeit auf der vorgesehenen Strecke bremstechnisch auf 140 km/h abgesenkt werden. Erst dann wäre

Tab. 7.6 Bremstafel mit Mindestbremshundertsteln für 1000 m Bremsweg und Bremsstellung R oder P (Auszug)

Maßge-bendes Gefälle	...	zugelassene Höchstgeschwindigkeit							
		100	105	110	120	130	140	150	160
0‰	...	58	65	73	90	111	134	158	185
1‰	...	60	67	75	92	113	136	160	187
2‰	...	61	68	76	94	115	138	162	189
3‰	...	63	70	78	96	116	140	164	191
4‰	...	64	72	80	98	118	141	166	192
5‰	...	66	73	82	99	120	143	167	194
...	...	...	...	...	...	...	...	...	...
10‰	...	74	81	90	108	128	152	176	203
...	...	...	...	...	...	...	...	...	...
12‰	...	77	85	93	112	132	155	180	207
...	...	...	...	...	...	...	...	...	...
15‰	...	81	90	98	117	137	160	185	212
...	...	...	...	...	...	...	...	...	...
20‰	...	89	98	107	134	145	169	–	–
...	...	...	...	...	...	...	...	...	...
25‰	...	97	106	–	–	–	–	–	–
...	...	...	...	...	...	...	...	...	...
30‰	...	106	115	–	–	–	–	–	–

die Bedingung, dass die vorhandenen Bremshundertstel größer oder gleich der Mindestbremshundertstel sein sollen, wieder erfüllt.

Ferner kann der Tab. 7.6 (Bremstafel) die Information entnommen werden, dass Gefälle von 25‰ oder gar 30‰ bremstechnisch maximal mit 105 km/h befahren werden können.

Das *maßgebende Gefälle* muss für jede Strecke/jeden Streckenabschnitt bestimmt werden. Ihre Ermittlung ist in Deutschland durch die RiL 457.0401 geregelt. Diese definiert die maßgebende Neigung zunächst allgemein als „Neigung einer zwischen zwei Punkten angenommenen Verbindungslinie, die für diesen Streckenabschnitt den größten Höhenunterschied ergibt. Abstand und Bezugsort dieser beiden Punkte richten sich danach, für welchen Zweck die maßgebende Neigung angewendet werden soll." Für detailliertere Angaben zur Ermittlung der maßgebenden Neigung sei auf die Lektüre der RiL 457.0401 verwiesen.

Bis zu diesem Punkt wurde der Begriff der Bremshundertstel benutzt, ohne definiert zu werden. Das sei nun nachgeholt. Die Bremshundertstel λ ergeben sich aus dem Verhält-

(a) An einer elektrischen Lokomotive angeschriebene   (b) An einem Reisezugwagen angeschriebene Bremsge-
Bremsgewichte   wichte

Abb. 7.50 Anschriften für Bremsgewichte an Eisenbahnfahrzeugen

nis der an den Fahrzeugen angeschriebenen Bremsgewichte B (siehe Abb. 7.50) auf die
Fahrzeugmasse m, multipliziert mit 100 %, oder, als Gleichung ausgedrückt:

$$\lambda = \frac{B}{m} \cdot 100\,\%. \tag{7.56}$$

Da sowohl die Fahrzeugmasse, als auch die Bremsgewichte an Eisenbahnfahrzeuge angeschrieben sein müssen, ist es für die Betriebspersonale jederzeit möglich, sich über das
Bremsvermögen der Fahrzeuge zu informieren und die Bremshundertstel zu berechnen. Für
jede Zugfahrt ist ein Bremszettel zu erstellen und durch die Triebfahrzeugpersonale mitzuführen, der unter anderem die vollständigen Angaben zu Zugmasse, Gesamtbremsgewicht
und vorhandenen Bremshundertsteln enthalten muss.

Für die in Abb. 7.50a gezeigte Lokomotive ergeben sich beispielsweise in der Bremsart
R ein Bremsgewicht von 135 t und damit Bremshundertstel von 135 t/89 t = 151 %.

Die vorhandenen Bremshundertstel hängen von der Bremsstellung und dem Beladungszustand der Fahrzeuge sowie von der Anzahl der eingeschalteten Bremsen ab. So ist es
möglich, Wagen mit defekten Bremsen in einem Zugverband mitzuführen, sofern sie nicht
den Zugschluss bilden. Das Ausschalten der Bremse macht die Wagen zu „Leitungswagen",
die also den Signalfluss und Massenstrom der Druckluft in der Hauptluftleitung weiterhin
zulassen (Durchgängigkeit der Bremse bleibt erhalten), aber selbst nicht aktiv bremsen. Ihre
Masse geht in die Berechnung der Bremshundertstel nach Gl. 7.56 mit ein, ihr Bremsgewicht
darf jedoch nicht angerechnet werden.

Analog dazu ist es möglich, einen Zugverband, der ein geringes Bremsvermögen aufweist, mit „Bremswagen" zu stärken, um die verfügbaren Bremshundertstel λ erhöhen.

Da nun zwar die Frage geklärt ist, wie Bremshundertstel ermittelt werden, aber nicht,
was ein „Bremsgewicht" ist, soll das nächste Unterkapitel der Bremsbewertung gewidmet
werden, deren Ergebnis die Ermittlung der am Fahrzeug angeschriebenen Bremsgewichte
ist.

7.13.3 Die Bremsbewertung von Eisenbahnfahrzeugen

Um die Bremsbewertung von Eisenbahnfahrzeugen zu verstehen, ist es nötig, diese in den historischen Kontext einzuordnen. So ist es immer der Wunsch gewesen, das Bremsvermögen von Eisenbahnfahrzeugen mit einem „griffigen" Zahlenwert zu beschreiben. Anfang des letzten Jahrhunderts, als Güterzüge noch handgebremst verkehrten, setzte man zunächst die Anzahl der gebremsten Radsätze ins Verhältnis zur Gesamtzahl der Radsätze und erhielt so die „Achsbremshundertstel". Später wurde dazu übergegangen, die auf den gebremsten Radsätzen ruhenden Massen ins Verhältnis zu der Gesamtmasse des Zuges zu setzen und so „Gewichtsbremsprozente" zu ermitteln. [42]

Als die Aussagekraft der „Gewichtsbremsprozente" nicht mehr ausreichte, wurde ein System der Bremsbewertung entwickelt, das auf der umfangreichen Vermessung des Bremsvermögens eines Musterzuges beruhte, dem per Definition 100 Bremshundertstel zugeschrieben wurden. Mit Hilfe von „Bremsbewertungskurven", die die Bremshundertstel in Abhängigkeit von Bremsausgangsgeschwindigkeit und gemessenem Anhalteweg darstellen, wurden nun alle weiteren Fahrzeuge einheitlich und relativ zu dem genannten Musterzug bewertet. Erreicht ein Fahrzeug also mehr als 100 Bremshundertstel, bremst es „besser" als der Musterzug, erreicht es weniger als 100 Bremshundertstel, bremst es entsprechend „schlechter" als der Musterzug.

Die Bremsbewertung neuer Fahrzeuge erfolgt heute in der Regel über Bremsversuche im Rahmen der Fahrzeugzulassung, in speziellen und genau definierten Fällen ist auch ein rechnerischer Nachweis ausreichend. Die Regelungen hierzu traf über viele Jahrzehnte der Internationale Eisenbahnverband UIC im UIC-Kodex 544-1. Dieser wird in der Europäischen Union von der DIN EN 16834:2019 abgelöst, in die alle wesentlichen Regelungen der UIC überführt worden sind. Die Bremsbewertungskurven für Züge nach UIC 544-1 werden exemplarisch in Abb. 7.51 dargestellt. Wie der Abbildung zu entnehmen ist, gilt das beschriebene System nur für Bremsausgangsgeschwindigkeiten bis maximal 200 km/h. Die Bremsbewertung von Hochgeschwindigkeitszügen erfolgt basierend auf Verzögerungen und ist ebenfalls in der DIN EN 16834:2019 beschrieben.

Um eine normgerechte Bremsbewertung von Fahrzeugen oder Zügen durchzuführen, müssen die Anhaltewege aus verschiedenen Bremsausgangsgeschwindigkeiten (zwischen 100 km/h und 200 km/h, in der Regel gestuft in Schritten von 20 km/h) ermittelt und korrigiert werden, um den Einfluss der Abweichungen von den exakten Normbedingungen zu minimieren. Es müssen für jede Bremsstellung pro Bremsausgangsgeschwindigkeit mindestens 5 gültige Versuche durchgeführt werden. Aus diesen wird jeweils ein Mittelwert für den Anhalteweg ermittelt und in das Bremsbewertungsblatt eingetragen. Wenn dies für alle relevanten Bremsausgangsgeschwindigkeiten erfolgt ist, können die Punkte zu einem Kurvenzug verbunden werden. Von den so je Bremsart (P, R, R+Mg usw.) ermittelten Bremshundertsteln ist der geringste Wert auszuwählen und mit der Fahrzeugmasse zum Bremsgewicht zu verrechnen. Dieser Wert wird dann außen am Fahrzeug angeschrieben.

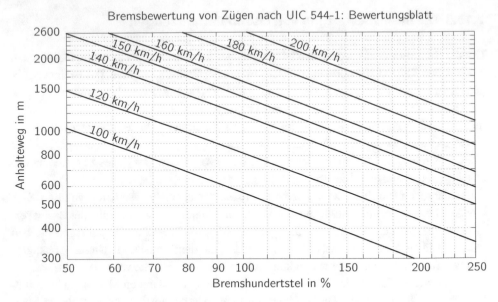

Abb. 7.51 Bremsbewertungsblatt nach UIC 544-1

Das Bremsgewicht entzieht sich leider einer physikalischen Interpretation, weshalb es am Anfang oft schwer fällt, diesen Begriff sinnvoll zu interpretieren. Der Versuch einer schlüssigen Interpretation soll hier schließlich doch unternommen werden. Vereinfacht sagt das Bremsgewicht aus, welche Masse eine Bremse abbremsen könnte, um den für 100 Bremshundertstel festgelegten Anhalteweg einzuhalten. Weist ein Fahrzeug also ein Bremsgewicht auf, das deutlich größer als seine Masse ist, bedeutet dies, dass sich bei gleicher Bremsausgangsgeschwindigkeit ein kürzerer Bremsweg ergibt, als für 100 Bremshundertstel definiert sind. Im Umkehrschluss bedeutet ein Bremsgewicht, das kleiner als die Fahrzeugmasse ist, eine Vergrößerung des Bremsweges gegenüber dem für 100 Bremshundertstel festgelegten Wert.

Das System der Bremsbewertung basiert auf Zügen, die klassisch druckluftgebremst (keine ep-Bremse) mit Klotzbremsen betrieben wurden. Dass zentrale Größen der Bewertung, wie das Bremsgewicht, sich nicht einwandfrei physikalisch herleiten lassen, wurde vielfach kritisiert und es wurden alternative Konzepte für eine Bremsbewertung auf fahrdynamischer Basis vorgestellt, die allerdings bisher nicht in dem intendierten Umfang Einzug in die Regelwerke gehalten haben. [42, 90]

7.13.4 Fahrdynamische Relevanz der betrieblichen Bremsberechnung

Für die Fahrdynamik ist die betriebliche Bremsberechnung insofern relevant, als sie einerseits erforderlich ist, um die zulässige Höchstgeschwindigkeit bei fahrdynamischen Berechnungen und Simulationen festzulegen. Diese ist immer das Minimum aus den fallweise gültigen streckenseitig zulässigen, lauftechnischen und bremstechnischen Höchstgeschwindigkeiten.

Außerdem gestatten es die an den Fahrzeugen zugänglichen Angaben zum Bremsvermögen (die angeschriebenen Bremsgewichte) Rückschlüsse über die maximale Leistungsfähigkeit der installierten Bremsausrüstung zu ziehen (Bedingung: die Höchstgeschwindigkeit der Fahrzeuge ist nicht höher als 200 km/h). Häufig liegen für fahrdynamische Berechnungen zwar Kennlinien für die elektrodynamischen Bremsen vor, aber keine detaillierte Bremsberechnung oder weitere Angaben zur Leistungsfähigkeit der Druckluftbremse. Um das Verzögerungsniveau, etwa für Betriebsbremsungen sinnvoll abschätzen zu können, kann deshalb auf das Bremsgewicht, die daraus resultierenden vorhandenen Bremshundertstel und, mit Hilfe der Bremsbewertungskurven, auf den Anhalteweg im Falle einer Schnellbremsung geschlossen werden. Aus der Bremsausgangsgeschwindigkeit und dem Anhalteweg der Schnellbremsung lässt sich sodann die mittlere Bremsverzögerung abschätzen, die im Falle von Schnellbremsungen zu erwarten ist. Die mittlere Bremsverzögerung bei Betriebsbremsungen muss entsprechend geringer angesetzt werden.

Rechenbeispiel: Verknüpfung von Fahrdynamik und Bremsbewertung

Die Fahrt eines Güterganzzuges in Bremsstellung P mit maximal 100 km/h soll simuliert werden. Ist es gerechtfertigt, für Betriebsbremsungen eine mittlere Verzögerung von $0,5 \, \text{m/s}^2$ zu veranschlagen?

- Mit Hilfe der Bremsbewertungskurven aus DIN EN 16834 lässt sich der Anhalteweg aus einer Schnellbremsung für 90 Bremshundertstel bestimmen. Die mathematische Formulierung der Bremsbewertungskurve für Züge in Bremsstellung P bei einer Bremsausgangsgeschwindigkeit von 100 km/h lautet:

$$s_B = \frac{61300}{\lambda + 8,9}.$$

- Das Einsetzen von $\lambda = 90$ in die Gleichung liefert:

$$s_B = \frac{61300}{90 + 8,9} = 619,82 \, \text{m} \approx 620 \, \text{m}.$$

- Damit ergibt sich die mittlere Verzögerung der Schnellbremsung zu:

$$b_m = \frac{v_0^2}{2 s_B} = \frac{27,7778^2 \, \text{m}^2/\text{s}^2}{2 \cdot 620 \, \text{m}} = 0,62 \, \text{m/s}^2$$

Die Annahme von $0,5 \, \text{m/s}^2$ als mittlere Betriebsbremsverzögerung erscheint realistisch, da der Wert deutlich geringer als der für die Schnellbremsung abgeschätzte ist.

◄

7.14   Verständnisfragen

1. Welche Aufgaben übernimmt die Bremse bei Schienenfahrzeugen im Allgemeinen?
2. Welche Merkmale kennen Sie, um die Bremsen von Schienenfahrzeugen zu kategorisieren?
3. Welche Arten von Bremsungen kennen Sie?
4. Was sind die typischen Bestandteile und Charakteristika einer Güterzugbremse?
5. Was sind die typischen Bestandteile und Charakteristika der Bremsausrüstung von Hochgeschwindigkeitszügen?
6. Welche Ansätze zur Berechnung von Bremswegen sind Ihnen bekannt und worin unterscheiden sie sich?
7. Was verstehen Sie im Kontext einer Bremsung unter der „Ansprechzeit"?
8. Was verstehen Sie im Kontext einer Bremsung unter der „Schwellzeit"?
9. Wie hoch darf der ausnutzbare Kraftschluss zwischen Rad und Schiene für die Radbremsen von Schienenfahrzeugen angenommen werden?
10. Nennen und erläutern Sie die drei Schutzziele, die der Begrenzung des ausnutzbaren Kraftschlusses zwischen Rad und Schiene bei Eisenbahnbremsen zugrunde liegen.
11. Welche betriebliche Bedeutung haben die Bremshundertstel?
12. Worin unterscheiden sich die Bremsarten G, P und R?
13. Erläutern Sie das Grundprinzip der indirekten Bremse.
14. Was ist der Vorteil einer elektropneumatischen Bremse?
15. Skizzieren Sie den zeitlichen Verlauf von Hauptluftleitungs- und Bremszylinderdruck während einer Betriebsbremsung.
16. Skizzieren Sie den zeitlichen Verlauf von Hauptluftleitungs- und Bremszylinderdruck während einer Schnellbremsung.
17. Was unterscheidet eine Vollbremsung von einer Schnellbremsung?
18. Worin unterscheiden sich K-Sohlen und LL-Sohlen?
19. Wie ist die „Abbremsung" bei Schienenfahrzeugen definiert?

Rechenaufgaben

1. Ein klotzgebremster Güterwagen ohne Gleitschutzausrüstung wird mit K-Sohlen ausgerüstet, die einen Bremssohlenreibwert von $\mu_{BS} = 0,28$ aufweisen. Er weist eine Leermasse von 17 t auf und darf mit einer Zuladung von maximal 63 t beladen werden.

    a) Welchen Wert dürfen die summierten Klotzkräfte maximal annehmen, wenn die Kraftschlussausnutzung der Bremsen auf $\tau = 0,12$ beschränkt ist?

    b) Bei welcher Zuladung ist die Abbremsung auf die Hälfte des Wertes für den leeren Wagen abgesunken?

    c) Welches zweite Klotzkraftniveau sollte erreicht werden, wenn die Abbremsung des teilbeladenen Wagens nicht unter den Wert der halben Abbremsung des leeren Wagens fallen soll?

d) Reicht eine zweistufige Lastabbremsung aus, damit der voll beladene Wagen auch noch mindestens die Hälfte der Abbremsung des leeren Wagens erreicht?

2. Ein S-Bahn-Triebzug (Masse: 130 t, fahrdynamischer Massenfaktor: 1,04) soll Betriebsbremsungen im Geschwindigkeitsbereich von 0–80 km/h mit einer möglichst konstanten Bremsverzögerung von $0,8\,\text{m/s}^2$ auch in Gefällestrecken von bis zu $-15\%o$ weitgehend mit der elektrodynamischen Bremse realisieren.

a) Welche Bremskraft muss elektrodynamisch erzeugt werden, damit diese Anforderung erfüllt werden kann? (Anmerkung: Der Fahrzeugwiderstand wird vernachlässigt und geht als zusätzliche Sicherheit ein.)

b) Welche elektrodynamische Bremsleistung muss mindestens verfügbar sein?

c) Das Fahrzeug verfügt über 8 Radsätze. Wie viele davon müssen mindestens angetrieben werden, damit die elektrodynamische Bremse den Kraftschluss nicht über $\tau = 0,20$ hinaus ausnutzt?

3. Ein Nahverkehrstriebwagen (Masse: 65 t, Höchstgeschwindigkeit: 140 km/h) verfüge über eine hydrodynamische Bremse, von der folgende Parameter bekannt sind:

- maximale Bremskraft $F_{B,EH,\text{max}} = 20\,\text{kN}$,
- Geschwindigkeitsintervall, in der die maximale Bremskraft erreicht wird: 30 km/h – 60 km/h.

Bestimmen Sie die geschwindigkeitsabhängige Grenzneigung, aber der die mechanischen Bremsen zusätzlich zur hydrodynamischen Bremse zum Einsatz kommen müssen, um die Geschwindigkeit konstant zu halten.

Die Fahrzeugwiderstandsgleichung für das Fahrzeug lautet:

$$F_{WFT} = 0,9 + 2,0 \cdot \left(\frac{v}{100}\right)^2$$

Energiebedarf von Zugfahrten

8

8.1 Vorbetrachtungen zu Energie und Arbeit

Der Energiebedarf von Zugfahrten setzt sich zusammen aus dem **Traktionsenergiebedarf,** dem **Hilfsenergiebedarf** und dem **Komfortenergiebedarf.**

Ein **Traktionsenergiebedarf** ergibt sich immer dann, wenn Antriebskräfte erzeugt werden (Anfahrt, Beschleunigung und Beharrung). Der Traktionsenergiebedarf an den Treibrädern entspricht der verrichteten Treibradarbeit. Es gibt zwei Möglichkeiten, diese zu bestimmen, nämlich mittels Integration der Treibradzugkraft über den zurückgelegten Weg oder über die Integration der Treibradleistung über die Zeit:

$$W_T = \int P_T dt = \int F_T ds \qquad (8.1)$$

Der **Hilfsenergiebedarf** resultiert aus dem Leistungsbedarf der Hilfsbetriebe, also aller Fahrzeugkomponenten, die in der Antriebsperipherie in erster Linie für die Kühlung sowie die Förderung und Aufbereitung von Betriebsstoffen (Wasser, Öl, Kraftstoff, Luft) zuständig sind. Um den Hilfsenergiebedarf rechnerisch genau zu erfassen, sind meist aufwendige Untersuchungen notwendig, da ein Teil der Hilfsbetriebe mit nahezu konstanter Leistung betrieben wird (Grundlast), während ein anderer Teil stark schwankende Leistungen aufweist und/oder im Aussetzbetrieb arbeitet. So können Kühlerlüfter und Pumpen entweder mit fester Drehzahl, in Drehzahlstufen oder mit variabler Drehzahl betrieben werden, woraus jeweils ein sehr unterschiedlicher Energiebedarf über der Zeit resultiert.

Ergänzende Information Die elektronische Version dieses Kapitels enthält Zusatzmaterial, auf das über folgenden Link zugegriffen werden kann
https://doi.org/10.1007/978-3-658-41713-0_8.

Ein weiteres Merkmal des Hilfsenergiebedarfes ist, dass er auch im Fahrzeugauslauf, bei Bremsungen oder im Fahrzeugstillstand auftreten kann. So ist beispielsweise der Leistungsbedarf von Kühllüftern sowohl von der Temperatur der Aggregate oder Medien, die sie kühlen sollen, als auch von der Umgebungstemperatur abhängig. Sie werden folglich im Sommer ein anderes Betriebsregime aufweisen als im Winter und nach Abschaltung der Traktionsleistung entsprechend unterschiedliche Nachlaufzeiten aufweisen.

Die genaue Bestimmung des Hilfsenergiebedarfes ist deshalb aufwendig und erfordert eine genaue Kenntnis des Hilfbetriebemanagments auf dem betrachteten Fahrzeug. Ein Beispiel für eine diesbezügliche Analyse aus der jüngsten Vergangenheit liefert Giebel mit einer Dissertation [32], in der das Energiemanagement der Hilfs- und Komfortsysteme von elektrischen Triebzügen untersucht wurde.

Der **Komfortenergiebedarf** spielt ausschließlich bei Reisezügen eine Rolle, sofern die Führerstandsklimatisierung und -beleuchtung sowie fallweise vorhandene Kühlfächer oder Kochplatten für die Triebfahrzeugpersonale den Hilfsbetrieben zugeschlagen werden. Analog dem Hilfsenergiebedarf ist der Komfortenergiebedarf von zahlreichen Parametern und Randbedingungen abhängig. So kann er sowohl jahres- als auch tageszeitlich stark schwanken. Die größte Leistungssenke unter den Komfortsystemen stellt sicherlich die Fahrzeugklimatisierung dar. Diese umfasst Baugruppen zum Kühlen, Heizen, Lüften sowie zur (Frisch-)Luftaufbereitung. Da die Komfortsysteme bei betriebsbereiten Fahrzeugen unabhängig vom Fahrzustand (also auch während der Fahrzeugstillstandszeiten) mit Energie versorgt werden müssen, kann der Komfortenergiebedarf als proportional zur Gesamtfahrzeit (inklusive Haltezeiten) angenommen werden.

Der Gesamtenergiebedarf einer Zugfahrt E_{ges} ergibt sich somit als Summe aus der mit dem Triebfahrzeugwirkungsgrad η_{Tfz} gewichteten Treibradarbeit W_T sowie den zeitlichen Integralen von Hilfsleistung P_{Hi} und Komfortleistung P_{Komf}:

$$E_{ges} = \frac{W_T}{\eta_{Tfz}} + \int P_{Hi}dt + \int P_{Komf}dt. \qquad (8.2)$$

Die wichtigsten Einflussfaktoren auf den Leistungs- und Energiebedarf in den erwähnten Kategorien (Traktion (Treibrad), Hilfs- und Komfortsysteme) sind in Tab. 8.1 zusammengetragen. Einige der dort aufgeführten Faktoren sind schwierig quantifizier- und vorhersagbar, sodass bei der Vorausbestimmung insbesondere des Hilfs- und Komfortenergiebedarfes häufig auf Erfahrungswerte zurückgegriffen werden muss.

Tab. 8.1 Einflussfaktoren auf den Leistungs- und Energiebedarf

Treibradleistung	Hilfsleistung	Komfortleistung
Fahrzeugwiderstände	Antriebsleistung	Fahrzeugausstattung
Streckenwiderstand	Antriebswirkungsgrad	Außentemperatur
Geschwindigkeit	Außentemperatur	Besetzungsgrad
Fahrzeugmasse	Druckluftverbrauch	Sonneneinstrahlung
Massenfaktor	Hilfsbetriebemanagement	Betriebszustand
Treibradenergie	**Hilfsenergie**	**Komfortenergie**
Anzahl Geschwindigkeitswechsel	Betriebsregime des Antriebsstranges	Wetter
Streckentopographie	Nachlaufzeit der Lüfter	Besetzungsgrad
Anzahl Fahrzeughalte	Wetter	Laufweg
Anteil Fahrzeugauslauf	Bremsregime	Konsumverhalten der Reisenden

Exkurs: Energieflussanalyse am Beispiel einer Straßenbahn

ALSTOM Citadis-Straßenbahnen in Dublin

Bomke hat in [21] eine Analyse des elektrischen Energiebedarfes der Citadis-Straßenbahnen in Dublin dargestellt. Die Angaben basieren dabei auf Messungen, die vom Fahrzeughersteller ALSTOM im November 2014 durchgeführt worden sind.

Es zeigte sich, dass 79 % des gesamten elektrischen Energiebedarfes der Straßenbahnen während des Fahrbetriebs entstehen und 21 % während der Abstellzeiten im Depot. Außerdem wurde herausgefunden, dass nur 51 % des Gesamtenergiebedarfes der Straßenbahnen auf die Antriebe zurückzuführen sind, während 29 % auf die Hilfsbetriebe und 20 % auf die Komfortsysteme entfallen.

Soll also der Gesamtenergiebedarf solcher Fahrzeuge ermittelt oder vorausberechnet werden, dürfen die Leistungssenken, die nicht unmittelbar dem Antrieb dienen, demzufolge nicht vernachlässigt werden.

Rechenbeispiel: Treibrad- vs. Hilfsbetriebeleistung

Betrachtet wird eine Lokomotive der Baureihe 145 im Einsatz vor einem schweren Güterzug. Es werde angenommen, dass die Lokomotive im Zuge eines Beschleunigungsvorganges oder der Befahrung einer schweren Steigung an der Leistungsgrenze (P_T = 4,2 MW) betrieben wird. Dabei werden auch alle Fahrmotorlüfter (4 Stck.), die Rückkühlerlüfter (2 Stck.) für das Trafoöl, die Trafo- und Stromrichterölpumpen (je 2 Stck.), der Stromrichterlüfter sowie der Hilfsbetriebeumrichterlüfter jeweils mit Nennleistung betrieben, woraus ein Hilfsleistungsbedarf von insgesamt ca. 218 kW resultiert.

Der Energiebedarf je Minute Fahrzeit ergibt sich somit für die Traktion und die Hilfsbetriebe wie folgt:

$$W_T = P_T \cdot 60\,s = 4200\,\text{kW} \cdot 60\,s = 252000\,\text{kWs} = 70,0\,\text{kWh}$$

$$W_{Hi} = P_{Hi} \cdot 60\,s = 218\,\text{kW} \cdot 60\,s = 13080\,\text{kWs} = 3,6\,\text{kWh}$$

Damit macht der Energiebedarf der Hilfsbetriebe in diesem Fall etwa 5 % des Gesamtenergiebedarfes aus, wenn die Treibradarbeit als Bezugspunkt gewählt wird und der Wirkungsgrad des Antriebsstranges vernachlässigt wird. ◄

8.2   Energie und Arbeit an den Treibrädern

Im Gegensatz zum Energiebedarf der Hilfs- und Komfortsysteme lässt sich die Treibradarbeit mit Hilfe fahrdynamischer Berechnungen relativ genau bestimmen. Dabei lohnt es sich, den Energiefluss für die verschiedenen Phasen der Zugfahrt getrennt zu betrachten.

Anfahr- und Beschleunigungsvorgang

Im Rahmen dieser Betrachtungen wird der Anfahrprozess dem Beschleunigungsvorgang zugeschlagen, da die prinzipiellen physikalischen Gesetzmäßigkeiten für beide genannten Phasen der Zugfahrt in gleicher Weise gelten.

Während des Beschleunigungsprozesses wird die an den Treibrädern verrichtete Arbeit zu einem (geringen) Teil zur Überwindung der Fahrzeugwiderstandskräfte benötigt. Der überwiegende Teil der Treibradarbeit geht in die Änderung der kinetischen und potentiellen Energie des Fahrzeuges über.

$$W_T = W_{WF} + \Delta E_{\text{kin}} + \Delta E_{\text{pot}} \tag{8.3}$$

Während potentielle und kinetische Energie im Fahrzeug zwischengespeichert werden und potentiell für den Transportprozess verfügbar bleiben (kinetische Energie: Fahrzeugauslauf, potentielle Energie: Zugkrafteinsparung bei Gefällefahrten) ist der Anteil der Treibradarbeit, der zur Überwindung der Fahrzeugwiderstände benötigt wird (F_{WF}) für die Fahrbewegung unwiederbringlich verloren. Abb. 8.1 zeigt die an den Fahrzeugwiderständen umgesetzte Energie bei Beschleunigungsvorgängen auf unterschiedliche Endgeschwindigkeiten sowohl für einen Hochgeschwindigkeitszug (Abb. 8.1a) als auch für einen Containerzug (Abb. 8.1b) in der Ebene und in 10‰ Steigung.

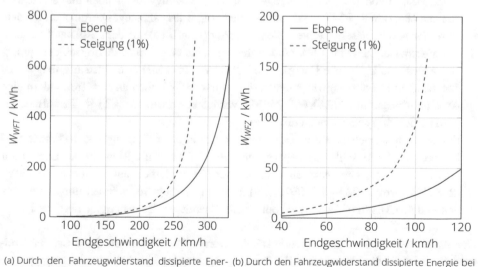

(a) Durch den Fahrzeugwiderstand dissipierte Energie bei der Beschleunigung eines Hochgeschwindigkeitszuges auf verschiedene Endgeschwindigkeiten

(b) Durch den Fahrzeugwiderstand dissipierte Energie bei der Beschleunigung eines Containerzuges (m_w=1600 t) auf verschiedene Endgeschwindigkeiten

Abb. 8.1 Treibradarbeit zur Überwindung des Fahrzeugwiderstandes bei der Beschleunigung verschiedener Züge bis zur jeweiligen Endgeschwindigkeit

Es wird deutlich, dass die Fahrzeugwiderstandsarbeit progressiv mit der Endgeschwindigkeit der Beschleunigungsprozesse ansteigt. Fällt diese auf die fahrdynamische Höchstgeschwindigkeit ($a \rightarrow 0$), wächst die Fahrzeugwiderstandsarbeit über alle Grenzen an, weil theoretisch unendlich lange mit maximaler Treibradleistung gefahren werden müsste, damit sich die Geschwindigkeit des Fahrzeuges oder des Zugverbands asymptotisch der Endgeschwindigkeit nähert. Da in diesem Falle $\Delta E_{kin} \approx 0$, würde die gesamte Treibradarbeit als Fahrwiderstandsarbeit verrichtet.

Die folgenden Beispiele sollen die in Abb. 8.1 gezeigten Zusammenhänge zusammenfassen und untermauern.

- Wird der beispielhaft betrachtete Hochgeschwindigkeitszug (Abb. 8.1a) aus dem Stillstand auf eine Endgeschwindigkeit von 250 km/h beschleunigt, hat er am Ende des Beschleunigungsvorganges eine kinetische Energie von 307,2 kWh (1106 MJ) erreicht. Aufgrund der zu überwindenden Fahrzeugwiderstandskräfte muss dafür jedoch an den Treibrädern eine Arbeit von insgesamt 385,9 kWh (1389 MJ) verrichtet werden. Circa 20 % dieses Betrages wird an den Fahrwiderständen dissipiert.

  Findet der beschriebene Beschleunigungsprozess in einer Steigung von 10‰ statt, verlängert sich der Beschleunigungsweg um etwa 6,7 km von 8,7 km (in der Ebene) auf 15,4 km. Damit einher geht ein Anstieg der Treibradarbeit auf insgesamt 553,8 kWh (1922 MJ), wovon 151,5 kWh ($\hat{=}28,4\%$) an den Fahrzeugwiderständen umgesetzt werden und 185,4 kWh ($\hat{=}34,7\%$) als potentielle Energie des Fahrzeuges gespeichert werden.

- Wird der beispielhaft betrachtete Containerzug (Abb. 8.1b) aus dem Stillstand auf eine Endgeschwindigkeit von 100 km/h beschleunigt, hat er am Ende des Beschleunigungsvorganges eine kinetische Energie von 186,3 kWh (671 MJ) erreicht. Aufgrund der zu überwindenden Fahrzeugwiderstandskräfte muss dafür jedoch an den Treibrädern eine Arbeit von insgesamt 209,8 kWh (755 MJ) verrichtet werden. Circa 11 % dieses Betrages wird an den Fahrwiderständen dissipiert.

  Findet der beschriebene Beschleunigungsprozess in einer Steigung von 10‰ statt, verlängert sich der Beschleunigungsweg um etwa 7,3 km von 2,8 km (in der Ebene) auf 10,1 km. Damit einher geht ein Anstieg der Treibradarbeit auf insgesamt 744 kWh (2680 MJ), wovon 92,8 kWh ($\hat{=}12,5\%$) an den Fahrzeugwiderständen umgesetzt werden und 465,3 kWh ($\hat{=}62,5\%$) als potentielle Energie des Zuges gespeichert werden.

Der Anteil der an den Fahrzeugwiderständen verrichteten Arbeit an der gesamten Treibradarbeit ist für die betrachteten Beschleunigungsvorgänge im Falle beider Zugtypen in Abb. 8.2 dargestellt.

Es wird schon an dieser Stelle deutlich, dass die Energie, die aufgewendet werden muss, um den Hochgeschwindigkeitszug auf ein hohes Geschwindigkeitsniveau zu bringen, bei hohen Geschwindigkeiten überproportional ansteigt. Beträgt das Verhältnis von Energieumsatz an den Fahrwiderständen (entpricht W_{WF}) zu (gespeicherter) kinetischer Energie bei

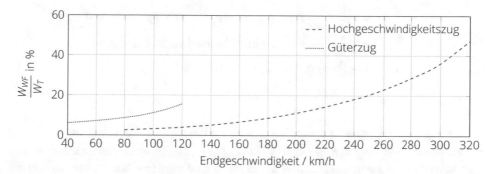

Abb. 8.2 Anteil der Fahrzeugwiderstandsarbeit an der Treibradarbeit bei Beschleunigungsvorgängen auf verschiedene Endgeschwindigkeiten

einer Geschwindigkeit von 250 km/h noch 0,256, so beträgt es bei 300 km/h bereits 0,565 (Verdopplung) und bei 330 km/h 1,146 (mehr als Vervierfachung).

Wird der zeitliche Verlauf des kumulierten Energiebedarfes einer Zugfahrt betrachtet, so weisen Beschleunigungsabschnitte meistens die größten Gradienten auf, weil der Leistungsbedarf in diesen Phasen („Aufladen des mechanischen Speichers Fahrzeug/Zug mit kinetischer Energie") häufig am vergleichsweise größten ist.

Beharrungsfahrt

Bei Beharrungsphasen während der Zugfahrt geht es im Wesentlichen darum, die Geschwindigkeit der Fahrzeuge oder Züge nahezu konstant zu halten. Die kinetische Energie des Fahrzeuges bzw. Fahrzeugverbandes bleibt in dieser Phase ebenfalls nahezu konstant, wodurch sich bezüglich der Treibradarbeit ein bezüglich Gl. 8.3 abgewandelter Zusammenhang ergibt:

$$W_T = W_{WF} + \Delta E_{\text{pot}} \tag{8.4}$$

Es ist zu beachten, dass der Term ΔE_{pot} in obenstehender Gleichung ein negatives Vorzeichen aufweist, wenn Gefällestrecken befahren werden. Ist das Gefälle stark genug, wechselt auch die Treibradarbeit ihr Vorzeichen und es muss gebremst statt angetrieben werden. Im Falle, dass das Fahrzeug über regenerative Bremsen verfügt, besteht die Möglichkeit, den Leistungsfluss durch das Fahrzeug umzukehren und damit die Gesamtenergiebilanz der Zugfahrt zu verbessern. Streckenabschnitte, auf denen das möglich ist, lassen sich relativ einfach identifizieren, indem die fahrdynamische Grundgleichung für den Fall der Beharrungsfahrt nach der Streckenneigung umgestellt wird und die Antriebs- bzw. Bremskraft auf „Null" gesetzt wird. Auf diese Weise ergibt sich mit dem Fahrzeugwiderstand ein geschwindigkeitsabhängiges Grenzgefälle, bei dessen Unterschreitung gebremst und bei dessen Überschreitung angetrieben werden muss:

$$0 = F_T - \sum F_{WF} - F_{WS} - F_B \quad \text{mit: } F_T = F_B = 0$$

$$F_{WS} = -\sum F_{WF} \quad \text{Bogenwiderstand vernachlässigt}$$

$$mgi = -F_{WFT}(v) - F_{WFW}$$

$$i_{\text{grenz}} = \frac{-F_{WFT}(v) - F_{WFW}}{mg} \tag{8.5}$$

Für den im vorangegangenen Abschnitt betrachteten Beispiel-Hochgeschwindigkeitszug ist das auf diese Weise berechnete Grenzgefälle in Abb. 8.3 zu finden. Daraus geht hervor, dass eine Beharrungsbremsung beispielsweise vorgenommen werden müsste, wenn der Zug mit einer Geschwindigkeit von 140 km/h ein Gefälle befährt, dessen Neigung kleiner als -5% ist.

Für den Fall, dass Traktionskräfte aufgebracht werden müssen, um die Geschwindigkeit des Fahrzeuges konstant zu halten, lässt sich die Treibradarbeit verhältnismäßig einfach aus dem Produkt der Summe der zu überwindenden Fahrwiderstandskräfte und der zurückgelegten Wegstrecke, während der diese konstant bleiben (Neigungsabschnitte), ermitteln.

$$W_T = \sum F_W \cdot \Delta s \tag{8.6}$$

In diesem Zusammenhang kann es interessant sein, den Energiebedarf (die verrichtete Arbeit) an den Fahrwiderständen pro in Beharrung zurückgelegter Wegstrecke zu ermitteln. Die empirischen Fahrzeugwiderstandsgleichungen liefern die Fahrzeugwiderstandskräfte in der Regel in der Einheit kN. Werden die so erhaltenen Fahrzeugwiderstandskräfte mit 1000 m multipliziert, ergibt sich der Energiebedarf an den Treibrädern in kJ (=kNm=1000 Nm) in der Ebene. Gegebenenfalls ist der Neigungswiderstand zu ergänzen. Abb. 8.4 zeigt die grafische Umsetzung des genannten Ansatzes wiederum für den exemplarischen Hochgeschwindigkeitszug.

Wie aus Abb. 8.4 hervorgeht, sind im Falle des Hochgeschwindigkeitszuges ca. 9 kWh/km an den Treibrädern aufzubringen, um dessen Geschwindigkeit in der Ebene konstant bei 200 km/h zu halten. Fährt der Zug stattdessen mit 300 km/h in Beharrung, wird mit 18 kWh etwa die doppelte Energie pro km an den Treibrädern umgesetzt.

Fahrzeugauslauf

Im Fahrzeugauslauf wird an den Treibrädern keine Arbeit umgesetzt. Der Energiebedarf in dieser Phase der Zugfahrt setzt sich aus dem Komfort- und Hilfsenergiebedarf sowie dem Leerlauf-Energiebedarf des Antriebsstranges zusammen. Wird lediglich die Bilanz an den Treibrädern betrachtet, ergibt sich folgender Zusammenhang:

$$\Delta E_{\text{kin}} = -W_{WF} - \Delta E_{\text{pot}}. \tag{8.7}$$

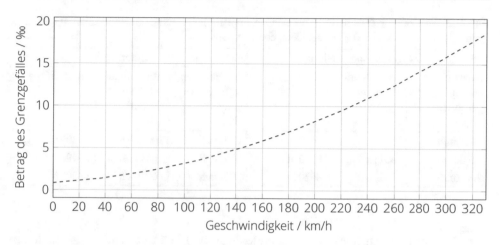

Abb. 8.3 Grenzgefälle nach Gl. 8.5 für einen exemplarischen Hochgeschwindigkeitszug

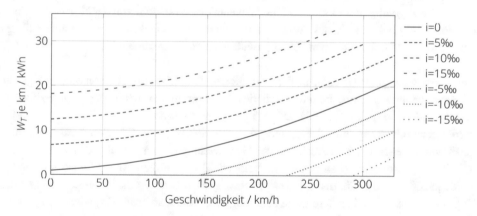

Abb. 8.4 Energieumsatz an den Treibrädern zur Überwindung der Fahrwiderstände je in Beharrung zurückgelegtem Kilometer Fahrstrecke für den Beispiel-Hochgeschwindigkeitszug

Im Falle einer starken Abnahme der potentiellen Energie (starkes Gefälle) kann es damit auch im Fahrzeugauslauf zu einer Zunahme der kinetischen Energie des Fahrzeuges oder Zuges kommen.

Aufgrund der geringen spezifischen Fahrzeugwiderstandskräfte in Verbindung mit den vergleichweise großen Massenträgheiten weisen Eisenbahnfahrzeuge bzw. Züge sehr große Auslaufwege auf (siehe Tab. 8.2). Daraus ergibt sich ein großes Energieeinsparpotential, da der Fahrzeitverlust bei Ausnutzung des Fahrzeugauslaufes insbesondere bei Auslaufvorgängen im (relativ zum Geschwindigkeitsspektrum der betrachteten Züge) oberen Geschwindigkeitsbereich relativ gering ist.

In Tab. 8.2 fällt, insbesondere bei den Auslaufwegen des Güterzuges, zunächst auf, dass die Auslaufwege mit *abnehmendem* Geschwindigkeitsniveau *zunehmen,* was auf den ers-

Tab. 8.2 Auslaufwege (rechnerisch) für einen exemplarischen Hochgeschwindigkeitszug und einen gemischten Güterzug (1600 t) auf geradem, ebenem Gleis

Hochgeschwindigkeitszug			Güterzug		
Auslauf-anfangs-geschwin-digkeit	Auslaufend-geschwin-digkeit	Auslaufweg	Auslauf-anfangs-geschwin-digkeit	Auslaufend-geschwin-digkeit	Auslaufweg
300 km/h	250 km/h	8400 m	120 km/h	100 km/h	3200 m
250 km/h	200 km/h	9500 m	100 km/h	80 km/h	3400 m
200 km/h	160 km/h	8620 m	80 km/h	60 km/h	3500 m

ten Blick paradox anmuten mag. Es gilt allerdings, im Blick zu behalten, dass bei hohen Geschwindigkeiten auch die größten Fahrzeugwiderstandskräfte und damit die höchsten Auslaufverzögerungen wirksam sind. Der Auslaufweg ist sowohl von der kinetischen Energie des Zuges bei Beginn des Auslaufes als auch den im Geschwindigkeitsintervall des Auslaufes im Mittel wirksamen Fahrzeugwiderstandskräften abhängig.

Der Geschwindigkeitsbereich, in dem für gleiche Geschwindigkeitsintervalle der größte Auslaufweg erzielt wird, befindet sich deshalb eher in der Mitte des zugspezifischen Geschwindigkeitsspektrums, wie Abb. 8.5 zeigt. Dort wurde für den in bereits in Tab. 8.2 betrachteten Güterzug eine Berechnung der Auslaufwege aus diskreten Auslaufanfangs-geschwindigkeiten bis zum Absinken der Geschwindigkeit um jeweils 10 km/h berechnet. Wie gezeigt wird, entstehen in diesem Beispielfall die größten Auslaufwege im Bereich zwischen 60 und 90 km/h. In diesem Geschwindigkeitsbereich ist die kinetische Energie des Zuges noch relativ hoch, während die Fahrzeugwiderstandskräfte im Vergleich zur Fahrt mit 120 km/h schon so weit abgenommen haben, dass sich der als Energiespeicher betrachtete Zug vergleichsweise langsam über die Fahrzeugwiderstandskräfte entlädt.

Bremsung

Bei Bremsvorgängen wird die kinetische Energie der Fahrzeuge komplett in andere Energie-formen überführt. Je nachdem, ob ein Haltepunkt in oder am Ende eines Gefälles oder einer Steigung liegt, muss außerdem ggf. auch noch ein Teil der potentiellen Energie gewandelt werden. Der generelle Zusammenhang stellt sich in Bezug auf die Treibräder wie folgt dar:

$$W_T = -W_B - W_{WF} - \Delta E_{\text{kin}} - \Delta E_{\text{pot}}. \tag{8.8}$$

Mit W_B ist in dieser Gleichung die mechanische Arbeit gemeint, die von den nicht-regenerativen Bremsen verrichtet wird, während W_T in diesem Fall für die von den ggf.

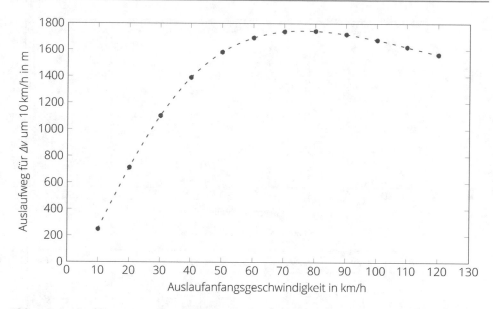

Abb. 8.5 Auslaufwege eines exemplarischen gemischten Güterzuges ($m_Z = 1688\,t$) auf geradem, ebenem Gleis für eine Geschwindigkeitsdifferenz im Auslauf von jeweils 10 km/h

vorhandenen elektrodynamischen Bremsen verrichtete Arbeit, bezogen auf den Treibradumfang, steht.

Bei allen Fahrzeugen, bei denen es sich nicht um rückspeisefähige elektrische Triebfahrzeuge handelt, gilt deshalb für Bremsungen der folgende Zusammenhang:

$$W_B = -W_{WF} - \Delta E_{\text{kin}} - \Delta E_{\text{pot}}. \tag{8.9}$$

Die Frage, ob und wieviel Energie während der Bremsungen gewandelt wird, lässt sich nur unter Berücksichtigung komplexer Randbedingungen angeben, von denen das Bremsregime, die Leistungsfähigkeit der elektrodynamischen Bremsen sowie die Aufnahmefähigkeit des elektrischen Netzes, an dem die Triebfahrzeuge betrieben werden, die wichtigsten sind.

Zusammenfassung

Zusammenfassend soll ein exemplarisches Fahrspiel eines Nahverkehrstriebzuges auf einem etwa 15 km langen Streckenabschnitt analysiert werden. Abb. 8.6 zeigt das simulierte Fahrspiel des Zuges (Abb. 8.6a), ergänzt um den Verlauf der Streckenlängsneigung (Abb. 8.6b) sowie die summierte Arbeit an den Treibrädern (Abb. 8.6c).

Insgesamt beläuft sich die während des Fahrspiels verrichtete Treibradarbeit auf 87,8 kWh (316 MJ). Etwa 50 % der Treibradarbeit muss während der drei Beschleunigungsphasen aufgebracht werden. Die andere Hälfte der Treibradarbeit wird benötigt, um die Geschwindigkeit des Zuges in wechselnden Neigungen konstant zu halten. Die Streckenlängsneigung

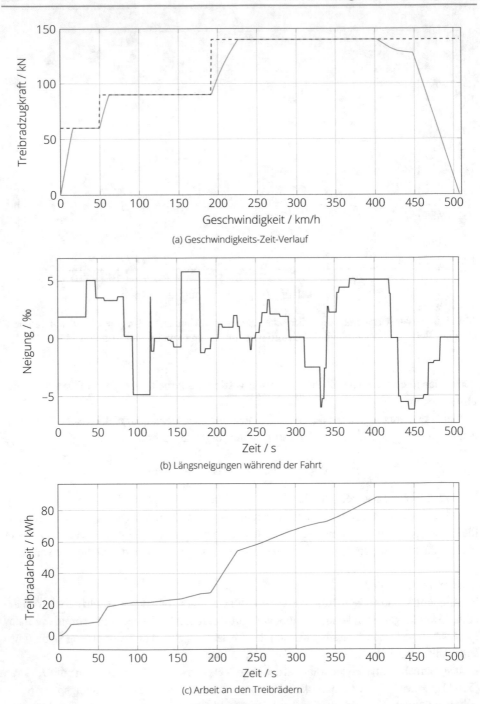

(a) Geschwindigkeits-Zeit-Verlauf

(b) Längsneigungen während der Fahrt

(c) Arbeit an den Treibrädern

Abb. 8.6 Exemplarisches Fahrspiel eines Nahverkehrstriebzuges (170 t) zur Analyse der verrichteten Treibradarbeit

selbst fällt im gewählten Beispiel vergleichsweise moderat aus – es handelt sich um eine Strecke im Flachland.

Trotzdem gibt es zwischen 95 und 116 s einen kurzen Fahrtabschnitt, in dem ein Gefälle von 5‰ genügt, um die Geschwindigkeit konstant zu halten, sodass keine weitere Energie zugeführt werden muss.

Ansonsten ist der Energieumsatz in den Beharrungsabschnitten in erster Linie vom Streckenwiderstand abhängig, sodass sich ein Neigungswechsel unmittelbar in der Veränderung des Gradienten des zeitlichen Verlaufes der kumulierten Treibradarbeit niederschlägt. Dies lässt sich im Beispiel besonders gut zwischen der 120. und der 190. Sekunde der Fahrt nachvollziehen.

Am Ende des Fahrspiels ist ein 46 s langer Auslaufabschnitt zu finden, während dessen der Energieumsatz an den Treibrädern ebenso wie während der nachfolgenden Bremsung stagniert. Wird das Fahrspiel ohne diesen Auslaufabschnitt modelliert, vergrößert sich die summierte Treibradarbeit um 7,5 % auf 94,4 kWh (339,8 MJ).

Die von den Bremsen zu wandelnde Energie beträgt unter Berücksichtigung des durch die Fahrzeugwiderstände dissipierten Anteils 28,7 kWh (103 MJ) und somit etwa 33 % des Gesamtenergieumsatzes an den Treibrädern.

Das große Einsparpotential, das durch die Nutzung des Fahrzeugauslaufes sowie regenerativer Bremsen erschlossen werden kann, wird durch oben stehende Erläuterungen deutlich.

Der tatsächliche Traktionsenergiebedarf ist vom Wirkungsgrad des Antriebsstranges abhängig. Dieser ist nicht konstant, sondern in der Regel von der Drehzahl und dem Drehmoment bzw. der Geschwindigkeit und der Zugkraft abhängig. Aus fahrdynamischer Sicht stellt der mit Hilfe der Energiebilanz an den Treibrädern ermittelte Energiebedarf den Mindestbedarf für eine Zugfahrt dar, der sich unabhängig von der Antriebskonfiguration ergibt. Gleichwohl verbleibt auch bei bloßer Betrachtung der Treibradarbeit ein gewisser Spielraum, wie der Energiebedarf einer Zugfahrt beeinflusst werden kann.

Die relevanten Einflussfaktoren sind die Fahrzeugmasse, die Fahrzeugwiderstandskräfte und die Fahrstrategie.

Gelingt es, die Fahrzeugmasse zu reduzieren, verringert sich die bei jedem Beschleunigungsvorgang auf das Fahrzeug zu übertragende kinetische Energie. Im betrachteten Beispiel würde die Reduzierung der Fahrzeugmasse um 3 t (entspricht ca. 1,8 % der Fahrzeugmasse) zu einer Reduzierung der Treibradarbeit um 0,6 kWh für das gezeigte Fahrspiel führen. Unter der Annahme, dass das Fahrzeug dieses Fahrspiel zehn mal am Tag absolviert und an 300 Tagen im Jahr auf der betrachteten Strecke im Einsatz ist, ergibt sich eine jährliche Einsparung von 1800 kWh (6,48 GJ) pro Fahrzeug.

Ein ähnlicher Effekt ließe sich auch durch die Reduzierung des Fahrzeug-Grundwiderstandes um 7 % erzielen. Die Verringerung des Luftwiderstandes um denselben Betrag würde den Energieumsatz an den Treibrädern im betrachteten Fahrspiel sogar um 2,1 kWh (7,56 MJ) verringern.

Der Einfluss der Fahrstrategie auf die kumulierte Treibradarbeit spiegelt sich vor allem in der Vermeidung zu langer Beharrungsfahrten und der Ausnutzung des Fahrzeugauslaufes wider, wann immer der Fahrplan dies ermöglicht (vgl. Abschn. 8.4).

8.3   Triebfahrzeugwirkungsgrad

8.3.1   Von der Treibradarbeit zur Traktionsenergie

Im vorangegangenen Abschnitt wurde ausführlich auf die energetische Bilanzierung an den Treibradsätzen eingegangen, die die Grundlage für die Bestimmung der tatsächlich erforderlichen Traktionsenergie darstellt. Das entscheidende Bindeglied zwischen dem Energieumsatz an den Treibrädern W_T und dem Traktionsenergiebedarf W_{Traktion} ist der **Triebfahrzeugwirkungsgrad** (siehe Gl. 8.10).

$$\eta_{\text{Tfz}} = \frac{W_T}{W_{\text{Traktion}}} \tag{8.10}$$

Der Triebfahrzeugwirkungsgrad ist ferner das Produkt der Wirkungsgrade aller Elemente, die im Leistungsfluss zwischen dem Kraftstofftank oder der Oberleitung und den Treibrädern liegen.

$$\eta_{\text{Tfz}} = \prod \eta_i \tag{8.11}$$

Die Wirkungsgrade welcher Elemente konkret in Gl. 8.11 zu berücksichtigen sind, hängt von der jeweiligen Antriebskonfiguration ab, wie Abb. 8.7 illustriert.

Die Wirkungsgrade der Antriebsstrangelemente sind nicht konstant, sondern sie hängen vielmehr typischerweise von der Drehzahl und dem Drehmoment ab, sodass sich für das Gesamtfahrzeug eine Abhängigkeit des Triebfahrzeugwirkungsgrades von der Geschwindigkeit und der Zugkraft ergibt.

In Ergänzung zu Abb. 8.7 enthält Tab. 8.3 typische Wirkungsgrade der Antriebskomponenten von Triebfahrzeugen mit (diesel)elektrischen und dieselhydraulischen Antriebssträngen. Es ist in der untersten Zeile von Tab. 8.3 ersichtlich, dass Dieseltriebfahrzeuge einen deutlich geringeren Triebfahrzeugwirkungsgrad aufweisen als elektrische Triebfahrzeuge. Bei der Betrachtung auf Fahrzeugebene muss das selbstverständlich so sein. Wird jedoch der Blick erweitert und werden die Ketten der Energiebereitstellung in die Betrachtung mit einbezogen, so relativiert sich die Energiebilanz von elektrischen Triebfahrzeugen, sofern die Elektrizität nicht aus regenerativen Energiequellen gewonnen wird.

Der Wirkungsgrad von Dieselmotoren lässt sich mit Hilfe der folgenden zugeschnittenen Größengleichung ganz einfach aus dem spezifischen Dieselkraftstoffverbrauch b_{DK} ableiten, der den Dieselmotorkennfeldern entnommen werden kann:

$$\eta_{\text{DM}} = \frac{3600 \text{ kJ/kWh}}{b_{DK} \cdot 42800 \text{ kJ/kg}} \tag{8.12}$$

Tab. 8.3 Typische Wirkungsgrade von Antriebskomponenten und Antriebskonfigurationen von Triebfahrzeugen

E-Tfz		DE-Tfz		DH-Tfz	
Baugruppe	η	Baugruppe	η	Baugruppe	η
Transformator	0,92...0,95	Dieselmotor	0,38...0,45	Dieselmotor	0,38...0,45
		Traktionsgenerator	0,94...0,96	Strömungsgetriebe	0,82...0,85
Leistungselektronik	0,96...0,98	Leistungselektronik	0,96...0,98	Gelenkwellen	0,98...0,99
Fahrmotoren	0,92...0,94	Fahrmotoren	0,92...0,94		
Radsatzantrieb	0,96...0,98	Radsatzantrieb	0,96...0,98	Radsatzgetriebe	0,96...0,98
$\eta_{\text{Tfz,max}} \approx 0,80$		$\eta_{\text{Tfz,max}} \approx 0,34$		$\eta_{\text{Tfz,max}} \approx 0,32$	

Dieselmotoren, die in Triebfahrzeugen zum Einsatz kommen, weisen im günstigsten Betriebspunkt typischerweise spezifische Verbräuche zwischen 0,188 und 0,200 kg/kWh auf. Dies entspricht gemäß Gl. 8.12 einem maximalen Dieselmotorwirkungsgrad von 45 bis 42 %.

Im Rahmen fahrdynamischer Betrachtungen und Simulationen ist es erstrebenswert, mit Triebfahrzeug-Kennlinienfeldern (Abschn. 8.3.2) oder mit Triebfahrzeug-Leistungs- und Verbrauchstafeln (TLV-Tafeln, Abschn. 8.3.3) zu arbeiten.

8.3.2 Triebfahrzeug-Kennlinienfelder

Bei Triebfahrzeug-Kennlinienfeldern handelt es sich grundlegend um Zugkraft-Geschwindigkeits-Diagramme, die um eine Dimension erweitert wurden, damit auch das energetische Verhalten der Triebfahrzeuge beschrieben werden kann. Die Art und Weise, wie dies geschieht, ist recht vielfältig; folgende Varianten werden dabei genutzt:

- Angabe des Triebfahrzeug-Wirkungsgrades (Diesel- und elektrische Triebfahrzeuge),
- Angabe des Leistungsbezuges ab Oberleitung (elektrische Triebfahrzeuge),
- Angabe des wegspezifischen Energiebezuges ab Oberleitung (Einheit: kWh/km, elektrische Triebfahrzeuge),
- Angabe des zeitspezifischen Dieselkraftstoffverbrauches (Einheit: kg/h),
- Angabe des wegspezifischen Dieselkraftstoffverbrauches (Einheit: kg/km).

Häufig sind mehrere der genannten Varianten gleichzeitig in einem Diagramm angegeben, was die Darstellungen auf den ersten Blick überladen und unübersichtlich wirken lässt.

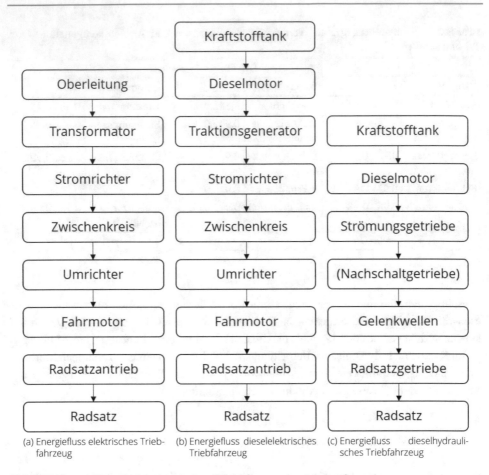

Abb. 8.7 Energieflüsse bei drei typischen Triebfahrzeug-Antriebskonfigurationen

Um ein Triebfahrzeug-Kennlinienfeld zu erstellen, muss das energetische Verhalten des gesamten Antriebstranges im gesamten Zugkraft- und Geschwindigkeitsspektrum bekannt sein. Insbesondere die Beschreibung des Teillastverhaltens kann dabei eine große Herausforderung sein, weil es die Vermessung der am Leistungsfluss beteiligten Komponenten voraussetzt.

Abb. 8.9 zeigt beispielhaft das Kennlinienfeld einer elektrischen Lokomotive der Baureihe 143 der Deutschen Bahn (siehe Abb. 8.8). Es handelt sich um ein Triebfahrzeug mit konventioneller Antriebstechnik, das über eine Nennleistung von 3720 kW (Stundenleistung) verfügt.

Wie aus dem Kennlinienfeld der Lokomotive hervorgeht, bewegt sich der Triebfahrzeugwirkungsgrad in Abhängigkeit von Zugkraftniveau und Geschwindigkeit zwischen 50 und 80 %. Ferner ist der wegbezogene Energiebedarf in einem Wertebereich zwischen

Abb. 8.8 Baureihe BR 143 der Deutschen Bahn

10 kWh/km und 100 kWh/km in dem Kennlinienfeld verzeichnet, sowie die effektive Leistungsaufnahme am Stromabnehmer der Lokomotive.

Die Nutzung solcher Kennlinienfelder für energetische fahrdynamische Berechnungen fußt auf dem folgenden Algorithmus:

1. Geschwindigkeit, Zugart (Fahrzeugwiderstandsgleichung) und Zugmasse müssen bekannt sein.
2. Für beliebige Fahrzustände wird die Kräftebilanz am Zughaken oder an den Treibrädern erstellt. (Angaben am Kennlinienfeld beachten! Im Falle des Kennlinienfeldes der BR 143 erfolgt eine Bilanzierung am Zughaken.)
3. Sind Zugkraftbedarf und Geschwindigkeit bekannt, kann der jeweilige Betriebspunkt in das Kennlinienfeld eingetragen werden.
4. Es ist dann zu prüfen, in der Nähe welcher Linie konstanten energetischen Verhaltens dieser im Kennlinienfeld liegt. Liegt er zwischen zwei Linien kann ggf. eine lineare Interpolation vorgenommen werden. Obwohl davon auszugehen ist, dass die Übergänge zwischen den einzelnen Linien konstanten energetischen Verhaltens in der Regel nicht linear sind, ist bei einer hohen Auflösung des Kennlinienfeldes eine lineare Interpolation meistens vollkommen ausreichend.
5. Wenn das Kennfeld „nur" Angaben zum Triebfahrzeugwirkungsgrad enthält, muss zunächst die während des betrachteten Zeitraums oder Wegabschnittes verrichtete Arbeit am Zughaken oder den Treibrädern ermittelt werden, damit mit Hilfe des Wirkungsgrades auf den Energiebezug geschlossen werden kann.
6. Wenn das Kennlinienfeld zeit- oder wegbezogene Angaben zum Energiebedarf enthält, ist die Zeitspanne oder Wegstrecke, für die der ermittelte Betriebspunkt (F_Z; v) gilt, zu ermitteln und die genannten Angaben mit dem Zeit- oder Wegintervall zu multiplizieren, damit der absolute Energiebezug ermittelt werden kann.

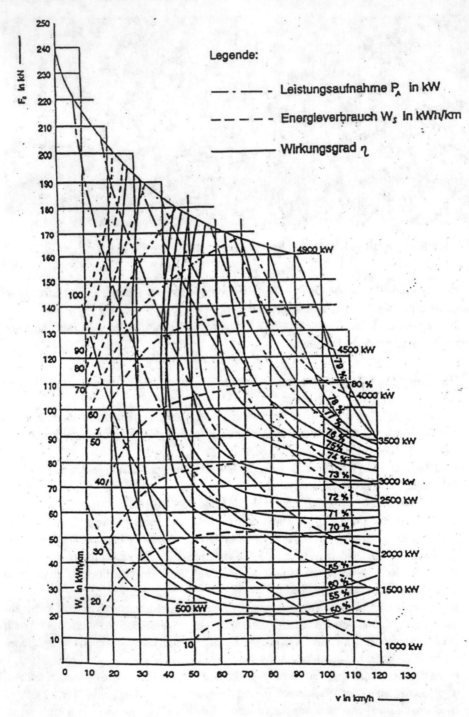

Abb. 8.9 Kennlinienfeld einer elektrischen Lokomotive BR 143. (Quelle: Deutsche Reichsbahn (VES-M Halle))

7. Sobald sich der Zugkraftbedarf (z. B. Neigungswechsel, Transition von Beschleunigung zu Beharrung) oder die Geschwindigkeit ändert, ist der jeweils neue Betriebspunkt zu bestimmen und im Kennlinienfeld zu verorten.

Es ist ferner möglich, aus dem Kennlinienfeld das energetische Verhalten für spezielle Fragestellungen abzuleiten. Dazu zählt zum Beispiel die Entwicklung des Wirkungsgrades oder der Leistungsaufnahme am Stromabnehmer bei einer Beschleunigung unter Nutzung der maximalen Zugkraft. Abb. 8.10a zeigt die mittels der Stützpunkte aus dem Kennlinienfeld gewonnene Kurve der Leistungsaufnahme am Stromabnehmer P_A über der Geschwindigkeit bei Ausnutzung der maximalen Zughakenzugkraft. Ergänzend dazu enthält Abb. 8.10b den Triebfahrzeugwirkungsgrad, wie er sich gemäß des Kennlinienfeldes entlang der maximalen Zugkraft ergibt.

Unter Einbeziehung dieser aus dem Kennlinienfeld extrahierten Kennlinien wurde eine Simulationsrechnung durchgeführt, deren Ergebnisse die Abb. 8.11 zeigt. Es wurde die Beschleunigung einer Lokomotive der BR 143 mit einem Doppelstockwagenzug, bestehend aus 3 Wagen und einem Steuerwagen (Wagenzugmasse: 225 t), in der Ebene von 0 auf 120 km/h simuliert.

Wie aus Abb. 8.11a hervorgeht, ist der Beschleunigungsvorgang nach etwa 1300 m abgeschlossen. Der in Abb. 8.11b dargestellte Verlauf der Beschleunigung über dem zurückgelegten Weg dient vor allem der Überprüfung der kinematischen Plausibilität der Ergebnisse.

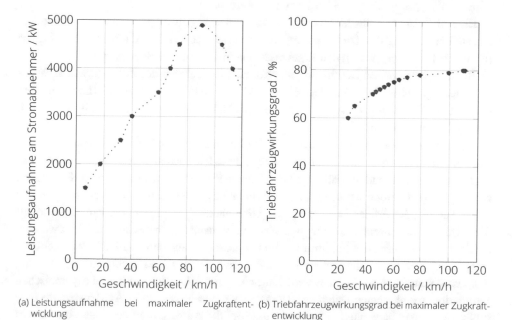

(a) Leistungsaufnahme bei maximaler Zugkraftentwicklung

(b) Triebfahrzeugwirkungsgrad bei maximaler Zugkraftentwicklung

Abb. 8.10 Aus dem Kennlinienfeld abgeleitete Kurven für den Fall maximaler Zugkraftentwicklung

Dass ein solcher Zugverband im unteren Geschwindigkeitsbereich Beschleunigungen zwischen 0,7 und 0,5 m/s^2 erreicht, ist realistisch, sodass davon ausgegangen werden kann, dass bei der fahrdynamischen Simulationen keine groben Fehler bei der Parametrisierung unterlaufen sind.

Die Beschleunigungszeit beträgt insgesamt ca. 71 s, wobei davon ausgegangen werden muss, dass in der Realität etwas mehr Zeit benötigt wird, weil der Anfahrprozess (allmähliche Steigerung der Zugkraft bis zum Maximalwert) nicht in der Simulation abgebildet wurde. Von großem Interesse sind natürlich die Simulationsergebnisse bezüglich des Energieumsatzes. Wie aus Abb. 8.11c hervorgeht, hat der betrachtete Zugverband am Ende des Beschleunigungsvorganges eine kinetische Energie von ca. 51,3 kWh erreicht. Um dies zu erreichen, muss am Zughaken der Lokomotive eine Arbeit W_Z von 53,4 kWh verrichtet werden. Zur Erinnerung: die Bilanzierung erfolgt in diesem Beispiel am Zughaken und nicht an den Treibrädern, weil sich das Triebfahrzeug-Kennlinienfeld auf die Zughakenzugkraft bezieht. Der durch den Wagenzugwiderstand hervorgerufene zusätzliche Energiebedarf am Zughaken beläuft sich also auf ca. 2,1 kWh. Eine Prüfung auf Plausibilität ist hier über eine Rückrechnung möglich. 2,1 kWh entsprechen 7560 kWs = 7560 kJ = 7560 kNm. Wird dieser Wert durch den zurückgelegten Weg (1300 m) dividiert, ergibt sich die mittlere, während des Beschleunigungsvorganges wirksame, Wagenzugwiderstandskraft von 5800 N – bei modernen Fahrzeugen ein plausibler Wert.

Mit Hilfe der in Abb. 8.11c abgebildeten Kurven konnte schließlich ein effektiver Energiebedarf ab Oberleitung von 70,7 kWh (Kurve „$W_{ges}(P_A)$" in Abb. 8.11c) bzw. 67,6 kWh (Kurve „$W_{ges}(\eta_{Tfz})$" in Abb. 8.11c) ermittelt werden.

Eine Abweichung sollte hier nicht auftreten, da der Weg über die Leistungsaufnahme dem Ansatz der Nutzung des Triebfahrzeugwirkungsgrades äquivalent sein sollte. Die Ursache für die Diskrepanz zwischen den Ergebnissen ist in der Datenqualität zu suchen.

Bei dem betrachteten Beschleunigungsvorgang bewegt sich der Zug während 70 % der Beschleunigungszeit in einem Geschwindigkeitsbereich $40 < v \leq 120$ km/h. In dem genannten Geschwindigkeitsintervall werden zudem etwa 88 % der mechanischen Arbeit am Zughaken verrichtet.

Bei der Betrachtung von Abb. 8.10 wird deutlich, dass zwischen 40 und 120 km/h für den Verlauf der Leistungsaufnahme am Stromabnehmer lediglich sieben Stützstellen zur Verfügung stehen, während im Falle des Wirkungsgradverlaufes auf immerhin 13 Stützstellen zurückgegriffen werden kann. Die durch Interpolation zu schließenden Lücken sind somit im ersten Fall deutlich größer. Der Verlauf des Triebfahrzeugwirkungsgrades kann deshalb mit den dem Kennlinienfeld entnommenen Werten mutmaßlich genauer nachgebildet werden, als die Leistungsaufnahme am Stromabnehmer. Deshalb kann dem mit Hilfe des Triebfahrzeugwirkungsgrades ermittelten effektiven Energiebedarf für den Beschleunigungsvorgang wohl eher vertraut werden und es wird deutlich, dass der Qualität der bei fahrdynamischen Simulationen hinterlegten Daten zur energetischen Beschreibung der Antriebsstränge eine große Bedeutung beigemessen werden muss. Bei der Aufbereitung der Daten im Vorfeld einer Simulation sind dementsprechend Genauigkeit und Fleiß gefordert.

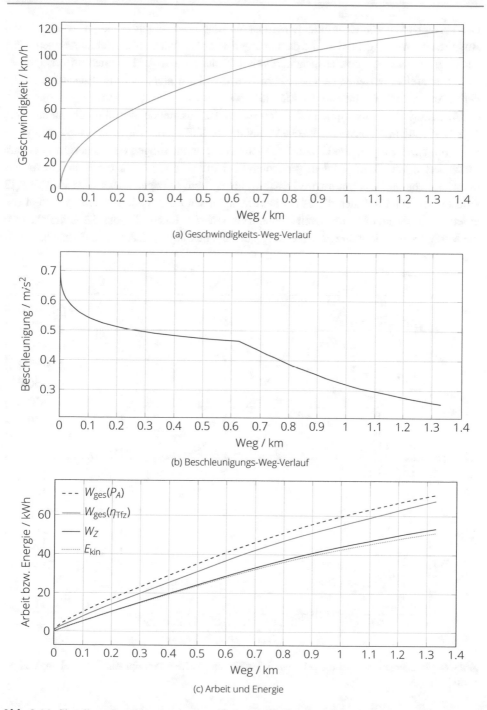

(a) Geschwindigkeits-Weg-Verlauf

(b) Beschleunigungs-Weg-Verlauf

(c) Arbeit und Energie

Abb. 8.11 Simulierte Beschleunigung einer Lokomotive BR 143 mit 4 Doppelstockwagen (davon ein Steuerwagen) in der Ebene

Die Verfügbarkeit von Kennlinienfeldern ist ein zentrales Problem der heutigen Zeit, in der Angaben zu Wirkungsgraden und dem energetischen Verhalten von Triebfahrzeugen meist ein sorgsam gehütetes Betriebsgeheimnis sind. Nahezu alle in der Fachliteratur verfügbaren Kennlinienfelder beziehen sich auf Fahrzeuge, die längst nicht mehr im Einsatz sind oder deren Abstellung (wie im Fall der BR 143) absehbar ist.

Eine rühmliche Ausnahme bildet eine sehr aufschlussreiche Veröffentlichung aus dem Jahr 2000 [54], in der das energetische Verhalten von ICE 3-Triebzügen untersucht und Wege aufgezeigt wurden, wie die Effizienz der Züge über Anpassungen der Steuerungssoftware verbessert werden kann. In dem genannten Fachartikel wird jeweils ein Kennfeld für das ursprüngliche und das optimierte Fahrzeug angegeben. Letztgenanntes wird in Abb. 8.12 zitiert und soll im Rahmen dieses Buches exemplarisch für das energetische Verhalten von elektrischen Fahrzeugen mit Drehstromantriebstechnik stehen. Sowohl die Höhe als auch die Verläufe der Triebfahrzeugwirkungsgrade sind qualitativ auf ähnliche Fahrzeuge übertragbar.

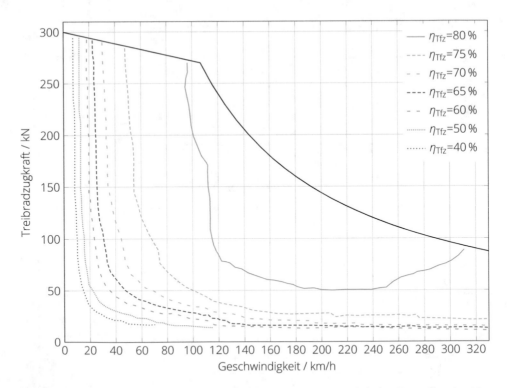

Abb. 8.12 Energetisch optimiertes Kennlinienfeld eines ICE 3 (vereinfachte Darstellung), zitiert nach [54]

Rechenbeispiel: Triebfahrzeug-Kennlinienfeld

Es wird die Fahrt einer Diesellokomotive vor einem Güterganzzug betrachtet. Dieser weist eine Wagenzugmasse von 1000 t auf und soll mit 50 km/h in einer Steigung von 12,5 ‰ transportiert werden. Der Streckenabschnitt weist eine Länge von 1160 m auf. Es ist der Kraftstoffbedarf für die Bewältigung dieser Steigung mit Hilfe des unten stehenden Kennlinienfeldes zu ermitteln.

Der spezifische Wagenzugwiderstand des Güterzuges kann mit Hilfe folgender Gleichung angenähert werden:

$$f_{WFW} = 0,0013 + 0,0015 \cdot \left(\frac{v}{100}\right)^2.$$

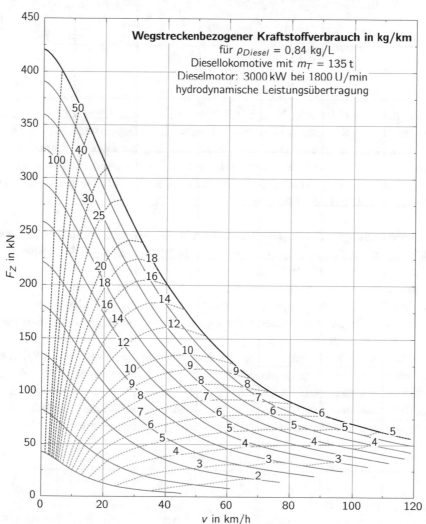

Das Kennlinienfeld bezieht sich auf die Zughakenzugkraft. Der Zugkraftbedarf am Zughaken ergibt sich aus der Fahrdynamischen Grundgleichung:

$$0 = -\ddot{x}m\xi_Z + \underbrace{F_T - F_{WFT}}_{F_Z} - F_{WFW} - F_{WS}$$

Für den vorliegenden Spezialfall der Beharrungsfahrt ergibt sich ferner:

$$F_Z = F_{WFW} + F_{WS} = m_W \cdot g \cdot f_{WFW} + m_Z \cdot g \cdot i$$

Für v = 60 km/h und i = 12,5‰ folgt:

$$
\begin{aligned}
F_{Z,\text{erf}} &= 1000\,t \cdot 9,81\,m/s^2 \cdot \left[0,0013 + 0,0015 \cdot \left(\frac{v}{100}\right)^2\right] + 1135\,t \cdot 9,81\,m/s^2 \cdot 0,0125 \\
&= 1000\,t \cdot 9,81 \cdot 0,001675 + 139,2\,kN \\
&= 16,4\,kN + 139,2\,kN \\
&= 156\,kN
\end{aligned}
$$

Der Betriebspunkt, der einer Fahrt mit 50 km/h in einer Steigung von 12,5‰ mit dem Güterganzzug im Kennlinienfeld zugeordnet werden kann, liegt in unmittelbarer Nähe zu dem Kurvenzug, der einen Kraftstoffverbrauch von 12 kg/km markiert. Der Gesamtverbrauch für den betrachteten Streckenabschnitt lässt sich also aus dem Produkt der Streckenabschnittslänge (1,16 km) und dem wegspezifischen Kraftstoffverbrauch errechnen. Er beträgt 13,92 kg (bzw. 16,6 L). ◄

► **Zusammenfassung:Triebfahrzeug-Kennlinienfeld** Triebfahrzeug-Kennlinienfelder sind Zugkraftdiagramme, die um Angaben zum energetischen Verhalten der Triebfahrzeuge in den verschiedenen Zugkraft- und Geschwindigkeitsbereichen ergänzt wurden.

Sie dienen der Bestimmung des Energiebezuges (ab Oberleitung) bzw. Dieselkraftstoffverbrauches von Zugfahrten, indem sie es ermöglichen, vom Energiebedarf an den Treibrädern (oder am Zughaken) auf den Energiebezug unter Berücksichtigung des Triebfahrzeugwirkungsgrades zu schließen.

Mit Hilfe eines Triebfahrzeug-Kennlinienfeldes lässt sich jedem Wertepaar (F_T, v) bzw. (F_Z, v) innerhalb eines Zugkraft-Geschwindigkeitsdiagrammes ein Kraftstoffverbrauch oder elektrischer Energiebedarf zuordnen.

Im Falle transienter Vorgänge (z.B. Beschleunigungsprozesse) muss ein wiederholtes Auslesen des Kennlinienfeldes mit einem sinnvollen Abtastintervall erfolgen.

8.3.3 Triebfahrzeug-Leistungs- und Verbrauchstafeln (TLV-Tafeln)

Bei Triebfahrzeug-Leistungs- und Verbrauchstafeln (TLV-Tafeln) handelt es sich um eine alternative Darstellungsart der energetischen Eigenschaften von Triebfahrzeugen. Wie bei den im voranstehenden Abschnitt beschriebenen Kennlinienfeldern erfolgt auch bei der Arbeit mit TLV-Tafeln eine Zuordnung von Zugkraft, Geschwindigkeit und Energiebezug.

Abb. 8.13 zeigt exemplarisch eine TLV-Tafel für ein Dieseltriebfahrzeug, das mit einer Geschwindigkeit von bis zu 140 km/h verkehren kann.

Der Algorithmus zur Ermittlung des zeitbezogenen Kraftstoff- oder Energiebezugs stellt sich wie folgt dar:

1. Die Geschwindigkeit, bei der der Energiebezug ermittelt werden soll, muss festgelegt werden.
2. Der Zugkraftbedarf bei der gewählten Geschwindigkeit ist mit Hilfe der Fahrdynamischen Grundgleichung zu ermitteln.
3. Auf dem zuvor bestimmten Zugkraftniveau ist eine zur x-Achse parallelverschobene Gerade in die TLV-Tafel einzuzeichnen.

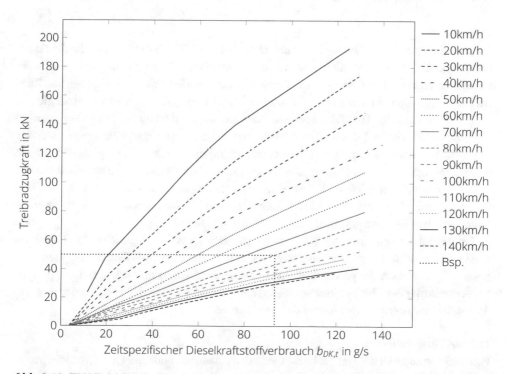

Abb. 8.13 TLV-Tafel für ein Dieseltriebfahrzeug (exemplarische Darstellung)

4. Sofern der Zugkraftbedarf von dem betrachteten Fahrzeug erfüllt werden kann, existiert ein Schnittpunkt der Zugkraft-Geraden mit der zutreffenden Geschwindigkeitskurve in der TLV-Tafel. Am gemeinsamen Schnittpunkt ist das Lot auf die x-Achse zu fällen.
5. Der momentane Energie- oder Leistungsbezug kann am Schnittpunkt des Lotes mit der x-Achse abgelesen werden.

In Abb. 8.13 ist mit den schwarzgepunkteten Geraden ein Beispiel eingezeichnet. Bei diesem soll der Dieselkraftstoffverbrauch bestimmt werden, wenn bei einer Geschwindigkeit von v = 80 km/h eine Zugkraft von 50 kN erzeugt werden soll.

Der Schnittpunkt von F_T = const. = 50 kN mit der 80 km/h-Kurve befindet sich bei $b_{DK,t}$ = 93 g/s. Der absolute Verbrauch ergibt sich aus dem Produkt des ermittelten zeitspezifischen Kraftstoffverbrauches mit dem Zeitintervall, in dem die Zugkraftanforderung bei der genannten Geschwindigkeit aufrecht erhalten wird.

8.4   Grundzüge des Energiesparenden Fahrens

8.4.1   Randbedingungen

Fahrstil

Die Erfahrung zeigt, dass im täglichen Eisenbahnbetrieb 10-20 % der Energie, die für Traktionszwecke aufgewendet werden muss, von der Fahrweise der Triebfahrzeugpersonale beeinflusst werden kann. Die sinnvolle Nutzung der kinetischen Energie der Fahrzeuge und Züge im Fahrzeugauslauf ist dabei ein wesentliches Element energiesparender Fahrstrategien.

Die Prioritäten der Triebfahrzeugpersonale sind dabei aufgrund der hohen Anforderungen, die bezüglich der Sicherheit und Pünktlichkeit im Eisenbahnverkehr gestellt werden, klar definiert. In erster Linie sind die Bedienhandlungen der Triebfahrzeugführerinnen und Triebfahrzeugführer darauf ausgerichtet, das höchstmögliche Maß an **Sicherheit** bei der Fahrt zu gewährleisten. Wenn dies erreicht ist, steht zunächst die **Pünktlichkeit** der Fahrt im Zentrum der Bemühungen und erst dann, wenn der Fahrplan sicher eingehalten werden kann, kommen Erwägungen zum energiesparenden Fahren ins Spiel.

Der Handlungsspielraum der Triebfahrzeugpersonale besteht im gezielten **Einfügen von Auslaufabschnitten** vor Streckenabschnitten mit verringerter Soll-Geschwindigkeit oder planmäßigen Halten, der geschickten **Ausnutzung der Streckentopographie,** der gewollten **Absenkung der Höchstgeschwindigkeit** sowie dem priorisierten **Einsatz der elektrodynamischen Bremsen,** wo immer dies möglich ist.

Fahrzeit und Fahrplan

Fahrpläne sind in der Regel so konstruiert, dass zunächst berechnet wird, welche **minimale Fahrzeit** ein Fahrzeug oder Zug bei maximaler Ausnutzung des Zugkraftangebotes benötigt. Die so generierten Fahrspiele weisen keine Auslaufabschnitte auf, sondern bestehen nur aus den Phasen Anfahren/Beschleunigen, Beharrung und Bremsung. Fahrten mit minimalem Fahrzeitbedarf werden auch als **„Spitzfahrt"** bezeichnet. Nun wäre es jedoch fatal, die so berechneten Fahrzeiten als Fahrplanfahrzeit zu übernehmen, weil dann geringste Verzögerungen im Betriebsablauf dazu führen würden, dass das gesamte Fahrplangefüge durcheinander gerät.

Es ist deshalb üblich, der Mindestfahrzeit **prozentuale Fahrzeitzuschläge** beizugeben. Diese werden von den Netzbetreibern festgelegt und bewegen sich in der Regel in einem Wertebereich zwischen 3 und 7 %, wobei auch höhere Fahrzeitzuschläge denkbar sind.

Es wird zwischen Fahrzeit-Regelzuschlägen und Fahrzeit-Sonderzuschlägen unterschieden. Erstgenannte werden stets der Mindestfahrzeit zugeschlagen und ihr konkreter Betrag kann von der Zugkategorie (z. B. Fernverkehrszug, Nahverkehrszug, Güterzug, etc.) und der Traktionsart (Elektro- vs. Dieseltraktion) abhängen.

Sonderzuschläge werden zum Beispiel immer dann in die Fahrplanfahrzeit eingerechnet, wenn Baustellen auf einer Strecke geplant sind. Diese gehen häufig mit Langsamfahrstellen oder eingleisigem Betrieb einher, sodass es wichtig und sinnvoll ist, kleinere zeitliche Fahrtverzögerungen, die im Zusammenhang mit dem Baugeschehen stehen, von vornherein zu berücksichtigen.

Die Summe der Fahrzeitzuschläge wird als **Fahrzeitreserve** oder auch als **Fahrzeitrückhalt** bezeichnet. Diese kann entweder genutzt werden, um unerwartete Verzögerungen während der Fahrt auszugleichen oder um Strategien der energiesparenden Fahrweise anzuwenden. Generell kann festgehalten werden, dass das Vorhandensein einer Fahrzeitreserve überhaupt erst die Voraussetzung dafür schafft, dass sich für die Triebfahrzeugpersonale die erforderlichen Handlungsspielräume eröffnen um Verspätungen aufzuholen oder Traktionsenergie einzusparen. Es kann ferner grundsätzlich festgehalten werden, dass das Aufholen von Verspätungen und die Einsparung von Traktionsenergie als Zielkonflikt zu verstehen ist, der praktisch immer zugunsten der Einhaltung des Fahrplans aufgelöst wird.

Damit lässt sich ein wesentlicher Grundsatz des energiesparenden Fahrens wie folgt zusammenfassen:

Soll Traktionsenergie durch betriebliche Maßnahmen eingespart werden, muss in der Regel eine Verlängerung der Fahrzeit akzeptiert werden. Die Verkürzung der Fahrzeit wird umgekehrt immer mit einem zusätzlichen Energieaufwand erkauft.

Geschwindigkeit

Die tatsächliche Höchstgeschwindigkeit von Eisenbahnfahrzeugen ist das Minimum der folgenden Höchstgeschwindigkeiten:

- die infrastrukturseitige Höchstgeschwindigkeit (Streckenhöchstgeschwindigkeit),
- die bremstechnische Höchstgeschwindigkeit (Einhaltung sicherer Bremswege),
- die spurführungsbedingte Höchstgeschwindigkeit (Sicherheit gegen Entgleisen),
- die fahrdynamische Höchstgeschwindigkeit (Leistungsbegrenzung)

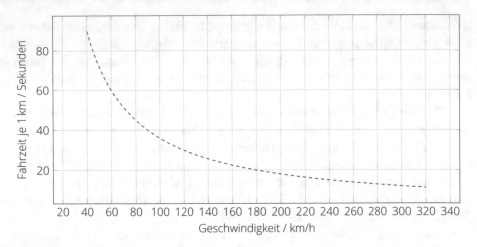

Abb. 8.14 Fahrzeitbedarf für je Kilometer Wegstrecke bei Beharrungsfahrt

Eine Überschreitung einer dieser Höchstgeschwindigkeiten ist im Eisenbahnbetrieb nicht ohne weiteres möglich, sodass eine temporäre Erhöhung der Geschwindigkeit zum Ausgleich von Verspätungen nicht infrage kommt.

Um sinnvoll einschätzen zu können, welche Auswirkungen die Fahrt mit verminderter Geschwindigkeit auf die Fahrzeit hat, ist es wichtig, sich zunächst den simplen Zusammenhang zwischen Fahrzeit Δt und Geschwindigkeit v bei Beharrungsfahrt ins Gedächtnis zu rufen:

$$\Delta t = \frac{\Delta s}{v}. \tag{8.13}$$

Wird für Δ s in Gl. 8.13 ein Wert von 1 km eingesetzt, so ergibt sich naheliegenderweise die Fahrzeit, die bei einer Beharrungsfahrt mit der Geschwindigkeit v benötigt wird, um eben diese 1 km zurückzulegen.

Abb. 8.14 illustriert diesen funktionalen Zusammenhang, aus dem sich einige einfache, aber wichtige, Zusammenhänge bezüglich des energiesparenden Fahrens ableiten lassen.

Dazu werden folgende einfache beispielhafte Überlegungen angestellt:

1. Wird ein Fahrzeug oder Zug z. B. aufgrund einer Signalstörung dazu gezwungen, einen 1000 m langen Streckenabschnitt mit v = 40 km/h zu durchfahren, der sonst mit v = 160 km/h befahren werden könnte, resultiert daraus ein zusätzlicher Fahrzeitbedarf von 67,5 s. Dies entspricht der Fahrzeitreserve (Annahme eines Fahrzeitzuschlages von 5 %) einer Zugfahrt von 22,5 min Fahrplanfahrzeit. Es ist allgemein festzuhalten, dass die lange Verweildauer im niedrigen Geschwindigkeitsbereich zu relativ großem Fahrzeitbedarf führt. Langsamfahrstellen, die nicht bei der Ermittlung der Fahrplanfahrzeit berücksichtigt werden konnten, zehren die Fahrzeitreserve deshalb schnell auf, selbst

wenn sie sich im Verhältnis zur Gesamtstrecke nur über relativ kurze Distanzen erstrecken.

2. Wird die Beharrungsgeschwindigkeit verdoppelt, halbiert sich die Fahrzeit je Wegeinheit. Dies führt dazu, dass der absolute Fahrzeit-Einspareffekt im unteren Geschwindigkeitsspektrum wesentlich größer ist, als im oberen Teil des Geschwindigkeitsspektrums. Verdoppelt sich die Geschwindigkeit eines Zuges von 80 auf 160 km/h, werden pro Kilometer 22,5 s Fahrzeit eingespart, während die Zeitdifferenz bei einer Verdopplung von 160 auf 320 km/h nur noch 11,5 s beträgt. Die Zeiteinsparung je Kilometer halbiert sich damit ebenfalls.

3. Wird auf einer Hochgeschwindigkeitsstrecke mit 300 statt 250 km/h gefahren, beträgt die Fahrzeitersparnis pro Kilometer Wegstrecke 2,4 s. Es müsste somit auf einer Gesamtstrecke von 125 km *ununterbrochen* mit konstant 300 statt 250 km/h gefahren werden, um 5 min Fahrzeit zu einzusparen. Daraus lässt sich die (auch für Autobahnfahrten gültige) einfache Regel ableiten, dass das Fahren mit hohen Geschwindigkeiten bezüglich der Fahrzeit erst wirksam wird, wenn diese Geschwindigkeiten über lange Distanzen konstant gehalten werden können.

Exkurs: „Fahrdynamik für den Hausgebrauch"

Wird eine Richtgeschwindigkeit auf Autobahnen von 130 km/h zugrundegelegt, beträgt die Fahrzeitersparnis pro km 5,2 s, wenn stattdessen 160 km/h gefahren werden. Es müsste über eine Distanz von 58 km ununterbrochen mit 160 statt 130 km/h gefahren werden, um 5 min Fahrzeit einzusparen. Bei 200 statt 130 km/h wären es immerhin noch 31 km für einen Fahrzeitgewinn von 5 min.

Für „schnelle Fahrerinnen/Fahrer": Die Erhöhung des Tempos von 160 auf 200 km/h führt erst nach 67 km *ununterbrochener* Schnellfahrt zu einem Fahrzeitgewinn von 5 min.

Energie und Fahrzeit

Wie oben bereits erwähnt, verhalten sich der Gesamtenergiebedarf und die Gesamtfahrzeit von Zugfahrten gegenläufig. Die Kürzung von Fahrzeiten ist mit konventionellen Fahrzeugen nur möglich, wenn mehr Energie umgesetzt wird. Andererseits erfordert das energiesparende Fahren eine Fahrzeitreserve und damit einen gegenüber der Spitzfahrt erhöhten Fahrzeitbedarf.

Abb. 8.15 illustriert diesen Zusammenhang noch einmal zusammenfassend. Aus dem qualitativen Verlauf „Gesamtenergiebedarf über Gesamtfahrzeit" ergibt sich die auch durch die Praxis bestätigte Feststellung, dass bereits geringe Fahrzeitzuschläge T_{Res} in Abb. 8.15 ausreichen, um verhältnismäßig große Mengen an Traktionsenergie einzusparen. Der Kurvenverlauf verdeutlicht außerdem, dass es ab einer bestimmten Fahrzeitverlängerung kaum

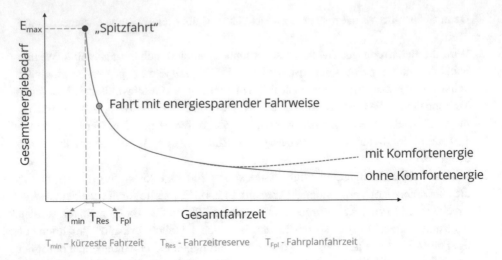

Abb. 8.15 Zusammenhang von Gesamtenergiebedarf und Gesamtfahrzeit für beliebige Zugfahrten (Anmerkung: Es handelt sich *nicht* um den zeitlichen Verlauf des Energiebedarfes einer speziellen Zugfahrt, sondern um einen allgemeinen Zusammenhang zwischen kumulierten Größen.)

noch möglich ist, größere Mengen an Traktionsenergie einzusparen. Besteht, wie im Falle von Reisezügen, noch ein signifikanter Komfortleistungsbedarf, kann der Gesamtenergiebezug bei extremen Fahrzeitverlängerungen sogar wieder ansteigen, da der Komfortenergiebedarf proportional zur Fahrzeit ansteigt, sodass ab einem bestimmten (Zeit-)Punkt der Einspareffekt bei der Traktionsenergie überkompensiert wird.

Die Ausnutzung des Energieeinsparpotentials bei Zugfahrten ist immer ein Kompromiss zwischen der Erreichung von bestimmten (gewünschten) Fahrzeiten und der Akzeptanz des dafür notwendigen Energieeinsatzes.

8.5   Strategien für energiesparendes Fahren

Die Anwendung einer energieeffizienten Fahrweise ist schon seit vielen Jahrzehnten ein Thema im Eisenbahnbetrieb. Früher standen dabei vor allem die Betriebskosten (Einsparung von Brennmaterial und Kraftstoff) sowie im Fall der Dampftraktion die Schonung der Lokomotivheizer im Vordergrund, während heute flankierend dazu auch Erwägungen zur Reduzierung der CO_2-Emissionen eine wichtige Rolle spielen.

Die drei geläufigsten Ansatzpunkte zur Realisierung eines energetisch günstigen Fahrregimes sind:

1. die Nutzung des Fahrzeugauslaufes, wann immer die Fahrplanlage dies zulässt,
2. die Absenkung der Höchstgeschwindigkeit im Falle großer Haltestellenabstände,
3. die extensive Nutzung regenerativer Bremsen.

Daneben gibt es weitere Ansätze, die nur bei bestimmten betrieblichen Randbedingungen praktikabel sind. So ist es insbesondere im Personennahverkehr üblich, schwach frequentierte Haltestellen nur „auf Verlangen" zu bedienen und also keinen Zwischenhalt einzulegen, wenn keine potentiellen Fahrgäste an der Haltestelle stehen und keine Haltewunschtaste betätigt wurde. Bei einem Straßenbahnzug mit einer Masse von 56 t können so zum Beispiel mindestens ca. 0,24 kWh pro nicht angefahrenem Halt eingespart werden (Annahme: die Fahrzeuggeschwindigkeit wird auf minimal 20 km/h abgesenkt und die kinetische Energie für 56 t Fahrzeugmasse wird $E_{kin}(20\,km/h, 56\,t) = 864\,kJ = 0{,}24\,kWh$).

Fahrzeugauslauf

Die Beharrungsfahrt ist von allen Phasen der Zugfahrt die energetisch ungünstigste. Werden nicht gerade sehr hohe Geschwindigkeiten gefahren oder hohe Wagenzugmassen in großen Steigungen bewegt, liegt der Leistungsbedarf zur Überwindung der Fahrwiderstände deutlich unter der Maximalleistung, sodass der Antriebsstrang tendenziell bei eher ungünstigen Wirkungsgraden betrieben wird (vgl. Abb. 8.9). Wenngleich der absolute Energieumsatz bei Beharrungsfahrt in den meisten Fällen deutlich geringer ist als während der Beschleunigungsvorgänge, reduziert sich der Energiebezug (ab Oberleitung bzw. Kraftstofftank) nicht in gleicher Weise, da sich der Triebfahrzeugwirkungsgrad mit abnehmender Zugkraft bei gleicher Geschwindigkeit häufig verschlechtert.

Die Frage, in welchem Ausmaß der Fahrzeugauslauf genutzt werden kann, hängt mit der Streckentopographie und mit der gegenüber der Beharrungsfahrt zu erwartenden Fahrzeitverlängerung zusammen. Diese ist außer von der Streckenneigung stark von der Auslaufanfangsgeschwindigkeit abhängig. Abb. 8.16 zeigt die Modellrechnung für ein einfaches Fahrspiel in der Ebene, das von einem zweiteiligen Dieseltriebwagen absolviert wird. Für verschiedene Höchstgeschwindigkeiten (= Auslaufanfangsgeschwindigkeiten) wurde simuliert, inwieweit sich die Fahrzeit bezüglich der Spitzfahrt mit den jeweiligen Höchstgeschwindigkeiten in Abhängigkeit des Auslaufanteils am gesamten Fahrspiel verändert.

Wie zu erwarten ist, nimmt der mögliche Anteil des Auslaufweges am Gesamtweg bei gleicher Fahrzeitverlängerung deutlich zu, je höher die Höchstgeschwindigkeit liegt. Im Umkehrschluss müssen gleiche Auslaufwege bei unterschiedlichen Auslaufanfangsgeschwindigkeiten natürlich zu deutlich unterschiedlichen prozentualen Verlängerungen der Fahrzeit führen. Dieser Effekt verstärkt sich noch, wenn unterschiedliche Streckenneigungen betrachtet werden (Abb. 8.17). Während sich Gefällestrecken erwartungsgemäß günstig auf die auslaufbedingte Fahrzeitverlängerung auswirken, können schon geringe Steigungen (in der Abbildung: 5 %) bei gleichem Auslaufweg zu sehr deutlicher Fahrzeitverlängerung führen.

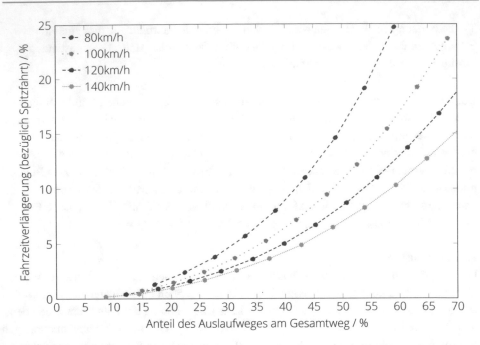

Abb. 8.16 Zusammenhang von Auslaufweg und Fahrzeitverlängerung in der Ebene (Modellrechnung für einen zweiteiligen Dieseltriebwagen für den Regionalverkehr)

Die Kunst beim energiesparenden Fahren besteht nun darin, den Auslaufweg bei wechselnden Steigungen und unterschiedlichen Ausgangsgeschwindigkeiten so zu bemessen, dass die sich ergebende Fahrzeitverlängerung den Fahrzeitrückhalt (oder was noch von diesem übrig ist) weder über-, noch überschreitet. Wird „zu früh" in den Fahrzeugauslauf übergegangen, kann das Fahrspiel mit einer Ankunftsverspätung enden, die im nächsten Fahrspiel durch eine „straffe Fahrweise" (Vermeidung von Fahrzeugauslauf) kompensiert werden müsste. Der Energieeinspareffekt würde so zunichte gemacht.

Erfolgt die Abschaltung der Traktionskraft demgegenüber „zu spät", erfolgt eine verfrühte Ankunft und der Zug „versteht" seine Fahrzeitreserve im Bahnhof, statt sie während der Fahrt voll auszuschöpfen. Bei einer Gesamtfahrzeit (ohne Zwischenhalt) von einer Stunde beliefe sich eine 5 %ige Fahrzeitreserve auf 180 s (3 min). Würde ein Zug nur eine Minute zu früh ankommen, bliebe also ein Drittel der Fahrzeitreserve ungenutzt. Diese Überlegungen werden an dieser Stelle angestellt, um ein Gefühl dafür zu vermitteln, was „verfrühte Ankunft" bedeutet – es geht um wenige Minuten oder sogar nur Sekunden.

Die Triebfahrzeugpersonale müssen also sowohl die Streckentopographie gut kennen als auch die Auslaufwege und Restfahrzeiten gut einschätzen können. Bei entsprechender Schulung lassen sich mit erfahrenen Triebfahrzeugführern und Triebfahrzeugführerinnen beachtliche Ergebnisse bezüglich der Einsparung von Energie erzielen.

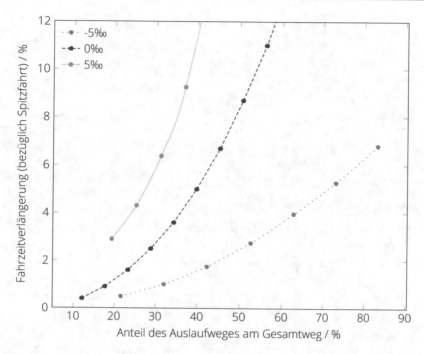

Abb. 8.17 Zusammenhang von Auslaufweg und Fahrzeitverlängerung in Gefälle, Ebene und Steigung bei einer Auslaufanfangsgeschwindigkeit von 120 km/h (Modellrechnung für einen zweiteiligen Dieseltriebwagen für den Regionalverkehr)

Den „optimalen" Zeitpunkt zur Einfügung von Auslaufabschnitten in das Fahrspiel zu finden, wird aber in der Regel die menschlichen Fähigkeiten übersteigen. Hier können sogenannte Fahrerassistenzsysteme zum Einsatz kommen, die durch die Vorausberechnung verschiedener Fahrtvarianten entscheidende Informationen liefern können, um situationsangepasst die bezüglich des Energiebedarfes beste Entscheidung zu treffen. Aber auch die besten Fahrerassistenzsysteme müssen in die Lage versetzt werden, Auslaufwege und -zeiten zutreffend zu prognostizieren. Hierfür ist neben der Qualität der angewandten Algorithmen auch die Datenlage bezüglich der Fahrzeug- und Infrastruktur sowie der aktuellen Fahrplanlage entscheidend.

Exkurs: Energiesparende Fahrweise – ein Praxisbeispiel

Die ICE-1-Flotte der Deutschen Bahn wurde in den 1990er Jahren mit einem Fahrerassistenzsytem ausgerüstet, das den Triebfahrzeugpersonalen je nach Fahrplanlage Empfehlungen zur Abschaltung der Traktionsleistung gibt.

Um die Wirksamkeit dieses Systems zu beweisen, wurde eine umfangreiche Datenerhebung vorgenommen. Die Auswertung von 5092 Fahrten, die in den Jahren 1996/97 durchgeführt wurden, ergab, dass durch die Einführung des Fahrerassistenzsystems eine Einsparung von Traktionsenergie um 9 % gegenüber der bis dahin von den Triebfahrzeugpersonalen praktizierten „wirtschaftlichen Fahrweise" erzielt werden konnte.

Für die „wirtschaftliche Fahrweise", die auf der Schulung und Erfahrung der Triebfahrzeugpersonale beruhte, konnte wiederum ein Einspareffekt von 6 % gegenüber der „straffen Fahrweise" (Ziel: minimale Fahrzeit, z. B. zum Aufholen von Verspätungen) nachgewiesen werden.

Der gesamte Einspareffekt durch das (rechnergestützte) energiesparende Fahren kann damit im Falle der ICE-1-Flotte mit 15 % angegeben werden. Das Projekt wurde von Lehmann im Rahmen einer ingenieurwissenschaftlichen Veröffentlichung dokumentiert [61].

Variation der Höchstgeschwindigkeit

Die willentliche Absenkung der Höchstgeschwindigkeit kann insbesondere im hochwertigen Fernverkehr bzw. im Hochgeschwindigkeitsverkehr ein probates Mittel sein, um den Energiebedarf von Zugfahrten zu senken. Wie bereits anhand von Abb. 8.14 erläutert, ist der Fahrzeitgewinn- oder verlust bei einer Variation der Beharrungsgeschwindigkeit bei hohen Geschwindigkeiten vergleichsweise gering. Andererseits wird jedoch durch eine Reduktion der Geschwindigkeit der Energiebedarf zur Überwindung der Fahrzeugwiderstandskräfte deutlich gesenkt.

Abb. 8.18 zeigt diese Zusammenhänge in dem für Hochgeschwindigkeitszüge relevanten Geschwindigkeitsbereich. Aufgrund der großen Haltestellenabstände im Hochgeschwindigkeitsverkehr, beziehen sich die Diagramme in der genannten Abbildung jedoch auf 10 km.

In der Unterabbildung 8.18b wird der Energiebedarf an den Treibrädern zur Überwindung des Fahrzeugwiderstandes für sowohl für einen ICE 3 M (BR 406) als auch für einen TGV Duplex dargestellt.

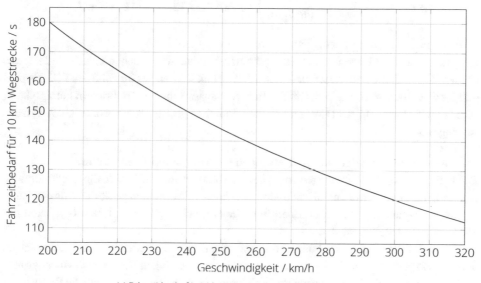

(a) Fahrzeitbedarf je 10 km Wegstrecke bei Beharrungsfahrt

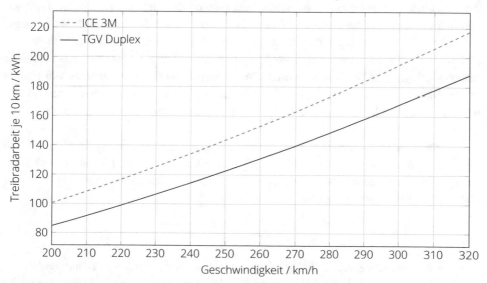

(b) Treibradarbeit je 10 km zur Überwindung des Fahrzeugwiderstandes bei Beharrungsfahrt in der Ebene

Abb. 8.18 Energieumsatz und Fahrzeitbedarf im Hochgeschwindigkeitsverkehr

Betrachten wir nun den Fall, dass die Hochgeschwindigkeitszüge statt mit 320 km/h nur mit 300 km/h verkehren. Die zusätzliche Fahrzeit je 10 km beträgt dann (vgl. auch Abb. 8.18a):

$$\Delta t = \left(\frac{10\,\text{km}}{300\,\text{km/h}} - \frac{10\,\text{km}}{320\,\text{km/h}} \right) \cdot 3600\,\text{s/h} = 120\,\text{s} - 112,5\,\text{s} = 7,5\,\text{s}.$$

Es handelt sich also um eine Fahrzeitverlängerung um 6,7 %.

Hinsichtlich des Energieumsatzes ergibt sich bei den angegebenen Geschwindigkeiten für den ICE 3 M eine Differenz von $-22,8$ kWh/10 km, während es im Falle des TGV Duplex $-20,2$ kWh/10 km sind. Die prozentuale Energieersparnis an den Treibrädern beträgt damit 10,5 % (ICE) bzw. 10,7 % (TGV) und ist damit deutlich größer als die prozentuale Fahrzeitverlängerung.

Priorisierte Nutzung der rückspeisefähigen elektrodynamischen Bremse

Bei elektrischen Triebfahrzeugen mit Drehstromantriebstechnik stellt die größtmögliche Ausnutzung der elektrodynamischen Bremsleistung in Verbindung mit der Rückspeisung der dabei erzeugten elektrischen Energie in die Oberleitung eine weitere Möglichkeit des energiesparenden Fahrens dar.

Damit das Potential dieser Maßnahme optimal ausgenutzt werden kann, bedarf es jedoch neben rückspeisefähigen Fahrzeugen und eines aufnahmefähigen Netzes auch einer „grünen Welle" bzw. einer Zugsicherungstechnik mit langen Vorschauwegen, da sich die Bremswege der Eisenbahnfahrzeuge bei ausschließlicher Nutzung der elektrodynamischen Bremsen deutlich verlängern können. Abb. 8.19 zeigt dafür beispielhaft die simulierten Bremswege, die sich ergeben, wenn ein IC-Zug bzw. ein S-Bahn-Zug aus 160 km/h unter ausschließlicher Nutzung der elektrodynamischen Bremse abgebremst werden. Zur besseren Einordnung der Bremswege ist der in Deutschland übliche Vorsignalabstand auf Hauptstrecken von 1000 m in den Diagrammen ergänzt worden. Dieser wird in beiden Fällen deutlich überschritten, weshalb eine ausschließliche Nutzung von elektrodynamischen Bremsen betrieblich nicht statthaft ist.

Trotzdem ist es lohnenswert, das Energieeinsparpotential zu untersuchen, dass durch die Wiedergewinnung von Bremsarbeit ausgeschöpft werden kann. Ein gutes Maß dafür ist der „Nutzbremsfaktor" f_{NB}, der als das Verhältnis von kumulierter Bremsarbeit W_B zu kumulierter Traktionsarbeit an den Treibrädern W_T definiert ist:

$$f_{NB} = \frac{W_B}{W_T} \tag{8.14}$$

Der Nutzbremsfaktor kann als Energieeinsparpotential einer Fahrt mit vollständiger Bremsarbeitsrekuperation mit dem Wirkungsgrad 1 gedeutet werden. Der reale Wirkungsgrad für die Wandlung von kinetischer Energie in elektrische Energie und zurück ist deutlich kleiner als 1,0 weshalb die tatsächliche Einsparung geringer ausfallen wird. Bei einem Wirkungsgrad von beispielsweise 0,7 pro Wandlung ergibt sich ein effektiver Wirkungsgrad von 0,49.

Abb. 8.20 zeigt die exemplarische Fahrt eines elektrischen Nahverkehrstriebzuges, für die die kumulierte Treibrad- und Bremsarbeit ermittelt wurde. Am Ende der Fahrt steht

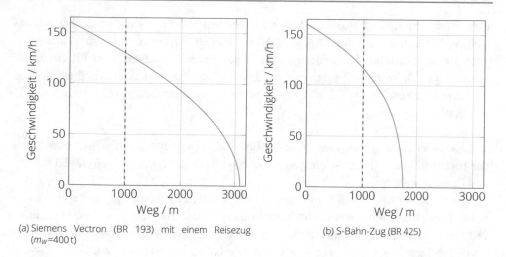

(a) Siemens Vectron (BR 193) mit einem Reisezug (m_W=400 t)

(b) S-Bahn-Zug (BR 425)

Abb. 8.19 Simulierte Bremswege aus 160 km/h unter ausschließlicher Nutzung der elektrodynamischen Bremse (ergänzt um den auf Hauptstrecken üblichen Vorsignalabstand von 1000 m)

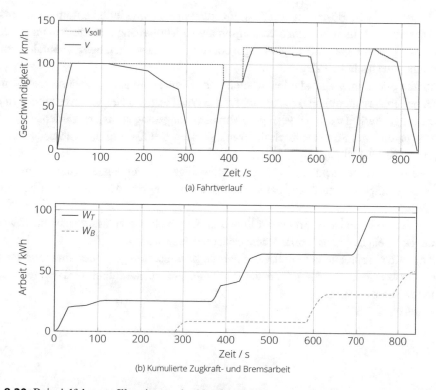

(a) Fahrtverlauf

(b) Kumulierte Zugkraft- und Bremsarbeit

Abb. 8.20 Beispielfahrt zur Illustrierung des Nutzbremsfaktors

einer Treibradarbeit von 96,45 kWh eine Bremsarbeit von 51,85 kWh gegenüber, woraus sich ein Nutzbremsfaktor von 53,8 % ergibt. Bei idealem Wirkungsgrad (100 %) und unbegrenzter Bremsleistung der elektrodynamischen Bremsen könnte also etwa die Hälfte der notwendigen Treibradarbeit eingespart werden. Realistischer sind allerdings Einsparungen im Bereich von ca. 20...26 % (unter Annahme eines Gesamtwirkungsgrades zwischen 0,36 und 0,49).

▶ **Zusammenfassung: Energiesparendes Fahren** Energiesparende Fahrweisen nehmen bei der Eisenbahn einen immer wichtigeren Stellenwert ein (Reduzierung von Betriebskosten und Emissionen).

Die Voraussetzung für die Anwendung energiesparender Fahrstrategien ist ein pünktlicher Betrieb und somit das Vorhandensein eines Fahrzeitrückhaltes (sprich: einer Fahrzeitreserve), die den Triebfahrzeugpersonalen einen entsprechenden Handlungsspielraum bezüglich ihrer Bedienhandlungen eröffnen. Die Fahrzeitreserve wird auf Grundlage der Spitzfahrt (Fahrt mit kürzester Fahrzeit) unter Berücksichtigung prozentualer Fahrzeitzuschläge festgelegt.

Die Grundzüge einer energiesparenden Fahrweise lassen sich wie folgt umreißen.

- Möglichst rasche Beschleunigung auf die zulässige Geschwindigkeit, um einerseits die Fahrzeitreserve nicht für einen verlangsamten Anfahrvorgang aufzuzehren und andererseits den Fahrzeugantrieb möglichst gut auszulasten (Faustregel: hohe Triebfahrzeugwirkungsgrade bei hohen Zugkräften).
- Nutzung des Fahrzeugauslaufes, wann immer es die Fahrplanlage zulässt. Insbesondere bei hohen Auslaufanfangsgeschwindigkeiten und günstigen Neigungsverhältnissen können lange Auslaufwege bei geringer Fahrzeitverlängerung realisiert werden.
- Ausnutzung von Streckenabschnitten mit starkem Gefälle, um das Fahrzeug bzw. den Zug zu beschleunigen.
- Absenkung der tatsächlichen Höchstgeschwindigkeit, wenn lange Distanzen mit hohen Geschwindigkeiten zurückgelegt werden (v. a. im Fern- bzw. Hochgeschwindigkeitsverkehr).
- Die elektrodynamische Bremse sollte so umfangreich wie zulässig ausgenutzt werden und es ist ein möglichst hoher Rückspeisegrad anzustreben.
- „Unnötige" Fahrzeughalte und Geschwindigkeitsabsenkungen (hier sind zum Beispiel Zwangsbremsungen gemeint, die auf Bedienfehler zurückzuführen sind) sollten vermieden werden.

Die Schulung und technische Unterstützung der Triebfahrzeugpersonale ist zur Erzielung möglichst großer Energieeinsparungen unabdingbar. Die Entwicklung von Algorithmen zur Prognose von Fahrtverläufen mit dem Ziel des Auffindens energetisch optimaler Fahrstrategien ist mathematisch anspruchsvoll und weist über das Themenspektrum einer Fahrdynamik-Grundlagenvermittlung hinaus.

8.6   Verständnisfragen

Komplex „Energiebedarf von Zugfahrten"

1. Wie lässt sich die an den Treibrädern während einer Zugfahrt verrichtete Arbeit rechnerisch bestimmen?
2. Wie hängen die Einheiten kWh, kWs, kJ und MJ zusammen?
3. Woraus setzt sich der Energiebedarf von Zugfahrten grundsätzlich zusammen?
4. Nennen Sie Beispiele für Baugruppen auf Triebfahrzeugen, die einen signifikanten Energiebedarf haben, der nicht zur Traktionsenergie gezählt wird.
5. Nennen und erläutern Sie mindestens 4 Faktoren, die den Energiebedarf von Zugfahrten maßgeblich beeinflussen.
6. Nennen und erläutern Sie mindestens 4 Faktoren, die den Leistungsbedarf von Zugfahrten maßgeblich beeinflussen.
7. Was passiert mit der während eines Beschleunigungsvorganges an den Treibrädern verrichteten Arbeit?
8. Wie verändert sich der Betrag der zur Überwindung des Fahrzeugwiderstandes benötigten Arbeit über der Geschwindigkeit und welchen Einfluss hat die Streckenneigung auf diesen Verlauf?
9. Welcher Erkenntnisgewinn erwächst aus der Bestimmung des geschwindigkeitsabhängigen „Grenzgefälles"?
10. Wie lautet die fahrdynamische Energiebilanz im Falle des Fahrzeugauslaufes?
11. Wie verhalten sich die Auslaufwege für ein festes Geschwindigkeitsintervall in Abhängigkeit von der Auslaufanfangsgeschwindigkeit und wie lässt sich der Verlauf erklären?
12. Können aus dem zeitlichen Verlauf der kumulierten Treibradarbeit für ein Fahrspiel Rückschlüsse auf die jeweils aufgetretenen Fahrzustände gezogen werden und welcher Art sind diese Rückschlüsse gegebenenfalls?
13. Was muss getan werden, um von der Treibradarbeit auf den Traktionsenergiebedarf schließen zu können?
14. Welche Informationen benötigen Sie, um den Triebfahrzeugwirkungsgrad ermitteln zu können?
15. Ist der Triebfahrzeugwirkungsgrad eine Konstante? Begründen Sie Ihre Antwort.
16. Welche Informationen werden benötigt, um den Wirkungsgrad eines Dieselmotors bestimmen zu können?

17. Was ist ein Triebfahrzeug-Kennlinienfeld und wie kann es fahrdynamisch genutzt werden?

18. Was ist eine TLV-Tafel und wie kann sie fahrdynamisch genutzt werden?

Komplex „Grundzüge der energiesparenden Fahrweise"

1. Was ist die Grundvoraussetzung für die Anwendung energiesparender Fahrstrategien?
2. Was verstehen Sie unter einer „Spitzfahrt"?
3. Was ist der „Fahrzeitrückhalt", wie setzt er sich zusammen und wie kann er alternativ bezeichnet werden?
4. Wie wird, ganz grundsätzlich, die Fahrzeit in einem Fahrplan festgelegt?
5. Was ist mit dem „Fahrstil" von Triebfahrzeugführern oder Triebfahrzeugführerinnen gemeint?
6. Wie hängen Fahrzeitbedarf und Geschwindigkeit bei Beharrungsfahrten zusammen (Interpretation der mathematisch-physikalischen Zusammenhänge)?
7. Wie ist der qualitative Zusammenhang zwischen kumuliertem Energiebedarf und Gesamtfahrzeit bei einer Zugfahrt?
8. Wie wirkt sich die Berücksichtigung des Komfortenergiebedarfes auf den vorstehend genannten Zusammenhang aus?
9. Wovon ist die Fahrzeitverlängerung bei der Nutzung des Fahrzeugauslaufes abhängig?
10. Welche prinzipiellen Strategien zur Einsparung von Traktionsenergie gibt es?
11. Warum ist die Herabsetzung der Höchstgeschwindigkeit als Mittel zur Senkung des Traktionsenergiebedarfes im Falle von Güterzügen ein eher ungeeignetes Mittel?
12. Wann und warum ist es sinnvoll, die streckenseitig vorgegebene Höchstgeschwindigkeit nicht auszufahren, auch wenn dies hinsichtlich der vorhandenen Leistung und des Bremsvermögens möglich wäre?
13. Welche Grenzen sind der Energieeinsparung durch Ausnutzung der elektrodynamischen Bremse gesetzt?

Rechenaufgaben

1. Ein Hochgeschwindigkeitszug TGV PSE fährt mit einer Geschwindigkeit von 250 km/h eine 5 km lange Rampe von 5‰ hinauf. Der Fahrzeugwiderstand des Zuges kann über die folgende Gleichung abgeschätzt werden:

$$F_{WFT} = 2,43 + 3,06 \cdot \frac{v}{100} + 5,39 \cdot \left(\frac{v}{100}\right)^2.$$

a) Ermitteln Sie den Energieumsatz an den Treibrädern.
b) Um welchen Betrag erhöht sich die potentielle Energie des Zuges während des Durchfahrens der Rampe und in welchem Verhältnis steht die Änderung der potentiellen Energie zur verrichteten Arbeit an den Treibradsätzen?

c) Anschließend wird ein 3 km langes Gefälle von 17,5‰ durchfahren. Welcher Energiebetrag kann dabei in das Netz zurückgespeist werden, wenn ein Gesamtwirkungsgrad zwischen Treibrad und Stromabnehmer von 65 % zugrunde gelegt wird?

2. Eine Lokomotive ($m_T = 84$ t) schleppt einen Güterzug mit einer Masse von 1600 t bei einer konstanten Geschwindigkeit von v = 80 km/h eine Steigung von 5‰ hinauf.

   a) Welche Arbeit wird an den Treibrädern verrichtet, wenn die Steigung eine Länge von 2200 m aufweist?

   Gehen Sie von folgenden Annahmen aus:

   $$F_{WFT} = 1,47 + 2,65 \cdot \left(\frac{v + 20}{100}\right)^2$$

   $$f_{WFW} = 0,0012 + 0,0022 \cdot \left(\frac{v}{100}\right)^2$$

   b) Bestimmen Sie den Energiebedarf pro km für die betrachtete Fahrt ab Fahrdraht, wenn der Wirkungsgrad des gesamten Fahrzeuges 68 % beträgt.

   c) Ein Güterzug gleicher Masse und Zugkonfiguration durchfährt die Strecke in umgekehrter Richtung. Dabei wird die während des Bremsens an den Treibrädern umgesetzte Energie mit einem Wirkungsgrad von 50 % in das Fahrleitungsnetz zurückgespeist. Ermitteln Sie den Betrag der zurückgespeisten Energiemenge.

3. Eine Ellok der Baureihe 143 schleppt einen Güterzug ($m_W = 1600$ t) mit einer konstanten Geschwindigkeit von v = 80 km/h über eine Strecke mit wechselnden Neigungen.

   • Wagenzugwiderstand:

   $$f_{WFW} = 0,0016 + 0,0057 \left(\frac{v}{100}\right)^2$$

   • Streckencharakteristik:

Streckenlänge [m]	2000	1500	1700	2300
Neigung [‰]	1,75	3,05	−0,15	−4,00

   a) Ermitteln Sie unter Zuhilfenahme des unten stehenden Kennlinienfeldes den Energiebedarf sowie den durchschnittlichen Energiebedarf pro km und pro tkm (Bezug: Wagenzugmasse) für die betrachtete Gesamtstrecke.

   b) Ermitteln Sie für alle Teilstrecken den Fahrzeugwirkungsgrad und tragen Sie die Wirkungsgrade in einem Diagramm über der Zughakenleistung auf.

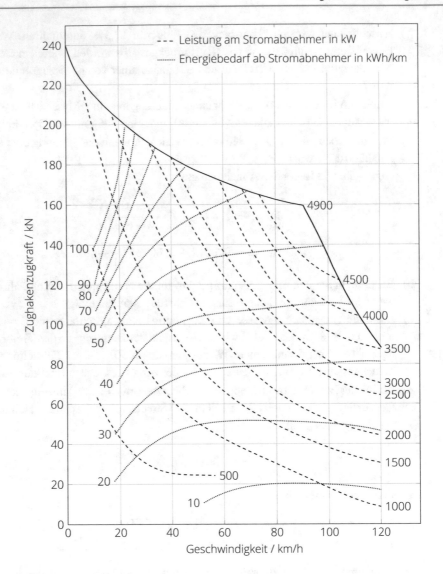

Fahrzeitermittlung

9.1 Vorbemerkungen zur Fahrzeitermittlung

Für die Fahrzeitermittlung muss eine Summierung der Zeiten erfolgen, die für die verschiedenen Phasen der Zugfahrt benötigt werden. In Abhängigkeit der Frage, welche Einflussgrößen auf die fahrdynamischen Kräfte jeweils berücksichtigt und welche vernachlässigt werden können, ergeben sich unterschiedliche Gleichungen zur Berechnung der Fahrzeit. Diese sind für Beschleunigungs- und Verzögerungsvorgänge aufgrund der sich überlagernden Einflüsse von Geschwindigkeit (Fahrzeugwiderstandskräfte) und Weg (Streckenwiderstandskräfte) in der Regel nicht geschlossen lösbar.

Insbesondere häufige und starke Längsneigungswechsel steigern den Rechenaufwand erheblich, weshalb es sich im Falle einer „Handrechnung" empfiehlt, für längere Streckenabschnitte eine mittlere Längsneigung zu bilden. Dabei sind nach [90] die folgenden zwei Aspekte zu berücksichtigen:

- Gefälle- und Steigungsabschnitte sollten nicht zusammengefasst werden.
- Die Einzelneigungen sollten bei Teilabschnittslängen von bis zu 200 m nicht mehr als 2‰ und bei Teilabschnittslängen zwischen 200 und 500 m nicht mehr als 1‰ vom errechneten Mittelwert abweichen.

Bei Beschleunigungs- und Verzögerungsprozessen liegt in der Fahrdynamik im Falle konstanter Neigungen eine geschwindigkeitsabhängige Beschleunigungs- bzw. Verzögerungsfunktion $f = a(v)$ vor. Damit ergeben sich die folgenden Grundintegrale, die zur Ermittlung der Zeiten und Wege gelöst werden müssen:

M. Kache, *Fahrdynamik der Schienenfahrzeuge*, https://doi.org/10.1007/978-3-658-41713-0_9

$$t = \int\limits_{v_0}^{v_1} \frac{1}{a(v)} dv + t_0 \qquad\qquad (9.1)$$

$$s = \int\limits_{v_0}^{v_1} \frac{v}{a(v)} dv + s_0. \qquad\qquad (9.2)$$

Diese Integrale sind geschlossen lösbar, wenn die Beschleunigung (bzw. Verzögerung) a eine lineare oder quadratische Abhängigkeit von der Geschwindigkeit aufweist. Da die Verläufe der Zugkraft und der Fahrzeugwiderstandskräfte über weite Bereiche des Geschwindigkeitsspektrums nicht linear verlaufen, bietet sich die Strategie der Linearisierung nur an, wenn eine Zerlegung der Fahrtabschnitte in Teilintervalle praktikabel ist.

Für eine überschlägige Berechnung von Beschleunigungs- und Bremsvorgängen ist die Annäherung der Beschleunigungs- und Verzögerungsprozesse mit Hilfe gleichmäßiger Beschleunigungen möglich. Diese werden mit Hilfe mittlerer Beschleunigungen bzw. Verzögerungen abgeschätzt, die auf Erfahrungswerten beruhen. Mittlere Beschleunigungen werden prinzipiell entweder zeit- oder wegbezogen ermittelt.

Für die zeitbezogene mittlere Beschleunigung $a_{m,t}$ von der Geschwindigkeit v_0 auf die Geschwindigkeit v_1 gilt:

$$a_{m,t} = \frac{v_1 - v_0}{t_1 - t_0} = \frac{\Delta v}{\Delta t}. \qquad\qquad (9.3)$$

Im Falle der wegbezogenen mittleren Beschleunigung ergibt sich demgegenüber:

$$a_{m,s} = \frac{v_1^2 - v_0^2}{2s}. \qquad\qquad (9.4)$$

Es wird empfohlen, Beschleunigungs- und Auslaufphasen mit Hilfe der zeitbezogenen mittleren Beschleunigung abzuschätzen, während Bremsungen in der Regel mit der wegbezogenen mittleren Beschleunigung angenähert werden [90].

Es ist zu beachten, dass die Zahlenwerte von zeit- und wegbezogener mittlerer Beschleunigung voneinander abweichen. Bei der Ermittlung und Verwendung dieser Werte muss deshalb immer der Bezug mit angegeben werden. Die mittlere zeitbezogene Beschleunigung liefert die gleiche Beschleunigung*zeit* bei abweichendem Beschleunigungsweg im

Vergleich zum Referenz-Beschleunigungsvorgang mit a(v), während die wegbezogene mittlere Beschleunigung denselben Beschleunigung*weg* bei abweichender Beschleunigungszeit ergibt.

Abb. 9.1 zeigt jeweils die weg- und zeitbezogene mittlere Beschleunigung für einen ICE 3, der in der Ebene aus dem Stillstand bis zur Beschleunigungsendgeschwindigkeit beschleunigt wird.

Es wird deutlich, dass die mittlere zeitbezogene Beschleunigung a_m, t hier stets oberhalb der mittleren wegbezogenen Beschleunigung liegt. Dies lässt sich nach [90] für alle Bewegungen verallgemeinern, bei denen die Beschleunigung mit zunehmender Geschwindigkeit abnimmt. Das trifft im Allgemeinen auf Zugfahrten zu.

Im unteren Geschwindigkeitsbereich (v = 20...60 km/h in Diagramm 9.1) stimmen beide Arten der mittleren Beschleunigung nahezu überein. Dies liegt darin begründet, dass in diesem Geschwindigkeitsbereich die tatsächliche Beschleunigung des Zuges fast einer gleichmäßig beschleunigten Bewegung entspricht. Bei der genannten Bewegungsart gilt allgemein $a_{m,t} = a_{m,s}$.

Die mittleren Beschleunigungen sind neben der Zugart (siehe Diagramm in Abb. 9.3) natürlich auch von den vorherrschenden Streckenwiderstandskräften abhängig, wie Abb. 9.2 am Beispiel der zeitbezogenen mittleren Beschleunigung für einen ICE 3 zeigt.

Für Fahrzeitberechnungen mit einem hohen Anspruch an die Genauigkeit ist die Verwendung von mittleren Beschleunigungen nicht ausreichend. Es ist deshalb oft zielführender, mit Beschleunigungen zu rechnen, die für bestimmte Geschwindigkeitsintervalle auf fahrdynamischer Basis (Auswertung des Kräftegleichgewichtes) ermittelt werden.

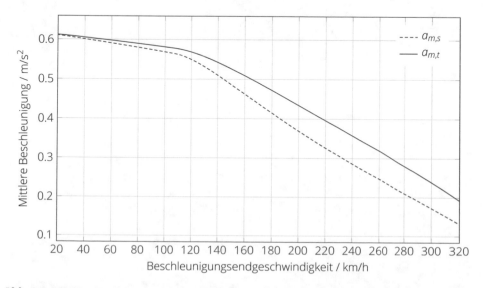

Abb. 9.1 Mittlere Beschleunigungen (zeitbezogen ($a_{m,t}$) und wegbezogen ($a_{m,s}$)) für einen ICE 3 in der Ebene in Abhängigkeit der Beschleunigungsendgeschwindigkeit (Beschleunigung jeweils aus dem Stillstand)

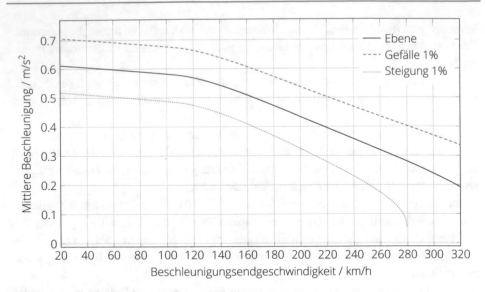

Abb. 9.2 Mittlere, zeitbezogene Beschleunigung für einen ICE 3 in Abhängigkeit der Beschleunigungsendgeschwindigkeit (Beschleunigung aus dem Stillstand)

In den folgenden Unterabschnitten sollen am Beispiel des Beschleunigungsvorganges eines lokbespannten Güterzuges (siehe Rechenbeispiel) verschiedene Berechnungsansätze miteinander verglichen werden.

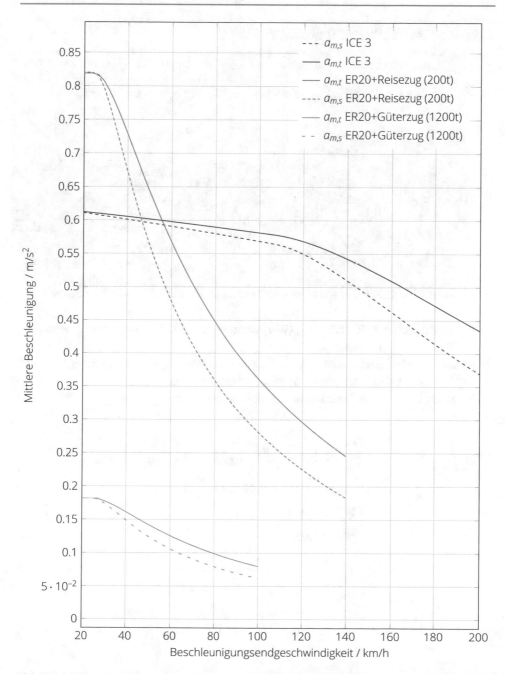

Abb. 9.3 Mittlere Beschleunigungen für unterschiedliche Zugarten (ICE 3 sowie Siemens ER 20 mit Reisezug bzw. Güterzug) in Abhängigkeit der Beschleunigungsendgeschwindigkeit (Beschleunigung in der Ebene aus dem Stillstand)

Rechenbeispiel: Beschleunigung eines Güterzuges

Betrachtet wird ein Güterganzzug (Wagenzugmasse: 1000 t), der mit einer Lokomotive der Baureihe 145 bespannt ist.

Es soll die erforderliche Zeit und der erforderliche Weg für eine Beschleunigung von 0 auf 100 km/h auf gerader, ebener Strecke ermittelt werden.

Folgende fahrdynamische Informationen liegen dafür vor:

$$F_{WFT} = 1{,}42 + 0{,}84 \cdot \frac{v}{100} + 2{,}8 \cdot \left(\frac{v+15}{100}\right)^2$$

$$f_{WFW} = 0{,}0012 + 0{,}0022 \cdot \left(\frac{v}{100}\right)^2$$

$$m_Z = 1080 \, \text{t}$$

$$\xi_Z = 1{,}036$$

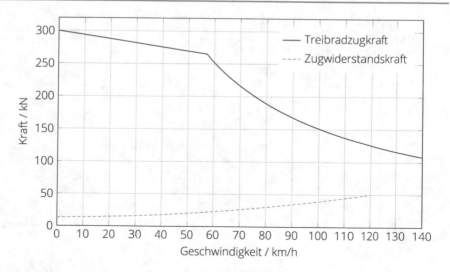

Die Simulation liefert folgende Ergebnisse, die im Weiteren als Referenz dienen werden:

- Beschleunigungszeit: $150\,\text{s} = 2\,\text{min}\,30\,\text{s}$,
- Beschleunigungsweg: $2430\,\text{m}$.

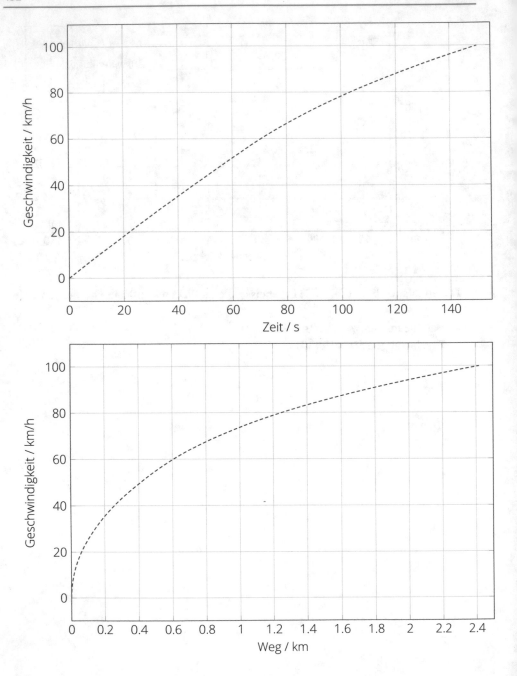

9.2 Linearisierung

Eine Möglichkeit, Fahrzeiten und Wege mit überschaubarem Rechenaufwand anzunähern, stellt die Linearisierung dar. Gelingt es, Zugkräfte und Fahrzeugwiderstandskräfte für festzulegende Geschwindigkeitsintervalle als lineare Funktionen anzunähern, ergibt sich bei konstantem Streckenwiderstand eine lineare Funktion $a(v) = a_c - bv$. Die in den Gl. 9.1 und 9.2 formulierten Grundintegrale lassen sich dann wie folgt lösen:

$$t_{12} = \frac{v_1 - v_0}{a_0 - a_1} \ln \frac{a_0}{a_1} \tag{9.5}$$

$$s_{12} = \frac{(v_1 - v_0)^2}{a_0 - a_1} \cdot \left(\frac{a_c t_{12}}{v_1 - v_0} - 1 \right) \tag{9.6}$$

Die Variablen mit dem Index „0" repräsentieren dabei die Zustände am Beginn des Intervalls, während der Index „1" für das Ende des Intervalls steht.

Abb. 9.4 zeigt unter Bezugnahme auf das Rechenbeispiel auf das Rechenbeispiel: Beschleunigung eines Göterzuges eine mögliche Strategie zur Linearisierung der Beschleunigungs-

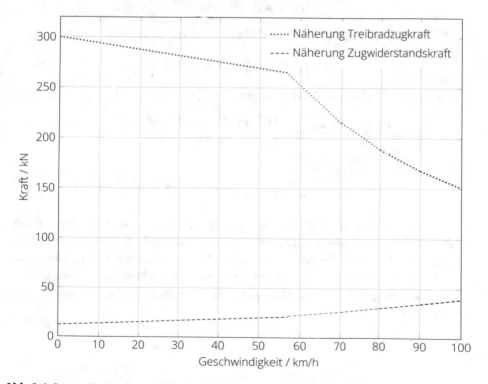

Abb. 9.4 Intervallweise Linearisierung von Zugkraft und Fahrzeugwiderstand

funktion, bei der der betrachtete Geschwindigkeitsbereich (0…100 km/h) in folgende fünf
Intervalle unterteilt wurde:

- Intervall I: $v = 0 \ldots 57$ km/h,
- Intervall II: $v = 57 \ldots 70$ km/h,
- Intervall III: $v = 70 \ldots 80$ km/h,
- Intervall IV: $v = 80 \ldots 90$ km/h und
- Intervall V: $v = 90 \ldots 100$ km/h.

Die Intervallgrenzen werden bei der Ermittlung der linearen Ersatzfunktionen („Ausgleichs-
gerade", mit der Methode der kleinsten Fehlerquadrate ermittelt) jeweils doppelt genutzt –
die Geschwindigkeit von 70 km/h gehört zum Beispiel sowohl zu Intervall II als auch zu Intervall III. Die lineare Beschleunigungsfunktion lässt sich für jedes Intervall unmittelbar durch
Subtraktion von Zugkraft und Fahrzeugwiderstand und anschließendem Zusammenfassen
der Koeffizienten ermitteln. Für das erste Intervall (v=0…57 km/h) ergibt sich beispielsweise
für die Zugkraft folgende Näherungsgleichung:

$$F_T \approx 300 - 0{,}6135 \cdot v.$$

Die Gleichung zur Approximation des Fahrzeugwiderstandes lautet:

$$F_{WFZ} \approx 12{,}146 + 0{,}15735 \cdot v.$$

Für die Beschleunigung ergibt sich folglich:

$$a \approx \frac{F_T(v) - F_{WFZ}}{\xi_Z m_Z} = \frac{300 - 0{,}6135 \cdot v - 12{,}146 - 0{,}15735 \cdot v}{1{,}036 \cdot 1080}$$

$$\approx \frac{287{,}854 - 0{,}77085 \cdot v}{1118{.}88}$$

$$a \approx 0{,}2573 - 6{,}8895 \cdot 10^{-4} \cdot v.$$

Die Berechnungsergebnisse für die fünf Intervalle sind Tab. 9.1 zu entnehmen. Es ist ersichtlich, dass sowohl der ermittelte Beschleunigungsweg, als auch die Beschleunigungszeit
weitgehend mit den mittels Simulation ermittelten Werten übereinstimmen. Gegebenenfalls
könnte die Anzahl der Intervalle sogar verkleinert und damit der Berechnungsaufwand reduziert werden, wenn eine bestimmte Abweichung der Berechnungsergebnisse als akzeptabel
angesehen wird.

Tab. 9.1 Berechnungsergebnisse nach Linearisierung und Anwendung der Gl. 9.5 und 9.6

Intervall	v_0	v_1	$a(v)$	a_0	a_1	a_c	t_{12}	s_{12}
	km/h	km/h	m/s^2	m/s^2	m/s^2	m/s^2	s	m
I	0	57	$0{,}2573 - 6{,}8895 \cdot 10^{-4} v$	0,2573	0,2180	0,2573	67	543
II	57	70	$0{,}4239 - 3{,}6506 \cdot 10^{-3} v$	0,2158	0,1684	0,4239	19	335
III	70	80	$0{,}3619 - 2{,}7550 \cdot 10^{-3} v$	0,1691	0,1415	0,3619	18	374
IV	80	90	$0{,}3226 - 2{,}2624 \cdot 10^{-3} v$	0,1417	0,1190	0,3226	21	505
V	90	100	$0{,}2926 - 1{,}9278 \cdot 10^{-3} v$	0,1191	0,0998	0,2926	25	672
						Summe	**150**	**2429**

9.3 Schrittverfahren

9.3.1 Grundidee der Schrittverfahren

Eine weitere Möglichkeit, Fahrtverläufe auf fahrdynamischer Basis zu ermitteln, stellen die Schrittverfahren dar. Die Grundidee dieser Berechnungsansätze liegt in der Aufteilung der Fahrt in viele kleine Schritte, während derer die Beschleunigung als konstant angenommen wird. Es besteht prinzipiell die Möglichkeit, die Geschwindigkeit, den zurückgelegten Weg oder die Zeit zu diskretisieren.

Abb. 9.5 zeigt beispielhaft die Annäherung eines a(v)-Verlaufes durch intervallweise Bildung konstanter, mittlerer Beschleunigungen bei einer Schrittweise von $\Delta v = 1$ km/h. Die Güte der Ergebnisse, aber auch der Rechenaufwand hängen von der gewählten Schrittweite ab. Diese ist stets so klein wie nötig und so groß wie möglich zu wählen, damit der Rechenaufwand beherrschbar bleibt.

Der praktische Vorteil der Schrittverfahren ist, dass sie sich sehr gut mit Hilfe von Tabellenkalkulationsprogrammen umsetzen lassen. Sie stellen somit eine gute Rückfallebene dar, wenn einfache fahrdynamische Fragestellungen zu beantworten sind (Beschleunigungs- und Bremszeiten und -wege) und keine Spezialsoftware zur Verfügung steht.

Es gibt jedoch auch professionelle fahrdynamische Simulationssoftware, die auf Basis der Schrittverfahren programmiert ist. Das von der ive mbH, Hannover entwickelte und

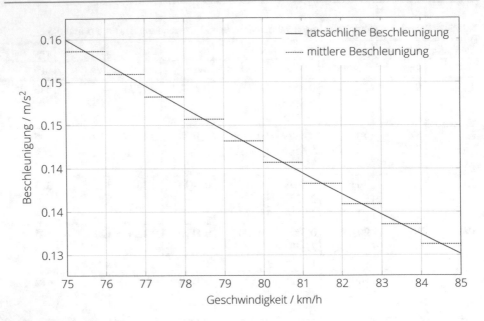

Abb. 9.5 Beispiel für die intervallweise Bildung konstanter, mittlerer Beschleunigungen im Zuge der Anwendung des Geschwindigkeits-Schrittverfahrens – Ausschnitt aus dem Beschleunigungsverlauf des Referenzbeispiels

vertriebene Programm „Dynamis" basiert beispielsweise auf der Anwendung des Wegschrittverfahrens.

9.3.2   Das Geschwindigkeitsschrittverfahren

Das Geschwindigkeitsschrittverfahren ist nur zur Berechnung von Beschleunigungs- und Verzögerungsvorgängen geeignet und muss bei Bedarf durch das Weg- oder Zeitschrittverfahren für Beharrungsfahrten ergänzt werden.

Der Vorteil bei der Anwendung dieses Verfahrens liegt in der intuitiven Festlegung der Intervallbreite und der einfachen Abschätzung des Rechenaufwandes.

Unter Rückgriff auf den betrachteten Beispielfall der Beschleunigung eines Güterzuges von 0 auf 100 km/h soll dies im Folgenden erläutert werden.

Eine Schrittweite von $\Delta v = 1$ km/h erscheint als guter Kompromiss aus Genauigkeit und Rechenaufwand. Damit steht auch fest, dass 100 Schritte gerechnet werden müssen. Im Falle der Anwendung des Zeitschrittverfahrens wären bei der Wahl eines 1 s-Intervalls demgegenüber etwa 150 Schritte zu erwarten und im Falle der Anwendung des Wegschrittverfahrens mit einer Schrittweite von 10 m sogar 243 Schritte. Somit erscheint das Geschwindigkeitsschrittverfahren für das betrachtete Referenzbeispiel bezüglich des Rechenaufwandes die effizienteste Methode zu sein.

Der Ablauf des Geschwindigkeitsschrittverfahrens gestaltet sich gemäß der nachfolgend aufgeführten Gleichungen:

$$v_{i+1} = v_i \pm \Delta v \tag{9.7}$$

$$a_m = \frac{a(v_i) + a(v_{i+1})}{2} \tag{9.8}$$

$$\Delta t = \frac{v_{i+1} - v_i}{a_m} \tag{9.9}$$

$$\Delta s = \frac{v_{i+1}^2 - v_i^2}{2a_m} \tag{9.10}$$

$$t_{i+1} = t_i + \Delta t \tag{9.11}$$

$$s_{i+1} = s_i + \Delta s \tag{9.12}$$

Die Beschleunigungen $a(v_i)$ ergeben sich aus der Auswertung des fahrdynamischen Kräftegleichgewichtes für jeden Berechnungsschritt.

Tab. 9.2 zeigt die mit Hilfe eincs Tabellenkalkulationsprogramms ermittelten Werte für die relevanten Parameter für das Referenzbeispiel.

In der letzten Zeile der genannten Tabelle wird deutlich, dass auf diese Weise ähnlich genaue Ergebnisse wie mit den bisher vorgestellten Verfahren erzielt werden können. Mit einer Beschleunigungszeit von 150 s und einem Beschleunigungsweg von 2430 m entsprechen die Resultate ziemlich genau den Simulationsergebnissen.

9.3.3 Das Zeitschrittverfahren

Das Zeitschrittverfahren ermöglicht eine sehr hohe zeitliche Auflösung der Vorgänge, die bei Zugfahrten eine Rolle spielen können. Mit Hilfe dieses Verfahrens ist es problemlos möglich, Auf- und Abregelprozesse nachzubilden, was insbesondere bei der Modellierung von Bremsungen mit Druckluftbremsen (vergleichsweise lange Bremszylinderfüll- und -lösezeiten) interessant sein kann.

Es ist zu beachten, dass wesentliche Veränderungen des fahrdynamischen Kräftegleichgewichtes (bei der Befahrung wechselnder Neigungen) in Abhängigkeit des Weges erfolgen. Deshalb muss ggf. eine dynamische Anpassung der Zeitschritte bzw. eine iterative Berechnung erfolgen, wenn beispielsweise in einem Zeitschritt die zurückgelegte Wegstrecke so groß ist, dass ein Neigungswechsel „überfahren" wird. Dies ist insbesondere bei hohen Geschwindigkeiten relevant. Bei $v = 200\,\text{km/h}$ werden z. B. ca. 56 m je Sekunde zurückgelegt.

Der prinzipielle Ablauf der Berechnungen bei der Anwendung des Zeitschrittverfahrens ergibt sich aus den Gl. 9.13–9.19.

Tab. 9.2 Ergebnisse der Berechnung des Referenzbeispiels mit Hilfe des Geschwindigkeitsschrittverfahrens

t	s	v	F_T	F_{WFT}	f_{WFW}	F_{WFW}	F_{WFZ}	a	a_m
s	m	km/h	kN	kN	1	kN	kN	m/s²	m/s²
0,00	0,00	0	300,00	1,483	0,0012000	11,772	13,255	0,25630	0,256014
1,09	0,15	1	299,39	1,500	0,0012002	11,774	13,274	0,25573	0,255446
2,17	0,60	2	298,77	1,518	0,0012009	11,781	13,298	0,25516	0,254874
3,26	1,36	3	298,16	1,536	0,0012020	11,791	13,327	0,25459	0,254298
4,35	2,42	4	297,55	1,555	0,0012035	11,807	13,361	0,25401	0,253717
5,45	3,79	5	296,93	1,574	0,0012055	11,826	13,400	0,25343	0,253132
...	...	...	...	...	...	...	...	...	...
144,93	2280,2	98	154,29	5,819	0,0033129	32,499	38,318	0,10365	0,102735
147,63	2354,2	99	152,73	5,890	0,0033562	32,925	38,815	0,10182	0,100910
150,4	**2430,3**	**100**	151,20	5,963	0,0034000	33,354	39,317	0,10000	0,099107

$$a_i = a(v_i) = const. \tag{9.13}$$

$$v_{i+1} = v_i + a_i \cdot \Delta t \tag{9.14}$$

$$v_m = \frac{v_i + v_{i+1}}{2} \tag{9.15}$$

$$\Delta s = v_m \cdot \Delta t \tag{9.16}$$

$$t_{i+1} = t_i + \Delta t \tag{9.17}$$

$$s_{i+1} = s_i + \Delta s \tag{9.18}$$

$$a_{i+1} = a(v_{i+1}) \tag{9.19}$$

9.3.4 Das Wegschrittverfahren

Das Wegschrittverfahren hat den Vorteil, dass die Wegschritte relativ einfach variiert werden können, wenn die fahrdynamischen Randbedingungen dies zulassen. So kann beispielsweise die Berechnung von Beharrungsfahrten nach erfolgter Beschleunigung recht effizient erfolgen, weil die Distanz bis zum nächsten Neigungswechsel oder Bremseinsatzpunkt vorher bekannt ist. Im Gegensatz zum Zeitschrittverfahren muss deshalb kein „Herantasten" an die neuralgischen Streckenpunkte erfolgen.

Der prinzipielle Ablauf der Berechnungen bei der Anwendung des Wegschrittverfahrens ergibt sich aus den Gleichungen im nachfolgenden Kasten.

$$a_i = a(v_i) = const. \tag{9.20}$$

$$v_{i+1} = \sqrt{v_i^2 + 2 \cdot a_i \cdot \Delta s} \tag{9.21}$$

$$v_m = \frac{v_i + v_{i+1}}{2} \tag{9.22}$$

$$\Delta t = \frac{\Delta s}{v_m} \tag{9.23}$$

$$t_{i+1} = t_i + \Delta t \tag{9.24}$$

$$s_{i+1} = s_i + \Delta s \tag{9.25}$$

$$a_{i+1} = a(v_{i+1}) \tag{9.26}$$

9.4 Integrationsverfahren

Das nachfolgende Integrationsverfahren wurde von Jentsch [50] entwickelt und stellt einen auf fahrdynamische Zwecke angepassten Integrationsalgorithmus dar, der sich die Tatsache zunutze macht, dass für die in den Gl. 9.1 und 9.2 formulierten Grundintegrale im Falle geschwindigkeitsabhängiger Beschleunigungen eine geschlossene Lösung existiert, wenn es sich bei der Funktion a(v) um ein quadratisches Polynom handelt.

Voraussetzung zur Anwendung des Integrationsalgorithmus' ist deshalb die Formulierung (Annäherung) der Beschleunigungs-Geschwindigkeits-Funktion als quadratisches Polynom.

Aufgrund der Unstetigkeiten, die Zugkraft-Geschwindigkeits-Diagramme für gewöhnlich aufweisen, ist es notwendig, Beschleunigungsvorgänge in Geschwindigkeitsintervalle einzuteilen.

Für das Referenzbeispiel (Beschleunigung eines Güterzuges von 0 auf 100 km/h in der Ebene erfolgt die Aufteilung in die folgenden Intervalle:

- Intervall I: v = 0 ... 57 km/h,
- Intervall II: v = 57 ... 80 km/h,
- Intervall III: v = 80 ... 100 km/h.

Die Fahrzeugwiderstandskräfte liegen als Polynomgleichungen vor, die Zugkraftkurve jedoch nicht. Der Einfachheit halber wird bei der Ermittlung der von Jentsch als „Beschleunigungsgrundfunktion" a(v) bezeichneten Beschleunigungsnäherungsfunktion die Zughakenzugkraft der Lokomotive zugrunde gelegt.

Intervallweise werden drei Stützpunkte festgelegt, damit die Koeffizienten der Näherungsfunktion für die Zugkraft (Gl. 9.27) bestimmt werden können (Tab. 9.3).

$$F_Z = K_1 v^2 + K_2 v + K_3 \tag{9.27}$$

Die Koeffizienten in Gl. 9.27 lassen sich verhältnismäßig einfach bestimmen, wenn für jedes Intervall die Wertepaare (F_{Zi}, v_i) eingesetzt werden. Für Intervall I ergeben sich die

Tab. 9.3 Stützstellen zur intervallweisen Bestimmung der Näherungsfunktion für die Zughakenzugkraft

	v_1 km/h	F_{Z1} kN	v_2 km/h	F_{Z2} kN	v_3 km/h	F_{Z3} kN
Intervall I	0	298,517	30	279,361	57	261,650
Intervall II	57	261,65	70	211,969	80	184,381
Intervall III	80	184,381	90	162,737	100	145,237

folgenden drei Gleichungen:

$$298{,}517 = K_1 \cdot 0^2 + K_2 \cdot 0 + K_3$$
$$279{,}361 = K_1 \cdot 30^2 + K_2 \cdot 30 + K_3$$
$$261{,}650 = K_1 \cdot 57^2 + K_2 \cdot 57 + K_3$$

Es liegt ein System aus drei Gleichungen mit drei unbekannten Koeffizienten vor, das sich mit überschaubarem Aufwand lösen lässt. Für das Intervall I ergibt sich das folgende Näherungspolynom für die Zughakenzugkraft:

$$-3{,}0578 \cdot 10^{-4} v^2 - 0{,}6294 v + 298{,}517.$$

Die auf gleiche Weise ermittelten Koeffizienten für die beiden verbleibenden Intervalle können Tab. 9.4 entnommen werden.

Wie Abb. 9.6 zu entnehmen ist, kann mit bloßem Auge kaum ein Unterschied zwischen den quadratischen Näherungsfunktionen für die Zughakenzugkraft und der Zughakenzugkraft selbst ausgemacht werden.

In einem nächsten Schritt wird nun der Wagenzugwiderstand berücksichtigt, womit sich ein Näherungspolynom für die überschüssige Antriebskraft in der Ebene p(v) ergibt.

$$p = \kappa_1 v^2 + \kappa_2 v + \kappa_3 \tag{9.28}$$

Die Koeffizienten κ_i gehen ihrerseits aus den folgenden Gleichungen hervor:

$$\kappa_1 = \frac{K_1 - \dfrac{\gamma}{100^2} \cdot m_W \cdot g}{(m_T + m_W) \cdot g}$$

$$\kappa_2 = \frac{K_2 - \dfrac{\beta}{100} \cdot m_W \cdot g}{(m_T + m_W) \cdot g}$$

$$\kappa_3 = \frac{K_3 - \alpha \cdot m_W \cdot g}{(m_T + m_W) \cdot g}$$

Tab. 9.4 Koeffizienten der Näherungspolynome für die Zughakenzugkraft in den jeweiligen Intervallen

	K_1 kN/(km/h)^2	K_2 kN/(km/h)	K_3 kN
Intervall I	$-3{,}0578 \cdot 10^{-4}$	$-0{,}6294$	$298{,}517$
Intervall II	$0{,}0462$	$-9{,}6902$	$663{,}8574$
Intervall III	$0{,}0207$	$-5{,}6868$	$506{,}717$

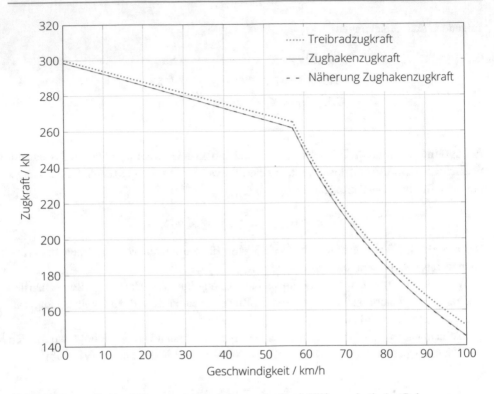

Abb. 9.6 Intervallweise Näherung der Zughakenzugkraft mit Hilfe quadratischer Polynome

Die griechischen Symbole stehen dabei für die Koeffizienten der spezifischen Wagenzug-
widerstandsgleichung:

$$f_{WFW} = \alpha + \beta \cdot \frac{v}{100} + \gamma \cdot \left(\frac{v}{100}\right)^2$$

Für Intervall I ergibt sich damit für das Rechenbeispiel:

$$\kappa_1 = \frac{K_1 - \dfrac{\gamma}{100^2} \cdot m_W \cdot g}{(m_T + m_W) \cdot g}$$

$$= \frac{-0{,}00030578 - \dfrac{0{,}0022}{100^2} \cdot 1000 \cdot 9{,}81}{(80 + 1000) \cdot 9{,}81}$$

$$= -2{,}3257 \cdot 10^{-7}$$

$$\kappa_2 = \frac{K_2 - \dfrac{\beta}{100} \cdot m_W \cdot g}{(m_T + m_W) \cdot g}$$

$$= \frac{-0{,}6294}{(80 + 1000) \cdot 9{,}81}$$

$$= -5{,}94065 \cdot 10^{-5}$$

$$\kappa_3 = \frac{K_3 - \alpha \cdot m_W \cdot g}{(m_T + m_W) \cdot g}$$

$$= \frac{298{,}517 - 0{,}0012 \cdot 1000 \cdot 9{,}81}{(80 + 1000) \cdot 9{,}81}$$

$$= 0{,}02706$$

Die auf gleiche Weise ermittelten Koeffizienten für die beiden übrigen Intervalle sind Tab. 9.5 zu entnehmen.

Nun gilt es, die Koeffizienten des eigentlichen Beschleunigungspolynoms

$$a(v) = Av^2 + Bv + C$$

zu ermitteln. Zu beachten ist, dass der Integrationsalgorithmus darauf zugeschnitten ist, die Geschwindigkeiten in km/h einzusetzen. Er liefert die Fahrzeiten in der Einheit h sowie die Wege in der Einheit km.

Die Beschleunigung wird deshalb von der Einheit m/s^2 in km/h^2 umgewandelt, woraus sich ein Umrechnungsfaktor von $12960 \frac{m/s^2}{km/h^2}$ ergibt, der sich in den Gleichungen zur Bestimmung der Koeffizienten wiederfindet:

$$A = \frac{12960}{\xi_Z} \cdot g \cdot \kappa_1$$

$$B = \frac{12960}{\xi_Z} \cdot g \cdot \kappa_2$$

$$C = \frac{12960}{\xi_Z} \cdot g \cdot (\kappa_3 - f_{WS}).$$

Die mit Hilfe dieser Gleichungen in den verschiedenen Intervallen ermittelten Koeffizienten enthält Tab. 9.6. Da nun die Koeffizienten alle bekannt sind, kann der eigentliche Integrationsprozess gestartet werden. Dafür ist zunächst für jedes Intervall die Diskriminante Z zu bestimmen. Diese berechnet sich nach folgender Gleichung:

$$Z = 4AC - B^2 \tag{9.29}$$

Tab. 9.5 Koeffizienten der Näherungspolynome für den spezifischen Zugkraftüberschuss in der Ebene in den jeweiligen Intervallen

	κ_1	κ_2	κ_3
Intervall I	$-2{,}3257 \cdot 10^{-7}$	$-5{,}94065 \cdot 10^{-5}$	0,02706
Intervall II	$4{,}1569 \cdot 10^{-6}$	$-9{,}1462 \cdot 10^{-4}$	0,06155
Intervall III	$1{,}75 \cdot 10^{-6}$	$-5{,}3675 \cdot 10^{-4}$	0,04672

Tab. 9.6 Koeffizienten der Näherungspolynome der Beschleunigung des Beispielzuges in den jeweiligen Intervallen

	A	B	C	Diskriminante Z
Intervall I	−0,02854	−7,29087	3321,61	−432,4
Intervall II	0,51017	−112,24972	7553,65	2814,7
Intervall III	0,21479	−65,87498	5733,36	586,3

Die so ermittelten Diskriminanten sind ebenfalls für alle Intervalle in Tab. 9.6 aufgeführt. Die Diskriminante dient zur Fallunterscheidung, da jeweils andere Gleichungen für die Ermittlung der Zeiten und Wege gelten, wenn die Diskriminante größer oder kleiner als 0 ist.

Für Intervall I gilt, dass $Z < 0$ ist, weshalb die Zeitdifferenz nach der folgenden Gleichung ermittelt werden muss:

$$\Delta t_I = \frac{1}{\sqrt{-Z}} \cdot \ln \left(\frac{2 \cdot A \cdot v_1 + B - \sqrt{-Z}}{2 \cdot A \cdot v_1 + B + \sqrt{-Z}} \cdot \frac{2 \cdot A \cdot v_0 + B + \sqrt{-Z}}{2 \cdot A \cdot v_0 + B - \sqrt{-Z}} \right).$$

Da v_0 gleich 0 km/h ist, ergibt sich:

$$\Delta t_I = \frac{1}{\sqrt{-Z}} \cdot \ln \left(\frac{2 \cdot A \cdot v_1 + B - \sqrt{-Z}}{2 \cdot A \cdot v_1 + B + \sqrt{-Z}} \cdot \frac{B + \sqrt{-Z}}{B - \sqrt{-Z}} \right)$$

$$= \frac{1}{\sqrt{432,4}} \cdot \ln \left(\frac{-2 \cdot 0,02854 \cdot 57 - 7,29087 - \sqrt{432,4}}{-2 \cdot 0,02854 \cdot 57 - 7,29087 + \sqrt{432,4}} \cdot \frac{-7,29087 + \sqrt{432,4}}{-7,29087 - \sqrt{432,4}} \right)$$

$$= \frac{1}{\sqrt{432,4}} \cdot \ln \left(\frac{-31,3387}{10.2498} \cdot \frac{13,5034}{-28,0851} \right)$$

$$= \frac{1}{\sqrt{432,4}} \cdot \ln 1,47005$$

$$\Delta t_I = 0,018529 \, \text{h} = 66,7 \, \text{s}.$$

Damit ist es möglich, den zugehörigen Beschleunigungsweg in Intervall I zu berechnen.

$$\Delta s_I = \frac{1}{2 \cdot A} \cdot \left[\left(\ln \frac{A \cdot v_1^2 + B \cdot v_1 + C}{A \cdot v_0^2 + B \cdot v_0 + C} \right) - B \cdot \Delta t \right]$$

$$= \frac{1}{-2 \cdot 0,02854} \cdot \left[\left(\ln \frac{-0,02854 \cdot 57^2 - 7,29087 \cdot 57 + 3321,61}{3321,61} \right) + 7,29087 \cdot 0,018529 \right]$$

$$= -17,5193 \cdot [\ln(0,84697) + 0,13509]$$

$$\Delta s_I = 0,543 \, \text{km} = 543 \, \text{m}.$$

Nun kann **Intervall II** betrachtet werden. Hier ist die Diskriminante Z größer als 0 (siehe Tab. 9.6). Für die Zeitdauer des Beschleunigungsvorganges im Geschwindigkeitsbereich II gilt somit (*Anmerkung:* Die Winkelfunktionen müssen im „RAD"-Modus von Taschenrechnern berechnet werden!):

$$\Delta t_{II} = \frac{2}{\sqrt{Z}} \cdot \left(\arctan \frac{2 \cdot A \cdot v_1 + B}{\sqrt{Z}} - \arctan \frac{2 \cdot A \cdot v_0 + B}{\sqrt{Z}} \right)$$

$$= \frac{2}{\sqrt{2814,7}} \cdot \left(\arctan \frac{2 \cdot 0,51017 \cdot 80 - 112,24972}{\sqrt{2814,7}} - \arctan \frac{2 \cdot 0,51017 \cdot 57 - 112,24972}{\sqrt{2814,7}} \right)$$

$$= \frac{2}{\sqrt{2814,7}} \cdot \left(\arctan \frac{-30,62252}{\sqrt{2814,7}} - \arctan \frac{-54,09034}{\sqrt{2814,7}} \right)$$

$$= \frac{2}{\sqrt{2814,7}} \cdot (\arctan(-0,577198) - \arctan(-1,019539))$$

$$\Delta t_{II} = 0,010238 \, \text{h} = 36,9 \, \text{s}.$$

Der dazugehörige Beschleunigungsweg ergibt sich aus derselben Beziehung wie bei dem vorhergehenden Intervall I.

$$\Delta s_{II} = \frac{1}{2 \cdot A} \cdot \left[\left(\ln \frac{A \cdot v_1^2 + B \cdot v_1 + C}{A \cdot v_0^2 + B \cdot v_0 + C} \right) - B \cdot \Delta t \right]$$

$$= \frac{1}{2 \cdot 0,51017} \cdot \left[\left(\ln \frac{0,51017 \cdot 80^2 - 112,24972 \cdot 80 + 7553,65}{0,51017 \cdot 57^2 - 112,24972 \cdot 57 + 7553,65} \right) + 112,24972 \cdot 0,010238 \right]$$

$$= \frac{1}{2 \cdot 0,51017} \cdot \left[\left(\ln \frac{1838,7604}{2812,95829} \right) + 112,24972 \cdot 0,010238 \right]$$

$$= 0,98007 \cdot (-0,425145 + 1,14921)$$

$$\Delta s_{II} = 0,7096 \, \text{km} \approx 710 \, \text{m}$$

Die Vorgehensweise im **Intervall III** ist analog zu Intervall II.

$$\Delta t_{III} = \frac{2}{\sqrt{Z}} \cdot \left(\arctan \frac{2 \cdot A \cdot v_1 + B}{\sqrt{Z}} - \arctan \frac{2 \cdot A \cdot v_0 + B}{\sqrt{Z}} \right)$$

$$= \frac{2}{\sqrt{586,3}} \cdot \left(\arctan \frac{2 \cdot 0,21479 \cdot 100 - 65,87498}{\sqrt{586,3}} - \arctan \frac{2 \cdot 0,21479 \cdot 80 - 65,87498}{\sqrt{586,3}} \right)$$

$$= \frac{2}{\sqrt{586,3}} \cdot \left(\arctan \frac{-22,91698}{\sqrt{586,3}} - \arctan \frac{-31,50858}{\sqrt{586,3}} \right)$$

$$= \frac{2}{\sqrt{586,3}} \cdot (\arctan(-0,946449) - \arctan(-1,301274))$$

$$\Delta t_{III} = 0,013024 \, \text{h} = 46,9 \, \text{s}.$$

Tab. 9.7 Zusammenfassung der mit Hilfe des Integrationsverfahrens nach Jentsch erzielten Teilergebnisse

	Beschleunigungszeit	Beschleunigungsweg
Intervall I	66,7 s	543 m
Intervall II	36,9 s	710 m
Intervall III	46,9 s	1180 m
Summe	**150,5 s**	**2433 m**

Der Beschleunigungsweg in Intervall III wird abschließend ermittelt.

$$\Delta s_{III} = \frac{1}{2 \cdot A} \cdot \left[\left(\ln \frac{A \cdot v_1^2 + B \cdot v_1 + C}{A \cdot v_0^2 + B \cdot v_0 + C} \right) - B \cdot \Delta t \right]$$

$$= \frac{1}{2 \cdot 0,21479} \cdot \left[\left(\ln \frac{0,21479 \cdot 100^2 - 65,87498 \cdot 100 + 5733,36}{0,21479 \cdot 80^2 - 65,87498 \cdot 80 + 5733,36} \right) + 65,87498 \cdot 0,013024 \right]$$

$$= \frac{1}{2 \cdot 0,21479} \cdot \left[\left(\ln \frac{1293,762}{1838,2576} \right) + 65,87498 \cdot 0,013024 \right]$$

$$= 2,327855 \cdot (-0,351264 + 0,857956)$$

$$\Delta s_{III} = 1,1795 \, \text{km} \approx 1180 \, \text{m}$$

Die Teilergebnisse für die drei Intervalle sind in Tab. 9.7 zusammengefasst. Die erzielten Ergebnisse sind mit den bereits mit Hilfe anderer Methoden berechneten Wegen und Zeiten vergleichbar.

9.5 Verständnisfragen

Komplex „Fahrzeitberechnung"

1. Worin liegt die Herausforderung bei der Berechnung von Fahrzeiten von Eisenbahnfahrzeugen?
2. Unter welchen Bedingungen existiert eine geschlossene Lösung der Integrale für geschwindigkeitsabhängige Beschleunigungsvorgänge?
3. Welche Arten der mittleren Beschleunigung kennen Sie und wann wird welche Art in der Fahrdynamik genutzt?
4. Wovon ist die mittlere Beschleunigung bei einem Beschleunigungsprozess abhängig?
5. Was ist unter dem Konzept der „Linearisierung" im Kontext der Fahrzeitberechnung zu verstehen?
6. Welche Grundidee liegt den Schrittverfahren zur Fahrzeitberechnung zugrunde?
7. Welche Schrittverfahren für fahrdynamische Berechnungen gibt es und was sind jeweils ihre Vor- und Nachteile?
8. Was ist der Grundgedanke, der dem Integrationsverfahren nach Jentsch zugrunde liegt?

Fahrdynamische Massenfaktoren spezifischer Fahrzeuge

A

Anmerkung: Die im Folgenden aufgeführten Werte für fahrdynamische Massenfaktoren ausgeführter Fahrzeuge entstammen größtenteils der Grauen Literatur, das heißt, sie wurden nicht „offiziell" veröffentlicht. Die Veröffentlichung von fahrdynamisch relevanten Daten ist heute leider nicht mehr üblich, sondern bedauernswerter Weise eine absolute Ausnahme. Vor einigen Jahrzehnten war dies noch etwas anders, wie das Beispiel der BR 143 zeigt, für die Angaben den fahrdynamischen Massenfaktor betreffend einem Aufsatz von Jentsch [49] entnommen werden konnten.

A.1 Anhaltswerte für elektrische Triebfahrzeuge

Fahrzeug(verband)	ξ
Elektrische Lokomotiven	
BR 101	1,11
BR 103	1,12
BR 110	1,15
BR 111	1,15
BR 120	1,11
BR 141	1,19
BR 143	1,20
BR 145	1,11
BR 146	1,11
BR 151	1,28
BR 152	1,10
BR 155	1,16
BR 185	1,10
Rh 1016/1116 (ÖBB Taurus)	1,10
Rh 1044/1144 (ÖBB)	1,17
Alstom Prima I	1,15
Elektrische Triebwagen und Triebzüge	
BR 401 (ICE 1)	1,08
BR 403/406	1,04
BR 420	1,08
BR 423 (leer)	1,07
BR 423 (besetzt)	1,06
BR 425/426	1,06
Straßenbahnen	
NGT D8DD	1,10
NGT D12DD	1,10
NGT 6DD	1,11
NGT 8DD	1,11
GTV 6 (Variobahn)	1,11
CAF Urbos (7-Teiler)	1,07
Tatra T3	1,23

A.2 Anhaltswerte für Dieseltriebfahrzeuge

Fahrzeug(verband)	ξ
Diesellokomotiven	
BR 211	1,07
BR 216 (Langsamgang/Rangiergang)	1,06
BR 216 (Schnellgang/Streckengang)	1,09
BR 218	1,05
BR 232	1,17
BR 290 (Langsamgang/Rangiergang)	1,16
BR 290 (Schnellgang/Streckengang)	1,09
Siemens ER 20	1,08
BR 323	1,10
BR 333	1,08
BR 360 (Langsamgang/Rangiergang)	1,41
BR 360 (Schnellgang/Streckengang)	1,21
Dieseltriebwagen	
BR 611	1,06
BR 612	1,06
BR 620	1,04
BR 622	1,04
BR 628.4	1,04
BR 650 (RS1)	1,04

Gleichungen zum spezifischen Bogenwiderstand   B

B.1   Vergleich der Berechnungsergebnisse für Werksgleise und Nebenstrecken

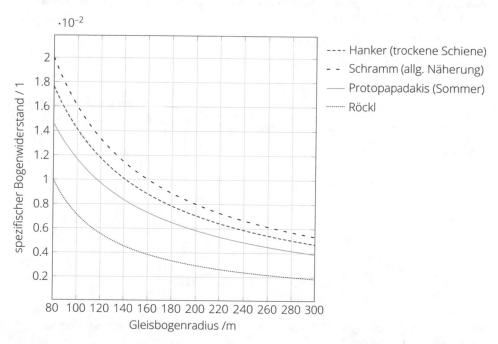

Abb. B.1 Spezifische Bogenwiderstandskräfte mit unterschiedlichen Gleichungen berechnet für einen **Radsatzabstand von 9 m**

M. Kache, *Fahrdynamik der Schienenfahrzeuge*,
https://doi.org/10.1007/978-3-658-41713-0

B.2   Vergleich der Berechnungsergebnisse für Hauptstrecken

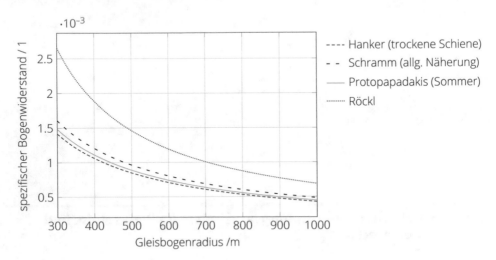

Abb. B.2 Spezifische Bogenwiderstandskräfte mit unterschiedlichen Gleichungen berechnet für einen **Radsatzabstand von 2 m**

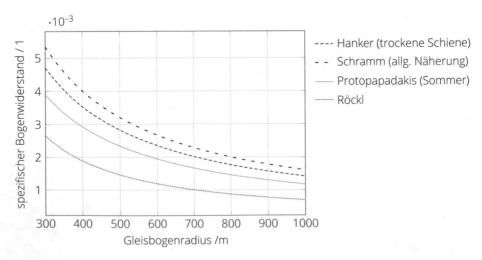

Abb. B.3 Spezifische Bogenwiderstandskräfte mit unterschiedlichen Gleichungen berechnet für einen **Radsatzabstand von 9 m**

B.3   Vergleich der Gleichungsvarianten von Hanker und Protopapadakis (Hauptstrecken)

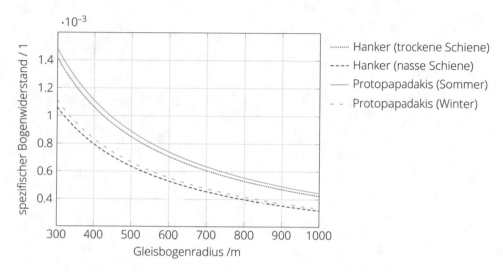

Abb. B.4 Spezifische Bogenwiderstandskräfte mit unterschiedlichen Gleichungen berechnet für einen **Radsatzabstand von 2 m**

Spannungsversorgung von Eisenbahnen in Europa

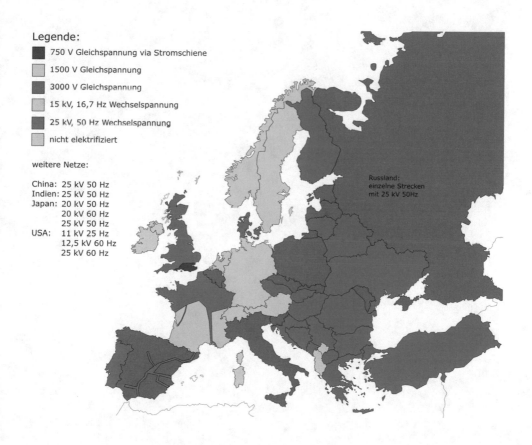

Legende:

- ⬛ 750 V Gleichspannung via Stromschiene
- ⬜ 1500 V Gleichspannung
- ⬛ 3000 V Gleichspannung
- ⬜ 15 kV, 16,7 Hz Wechselspannung
- ⬛ 25 kV, 50 Hz Wechselspannung
- ⬜ nicht elektrifiziert

weitere Netze:

China: 25 kV 50 Hz
Indien: 25 kV 50 Hz
Japan: 20 kV 50 Hz
        20 kV 60 Hz
        25 kV 50 Hz
USA: 11 kV 25 Hz
      12,5 kV 60 Hz
      25 kV 60 Hz

Russland:
einzelne Strecken
mit 25 kV 50Hz

M. Kache, *Fahrdynamik der Schienenfahrzeuge*, https://doi.org/10.1007/978-3-658-41713-0

Bremsgestängewirkungsgrad

D

D.1 Vorbemerkungen

Der Wirkungsgrad von Bremsgestängen hängt stark von den folgenden Faktoren ab:

- Komplexität des Bremsgestänges,
- Wartungszustand des Bremsgestänges,
- Verschleißzustand des Bremsgestänges,
- Bewegungszustand des Fahrzeuges.

Es ist deshalb im Allgemeinen davon auszugehen, dass der Bremsgestängewirkungsgrad eines sich in Bewegung befindlichen Fahrzeuges anders ist als im Fahrzeugstillstand. Ferner kann allgemein festgestellt werden, dass der Bremsgestängewirkungsgrad mit zunehmendem zeitlichen Abstand von der letzten Revision der Bremsmechanik tendenziell absinken wird. Wende hat dazu in [90] umfangreiche Anhaltswerte auf empirischer Basis angegeben, die im Folgenden, sofern heute noch relevant, wiedergegeben werden. Die Frage der Relevanz ergibt sich aus dem Umstand, dass es insbesondere im Bereich des Schienenpersonenverkehrs und des Lokomotivbaus in den letzten 20 Jahren eine Abkehr von Klotzbremsen und mechanisch betätigten Handbremsen gegeben hat. Heute dominieren stattdessen scheibengebremste Fahrzeuge mit Federspeicherbremsen für die Stillstandssicherung.

D.2 Abhängigkeit des Bremsgestängewirkungsgrades vom Bewegungszustand des Fahrzeuges

Aus der Praxis ist bekannt und durch viele Versuche nachgewiesen, dass sich der Wirkungsgrad des Bremsgestänges verbessert, wenn die Fahrzeuge in Bewegung sind. Die durch die

Fahrbewegung ausgelösten Vibrationen und Stöße führen dazu, dass sich etwaige örtliche mechanische Blockaden an den reibungsbehafteten Stellen des Bremsgestänges (v. a. Bolzen und Gleitflächen) lösen.

Es wird deshalb zwischen dem *statischen* (Fahrzeugstillstand) und dem *dynamischen* (bewegtes Fahrzeug) Bremsgestängewirkungsgrad unterschieden. Laut Wende ist letztgenannter um etwa 12,5 % höher anzusetzen als erstgenannter [90].

D.3 Abhängigkeit des Bremsgestängewirkungsgrades vom Instandhaltungszustand

Für ein Standard-Güterwagenbremsgestänge mit zweistufigem Lastwechsel gibt Wende in [90] folgende Werte für den *statischen* Bremsgestängewirkungsgrad eines Güterwagens mit vier Radsätzen an:

- neues und geschmiertes Gestänge: 0,80...0,82,
- aufgearbeitetes und geschmiertes Gestänge: 0,70...0,79,
- nach 12 Monaten Betriebsdauer: 0,74 (Stellung „leer") bzw. 0,70 (Stellung „beladen"),
- nach 24 Monaten Betriebsdauer: 0,66 (Stellung „leer") bzw. 0,60 (Stellung „beladen"),
- nach 36 Monaten Betriebsdauer: 0,58 (Stellung „leer") bzw. 0,50 (Stellung „beladen").

Basierend auf den oben stehenden Erkenntnissen entwickelte Wende empirische Gleichungen zur Abschätzung des Bremsgestängewirkungsgrades in Abhängigkeit der Laufzeit der Wagen ohne Wartung [90]. Diese werden in Abb. D.1 wiedergegeben.

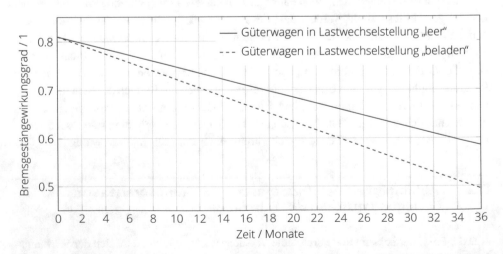

Abb. D.1 Verlauf der statischen Bremsgestängewirkungsgrade für Güterwagen mit 4 Radsätzen und Standardbremsgestänge in Abhängigkeit der Zeit, während der sie ohne Wartung des Bremsgestänges in Betrieb sind

Literatur

1. Ahmed, S. R., Gawthorpe, R. G., and Mackrodt, P. -A.: „Aerodynamics of Road- and Rail Vehicles", in: *Vehicle System Dynamics: International Journal of Vehicle Mechanics and Mobility*, Bd. 14 (1985), Nr. 4–6, S. 319–392.

2. Allenbach, Jean-Marc et al.: *Traction Électrique*, Lausanne: Presses polytechniques et universitaires romandes, 2007.

3. Andrews, H. I.: *Railway Traction – The principles of mechanical and electrical railway traction*, Amsterdam: Elsevier, 1986, ISBN: 044442489X.

4. Autorenkollektiv: *ERRIC C 179/RP6 Aerodynamik im Eisenbahnbereich – Bestimmung des Laufwiderstandes eines schnellen Reisezuges auf typischer, offener Strecke mit von der DB angewandten Methoden*, research rep., European Rail Research Institute (ERRI), 1992.

5. Autorenkollektiv: *Grundlagen der Bremstechnik*, ed. by Knorr-Bremse, Bd. 1. Auflage, Knorr-Bremse GmbH, 2002.

6. Autorenkollektiv: *Rationelle Nutzung der elektrischen Traktionsenergie – Bericht Nr. 7: Modellversuche im Windkanal zur Verringerung des aerodynamischen Widerstandes von Güterwagen*, research rep., Forschungs- und Versuchsamt des Internationalen Eisenbahnverbandes, 1991.

7. Autorenkollektiv: *Schienenbremsen*, ed. by Knorr-Bremse GmbH, 1. Auflage, Eigenverlag Knorr Bremse, 2004.

8. Baker, Chris et al.: *Train Aerodynamics – Fundamentals and Applications*, 1. Auflage, [Erscheinungsort nicht ermittelbar], ; Boston, MA: Butterworth-Heinemann, 2019, ISBN: 9780128133118.

9. Bauer, Heinz: „Reibwerkstoffe für Schienenfahrzeug-Bremsen", in: *ZEV+DET Glasers Annalen*, Bd. 123 (1999), Nr. 11/12, S. 472–475.

10. Baur, Karl Gerhard: *Die Geschichte der Drehstromlokomotiven*, EK-Verlag, Freiburg, 2005.

11. Beitelschmidt, W. M. et al.: „Ergebnisse aus dem 10-jährigen Betrieb der Dresdner Messstraßenbahn", in: *ZEVrail Tagungsband SFT Graz 2022*, Bd. 146, 2022, S. 128–137.

12. Benabdellah, Karim and Kache, Martin: „Einige Betrachtungen zu Grenzlasten im Schienenverkehr", in: *EI – Der Eisenbahn-Ingenieur*, Bd. 63 (2012), Nr. 7, S. 40–43.

13. Benabdellah, Karim and Kache, Martin: „Möglichkeiten aufwandsreduzierter Grenzlastberechnung", in: *EI – Der Eisenbahn-Ingenieur*, Bd. 66 (2015), Nr. 4, S. 54–59.

14. Bendel, Helmut: „Untersuchungen zur Verringerung des aerodynamischen Widerstandes von Güterwagen", in: *ZEV Rail – Glasers Annalen*, Bd. 114 (1990), Nr. 4, S. 124–132.

15. Bendel, Helmut et al.: *Die elektrische Lokomotive – Aufbau, Funktion, Technik*, ed. by Helmut Bendel, 2., bearbeitete und ergänzte Auflage, transpress-Verlag Berlin, 1994.

16. Berger, Peter and Minde, Frank: „Die Besonderheiten der Kraftschlussausnutzung zwischen Rad und Schiene beim Bremsen", in: *ZEVrail, Tagungsband SFT Graz 2013*, Bd. 137 (2013), S. 50–55.

17. Berger, Peter et al.: „Schneller schneller Bremsen", in: *ZEVrail, Tagungsband Schienenfahrzeugtagung Graz 2011*, Bd. 135 (2011), S. 90–95.

18. Bernstein, Gerhard and Petermann, Rolf: „Analyse von Laufwiderständen und Bremsqualit ät im Rangierbahnhof Maschen", in: *Rangiertechnik und Gleisanschlußtechnik*, Bd. 42 (1982), S. 15–21.

19. Beth, M.: „Laufwiderstand vonGüterzügen",MAthesis, Diplomarbeit, TH Darmstadt, 1992.

20. Boden, Nicolaus: „Zur Ermittlung des Luftwiderstandes von Schienenfahrzeugen", in: *AET – Archiv für Eisenbahntechnik*, Bd. 25 (1970), Nr. 25, S. 40–71.

21. Bomke, Thorsten: „Energieoptimierung bei Straßenbahnen", in: *ETR – Eisenbahntechnische Rundschau*, Bd. 63 (2015), Nr. 5, S. 62–66.

22. Carillo Zanuy, Armando, Nayeri, Christian N., and Péerez, Oscar Salvador: „Berechnungsformel für den aerodynamischen Widerstand von Containerzügen", in: *ETR – Eisenbahntechnische Rundschau*, Bd. 66 (2017), Nr. 5, S. 78–81.

23. Cochard, Steve and Tangay, Bernard: „Stadler erweitert seine Möglichkeiten in der Aerodynamik mit innovativer kanadischer Technologie", in: *Eisenbahnrevue International*, Bd. 27 (2020), Nr. 8–9, S. 402–406.

24. Curtius E.W. und Kniffler, A.: „Neue Erkenntnisse über die Haftung zwischen Treibrad und Schiene", in: *eb – Elektrische Bahnen*, Bd. 21 (1950), Nr. Heft 9, S. 201–210.

25. Delvendahl, H.: „Neuermittlung der Rollwiderstände frei ablaufenderGüterwagen, II. Teil", in: *ETR Eisenbahntechnische Rundschau (Rangiertechnik)*, Bd. 21 (1961), S. 26–38.

26. Dörsch, Stefan, Eickstädt, Silvia, and Baldauf, Wilhelm: *Untersuchung der Bedingungen für einen flächendeckenden Einsatz von Wirbelstrombremsen*, Berichte des Deutschen Zentrums für Schienenverkehrsforschung, Deutsches Zentrum für Schienenverkehrsforschung am Eisenbahn-Bundesamt, 2020, https://doi.org/10.48755/dzsf.210017.01.

27. Dörsch, Stefan, Eickstädt, Silvia, and Nowak, Christine: „Einsatz der linearen Wirbelstrombremse in Fahrzeugen des Hochgeschwindigkeitsverkehrs der DB AG – Erfahrungen und Perspektiven", in: *ZEV Rail*, Bd. 133 (2009), Nr. 10, S. 405–413.

28. Dürrschmidt, Gunther: „Neue Erkenntnisse zu Fahrdynamik und Energieverbrauch von Straßenbahnen durch Nutzung eines Langzeitversuchsträgers", PhD thesis, TU Dresden, 2018.

29. Fiehn, H., Weinhardt, M., and Zeevenhoven, N.: „Drehstromversuchsfahrzeug der Niederl ändischen Eisenbahnen – Adhäsionsmessungen", in: *EB – Elektrische Bahnen*, Bd. 77 (1979), Nr. 12, S. 329–338.

30. Fösel, Ulrich et al.: „Auslegung der elektrischen Vectron-Lokomotiven", in: *eb – Elektrische Bahnen*, Bd. 110 (2012), Nr. 1–2, S. 12–20.

31. Gackenholz, Ludwig: „Der Luftwiderstand der Züge im Tunnel", in: *ZEV-Glasers Annalen*, Bd. 98 (1974), Nr. 3, S. 79–84.

32. Giebel, Sascha: „Verfahren für ein Energiemanagement in Bordnetzen elektrischer Triebzüge", PhD thesis, Technische Universität Dresden, 2018.

33. Gladigau, Rüttger: „Fahrdynamische Auslegung von S-Bahn-Triebzügen mit Drehstromantrieb", in: *eb – Elektrische Bahnen*, Bd. 89 (1991), Nr. 3, S. 88–93.

34. Glück, H.: „Aerodynamik bei der Eisenbahn", in: *Leichtbau der Verkehrsfahrzeuge*, Bd. 22 (1987), S. 7–10.

35. Glück, H.: „Die Aerodynamik schnellfahrender Züge – Ein Überblick über den Stand der Erkenntnisse", in: *Archiv Für Eisenbahntechnik*, Bd. 36 (1981), S. 23–40.

36. Gräber, Johnannes and Meier-Credner, Wolf-Dieter: „Die lineare Wirbelstrombremse im ICE 3 – Betriebskonzept und erste Erfahrungen", in: *ZEVrail Glasers Annalen*, Bd. 126 (2002), Nr. Tagungsband SFT Graz 2002, S. 136–142.

37. Gralla, Dietmar: „Beitrag zu den Untersuchungsmethoden der Bewegung vonGüterzügen in der Brems- und Lösephase", PhD thesis, Hochschule für Verkehrswesen Dresden, 1991.

38. Gralla, Dietmar: *Eisenbahnbremstechnik*, 1. Auflage, Düsseldorf: Werner Verlag, 1999, ISBN: 3-8041-1813-5.

39. Graßmann, Ewald: „Neuermittlung der Rollwiderstände frei ablaufender Güterwagen", in: *ETR / Sonderausgabe 7 – Rangiertechnik 16*, (1956), S. 17–27.

40. Hanker, R.: „Schienenkopf und Radreifen. Kräftewirkungen und Gestaltung des Querschnittes.", in: *Zeitschrift für Bauwesen*, (1925), Nr. 1–3, S. 19–31.

41. Heckemanns, Klaus, Prem, Jürgen, and Reinicke, Stefan: „Bremsmanagement der ICEZ üge", in: *ETR – Eisenbahntechnische Rundschau*, Bd. 53 (2004), Nr. 4, S. 187–197.

42. Hendrichs W. und Voß, G.: *Der Ingenieurbau/Fahrdynamik+Verkehrsfluß*, Ernst&Sohn, Berlin, 1995.

43. Hendrichs, Wolfgang: „Das statische, dynamische und thermische Verhalten von Magnetschienenbremsen", in: *eb – Elektrische Bahnen*, Bd. 86 (1988), Nr. 7, S. 224–228.

44. Hendrichs, Wolfgang: „Das statische, dynamische und thermische Verhalten von Magnetschienenbremsen (Teil 2)", in: *eb – Elektrische Bahnen*, Bd. 86 (1988), Nr. 10, S. 324–330.

45. Hendrichs, Wolfgang: „Das statische, dynamische und thermische Verhalten von Magnetschienenbremsen (Teil 3)", in: *eb – Elektrische Bahnen*, Bd. 86 (1988), Nr. 11, S. 357–360.

46. Hucho, W.-H.: „Aerodynamik der stumpfen Körper", in: Springer Fachmedien Wiesbaden GmbH, 2011, chap. 7 Eisenbahn, S. 306–371.

47. Ido, Atsushi: „Aerodynamic drag reduction of trains for energy saving", in: *Proceedings of the 11th World Congress on Rail-way Research, Milan, Italy, 29th May-2nd June*, 2016.

48. Jaenichen, Dieter and Eske, Stefan: „Anhalteweg-Berechnungen für mit K-Bremssohlen gebremste Güterzüge", in: *ETR – Eisenbahntechnische Rundschau*, Bd. 64 (2015), Nr. 11, S. 58–64.

49. Jentsch, Eberhard: „Auslauf-Abschnitte-Methode zur Aufstellung empirischer Fahrzeug-Widerstandsformeln", in: *ZEV + DET Glasers Annalen*, Bd. 122 (1998), Nr. 3, S. 103–107.

50. Jentsch, Eberhard: „Fahrzeitermittlung mit neuen Elementen der Zugfahrtsimulation", in: *ZEV Rail – Glasers Annalen*, Bd. 127 (2003), Nr. 2, S. 66–71.

51. Jianyong, Zuo et al.: „Aerodynamic braking device for high-speed trains: Design, simulation and experiment", in: *Proceedings of the Institution of Mechanical Engineers, Part F: Journal of Rail and Rapid Transit*, Bd. 228 (2014), Nr. 3, S. 260–270.

52. Kache, Martin: „Traktionsbedingte Radsatzentlastung und Maßnahmen zu ihrer Kompensation", in: *EI-Eisenbahningenieur*, Bd. 65 (2016), Nr. 4, S. 20–27.

53. Keßler, Karl-H. and Junker, Klaus: „Grundsätze der Fahrdynamik", in: *Eisenbahn Ingenieur Kalender*, (1994), S. 245–264.

54. Klose, Christian and Unger-Weber, Frank: „Reduzierung des Energiebedarfs durch optimierte Fahrzeugsteuerung", in: *eb – Elektrische Bahnen*, Bd. 98 (2000), Nr. 11–12, S. 441–447.

55. König, Helmut: „Neue Messungen des residualen Bogenwiderstandes", in: *ZEV-Glasers Annalen*, Bd. 125 (1981), Nr. 4, S. 120–125.

56. König, Helmut and Pfander, Jean-Pierre: „Drehgestellwagen, residualer Bogenwiderstand und Laufzielbremsung", in: *ZEV-Glasers Annalen*, Bd. 104 (1980), Nr. 5, S. 138–140.

57. Kurz, Heinz: *InterCityExpress – Die Entwicklung des Hochgeschwindigkeitsverkehrs in Deutschland*, 1. Auflage, EK-Verlag, Freiburg im Breisgau, 2009.

58. Lang, Wolfram and Roth, Günther: „Kraftschlussausnutzung bei Hochleistungs-Schienenfahrzeugen", in: *ETR – Eisenbahntechnische Rundschau*, Bd. 42 (1993), Nr. 1/2, S. 61–66.

59. Langheinrich, Kurt et al.: „Wagenwiderstände im Winter", in: *Deutsche Eisenbahntechnik*, Bd. 2 (1954), Nr. 5, S. 191–192.

60. Lehmann, H. and Wendt, J.: „Wagenzugmassen und Grenzlasten – bedeutende Planungsgößen im Eisenbahnbetrieb", in: *Deine Bahn*, (2004), S. 306–311.

61. Lehmann, Helmut: „Energiesparende Fahrweise bei der Deutschen Bahn", in: *EB – Elektrische Bahnen*, Bd. 105 (2007), Nr. 7, S. 397–402.

62. Lehmann, Helmut and Kreis, W.: „Grenzlasten im Eisenbahnbetrieb – Erfordernis, Begriffe und Grundlagen", in: *ZEV Rail*, Bd. Heft 128 (2004), Nr. 1–2, S. 58–67.

63. Lukaszewicz, P: „Running resistance – results and analysis of full-scale tests with passenger and freight trains in Sweden", in: *Proceedings of the Institution of Mechanical Engineers, Part F: Journal of Rail and Rapid Transit*, Bd. 221 (2007), Nr. 2, S. 183–192, http://dx.doi.org/10.1243/0954409JRRT89.

64. Lukaszewicz, P: „Running Resistance and Energy Consumption of Ore Trains in Sweden", in: *Proceedings of the Institution of Mechanical Engineers, Part F: Journal of Rail and Rapid Transit*, Bd. 223 (2009), Nr. 2, S.189–197, https://doi.org/10.1243/09544097JRRT233, eprint: https://doi.org/10.1243/09544097JRRT233, https://doi.org/10.1243/09544097JRRT233.

65. Lukaszewicz, Piotr: „Energy Consumption and Running Time for Trains : modelling of running resistance and driver behaviour based on full scale testing", PhD thesis, KTH Stockholm, 2001.

66. Mackrodt, Paul-Armin and Pfizenmaier, Eberhard: „Aerodynamik und Aeroakustik für Hochgeschwindigkeitszüge", in: *Physik in unserer Zeit*, Bd. 18 (1987), Nr. 3, S. 65–76.

67. Mancini, Giampaolo et al.: „Effects of experimental bogie fairings on the aerodynamic drag of the ETR 500 high speed train", in: *Proceedings of the World Congress on Railway Research (WCRR)*, 2001, http://www.railway-research.org/IMG/pdf/071.pdf.

68. Michálek, Tomáš: „Modification of train resistance formulaefor container trains based on operationalrun-down tests", in: *Proceedings of the Institution of Mechanical Engineers, Part F: Journal of Rail and Rapid Transit*, Bd. 232 (2018), Nr. 6, S. 1588–1597, https://doi.org/10.1177/0954409717738690, eprint: https://doi.org/10.1177/0954409717738690, https://doi.org/10.1177/0954409717738690.

69. Müller, Christoph: „Der Velaro Novo von Siemens", in: *EI – Der Eisenbahningenieur*, Bd. 69 (2018), S. 56.

70. Nagakura, Kiyoshi: „Recent Studies on Aerodynamic Characteristics of Railway Vehicles", in: *Quarterly Report of the Railway Technical Research Institute*, Bd. 59 (2018), Nr. 2, S. 81–84.

71. Nießen, Manfred: „Elektrische Triebfahrzeuge", in: ed. by J. Michael Mehltretter, Motorbuch Verlag Stuttgart, 1986, chap. Zielsetzung und Entwicklung der elektrischen Lokomotive BR 120 in Drehstromantriebstechnik, s. 103–117.

72. Orellano, Alexander: *Aerodynamics of High Speed Trains (Lecture Notes, KTH Stockholm)*, 2010.

73. Potthoff, Gerhart: „Wahrscheinliche Rollwiderstände", in: *DET – Die Eisenbahntechnik*, Bd. 24 (1976), Nr. 9, S. 408–411.

74. Protopapadakis, Demosthenes: „Bemerkungen über die zur Berechnung des Krümmungswiderstandes angewendeten Formeln", in: *Monatsschrift der Internationalen Eisenbahn- Kongress-Vereinigung*, (1937), S. 1540–1555.

75. Raison, Jaques, Viet, Jean-Jaques, and Müller, Roland: „Die Paarung Rad/Verbundstoffbremse – Reduzierung des Rollgeräusches", in: *ZEVrail Glasers Annalen*, Bd. 128 (2004), Nr. 10, S. 474–497.

76. Röckl, Alois von: „Die Versuche der bayer. Staatseisenbahn über die Widerstände der Eisenbahnfahrzeuge bei ihrer Bewegung in den Gleisen", in: *Zeitschrift für Baukunde*, (1880), Nr. 4, S. 542–562.

77. Schramm, Gerhard: „Bogenwiderstand und Spurkranzreibung", in: *ETR – Eisenbahntechnische Rundschau*, (1963), Nr. 8, S. 390–392.

78. Schramm, Gerhard: „Der Bogenwiderstand", in: *ETR – Eisenbahntechnische Rundschau*, (1962), Nr. 5, S. 215–219.

79. Schranil, S. and Lavanchy, V.: „Fahrdynamische Messfahrten im Gotthard–Basistunnel", in: *EB – Elektrische Bahnen*, Bd. 114 (2016), Nr. 7, S. 388–393.

80. Schranil, Steffen and Stachetzki, Jana: „Energetische Optimierung von Tunnelquerschnitten", in: *EB – Elektrische Bahnen*, Bd. 113 (2015), Nr. 10, S. 488–497.

81. Schulte-Werning, B: „Research of European railway operators to reduce the environmental impact of high-speed trains", in: *Proceedings of the Institution of Mechanical Engineers, Part F: Journal of Rail and Rapid Transit*, Bd. 217 (2003), Nr. 4, S. 249–257, https://doi.org/10.1243/095440903322712856, eprint: https://doi.org/10.1243/095440903322712856, https://doi.org/10.1243/095440903322712856.

82. Shoeib, Ramy and Hecht, Markus: „Energieeinsparung durch aerodynamische Optimierung von Schüttgutwagen", in: *ZEVrail*, Bd 137 (2013), Nr. 6–7, S. 246–256.

83. Stoffels, Wolfgang: *Turbotrains International*, Basel: Birkhäuser Verlag, 1983, ISBN: 3-7643-1172-X.

84. Storms, Bruce L., Dzoan, Dan, and Ross, James C.: „Reducing the aerodynamic drag of empty coal cars", in: *Proceedings of Joint Rail Conference*, 2005, S. 139–143.

85. Szanto, Frank: „Rolling resistance revisited", in: *CORE 2016 – Maintaining the Momentum (Konferenzband)*, Railway Technical Society of Australasia, 2016, S. 628–633.

86. Vardy, A. E. and Reinke, P: „Estimation of train resistance coefficients in tunnels from measurements during routine operation", in: *Proceedings of the Institution of Mechanical Engineers, Part F: Journal of Rail and Rapid Transit*, Bd. 213 (1999), Nr. 2, S. 71–87, https://doi.org/10.1243/0954409991531047, eprint: https://doi.org/10.1243/0954409991531047, https://doi.org/10.1243/0954409991531047.

87. Verbeeck, H: „Derzeitiger Wissensstand über Reibung und ihre Anwendungen", in: *Schienen der Welt*, (1973), S. 714–753.

88. Voegeli, Heinz: „Fahrwiderstände im Lötschberg-Basistunnel", in: *eb – Elektrische Bahnen*, Bd. 106 (2008), Nr. 6, S. 260–271.

89. Wegen, Martin and Schönbrodt, Jürgen: „Rollwiderstände von Güterwagen in Ablaufanlagen", in: *ETR – Eisenbahntechnische Rundschau*, Bd. 58 (2009), Nr. 6, S. 323–327.

90. Wende, Dietrich: *Fahrdynamik des Schienenverkehrs*, 1. Auflage, Teubner Verlag, Wiesbaden, 2003.

91. Wende, Dietrich and Gralla, Dietmar: „Die Zugfahrt unter dem Einfluß der Widerstandskraft", in: *ETR – Eisenbahntechnische Rundschau*, Bd. 46 (1997), Nr. 1–2, S. 55–59.

92. Yang, Guo Wei et al.: „Aerodynamic design for China new high-speed trains", in: *Science China – Technological Sciences*, Bd. 55 (2012), Nr. 7, S. 1923–1928, https://doi.org/10.1007/s11431-012-4863-0, https://doi.org/10.1007/s11431-012-4863-0.

93. Yun, Su-Hwan, Kwak, Min-Ho, and Park, Choon-Soo: „Study of Shape Optimization for Aerodynamic Drag Reduction of High-speed train", in: *Journal of the Korean Society for Railway*, Bd. 19 (2016), S. 709–716.

94. Zander, Carl-Peter: „Klotzbremse mit Sintermetallbelägen", in: *ZEV+DET Glasers Annalen*, Bd. 125 (2001), Nr. 4, S. 157–165.

Printed in the United States
by Baker & Taylor Publisher Services